EINFÜHRUNG IN DIE MECHANIK UND AKUSTIK

VON

R. W. POHL

Dr.-Ing. e. h.
PROFESSOR DER PHYSIK AN DER
UNIVERSITÄT GÖTTINGEN

ZWEITE VERBESSERTE AUFLAGE

MIT 440 ABBILDUNGEN,
DARUNTER 14 ENTLEHNTE

BERLIN
VERLAG VON JULIUS SPRINGER
1931

ISBN-13: 978-3-642-90254-3   e-ISBN-13: 978-3-642-92111-7
DOI: 10.1007/978-3-642-92111-7

MEINER LIEBEN FRAU

TUSSA POHL

GEB. MADELUNG

Aus dem Vorwort zur ersten Auflage.
(1. bis 4. Tausend; Juni 1930.)

Dies Buch enthält den ersten Teil meiner Vorlesung über Experimental-physik. Der zweite Teil (Elektrizitätslehre) ist bereits vor drei Jahren erschienen. Ein Schlußband (Wärmelehre und Optik) soll folgen.

Die Darstellung befleißigt sich großer Einfachheit. Diese Einfachheit soll das Buch außer für Studierende und Lehrer auch für weitere physikalisch interessierte Kreise brauchbar machen.

Im Titel ist das Wort „Einführung" beibehalten worden. Denn der Inhalt auch dieses Bandes weicht nicht unerheblich vom herkömmlichen Bestande unserer „Lehrbücher" ab. Gar manches ist fortgelassen worden, und zwar nicht nur die Unterteilung des Meters in 1000 Millimeter, die Kolbenpumpe, das Aussehen eines Grammophons und ähnliches mehr. Auch weitergehende Streichungen waren unerläßlich. Nur so konnte Platz für wichtigere Dinge gewonnen werden, etwa für das unentbehrliche Hilfsmittel des Impulsvektors oder für den allgemeinen Formalismus der Wellenausbreitung.

Die grundlegenden Experimente stehen im Vordergrund der Darstellung. Sie sollen vor allem der Klärung der Begriffe dienen und einen Überblick über die Größenordnungen vermitteln. Quantitative Einzelheiten treten zurück.

Eine ganze Reihe von Versuchen erfordert einen größeren Platz. Im Göttinger Hörsaal steht eine glatte Parkettfläche von 12×5 m² zur Verfügung. Das lästige Hindernis in älteren Hörsälen, der große, unbeweglich eingebaute Experimentiertisch, ist schon seit Jahren beseitigt. Statt seiner werden je nach Bedarf kleine Tische aufgestellt, aber ebensowenig wie die Möbel eines Wohnraumes in den Fußboden eingemauert. Durch diese handlichen Tische gewinnt die Übersichtlichkeit und Zugänglichkeit der einzelnen Versuchsanordnungen erheblich. Die meisten Tische sind um ihre vertikale Achse schwenkbar und rasch in der Höhe verstellbar. Man kann so die störenden perspektivischen Überschneidungen verschiedener Anordnungen verhindern. Man kann die jeweils benutzte Anordnung hervorheben und sie durch Schwenken für jeden Hörer in bequemer Aufsicht sichtbar machen.

Die benutzten Apparate sind einfach und wenig zahlreich. Manche von ihnen werden hier zum ersten Male beschrieben. Sie können, ebenso wie die übrigen Hilfsmittel der Vorlesung, von der Firma Spindler & Hoyer G. m. b. H. in Göttingen bezogen werden.

Der Mehrzahl der Abbildungen liegen photographische Aufnahmen zugrunde. Sie sind fast alle von Herrn Mechanikermeister Sperber gemacht worden. Ich habe Herrn Sperber für seine ausdauernde Hilfe sehr zu danken. Viele Bilder sind wieder als Schattenrisse gebracht. Diese Bildform eignet sich gut für den Buchdruck, ferner gibt sie meist Anhaltspunkte für die benutzten Abmessungen. Endlich erweist ein Schattenriß die Brauchbarkeit eines Versuches auch in großen Sälen. Denn diese verlangen in erster Linie klare Umrisse, nirgends unterbrochen durch nebensächliches Beiwerk, wie Stativmaterial u. dgl.

Vorwort zur zweiten Auflage.

(September 1931.)

Die mir bekannt gewordenen Besprechungen der ersten Auflage und die zahlreichen Zuschriften waren mit einer Ausnahme zustimmend. Infolgedessen ist die Gesamtanlage des Buches ungeändert geblieben. Im einzelnen ist manches verbessert worden und einiges auch erweitert, z. B. die Darstellung der Gruppengeschwindigkeit und der Bahn rotierender Geschosse, auch sind einige neue Abbildungen eingefügt. Für die Durchsicht einer Korrektur danke ich Herrn stud. phys. WERNER PATZKE.

Göttingen,
I. Physikalisches Institut der Universität.   R. W. POHL.

Inhaltsverzeichnis.

A. Mechanik.

A. Mechanik.

I. Einführung, Längen- und Zeitmessung.

§ 1. Einführung. Die althergebrachte Einteilung der Physik unterscheidet Mechanik, Akustik, Wärmelehre, Optik und Elektrizitätslehre. Dieser Einteilung der physikalischen Erscheinungen liegt der unmittelbare sinnliche Eindruck zugrunde. Sie besitzt nach dem heutigen Stande der physikalischen Forschung erhebliche Schwächen. Sie läßt oft wichtige innere Zusammenhänge außer acht. Nehmen wir zur Erläuterung ein Beispiel aus der Wärmelehre. Unsere Hand werde durch einen Ofen erwärmt. Das kann auf zwei Weisen geschehen: Einmal durch direktes Anfassen des Ofens, das andere Mal durch bloße N ä h e r u n g der Hand auf einen gewissen Abstand. Nach unserer heutigen Kenntnis handelt es sich in beiden Fällen um ganz verschiedenartige Vorgänge. Bei der direkten B e r ü h r u n g wird unser Hautsinn durch sehr hochfrequente m e c h a n i s c h e Schwingungen des Ofenmateriales erregt. Diese m e c h a n i s c h e n Schwingungen sind denen wesensgleich, die bei niedrigerer Frequenz[1] ein anderes unserer Sinnesorgane, nämlich das Ohr, ansprechen lassen. Die Körperwärme des Ofens wie die aller anderen festen Körper besteht, kurz gesagt, aus nicht mehr hörbaren mechanischen Schwingungen. Die Körperwärme des Ofens bildet den Sonderfall eines a k u s t i s c h e n Problems. — Ganz anders im zweiten Fall, bei der bloßen N ä h e r u n g der Hand an den warmen Ofen. Diesmal wird unser Hautsinn durch einen Strahlungsvorgang erregt. Er geht vom Ofen aus und durchsetzt die Zimmerluft. Es handelt sich um e l e k t r i s c h e Wellen. Sie sind denen wesensgleich, die wir bei der Funkentelegraphie, beim sichtbaren Licht und beim Röntgenlicht vor uns haben. Von diesen unterscheiden sie sich nur durch eine einzige Zahlengröße, nämlich die Frequenz. Das Problem der durch Strahlung zugeführten Wärme gehört demnach in die Elektrizitätslehre oder in die Optik.

Derartige Beispiele lassen sich beliebig häufen. Trotzdem hat es wenig Wert, die althergebrachte Einteilung der physikalischen Erscheinungen zu verlassen. Bei tieferem Eindringen in die Physik erkennt man gar bald den Nutzen und die Schwäche des alten Einteilungsschemas und zugleich die Tendenz des physikalischen Fortschritts: Man sieht eine ständig wachsende, oft verblüffende Vereinheitlichung scheinbar ganz wesensverschiedener Dinge unter bewußter Ausschaltung aller menschlichen Züge. Der beobachtende und beschreibende Mensch tritt mehr und mehr in den Hintergrund. — Trotz allen Fortschritts in dieser Richtung steckt jedoch auch heute noch in unsern physikalischen Darstellungen mehr Subjektives, Menschliches, als der Anfänger annimmt.

Wir zeigen zur Einführung in diesen Gedankengang einmal einige, wenngleich heute überwundene, Schwierigkeiten, die unser vornehmstes Sinnesorgan, unser Auge, den Beobachtern bereitet hat:

---

[1] Frequenz = Schwingungszahl pro Sekunde.

a) **Die farbigen Schatten.** In Abb. 1 sehen wir eine weiße Wand W, eine Gasglühlichtlampe und eine elektrische Glühlampe. P ist ein beliebiger undurchsichtiger Körper, etwa eine Papptafel. — Zunächst sei nur die elektrische Lampe eingeschaltet, der Gasbrenner nicht angezündet oder abgeblendet. Wir sehen die weiße Wand beleuchtet mit Ausnahme des Schattenbereiches S_1. Dieser Bereich wird **nicht** vom Licht der elektrischen Lampe erreicht. Wir markieren ihn irgendwie, etwa mit einem angehefteten Papierschnitzel. In dem so markierten Bereich wird also **physikalisch** beim Einschalten der elektrischen Lampe **nichts** geändert. — Darauf schalten wir die elektrische Lampe aus und die Gaslampe ein. Wieder wird die Wand weiß beleuchtet, diesmal **einschließlich** des mar-

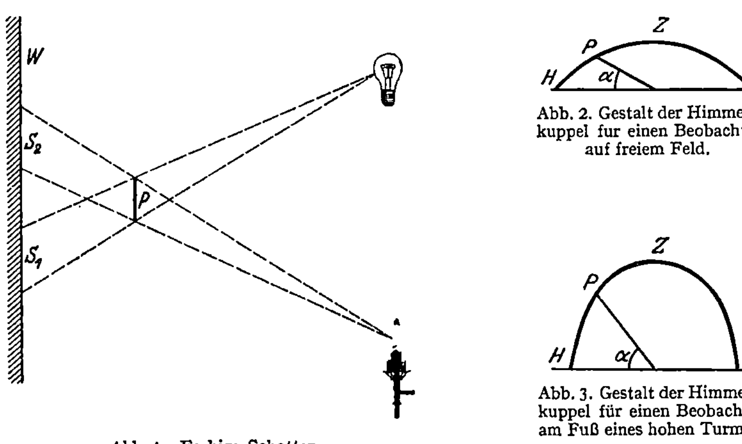

Abb. 1. Farbige Schatten.

Abb. 2. Gestalt der Himmelskuppel für einen Beobachter auf freiem Feld.

Abb. 3. Gestalt der Himmelskuppel für einen Beobachter am Fuß eines hohen Turmes.

kierten Bereiches S_1, denn ein schwarzer Schatten der Papptafel liegt jetzt bei S_2. — Nun kommt der eigentliche Versuch: Während der Gasbrenner leuchtet, wird die elektrische Lampe eingeschaltet. Dadurch ändert sich im Bereiche S_1 physikalisch oder objektiv nicht das geringste. Trotzdem hat sich für unser Auge das Bild von Grund auf gewandelt. Wir sehen bei S_1 einen lebhaft **olivgrünen** Schatten. Er kontrastiert stark gegen den Schatten S_2, den wir jetzt rotbraun sehen. Dabei rührt nach wie vor das Licht, das S_1 auf der Netzhaut unseres Auges abbildet, nur von der Gaslampe her. Der Bereich S_1 ist lediglich durch einen hellen Rahmen eingefaßt worden, herrührend vom Lichte der elektrischen Lampe. Dieser Rahmen allein vermag die Farbe von S_1 in so frappanter Weise zu ändern.

Die Auswahl unserer beiden Lampen war willkürlich. Beim Ersatz der elektrischen Glühlampe durch eine Bogenlampe erhalten wir prachtvolle gelbe und lila Schatten.

Der Versuch ist für jeden Anfänger sehr lehrreich: **Farben sind kein Objekt der Physik, sondern der Psychologie bzw. der Physiologie!** Nichtbeachtung dieser Tatsache hat vielerlei unnütze Arbeit verursacht.

b) **Die scheinbare Gestalt des Himmelsgewölbes.** Auf freiem Felde stehend sehen wir das Himmelsgewölbe als flache Glocke, im Schnitt etwa nach Art der Abb. 2. Das ist eine alltägliche, von Wetterlage und Tageszeit weitgehend unabhängige Beobachtung. Man lasse eine Reihe verschiedener Beobachter durch Heben des Armes oder eines Spazierstockes den Punkt P am Himmelsgewölbe markieren, der ihnen gleich weit vom Zenith Z wie vom Horizont H entfernt zu sein scheint. Die Beobachter sollen den Himmelsbogen zu halbieren suchen. Mit überraschender Übereinstimmung heben alle Beobachter Arm oder Stock nur um einen Winkel α zwischen 20 und 30° über die Horizontale. Nie findet sich der Winkel 45°. Kein Mensch sieht den Himmel als Halbkugel.

Dann stellen wir dieselben Beobachter mit dem Rücken an einen hochragenden Turm, etwa einer funkentelegraphischen Sendestation. Jetzt geben die Messungen ein ganz anderes Bild. Arm oder Stock werden um etwa 50° über die Horizontale erhoben. Der Himmel erscheint nach Einschaltung der vertikalen Leitlinie wie ein Spitzgewölbe nach oben ausgezogen, etwa nach Art der Abb. 3. Die Einschaltung der Leitlinie hat also das Bild ganz wesentlich umgestaltet. Die ganze Erscheinung gehört wiederum nicht ins Gebiet der Physik, sondern der Psychologie.

c) Die Machschen Streifen. Gegeben ein Blatt Papier, links ein weißer, rechts ein schwarzer Streifen, beide verbunden durch eine kontinuierliche Folge aller Grautöne zwischen Weiß und Schwarz. Zur Beleuchtung diene Tages- oder Lampenlicht. Die Lichtmenge, die dies gestreifte Blatt in unser Auge sendet, soll über die Breite des Blattes hin die in Abb. 4 dargestellte Verteilung haben.

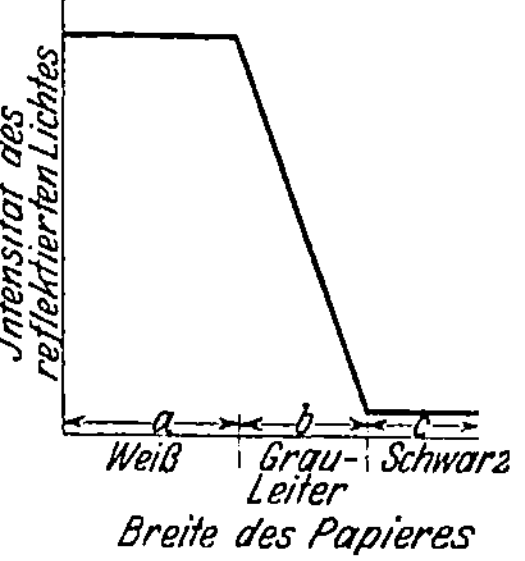

Abb. 4. Entstehung der Machschen Streifen.

Im Versuch läßt sich das auf mannigfachen Wegen verwirklichen. Als Beispiel nehmen wir die in Abb. 5 dargestellte Kreisscheibe mit einem weißen Stern auf schwarzem Grunde. Ein beliebiger Motor versetzt die Scheibe in rasche Rotation. Dabei verschwimmen die Zacken für das Auge völlig, wir erhalten die gewünschte Intensitätsverteilung des reflektierten Lichtes in Form konzentrischer Ringe angeordnet. Die Kreisscheibe innerhalb der inneren Sternzacken entspricht dem Bereiche *a*, der Ring außerhalb der äußeren Sternzacken dem Bereiche *c* in Abb. 4. Zwischen ihnen liegt der Übergangsbereich *b*. In ihm fällt die reflektierte Lichtmenge mit wachsendem Radius kontinuierlich ab. Denn die Breite der weißen Zacken wird kleiner und kleiner.

Die Beobachtung ergibt das überraschende in Abb. 6 photographisch wiedergegebene Bild. Der innere helle Kreis wird nach außen von einem weißen Saum umgrenzt. Der schwarze Ring wird innen von einem noch tiefer schwarzen Saum eingefaßt. Nach dem zwingenden Eindruck unseres Auges scheint von diesem weißen Saum das meiste, von dem schwarzen Saum das wenigste Licht in unser Auge einzudringen. Jeder Unbefangene wird in den Ringen die größte bzw. die kleinste Reflexion des Lichtes annehmen. Oder anders ausgedrückt: Die Photographie der Abb. 6 ist in Autotypie reproduziert.

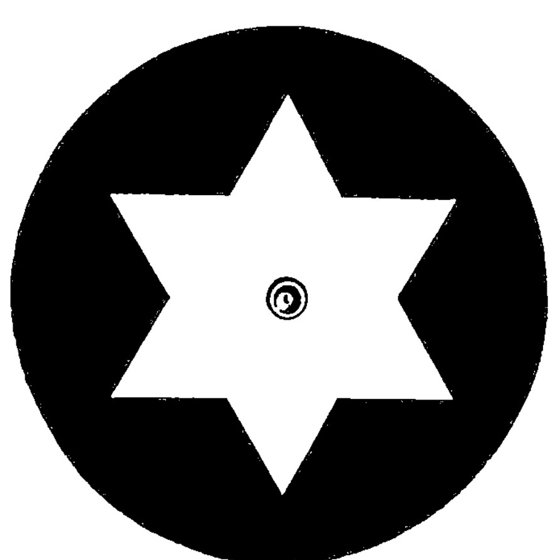

Abb. 5. Bei schneller Rotation dieser Scheibe entsteht das in Abb. 6 dargestellte Bild.

Bei der Autotypie wird ein zunehmender Schwärzungsgrad durch zunehmende Ausdehnung einzelner kleiner äquidistanter, schwarzer Druckpunkte erzielt. Jeder unbefangene Beobachter wird im Gebiete des weißen Saumes die kleinsten Druckpunkte, im Gebiete des schwarzen Saumes die größten Druckpunkte erwarten. Davon ist keine Rede. Man findet bei Betrachtung durch eine Lupe an beiden Seiten des grau getönten Ringes einen völlig kontinuierlichen Übergang der Druckpunktsgröße in das Gebiet der weißen und der schwarzen Zone.

Diese Machschen Streifen haben bei physikalischen Beobachtungen mancherlei Unheil angerichtet. Darum soll man sie aber ja nicht mißmutig als eine „Augentäuschung" abtun. Die Erscheinung der Machschen Streifen ist für unser ganzes Sehen von größter praktischer Wichtigkeit.

Man denke beispielsweise an das Lesen von schwarzer Druckschrift auf weißem Papier. Die Linse unseres Auges zeichnet keineswegs vollkommen. Die Konturen der Buchstaben auf dem Augenhintergrund, der Netzhaut, sind nicht scharf. Der Übergang vom Dunkel der Buchstaben zum Hell des Papieres ist verwaschen wie bei einer unscharf eingestellten Photographie. Aber unsere Netzhaut bzw. unser Gehirn weiß diesen Fehler mit Hilfe der Machschen Streifen zu kompensieren. Das Auge zieht, in übertragenem Sinne gesprochen, im Bilde der Druckschrift an der Grenze des hellen Papiers einen weißen, an den Rändern der dunklen Buchstaben einen schwarzen Strich. So vermittelt es uns trotz der Unschärfe des Netzhautbildes den Eindruck scharfer Konturen.

d) Die Spiraltäuschung. Jedermanns Auge sieht in Abb. 7 ein System von Spiralen mit gemeinsamem Mittelpunkt. Trotzdem handelt es sich in Wirklichkeit um konzentrische Kreise. Davon kann man sich sofort durch Umfahren einer Kreisbahn mit der Bleistiftspitze überzeugen. Dies Beispiel zeigt mit besonderer Deutlichkeit, wie vorsichtig gelegentlich das von unseren Augen Gesehene zu werten ist.

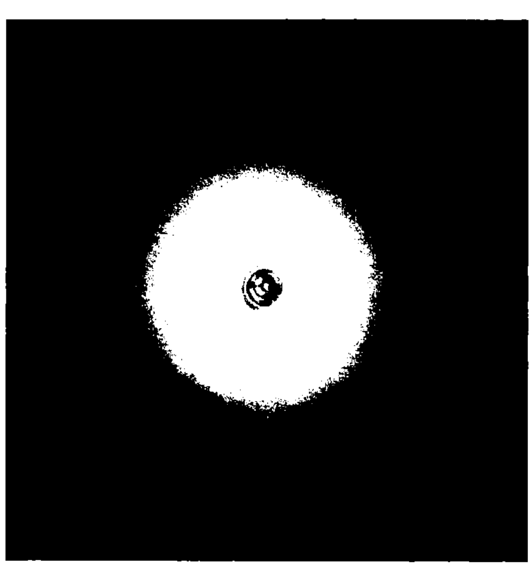

Abb. 6. Machsche Streifen an den Grenzen von Weiß und Grau und Grau und Schwarz.

Soweit unsere Beispiele für Einflüsse, die unser Auge bei der Beobachtung physikalischer Dinge gewinnen kann. Die Einflüsse des Auges bereiten, wie erwähnt, geübten Beobachtern heutigentags nur noch selten Schwierigkeiten. Aber sie mahnen doch zur Vorsicht. Wie mancher andere uns heute noch unbekannte subjektive Einfluß mag noch in unserer physikalischen Naturbeobachtung stecken! Verdächtig sind vor allem die allgemeinsten Grundvorstellungen, wie Raum, Zeit, Gewicht usw., die sich im Laufe uralter Erfahrung herausgebildet haben. Die Physik hat hier ohne Zweifel noch mit manchem Vorurteil und mancher Fehldeutung aufzuräumen. Wir wollen diese Fragen hier wenigstens flüchtig streifen. Etwas näher berühren wir sie in Kap. VIII. Ihre ausführliche Behandlung geht über den Rahmen dieses Bandes hinaus.

§ 2. **Messung von Längen. Echte Längenmessung.** Alle Erfolge der Physik ruhen letzten Endes auf der Beobachtung und dem Experiment. Darüber herrscht Einmütigkeit. — Ohne Zweifel haben Experiment und Beobachtung auch bei nur qualitativer Ausführung neue Erkenntnisse, oft sogar von großer Tragweite, erschlossen. Trotzdem erreichen Experiment und Beobachtung erst dann ihren vollen Wert, wenn sie Größen in Zahl und Maß erfassen. Messungen spielen in der Physik eine wichtige Rolle. Die physikalische Meßtechnik ist hoch entwickelt, die Zahl ihrer Methoden groß und Gegenstand einer umfangreichen Sonderliteratur.

Unter der Mannigfaltigkeit physikalischer Messungen finden sich mit besonderer Häufigkeit Messungen von Längen und Zeiten, oft allein, oft zusammen mit der Messung anderer Größen. Man beginnt daher zweckmäßig mit der Messung von Längen und Zeiten, und zwar einer Klarlegung ihrer Grundlagen, nicht der technischen Einzelheiten ihrer Ausführung.

Jede wirkliche oder echte Längenmessung beruht auf dem Anlegen und Abtragen eines Maßstabes. Dieser Satz erscheint zwar im ersten Augenblick höchst trivial. Trotzdem ist die in ihm ausgedrückte Erkenntnis recht jungen Datums (EINSTEIN 1905). Ohne ihre folgerichtige Anwendung spotten etliche der berühmtesten physikalischen Entdeckungen jedesDeutungsversuchs.

Mit demVorgang der Messung selbst, hier also mit dem Abtragen des Maßstabes, ist es nicht getan. Es muß die Festlegung einer Einheit hinzukommen. —

Jede Festlegung von physikalischen Einheiten ist vollständig willkürlich. Das wichtigste Erfordernis ist stets eine möglichst weit reichende internationale Vereinbarung. Erwünscht ist ferner leichte Reproduzierbarkeit und das Auftreten bequemer Zahlengrößen bei den häufigsten Messungen der Technik und des täglichen Lebens.

Abb. 7. Spiraltäuschung.

In der Elektrizitätslehre sind die beiden Grundeinheiten Ampere und Volt vollständig international eingebürgert. Wer auf der Welt mit elektrischen Größen zu tun hat, mißt und rechnet mit Ampere und Volt. Nur ein kleiner Kreis von Physikern beharrt noch auf den Einheiten zweier älterer, durch besonders große Willkür ausgezeichneter „absoluter" Maßsysteme[1]. Bei den Einheiten der Längenmessung ist das Umgekehrte der Fall. Es findet sich im allgemeinen ein geradezu trostloses Durcheinander einer Unzahl verschiedener Längeneinheiten. Hier macht nur die physikalische Literatur eine rühmliche Ausnahme. Die Physik legt ihren Längenmessungen mit überwältigender Mehrheit ein und dieselbe Längeneinheit zugrunde, das Pariser Normalmeter[2].

Das Normalmeter ist durch einen bei Paris im „Bureau des Poids et Mesures" aufbewahrten Maßstab festgelegt. Es ist ein Metallstab aus einer Legierung von 90% Platin und 10% Iridium. Der Stab hat einen eigentümlichen x-förmigen Querschnitt gemäß Abb. 8. Auf der mit N bezeichneten Fläche sind zwei Marken eingeritzt.

Abb. 8. Profil des Pariser Normalmeters. Höhe etwa 2 cm.

---

[1] In ihnen beträgt beispielsweise die Betriebsspannung einer Glühlampe nicht 220 Volt, sondern entweder 0,73 $g^{\frac{1}{2}}$-cm$^{\frac{1}{2}}$-sec^{-1} oder 2,2 · 10¹⁰ $g^{\frac{1}{2}}$-cm$^{\frac{1}{2}}$-sec^{-2}. Vgl. auch S. 56.

[2] An der schlechten Einbürgerung des Meters ist selbstverständlich die unglückliche Länge dieser Einheit schuld. Für die Bedürfnisse des täglichen Lebens ist das Meter zu groß, sein Tausendstel, das Millimeter, zu klein. Zum Schätzen der zehntel Millimeter ist die Strichteilung der handelsüblichen Maßstäbe zu grob. Eine technisch brauchbare Einheit in der ungefähren Größe von Elle oder Fuß, eingeteilt in 100 Teile, hätte sich unzweifelhaft international in der Praxis durchgesetzt. Die Erfinder der Metereinheit haben schwerlich mit Hobel und Feile oder gar einer Schneidkluppe umgehen können.

Ihr Abstand (bei einer Temperatur von 0°!) wird als das Meter definiert. Durch den x-förmigen Querschnitt wird der Abstand der Marken von unvermeidlichen Durchbiegungen des Stabes unabhängig („neutrale Zone"). Von diesem Normalmeterstab sind 31 Kopien hergestellt und an die an der internationalen Meterkonvention beteiligten Nationen durch das Los verteilt worden.

Trotz aller erdenklichen Sorgfalt in der Behandlung des Normalmeters und seiner Kopien ist mit Sicherheit mit einer allmählichen Abstandsänderung der das Meter definierenden Marken zu rechnen. Alle Metallstäbe ändern im Laufe der Jahrzehnte und Jahrhunderte ein wenig ihre Länge. Denn es verändert sich ihr mikrokristallines Gefüge. Die Physik hat sich daher schon seit geraumer Zeit vor unliebsamen Überraschungen zu sichern gesucht. Man hat zu diesem Zweck das Pariser Normalmeter mit der Wellenlänge einer bestimmten, roten, von leuchtendem Kadmiumdampf ausgesandten Spektrallinie verglichen ($\lambda = 0{,}6438\,\mu$). Im Jahre 1913 war der Abstand der Metermarken mit 1553164,13 dieser Licht-

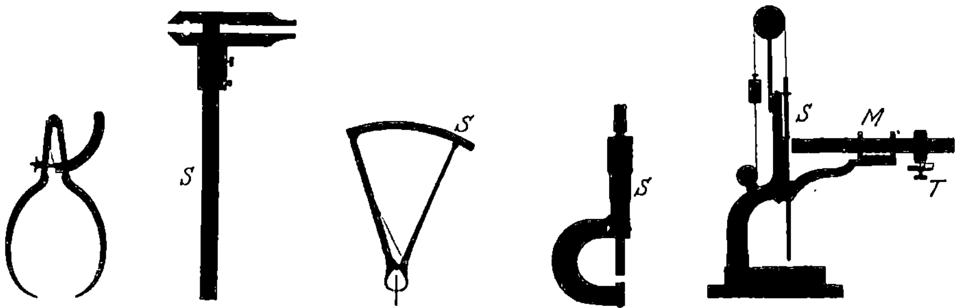

Abb. 9. Zangentaster.   Abb. 10. Schublehre. $S=$ Skala.   Abb. 11. Zehnteltaster. $S=$ Skala.   Abb. 12. Schraubenmikrometer. $S=$ Skala.   Abb. 13. Dickenmesser von Zeiss. $S=$ Skala. $M=$ Mikroskop mit Teiltrommel T.

wellenlängen identisch (normaler Luftdruck und Temperatur von 15°). — Das ist nach Maßgabe unseres heutigen Wissens der sicherste Weg, die Kenntnis der Meter-Längeneinheit für spätere Geschlechter zu erhalten.

Zur praktischen Ausführung der Längenmessungen dienen Maßstäbe und mancherlei Meßgeräte. Die wichtigsten sind aus dem täglichen Leben bekannt. Die Abb. 9 bis 13 geben eine Musterkarte gebräuchlicher Ausführungen. Einzelheiten, wie Ablesung mit der Lupe oder dem Nonius, werden im Anfängerpraktikum behandelt.

§ 3. **Echte Längenmessung bei mikroskopischer Beobachtung.** Das Verfahren echter Längenmessung ist auch noch für Gegenstände mikroskopischer Größenordnung anwendbar. Als Beispiel messen wir vor einem großen Hörerkreis den Durchmesser eines Haares. — Mittels eines einfachen Mikroskopes wird ein Bild des Haares auf einen Schirm projiziert. Auf diesem Bild wird die Dicke des Haares durch zwei Pfeilspitzen eingegrenzt, Abb. 14a. Dann wird das Haar entfernt und durch einen kleinen auf Glas geritzten Maßstab (Objektmikrometer) ersetzt, etwa ein Millimeter geteilt in 100 Teile. Das Gesichtsfeld zeigt jetzt das Bild der Abb. 14b. Wir lesen zwischen den Pfeilspitzen 4 Skalenteile ab. Die Dicke des Haares beträgt also $4 \cdot 10^{-2}$ mm oder $40\,\mu$.

§ 4. **Unechte Längenmessung bei sehr großen Längen.** Standlinienverfahren, Stereogrammetrie. Sehr große Strecken sind oft nicht mehr der echten Längenmessung zugänglich. Man denke an den Abstand zweier Berggipfel oder den Abstand eines Himmelskörpers von der Erde. Man muß dann zu einer unechten Längenmessung greifen, z. B. dem bekannten, in Abb. 15 angedeuteten Verfahren der Standlinie. Die Länge BC der Standlinie wird nach Möglichkeit in echter Längenmessung ermittelt und dann die Winkel β und γ gemessen. Aus Standlinienlänge und Winkeln läßt sich dann der gesuchte Abstand x graphisch oder rechnerisch ermitteln.

Dies aus dem Schulunterricht geläufige Verfahren ist nicht frei von grundsätzlichen Bedenken. Es identifiziert die bei der Messung der Winkel β und γ benutzten Lichtstrahlen ohne weiteres mit den geraden Linien der Euklidischen Geometrie. Das ist aber eine Voraussetzung, und über die Zulässigkeit dieser Voraussetzung kann letzten Endes nur die Erfahrung entscheiden. — Zum Glück brauchen uns derartige Bedenken bei den normalen physikalischen Messungen auf der Erde nicht zu beschweren. Sie werden erst in Sonderfällen, z. B. bei den Riesenentfernungen der Astronomie, akut. Trotzdem muß schon der Anfänger von diesen

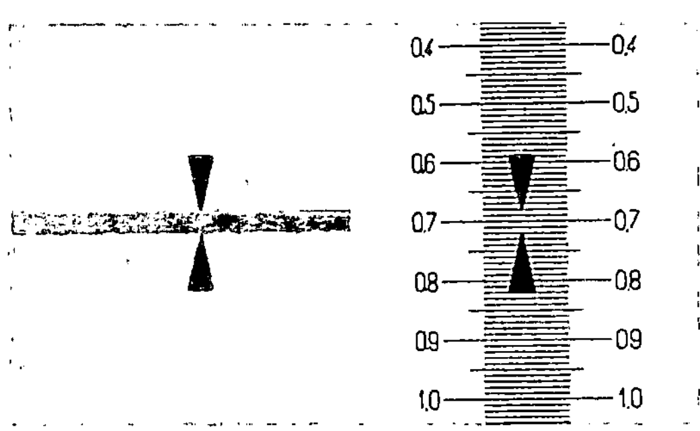

Abb. 14a u. b.   Langenmessung unter dem Mikroskop.

Schwierigkeiten hören. Denn er sieht in der Längenmessung keinerlei Problem und hält sie für die einfachste aller physikalischen Messungen. Diese Auffassung trifft aber nur für die echte Längenmessung zu, das Anlegen und Abtragen eines Maßstabes.

Zum Abschluß der knappen Darlegungen über Längenmessungen sei noch eine sehr elegante technische Ausführungsform der Standlinien-Längenmessung erwähnt, die sog. Stereogrammetrie. Sie dient in der Praxis vorzugsweise der Geländevermessung, insbesondere in Gebirgen. In der Physik braucht man sie u. a. zur Ermittelung verwickelter räumlicher Bahnen, z. B. der von Blitzen.

In Abb. 15 wurden die Winkel β und γ mit irgendeinem Winkelmesser (z. B. Fernrohr auf Teilkreis) bestimmt. Die Stereogrammetrie ersetzt die beiden Winkelmesser an den Enden der Standlinie durch zwei photographische Apparate. Ihre Objektive sind in Abb. 16 mit I und II angedeutet. Die Bilder B und C desselben Gegenstandes A sind gegen die Plattenmitten um die Abstände BL bzw. CR verschoben. Aus BL oder CR einerseits, und dem Gesamtabstand BC andererseits läßt sich die gesuchte Entfernung x des Gegenstandes A berechnen. Das ist geometrisch einfach zu übersehen. Für eine gegebene Standlinie $I-II$ und gegebenen Linsenabstand f läßt sich eine Eichtabelle zusammenstellen.

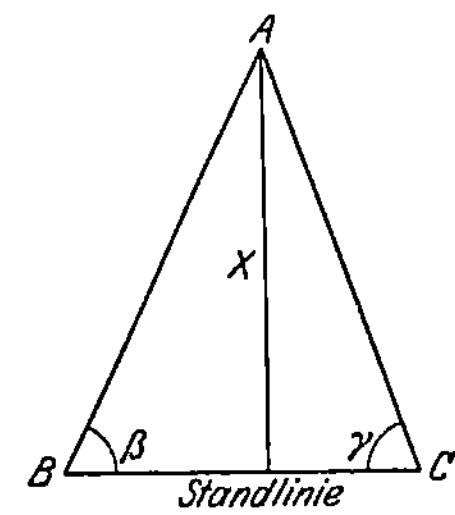

Abb. 15. Längenmessung mit Standlinie.

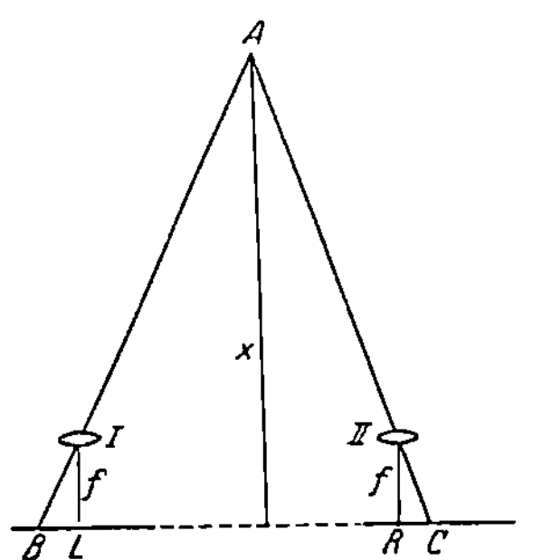

Abb. 16.   Zur stereogrammetrischen Längenmessung.

Soweit böte das Verfahren nichts irgendwie Bemerkenswertes. Erst jetzt kommt eine ernstliche Schwierigkeit: Es wäre zeitraubend und oft unmöglich, beispielsweise für den verschlungenen Weg eines Blitzes die einander entsprechenden Bilder B und C der einzelnen Wegelemente herauszufinden. Diese Schwierigkeit läßt sich vermeiden. Man vereinigt die beiden photographischen Aufnahmen in bekannter Weise in einem Stereoskop zu einem räumlich erscheinenden Gesichtsfeld. Man sieht in Abb. 17 die beiden einzelnen photographischen Aufnahmen in ein Stereoskop eingesetzt. Und nun kommt der entscheidende Kunstgriff, die Anwendung einer „wandernden Marke".

Die wandernde Marke erhält man mit Hilfe zweier gleichartiger Zeiger 1 und 2. Sie können in Höhe und Breite gemeinsam über die Bildflächen hin verschoben werden. Die Beträge dieser Verschiebungen werden an den Skalen S_1 und S_2 abgelesen. Außerdem läßt sich der gegenseitige Abstand der beiden Zeiger in meßbarer Weise (S_3 mit Skalentrommel) verändern.

Abb. 17. Stereoskop mit wandernder Marke. Auf den Bildern verästelte Blitzbahnen.

Ins Stereoskop blickend, sehen wir diese beiden Zeiger zu einem vereinigt, frei im Gesichtsraume schwebend. Verändern wir den Abstand der beiden Zeiger (S_3), so wandert die Marke im Gesichtsraum auf uns zu oder von uns fort. Man kann die Marke bei Benutzung aller drei Verschiebungsmöglichkeiten (S_1, S_2, S_3) auf jeden beliebigen Punkt im Gesichtsraum einstellen, also auf eine Bergspitze, auf eine beliebige Stelle einer verschlungenen Blitzbahn usw. Es ist ein außerordentlich eindrucksvoller Versuch. Aus den Skalenablesungen liefert uns dann eine Eichtabelle bequem die den Punkt festlegenden Längen in Tiefe, Breite und Höhe. (Seine drei Koordinaten.)

Das Verständnis des Versuches wird gelegentlich durch eine Äußerlichkeit erschwert: Nach Abb. 16 erwartet man bei einer Abstandsvergrößerung der Zeiger ein Heranwandern der Marke in den Vordergrund. Tatsächlich wandert jedoch die Marke nach hinten. Das hat einen einfachen Grund. In jedem Stereoskop muß man die linke und die rechte Photographie miteinander vertauschen. Den näheren Gegenständen entspricht bei den ins Stereoskop eingelegten Photographien der kleinere Abstand zwischen ihren Einzelbildern. Nur so können die Photographien auf unseren Netzhäuten in den gleichen Lagen abgebildet werden, als ob wir die Gegenstände selbst, also etwa die Landschaft, ohne Stereoskop besähen, also *I* und *II* unsere Augenlinsen wären.

§ 5. Zeitmessung. Echte Zeitmessung. Die Grundlage jeder Zeitmessung sind gleichmäßig wiederkehrende Bewegungen, und diese lassen sich stets auf eine gleichförmige Rotation zurückführen. Dabei läßt sich „gleichförmig" zunächst nur gefühlsmäßig definieren. Denn die strenge Definition „gleiche Winkel in gleichen Zeiten" setzt bereits die Existenz einer Zeitmessung voraus.

Als Zeiteinheit dient der Sterntag. Der Sterntag ist definiert als die Zeit, die am Beobachtungsort zwischen zwei aufeinanderfolgenden Meridiandurchgängen des gleichen Fixsternes verstreicht.

Der Sterntag wird eingeteilt in $24 \times 60 \times 60 = 86400$ Sternzeitsekunden. Aus der Sternzeitsekunde wird die mittlere Sonnenzeitsekunde durch Multiplikation mit 366,25/365,25 hergeleitet. Dieser Sonnentag ist länger als der Sterntag. Denn die Sonne rückt zwischen zwei ihrer Meridiandurchgänge selbst unter den Fixsternen vor. Ein Jahr besteht aus 366,25 Sterntagen, aber nur 365,25 Sonnentagen.

Die physikalische Literatur benutzt, ebenso wie die Technik und das tägliche Leben, als „Sekunde" nur die mittlere Sonnenzeitsekunde.

Die zur praktischen Zeitmessung benutzten Uhren können als bekannt gelten.

Die Gleichförmigkeit ihres Ganges wird durch mechanische Schwingungsvorgänge erzielt. Entweder schwingt ein hängendes Pendel im Schwerefeld (z. B. Wanduhren) oder ein Drehpendel an einer elastischen Schneckenfeder (z. B. „Unruhe" unserer Taschenuhren). Es bleibt zu zeigen, daß sich die Schwingungen dieser Pendel auf gleichförmige Rotation zurückführen lassen:

Eine Pendelbewegung verläuft, kurz gesagt, wie eine von der Seite betrachtete Kreisbewegung. In der Ebene der Kreisbahn blickend, sehen wir einen umlaufenden Körper nur Hin- und Herbewegungen ausführen. Ihr zeitlicher Ablauf ist genau der gleiche wie der der Pendelbewegung.

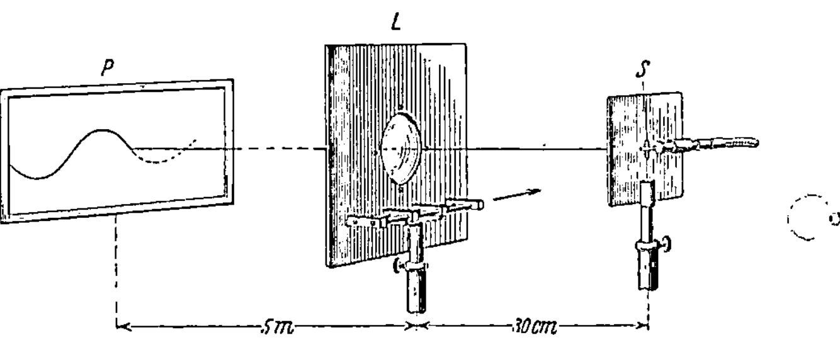

Abb. 18. Zusammenhang von Kreisbewegung und Sinuswelle. Vor dem Spalt S sitzt ein auf den Beschauer zu gerichteter Stift auf der Peripherie eines rotierenden Zylinders. Zum Antrieb des letzteren wird eine biegsame Welle benutzt.

Das zeigt besonders anschaulich eine photographische Registrierung. Sie verwandelt das zeitliche Nacheinander in ein räumliches Nebeneinander und stellt uns den Bewegungsvorgang als einen Kurvenzug dar.

Zur Photographie dieses Kurvenzuges dient die in Abb. 18 erläuterte Anordnung: Ein Spalt S wird mittels der Linse L auf dem Schirm P abgebildet. Die den Spalt beleuchtende Lichtquelle (Bogenlampe) ist nicht mitgezeichnet worden. Die Linse L wird während der Exposition auf einem Schlitten gleichförmig in Richtung des Pfeiles bewegt. Dadurch läuft das Bild des Spaltes über den Schirm P hinweg. Der Schirm ist mit einem phosphoreszierenden Kristallpulver überzogen. Ein solches Pulver vermag nach kurzer Lichteinstrahlung längere Zeit nachzuleuchten.

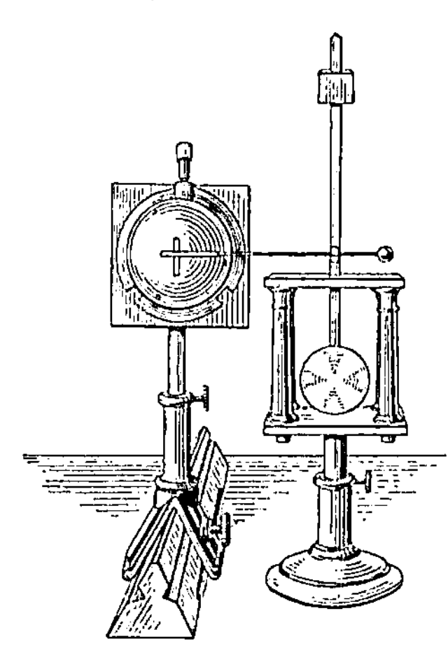

Abb. 19. Ein mit einem Metronompendel verbundener Metallstift vor einem Spalt. Diese Anordnung wird an Stelle von S in Abb. 18 eingesetzt.

Vor den Spalt S setzen wir nacheinander

1. einen eine Kreisbahn durchlaufenden Metallstift (vgl. Abb. 18) und

2. einen seitlich an einem Schwerependel befestigten Draht (vgl. Abb. 19, Metronompendel).

In beiden Fällen erhalten wir tiefschwarz auf hellgrün leuchtendem Grunde den gleichen Kurvenzug: das Bild der einfachsten Welle, der Sinuswelle.

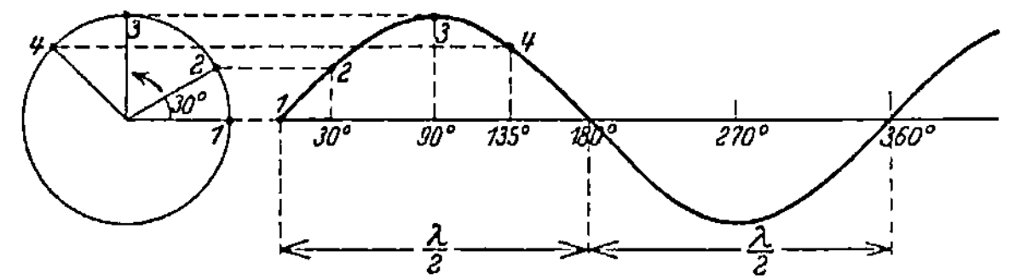

Abb. 20. Zusammenhang von Kreisbewegung und Sinuswelle.

Dieser innige Zusammenhang von Kreisbewegung, Pendelbewegung und Sinuswelle spielt in den verschiedensten Gebieten der Physik eine wichtige Rolle. Mathematisch formal folgt der Zusammenhang aus der in Abb. 20 ersichtlichen Skizze. Bei der großen Wichtigkeit dieses Zusammenhanges dürfte jedoch der obige, sehr anschauliche Versuch nicht überflüssig sein. Kann er doch zugleich als ein einfaches Beispiel einer Bewegungsanalyse mit photographischer Registrierung gelten.

§ 6. Moderne Uhren; persönliche Gleichung. Konstruktive Einzelheiten moderner Uhren sind für uns ohne Belang. Die Technik liefert heute sehr bequeme Taschenstoppuhren für direkte Ablesung von $1/50$ oder gar $1/100$ Sekunde. Abb. 21 zeigt eine derartige Uhr. Ihr Zeiger macht in einer Sekunde einen vollen Umlauf. — Beim Lauf einer solchen Uhr ist man jedesmal von neuem von der großen Länge einer Sekunde überrascht!

Eine solche Uhr soll uns zur Messung einer oft wichtigen Größe dienen, der sog. „persönlichen Gleichung". Wir bringen auf dem Uhrglas eine Marke an, etwa einen Papierstreifen in Sektorform. Dann versuchen wir den Zeiger abzustoppen, wenn wir ihn gerade hinter der Marke herauskommen sehen. Regelmäßig läuft dabei der Zeiger erheblich über die Marke heraus, meist um ca. $1/10$ Sekunde. Diese Zeitspanne heißt die „persönliche Gleichung". Ihre Bedeutung ist leicht zu übersehen: Das optische Signal unseres Auges muß ins Gehirn geleitet werden. Das Gehirn muß via Rückenmark die Fingermuskeln verständigen. Beide Vorgänge zusammen brauchen eine endliche Zeit, eben die „persönliche Gleichung".

Beim Abstoppen von Zeitdauern fällt die persönliche Gleichung des Beobachters glücklicherweise heraus. Denn sie ist beim ersten und zweiten Abstoppen praktisch die gleiche, wenn man Anfang und Schluß mit dem gleichen Sinnesorgan beobachtet.

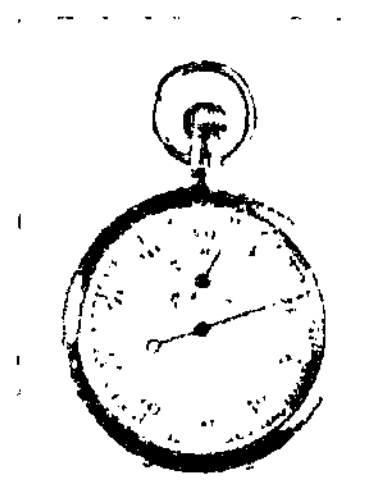

Abb. 21. Taschenstoppuhr mit $1/100$ Sekunden-Teilung. Ein Umlauf gleich 1 Sekunde.

§ 7. Stroboskopische Zeitmessung. Eine nicht nur in der Physik, sondern auch in andern Naturwissenschaften häufig auftauchende Sonderaufgabe ist die Messung einer sehr kurzen, aber periodisch wiederkehrenden Zeitdauer. Dann benutzt man die stroboskopische Zeitmessung, die Zeitmessung mit der Drehscheibe. Man erläutert das Verfahren am besten an einem Beispiel:

Abb. 22 zeigt uns eine Blattfeder. Wir lassen sie pro Sekunde etwa 50mal hin und her schwingen (Abb. 357a). (Technisch machen wir das durch einen bei A sitzenden Exzenter, der mittels der biegsamen Welle W in rasche Rotation versetzt wird. Näheres später in § 107 unter „erzwungene Schwingungen".) Diese Blattfeder wird mit intermittierendem Licht, einer gleichmäßigen Folge einzelner Lichtblitze, an die Wand projiziert. Eine solche Beleuchtung erzielt

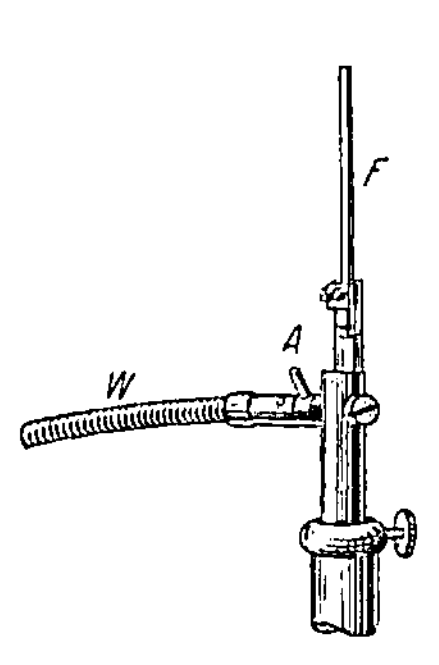

Abb. 22. Eine Blattfeder F zur Vorführung der stroboskopischen Zeitmessung. Schwingungsbild dieser Blattfeder in Abb. 357a.

man am einfachsten mit einer Drehscheibe mit beispielsweise 10 Schlitzöffnungen. Sie wird an geeigneter Stelle in den Strahlengang des Lichtes eingeschaltet.

Wir beginnen mit hoher Drehzahl der Scheibe und verlangsamen die Scheibe allmählich. Auf diese Weise suchen wir die Beleuchtungsfolge heraus, bei der jeder der einander folgenden Lichtblitze die Blattfeder an beliebiger, aber stets gleicher Stelle ihrer Bahn trifft. Dann sehen wir die Blattfeder an dieser Stelle (und zwar nur an dieser!) stillstehen, und ihre gesuchte Schwingungsdauer ist gleich $1/n$ Sekunden, wenn n die Zahl der Lichtblitze pro Sekunde bedeutet. Ist der zeitliche Abstand zweier Lichtblitze etwas größer oder kleiner als die Schwingungsdauer der Blattfeder, so wird die Blattfeder nacheinander nicht an dem gleichen, sondern an jeweils eng benachbarten Punkten ihrer Bahn beleuchtet. Infolgedessen sehen wir das Bild der Blattfeder langsam im einen oder anderen Sinne vorrücken. Die Blattfeder führt scheinbar stark verlangsamte Schwingungen aus. Das Auftreten dieser langsamen Schwingungen und ihr allmählicher Übergang zu völligem Stillstand macht die Anwendung der stroboskopischen Zeitmessung besonders einfach.

Bei der stroboskopischen Zeitmessung sind einige Punkte zu beachten. Sie sind zwar im obigen Text einbegriffen, sollen aber der Sicherheit halber noch einmal ausdrücklich aufgezählt werden: Man beginne stets mit hoher Drehzahl. Man lasse alle Fälle außer acht, in der die Blattfeder in mehr als einem Punkt der Bahn stillsteht. Denn bei ihnen hat man ganzzahlige Vielfache von n. — Stillstand in der Ruhelage der Blattfeder, aber nur in dieser, tritt zum erstenmal ein bei $2n$ Lichtblitzen pro Sekunde. Stillstand an beliebiger Stelle der Bahn erscheint zum ersten Male bei n Lichtblitzen pro Sekunde. Weitere Stillstände folgen bei sinkender Drehzahl der Schlitzscheibe bei allen ganzzahligen Bruchteilen von n bzw. $2n$, allerdings mit abnehmender Deutlichkeit (Praktikumsaufgabe!).

§ 8. Grundsätzliche Schwierigkeiten unserer heutigen Zeitmessung.

Statt der heutigen echten, auf Rotation beruhenden Zeitmessung, brauchte man früher unechte Zeitmessungen, z. B. Wasser- oder Sanduhren[1]). Sie sind uns heute noch in der Kümmerform der Eieruhren erhalten. Die antike Technik hat sich viel um die Meßgenauigkeit der Wasseruhren bemüht. Man suchte die Gleichförmigkeit des Wasserausflusses durch besonders sorgfältig konstruierte Ausflußdüsen, z. B. durchbohrte Edelsteine zu steigern. Automatische Pfeifsignale mahnten den Besitzer der Uhr zum rechtzeitigen Nachfüllen des Wassers usw. Wir sind leicht geneigt, diese Bemühungen früherer Zeiten zu belächeln. Doch sollen wir bescheiden sein. Auch unsere heutige Zeitmessung ist keineswegs vollkommen. Mit der Festlegung unserer Zeiteinheit ist es im Grunde nicht besser bestellt als mit der Festlegung der Längeneinheit durch einen im Laufe der Jahrtausende vergänglichen Normalmeterstab. Das erläutert der folgende Versuch. Abb. 23

Abb. 23. Gestaltsänderungen bewirken Änderung der Drehgeschwindigkeit.

zeigt uns einen Menschen auf einem Drehschemel sitzend. Durch einen Anstoß wird er in Rotation versetzt. Jede Näherung der Arme an den Körper erhöht, jede Entfernung vom Körper erniedrigt die Rotationsgeschwindigkeit (näheres später S. 108). Entsprechendes gilt für die Rotation unserer Erdkugel um ihre Achse. Jede größere Massenverlagerung in Richtung des Radius, z. B. die Entstehung eines Gebirges oder ein Schrumpfen der ganzen Erdkugel beeinflußt die Umlaufzeit der Erdkugel und somit die Länge des Sterntages. Die Technik scheint neuerdings Uhren bauen zu können, die gleichförmiger rotieren als unsere Erde (vgl. § 53).

---

[1] Eine Wasseruhr mit konstanter Höhe des Wasserspiegels im Auslaufgefäß lasse ihren Strahl in ein zylindrisches Auffangegefäß mit äquidistanten Höhenmarken fließen. Das gibt keine echte Zeitmessung. Man muß zuvor die Gesetze ermitteln, nach denen bei wachsender Höhe der Wassersäule das Wasser in den unteren Schichten zusammengedrückt und die Gefäßwände ausgebaucht werden. Beides läßt sich sogleich umgehen, wenn man sich das Auffangegefäß periodisch durch Umkippen entleeren läßt („Kippschwingungen"). Damit ist man dann wieder zu gleichförmig wiederkehrenden Bewegungen zurückgekehrt. — Eine elektrische Variante der Wasseruhr findet sich im Bande „Elektrizitätslehre" in § 17.

Es fehlt aber auch aus anderen, viel tieferen Gründen nicht an Versuchen, statt des Sterntages eine andere Zeiteinheit einzuführen. Einen derartigen Versuch macht die Einsteinsche Relativitätstheorie. Sie definiert als Zeiteinheit im Prinzip diejenige Zeit, die das Licht braucht, um einmal die Länge des Pariser Normalmeters hin und zurück zu durchlaufen. Sie denkt sich eine Lichtquelle an der einen, einen reflektierenden Spiegel an der anderen Endmarke des Normalmeterstabes aufgestellt.

Zum Glück brauchen normale physikalische Zeitmessungen auf diese letzten Schwierigkeiten noch keine Rücksicht zu nehmen. Doch soll schon der Anfänger wissen, daß selbst in scheinbar so einfachen Dingen, wie der Zeitmessung, noch tiefe Probleme stecken.

II. Darstellung von Bewegungen, Kinematik.

§ 9. Definition von Bewegung. Bezugssystem. Als Bewegung bezeichnet man die Änderung des Ortes mit der Zeit, beurteilt von einem festen, starren Körper („Bezugssystem") aus. Der Zusatz ist durchaus wesentlich. Das zeigt ein beliebig herausgegriffenes Beispiel: Der Radfahrer sieht vom Sattel seines Fahrrades aus seine Fußspitzen Kreisbahnen beschreiben. Der auf dem Bürgersteig stehende Beobachter sieht ein ganz anderes Bild. Für ihn durchlaufen die Fußspitzen des Radfahrers eine wellenartige Bahn, nämlich die in Abb. 24 skizzierte Zykloide.

Abb. 24. Bahn eines Fahrradpedales für einen ruhenden Beobachter.

Der feste starre Körper, von dem aus wir die Bewegungsvorgänge in Zukunft betrachten wollen, ist die Erde oder der Fußboden unseres Hörsaales. Dabei lassen wir die tägliche Umdrehung der Erde bewußt außer acht. Wir kümmern uns zunächst nicht darum, daß wir im Grunde Physik auf einem großen Karussel treiben. Auch halten wir an der Fiktion fest, die Erde sei starr und nicht deformierbar.

Später werden wir gelegentlich unsern Beobachtungsstandpunkt oder unser Bezugssystem wechseln. Wir werden in manchen Zusammenhängen die Erdumdrehung berücksichtigen. Auch werden wir gelegentlich Deformationen der Erde in Rechnung setzen. Das alles wird dann aber jedesmal ganz ausdrücklich betont werden. Sonst gibt es, insbesondere bei den Drehbewegungen, eine heillose Verwirrung.

Zur Darstellung oder Beschreibung aller Bewegungen gehören Messungen von Längen und Zeiten. Diese Messungen erlauben die Definition der beiden Begriffe Geschwindigkeit und Beschleunigung. Mit ihnen beginnen wir.

§ 10. Definition von Geschwindigkeit. Beispiel einer Geschwindigkeitsmessung. Ein Körper rücke innerhalb des Zeitabschnittes Δt um die Wegstrecke Δs vor. Dann definiert man als Geschwindigkeit den Quotienten

$$u = \frac{\Delta s}{\Delta t} . \tag{1}$$

(In Worten: Geschwindigkeit gleich Wegzuwachs durch Zeitzuwachs.)

Dabei ist die Wegstrecke Δs so zu bemessen, daß sich der Quotient bei einer beliebigen Verkleinerung von Δs nicht mehr ändert („Grenzübergang"). Andernfalls mißt man den einem größeren Bereich zugehörigen zeitlichen Mittelwert der Geschwindigkeit. — Mathematisch drückt man diese Forderung dadurch aus, daß man das Symbol für „Zuwachs" oder „Abschnitt", Δ, durch das Symbol d ersetzt. Es ist die Geschwindigkeit

$$u = \frac{ds}{dt} , \tag{1a}$$

d. h. gleich dem Differentialquotienten des Weges nach der Zeit.

Meßtechnisch bedeutet diese Forderung, daß man in vielen Fällen die Messung recht kleiner Zeiten nicht umgehen kann. — Die Messung einer Geschoßgeschwindigkeit gibt ein gutes Beispiel. Ein Geschoß verläßt den Lauf mit dem Höchstwert seiner Geschwindigkeit, der Mündungsgeschwindigkeit. Längs der Flugbahn sinkt dann die Geschwindigkeit langsam, aber stetig infolge des Luftwiderstandes. — Wir wollen die Mündungsgeschwindigkeit einer Pistolenkugel messen.

Die Abb. 25 zeigt eine geeignete Meßanordnung. Der Wegabschnitt Δs wird durch zwei dünne Pappscheiben begrenzt, seine Länge beträgt beispielsweise 22,5 cm. Die Zeitmessung wird in durchsichtiger Weise auf die Grundlage aller

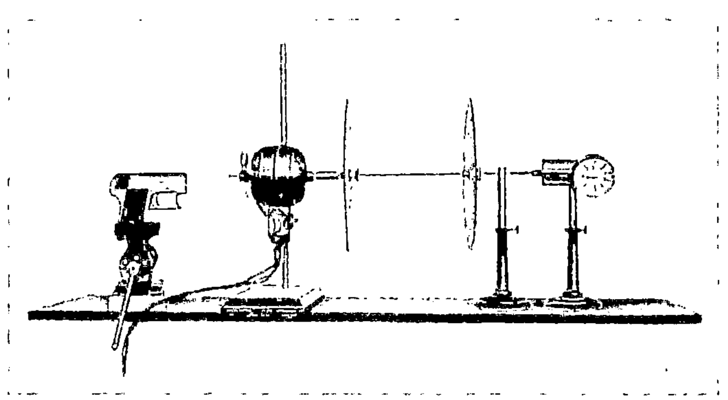

Abb. 25. Messung einer Pistolenkugelgeschwindigkeit mit einem einfachen „Chronographen".

Zeitmessung, auf gleichförmige Rotation, zurückgeführt. Die Zeitmarken werden automatisch aufgezeichnet („Chronograph"). Zu diesem Zweck versetzt ein Elektromotor die Pappscheiben auf gemeinsamer Achse in gleichförmige, rasche Umdrehung. Ihre Drehzahl n pro Sekunde, auch Frequenz genannt, wird an einem technischen Drehzahlmesser abgelesen, z. B. zu $n = 50\ \mathrm{sec}^{-1}$.

Die Kugel durchschlägt erst die linke Scheibe, das Schußloch ist unsere erste Zeitmarke. Während sie den 22,5 cm langen Weg zur zweiten Pappscheibe durchfliegt, rückt die „Uhr" oder der „Chronograph" weiter. Das Schußloch oder die Zeitmarke auf der zweiten Scheibe ist gegen das der ersten um einen gewissen Winkel versetzt. Wir messen ihn nach Anhalten der Scheibe zu ca. 18° Bogengrad oder $^{1}/_{20}$ Kreisumfang.

Durch Einstecken einer Drahtstange durch beide Schußlöcher machen wir die Winkelversetzung im Schattenbild weithin sichtbar.

Die Flugzeit Δt hat also $\dfrac{1}{50} \cdot \dfrac{1}{20} = \dfrac{1}{1000}$ Sekunden betragen. Die Geschwindigkeit u ergibt sich zu

$$\frac{0,225\ \frac{\text{Meter}}{\text{Sekunden}}}{^{1}/_{1000}} = 225\ \frac{\text{Meter}}{\text{Sekunden}}.$$

Der Versuch wird mit einem kleineren Flugweg Δs von nur 15 cm Länge wiederholt. Das Endergebnis wird dasselbe. Also war schon der erste Flugweg klein genug gewählt. Schon er hat uns die gesuchte Mündungsgeschwindigkeit geliefert und nicht einen kleineren Mittelwert über eine längere Flugbahn.

Nur bei Bewegungen mit konstanter oder gleichförmiger Geschwindigkeit darf man sich die Größen von Δs (Meßweg) und Δt (Meßzeit) allein nach Maßgabe meßtechnischer Bequemlichkeit aussuchen. Man schreibt dann kurz $u = s/t$.

Der Zahlenwert einer Geschwindigkeit hängt nur von den jeweils benutzten Einheiten ab. Wir können die Kugelgeschwindigkeit ebensogut schreiben $2{,}25 \cdot 10^4$ cm/sec oder 810 km/Stunde. Stets aber hat man bei jeder Geschwindigkeitsmessung die Länge eines Weges und die Dauer einer Zeit zu messen und den Quotienten ihrer Zahlenwerte zu bilden. Das drückt man in der physikalischen Literatur durch einen anfänglich seltsam anmutenden Satz aus: Die Geschwindigkeit hat die Dimension $[l t^{-1}]$. Das bedeutet lediglich: Unabhängig von den jeweils benutzten Maßeinheiten (nicht etwa dem Maßsystem, vgl. S. 56) hat man zur Messung einer Geschwindigkeit den Zahlenwert[1] einer Länge l durch den Zahlenwert einer Zeit t zu dividieren. Der Nutzen dieser und anderer Dimensionsangaben wird erst späterhin ersichtlich werden.

Im täglichen Leben begnügt man sich zur Kennzeichnung einer Geschwindigkeit mit der Angabe ihres Zahlenwertes, etwa in m/sec. In der Physik ist diese Zahlenangabe aber nur eines der beiden Bestimmungsstücke einer Geschwindigkeit. Als zweites muß die Angabe der Richtung hinzukommen. In der Physik ist die Geschwindigkeit stets eine gerichtete Größe, ihr Symbol ist der Vektor oder der Pfeil. Das zeigt sich am deutlichsten in der auch dem Laien geläufigen Addition zweier Geschwindigkeiten oder „der Zusammensetzung einer Geschwindigkeit aus 2 Komponenten". In Abb. 26 werden die große Geschwindigkeit u_1 (z. B. Eigengeschwindigkeit

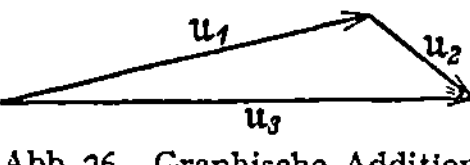

Abb. 26. Graphische Addition von Geschwindigkeiten.

des Flugzeuges) und die kleine, anders gerichtete Geschwindigkeit u_2 (z. B. Windgeschwindigkeit) zu einer „resultierenden" Geschwindigkeit u_3 (Reisegeschwindigkeit des Flugzeuges) zusammengesetzt.

§ 11. **Definition von Beschleunigung. Die beiden Grenzfälle.** Bewegungen mit konstanter Geschwindigkeit sind selten. Im allgemeinen ändert sich längs der Bahn Größe und Richtung der Geschwindigkeit.

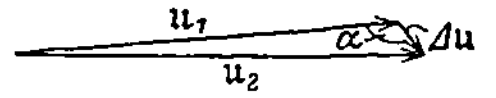

In Abb. 27 bedeutet der Pfeil u_1 die Geschwindigkeit eines Körpers zu Beginn eines Zeitabschnittes $\varDelta t$. Während des Zeitabschnittes erhalte der Körper eine Zusatzgeschwindigkeit $\varDelta u$ beliebiger Richtung, dargestellt durch den

Abb. 27. Zur allgemeinen Definition von Beschleunigung.

kurzen zweiten Pfeil. Am Schluß des Zeitabschnittes $\varDelta t$ hat der Körper die Geschwindigkeit u_2. Sie wird in Abb. 27 graphisch als Pfeil u_2 ermittelt.

Dann definiert man allgemein als Beschleunigung den Quotienten

$$b = \frac{\varDelta u}{\varDelta t}. \tag{2}$$

(In Worten: Beschleunigung gleich Geschwindigkeitszuwachs durch Zeitzuwachs.)

Dabei ist der Zeitabschnitt $\varDelta t$ so zu wählen, daß der Quotient bei einer beliebigen Verkleinerung von $\varDelta t$ sich nicht mehr ändert (Grenzübergang). Mathematisch wird diese Forderung wieder dadurch ausgedrückt, daß man das Symbol $\varDelta$ durch das Symbol d ersetzt, also

$$b = \frac{du}{dt} = \frac{d^2 s}{dt^2}. \tag{2a}$$

Ebenso wie die Geschwindigkeit ist auch die Beschleunigung ein Vektor. Die Richtung dieses Vektors fällt mit der der Zusatzgeschwindigkeit $\varDelta u$ zusammen (Abb. 27).

In Abb. 27 war der Winkel α zwischen Zusatzgeschwindigkeit $\varDelta u$ und Ausgangsgeschwindigkeit u_1 beliebig. Wir unterscheiden zwei Grenzfälle:

---

[1] Auch Maßzahl oder Betrag genannt.

1. $\alpha = 0$ bzw. $180°$, Abb. 28a u. b. Die Zusatzgeschwindigkeit liegt in der Geraden der ursprünglichen Geschwindigkeit. Es wird nur die Größe, nicht aber die Richtung der Geschwindigkeit geändert. In diesem Falle nennt man die Beschleunigung du/dt die **Bahnbeschleunigung** b.

2. $\alpha = 90°$, Abb. 29. Die Zusatzgeschwindigkeit steht senkrecht zur ursprünglichen Geschwindigkeit u. Es wird nicht die Größe, sondern nur die Rich-

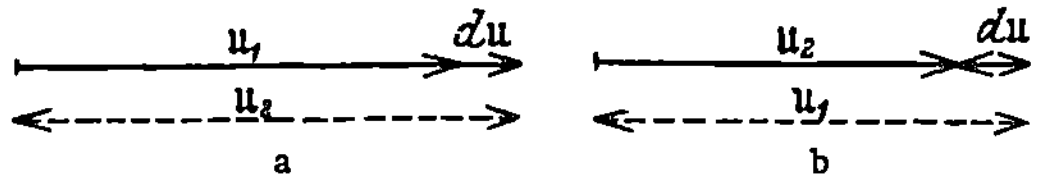

Abb. 28a u. b. Zur Definition der Bahnbeschleunigung.

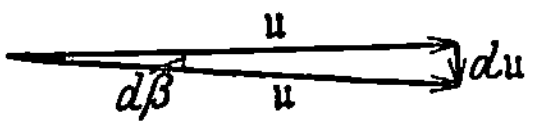

Abb. 29. Zur Definition der Radial-beschleunigung.

tung der Geschwindigkeit geändert, und zwar im Zeitabschnitt dt um den kleinen Winkel $d\beta$. In diesem Fall nennt man du/dt die **Radialbeschleunigung** b_r. Man entnimmt der Abb. 29 sogleich die Beziehung

$$du = u \cdot d\beta,$$

$$\frac{du}{dt} = u \frac{d\beta}{dt}.$$

Dabei wird der Quotient $\frac{d\beta}{dt}$ als Winkelgeschwindigkeit ω bezeichnet,

$$b_r = u \cdot \omega. \tag{3}$$

Das Wort Beschleunigung wird nach obigen Definitionen in der Physik in ganz anderem Sinn gebraucht als in der Gemeinsprache.

Erstens versteht man im täglichen Leben unter beschleunigter Bewegung meist nur eine Bewegung mit hoher Geschwindigkeit, z. B. beschleunigter Umlauf eines Aktenstückes. — Zweitens läßt das Wort Beschleunigung der Gemeinsprache Richtungsänderungen völlig außer acht. Ein Schnellzug durchlaufe in der Sekunde 20 m Schienenweg, und zwar nicht nur auf gerader Strecke, sondern auch in der Kurve. Dann heißt es im täglichen Leben: Der Zug fährt auf der ganzen Strecke mit der konstanten Geschwindigkeit von 20 m/sec. In der Physik hingegen heißt es: Nur auf der geraden Bahn fährt der Zug mit konstanter Geschwindigkeit, in der Kurve fährt er „beschleunigt".

Bei der Mehrzahl aller Bewegungen sind Bahnbeschleunigungen b und Radialbeschleunigungen b_r gleichzeitig vorhanden, längs der Bahn wechseln sowohl Größe wie Richtung der Geschwindigkeit. Trotzdem beschränken wir uns bis auf weiteres auf die Grenzfälle alleiniger Bahnbeschleunigung (gerade Bahn) und alleiniger Radialbeschleunigung (Kreisbahn).

§ 12. Bahnbeschleunigung, gerade Bahn. Die Bahnbeschleunigung ändert nur die Größe, nicht die Richtung der Geschwindigkeit. Infolgedessen erfolgt die Bewegung auf gerader Bahn.

Eine Bahnbeschleunigung ist im Prinzip einfach zu messen. Man ermittelt in zwei aufeinanderfolgenden Zeitabschnitten Δt die Geschwindigkeiten u_1 und u_2; man berechnet $\Delta u = (u_2 - u_1)$ (positiv oder negativ) und bildet den Quotienten $\frac{\Delta u}{\Delta t} = b$.

Δt ist, wie schon bekannt, so zu wählen, daß sich das Meßergebnis bei einer beliebigen Verkleinerung von Δt nicht mehr ändert. Praktisch bedeutet diese Forderung meist die Anwendung recht kleiner Zeitabschnitte Δt. Diese bietet keine Schwierigkeit, sobald man irgendein „Registrierverfahren" benutzen kann. D. h. man läßt den Verlauf der Bewegung zunächst einmal automatisch aufzeichnen und wertet die Aufzeichnungen dann hinterher in Ruhe aus. Bequem ist ein Kinematograph (Zeitlupe). Aber es geht auch viel einfacher, z. B. mit einer Uhr, die Zeitmarken auf den bewegten Körper druckt. Nur darf selbstverständlich der Druckvorgang die Bewegung des Körpers nicht stören. Wir geben ein praktisches Beispiel. Es soll die Beschleunigung eines frei fallenden Holzstabes ermittelt werden. Die Abb. 30 zeigt eine geeignete Anordnung. Sie läßt sich sinngemäß auf zahlreiche andere Beschleunigungsmessungen übertragen.

Der wesentliche Teil ist ein feiner in einer Horizontalebene kreisender Tintenstrahl. Der Strahl spritzt aus der seitlichen Düse D eines Tintenfasses

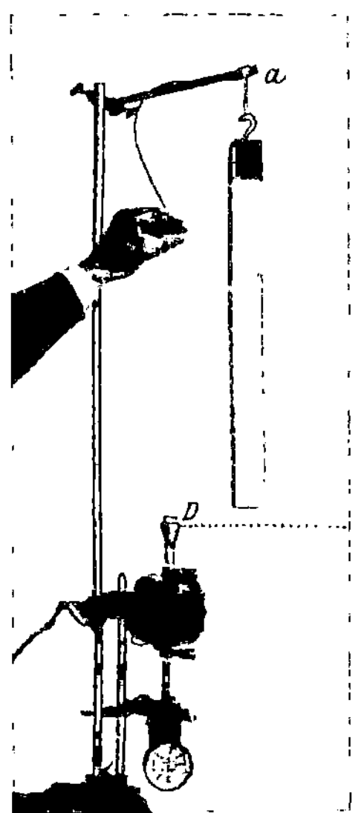

Abb. 30. Messung der Beschleunigung eines frei fallenden Körpers.

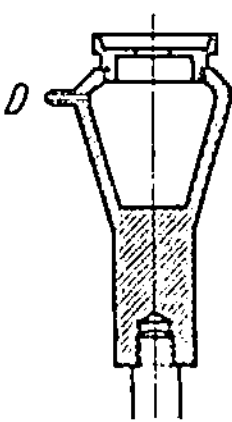

Abb. 31. Der in Abb. 30 benutzte Tintenspritzer in halber natürlicher Größe.

Geschwindigkeit $u = \dfrac{\Delta s}{\Delta t}$	Geschwindigkeits-zuwachs Δu in je $^1/_{50}$ Sekunde	Beschleunigung b
cm/sec	cm/sec	m/sec²
285,50		
	22,50	11,25
263,00		
	17,50	8,75
245,50		
	18,00	9,00
227,50		
	21,25	10,63
206,25		
	21,25	10,63
185,00		
	18,50	9,25
166,50		
	19,00	9,50
147,50		
	18,00	9,00
129,50		
	19,50	9,75
110,00		
Mittel:	19,50 cm/sec	9,8 m/sec²

Abb. 32. Fallkörper mit Zeitmarken und deren Auswertung mit den üblichen Versuchs- und Ablesungsfehlern. Dieser Versuch soll vor allem zeigen, daß die Messung eines zweiten Differentialquotienten stets eine mißliche Sache ist.

heraus, das sich auf der vertikalen Achse eines Elektromotors befindet. Die Drehzahl $n = 50\ \text{sec}^{-1}$ wird mit einem technischen Drehzahlmesser ermittelt. Die Anordnung läßt wiederum die Rückführung der Zeitmessung auf gleichförmige Rotation übersichtlich erkennen.

Der Stab wird mit einem Mantel aus weißem Papier umkleidet und bei a aufgehängt. Ein Drahtauslöser gibt ihn zu passender Zeit frei. Der Stab fällt dann durch den kreisenden Tintenstrahl zu Boden. — Abb. 32 zeigt den Erfolg, eine saubere Folge einzelner Zeitmarken in je $^1/_{50}$ Sekunde Abstand.

Der Körper fällt weiter, während der Tintenstrahl vorbeihuscht. Daher rührt die Krümmung der Zeitmarken.

Schon der Augenschein läßt die Bewegung als beschleunigt erkennen. Der Abstand der Zeitmarken, d. h. der in je $\Delta t = \ ^1/_{50}$ Sekunde durchfallene Weg Δs nimmt dauernd zu. Die ausgerechneten Werte der Geschwindigkeit $u = \dfrac{\Delta s}{\Delta t}$

sind jeweils daneben geschrieben. Die Geschwindigkeit wächst in je $^1/_{50}$ Sekunde um den gleichen Betrag, nämlich um $\Delta u = 19{,}5$ cm/sec. Dabei abstrahieren wir von den unvermeidlichen Fehlern der Einzelwerte. Wir haben hier beim freien Fall eines der seltenen Beispiele einer konstanten oder gleichförmigen Beschleunigung. Als Größe dieser konstanten Beschleunigung berechnen wir

$$b = 9{,}8 \text{ m/sec}^2.$$

Bei Wiederholung des Versuches mit einem Körper aus anderer Substanz, etwa einem Messingrohr statt des Holzstabes, ergibt sich der gleiche Zahlenwert. Die konstante Beschleunigung b beim freien Fall ist für alle

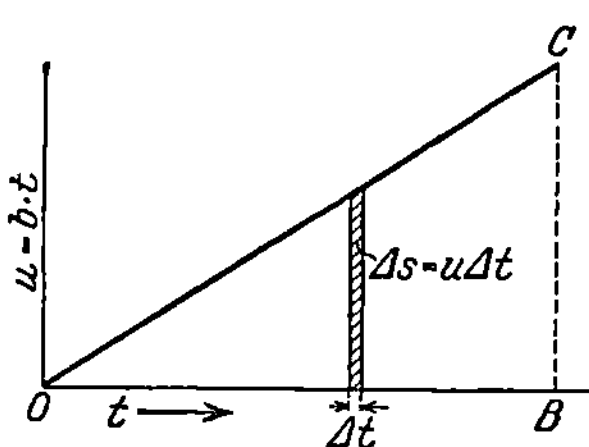

Abb. 33. Geschwindigkeit u und Weg s bei konstanter Bahnbeschleunigung.

Körper die gleiche. Man bezeichnet sie fast durchweg mit dem kursiv gedruckten[1] Buchstaben g, also $g = 9{,}8$ m/sec^2 und nennt sie die „Erdbeschleunigung"[2]. Das ist eine hier beiläufig gewonnene experimentelle Tatsache. Ihre große Bedeutung wird späterhin ersichtlich werden.

Die Beschleunigung hat die Dimension [m sec^{-2}] oder allgemein [lt^{-2}].

Unser praktisches Meßbeispiel führte auf den Sonderfall einer konstanten Bahnbeschleunigung. Dieser Sonderfall hat erhebliche Bedeutung.

Konstante Beschleunigung heißt gleiche Geschwindigkeitszunahme Δu in gleichen Zeitabschnitten Δt. Die Geschwindigkeit u steigt gemäß Abb. 33 linear mit der Zeit t. In jedem Zeitabschnitt Δt legt der Körper den Wegabschnitt Δs zurück. Daher gilt $\Delta s = u\,\Delta t$. u ist dabei der Mittelwert der Geschwindigkeit im jeweiligen Zeitabschnitt Δt. Ein solcher Wegabschnitt wird in Abb. 33 durch die schraffierte Fläche dargestellt. Die ganze Dreiecksfläche OBC ist die Summe aller in der Zeit t durchlaufenen Wegabschnitte Δs. Also gilt für den bei konstanter Bahnbeschleunigung in der Zeit t durchlaufenen Weg s die Gleichung

$$s = \tfrac{1}{2}\,b\,t^2 \tag{4}$$

d. h. der Weg steigt mit dem Quadrat der Beschleunigungsdauer. Diese Beziehung läßt sich an Hand der Abb. 32 gut experimentell bestätigen.

Von anderen Schauversuchen zur Prüfung der Gleichung (4) ist die Fallschnur zu nennen. Sie besteht aus einer senkrecht aufgehängten dünnen Schnur mit aufgereihten Bleikugeln, Abb. 34. Die unterste Kugel berührt fast den Boden. Die Abstände der anderen von ihr verhalten sich wie die Quadrate der ganzen Zahlen. Nach Loslassen des oberen Schnurendes schlagen die Kugeln nacheinander auf den Boden. Man hört die Aufschläge in gleichen Zeitabständen aufeinander folgen.

Weiter ermöglicht die Gleichung (4) eine bequeme Bestimmung der Erdbeschleunigung g. Man wählt Fallwege von der Länge etlicher Meter und mißt die Fallzeit mit einer modernen Stoppuhr. Das Abstoppen soll dabei nach dem Gehör geschehen. Die den Körper zum Fall freigebende Auslösevorrichtung muß daher bei ihrer Betätigung

Abb. 34. Fallschnur.

---

[1] Zur Unterscheidung von g = Gramm.

[2] Der Zahlenwert gilt in der Nähe der Erdoberfläche und kann für die meisten Zwecke als Konstante betrachtet werden. Bei verfeinerter Beobachtung erweist sich g ein wenig von der geographischen Breite des Beobachtungsortes abhängig (§ 66). Ferner auch abhängig von lokalen Eigenheiten der Bodenbeschaffenheit (z. B. Erzlager in der Tiefe) und, wenn auch nur sehr wenig, von der Meereshöhe des Beobachtungsortes.

knacken. Bei 5 m Fallhöhe, also Fallzeiten von rund einer Sekunde, erreicht man schon als Mittel weniger Einzelbeobachtungen einen auf etliche Promille richtigen Wert.

Streng genommen sind Beobachtungen des freien Falles im luftleeren Raume auszuführen. Nur dadurch können Störungen durch den Luftwiderstand ausgeschaltet werden. In einem hochevakuierten Glasrohr fallen wirklich alle Körper gleich schnell. Eine Bleikugel und eine Flaumfeder kommen zu gleicher Zeit unten an. In Zimmerluft bleibt die Feder bekanntlich weit zurück. Doch werden Fallversuche mit schweren Körpern von relativ kleiner Oberfläche durch den Luftwiderstand wenig beeinträchtigt.

Die aufgeführten Beispiele zur Prüfung der Gleichung (4) benutzen alle die Beschleunigung g während des freien Falles. Das ist bequem, aber keineswegs notwendig. Der Ursprung der konstanten Bahnbeschleunigung ist völlig gleichgültig. Er kann z. B. statt mechanischer elektrischer Natur sein.

Hatte der Körper vor Beginn der Beschleunigung bereits eine Anfangsgeschwindigkeit u_0, so tritt an die Stelle der Gleichung (4) die Gleichung

$$s = u_0 t + \tfrac{1}{2} b t^2. \tag{4a}$$

§ 13. Konstante Radialbeschleunigung, Kreisbahn. Die Radialbeschleunigung b_r ändert nicht die Größe, sondern nur die Richtung einer Geschwindigkeit u. Die Radialbeschleunigung b_r sei konstant und außer ihr keine weitere Beschleunigung vorhanden. Dann ändert sich die Richtung von u in gleichen Zeitabschnitten dt um den gleichen Winkelbetrag $d\beta$. Die Bahn ist eine Kreisbahn. Sie wird mit der konstanten Winkelgeschwindigkeit $\omega = d\beta/dt$ durchlaufen.

Für eine geschlossene Bahn definieren wir allgemein: Umlaufzeit oder Periode $T =$ Dauer eines Umlaufes (Sekunden); Frequenz oder Drehzahl $n = 1/T =$ Zahl der Umläufe pro Sekunde.

Daraus folgt für die mit konstanter Winkelgeschwindigkeit durchlaufene Kreisbahn:

Bahngeschwindigkeit $u = 2r\pi/T =$ pro Sekunde durchlaufener Weg,

Winkelgeschwindigkeit $\omega = 2\pi/T =$ pro Sekunde durchlaufener Winkel,

$$u = \omega \cdot r \tag{5a}$$

Die Winkelgeschwindigkeit ω nennt man oft die Kreisfrequenz. Denn es ist $\omega = 2\pi/T = 2\pi n =$ Zahl der Umläufe in 2π Sekunden.

Diese Definitionen und Beziehungen muß man sich einprägen, sie kehren ständig in allen Gebieten der Physik wieder.

Gleichung (3) und (5a) zusammen ergeben

$$b_r = \omega^2 r = u^2/r \tag{6}$$

Diese Radialbeschleunigung b_r muß vorhanden sein, damit ein Körper eine Kreisbahn vom Radius r mit der konstanten Winkelgeschwindigkeit (Kreisfrequenz) ω oder der konstanten Bahngeschwindigkeit u durchlaufen kann.

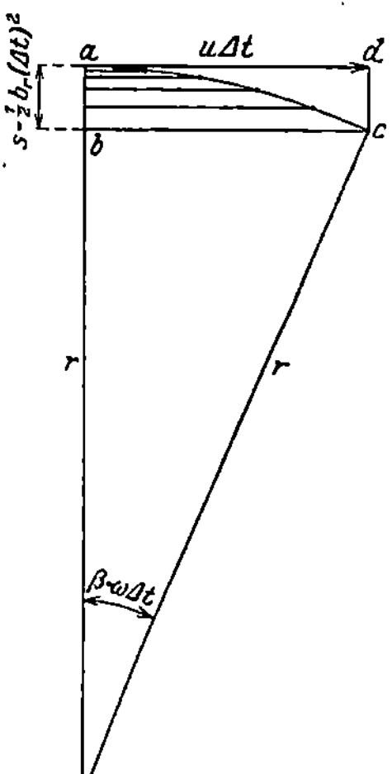

Abb. 35. Zur Erläuterung der Radialbeschleunigung. NB. Winkel $acb = \tfrac{1}{2}\beta$.

Anschaulich hat die für die Kreisbahn erforderliche konstante Radialbeschleunigung folgenden Sinn (Abb. 35):

Ein Körper durchlaufe im Zeitabschnitt Δt den Kreisabschnitt ac. Diese Bahn denkt man sich nacheinander aus zwei Schritten zusammengesetzt, nämlich

1. aus einer zum Radius senkrechten, mit konstanter Geschwindigkeit u durchlaufenen Bahn $ad = u\Delta t$.

2. aus einer in Richtung des Radius beschleunigt durchlaufenen Bahn $s = \frac{1}{2} b_r (\Delta t)^2$. Die dünnen horizontalen Hilfslinien (Zeitmarken) lassen die Bewegung längs s als beschleunigt und Gleichung (4) als anwendbar erkennen (vgl. Abb. 35).

Ein Zahlenbeispiel kann nützlich sein. Unser Mond rückt innerhalb der Zeit $\Delta t = 1$ Sekunde in Richtung ad, also senkrecht zum Bahnradius, um 1 km vor, sich ein wenig von der Erde „entfernend". Gleichzeitig „nähert" er sich im Bahnradius der Erde beschleunigt um den Weg $s = \frac{1}{2} b_r (1)^2 = 1{,}35$ mm. So bleibt der Radius ungeändert, die Bahn ein Kreis. Die Radialbeschleunigung des Mondes berechnet sich zu $b_r = 2{,}70$ mm/sec^2.

III. Grundsätze der Dynamik.

§ 14. Vorbemerkung. Der Inhalt der letzten Paragraphen war die Betrachtungsweise der Kinematik. Die Kinematik beschreibt die verschiedenartigen in der Natur vorkommenden Bewegungen geometrisch-zeitlich. Dabei verloren wir den Anschluß an das Experiment. Schon bei der Kreisbahn haben wir keine Schauversuche mehr gebracht. Deswegen stellen wir weitere kinematische Betrachtungen einstweilen zurück und wenden uns der Dynamik zu. — Die Dynamik (wörtlich „Kraftlehre") sucht die Bewegungen im Zusammenhang mit „Kräften" zu verstehen und die besondere Beschaffenheit der bewegten Körper zu berücksichtigen. Für die Kinematik sind die Begriffe „Geschwindigkeit" und „Beschleunigung" kennzeichnend, für die Dynamik die Hinzunahme der Begriffe „Kraft" und „Masse".

Die Worte Kraft und Masse sind in der Gemeinsprache ganz besonders abgegriffen und vieldeutig. Das erschwert dem Anfänger den Gebrauch dieser Worte im Sinne physikalischer Fachausdrücke. Wir haben uns daher zunächst über die Fachausdrücke Kraft und Masse zu verständigen.

§ 15. Definition von Kraft. Beispiele von Kräften. Als Kraft bezeichnet Physik und Technik das, was einen geeignet befestigten, festen Körper verformen (deformieren) kann. Als Beispiele von Kräften nennen wir die Muskelkraft, das Gewicht, die elastische Kraft, die Reibung, die Kräfte elektrischen und magnetischen Ursprungs.

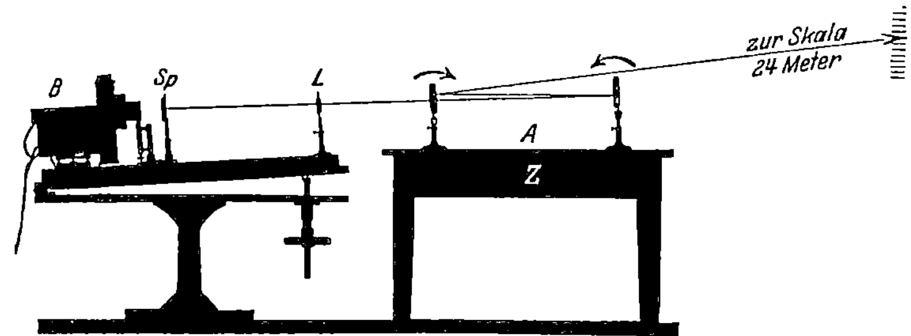

Abb. 36. Optischer Nachweis der Deformation einer Tischplatte durch kleine Kräfte, z. B. einen bei A druckenden Finger.

Jeder feste Körper wird durch beliebig schwache Kräfte verformt. Der Anfänger übersieht das meist. Ein absolut starrer Körper ist eine reine Fiktion. Wir wollen das drastisch zeigen. Dazu wählen wir die in Abb. 36 dargestellte Anordnung. Sie zeigt einen kräftigen Eichentisch mit dicker eichener Zarge Z. Auf diesen Tisch sind zwei Spiegel gestellt. Zwischen ihnen durchläuft ein Lichtstrahl den skizzierten Weg. Der Lichtstrahl entwirft an der Wand ein Bild der Lichtquelle, eines beleuchteten Spaltes Sp. Jede Durchbiegung der Tischplatte kippt die Spiegel in Richtung der kleinen Pfeile. Der Lichtzeiger bedingt dank seiner großen Länge (ca. 20 m) die große Empfindlichkeit der Anordnung.

Die Muskelkraft des kleinen Fingers, bei A auf den Tisch drückend, ruft einen weithin sichtbaren Ausschlag des Lichtzeigers hervor. Desgleichen die

Kraft, mit der die Erde ein bei A aufgesetztes Kilogrammstück anzieht. Diese als Gewicht bezeichnete Kraft deformiert also den festen Tisch schon in leicht meßbarer Weise. Nicht anders wirkt das Aufsetzen einer zusammengedrückten Spiralfeder, also eine elastische Kraft.

Muskelkraft, Gewicht und elastische Kraft sind jedermann geläufig. Hingegen herrscht über die „Reibung" benannte Kraft beim Anfänger oft Unklarheit.

Zur Entstehung der als Reibung benannten Kraft muß ein Körper sich an einem andern entlang bewegen oder auf ihm gleiten. — Zur Vorführung einer Reibung setzen wir auf die in Abb. 36 abgebildete Tischplatte einen Holzstab H auf und fahren mit der Hand ganz lose an ihm herunter (Abb. 37). Der Lichtzeiger zeigt wieder eine deutliche Deformation des Tisches. Die während der Bewegung entstehende Reibung wirkt ebenso, als ob die Muskelkraft unserer Hand oben bei b auf den Stab drückt.

In diesem Beispiel handelte es sich um „äußere" Reibung. Die beiden aneinander vorbeigleitenden Körper berühren sich mit ihren Grenzflächen. Eine solche Berührung aneinander vorbeibewegter Körper ist aber keineswegs für das Auftreten einer

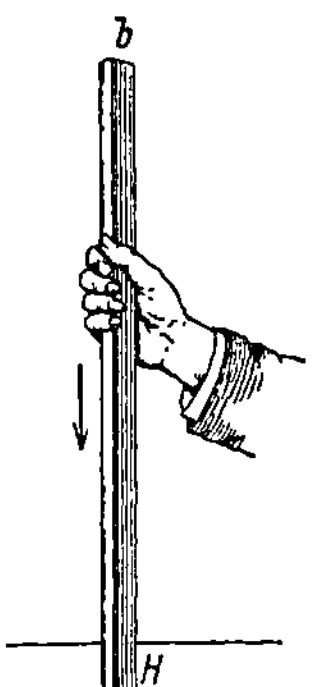

Abb. 37. Äußere Reibung.

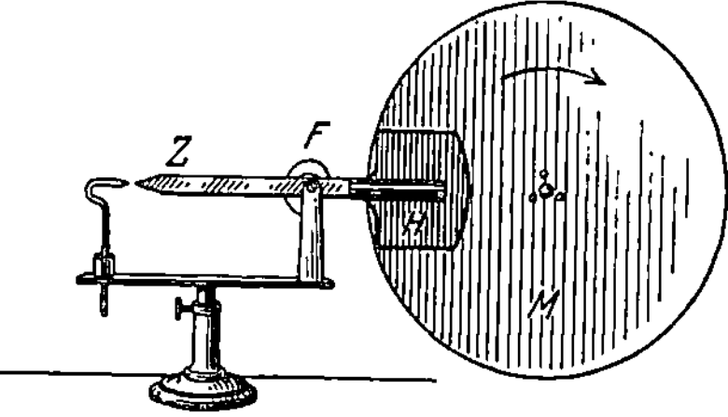

Abb. 38. Innere Reibung. Zwischen der rotierenden Platte M und der Platte H ein Abstand von etwa 1 Millimeter.

Abb. 39. Ein an Drehungen verhinderter Magnetstab schwebt über einem Hufeisenmagneten.

Reibung unerläßlich. Beide Körper können durch relativ weite Luftstrecken voneinander getrennt sein. Dann spricht man von „innerer" Reibung. Denn es sind auch die inneren Luftschichten im Zwischenraum an dem Zustandekommen dieser Reibung beteiligt. Näheres in § 77.

Auch die innere Reibung läßt sich experimentell durch die Verformung eines festen Körpers nachweisen. Doch ist die in Abb. 36 gezeichnete Anordnung zu unempfindlich. Wir müssen die dicke Tischplatte durch eine feine Schneckenfeder F aus Metall ersetzen. Eine solche findet sich in der Abb. 38 bei F. Mit ihr fest verbunden ist die Metallplatte H. Diese entspricht dem Holzstabe H in Abb. 37. In ca. 1 mm Abstand hinter der Platte H läuft eine sich rasch um die Achse A drehende glatte Metallscheibe vorbei. Sie entspricht der Hand in Abb. 37. Der Zeiger Z zeigt die Verformung der Feder an. Zeiger und Schneckenfeder zusammen bilden eine Drehwaage.

Bei einer Drehzahl der Metallscheibe M von ca. $30\ \mathrm{sec}^{-1}$ bewirkt die innere Reibung einen weithin sichtbaren Ausschlag der Drehwaage.

Für Kräfte elektrischen und magnetischen Ursprungs braucht man heutigentags kaum noch Beispiele zu nennen. Man denke an das Kinderspiel der unter einer Zellonscheibe tanzenden Papierpuppen oder an den in Abb. 39 dargestellten Versuch: Ein dicker zylindrischer Stabmagnet NS schwebt in einem Glaskasten frei über den Polen eines Hufeisenmagneten. Dabei werden Drehbewegungen durch Glaswände verhindert. Die Kräfte magnetischen Ursprungs und das den Stab nach unten ziehende Gewicht halten sich in bestimmter Höhenlage das „Gleichgewicht".

§ 16. Die Masse. Masse ist in der Mechanik ein Kennwort für zwei Eigenschaften aller Körper, nämlich erstens „schwer" und zweitens „träge" zu sein.

Der Sinn des Wortes „schwer" ist jedermann vertraut. Jeder Körper wird von der Erde angezogen, und zwar mit einer Kraft, die man sein Gewicht nennt. Diese als Gewicht bezeichnete Kraft hängt nach alltäglicher Erfahrung von zwei Dingen ab:

1. von einer für den Körper charakteristischen Größe, die man seine Masse m nennt, und

2. von unserer Erde.

Der Einfluß der Erde ist ganz offensichtlich. Jeder Körper wird in Richtung zum Erdmittelpunkt hingezogen. Um diesen Einfluß der Masse m und der Erde auszudrücken, schreibt man kurz

$$\text{Gewicht} = m \cdot f \text{ (Erde)}. \tag{7}$$

Oder in Worten: Das Gewicht eines Körpers ist bestimmt durch seine Masse m und hängt außerdem in irgendeiner, uns zunächst noch nicht näher bekannten Weise von der Erde ab.

Niemand wird dieser Definition des Wortes Masse eine recht unbefriedigende Willkür absprechen wollen. Die Rechtfertigung dieser Feststezung ist lediglich in ihrem späteren Erfolg zu suchen. Das soll durchaus nicht beschönigt werden.

Für das Wort „träge" geben wir keine Definition, sondern einige Sätze, die nur zur qualitativen Einfühlung dienen sollen. Wir sagen: Jeder Körper braucht Zeit, um seine Geschwindigkeit zu ändern. Läßt man ihm Zeit, so folgt er „willig" schon kleinen Kräften. Versucht man seine Geschwindigkeit in kurzer Zeit zu ändern, so beobachtet man Kräfte von oft überraschender Größe. — Diese Sätze sollen durch einen einfachen Versuch erläutert werden.

In Abb. 40 hängt eine Kugel an einem Bindfaden o. An der Kugel selbst hängt, mit einem gleichen Bindfaden u befestigt, ein Griff. Eine Hand zieht senkrecht nach unten.

Bei langsamem Zug reißt regelmäßig nur der obere Faden. Denn einem langsamen Zuge, dem Versuch einer Geschwindigkeitsänderung in langer Zeit, folgt die Kugel „willig". Infolgedessen wird der obere Faden außer durch das Gewicht der

Abb. 40. Zur Erläuterung der Trägheit.

an ihm hängenden Kugel auch durch die Muskelkraft der Hand beansprucht. Er reißt daher eher, als der untere Faden. Denn dieser wird allein durch die Muskelkraft, nicht außerdem noch durch das Gewicht der Kugel beansprucht.

Bei raschem Zug reißt regelmäßig nur der untere Faden (auch wenn man ihn durch einen wesentlich dickeren Faden ersetzt). Denn einem raschen Zug, dem Versuch einer Geschwindigkeitsänderung in kurzer Zeit, widersetzt sich die „träge" Kugel. Der Handmuskel hat den unteren Faden längst über seine Festigkeitsgrenze hinaus beansprucht, bevor die Kugel ein merkliches Stück gefolgt und dadurch auch die Beanspruchung des oberen Fadens vergrößert wäre.

Zur Erleichterung des Verständnisses kann man die Fäden o und u durch zwei Gummibänder ersetzen. Man erkennt dann das „willige" Folgen der Kugel bei langsamem Zug an einer zunehmenden Dehnung des Gummibandes o.

§ 17. Messung von Massen und Kräften. Massen mißt man mit Waagen und Gewichtstücken. Man bezeichnet die Massen von zwei Körpern unabhängig von allen chemischen und physikalischen Eigenschaften als gleich, wenn sich die beiden Körper in ihrer Wirkung auf eine Waage gegenseitig vertreten können. Die Wahl einer Einheitsmasse ist wie die Wahl jeder Einheit willkürlich. Für die physikalische Literatur hat man sich international auf ein bei Paris aufbewahrtes Gewichtstück aus Platin geeinigt und seine Masse als eine Kilogrammasse definiert. Alle im Handel befindlichen Gewichtsstückensätze sind mit Hilfe von Waagen letzten Endes an diese Normalkilogrammasse angeschlossen.

Bei Verwendung von Federwaagen muß dieser Vergleich am selben Beobachtungsort ausgeführt werden. Sonst kann man Fehler bis zu ca. 0,2% machen. Vgl. S. 112.

Waagen betrachten wir einfach als Erzeugnis der Technik gegeben. Mit der gleichen Unbefangenheit hatten wir bei der Zeitmessung moderne Uhren als gegeben betrachtet. Selbstverständlich setzt die Konstruktion von technischen Waagen ebenso wie die unserer Uhren im Grunde ganz erhebliche physikalische Kenntnisse voraus. Aber darum kümmern wir uns bewußt nicht.

Die Masse eines Körpers äußert sich, wie erwähnt, nicht nur durch die Schwere, sondern auch durch die Trägheit des Körpers. Man hat also bei der Eichung der Gewichtsstückensätze zur Messung der Masse nur die eine ihrer beiden Eigenschaften, nämlich die Schwere, benutzt.

A priori war es keineswegs sicher, daß die aus der Schwere abgeleiteten Maßzahlen der Masse auch für eine einfache Behandlung der Trägheitserscheinungen brauchbar sein würden. Doch sprechen schon die Erfahrungen des täglichen Lebens für ein weitgehendes Parallelgehen von Schwere und Trägheit der Körper. Sehr schwere Körper sind auch besonders träge. Infolgedessen hat man zunächst probiert, wieweit die nur mit Hilfe der Schwere geeichten Gewichtstücksätze auch zur einfachen zahlenmäßigen Erfassung von Trägheitserscheinungen brauchbar sind. Der Versuch hat ein höchst überraschendes Ergebnis geliefert: Die aus der Schwere hergeleiteten Maßzahlen der Masse lassen die Trägheitserscheinungen durch eine sehr einfache Gleichung darstellen. Dabei kann man an die Genauigkeit die allerhöchsten, heute meßtechnisch vertretbaren Anforderungen stellen. Die ganze Tragweite dieser experimentell gewonnenen Erkenntnis kommt erst in der allgemeinen Relativitätstheorie zu ihrem Recht. In der klassischen Mechanik wird sie lediglich als ein Kuriosum registriert.

Zur Kraftmessung dienen die Kraftmesser, und diese Instrumente werden fast ausnahmslos in der Form von Federwaagen gebaut, Abb. 41. Zur Eichung der Kraftmesser kann man zwei grundsätzlich verschiedene Verfahren benutzen:

a) das statische, von der Technik und im täglichen Leben ausschließlich angewandt;

b) das dynamische, bevorzugt von den meisten physikalischen Darstellungen.

Wir bringen zunächst das statische Verfahren. Das dynamische folgt sehr bald auf S. 29.

Die statische Eichung der Kraftmesser benutzt die als Gewicht bezeichnete Kraft. Man definiert als Krafteinheit die Kilogrammkraft. Das ist diejenige Kraft, mit der die Erde an ihrer Oberfläche ein Kilogrammgewichtstück anzieht, vgl. Abb. 41.

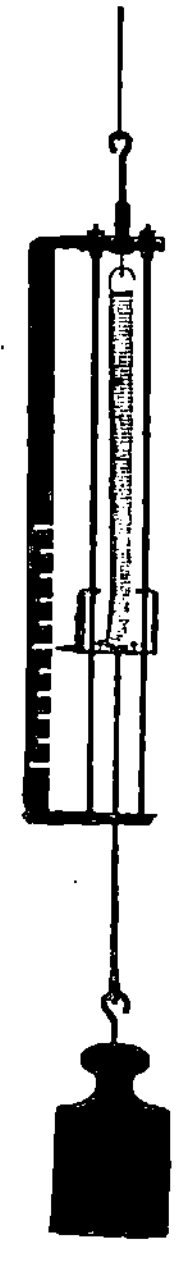

Abb. 41. Für Schattenwurf geeignete Federwaage. (Benutzt wird Verdrillungselastizität, man denke an den Grenzfall!)

Strenggenommen benutzt man einen mittleren Wert dieser mit geographischer Breite und Meereshöhe des Beobachtungsortes ein ganz wenig schwankenden Kraft. Man verfährt demnach ebenso wie bei allen physikalischen Zeitangaben. Bei diesen benutzt man ja auch stillschweigend einen mittleren Wert der längs eines Jahres ein wenig schwankenden Sonnenzeitsekunde. Auf diese Finessen hat man nur in seltenen Fällen mit geringfügigen Korrektionen Rücksicht zu nehmen.

Man hat in physikalischen Darstellungen das Gewichtstück, also einen Metallklotz, und das Gewicht, eine Kraft, sauber auseinander zu halten.

Kräfte sind Vektoren. Oft braucht man ihre Zerlegung in zwei oder mehrere Komponenten. Die Abb. 42 gibt ein Beispiel.

Eine Rolle A soll von einer horizontalen Kraft K auf einer steilen Rampe festgehalten werden. Der Pfeil G bedeutet das Gewicht der Rolle. Wir zerlegen sowohl K wie G in je eine der Rampe parallele und eine zu ihr senkrechte Komponente. Den letzteren, dargestellt durch die Pfeile I und II, hält die elastische Kraft der wenn auch nur unmerklich verformten Rampenfläche das Gleichgewicht. Die ersteren, $G \cdot \cos\alpha$ und $K \cdot \sin\alpha$, ziehen die Rolle nach oben bzw. unten. Im

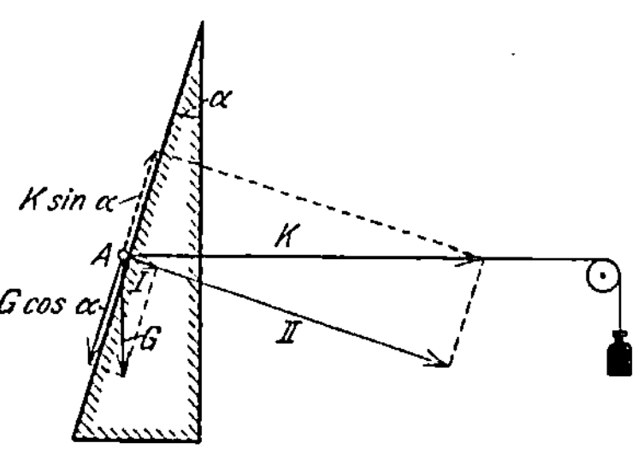

Abb. 42. Zerlegung von Kraftpfeilen in Komponenten.

Gleichgewicht ist $K = G/\mathrm{tg}\,\alpha$. Für sehr steile Rampen nähern sich α und $\mathrm{tg}\,\alpha$ der Null, K wird sehr groß. Für $\alpha = 5°$ braucht man z. B. eine horizontale Kraft von 11,5 Kilogrammkraft, um ein Kilogrammgewichtstück A vor dem Abrutschen zu bewahren.

§ 18. Grundsätze der Mechanik: Beschleunigungssatz, actio = reactio, Gegenkraft. Im Besitz der Meßverfahren für Massen und Kräfte können wir uns jetzt der Grundfrage der Mechanik zuwenden: wie hängen Bewegungen und Kräfte zusammen? Die Antwort läßt sich in zwei Sätzen oder Axiomen zusammenfassen, die auf ISAAC NEWTON zurückgehen. Es ist

1. der Beschleunigungssatz,

2. der Satz von Wirkung gleich Gegenwirkung, von actio = reactio.

Den beiden Sätzen liegen gemeinsam nachfolgende Erfahrungen zugrunde. In Abb. 43 sehen wir einen technischen Ausführungsformen nachgebildeten Kraftmesser in horizontaler Lage (Ausschaltung der Schwere). Es ist ein einfacher Bügel aus federndem Stahlblech auf einer Führungsstange. Seine Ver-

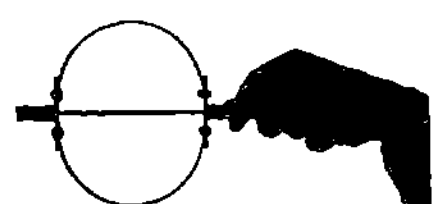

Abb. 43. Bügelfeder auf Führungsstange als Kraftmesser.

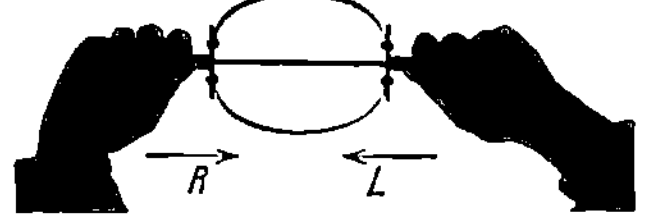

Abb. 44. Ein Kraftmesser zwischen zwei Muskeln.

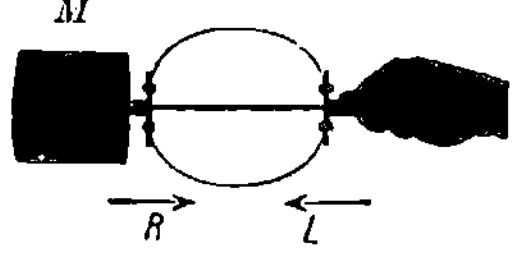

Abb. 45. Ein Kraftmesser zwischen Muskel und einer Masse im Zustande der Beschleunigung.

formungen (Streckung oder Stauchung) sollen lediglich die Existenz von Kräften anzeigen und weithin sichtbar machen. Er hat daher keine für Messungen benutzbare Skala. Am rechten Ende des Kraftmessers faßt eine Hand an, das linke Ende des Kraftmessers befindet sich frei in der Luft: In dieser Weise kann der Kraftmesser nie Ausschläge zeigen. Auch spürt der Armmuskel des Beobachters nie das subjektive Gefühl der Kraft. Dieser grundlegende Erfahrungssatz ist einem jeden geläufig.

Man sieht erst dann einen Ausschlag des Kraftmessers und spürt erst dann eine Kraft im Muskel, wenn auch das linke Ende des Kraftmessers nicht frei endet. Es muß vielmehr eine der beiden nachfolgenden Bedingungen erfüllt sein:

I. Das linke Ende des Kraftmessers wird „festgehalten", beispielsweise von einem zweiten Muskel (Abb. 44), von einem beliebigen anderen „ziehenden" „Motor", oder auch von einer festen Wand.

II. Am linken Ende des Kraftmessers befindet sich eine Masse im Zustande der Beschleunigung (Abb. 45).

Wie auch immer diese Beschleunigung zustande gekommen ist, stets ist sie mit einem Ausschlag des Kraftmessers verbunden. Wir nennen und zeigen experimentell drei Beispiele:

1. Der Experimentator zieht seine Hand in horizontaler Richtung nach rechts.

2. Der Experimentator sitzt, den Apparat der Abb. 45 in der Hand haltend, still auf dem Wagen. Der Beobachter beschleunigt den Wagen mit einem Fußtritt nach rechts.

3. Der Arm des Experimentators vollführt eine kreisende Schleuderbewegung. Die Beschleunigung der Masse besteht lediglich in einer Richtungsänderung der Geschwindigkeit.

In allen drei Beispielen zeigt der Kraftmesser während der Beschleunigung, und zwar nur während der Beschleunigung, einen Ausschlag. Nur während der Beschleunigung fühlt der rechts befindliche Muskel das Kraftgefühl.

Diese Erfahrungen werden im Beschleunigungssatz zusammengefaßt. Er lautet qualitativ: Die Beschleunigung eines Körpers, d. h. die Änderung seiner Geschwindigkeit nach Größe und Richtung, geht nie ohne Kräfte vor sich.

In beiden durch die Abb. 44 und 45 erläuterten Fällen müssen wir aus dem Ausschlag des Kraftmessers die Existenz mindestens zweier Kräfte folgern:

Im Fall I (Abb. 44) wird die linke Hand in Richtung des Pfeiles R nach rechts gezogen, und diesen Pfeil R betrachten wir als Symbol einer an der linken Hand angreifenden Kraft; außerdem wird die rechte Hand in Richtung des Pfeiles L nach links gezogen, und diesen Pfeil L betrachten wir als Symbol für eine an der rechten Hand angreifende Kraft. Bis auf das Vorzeichen sind diese beiden durch die Pfeile R und L veranschaulichten Kräfte gleich. Diese Tatsache beschreibt man mit dem Satz: Kraft gleich Gegenkraft, oder actio gleich reactio.

Im Fall II (Abb. 45) wird die links befindliche Masse in Richtung des Pfeiles R nach rechts beschleunigt, und diesen Pfeil R betrachten wir als Symbol einer an der Masse M angreifenden Kraft. Bis hier stimmt auch der Anfänger zu. Zweifelnd begegnet er jedoch der folgenden Aussage: Während der Beschleunigung wird die Hand in Richtung des Pfeiles L nach links gezogen, und diesen Pfeil L haben wir als Symbol einer an der

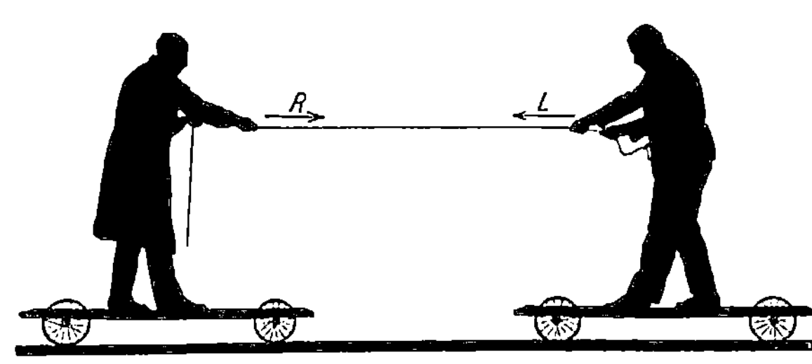

Abb. 46. Kraft = Gegenkraft, actio = reactio.

Hand angreifenden Kraft zu betrachten. Bis auf das Vorzeichen sind wiederum die beiden Kräfte L und R identisch. Wieder gilt der Satz: Kraft gleich Gegenkraft, actio gleich reactio.

Diesen, dem Anfänger oft schwierigen Tatbestand erläutert man bequem mit zwei flachen, recht reibungsfreien Wagen auf horizontaler, die Schwere ausschaltender Unterlage. In Abb. 46 stehen auf jedem Wagen ein Mann, und beide Männer sind durch ein Seil miteinander verbunden. In der Seilmitte kann ein Kraftmesser eingeschaltet sein. Mit dieser Anordnung macht man der Reihe nach drei Versuche:

1. Beide Männer ziehen gleichzeitig.

2. Nur der rechte Mann zieht, nur er arbeitet als Motor, der linke hält das Seil ruhig in der Hand oder um den Leib geschlungen.

3. Nur der linke Mann zieht, nur er arbeitet als Motor.

In allen drei Fällen treffen sich die Wagen am gleichen Ort. Bei völliger Symmetrie, d. h. gleicher Masse von Wagen und Mensch auf jeder Seite, liegt der Treffpunkt in der Mitte zwischen der Ausgangsstellung beider Wagen. Beim Ersatz des Seiles durch eine Stange hinreichender Länge läßt sich der gleiche Versuch mit umgekehrten Beschleunigungsrichtungen wiederholen.

Nach diesen Erfahrungen ist auch im Falle der Abb. 45 die Annahme der zweiten Kraft L unerläßlich. Die beiden an Masse und Muskel angreifenden Kräfte R und L sind in Abb. 45 von der Richtung abgesehen, ebensowenig unterscheidbar wie die an der linken bzw. der rechten Hand angreifenden Kräfte R und L in der Abb. 44.

Bisher haben wir in den Abb. 44 und 45 die links und rechts angreifenden Kräfte lediglich durch die Buchstaben R und L unterschieden. Sehr oft benutzt man jedoch statt der Buchstaben Namen. Die Namensgebung geht dabei von einer naiven, nicht haltbaren Vorstellung aus: Sie will einer Kraft nicht nur einen Angriffspunkt, sondern auch einen Ausgangspunkt zuordnen. In diesem Ausgangspunkt sucht die naive Auffassung die „Ursache" der Kraft, oder wie man in vielen Fällen unmißverständlich sagen kann, den „Motor". Man nennt beispielsweise in Abb. 44 L die Kraft der linken Hand, weil sie von der linken Hand „ausgeht"; R die Kraft der rechten Hand, weil sie von der rechten Hand „ausgeht"; in Abb. 45 u. 47 R die beschleunigende Muskelkraft, weil sie vom Muskel des Armes „ausgeht"; L die Gegenkraft, die von der „trägen" Masse während der Beschleunigung ausgeht.

Diese ganze Namensgebung ist oft zweckmäßig und bequem. Doch darf man nie vergessen, daß jeder Ausgangspunkt einer Kraft physikalisch willkürlich bleibt. Das zeigt ein Blick auf die Abb. 48. Sie bringt noch einmal das Bild eines die Hand umkreisenden Schleudersteines.

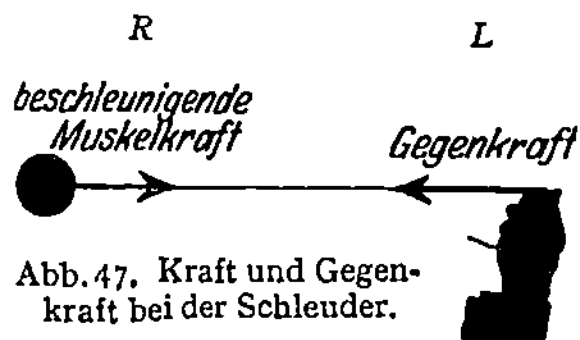

Abb. 47. Kraft und Gegenkraft bei der Schleuder.

Nur ist diesmal ein beliebiges Stück des Fadens durch eine Feder ersetzt worden. Sie soll die elastische Spannung der Schnur zum Ausdruck bringen. Diese Skizze ist ebenso richtig wie die Abb. 47, obwohl sie den gleichen Kräften L und R andere „Ausgangspunkte" und Namen zuordnet.

Außerdem hat die Unterscheidung von beschleunigender Kraft und Gegenkraft offenbar nur Sinn, solange der Ausgangspunkt der beschleunigenden Kraft, also die Hand, mit der Erde verbunden oder mit ihr identisch ist. Ich kann wohl sagen „meine Muskelkraft zieht einen Stuhl an mich heran"; „die von einem Magneten ausgehende Kraft beschleunigt ein Stück Eisen"; „die Gewicht genannte Kraft geht vom Erdzentrum aus und beschleunigt einen Stein auf die Erde zu"; „die Gegenkraft des kreisenden Schleudersteines zieht an meiner Hand" (Abb. 47). Nun kann

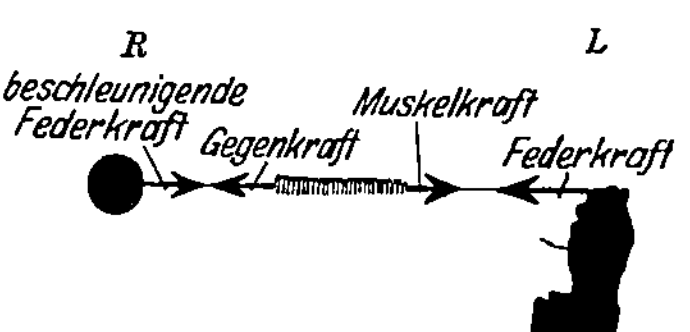

Abb. 48. Benennung von Kräften.

jedoch auch der zweite Körper beweglich sein und sichtbar beschleunigt werden: Dann soll man nur von einer gegenseitigen Anziehung (oder Abstoßung) beider Körper sprechen. Eine Unterscheidung von beschleunigender Kraft und Gegenkraft wird nicht falsch, aber ganz willkürlich. Beschleunigende Kraft und Gegenkraft vertauschen ihre Rollen, sobald man die zeitliche Reihenfolge der Beschreibung umkehrt. Das zeigen die drei in Abb. 46 dargestellten Versuche mit großer Evidenz.

§ 19. Quantitative Fassung des Beschleunigungssatzes. Das dynamische Kraftmaß. Der Beschleunigungssatz liegt uns erst in Form einer qualitativen

Aussage vor. Seine quantitative Fassung ist die nächste Aufgabe. Wir nehmen das Ergebnis vorweg, es lautet:

$$b = \text{const}\ K/m. \tag{8}$$

„Die Beschleunigung b, die ein Körper der Masse m unter der Einwirkung der Kraft K erfährt, ist der Kraft K direkt und der Masse m umgekehrt proportional".

Wir prüfen diesen Satz experimentell für beide Grenzfälle der Beschleunigung, nämlich für reine Bahnbeschleunigung in diesem und dem folgenden Paragraphen, für die reine Radialbeschleunigung in den § 21—24.

Im Falle der Bahnbeschleunigung arbeitet man mit einer konstanten Beschleunigung. Man läßt diese entweder nur in horizontaler Richtung (§ 19) oder nur in vertikaler Richtung (§ 20) erfolgen. Bei Bahnbeschleunigung in horizontaler Richtung bewährt sich für Schauversuche die in Abb. 49 skizzierte Anordnung.

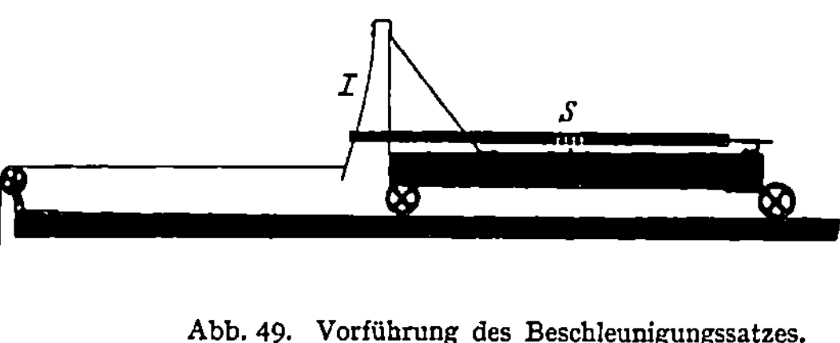

Abb. 49. Vorführung des Beschleunigungssatzes. *I* Kraftmesser, *S* seine Skala.

Der zu beschleunigende Körper ist ein langgestreckter Wagen auf glatter, horizontaler Unterlage. Seine Masse beträgt (einschließlich allen Zubehörs) 1 kg-Masse, doch läßt sie sich durch aufgesetzte Gewichtstücke vergrößern. Die beschleunigende Kraft K wird mittels eines Schnurzuges und eines Metallklotzes erzeugt. Ihre Größe wird während der Beschleunigung mit einem Kraftmesser I gemessen. Der Kraftmesser wird zuvor bei ruhendem Wagen in Kilogrammkraft, also der statischen oder technischen Krafteinheit, geeicht. Die Ablesung für den Versuch erfolgt jedoch bei laufendem Wagen. Der Kraftmesser zeigt uns dabei an der Skala S einen konstanten Ausschlag. Dieser Ausschlag ist ein wenig kleiner als zuvor bei noch festgehaltenem Wagen (Drahtauslöser). Die den Wagen beschleunigende Kraft ist also kleiner als das Gewicht des angehängten Metallklotzes, aber sie ist konstant. Das Gewicht des Metallklotzes hat uns die Herstellung einer während der Beschleunigung konstanten Kraft ermöglicht. Mit einem Muskel statt des Metallklotzes am Schnurzug wäre das wohl nur nach sehr zeitraubender Übung zu erzielen.

Zur Messung der Beschleunigung dient uns die Gleichung (4) $s = \tfrac{1}{2}\,bt^2$. Zusammengefaßt mit Gleichung (8) ergibt sie

$$\frac{2s \cdot m}{K\,t^2} = \text{const}. \tag{8a}$$

Man stoppt die Laufzeiten des Wagens vom Startpunkt 1 bis zur Schlußmarke 2 des Weges s. Die Stoppuhr muß $^1/_{100}$ Sekundenteilung haben. — Die Beobachtungen lassen sich bei der gewählten Bauart des Wagens besonders bequem im Schattenbild ausführen. Die Auswertung derartiger Versuche ergibt

$$b = 9{,}8 \cdot K\ :\ m. \tag{8b}$$

Gemessen in   Meter/Sec²   kg-Kraft   kg-Masse

Im Schauversuch erhält man nur eine Genauigkeit von etlichen Prozenten.

In dieser experimentell gewonnenen Gleichung steckt ein Zahlenfaktor. Aus der Welt schaffen läßt er sich nicht. Man kann ihn zur Ersparung von Schreibarbeit lediglich zweckmäßig unterbringen. Technik und Physik haben das auf zwei verschiedenen, aber völlig gleichberechtigten Wegen durchgeführt. Wir stellen sie der besseren Übersichtlichkeit halber hier in zwei Parallelspalten nebeneinander.

Physik	Technik

Der Zahlenwert der Konstanten hängt nur von der Wahl der benutzten Einheiten ab. Man kann die Konstante ohne Mühe gleich 1 machen, so daß gilt

$$b = K : m. \tag{8c}$$

Zu diesem Zweck muß man für die

Kraft	Masse

eine andere, und zwar 9,8 mal

kleinere	größere

Einheit einführen. Demgemäß benutzt man als

Krafteinheit nicht mehr 1 kg-Kraft sondern 0,102 kg-Kraft	Masseneinheit nicht mehr 1 kg-Masse sondern 9,8 kg-Masse

Mit diesen um 9,8 mal

kleineren	größeren

Einheiten wird die Maßzahl oder der Betrag der

Kraft im Zähler	Masse im Nenner

der Gleichung (8) 9,8 mal

größer	kleiner.

Man braucht den Quotienten $K : m$ nicht mehr nachträglich mit dem Faktor 9,8 zu multiplizieren, um die rechte Seite der Gleichung (8) numerisch gleich der beobachteten Maßzahl von b zu machen. Man bekommt in beiden Fällen $b = K : m$, also die Konstante $= 1$. Damit ist aber eine der v i e r benutzten Grundgrößen (nämlich Länge, Zeit, Kraft, Masse) entbehrlich geworden. Es genügt fortan ein Maßsystem mit nur d r e i Grundgrößen. Die Auswahl dieser drei aus den ursprünglichen vier Größen ist willkürlich. So gelangt man zum

physikalischen	technischen

Maßsystem mit seinen drei Grundgrößen
Länge l gemessen in Metern
Zeit t gemessen in Sekunden

Masse m gemessen in kg-Masse	Kraft K gemessen in kg-Kraft

jedoch meist nur kurz Kilogramm genannt.

Die Kraft	Die Masse

ist eine abgeleitete Größe. Ihre Dimension ist

Masse mal Beschleunigung oder $\quad K = [m\,l\,t^{-2}]$	Kraft durch Beschleunigung oder $\quad m = [K\,l^{-1}\,t^{2}]$

Ihre Einheit ist

$1\,\dfrac{\text{kg-Masse}\cdot\text{m}}{\text{sec}^2}$	$1\,\dfrac{\text{kg-Kraft}\cdot\text{sec}^2}{\text{m}}$

Physik	Technik

Sie wird von uns

Großdyn	technische Masseneinheit

genannt. Es ist

die Kraft, die einer kg-Masse	die Masse, der eine kg-Kraft

die Beschleunigung 1 m/sec² erteilt. Also

$1 \text{ Großdyn} = 0{,}102 \text{ kg-Kraft}$	1 technische Masseneinheit $= 9{,}8 \text{ kg-Masse.}$

Demnach hat ein Mensch ein Gewicht von

rund 700 Großdynen	rund 70 kg-Kraft

und die Masse des Menschen beträgt

rund 70 kg-Masse	rund 7 technische Masseneinheiten.

Technik und Physik erreichen also beide mit ihrem Maßsystem die Befreiung der Gleichung (8) vom Zahlenfaktor 9,8 und die Beseitigung der entbehrlichen vierten mechanischen Grundgröße. Unsere Gegenüberstellung läßt die völlige Gleichberechtigung beider Verfahren deutlich erkennen. Dabei haben wir im Interesse der Übersichtlichkeit das physikalische Verfahren in einer Äußerlichkeit vom häufigsten Gebrauch abweichend dargestellt. Wir haben als Längenbzw. Masseneinheit das Meter bzw. das Kilogramm zugrunde gelegt. In der überwiegenden Mehrzahl der Fälle benutzt jedoch die physikalische Literatur die kleineren Einheiten Zentimeter und Gramm. Sie geht von der experimentell gefundenen Gleichung

$$\underset{\text{Gemessen in } cm/sec^2}{b} = 981 \quad \underset{\text{g-Kraft}}{K} \quad : \quad \underset{\text{g-Masse}}{m}$$

aus und definiert im übrigen völlig analog wie oben die neue Krafteinheit 1 Dyn $= 1{,}02$ mg-Kraft. 1 Dyn $= 1$ g-Masse cm/sec² ist die Kraft, die der Masse 1 g die Beschleunigung 1 cm/sec² erteilt, also ihre Geschwindigkeit in einer Sekunde um 1 cm/sec erhöht. Demnach ist 1 Großdyn $= 10^5$ Dyn.

In der Meßtechnik kümmert sich praktisch kein Mensch um die Entbehrlichkeit der vierten mechanischen Grundgröße:

Die physikalische Krafteinheit $1\,\dfrac{\text{kg-Masse} \cdot \text{m}}{\text{sec}^2}$	Die technische Masseneinheit $1\,\dfrac{\text{kg-Kraft} \cdot \text{sec}^2}{\text{m}}$

führen ein lediglich papierenes Dasein. Kein Meßinstrument wird mit ihnen geeicht. In der ganz überwiegenden Mehrzahl aller praktischen Messungen benutzt

die Physik die statische Krafteinheit der Technik (kg-Kraft usw.) und multipliziert den Z a h l e n w e r t G eines Gewichtes mit 9,8...	die Technik die Masseneinheit der Physik (kg-Masse usw.) und dividiert den Z a h l e n w e r t G einer Masse mit 9,8...

Ein Unterschied liegt nur in der Schreibweise vor:

Der Physiker sucht sein Meßverfahren wenigstens in den Rechnungen zu verbergen. Er schreibt in seinen Gleichungen nicht $$K = 9{,}8\,G$$	Der Techniker bringt sein Meßverfahren auch in seinen Rechnungen zum Ausdruck und schreibt in seinen Gleichungen $$m = \frac{G}{9{,}8}.$$

Je nach den Umständen wird man der physikalischen oder der technischen Schreibweise den Vorzug geben.

Maßsysteme und Maßeinheiten sind an sich eine recht belanglose Sache und lediglich Frage der Zweckmäßigkeit und Bequemlichkeit. Ein allein seligmachendes Maßsystem gibt es nicht. Wesentlich ist nur in jedem Einzelfall eine klare Angabe der benutzten Einheiten. Wir richten uns in diesem Buche bei numerischen Rechnungen nach folgender Anleitung in Tabellenform:

Man hat zu setzen	für die Masse m	für die Längen	für die Kräfte
im physikalischen g-Masse-cm-sec-System	den Betrag in Gramm-Masse	den Betrag in Zentimeter	das 0,98fache ihres Betrages in mg-Kraft. (Denn 1 Dyn = 1,02 mg-Kraft)
im physikalischen kg-Masse-m-sec-System[1]	den Betrag in Kilogramm-Masse	den Betrag in Meter	das 9,8fache ihres Betrages in kg-Kraft. (Denn 1 Großdyn = 0,102 kg-Kraft)
im technischen kg-Kraft-m-sec-System	den Betrag in kg-Masse, dividiert durch 9,8. (Denn 1 namenlose technische Masseneinheit = 9,8 kg-Masse)	den Betrag in Meter	den Betrag in Kilogrammkraft

Jeder dynamischen Kraftangabe in Dynen oder Großdynen werden wir eine statische Kraftangabe in kg-Kraft, g-Kraft usw. beifügen. Denn man kann diese statischen Angaben rascher mit den Erfahrungen des täglichen Lebens vergleichen.

§ 20. Weitere Versuche zum Beschleunigungssatz bei Bahnbeschleunigung. Allen Versuchen in §§ 18 und 19 war eines gemeinsam: Bewegungen und Beschleunigungen in horizontaler Richtung. Die Einwirkung der Schwere auf die zu beschleunigenden Massen war durch möglichst horizontale glatte Unterlagen oder Führungsstangen ausgeschaltet. Das gab besonders einfache Verhältnisse.

In der Natur spielen sich hingegen die Beschleunigungen in ihrer großen Mehrzahl in vertikaler Richtung ab, vor allem bei den Bewegungen unseres Körpers und seiner Gliedmaßen. Diese Beschleunigungen erfolgen stets unter Mitwirkung der Schwere.

Aus diesem Grunde hat man eine große Anzahl von Schauversuchen ersonnen, die den Beschleunigungssatz unter Mitwirkung der Schwere sowohl qualitativ wie quantitativ vorführen sollen.

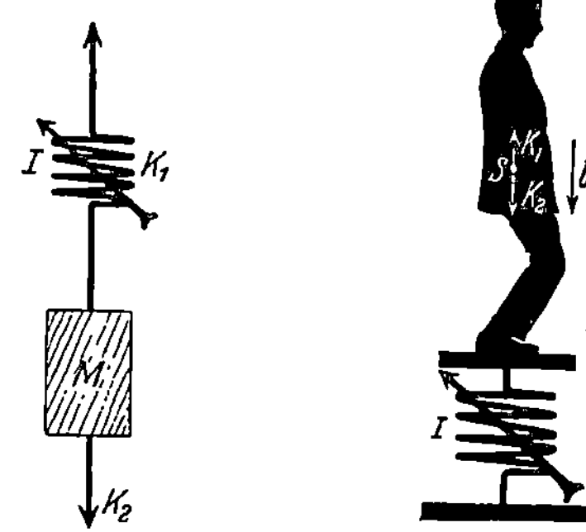

Abb. 50. Vertikalbeschleunigung eines Körpers durch die Differenz zweier Kräfte.

Abb. 51. Die Abwärtsbeschleunigung b des in Kniebeuge gehenden Mannes wird durch die abwärts gerichtete Kraft $(K_2 - K_1)$ bewirkt.

Allen diesen Versuchen ist ein Merkmal gemeinsam: Als beschleunigende Kraft K dient die Differenz zweier ungleicher Kräfte K_1 und K_2 entgegengesetzter Richtung ; Kräfte, die nicht Gewicht sind, werden mittels eines Kraftmessers gemessen, z. B. in Abb. 50 bei I.

Man beobachtet nur Beschleunigungen, während K_1 und K_2 ungleich sind. Das Vorzeichen der Beschleunigung wechselt mit dem Vorzeichen der Differenz $K_1 - K_2$. Wir bringen einige Beispiele.

---

[1] In ihm ist die Arbeitseinheit 1 Großdynmeter oder 1 kg-Masse m²/sec² = 1 Wattsekunde. Siehe S. 60. Es schließt bequem an das internationale Volt-Ampere-Maßsystem an. So wirkt z. B. die elektrische Feldstärke 1 Volt/m auf die Ladung 1 Amperesekunde mit der Kraft 1 Großdyn.

1. Auf einer technischen Personenfederwaage I steht ein Mann (Abb. 51). K_2 ist sein Gewicht, z. B. 70 kg-Kraft. K_1 ist die dem Gewicht entgegengesetzte, an der Federwaage abgelesene elastische Kraft. Wir machen nacheinander drei Beobachtungen:

a) Der Mann steht ruhig. Die Federwaage zeigt 70 kg-Kraft. $K_1 - K_2 = 0$.

b) Der Mann geht beschleunigt in die Kniebeugestellung. Während seiner Abwärtsbeschleunigung ist $K_1 < K_2$.

c) Der Mann geht beschleunigt in die Streckstellung zurück. Währenddessen ist $K_1 > K_2$.

Die Dauer der vorzuführenden Änderungen von K_1 ist kurz. Das Auge hat Mühe, den Sinn der ersten Zeigerbewegung festzustellen. Diese Schwierigkeit wird mit einem Kunstgriff umgangen. Der Zeiger der Waage läßt sich auf seiner Drehachse verstellen. Man belastet die Waage durch den ruhig stehenden Mann und stellt den Zeiger dann senkrecht nach unten. Dabei läßt man die Zeigerspitze in eine Rolle von der Form einer Garnrolle eingreifen. Diese Rolle ist auf einer Stange leicht verschiebbar und wird bei der Zeigerbewegung in Richtung des ersten Ausschlages zur Seite geschleudert.

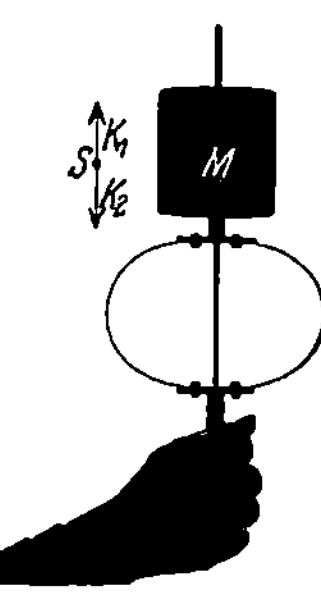

Abb. 52. Zur Entstehung des Fahrstuhlgefühls.

Eine Variante dieses Versuches begegnet uns nicht selten in einer Scherzfrage: Gegeben eine empfindliche Waage, auf jeder der beiden Waagschalen eine verschlossene Flasche, in der einen fliegt eine Fliege. Zeigt die Waage das Gewicht K_2 der Fliege an?

Die Antwort lautet: Bei Flug in konstanter Höhe entspricht der Ausschlag der Waage dem Gewicht der Fliege, Fall a. (Die Fliege ist einfach als ein etwas zu dick geratenes Luftmolekül aufzufassen.) Während einer beschleunigten Abwärtsbewegung („die Fliege läßt sich fallen") zeigt die Waage einen zu kleinen Ausschlag, Fall b. Während beschleunigter Aufwärtsbewegung ist der Waagenausschlag zu groß, Fall c.

2. Der Experimentator hält den uns schon bekannten Kraftmesser mit der Bügelfeder senkrecht in der Hand (Abb. 52). Am oberen Ende des Kraftmessers sitzt ein Körper M vom Gewicht K_2. Bei konstanter Geschwindigkeit der Hand ist der Ausschlag (die Stauchung) der Bügelfeder dieselbe wie bei Ruhe der Hand. Bei Beschleunigung der Hand nach unten bzw. oben wird die Bügelfeder weniger bzw. mehr zusammengestaucht, d. h. K_1 ist kleiner bzw. größer als K_2.

Diese Versuchsanordnung spielt in unserm Leben oft eine fatale Rolle. Die Hand bedeute die Plattform eines Fahrstuhles. Die Bügelfeder betrachten wir in etwas kühn vereinfachter Anatomie als unsere Därme, die Masse M als unsern Magen. Bei Abwärtsbeschleunigung wird die Bügelfeder gegenüber ihrer normalen Ruhelage entspannt. Die Entspannung ist die physikalische Grundlage für das verhaßte Fahrstuhlgefühl, das bei periodischer Wiederholung, wie etwa an Bord eines Dampfers zur Seekrankheit führt.

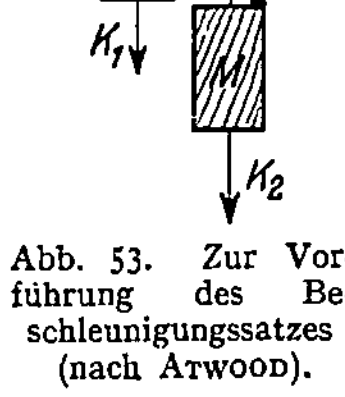

Abb. 53. Zur Vorführung des Beschleunigungssatzes (nach ATWOOD).

3. Die Masse $2M$ wird in zwei gleiche Stücke unterteilt und mit einer Schnur über ein Rad gehängt (Abb. 53). Die Gewichte beider Teilmassen sind gleich, $K_1 - K_2 = 0$. Infolgedessen fehlt eine Beschleunigung. Die Massen bleiben in Ruhe oder bewegen sich, einmal angestoßen, mit konstanter Geschwindigkeit. Dann wird, z. B. rechts, eine kleine Zusatzmasse von m Gramm aufgelegt. Dadurch wird $K_2 > K_1$ und es tritt eine Beschleunigung

$$b = \frac{K_2 - K_1}{2M + m} \qquad (8\,\mathrm{d})$$

ein. Diese Anordnung eignet sich leidlich für quantitative Versuche. Man mißt die Beschleunigung mit Hilfe der Gleichung $s = \frac{1}{2}bt^2$ durch Abstoppen der Zeit t für den Weg s und vergleicht den gefundenen Wert mit der Rechnung gemäß Gleichung (8 d). Lehrreicher ist jedoch die nun folgende Anordnung.

4. Prinzip (Abb. 54): An einem Kraftmesser (Waage) hängt ein Faden und an diesem ein Körper der Masse M. Eine in ihn eingebaute unsichtbare Vorrichtung läßt den Körper mit einer kleinen, nach Gleichung (4) leicht meßbaren Beschleunigung zu Boden sinken. Während der Abwärtsbeschleunigung zeigt der Kraftmesser die Ausschlagsänderung $K_2 - K_1$. —

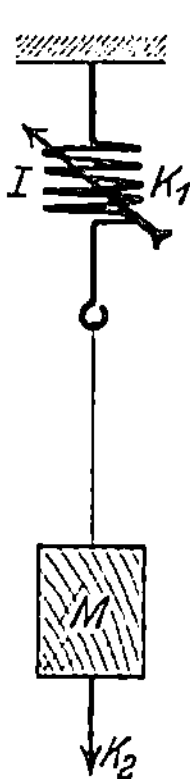

Praktische Ausführung: Der Körper hat die Form eines Schwungrades mit dünner Achse. Er hängt an zwei auf die Schwungradachse aufgespulten Fäden. Das Rad wird zunächst in hoher Lage festgehalten und zu Beginn des Versuches mit einem Drahtauslöser, wie an photographischen Apparaten, freigegeben. Die Fäden rollen ab, der Körper sinkt beschleunigt zu Boden. Zunächst bestimmt man die Beschleunigung b mit der Gleichung $s = \frac{1}{2} b t^2$ durch Abstoppen der Zeit t für den Weg s. Dann mißt man die Kraft $(K_2 - K_1)$. Als Kraftmesser genügt eine gemeine Küchenwaage (Abb. 55). Der Ausschlag ihrer beiden „Entenschnäbel" ist im Schatten weithin sichtbar. Er stellt sich rasch ein und ist überraschend konstant. Man eicht ihn hinterher bequem mit einigen kleinen Gewichtstücken.

Abb. 54. Ein konstant abwärts beschleunigter Körper hängt an einem Kraftmesser.

Der beobachtete Wert $K_2 - K_1$ stimmt gut mit dem nach dem Beschleunigungssatz berechneten Wert $m \cdot b$ überein.

Zahlenbeispiel. $m = 0{,}539$ kg-Masse, $b = 0{,}048$ m/sec^2, $K_2 - K_1 = 2{,}6 \cdot 10^{-2}$ Großdyn $= 2{,}6$ g-Kraft. Man beachte die Tabelle auf S. 31. — b war berechnet aus dem Weg $s = 0{,}83$ m und der Zeit $t = 5{,}9$ sec.

Nach Abrollen der Fäden rotiert das Schwungrad „träge" weiter. Die Fäden werden wieder aufgespult. Der Körper steigt nach oben. Man versäume nicht, die Beobachtung bei dieser Bewegungsrichtung zu wiederholen. Auch in diesem Fall ist die Angabe des Kraftmessers während der Beschleunigung kleiner als in der Ruhe. Der Beschleunigungspfeil des Körpers ist nach wie vor nach unten gerichtet, denn der Körper bewegt sich mit sinkender Steiggeschwindigkeit oder „verzögert" nach oben. Es ist dies ein selbst für physikalisch Geübte oft überraschender Versuch.

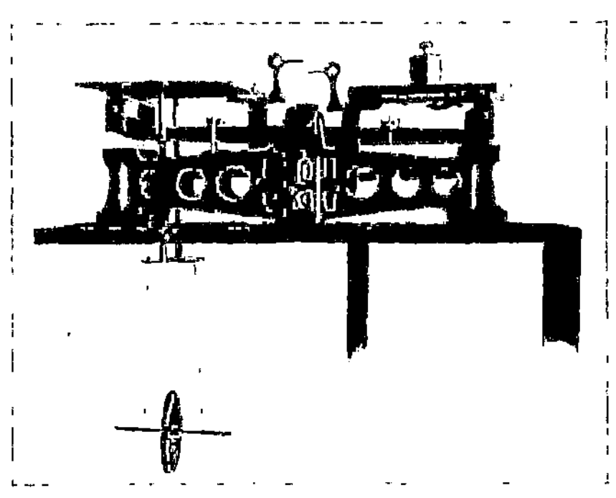

Abb. 55. Ein konstant abwärts beschleunigtes Schwungrad (Maxwellsche Scheibe) hängt an einer Küchenwaage. Die Waage hat hinter dem Schild „10 kg" eine unsichtbare Öldämpfung.

Etliche der in diesem Paragraphen vorgeführten Versuche (1, 2 und 4) lassen sich qualitativ auch mit dem Satz actio = reactio übersehen. Doch muß man dann ganz formal verfahren, z. B. in Abb. 56: Zwischen zwei Körpern A (Mensch) und B (Metallklotz) befinden sich irgendwelche mechanische Verbindungen durch Stangen, Schnüre, Gliedmaßen usw. A steht auf der Waage. Bei Aufwärtsbeschleunigung von B wird A nach abwärts beschleunigt. A drückt infolgedessen die Waage im Sinne von „schwerer" zusammen. Bei Abwärtsbeschleunigung von B wird A nach aufwärts beschleunigt. A drückt infolgedessen weniger auf die Waage, die Waage schlägt im Sinne von „leichter" aus. Soweit ist alles formal in bester Ordnung. Man kann auch unbedenklich in Richtung der eintretenden Beschleunigungen

Abb. 56. Kraft und Gegenkraft.

Kraftpfeile zeichnen, die an den Schwerpunkten von B bzw. A angreifen. Aber man hüte sich, bei den Darstellungen die Kräfte nach ihrem „Ausgangspunkt" mit N a m e n benennen zu wollen. Denn physikalisch läßt sich immer nur der Körper angeben, an dem eine Kraft a n g r e i f t! Wer den Kräften Namen und Ausgangspunkt zuordnen will, wird bei Abwärtsbeschleunigungen von B sicher Schwierigkeiten finden!

§ 21. Der Beschleunigungssatz bei Radialbeschleunigung. Kreisbahn, Radialkraft. (Ruhender Beobachter!) Zunächst als Vorbemerkung ein guter Rat: Man lasse sich nie auf irgendwelche Erörterungen über Kreis- oder Drehbewegungen ein, bevor man sich mit seinem Partner (evtl. dem Autor eines Lehrbuches!) über den B e o b a c h t u n g s s t a n d p u n k t verständigt hat. Unser Beobachtungsstandpunkt ist auf S. 13 vereinbart worden, es ist der Erd- oder Hörsaalboden. — —

Alle bisherigen Prüfungen des Beschleunigungssatzes betrafen den Grenzfall der alleinigen B a h n beschleunigung. Jetzt folgen Prüfungen des Satzes für den andern Grenzfall der alleinigen R a d i a l beschleunigung.

Ein Körper der Masse m soll mit konstanter Winkelgeschwindigkeit ω eine Kreisbahn vom Radius r durchlaufen. Nach der kinematischen Betrachtung des § 13 ist diese Bewegung b e s c h l e u n i g t. Die radiale, zum Zentrum der Kreisbahn hin gerichtete Beschleunigung ist

$$b_r = \omega^2 r. \tag{6}$$

Nach dem Beschleunigungssatz erfordert diese Beschleunigung einer Masse m die Existenz einer zum Zentrum hin gerichteten Kraft

$$K = m b_r = m \omega^2 r \tag{9}$$

$(\omega = 2\pi n =$ Drehzahl in 2π Sekunden).

Diese Kraft wollen wir R a d i a l k r a f t nennen.

Zur experimentellen Prüfung der Gleichung (9) ersetzen wir die Winkelgeschwindigkeit ω durch die Drehzahl n

$$K = m\, 4\pi^2 n^2 r \tag{9b}$$

$(n =$ Drehzahl in 1 Sekunde, Einheiten siehe S. 31).

Die R a d i a l k r a f t s o l l m i t F e d e r n e r z e u g t w e r d e n, a l s o e i n e e l a s t i s c h e K r a f t sein. Wir bringen 3 Beispiele:

I. Es steht nur eine Federkraft begrenzter Größe zur Verfügung.

II. Die verfügbare Federkraft K steigt proportional dem Bahnradius r, also $K = Dr$ (10) (kurz: lineares Kraftgesetz).

III. Die verfügbare Federkraft steigt rascher als proportional mit r, beispielsweise $K = Dr^2$ (kurz: nichtlineares Kraftgesetz).

Fall I: Federkraft begrenzter Größe.

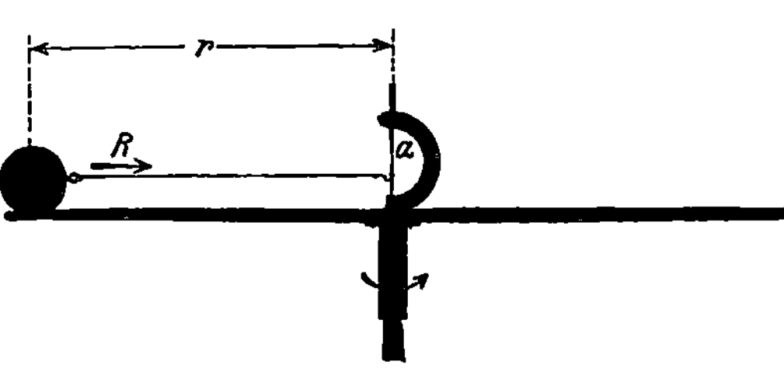

Abb. 57. Eine Kugel auf einem Karussell, gehalten von der links von a befindlichen Blattfeder.

Wir sehen in Abb. 57 eine Blattfeder. Ihr unteres Ende ist drehbar gelagert, ihr oberes liegt hinter dem Anschlag a. Diese Blattfeder kann bei flitzbogenartiger Durchbiegung nur eine Federkraft begrenzter Größe geben. Beim Überschreiten des Höchstwertes K_{max} schnappt die Feder aus. Mit einem Schnurzug und einer Federwaage bestimmen wir diesen Grenzwert K_{max}.

Diese Blattfeder soll die Radialkraft für eine Kugel am Rande eines kleinen Karussells liefern. Die für den verfügbaren Höchstwert der Radialkraft erreichbare Drehzahl berechnet sich aus Gleichung (9b).

$$n_{\mathrm{max}} = \frac{1}{2\pi} \sqrt{\frac{K_{\mathrm{max}}}{m \cdot r}}. \tag{9c}$$

Zahlenbeispiel: $K_{\mathrm{max}} = 0,18$ kg-Kraft = rund 1,77 Großdyn; $m = 0,27$ kg-Masse; $r = 0,22$ m; $n_{\mathrm{max}} = 0,87$ Drehungen pro Sekunde. Kürzeste Umlaufszeit $T_{\mathrm{min}} = 1,14$ Sekunden.

Bei allen kleineren Drehzahlen nimmt die Kugel an der Kreisbahn des Karussells teil. Beim Überschreiten des Grenzwertes fliegt sie ab. Die Kugel verläßt die Scheibe tangential. Nach Wegfall der Radialbeschleunigung fliegt sie auf gerader Bahn mit konstanter Geschwindigkeit weiter. Leider stört im allgemeinen das Gewicht diese Beobachtung. Das Gewicht verwandelt die ursprünglich gerade Bahn in eine Fallparabel. Doch tritt diese Störung bei höheren Bahngeschwindigkeiten zurück. Ein gutes Beispiel dieser Art bietet ein sprühender Schleifstein. Er zeigt uns aufs deutlichste das tangentiale Abfliegen. Die glühenden Stahlspäne fliegen keineswegs zentrifugal, das Drehzentrum fliehend, von dannen (Abb. 58).

Abb. 58. Sprühender Schleifstein.

Dem sprühenden Schleifstein widerspricht scheinbar die Beobachtung an einem schmutzspritzenden Autorad. Man kann einen glatten Fahrdamm unmittelbar hinter einem sprühenden Auto kreuzen, ohne getroffen zu werden. Die Erklärung ist einfach: Für den Beobachter im fahrenden Auto zeigt das Pneumatik das gleiche Bild wie der Schleifstein, d. h. allseitiges tangentiales Sprühen. Für den Fußgänger hingegen gilt das Bild der Abb. 59. Für ihn ist der Fußpunkt des Rades der Drehpunkt. Aller Schmutz fliegt senkrecht zu den einzelnen Radien in den skizzierten Pfeilrichtungen ab.

Fall II. Lineares Kraftgesetz.

Die Federkraft ist dem Bahnradius proportional

$$K = Dr \tag{10}$$

Einsetzen dieser Bedingung in die allgemeine Gleichung (9b) gibt Frequenz oder Drehzahl

$$n = \frac{1}{2\pi} \sqrt{\frac{D}{m}}. \tag{9d}$$

(D ist die für eine Federdehnung um die Längeneinheit erforderliche Kraft.)

Das bedeutet: Die Masse läuft nur bei einer einzigen Drehzahl n auf einer Kreisbahn. Dabei ist die Größe des Bahnradius

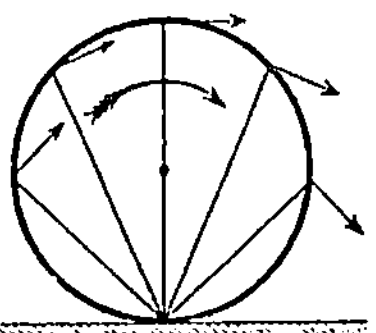

Abb. 59. Spritzrichtungen eines Autorades vom Standpunkt des Fußgängers gesehen.

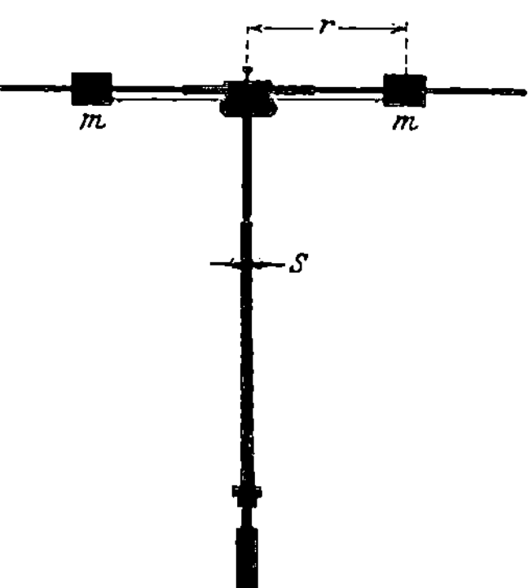

Abb. 60. Kreisbewegung bei linearem Kraftgesetz. Die unterhalb S befindliche lange Schraubenfeder in der Reproduktion nicht gut zu sehen.

völlig gleichgültig. Bei Innehaltung dieser „kritischen Drehzahl" n läuft die Masse auf jedem beliebigen, einmal von uns eingestellten Kreise um.

Die Abb. 60 zeigt eine zur Verwirklichung des linearen Kraftgesetzes geeignete Anordnung. Die Masse ist symmetrisch unterteilt und mit möglichst geringer Reibung auf zwei Führungsstangen angebracht. Diese Stangen sollen das Gewicht ausschalten. Die Anordnung der Feder soll die Größe ihrer Dehnung auch während der Rotation erkennbar machen.

Die Schraubenfeder muß bereits in der Ruhestellung bis zum Betrage $K = Dr_0$ gespannt sein. r_0 = Abstand der Kugelschwerpunkte von der Drehachse in der Ruhestellung.

Der Versuch bestätigt die Voraussage. Bei richtig eingestellter Drehzahl können wir durch Auftippen mit dem Finger auf das scheibenförmige Ende S der Schraubenfeder den Abstand r der Massen beliebig vergrößern oder verkleinern. Sie durchlaufen bei jedem Radius ihre Kreisbahn. Bei dieser kritischen Drehzahl n befinden sich die Massen im „indifferenten Gleichgewicht", ähnlich einer Kugel auf horizontaler Tischplatte.

Fall III. Nichtlineares Kraftgesetz.

Die Federkraft steigt beispielsweise mit r^2 ($K = Dr^2$). Einsetzen dieser Bedingung in die allgemeine Gleichung (9b) der Radialkraft gibt die Frequenz oder Drehzahl

$$n = \frac{1}{2\pi}\sqrt{\frac{D}{m}}\cdot r \tag{9e}$$

(D ist die für eine Federdehnung um die Längeneinheit erforderliche Kraft.)

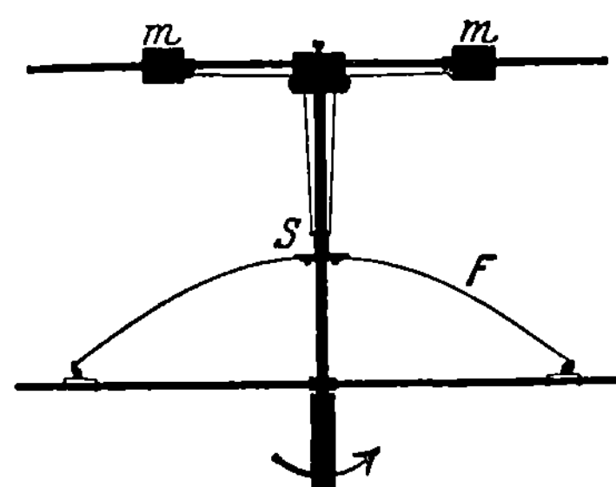
Abb. 61. Kreisbewegung bei nicht linearem Kraftgesetz.

Die Frequenz oder Drehzahl n wird vom Radius r abhängig. Zu jeder Drehzahl gehört nur ein möglicher Bahnradius r. In dieser Bahn befindet sich die Masse im „stabilen Gleichgewicht", ähnlich einer Kugel auf dem Boden einer gewölbten Schale.

Experimentell verwirklicht man ein solches nichtlineares Kraftgesetz beispielsweise mit einer Bügelfeder wie in Abb. 61. Tippen wir in Abb. 61 bei umlaufender Achse auf das scheibenförmige Ende S der Bügelfeder F, so stellt sich sogleich wieder der ursprüngliche Radius ein.

§ 22. Zwei technische Anwendungen der Kreisbahnbewegung. Die beiden in den Abb. 60 und 61 erläuterten Versuche werden häufig für technische Zwecke ausgenutzt. So dienen z. B. beide Anordnungen als Frequenzregler für Maschinen aller Art.

Im Falle des linearen Kraftgesetzes (Abb. 60) reagieren die umlaufenden Massen bereits auf kleine Frequenzänderungen mit extrem großen

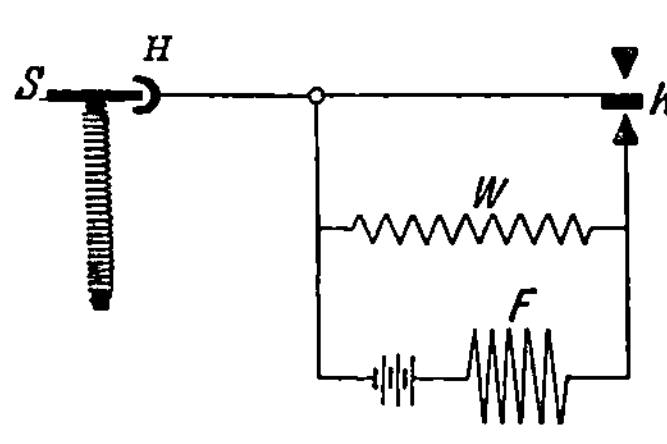
Abb. 62. Drehzahlregelung eines Nebenschlußmotors.

Ausschlägen. Bei Abweichungen der Frequenz von der „kritischen" gemäß Gleichung (9d) nach unten oder oben ist überhaupt keine Kreisbahn mehr möglich. Die Massen nähern sich der Drehachse soweit oder entfernen sich soweit von ihr, wie es mit der jeweiligen Konstruktion überhaupt verträglich ist.

Bei einem nichtlinearen Kraftgesetz hingegen, wie in Abb. 61, bedeutet eine kleine Änderung der Drehzahl nur eine kleine Abstandsänderung der Massen. Bei Verkleinerung oder Vergrößerung der Drehzahl wird die Stabilität der Kreisbahn bei etwas verkleinertem oder vergrößertem Abstand r wieder erreicht.

In beiden Fällen kann man die Änderung des Abstandes r der umlaufenden Massen benutzen, um die Steuerorgane irgendwelcher Maschinen zu verstellen. Man denke sich beispielsweise die obere Abschlußscheibe S der Schraubenfeder zwischen dem gabelförmigen Ende des in Abb. 62 skizzierten Steuerhebels H angebracht.

Die Frequenzregler mit linearem Kraftgesetz, also Schema der Abb. 60, sind dabei durch besonders große Empfindlichkeit ausgezeichnet.

Anwendungsbeispiel: Die Drehzahl eines Nebenschlußelektromotors sinkt, wenn man den Strom in seiner Feldspule F durch Kurzschluß eines Vorschaltwiderstandes W verstärkt. Bei Überschreitung der kritischen Drehzahl n kippt das rechte Ende des Steuerhebels in Abb. 62 nach unten. Diese Bewegung benutzt man zum Kurzschluß des Vorschaltwiderstandes W durch den Anschlagkontakt K. Nach einigen Umdrehungen wird dann die kritische Drehzahl unterschritten, der Kontakt K löst sich, der Feldspulenstrom sinkt, die Drehzahl steigt, bis das Spiel von neuem beginnt.

Mit Hilfe dieser Regler kann man die Drehzahl von Elektromotoren im zeitlichen Mittel bis auf einige Hunderttausendstel ihres Wertes konstant halten. Ein so geregelter Gleichstromelektromotor läuft im Mittel mit der Gleichförmigkeit der allerbesten technischen Taschenuhren. Denn diese Taschenuhren messen den aus rund 100000 Sekunden bestehenden Tag bis auf 1 Sekunde richtig. .

Diese wertvollen Frequenzregler mit linearem Kraftgesetz haben allerdings einen Nachteil: Sie halten jeweils nur eine einzige Drehzahl, nämlich die „kritische", gemäß Gleichung (9d) konstant. Zur Einstellung anderer kritischer Drehzahlen muß man die Massen oder die Feder gemäß Gleichung (9d) auswechseln.

Die Frequenzregler mit nicht linearem Kraftgesetz sind weniger empfindlich, erlauben jedoch einen bequemeren Wechsel der konstant zu haltenden Drehzahl. Man braucht

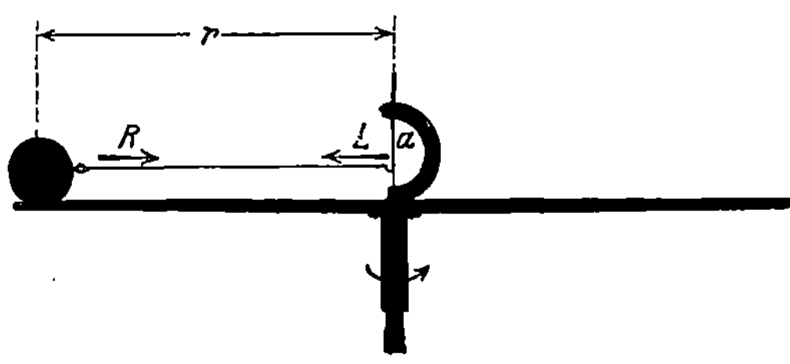

Abb. 63. Gegenkraft bei der Kreisbahn.

beispielsweise zur Einstellung einer höheren Frequenz in Abb. 62 nur den Kontakt K nach unten zu verlagern. — Soweit die Frequenzregler.

Die Kreisbewegung mit nichtlinearem Kraftgesetz wird weiterhin in der Technik zum Bau der bekannten Drehzahlmesser oder Tachometer benutzt. Man denke sich in Abb. 62 das rechte Ende des Hebels H über irgendeiner Skala spielend. Jeder Drehzahl entspricht eine gewisse Höhenlage des oberen Endes der Schraubenfeder. In der technischen Ausführung guter Drehzahlmesser (vgl. Abb. 25 und 30) sieht man äußerlich nur den Zeiger über der Skala spielen. Das Hebel- und Zahnradsystem, das die Längenänderung der Feder auf den Zeiger überträgt, ist sehr geschickt auf kleinen Raum zusammengedrängt. Die Einzelheiten bilden den Gegenstand von zahllosen Patenten.

§ 23. Die Gegenkraft bei der Kreisbewegung.
Zunächst lese man noch einmal den ersten Absatz von § 21.

Nach dem Satz von actio = reactio muß bei der Kreisbahn stets gleichzeitig mit der Radialkraft eine Gegenkraft gleicher Größe, aber entgegengesetzter Richtung vorhanden sein. Über den Angriffspunkt dieser Gegenkraft kann nie ein Zweifel sein. Beispiele:

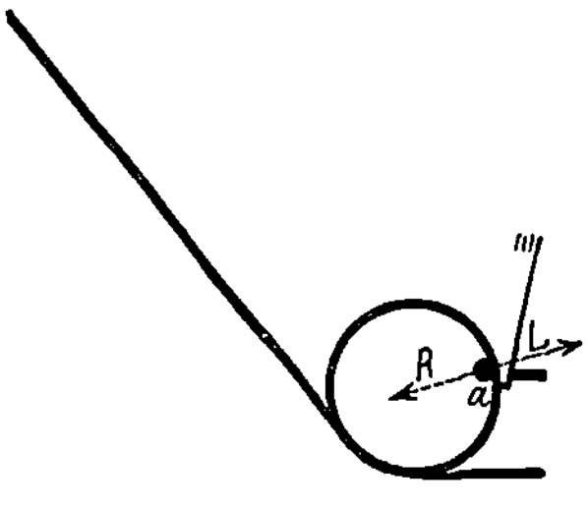

Abb. 64. Gegenkraft bei der Kreisbahn.

1. Wir wiederholen in Abb. 63 die Abb. 57 mit einer geringfügigen Ergänzung. Der Kraftpfeil R beschleunigt die Masse radial auf die Drehachse zu. Der Kraftpfeil L greift als Gegenkraft an der Blattfeder an.

2. Die oben links losgelassene Kugel durchfahre in dem bekannten Kinderspiel die Kreisbahn (Looping the loop im Zirkus [Abb. 64]). Im Punkte a ihrer Bahn muß sie nahezu horizontal auf das Kreiszentrum hin beschleunigt werden. Die dazu erforderliche Radialkraft ist durch den Kraftpfeil R veranschaulicht. Die

Gegenkraft gleicher Größe, aber entgegengesetzter Richtung greift an der Schiene an. Sie wird durch den Pfeil L veranschaulicht. Die Gegenkraft verformt die Schiene. Ein Tasthebel mit großer Übersetzung macht diese Verformung weithin sichtbar.

Diese Beispiele lassen sich beliebig häufen. Allen ist eines gemeinsam: Ein Körper (Hand bei der Schleuder, Achse, Führungsschiene) ist „fest" mit dem Erdboden verbunden. An ihm greift die Gegenkraft an, während die Radialkraft den umlaufenden Körper auf das Kreiszentrum hin beschleunigt.

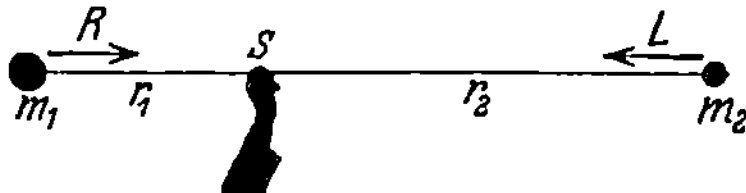

Abb. 65. Die Unterscheidung von Kraft und Gegenkraft wird willkürlich.

3. Statt eines festen und eines umlaufenden Körpers nehmen wir jetzt zwei Körper, die beide beschleunigt werden können. Bequem sind zwei durch einen Stahlstab hantelförmig verbundene Kugeln ungleicher Masse (Abb. 65).

Diese Hantel versetzen wir auf der erhobenen Hand in Drehung. Beide Massen umkreisen die Hand auf den Kreisbahnen der Radien r_1 und r_2. Und zwar muß sich die Hand unter dem gemeinsamen Schwerpunkt S der beiden Kugeln befinden. Denn die radial beschleunigenden elastischen Kräfte des gespannten Hantelstabes sollen für beide Kugeln gleich sein. Folglich gilt nach Gl. (9)

$$m_1\,\omega^2 r_1 = m_2\,\omega^2 r_2,$$

$$\frac{r_1}{r_2} = \frac{m_2}{m_1}. \tag{9f}$$

Die Abstände von S verhalten sich, wie es für den Schwerpunkt sein soll, umgekehrt wie die Massen.

In diesem Fall zweier frei beweglicher Körper kann man ohne Willkür wieder nur von einer gegenseitigen Anziehung der beiden Körper reden. Die Verhältnisse entsprechen durchaus den in Abb. 46 mit zwei Wagen erläuterten. Nur ist an Stelle der damaligen Bahnbeschleunigung eine Radialbeschleunigung getreten. Hier bei „gegenseitiger Anziehung" zweier Körper wird die Unterscheidung von Radial- und Gegenkraft ebenso willkürlich wie bei den Wagen in Abb. 46 die Unterscheidung von beschleunigender Kraft und Gegenkraft. Man kann den Pfeil L als Symbol einer Radialkraft auffassen und Pfeil R als Symbol der zugehörigen Gegenkraft, oder gerade umgekehrt; das hängt nur von der zeitlichen Reihenfolge der Beschreibung ab!

Es ist durchaus überflüssig, der Gegenkraft für den Fall einer Kreisbewegung einen besonderen Namen zu geben. Vor allem sollte man sie nicht Zentrifugalkraft nennen. Das Wort Zentrifugalkraft soll ein Beobachter auf dem üblichen Standpunkt, dem Erd- oder Hörsaalboden, überhaupt nicht benutzen. Zur Vermeidung ständiger Unklarheiten muß das Wort Zentrifugalkraft endlich einmal dem Standpunkt eines an der Kreisbewegung teilnehmenden Beobachters vorbehalten bleiben. Das Wort Zentrifugalkraft setzt, kurz gesagt, ein beschleunigtes Bezugssystem voraus (Kapitel VIII).

§ 24. Die Radialkraft beim Umlauf eines Kettenringes. Unsere bisherigen Schauversuche über die Radialbeschleunigung durch die Radialkraft betrafen alle umlaufende Körper oder Massen sehr einfacher Gestalt. Es waren „kleine" Kugeln oder Klötze. Wir durften ihren Durchmesser ohne nennenswerten Fehler neben dem Bahnradius r vernachlässigen. Es waren, kurz gesagt, „Massenpunkte", wir durften uns die Massen im Schwerpunkt zusammengeballt denken.

Nach § 23 sind wir uns nunmehr über die Gegenkraft bei der Radialbeschleunigung im klaren. Dadurch können wir den Nutzen des Begriffes Radialkraft auch für den Umlauf weniger einfach gestalteter Körper erläutern. Wir nehmen als Beispiel einen schlaffen Kettenring.

Zunächst wird die eng passende Kette in einem Vorversuch auf das Schwung-rad aufgezogen (Abb. 66). Ohne Zusammenhalt würden die einzelnen Ketten-glieder nach Ingangsetzen des Schwungrades wie die Funken eines Schleifsteines tangential davonfliegen.

So aber wirken alle im gleichen Sinne, nämlich einer straffen Spannung der Kette. Die in der Kette entstehende elastische Kraft beschleunigt mit ihrer radialen Komponente K (Abb. 67) jedes einzelne Kettenglied in Richtung auf den Kettenmittelpunkt. Die Kette kann, ohne zu reißen, eine elastische Kraft hinreichender Größe liefern, um die Kettenglieder der Masse m in die Kreisbahn

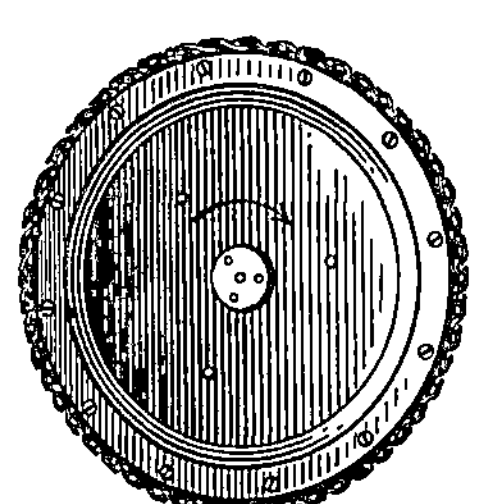

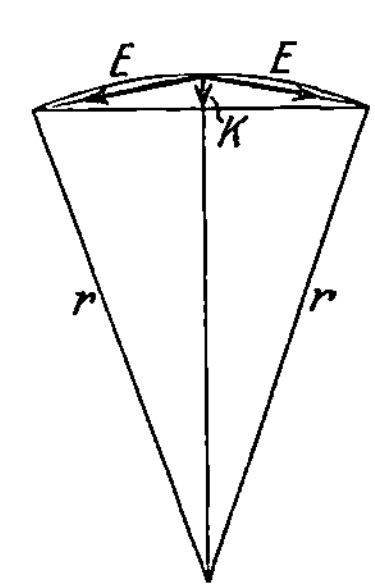

Abb. 66. Kette auf Schwung-rad. Zur Vorführung einer dynamischen Stabilität.

Abb. 67. Radialkraft bei einem elastisch gespannten Kettenring.

Abb. 68. Oval einer Fahr-radkette vor dem Abwerfen vom Zahnrad.

vom Radius r zu zwingen. Bei hoher Drehzahl des Schwungrades wirft man die Kette durch einen seitlichen Stoß herunter. Sie sinkt dann keineswegs schlaff zusammen, sondern läuft wie ein steifer Ring über den Tisch. Sie überspringt sogar Hindernisse auf ihrem Wege. In dieser Form zeigt uns der Versuch quali-tativ ein gutes Beispiel einer „dynamischen Stabilität".

Eine Fortbildung des Versuches ist jedoch noch lehrreicher. Die Gleichung (9) für die Radialkraft lautet nach Einführung der Bahngeschwindigkeit $u = \omega r$:

$$K = m u^2 / r. \tag{9a}$$

Die Radialkraft soll also bei gleicher Bahngeschwindigkeit u mit $1/r$ proportional sein. Diese Behauptung läßt sich hübsch mit dem Kettenring bestätigen. Bei ihm haben ja alle Glieder die gleiche Bahngeschwindigkeit u.

In Abb. 67 ist ein kurzes Bogenstück der Kette gezeichnet. Die Pfeile E markieren die elastische Kraft, der kurze Pfeil K die auf den Krümmungsmittel-punkt (Kreiszentrum) hin gerichtete Komponente. Diese ist um so kleiner, je gestreckter die Kette ist. Sie nimmt nach der angedeuteten geometrischen Konstruktion mit $1/r$ ab. Demnach sollte der Kettenring nicht nur als Kreisring, sondern in einer beliebigen andern Gestalt stabil laufen! Z. B. in dem in Abb. 68 gezeigten Oval. Der Versuch entspricht der Erwartung. Als Kette benutzt man zweckmäßigerweise die Gliederkette eines Fahrrades. Man wirft sie bei hinreichend hoher Drehzahl vom Zahnrad ab.

In Fabriken sieht man dies Experiment gelegentlich unfreiwillig durch einen abspringen-den Treibriemen vorgeführt.

IV. Lineare Pendelschwingungen und Zentralbewegungen.

§ 25. Vorbemerkung. Im 2. Kapitel haben wir unsere kinematischen Betrachtungen auf die **einfachsten** Bahnen beschränkt. Diese ließen sich allein mit einer Bahnbeschleunigung oder allein mit einer Radialbeschleunigung beschreiben. Diese Bahnen, eine gerade Bahn und die Kreisbahn, genügten uns, um im 3. Kapitel die Grundsätze der Dynamik, insbesondere den Beschleunigungssatz kennenzulernen und mit einer Reihe von Versuchen zu prüfen. Die Grundsätze der Mechanik wollen wir damit als genügend erprobt und gesichert betrachten. Sie sollen fortan die Grundlage bilden, auf der auch die Dynamik **verwickelter** Bewegungen auszubauen ist. — Wir behandeln in diesem Kapitel zunächst die „linearen Pendelschwingungen" und die „Zentralbewegungen". Dabei sollen die Körper in beiden Fällen wieder mit hinreichender Näherung als „**Massenpunkte**" gelten dürfen.

§ 26. Lineare Pendelschwingungen. Als **Pendel** bezeichnen wir in diesem Buche einen Körper, der Schwingungen um seine Ruhelage ausführen kann,

Abb. 69. Einfachstes Federpendel.

beispielsweise eine Kugel zwischen zwei leichten Schraubenfedern (Abb. 69). Der jeweilige Abstand von der Ruhelage heißt Ausschlag oder Amplitude (vgl. Sachverzeichnis!).

Ein eigentümlicher Sonderfall eines Pendels ist das bekannte **Schwerependel**, etwa eine Kugel an einem Faden. Das Schwerependel läßt gerade die wesentlichen Züge der Pendelbewegung nicht erkennen. Es ist zur Einführung in die Pendelschwingungen unbrauchbar und wird erst in § 33 behandelt.

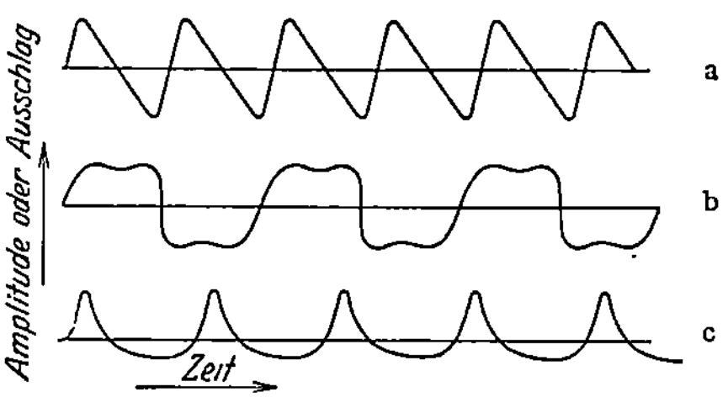

Die Schwingung eines Pendels kann im allgemeinen in einer verwickelten räumlichen Bahn erfolgen (§ 30). Wir beschränken uns jedoch zunächst auf den Sonderfall einer Schwingung in gerader Bahn. Eine solche Schwingung heißt „**geradlinig polarisiert**". Aber auch bei gerader Bahn kann der zeitliche Ablauf der Schwingung, „die Schwingungsform" (Abb. 70), noch sehr verschieden sein. Außerdem hängt im allgemeinen die Frequenz n von der benutzten Schwingungsweite (Maximalamplitude oder -ausschlag) ab. Doch gibt es einen durch große Einfachheit und besondere Wichtigkeit ausgezeichneten Grenzfall. Das ist die **Sinusschwingung** mit einer von der Schwingungsweite **unabhängigen** Frequenz. Nur von ihr ist in diesem Paragraphen die Rede.

Abb. 70. Beispiel nicht sinusförmiger Schwingungskurven.

Die Sinusschwingung wird in ihrem zeitlichen Verlauf graphisch durch das Bild der einfachsten Welle, der Sinuswelle, wiedergegeben. Ihr enger Zusammenhang mit der Kreisbewegung ist uns schon bekannt: Eine Kreisbewegung erscheint, kurz gesagt, von der Seite betrachtet, als Sinusschwingung (S. 9).

Damit können wir wieder unmittelbar an die im vorhergehenden Kapitel verlassene Kreisbewegung anknüpfen. Bei der Kreisbewegung lernten wir einen Sonderfall kennen: Frequenz n und Bahnradius r waren voneinander unabhängig. Bedingung für diesen Sonderfall war das „lineare Kraftgesetz"

$$K = Dr, \tag{10}$$

und dann galt, unabhängig von r, Frequenz

$$n = \frac{1}{2\pi}\sqrt{\frac{D}{m}} \tag{9d}$$

oder Kreisfrequenz

$$\omega = \sqrt{\frac{D}{m}}.$$

(D ist die Kraft für eine Federdehnung um die Längeneinheit.)

Von der Seite betrachtet, erscheint uns der Kreisbahnradius r des umlaufenden Körpers als sein Abstand x von der Ruhelage O in Abb. 71 oder sein „Ausschlag". Ebenso erscheint uns der Pfeil Z der radial gerichteten Radialkraft als ein in der Bahnrichtung zur Ruhelage weisender Kraftpfeil K. Wir haben daher für die Pendelschwingung das lineare Kraftgesetz zu schreiben:

$$K = Dx. \tag{10}$$

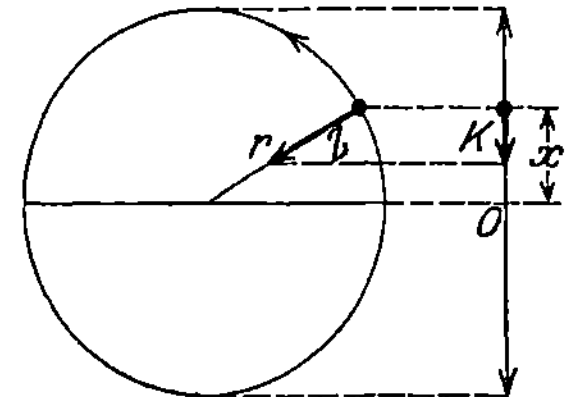

Abb. 71. Zur Herleitung der Pendelschwingungsdauer bei linearem Kraftgesetz.

Im übrigen gilt auch hier, unabhängig von der Schwingungsweite, für die Frequenz des Pendels

$$n = \frac{1}{2\pi}\sqrt{\frac{D}{m}} \tag{11}$$

oder Kreisfrequenz

$$\omega = \sqrt{\frac{D}{m}}. \tag{11a}$$

(D ist die für einen Pendelausschlag von der Größe der benutzten Längeneinheit erforderliche Kraft.)

Das lineare Kraftgesetz (10) (nicht die gerade oder lineare Bahn) hat der „linearen Pendelschwingung" den Namen gegeben. Seine Konstante $D = K/x$ ist die für die Einheit des Ausschlages erforderliche Kraft. Sie heißt allgemein die Richtkraft (Direktionskraft).

Experimentell läßt sich das lineare Kraftgesetz für Pendelschwingungen weitgehend realisieren. Am einfachsten benutzt man elastische Kräfte. Denn diese sind für mäßige Verzerrungen x der Größe dieser Verzerrung x weitgehend proportional. Man braucht z. B. nur in Abb. 69 die Schraubenfedern lang genug zu machen.

Bei sehr schlaffen Federn, oder, physikalischer ausgedrückt, kleiner Richtkraft D stört gelegentlich das Gewicht der Kugel. Es läßt die Feder durchhängen. Dieser äußerlichen Schwierigkeit kann man auf verschiedene Weisen begegnen. Wir nennen vier Beispiele:

1. Man unterstützt die Kugel mit einer recht glatten, kaum Reibung verursachenden Glasplatte.

2. Man hängt die Kugel an einem dünnen, etliche Meter langen Faden auf.

3. Man setzt die Kugel nach Art der Abb. 72 an das Ende eines leichten Armes, der seinerseits als Speiche an der vertikalen Achse befestigt ist. — Zwar erfolgen die Schwingungen in diesen Fällen 2 und 3 strenggenommen nicht mehr in gerader Bahn, sondern auf Kreisbögen. Doch kann man innerhalb

vernünftiger Grenzen die Kreisbögen mit großer Annäherung noch als gerade betrachten.

Nichts ist für den Anfänger wichtiger, als die beobachteten Versuchsbedingungen rasch, wenn auch oft nur in roher Annäherung, auf ein bekanntes Schema zu bringen.

4. Man hängt die Kugel vertikal an einer Schraubenfeder auf. Denn die konstante Kraft des nach unten ziehenden Gewichtes ist auf Verlauf und Frequenz der Schwingungen ohne Einfluß. Sie verlagert nur den Nullpunkt.

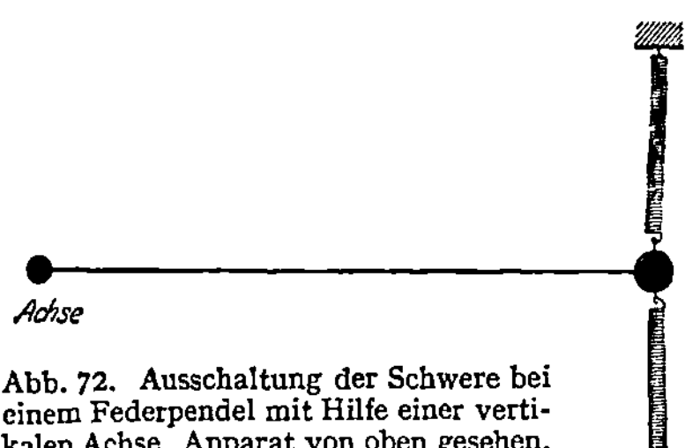

Abb. 72. Ausschaltung der Schwere bei einem Federpendel mit Hilfe einer vertikalen Achse. Apparat von oben gesehen, die Achse steht senkrecht zur Papierebene.

Veranschaulichung: Man denke sich in Abb. 69 die rechte Feder „unendlich" verlängert. Dann bleibt ihre Spannung bei einer Verschiebung der Kugel um den Weg x praktisch ungeändert. Nur die linke Feder liefert eine die Kugel zur Ruhelage zurückziehende Richtkraft. Die nach rechts ziehende konstante Federkraft bleibt ohne Einfluß.

Mit jeder der genannten Anordnungen, meist schon dem einfachen Schema der Abb. 69, läßt sich die sehr wichtige Gleichung (11) experimentell nachprüfen. Schon bei qualitativen Versuchen sieht man den entscheidenden Einfluß der Masse auf die Schwingungsdauer des Pendels. Die Schwingungsdauer steigt mit wachsender Pendelmasse. Man kann den Einfluß einer Massenvergrößerung durch eine Vergrößerung der Federspannung kompensieren usw. Mit einer Stoppuhr sowie einer Federwaage zur Ermittelung der Richtkraft D bestätigt man die Gleichung (11) bzw. (11a) in jeder gewünschten Richtung. Es ist bei der grundlegenden Wichtigkeit der linearen Schwingungen eine der wichtigsten Praktikumaufgaben.

Zwar ist das lineare Kraftgesetz $K = Dx$ ein Sonderfall. Trotzdem ist es von größter Bedeutung. Denn man kann bei jedem schwingungsfähigen Körper das Kraftgesetz, und sei es noch so verwickelt, durch das lineare Kraftgesetz ersetzen; nur muß man sich dann auf hinreichend kleine Schwingungsweiten beschränken.

Mathematisch heißt das: Man kann jedes Kraftgesetz $K = f(x)$ in eine Reihe entwickeln:

$$f(x) = D_0 + D_1 x + D_2 x^2 + \cdots \tag{12}$$

Die Konstante D_0 muß Null sein. Denn die Kraft muß für $x = 0$ verschwinden. Für hinreichend kleine Werte von x darf man die Reihe nach dem ersten Glied abbrechen, erhält also $K = D_1 x$.

Wir werden später sehr ausführlich auf die Schwingungsvorgänge nach Gleichung (11) zurückkommen und ständig von ihnen Gebrauch machen. Hier beschränken wir uns zunächst auf zwei Ergänzungen.

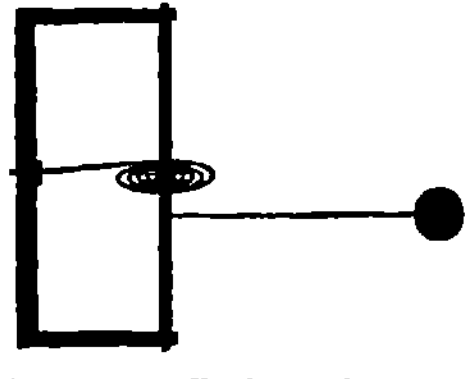

Abb. 73. Drehschwingungen mit Achse und Schneckenfeder.

Die erste ist mehr äußerlicher Natur. Man kann die in Abb. 72 skizzierte Anordnung durch die Anordnung der Abb. 73 ersetzen, also Schnecken- statt Schraubenfeder. Dann bewegt sich die Pendelmasse auf einem Kreisbogen. Die Amplitude x ist längs dieses Bogens abzumessen, sie ist eine Winkelgröße. Die Richtung der Richtkraft fällt mit der jeweiligen Bahntangente zusammen. Sie läßt sich mit einer tangential ziehenden Federwaage messen. Formal sind diese Pendelschwingungen längs eines Kreisbogens genau so wie die längs gerader Bahn zu behandeln. Im Grenzfall kleiner Amplituden oder Ausschläge entarten die Kreisbögen praktisch zu Geraden.

Ein Sonderfall einer solchen Pendelanordnung ist das bekannte Schwerependel. Bei ihm wird die Federkraft durch eine Komponente des Gewichts ersetzt. Siehe später Abb. 95.

Die zweite Ergänzung ist grundsätzlicher Art. Keines der genannten Pendel schwingt, einmal angestoßen, oder „nach Stoßerregung", ungedämpft mit konstanter Amplitude weiter, obere Kurve in Abb. 74. Infolge der unvermeidlichen Reibungswiderstände klingt jede Pendelschwingung gedämpft ab, untere Kurve in Abb. 74. Es gibt in praxi kein Pendel ohne Dämpfung. Die Sinuswelle konstanter Amplitude ist ein idealisierter Grenzfall. Er gehört in die gleiche Rubrik wie die gerade mit konstanter Geschwindigkeit durchlaufene Bahn eines Körpers, auf den keine Kräfte wirken.

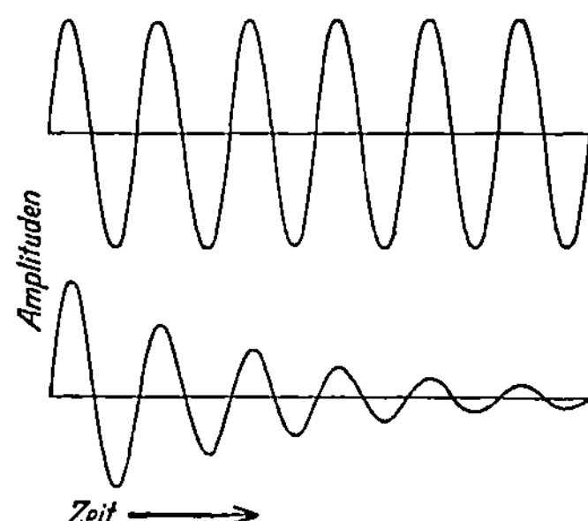

Abb. 74. Ungedämpfte und gedämpfte Sinusschwingungen.

Die lineare Pendelschwingung war für uns die erste Bewegung mit nicht konstanter Beschleunigung b. Nach dem Beschleunigungssatz gilt $b = K/m$, nach dem linearen Kraftgesetz $K = Dx$. Daraus folgt $b = Dx/m = \text{const}\, x$. Die Beschleunigung ist dem jeweiligen Abstand x des Körpers aus seiner Ruhelage proportional, sie variiert zeitlich ebenso wie x nach dem Bilde der Sinuswelle.

§ 27. Zentralbewegungen, Definition. Bei der linearen Pendelschwingung war zwar die Beschleunigung nicht mehr konstant, aber die Bahn noch eine Gerade. Die im Zeitabschnitt dt geschaffene Zusatzgeschwindigkeit du lag

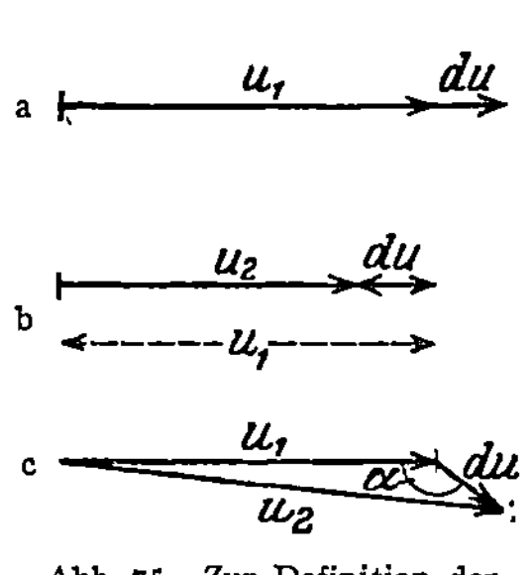

Abb. 75. Zur Definition der Gesamtbeschleunigung.

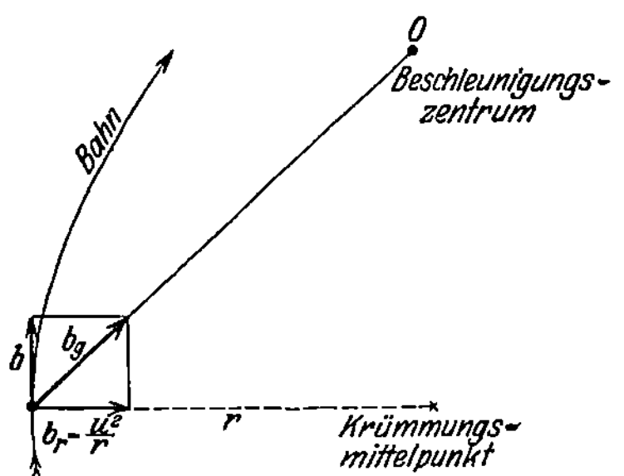

Abb. 76. Zerlegung einer Zentralbeschleunigung in zwei Komponenten.

dauernd in Richtung der zuvor vorhandenen Geschwindigkeit u, diese entweder vergrößernd (Abb. 75a) oder verkleinernd (Abb. 75b). Es lag lediglich Bahnbeschleunigung vor. Im allgemeinen Fall der Bewegung schließt jedoch der Pfeil du mit dem Pfeil u einen beliebigen Winkel α ein (Abb. 75c). Dann sind Bahn- und Radialbeschleunigung gleichzeitig vorhanden. Beide sind Komponenten einer Gesamtbeschleunigung b_g (Abb. 76). Die Bahnbeschleunigung b ändert die Größe der Geschwindigkeit in Richtung der Bahn. Die Radialbeschleunigung b_r sorgt für die Krümmung der Bahn. Ihre Größe ist nach Gleichung (6) $b_r = u^2/r$. Dabei ist r der „Krümmungsradius", der zum jeweiligen „Krümmungsmittelpunkt" geht. Das ist der Mittelpunkt des Kreises, mit dem man das jeweils betrachtete Stück der Bahnkurve mit beliebig guter Annäherung wiedergeben kann. Aus der schier unübersehbaren Mannigfaltigkeit derartiger Bewegungen (man denke nur an unsere Gliedmaßen!) greifen wir zunächst eine einzelne Gruppe heraus, die der Zentralbewegungen.

Eine Zentralbewegung ist die Bewegung eines Körpers (Massenpunktes) auf beliebiger ebener Bahn, bei der eine Beschleunigung wechselnder Größe und Richtung dauernd auf einen Punkt, das Zentrum, hin gerichtet bleibt. Die Verbindungslinie des Körpers mit dem Zentrum heißt der „Fahrstrahl". Nach dieser Definition sind offensichtlich Kreisbahn und linear polarisierte Pendelschwingung Grenzfälle der Zentralbewegung. Bei der ersteren fehlt die Bahnbeschleunigung, bei der letzteren die Radialbeschleunigung.

§ 28. Der Flächensatz. Für die allgemeinen Zentralbewegungen gilt ein einfacher Satz, der Flächensatz: „Der Fahrstrahl überstreicht in gleichen Zeiten gleiche Flächen." Der Flächensatz gehört durchaus der Kinematik an. Er ist eine geometrische Folgerung aus der Voraussetzung einer beliebigen, aber stets auf das gleiche Zentrum hin gerichteten Beschleunigung, sofern diese nicht zu reiner Bahnbeschleunigung entartet. Das sieht man aus der Abb. 77. Diese ist in Anlehnung an die Abb. 35 entstanden. Drei Kurvenstücke einer Zentralbewegung sind durch die drei Geraden xa, ac, ce ersetzt. Die Zentralbeschleunigung nimmt von links nach rechts zu. Die dünnen Pfeile ab bzw. cd sind die in gleichen Zeitabschnitten dt erfolgenden Bewegungen konstanter Geschwindigkeit, die die Bewegung des jeweils vorangegangenen Bahnelementes als Tangente fortsetzen. Die dicken Pfeile aa' und cc' sind die auf das Zentrum O hin gerichteten Beschleunigungen.

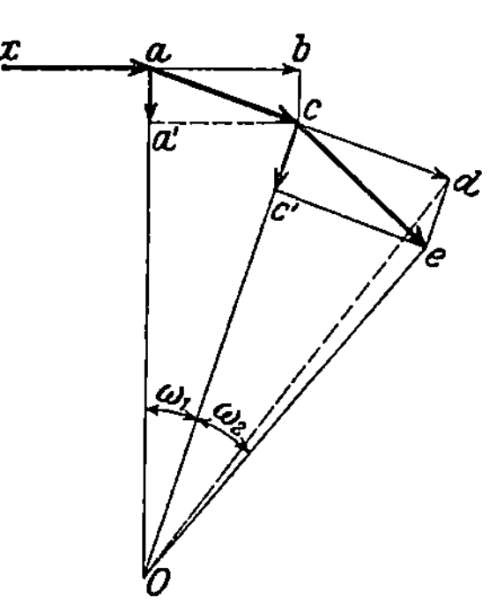

Abb. 77. Zum Flächensatz.

$\varDelta Oac = \varDelta Ocd$, da voraussetzungsgemäß $ac = cd$,
$\varDelta Ocd = \varDelta Oce$, weil die Dreieckshöhen $cd = c'e$ sind,
$\varDelta Oce = \varDelta Oac$.

Bei der Vorführung des Flächensatzes begnügt man sich meist mit nur qualitativ zutreffenden Experimenten. Man wiederholt z. B. den in Abb. 23 dargestellten Versuch. Das Gewichtstück bildet die umlaufende Masse, sein Abstand von der Körper- bzw. Stuhlachse die Fahrstrahllänge. Die Zentralbeschleunigung wechselnder Größe wird von der Muskelkraft des Experimentators erzeugt, oder einfacher ausgedrückt: man ändert die Fahrstrahllänge durch Beugen bzw. Strecken des Armes. Die Winkelgeschwindigkeit reagiert prompt auf jede Änderung der Fahrstrahllänge. Dabei kann jedoch der Flächensatz selbstverständlich nur qualitativ erfüllt sein. Die Annäherung an einen „Massenpunkt" ist gar zu dürftig. Die Arme sind keine praktisch masselosen Stangen usw. Aber man darf gelegentlich ganz grob schematisieren. Qualitativ kommt man meist auch dann noch zum Ziel. Es lohnt auch keineswegs, die hier angedeuteten Fehler auszuschalten. Es gelingt doch nur mit mäßiger Annäherung. Wir werden später einen allgemeinen Satz kennenlernen, der den Flächensatz als Grenzfall enthält, und ohne weiteres auch auf ausgedehnte Massen, wie Drehstuhl, Beobachter und Gewichtstück zusammen, anwendbar ist. Einwandfrei ist hingegen folgender Schauversuch: Die Schnur eines kreisenden Schleudersteines ist durch einen kurzen, glatten Rohrstutzen in der linken Hand geführt. Die rechte Hand verkürzt durch Ziehen des Fadens die Fahrstrahllänge r. Die Winkelgeschwindigkeit ω steigt an, und zwar prop. $1/r^2$.

§ 29. Ellipsenbahnen, elliptisch polarisierte Schwingungen. Zentralbewegungen brauchen keineswegs auf geschlossener Bahn zu erfolgen, man denke etwa an eine Spiralbahn. Doch ist unter diesen Zentralbewegungen auf geschlossener Bahn eine Gruppe durch besondere Wichtigkeit ausgezeichnet. Es sind die Ellipsenbahnen. Man hat zwei Fälle zu unterscheiden und getrennt zu behandeln:

1. **Elliptisch polarisierte Schwingungen.** Das Beschleunigungszentrum des umlaufenden Körpers liegt im **Mittelpunkt** der Ellipse, im Schnittpunkt der beiden großen Achsen.

2. **Die Keplerellipsen.** Das Beschleunigungszentrum des umlaufenden Körpers liegt in einem der beiden **Brennpunkte.**

Wir behandeln in diesem Paragraph die elliptisch polarisierten Schwingungen. Sie entstehen kinematisch durch die Überlagerung zweier zueinander senkrecht stehender geradlinig-polarisierter Sinusschwingungen gleicher Frequenz. Das läßt sich nicht nur rechnerisch und graphisch, sondern auch experimentell in mannigfacher Weise vorführen.

Ein besonders durchsichtiges Verfahren knüpft an den uns schon geläufigen engen Zusammenhang von Sinusschwingung und Kreisbewegung an (S. 9). Man erzeugt die beiden Sinusschwingungen durch zwei zueinander senkrecht kreisende Stäbe gleicher Frequenz (Abb. 78). Eine hinreichend weit entfernte Bogenlampe projiziert beide Kreisbewegungen in praktisch vollkommener Seitenansicht auf den Beobachtungsschirm. Die Achsen A und B sind durch Kettenräder miteinander gekuppelt. Sie lassen sich gemeinsam von einem beliebigen Motor antreiben.

Die Schatten der beiden Stäbe bilden in der Ruhelage ein schwarzes Kreuz (Abb. 79). Während der Bewegung ist der Kreuzungspunkt Gegenstand unserer Beobachtung. Er zeichnet uns — nun kommt etwas Überraschendes — beim Hin- und Herschwingen der Schatten eine weiße Bahn auf grauem Grunde. Deutung: Während jedes halben Umlaufs wird jeder Punkt der Bildebene zweimal abgeschattet, die vom Schnittpunkt der Stäbe überstrichene Bahn jedoch nur einmal.

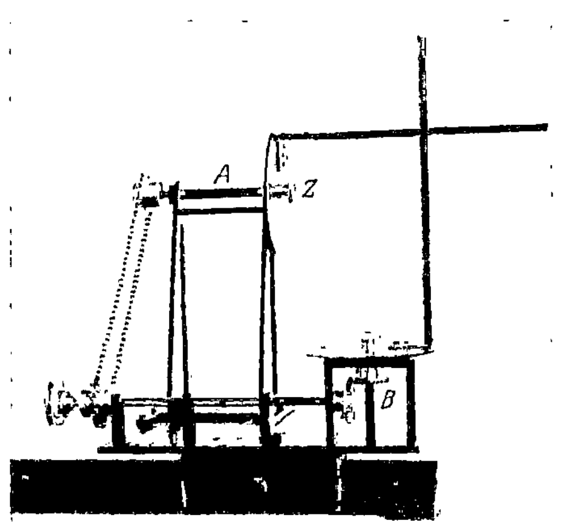

Abb. 78. Vorführungsapparat für elliptische Schwingungen und Lissajous-Figuren.

Der jeweilige Abstand des Kreuzungspunktes von der Ruhelage ist die Amplitude der resultierenden Schwingung. Wir beginnen die Versuche mit zwei Grenzfällen:

1. In der Abb. 79 sehen wir beide Stäbe in der Mittelstellung. Von ihr aus beginnen beide Schwingungen gleichzeitig. Der „Gangunterschied" oder die „Phasendifferenz" beider Sinusschwingungen ist Null. Der Kreuzungspunkt der dunklen Stabschatten vollführt eine schrägliegende linearpolarisierte Schwingung (Abb. 79).

2. Wir versetzen den kreisförmigen Träger des horizontalen Stabes um $90°$. Dazu brauchen wir nur vorübergehend die Kordelschraube Z zu lösen. Der vertikale Stab verläßt gerade die Ruhelage, wenn der horizontale am Ort des maximalen Ausschlages umkehrt. „Der Gangunterschied beträgt $90°$", wir sehen eine weiße Kreisbahn (Abb. 81). Die Amplitude bleibt konstant. Sie kreist wie der Zeiger einer Uhr. (Bei einer Phasendifferenz von $270°$ kreist die Amplitude gegen den Uhrzeigersinn.)

Dann gehen wir zum allgemeinen Fall über:

3. Als Winkelversetzung der beiden Stäbe wird $30°$ gewählt. Dieser Gangunterschied von $30°$ läßt das weiße Bild der in Abb. 80 sichtbaren Ellipse entstehen.

4. Beliebige andere Winkelversetzungen der beiden Stäbe geben ebenfalls schräg liegende Ellipsen.

5. Bei all diesen Ellipsen liegen die beiden Hauptachsen unter einem Winkel von $45°$ zur Vertikalen. Die Lage dieser Achsen ändert sich erst, wenn man die Amplituden der beiden Einzelschwingungen ungleich macht. Praktisch hat man dazu nur den Abstand eines Stabes von seiner Drehachse zu verändern. Für diesen Zweck ist der Fuß der Stäbe mit Schlitz und Schraube auf der Trägerscheibe verschiebbar angebracht (vgl. Abb. 82).

6. Einfache technische Kunstgriffe erlauben, den Gangunterschied oder die Phasendifferenz während des Umlaufes der Stäbe beliebig zwischen $0°$ und $360°$ zu verändern.

Zum Beispiel die drei in Abb. 83 skizzierten Kegelräder. Sie werden in Abb. 78 in die untere horizontale Antriebsachse zwischen den beiden mittleren Lagerböcken eingeschaltet. Bei ihnen ist die Achse des mittleren in einer zur Papierebene senkrechten Ebene schwenkbar. Jede Winkelverstellung dieser schwenkbaren Achse erzeugt zwischen den beiden horizontalen Achsen eine Phasendifferenz des doppelten Winkelbetrages.

Dann kann man in beliebigem raschen Wechsel die in den Abb. 79—81 veranschaulichten Fälle und jede beliebige Zwischentype einstellen. Die Gesamtheit aller auftretenden Bahnen wird durch ein Quadrat umhüllt (Abb. 84). Bei Ungleichheit der beiden Amplituden entartet es zu einem Rechteck (Abb. 85).

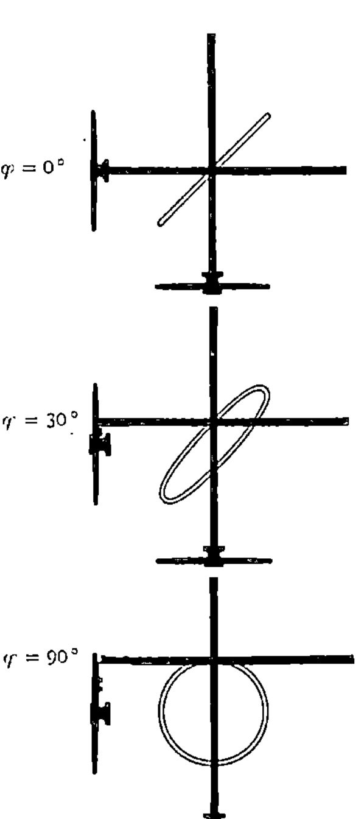

Abb. 79—81. Zusammensetzung von zwei zueinander senkrechten linear polarisierten Schwingungen bei gleichen Amplituden und verschiedenen Phasendifferenzen.

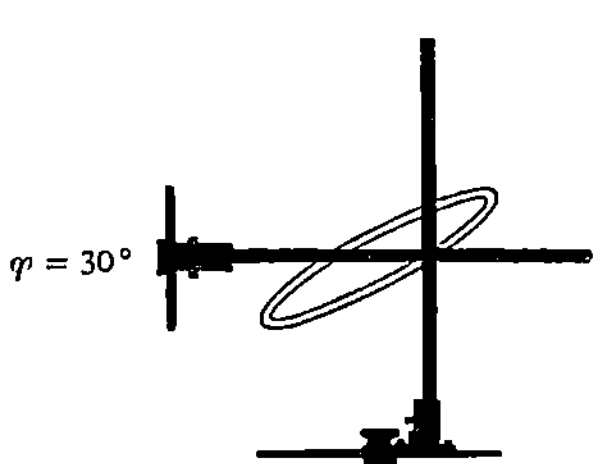

Abb. 82. Zusammensetzung zweier zueinander senkrechter linear polarisierter Schwingungen bei ungleichen Amplituden und einer Phasendifferenz von rund $30°$.

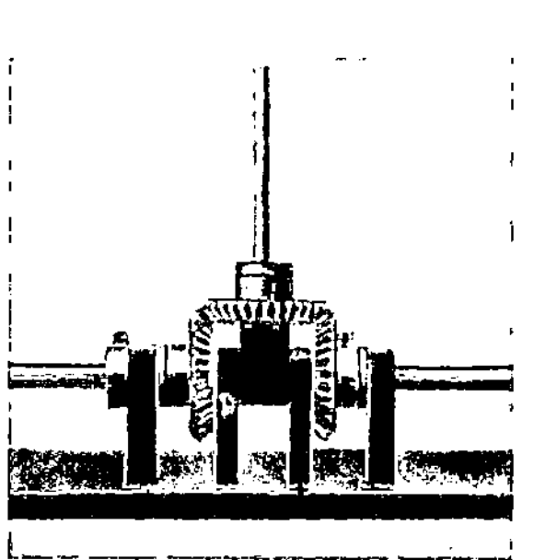

Abb. 83. Zahnräder zur Veränderung der Phasendifferenz zwischen den rotierenden Kreisscheiben in Abb. 78.

Wir fassen zusammen: Zur kinematischen Darstellung einer elliptisch polarisierten Schwingung beliebiger Gestalt genügen zwei zueinander senkrecht stehende geradlinig polarisierte lineare Schwingungen gleicher Frequenz, jedoch einstellbaren Gangunterschiedes. Beim Gangunterschied $0°$ bzw. $180°$ entartet die Ellipse in eine Gerade. Beim Gangunterschied $90°$ bzw. $270°$ kann eine zirkular polarisierte Schwingung, d. h. eine Kreisbahn entstehen. Dazu müssen die beiden Einzelamplituden gleich groß sein.

Außer der eben genannten gibt es noch eine zweite kinematische Darstellung einer elliptisch polarisierten Schwingung. Sie ist ebenfalls bequem mit der Anordnung der Abb. 78 vorzuführen. Man stellt den Gangunterschied zwischen beiden Einzelschwingungen ein für allemal fest auf 90° ein, verändert jedoch die Amplituden der Einzelschwingungen. Bei dieser kinematischen Darstellung der Ellipse liegen die großen Achsen horizontal bzw. vertikal, wir bekommen Bilder der in Abb. 86 u. 87 skizzierten Art.

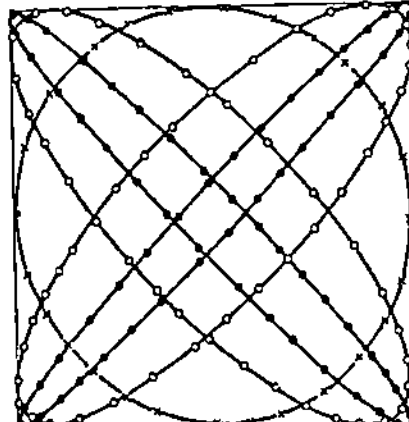

Abb. 84. Umhüllende ·der elliptischen Schwingungen bei gleichen Amplituden der beiden zueinander senkrechten Teilschwingungen.

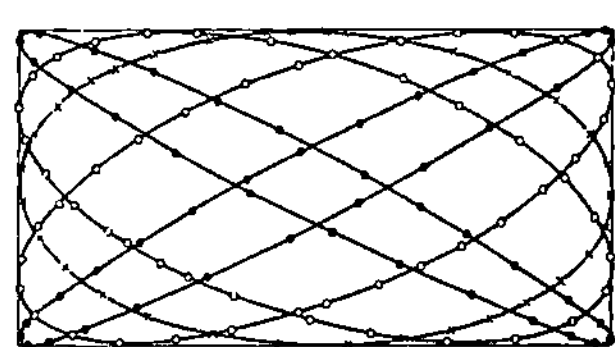

Abb. 85. Umhüllende der elliptischen Schwingungen bei ungleichen Amplituden der beiden zueinander senkrechten Teilschwingungen.

Diese beiden kinematischen Beschreibungen der elliptisch polarisierten Schwingungen sind in allen Gebieten der Physik von großer Wichtigkeit. Hier in der Mechanik zeigen sie uns ohne weiteres, wie elliptisch polarisierte Schwingungen eines Körpers (Massenpunktes) dynamisch zu verwirklichen sind: Für jede der beiden Einzelschwingungen genügt das lineare Kraftgesetz [Gleichung (10)]. Es genügt z. B. die einfache, in Abb. 88 skizzierte Anordnung. In vertikaler Richtung angestoßen, schwingt die Kugel nur vertikal, in horizontaler Richtung angestoßen, nur horizontal. In beiden Fällen ist die Frequenz die gleiche (Stoppuhr). Diese Anordnung erlaubt, jede in Abb. 79—82 kinematisch dargestellte Ellipse von einem wirklichen Körper, hier einer Kugel, durchlaufen zu lassen. Es kommt lediglich auf die Richtung des anfänglichen, in der Zeichenebene erfolgenden Anstoßes an.

Statt der drei Federn in Abb. 88 lassen sich auch vier Federn, ein Federpaar in horizontaler, eines in vertikaler Richtung, benutzen. Doch ist diese Anordnung für den Anfänger irreführend. Die Frequenz der horizontalen bzw. der vertikalen Schwingung wird keineswegs allein vom horizontalen bzw. vertikalen Federpaar geliefert. Infolge ihrer flitzbogenartigen Verspannung liefern die Federn auch einen Beitrag zur Direktionskraft der quer zu ihrer Längsausdehnung erfolgenden Schwingung.

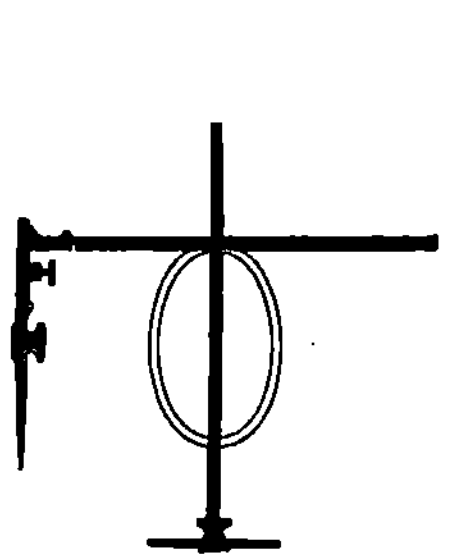

Abb. 86. Elliptische Schwingungen bei 90° Phasendifferenz und ungleichen Amplituden der beiden zueinander senkrechten Einzelschwingungen.

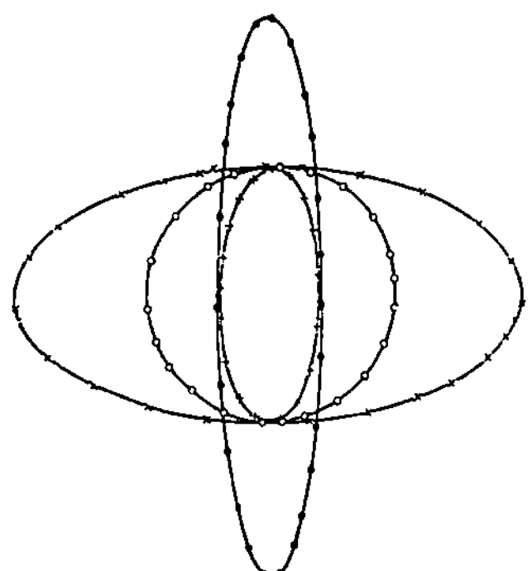

Abb. 87. Bei 90° Phasendifferenz verändert man die Gestalt der Ellipse mit den Amplituden der beiden Einzelschwingungen.

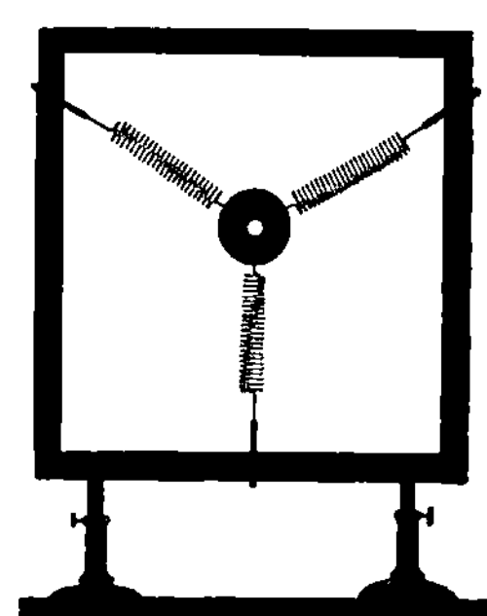

Abb. 88. Zur Herstellung elliptischer Schwingungen.

Das Wesentliche der in Abb. 88 gezeigten Versuchsanordnung ist das lineare Kraftgesetz für die beiden Einzelschwingungen. Ohne dies gibt es keine Sinusschwingungen. Die benutzten elastischen Federn sind das weitaus wichtigste Mittel zur Verwirklichung des linearen Kraftgesetzes. Daher nennt man die

Ellipsenbahn mit dem Beschleunigungszentrum im Ellipsenmittelpunkt oft kurz die „Ellipse der elastischen Schwingung".

§ 30. Die allgemeine elastische Schwingung eines Massenpunktes. Die Ergebnisse und die Hilfsmittel des vorigen Paragraphen lassen auch den allgemeinsten Fall elastischer Schwingungen eines Massenpunktes unschwer behandeln. Wir beschränken uns auf einen summarischen Überblick:

1. Bei der experimentellen Durchführung des in Abb. 88 erläuterten Versuches ist die Frequenz beider Einzelschwingungen nie in aller Strenge gleich groß zu treffen. Infolgedessen ist der Gangunterschied beider Schwingungen

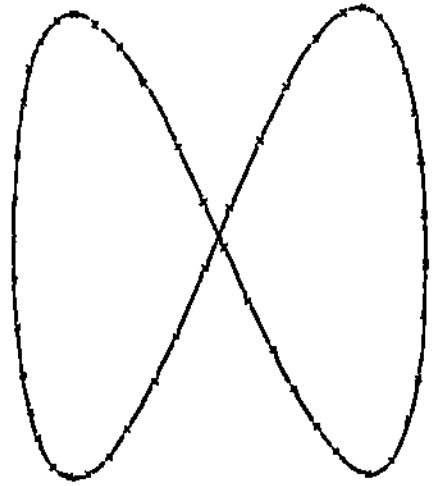 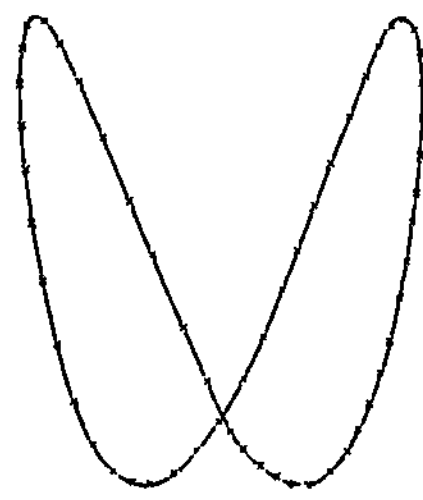 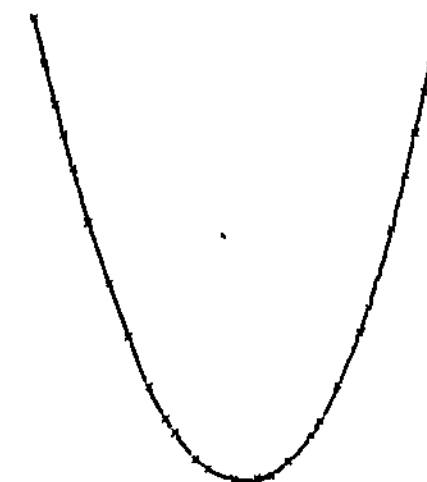

<table>
<tr><td>Beide Schwingungen beginnen
gleichzeitig.</td><td>Die horizontale Schwingung
fängt um 30° später an.</td><td>Die horizontale Schwingung
fängt um 45° später an.</td></tr>
</table>

Abb. 89. Lissajous-Figuren beim Frequenzverhältnis 2 : 1 der zueinander senkrechten Einzelschwingungen. Die vertikale Schwingung hat die höhere Frequenz.

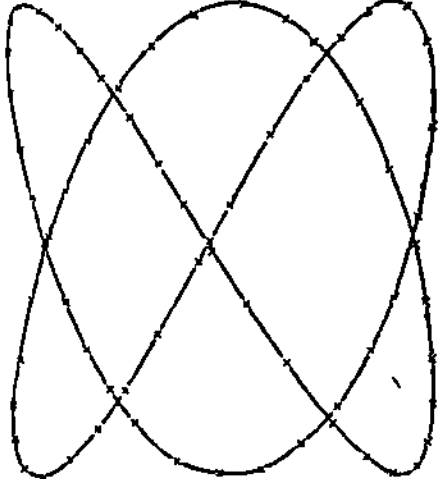 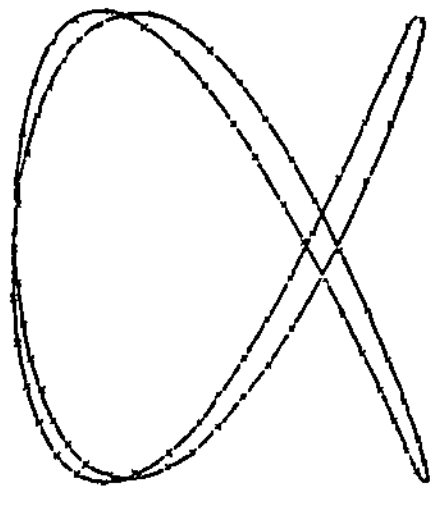 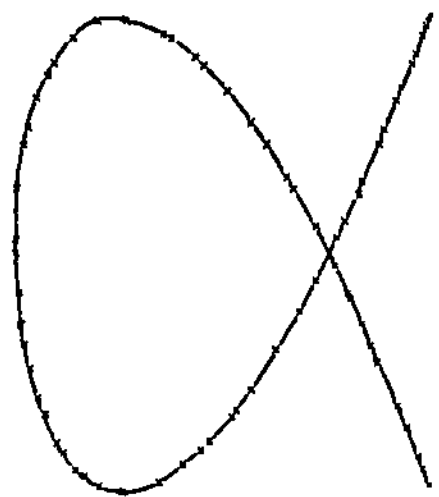

<table>
<tr><td>Beide Schwingungen beginnen
gleichzeitig.</td><td>Die horizontale Schwingung
läuft etwa 20° voraus.</td><td>Die horizontale Schwingung
läuft rund 30° voraus.</td></tr>
</table>

Abb. 90. Lissajous-Figuren beim Frequenzverhältnis 3 : 2 der zueinander senkrechten Einzelschwingungen. Die vertikale Schwingung hat die höhere Frequenz.

gleichförmigen zeitlichen Änderungen unterworfen. Die eine Schwingung „überholt" in periodischer Folge die andere. Infolge dieses ständigen Wechsels der Phasendifferenz sehen wir einen stetigen Wechsel der Ellipsengestalt. Im Falle der Amplitudengleichheit gibt es beispielsweise die in Abb. 84 gezeigte Bilderfolge mit allen Zwischengliedern.

2. Bei größeren Frequenzunterschieden der beiden Einzelschwingungen macht sich der Wechsel der Phasendifferenz schon während jedes einzelnen Umlaufes bemerkbar. Die „Ellipse" wird verzerrt. Es entsteht das charakteristische Bild einer ebenen „Lissajous-Figur". Die Abb. 89 u. 90 zeigen etliche Beispiele derartiger Lissajousscher Figuren. Ihre Gestalt hängt von zweierlei ab:

1. dem Verhältnis der Frequenzen beider Einzelschwingungen;

2. der Phasendifferenz, mit der beide Schwingungen zu Beginn des Versuches ihre Ruhelage verlassen.

Beide Größen kann man in ganz durchsichtiger Weise mit dem aus Abb. 78 bekannten Apparat variieren. Zu 1. hat man die Kettenräder auszuwechseln und Zähnezahlen im Verhältnis kleiner ganzer Zahlen zu wählen, etwa 20:40 oder 20:30 usf. Zu 2. versetzt man den scheibenförmigen Träger der kleineren Drehzahl gegen seine Nullstellung um Winkel von 30°, 90° usw. So sind die in Abb. 89 u. 90 dargestellten Lissajous-Figuren entstanden.

Der auf S. 46 genannte Kunstgriff erlaubt auch hier eine Änderung des Phasenunterschiedes während des Umlaufs der Stäbe. Dadurch lassen sich die horizontalen Bildfolgen in Abb. 89 u. 90 in raschem Wechsel vorführen. Dabei kann man die Umhüllende der Bildfolgen gut beobachten. Bei den abgebildeten Bildfolgen hatten die beiden zueinander senkrechten Einzelschwingungen

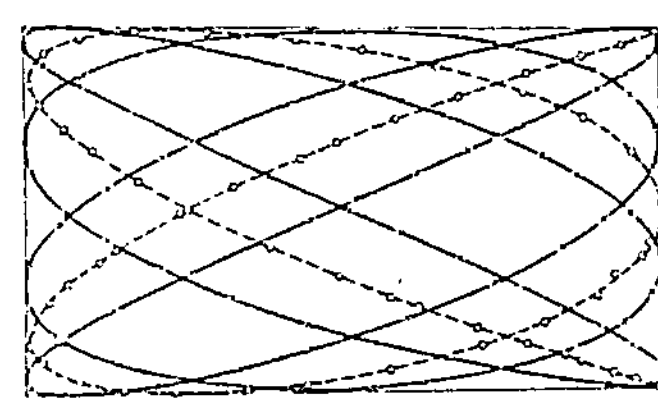

Abb. 91. Umhüllendes Rechteck von Lissa-jous-Figuren bei Variation des Phasenunterschiedes.

gleiche Amplituden. Daher ist die Umhüllende der Bildfolgen ein Quadrat. Im allgemeinen Fall ungleicher Amplituden ist sie ein Rechteck (Abb. 91).

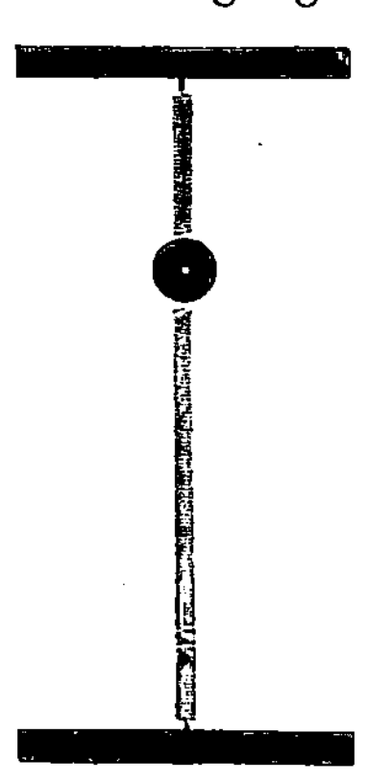

Abb. 92. Herstellung von Lissajous-Schwingungen mit Hilfe elastischer Kräfte.

3. Dynamisch, als elastische Schwingungen eines Massenpunktes, erhält man die Lissajousschen Bildfolgen beispielsweise mit der Anordnung der Abb. 92. Die Frequenzen der horizontalen und vertikalen Einzelschwingungen verhalten sich etwa wie 2:3. Man kann sie leicht einzeln nach horizontalem bzw. vertikalem Anstoß beobachten. — Die Lissajoussche Bildfolge ist die aus Abb. 90 bekannte.

4. Die zwei zueinander senkrechten, linear polarisierten Einzelschwingungen lagen bisher in einer Ebene. In der gleichen Ebene erfolgt die resultierende Schwingung, sei es in Form von Ellipsen, sei es in Form Lissajousscher Bilder. Es war also eine Beschränkung auf „ebene Schwingungen". Im allgemeinen Fall haben wir „räumliche Schwingungen". Zu den beiden zueinander senkrecht stehenden linearen Einzelschwingungen kommt noch eine dritte, wieder zu beiden senkrechte geradlinig polarisierte lineare Schwingung hinzu. Dynamisch kann man das stets mit vier Federn erreichen, z. B. gemäß Abb. 93. Im allgemeinen ist die Frequenz in den drei Hauptschwingungs-richtungen ungleich. Es entsteht eine periodische Folge räumlicher Lissajous-Figuren. Sie werden von einem „Kasten" eingehüllt. Er entspricht dem Rechteck bei den ebenen Lissa-jous-Figuren in Abb. 91.

Auf die räumliche Gruppierung der Federn kommt es nicht an. Stets bleiben drei Hauptschwingungsrichtungen ausgezeichnet. Sie stehen senkrecht zu den Flächen des die Schwingungen umhüllenden Kastens.

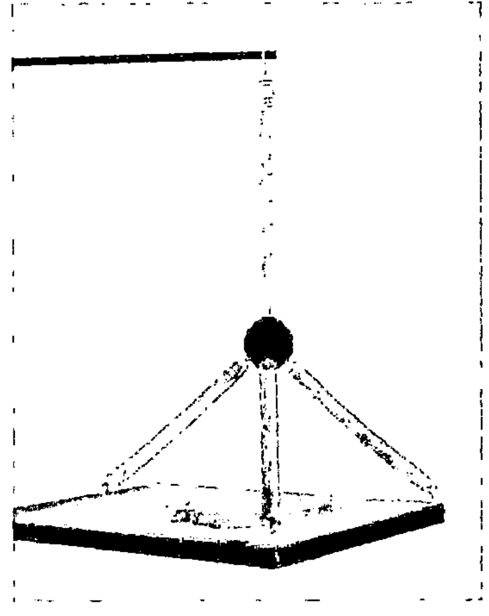

Abb. 93. Räumliche elastische Schwingungen. (Allgemeinster Fall der Lissajous-Figuren.)

Dieser summarische Überblick mag genügen. Er zeigt, welche Dienste uns die „elliptisch polarisierte Schwingung" oder die „Ellipse der elastischen Schwingung" bei der Entwirrung schon recht unübersichtlicher Bewegungsvorgänge zu leisten vermag.

§ 31. Die Kepler-Ellipse als Zentralbewegung. Bei der Kepler-Ellipse befindet sich das Beschleunigungszentrum in einem der beiden Brennpunkte der Ellipse. Die Kepler-Ellipse hat in der Geschichte der Physik zweimal eine ganz fundamentale Bedeutung gewonnen. Für den experimentellen Unterricht bildet sie ein wahres Kreuz. Sie läßt sich im Schauversuch kinematisch nur schlecht,

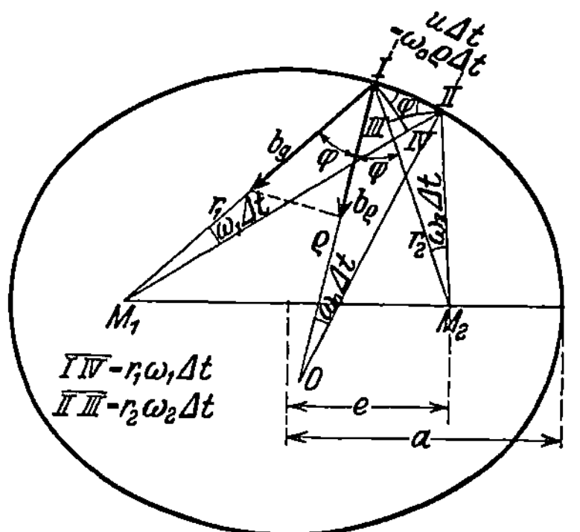

Abb. 94. Zentralbeschleunigung bei der Kepler-Ellipse.

dynamisch gar nicht vorführen. Diese Resignation dürfte durch die Erfolglosigkeit zahlreicher Bemühungen gerechtfertigt sein.

Wir beschränken uns auf eine ganz kurze kinematische Herleitung. Wir setzen dabei aus der Geometrie der Ellipse drei Beziehungen als bekannt voraus:

1. In Abb. 94 halbiert der Krümmungsradius ϱ den von den beiden Fahrstrahlen r_1 und r_2 gebildeten Winkel.

2. Es gilt

$$\omega_1\Delta t + \omega_2\Delta t = 2\omega_0\Delta t. \qquad (I)$$

3.

$$r_1 + r_2 = 2a. \qquad (II)$$

Der innerhalb der Zeit Δt durchlaufene Bahnabschnitt kann als Kreisbahn vom Krümmungsradius ϱ angenähert werden Eine solche Kreisbahn erfordert die radiale, auf den Krümmungsmittelpunkt O hin gerichtete Beschleunigung

$$b_\varrho = \frac{u^2}{\varrho}$$

($u =$ Bahngeschwindigkeit).

Sie wird von der Komponente $b_g\cos\varphi$ der gesamten, auf das Anziehungszentrum M_1 gerichteten Beschleunigung b_g geliefert, also

$$\frac{u^2}{\varrho} = b_g\cos\varphi. \qquad (6)$$

Die vom Fahrstrahl r_1 im Zeitabschnitt Δt überstrichene Fläche ist $\frac{1}{2}r_1\cdot r_1\,\omega_1\,\Delta t$, und sie ist für eine Zentralbewegung nach dem Flächensatz eine Konstante k genannt. Ferner entnimmt man der Abbildung die geometrische Beziehung

$$r_1\omega_1\Delta t = r_2\omega_2\Delta t = u\cos\varphi\,\Delta t$$

und erhält

$$r_1\,u\cos\varphi\cdot\Delta t = 2k. \qquad (13)$$

Aus (6) und (13) folgt für die gesamte, auf M_1 hin gerichtete Beschleunigung

$$b_g = \frac{4k^2}{r_1^2\varrho\cos^3\varphi\,(\Delta t)^2}. \qquad (14)$$

Aus dieser Gleichung entfernen wir den Krümmungsradius ϱ und den Winkel φ. Nach der Hilfsgleichung (I) gilt

$$2\omega_0 = \omega_1 + \omega_2,$$

$$\frac{2u}{\varrho} = u\cos\varphi\left(\frac{1}{r_1} + \frac{1}{r_2}\right),$$

$$\varrho\cos\varphi = \frac{2r_1r_2}{r_1 + r_2}. \qquad (III)$$

Ferner gilt der Cosinussatz für das Dreieck $M_1\,I\,M_2$

$$4e^2 = r_1^2 + r_2^2 - 2r_1r_2\cos2\varphi$$

oder, da $\qquad\cos2\varphi = 2\cos^2\varphi - 1\qquad$ und $\qquad r_1 + r_2 = 2a,$

$$\cos^2\varphi = \frac{a^2 - e^2}{r_1r_2}. \qquad (IV)$$

Durch Einsetzen von (III) und (IV) in (14) folgt

$$b_g = \frac{1}{r_1^2} \cdot \frac{4\,k^2 a}{(a^2 - e^2)\,(\varDelta\,t)^2}\,.$$

Der neben $\dfrac{1}{r_1^2}$ stehende Bruch enthält nur noch konstante Größen. Also finden wir

$$b_g = \frac{\text{const}}{r_1^2}\,.$$

„Bei einer in Zentralbewegung durchlaufenen Ellipsenbahn variiert die gesamte auf den einen Brennpunkt der Ellipse hin gerichtete Beschleunigung umgekehrt dem Quadrat der Fahrstrahllänge."

V. Gewicht und allgemeine Massenanziehung.

§ 32. Sonderstellung des Gewichtes als beschleunigende Kraft. Das Gewicht nimmt unter den Kräften im Laboratorium in dreifacher Hinsicht eine Sonderstellung ein:

1. Solange man nicht elektrische oder magnetische Mittel zur Verfügung hat, ist das Gewicht in der experimentellen Technik das einzige Hilfsmittel, um eine während einer Bahnbeschleunigung konstante Kraft herzustellen.

Dieser Mangel an konstanten Kräften ist oft eine sehr lästige Beschränkung.

2. Die allein vom Gewicht hervorgerufenen Beschleunigungen sind nicht nur von sämtlichen Materialkonstanten des beschleunigten Körpers, sondern auch von seiner Masse unabhängig.

3. Für unser bisher ausschließlich vereinbartes Bezugssystem, den festen Erdboden, existiert zum Gewicht keine Gegenkraft. Newtons Axiom actio = reactio ist nicht erfüllt[1].

Praktisch am wichtigsten ist die zweite Aussage: Das bekannteste Beispiel für sie ist der gleich schnelle Fall aller Körper. Wir haben ihn bereits früher in mehreren Schauversuchen vorgeführt. Damals handelte es sich lediglich um das Meßverfahren für die kinematische Größe „Beschleunigung". Jetzt soll der Zusammenhang dieser Erfahrungstatsache mit dem Beschleunigungssatz $b = K/m$ klargestellt werden.

Nach dem Beschleunigungssatz ist die Beschleunigung eines Körpers bei gegebener Kraft proportional zu $1/m$. m ist dabei die mit der Waage gewonnene Maßzahl der Masse. Andererseits ist die Gewicht genannte Kraft, mit der die Erde einen Körper anzieht und beschleunigt, proportional zu m. Infolgedessen hebt sich die Masse m fort, sobald die Beschleunigung allein durch das Gewicht und nicht durch andere gleichzeitig an dem Körper angreifende Kräfte erfolgt.

Man soll jedoch die Beweiskraft unserer früheren Schauversuche nicht überschätzen. Abweichungen zwischen den Fallbeschleunigungen verschiedener Körper im Betrage einiger Promille oder noch mehr waren durchaus noch mit der damaligen Beobachtungsgenauigkeit verträglich.

Doch hat man das Beobachtungsverfahren erheblich verfeinern können. Man hat zu diesem Zweck periodisch wiederkehrende Bewegungen untersucht. Denn bei diesen können sich ganz kleine Abweichungen im Laufe der Zeit zu sicher meßbaren Beträgen summieren.

Allerdings kann bei diesen periodisch wiederkehrenden Bewegungen das Gewicht nicht mehr allein die beschleunigenden Kräfte liefern. Man muß elastische Kräfte zu Hilfe nehmen. Das ist bei dem bekannten Schwerependel der Fall. Man hat daher Schwerependel gleicher geometrischer Abmessungen, aber sehr verschiedener Masse miteinander verglichen und die Beobachtungen über viele Tausende von Schwingungen ausgedehnt. Stets liefen

---

[1] Andere Ausdrucksweise: Für die Kraft, die wir Gewicht nennen, ist die Erde kein Inertialsystem. In einem solchen müssen sowohl Beschleunigungssatz wie actio = reactio erfüllt sein.

bei einwandfreier Versuchstechnik alle Pendel gleich schnell. Die Schwingungsdauern zeigten selbst in der 6. Dezimale keine Abweichungen. Also stimmten auch die wechselnden Beschleunigungen der Pendel an den einzelnen Abschnitten ihrer Bahn ebenfalls bis in die 6. Dezimale überein. Der zu Beginn dieses Paragraphen unter 2. genannte Satz gehört somit zu unsern bestbewährten Erfahrungssätzen. Dieser Erfahrungssatz ist die beste Stütze des Beschleunigungssatzes $b = K/m$. Das Seltsame dieses Satzes ist schon einmal stark betont worden: Die Beschleunigung eines Körpers erfolgt entgegen der Trägheit seiner Masse. Trotzdem kann man im Beschleunigungssatz für die Masse Maßzahlen benutzen, die nicht mit Hilfe von Trägheitserscheinungen, sondern mit Hilfe der Schwere, d. h. mit Hilfe der ruhenden Waage hergeleitet sind. Sollte letzten Endes die Wirkung einer auf einer Waagschale ruhenden Masse auch nur eine Trägheitswirkung sein? Sollte Erde + Waagschale + Masse gemeinsam eine Beschleunigung erfahren, deren Wesen noch aufzuklären bleibt? In der allgemeinen Relativitätstheorie wird diese überraschende Frage bejaht, allerdings unter weitgehendem Verzicht auf die ganze bisherige physikalische Begriffsbildung.

§ 33. Lineare Schwingungen des Schwerependels. Lineare Schwingungen haben in § 26 ihren Namen nach dem linearen Kraftgesetz

$$K = D x \qquad (10)$$

erhalten. Die Kraft K zieht den schwingenden Körper (Massenpunkt) in die Ruhelage zurück. Sie soll dem Abstande x aus der Ruhelage („dem Ausschlage") proportional sein. Der Proportionalitätsfaktor D heißt die Richtkraft (Direktionskraft).

Für lineare Schwingungen ist dreierlei charakteristisch:

1. Die Schwingungen verlaufen zeitlich in Sinusform (Abb. 20).

2. Ihre Frequenz n ist von der Größe des Ausschlages, also der Schwingungsweite oder Maximalamplitude, unabhängig.

3. Die Frequenz n berechnet sich nach der Gleichung

$$n = \frac{1}{2\pi} \sqrt{\frac{D}{m}}. \qquad (11)$$

Abb. 95. Schwerependel.

(D ist die für einen Pendelausschlag um die benutzte Längeneinheit erforderliche Kraft.)

Das lineare Kraftgesetz läßt sich auch für das Schwerependel verwirklichen. Voraussetzung sind kleine Winkelausschläge und daher praktisch noch geradlinige Bahnen. Das ergibt sich geometrisch aus der Abb. 95. Sie zeigt das an der Pendelkugel angreifende Gewicht G in zwei Komponenten zerlegt. Die eine, $K_1 = G \cos\alpha$, dient zur Spannung des Fadens. Die andere, $K_2 = G \sin\alpha$, beschleunigt die träge Kugel in Richtung der Bahn. $\sin\alpha$ darf man für kleine Winkelausschläge $= x/l$ setzen. Damit macht man bei Winkeln α unter 4,5° noch kein Promille Fehler. Wir haben $K_2 = G x/l$. Die Kraft K_2 ist in der Tat dem Ausschlage x proportional. Der Proportionalitätsfaktor G/l ist die Richtkraft D. Das Gewicht G der Masse m beträgt im dynamischen Kraftmaß mg. Dabei ist g die Erdbeschleunigung 9,81 m/sec² oder 981 cm/sec². Durch Einsetzen von $G = mg$ und $D = G/l$ in Gleichung (11) erhalten wir

$$n = \frac{1}{2\pi} \sqrt{\frac{g}{l}} \qquad (15\,\text{a})$$

oder die Schwingungsdauer

$$\frac{1}{n} = T = 2\pi \sqrt{\frac{l}{g}}. \qquad (15\,\text{b})$$

Zahlenbeispiele: 1) $l = 1$ m; $T = 2$ Sekunden, eine Halbschwingung in 1 Sekunde, sogenanntes Sekundenpendel. — 2) $l = 10$ m, das längste Schwerependel im Göttinger Hörsaal; $T = 6,3$ Sekunden.

Im Gegensatz zu allen andern schwingenden Körpern ist die Frequenz eines Schwerependels von seiner Masse unabhängig. Das ist uns schon aus § 32 geläufig.

·   Die Gleichung (15 b) ist meßtechnisch wichtig. Sie erlaubt aus der beobachteten Frequenz eines Pendels schon recht zuverlässige Werte für die Erdbeschleunigung g (S. 18) zu berechnen. Voraussetzung ist eine möglichst gute Annäherung an eine „punktförmige" Masse an einem „masselosen" Faden.

Lineare Pendelschwingungen brauchen nach § 30 keineswegs in einer Geraden zu erfolgen oder geradlinig polarisiert zu sein. Ein allgemeinerer Fall ist der einer elliptischen Polarisation, der Ellipsenbahn in einer Ebene. Daher erlaubt auch das Schwerependel mit linearem Kraftgesetz die Herstellung elliptischer Schwingungen. Man hat beispielsweise ein Schwerependel kurz hintereinander in zwei zueinander senkrechten Richtungen senkrecht zum Faden anzustoßen. Die Ellipse kann zum Kreis entarten. Dann spricht man vom Kegelpendel.

§ 34. Die Abhängigkeit des Gewichtes vom Abstand. Die Mondbewegung. Die bisherigen Ausführungen dieses Kapitels haben uns lediglich den Erfahrungssatz „Alle Körper fallen gleich schnell" mit dem Beschleunigungssatz in Zusammenhang gebracht. Über das Gewicht selbst, diese rätselhafte Kraft, haben uns die Beschleunigungsversuche nicht mehr gezeigt als jede Federwaage: Das Gewicht ist eine in weitem Bereich praktisch konstante Kraft.

Der nächste, ganz große Fortschritt in der Erkenntnis des Gewichtes beruht nicht mehr auf Experimenten des Laboratoriums, sondern auf Beobachtungen der Astronomie. Entscheidend war die Anwendung des Beschleunigungssatzes auf die Bewegung des Mondes.

Der Mond umkreist unsere Erde. Seine Bahn fällt nahezu mit einer Kreisbahn zusammen. Ihr Radius ist — man merke sich diese Zahl! — = 60 Erdradien. Kinematisch haben wir die astronomischen Beobachtungen schon auf S. 20 beschrieben: Der Mond rückt pro Sekunde senkrecht zum Radius rund 1 km vor, sich ein wenig von der Erde „entfernend". Gleichzeitig erfährt er eine radiale Beschleunigung $b = 2{,}7$ mm/sec². Mit dieser Beschleunigung „nähert" er sich in Richtung des Radius der Erde in jeder Sekunde um den Weg $s = 1{,}35$ mm $(s = \frac{1}{2} b t^2)$.

Nach dem Beschleunigungssatz $K = mb$ (8c) verlangt diese Beschleunigung eine zum Kreiszentrum, also zur Erde hinweisende Radialkraft. Diese Kraft muß ohne mechanische Verbindung wirksam sein. Eine Kraft, die dieser Bedingung entspricht, ist das Gewicht. Sollte einfach das Gewicht des Mondes die unentbehrliche Radialkraft liefern? Diesem Gedanken widerspricht zunächst die Größe der beobachteten Beschleunigung. Das Gewicht beschleunigt einen Körper an der Erdoberfläche um 9800 mm/sec² oder nähert ihn in der ersten Sekunde dem Erdzentrum um 4900 mm!

Den Ausweg aus dieser Schwierigkeit hat Isaac Newton entdeckt: 9800/2,7 oder 4900/1,35 ist gleich 3600 = 60². — Daraus zog Newton den Schluß: **Das Gewicht eines Körpers ist im Gegensatz zu allen irdischen Beobachtungen keine Konstante.** Es sinkt auf den 3600ten Teil, wenn der Abstand des Körpers vom Erdzentrum auf das 60fache erhöht wird. Statt der Gleichung (7) ist allgemein zu schreiben:

$$\text{Gewicht } K = \frac{m}{R^2} \cdot \varphi \text{ (Erde)}. \tag{16}$$

Und nun ergibt der Satz von actio = reactio nahezu zwangsläufig den letzten Schritt. Er deutet die noch unbekannte Mitwirkung der Erde beim Zustandekommen des Gewichtes. Sie wird in Gleichung (16) mit dem Symbol φ (Erde) berücksichtigt. Zieht die Erde den Mond an mit der Kraft, die wir das Gewicht des Mondes nennen, so muß auch das Umgekehrte gelten: Der Mond muß die Erde anziehen. Für einen Beobachter auf dem Mond (Standpunktswechsel!) hat die Erde ein Gewicht. Ein auf der Sonne gedachter Beobachter darf den Satz actio = reactio anwenden (abermaliger Standpunktswechsel!). Für diesen Beobachter müssen beide Kräfte oder Gewichte bis auf ihre Richtung identisch sein. So tritt allgemein an die Stelle des Gewichtes die wechselseitige Anziehung zweier Körper mit der Kraft

$$K = \text{const}\,\frac{m \cdot M}{R^2}. \tag{17}$$

(*m* und *M* die Massen der Körper, *R* der Abstand ihrer Schwerpunkte. Bei homogenen Massen in Kugelform gilt dies Gesetz für alle Werte von *R*. Bei Körper beliebiger Gestalt muß *R* groß gegen die Dimensionen der Körper sein.)

Das ist Newtons berühmtes Gravitationsgesetz, das Kraftgesetz der allgemeinen Massenanziehung. Die Konstante in diesem Gesetz heißt die Gravitationskonstante γ. Ihr Zahlenwert ist lediglich eine Frage der benutzten Einheiten. Seine Bestimmung folgt im nächsten Paragraphen.

§ 35. Der Nachweis der allgemeinen Massenanziehung im Laboratorium gelingt mit Hilfe eines Kraftmessers großer Empfindlichkeit. Als solchen benutzt man zweckmäßig eine Drehwaage. Eine Drehwaage ist uns schon in § 15 beim Nachweis der inneren Reibung begegnet (Abb. 38). Damals war die Drehachse horizontal zwischen Spitzen gelagert, die Feder war eine Schneckenfeder.

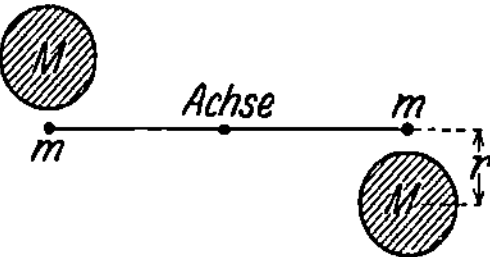

Abb. 96. Schema einer Drehwaage zum Nachweis der Massenanziehung.

Für Drehwaagen höchster Empfindlichkeit legt man die Drehachse vertikal, man läßt zur Vermeidung der Lagerreibung die Lager ganz fort. Man hängt den „Waagebalken" an einem feinen Metalldraht oder Band auf. Dieser Aufhängedraht dient gleichzeitig als Torsionsfeder. Man benutzt also die bei einer Verdrillung des Drahtes auftretenden Kräfte.

Im Schema der Abb. 96 sehen wir zwei kleine Massen (z. B. je *m* = 10 g) symmetrisch am Arm einer solchen Drehwaage befestigt. Zwei Schlittenführungen lassen diesen kleinen Massen zwei große Massen (z. B. je *M* = 10 kg) nähern.

In der praktischen Ausführung benutzt man zweckmäßig einen Waagebalken von nur wenigen Zentimetern Länge und hängt die beiden Kugeln in verschiedener Höhe auf. Die Abb. 97 zeigt eine bewährte Anordnung Mit ihr erreicht man

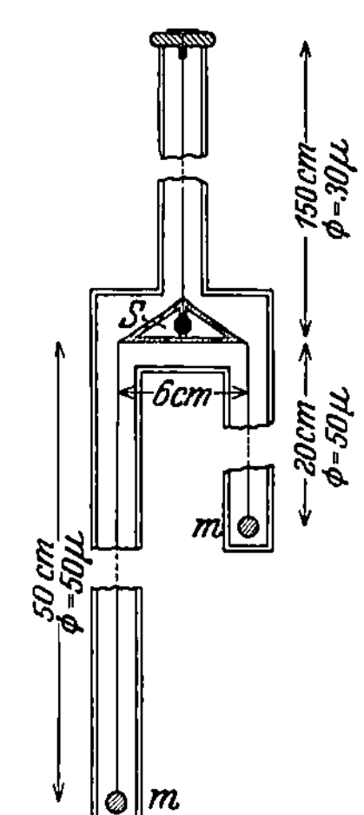

Abb. 97. Praktische Ausführung einer Drehwaage zur Bestimmung der Gravitationskonstanten. Waagebalken 0,5 g.

1. eine Schwingungsdauer der Waage von noch erträglicher Länge (nur ca. 8 Minuten),

2. nur geringfügige Störungen der Anziehung eines Kugelpaares durch die große Masse des anderen.

Der Waagebalken, die beiden kleinen Kugeln und die Aufhängedrähte sind in einem doppelwandigen, größtenteils aus Metallrohren bestehenden Gehäuse eingeschlossen. Die Rohre schirmen die Massenanziehung in keiner Weise ab.

Unmittelbar nach Näherung der großen Massen setzen sich die kleinen Massen beschleunigt in Bewegung. Spiegel und Lichtzeiger lassen diese beschleunigte Bewegung in etwa 200facher Linearvergrößerung verfolgen. Anfänglich kann man noch die Gegenwirkung des verdrillten Aufhängedrahtes vernachlässigen und den Abstand r der beiden Kugelmitten als praktisch konstant betrachten. Währenddessen ist auch die Beschleunigung der kleinen Massen konstant. Es gilt die Gleichung (4)

$$s = \tfrac{1}{2} b t^2.$$

Mit der Stoppuhr in der Hand beobachtet man etwa 1 Minute lang die Wege s und berechnet die Beschleunigung b. Für die angegebenen Versuchsdaten ergibt sich rund $b = 10^{-7}$ m/sec^2.

Dies Beobachtungsverfahren hat zwei Vorteile: Erstens braucht man nicht die Empfindlichkeit der Waage zu kennen. Man hat sie nicht aus den Abmessungen und den elastischen Eigenschaften des Aufhängedrahtes zu berechnen. Zweitens braucht man nicht den Endausschlag der Waage abzuwarten, eine bei der großen Schwingungsdauer dieser hochempfindlichen Waage sehr zeitraubende Aufgabe.

Mit derart beobachteten Werten der Beschleunigung b berechnet man im Schauversuch die Konstante[1] des Massenanziehungsgesetzes [Gleichung (17)] zu rund $6 \cdot 10^{-11}$ Großdyn m^2 (kg-Masse)$^{-2}$. Präzisionsmessungen ergeben $\gamma = 6{,}66 \cdot 10^{-11}$ Großdyn m^2 (kg-Masse)$^{-2}$ oder $6{,}52 \cdot 10^{-10}$ (kg-Kraft)$^{-1}$ m^4 sec^{-4}.

Mit dem Beschleunigungssatz zusammengefaßt lautet das allgemeine Gravitationsgesetz

$$b = \gamma M / r^2. \tag{17a}$$

Betrachtet man M als Erdmasse, r als Erdradius, so muß b mit der experimentell ermittelten „Erdbeschleunigung" identisch sein. Diese beträgt im (kg-Masse, m, sec)-System 9,81 m sec^{-2} und wir erhalten

$$9{,}81 = 6{,}66 \cdot 10^{-11} M / r^2. \tag{17b}$$

Der Erdradius r beträgt rund 6400 km $= 6{,}4 \cdot 10^6$ m. Also ergibt sich die Erdmasse $M = 6 \cdot 10^{24}$ kg. Das Volumen der Erde beträgt rund $1{,}1 \cdot 10^{21}$ m^3.

Masse pro Volumen, also die in der Volumeneinheit enthaltene Masse, bezeichnet man allgemein als Dichte eines Körpers. Die Erddichte ergibt sich demnach zu 5500 kg/m$^3 = 5{,}5$ g/cm^3. Das ist natürlich ein Mittelwert. Die Dichte der Gesteine in der Erdkruste beträgt im Mittel $2{,}5$ g/cm^3. Folglich hat man im Erdinnern Massen größerer Dichte anzunehmen. Manches spricht für einen stark eisenhaltigen Erdkern.

---

[1] Zahlenfaktoren in physikalischen Gleichungen werden von vielen Physikern mit einem gewissen Fanatismus verfolgt. Gnade finden nur solche Zahlenfaktoren, die irgendwelche Beziehungen zur Zahl π aufweisen können, etwa $1/4\pi$ oder $16\pi^2$. Seltsamerweise hat man sich jedoch mit obigem Zahlenwert der Gravitationskonstanten abgefunden und sie nicht durch eine dimensionslose Zahl wie 1 oder 4π ersetzt. An sich ist dieser Ersatz sehr leicht zu erreichen. Man hat nur eine andere Masseneinheit zu definieren. So erhält man z. B. bei Benutzung der Einheiten cm und sec die Konstante 1 mit einer Masseneinheit der Größe $1{,}5 \cdot 10^7$ g. Die Wahl dieser Masseneinheit ändert zugleich das „Maßsystem". Sie führt auf ein neues absolutes Maßsystem mit nur 2 Grundeinheiten, nämlich Länge l (cm) und Zeit t (sec). Die Masse erhält die Dimension $l^3 t^{-2}$. Ihre Einheit ist 1 cm^3/sec^2 ($= 1{,}5 \cdot 10^7$ g des üblichen absoluten Maßsystems). Der Physiker hat dann also nicht $1{,}5$ kg Messing zu kaufen, sondern 10^{-4} cm^3 sec^{-2} Messing. Damit gerät man zwar in eine sehr störende Abweichung von Technik und täglichem Leben. Davor schreckt man jedoch in analogen Fällen nicht zurück. So gilt in der Elektrizitätslehre in völliger Analogie zum Massenanziehungsgesetz das Coulombsche Gesetz für die Anziehung zweier Elektrizitätsmengen e im Abstande r

$$K = \text{const}\ \frac{e \cdot e}{r^2}.$$

Um diese Konstante $= 1$ zu machen, hat man das absolute elektrostatische Maßsystem geschaffen. Es mißt die Elektrizitätsmengen nicht in Amperesekunden, sondern mit der seltsamen Einheit $1\,\mathrm{g}^{\frac{1}{2}}\text{-cm}^{\frac{3}{2}}\text{-sec}^{-1}$. Dabei ist $1\,\mathrm{g}^{\frac{1}{2}}\text{-cm}^{\frac{3}{2}}\text{-sec}^{-1} = {}^1/_3 \cdot 10^{-9}$ Amperesekunden. Dieser Kampf gegen Zahlenfaktoren oder der Gebrauch „absoluter elektrischer Einheiten" wird nicht selten als Symptom besonderer Gelehrsamkeit bewertet. Doch sind andere Beurteilungen ebenso berechtigt.

§ 36. Gravitationsgesetz und Himmelsmechanik. Die Auffindung des Gesetzes der allgemeinen Massenanziehung zählt mit Recht zu den Großtaten des menschlichen Intellekts. Newtons Gleichung (17) gibt nicht nur die Bewegung unseres Erdmondes wieder. Sie beherrscht weit darüber hinaus die gesamte Himmelsmechanik, die Bewegung der Planeten, Kometen und Doppelsterne.

Die Beobachtungen der Planetenbewegung hat JOHANNES KEPLER (1571 bis 1630) in drei Gesetzen zusammengefaßt. Diese „Keplerschen Gesetze" lauten:

1. Jeder Planet umkreist die Sonne in der Bahn einer Ellipse, und die Sonne steht in einem Brennpunkt der Ellipse.

2. Der Fahrstrahl eines Planeten überstreicht in gleichen Zeiten gleiche Flächen.

3. Die Quadrate der Umlaufszeiten verhalten sich wie die Kuben der großen Halbachsen.

Die Abweichung zwischen Kreis- und Ellipsenbahnen ist für die Hauptplaneten nur sehr geringfügig. Am größten ist sie für Mars. Zeichnet man die Marsbahn mit einer großen Achse von 20 cm Durchmesser auf Papier, so weicht sie von dem umhüllenden Kreise nirgends ganz 1 mm ab. Angesichts dieser Zahlen ist die Leistung Keplers besser zu würdigen.

Diese drei Sätze seines großen Vorgängers konnte NEWTON einheitlich mit seinem Gravitationsgesetz deuten:

1. Jede Ellipsenbahn verlangt eine Zentralbeschleunigung. Bei den von KEPLER beobachteten Ellipsen war der eine Brennpunkt vor dem anderen ausgezeichnet. Folglich müßten nach den kinematischen Betrachtungen des § 31 die Beschleunigungen zu $1/r^2$ proportional sein. Das aber ist nach Gleichung (17) für die Kraft der allgemeinen Massenanziehung der Fall.

2. Keplers zweiter Satz ist der für jede Zentralbewegung gültige Flächensatz.

3. Keplers dritter Satz folgt ebenfalls aus Gleichung (17). Das übersieht man einfach in einem Sonderfall. Man läßt die Kepler-Ellipse in einen Kreis entarten. Für die Kreisbahn gilt nach Seite 34

$$K = m\,4\pi^2 n^2 r = \frac{m\,4\pi^2 r}{T^2}. \tag{9b}$$

(T in sec, n in sec^{-1}.)

Für K setzen wir den aus dem Gravitationsgesetz Gleichung (17) folgenden Wert. Dann erhalten wir

$$\text{const} \cdot \frac{m}{r^2} = \frac{m\,4\pi^2 r}{T^2},$$

$$T^2 = \text{const}\, r^3. \tag{18}$$

Kometen zeigen im Gegensatz zu den Planeten oft außerordentlich langgestreckte Ellipsen. Die große Achse der Ellipse kann das 100fache der kleinen werden. Doch läßt sich Keplers dritter Satz auch für diesen allgemeinen Fall beliebig gestreckter Ellipsen als Folge des Newtonschen Gravitationsgesetzes herleiten. Allerdings erfordert das eine etwas umfangreichere Rechnung.

Zur Einprägung der wichtigsten Tatsachen der Himmelsmechanik soll zum Schluß ein einfaches Beispiel dienen.

Wir denken uns nahe der Erdoberfläche ein Geschoß in horizontaler Richtung abgefeuert. Die Atmosphäre (und mit ihr der Luftwiderstand) sei nicht vorhanden. Wie groß muß die Geschoßgeschwindigkeit u sein, damit das Geschoß die Erde als kleiner Mond in stets gleichbleibendem Abstand von der Erdoberfläche umkreist?

Eine Kreisbahn mit der Bahngeschwindigkeit u verlangt nach Gleichung (6) eine radiale Beschleunigung $b = u^2/r$. Diese Radialbeschleunigung wird vom

Gewicht des Geschosses geliefert. Das Gewicht erteilt dem Geschoß zum Erdzentrum hin die Beschleunigung $b = 9{,}81$ m/sec². Andererseits ist der Abstand
der Erdoberfläche vom Erdzentrum gleich dem Erdradius r, gleich rund $6{,}4 \cdot 10^6$ m.
Also erhalten wir

$$9{,}8 = \frac{u^2}{6{,}4 \cdot 10^6}$$

$$u = 8000 \text{ m/sec} = 8 \text{ km/sec}.$$

Bei 8 km/sec Mündungsgeschwindigkeit in horizontaler Richtung haben
wir also den Fall der Abb. 98a, das Geschoß umkreist die Erde dicht an ihrer
Oberfläche als kleiner Mond.

Bei Über- oder Unterschreitung dieser Anfangsgeschwindigkeit erhalten
wir Ellipsenbahnen nach Art der Abb. 98b und c. Für Geschwindigkeiten
$u > 8$ km/sec umkreist das Geschoß die Erde
als Planet oder Komet in einer Ellipse.
Dabei steht das Erdzentrum in dem dem
Geschütz näheren Brennpunkt. Bei Geschoßgeschwindigkeiten $> 11{,}2$ km/sec entartet die Ellipse zur Hyperbel. Das Geschoß
verläßt die Erde auf Nimmerwiedersehn[1].

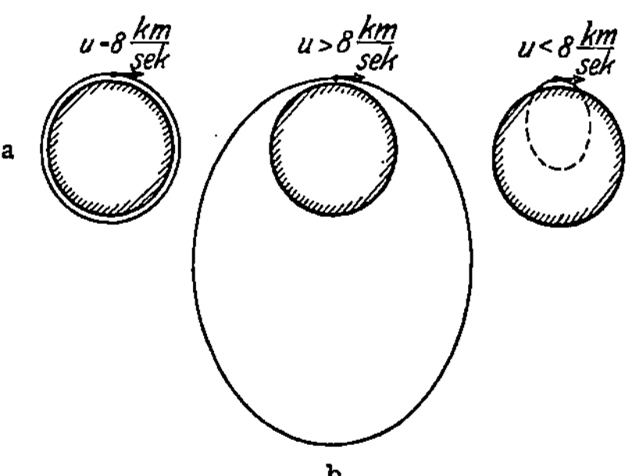

Abb. 98. Ellipsenbahn um das Erdzentrum bei
verschiedenen Anfangsgeschwindigkeiten.

Für Geschwindigkeiten $u < 8$ km/sec
gibt es ebenfalls eine Ellipse. Doch ist
von ihr nur das nichtpunktierte Stück zu
verwirklichen. Diesmal befindet sich das
Erdzentrum in dem dem Geschütz ferneren Brennpunkt der Ellipse (die Erdanziehung erfolgt also ebenso, als ob die ganze Erdmasse im Erdmittelpunkt
zusammengedrängt sei).

Je kleiner die Anfangsgeschwindigkeit u, desto gestreckter wird die Ellipse.
Man kommt schließlich zum Grenzfall der Abb. 99. Das Beschleunigungszentrum, der Erdmittelpunkt, erscheint praktisch unendlich
weit entfernt. Die zu ihm weisenden Fahrstrahlen sind
praktisch parallel. Man kann den über der Erdoberfläche
verbleibenden Rest der Ellipsenbahn in guter Annäherung
als Parabel bezeichnen. Es ist die bekannte Parabel des

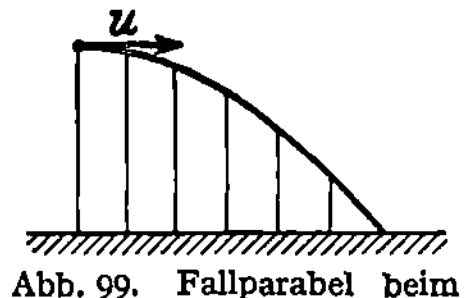

Abb. 99. Fallparabel beim
horizontalen Wurf.

horizontalen Wurfes. — Diese Überlegungen sind nützlich,
obwohl der Luftwiderstand ihre praktische Nachprüfung
unmöglich macht. Selbst bei normalen Geschwindigkeiten von einigen 100 m/sec
ist die Bremsung durch den Luftwiderstand sehr erheblich. Die Parabel
kann nur als eine ganz grobe Annäherung an die wirkliche Flugbahn, die
sog. ballistische Kurve, gelten.

---

[1] Für die Sonne lautet die entsprechende Zahl 618 km/sec.

VI. Hilfsbegriffe: Arbeit, Energie, Impuls.

§ 37. Vorbemerkung. In § 32 wurde das Schwerependel behandelt. Als Schwerependel ist unter anderem auch die **Kinderschaukel** aufzufassen. Jedermann weiß, wie ein Kind sich zu großer Schwingungsamplitude aufschaukelt: Es ändert periodisch die Pendellänge, d. h. es ändert den Abstand seines Schwerpunktes vom Drehpunkt der Schaukel. Das Kind macht im hinteren Umkehrpunkt der Schaukel eine Kniebeuge. Auf dem Wege nach vorn geht es wieder in die gestreckte Körperstellung zurück. Im Schauversuch ahmt man das mit der in Abb. 100 skizzierten Anordnung nach. Sie bedarf keiner weiteren Erläuterung.

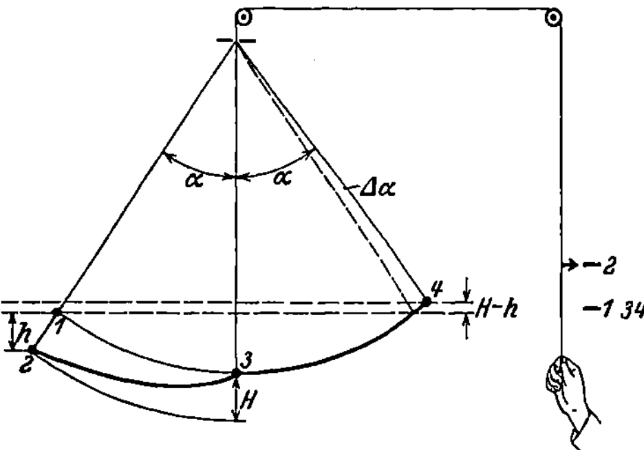

Abb. 100. Aufschaukeln einer Kinderschaukel.

Dies und manches ähnlich einfache mechanische Beispiel aus dem täglichen Leben macht bei quantitativer Behandlung mit dem Beschleunigungssatz schon einige Rechenarbeit. Zur Umgehung dieser Rechenarbeit hat man drei Hilfsbegriffe geschaffen: **Arbeit**, **Energie** und **Impuls**. Mit ihrer Hilfe läßt sich nicht nur die genannte einfache, sondern auch manche schon recht komplizierte Aufgabe rasch und einfach quantitativ übersehen.

§ 38. Arbeit, Definition und Beispiele. Zur Definition des Wortes Arbeit dient die Abb. 101. m ist ein Körper, K eine an ihm angreifende Kraft beliebigen Ursprungs. Zu ihrer Messung kann ein Kraftmesser I vorgesehen sein. x ist der vom Körper zurückgelegte Weg. Dann definiert man als Arbeit das Produkt „Kraft in Richtung des Weges mal Weg". Im Sonderfall kann die Kraft längs des Weges x konstant sein. Dann ist die Arbeit $A = K \cdot x$.

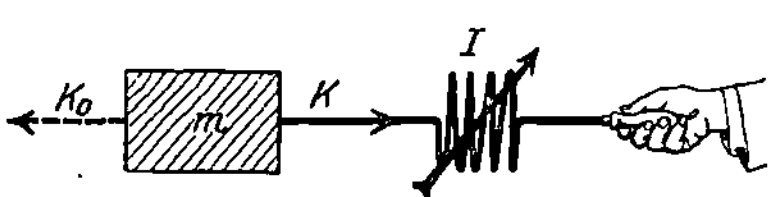

Abb. 101. Zur Definition von Arbeit.

— Im allgemeinen ist die Kraft keineswegs konstant. Der Kraftmesser I zeige nacheinander längs der einzelnen Wegabschnitte Δx die Kräfte K_1, $K_2 \ldots K_n$. Dann definiert man als Arbeit die Summe $K_1 \Delta x_1 + K_2 \Delta x_2 + \cdots + K_n \Delta x_n = \sum K \Delta x$ oder „im Grenzübergang":

$$A = \int K \, dx. \tag{19}$$

Bei dieser Definition der Arbeit kann außer der Kraft K noch eine entgegengesetzt gerichtete Kraft K_0 (punktierter Pfeil) an dem Körper angreifen. Das ist völlig belanglos, wenn nur $K_0 < K$ ist. Unerläßlich ist jedoch ein vom Körper zurückgelegter Weg x. Ohne Weg gibt es keine Arbeit.

Als **Arbeitseinheit** kann das Produkt jeder beliebigen Krafteinheit mit jeder beliebigen Wegeinheit benutzt werden. Wir nennen als Beispiel für Arbeitseinheiten:

1 Großdynmeter = 1 Wattsekunde = 1 kg-Masse m²/sec² (physikalisches kg-Masse, m, sec-System),

1 Kilogrammkraftmeter $= 9,8$ Wattsekunden (techn. kg-Kraft, m, sec-System),

1 Dynzentimeter oder Erg $= 1$ g-Masse cm²/sec² $= 10^{-7}$ Wattsekunde (physikalisches g-Masse, cm, sec-System),

1 Kilowattstunde $= 3,6 \cdot 10^6$ Wattsekunden $= 3,67 \cdot 10^5$ kg-Kraftmeter. (20a)

Bei praktischen Beispielen für Arbeit muß man zwei Grenzfälle auseinanderhalten. Man erläutert sie wieder bequem mit Abb. 101.

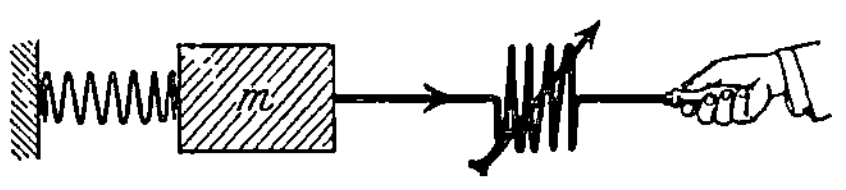

Abb. 102. Arbeit gegen elastische Kräfte.

1. Außer der Kraft, „die Arbeit leistet", ist eine zweite ihr entgegengesetzte und nahezu gleich große Kraft K_0 vorhanden. „Gegen diese wird Arbeit geleistet." Der Körper erhält keine merkliche Beschleunigung. Seine Geschwindigkeit ist am Ende des Weges x praktisch die gleiche wie am Anfang. Man darf ohne Fehler $K = K_0$ setzen.

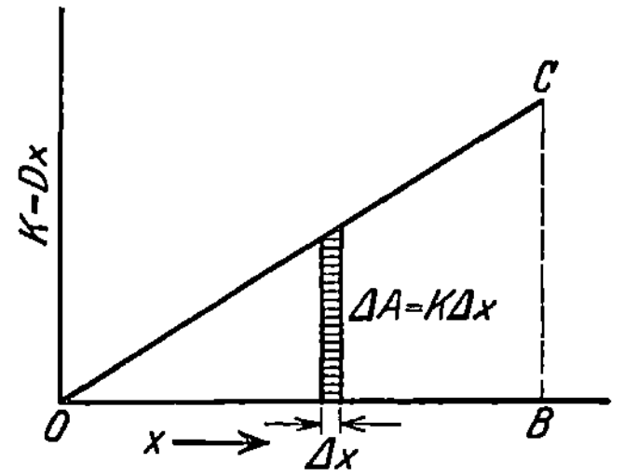

2. Die Kraft K_0 fehlt völlig. Der Körper wird längs des Weges x beschleunigt. „Die Kraft K leistet nur Beschleunigungsarbeit."

Selbstverständlich gibt es zwischen diesen Grenzfällen beliebige Übergänge, in denen K_0 ein Bruchteil von K ist.

Wir bringen zunächst Beispiele für den ersten Grenzfall.

a) Arbeit gegen eine elastische Kraft. (Spannarbeit.) In Abb. 102 befindet sich links eine Schraubenfeder. Sie ist anfänglich entspannt.

Abb. 103. Zur Berechnung der Spannarbeit.

Im übrigen stimmt Abb. 102 mit Abb. 101 überein. Die am Kraftmesser abgelesene Kraft K ist nicht konstant. Bei hinreichender Länge der Schraubenfeder steigt sie linear mit dem Weg x an. Es gilt das uns bereits geläufige lineare Kraftgesetz $K = Dx$. In ihm ist D die als Richtkraft (Direktionskraft) bekannte Konstante. Eine Dehnung der Feder um den Weg x erfordert gemäß Abb. 103 eine Arbeit

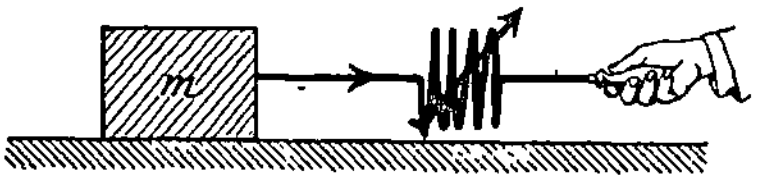

Abb. 104. Arbeit gegen Reibung.

$$A = \sum \Delta A = \sum K \Delta x = \tfrac{1}{2} D x^2 \qquad (21)$$

oder

$$A = \tfrac{1}{2} K_x \cdot x. \qquad (21a)$$

Hier ist K_x die zur Dehnung um den Weg x erforderliche Kraft

Zahlenbeispiel: Flitzbogen für Sportzwecke:

$x = 0,4$ m; $K = 20$ kg-Kraft $= 200$ Großdynen;

$A = \tfrac{1}{2} \cdot 200 \cdot 0,4 = 40$ Großdynmeter oder Wattsekunden $= 4,1$ kg-Kraftmeter.

b) Reibungsarbeit. In Abb. 104 wird der Körper m mit konstanter Geschwindigkeit über eine horizontal angenommene Unterlage hinwegbewegt. Der Kraftmesser zeigt eine konstante Kraft K. Sie ist der Reibung[1] genannten Kraft K_0 praktisch gleich. Die Arbeit berechnet sich einfach als Produkt Kx. Ein Körper werde beispielsweise auf einer geschlossenen Kreisbahn vom Radius r herumgeführt. Dann ist die Reibungsarbeit $= 2r\pi K$. (Sie ist also auch auf geschlossener Bahn keineswegs $=$ Null!)

c) Hubarbeit nach dem Schema der Abb. 105. Die Rolle sei reibungsfrei. Ein in den Faden eingeschalteter Kraftmesser würde eine konstante

---

[1] Nach dem Satz von actio $=$ reactio greift eine ebenfalls Reibung genannte Kraft gleicher Größe, aber entgegengesetzter Richtung an dem Körper („Unterlage") an, über den wir m hinwegziehen (vgl. Abb. 37).

Kraft K zeigen. Sie ist numerisch gleich der Kraft K_0, die wir das Gewicht G des Körpers nennen. Es gilt für die Hubarbeit

$$A = G \cdot h, \tag{22}$$

d. h. Hubarbeit ist gleich dem Produkt aus Gewicht G und senkrechter Hubhöhe h. Wir wollen G in Kilogrammkraft zählen und h in Metern. Dann erscheint die Hubarbeit in Kilogrammkraftmetern. Zahlenbeispiel: Ein Mensch (70 kg) überspringe ein 1,4 m hohes Seil. Dabei leistet er keineswegs die Hubarbeit 98 kg-Kraftmeter, sondern viel weniger. Denn er springt nicht mit senkrecht nach unten gestreckten Beinen über das Seil hinweg. Der Schwerpunkt eines Menschen in gestreckter Haltung liegt oberhalb der Harnblase,

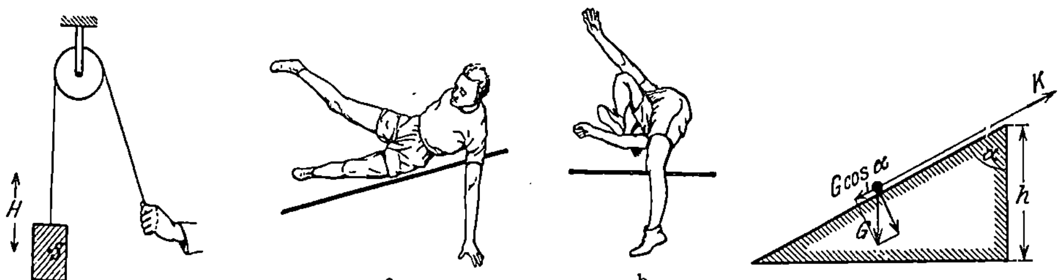

Abb. 105. Hubarbeit.   Abb. 106. Geübte Springer wälzen sich über das   Abb. 107. Hubarbeit längs einer
                                    Sprungseil hinweg.   Rampe.

also etwa 1 m über dem Boden. Beim Springen wirft man die Beine zur Seite (Abb. 106), so daß der Schwerpunkt in etwa 1,7 m Höhe vom Boden über das Seil hinwegfliegt. Die Hubhöhe beträgt also nur $0,7 \cdot 70 = 49$ kg-Kraftmeter = rund 500 Wattsekunden.

d) **Hubarbeit auf einer Rampe.** (Abb. 107.) Hubarbeiten werden selten frei, sondern meistens mit Hilfe von „Maschinen" ausgeführt. Die einfachste Hebemaschine ist die altbekannte Rampe. Die Arbeit ist nicht gegen das ganze Gewicht G des Körpers zu leisten, sondern nur gegen seine zur Rampenoberfläche **parallele** Komponente $G \cdot \cos\alpha$. Dafür ist jedoch der Weg x größer als die senkrechte Hubhöhe h, er ist $= h/\cos\alpha$. Die Hubarbeit längs der ganzen Rampe beträgt daher

$$A = G \cdot \cos\alpha \cdot h/\cos\alpha = G \cdot h \text{ kg-Kraftmeter.}$$

Analoge Betrachtungen lassen sich für beliebig gekrümmte Rampen oder andere Maschinen, wie etwa Flaschenzüge, durchführen. Stets ist das Ergebnis das gleiche: „Die **Hubarbeit wird unabhängig vom Weg nur durch das Produkt Gewicht mal senkrechte Hubhöhe h bestimmt.**"

Die zur Rampenoberfläche senkrechte Komponente des Gewichtes $G \sin a$ ist bei der Arbeitsleistung zu vernachlässigen. Denn bei hinreichend starrer Rampe ist der Weg, um den die Rampe eingebeult wird, zu vernachlässigen, das Produkt Kraft mal Weg bleibt praktisch Null.

Soweit unsere Beispiele für den **ersten** Grenzfall. Es waren Arbeitsleistungen ohne Beschleunigung von Massen. Denn es greifen an dem Körper zwei entgegengesetzt gerichtete, nahezu ganz gleich große Kräfte K und K_0 an. Im **zweiten** Grenzfall fehlt die Kraft K_0 ganz. Die allein angreifende Kraft K leistet Beschleunigungsarbeit. Für diese Beschleunigungsarbeit gilt

$$A = \tfrac{1}{2} m u^2, \tag{23}$$

falls der Körper zuvor in Ruhe war. Mit ganz elementarer Rechnung übersieht man das für eine **konstante** Beschleunigung des zuvor **ruhenden** Körpers.

Es gilt

$$A = K x = m b x = m b \tfrac{1}{2} b t^2 = \tfrac{1}{2} m (b t)^2 = \tfrac{1}{2} m u^2.$$

Allgemein gilt

$$A = \int K \, dx = \int m \, b \, dx = \int m \frac{du}{dt} \cdot u \cdot dt = \int m u \, du = \frac{1}{2} m u^2.$$

„Die Beschleunigungsarbeit an einem zuvor ruhenden Körper ist gleich seiner halben Masse mal dem Quadrat der erreichten Geschwindigkeit u.“ Länge des Beschleunigungsweges und zeitlicher Verlauf der Beschleunigung sind völlig belanglos.

Zahlenbeispiele: 1. Ein D-Zug hat eine Masse von rund $5 \cdot 10^5$ kg (Lokomotive $= 1{,}5 \cdot 10^5$ kg, 8 Wagen zu je $4{,}5 \cdot 10^4$ kg). Zur Erreichung einer Fahrgeschwindigkeit von 20 m/sec ist erforderlich eine Beschleunigungsarbeit $A = \tfrac{1}{2} \cdot 5 \cdot 10^5 \cdot 400 = 10^8$ Großdynmeter oder Wattsekunden $=$ rund 28 Kilowattstunden (vgl. die Umrechnungstabelle auf S. 60).

2. Ein Schnelldampfer von $3 \cdot 10^4$ t Wasserverdrängung oder $3 \cdot 10^7$ kg-Masse braucht zur Erreichung einer Fahrgeschwindigkeit von 25 Seemeilen/Stunde $= 25$ Knoten $=$ rund 13 m/sec eine Beschleunigungsarbeit von $2{,}5 \cdot 10^9$ Großdynmeter $= 700$ Kilowattstunden.

3. 38 cm Granate von 750 kg Masse und 800 m/sec Mündungsgeschwindigkeit; Beschleunigungsarbeit $A = 66$ Kilowattstunden.

4. Pistolenkugel von S. 14; $m = 3{,}26$ g $= 3{,}26 \cdot 10^{-3}$ kg; $u = 225$ m/sec Beschleunigungsarbeit $A = 82$ Wattsekunden.

Der Körper kann, unserer bisherigen Annahme entgegen, schon zuvor eine Anfangsgeschwindigkeit u_0 haben. Dann beträgt die Beschleunigungsarbeit:

$$A = \tfrac{1}{2} m (u^2 - u_0^2). \tag{23a}$$

§ 39. Muskelarbeit. Arbeit im Sinne der Physik gibt es nie ohne Weg. Eine eigentümliche physiologische Tatsache führt da bei Anfängern leicht zu Mißverständnissen. „Arbeit ermüdet“, aber dieser Satz ist nicht umkehrbar. Keineswegs ist jede uns ermüdende Anwendung unserer Muskeln auch eine Arbeit. Unser Arm halte einen Körper in konstanter Höhe. Er vertrete also lediglich einen Haken in der Zimmerdecke. Es fehlt der für Arbeitsleistungen unerläßliche Weg. Trotzdem ermüden die Armmuskeln.

Diese Ermüdung hängt zum Teil sicher damit zusammen, daß die Ruhe unserer Muskeln nur eine scheinbare ist. Tatsächlich wird wohl doch etliche Arbeit im physikalischen Sinn geleistet. Ein gespannter Muskel vollführt in schneller Folge kleine Zuckbewegungen, die Tetanusbewegungen. Es sind derer pro Sekunde etwa 50. Man kann diese Zuckbewegungen des gespannten Muskels als ein tiefes „Brummen“ hören, wenn wir unsere Kiefer mit den Kaumuskeln fest aufeinanderpressen. — Im übrigen denke man an einen Elektromagneten, der rein als „Haken“ eine Last trägt. Auch er führt zur Erschöpfung seiner unentbehrlichen Energiequelle (z. B. Akkumulator).

Die Arbeit unseres menschlichen Muskelmotors ist, an technischem Maßstab gemessen, außerordentlich geringfügig. Nehmen wir ein sehr stark übertreibendes Beispiel: Ein Mensch schleppe an einem Tage die 70 kg-Masse seines Körpers auf einen 7000 m hohen Berg! Dabei leistet er $70 \cdot 7000 =$ rund $5 \cdot 10^5$ kg-Kraftmeter oder rund $1^1/_2$ Kilowattstunden. Diese „Tagesarbeit“ hat einen Großhandelswert von etwa 3 Pfennigen!

§ 40. Leistung. Arbeit pro Zeiteinheit, also meist Arbeit pro Sekunde, bezeichnet man als Leistung. Die gebräuchlichsten Einheiten der Leistung sind

$$1 \text{ Watt} = 1 \text{ Großdynmeter/sec} = 10^7 \text{ Erg/sec} = 0{,}102 \text{ kg-Kraftmeter/sec} \tag{24}$$

oder

$$1 \text{ Kilowatt} = 10^{10} \text{ Erg/sec} = 102 \text{ kg-Kraftmeter/sec}. \tag{24a}$$

Veraltet ist die Einheit Pferdestärke $= 75$ kg-Kraftmeter/sec $= 0{,}735$ Kilowatt. Sie sollte endlich aus der Literatur verschwinden.

Ein Mensch vermag für die Zeitdauer etlicher Sekunden gut ein Kilowatt zu leisten. Man kann beispielsweise in 3 Sekunden eine 6 m hohe Treppe heraufspringen. Dabei ist die Leistung $70 \cdot 6/3 = 140$ kg-Kraft-meter/sec $= 1{,}37$ Kilowatt.

Bei der üblichsten Fortbewegungsart des Menschen, beim Gehen auf horizontaler Unterlage, sind die Leistungen an sich gering. Doch steigen sie stark mit wachsender Geschwindigkeit. Die Geharbeit setzt sich in der Hauptsache aus zwei Komponenten zusammen: erstens aus einem periodischen Anheben des Schwerpunktes (man gehe, ein Stück Kreide gegen die Flanke haltend, an einer Wand entlang und beobachte die entstehende Wellenlinie!); zweitens aus der Arbeit zur Beschleunigung unserer Beine.

Bei normaler Gehgeschwindigkeit von 5 km/Stunde $= 1{,}4$ m/sec leistet nach experimentellen Feststellungen ein Mann von 70 kg Masse ca. 60 Watt. Bei hetzendem Gang von 7 km/Stunde sind es bereits rund 200 Watt. — Beim Radfahren ist der Anhub des Schwerpunktes geringer, auch die Beschleunigungsarbeit der Beine kleiner. Man braucht bei einer Fahrgeschwindigkeit von 9 km pro Stunde nur eine Leistung von etwa 30 Watt und bei 18 km/Stunde erst 120 Watt. — An Hand derartiger Zahlen kann man Leistungsangaben der Technik besser bewerten.

§ 41. Arbeitsfähigkeit oder Energie. In § 38 haben wir Beispiele für mechanische Arbeit gebracht. Dabei haben wir nach den Versuchsbedingungen als idealisierte Grenzfälle zwei Gruppen unterschieden:

I. Arbeit einer Kraft „gegen eine andere" (z. B. gegen Gewicht, Federkraft oder Reibung),

II. Beschleunigungsarbeit.

Nach dem Ergebnis der Arbeitsleistung haben wir eine andere Gruppeneinteilung vorzunehmen, und zwar wieder im Sinne idealisierter Grenzfälle:

A. Arbeit, deren Ergebnis nur eine Erwärmung des Körpers und seiner Bahnspur ist. Man wische eine Handfläche über die andere hinweg. Dann spürt man die Wärme deutlich. In andern Fällen benötigt man eine verfeinerte Temperaturmessung. Im grobmechanischen Sinne hinterläßt die Reibungsarbeit in Abb. 104 kein Ergebnis.

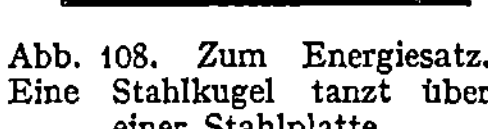

Abb. 108. Zum Energiesatz. Eine Stahlkugel tanzt über einer Stahlplatte.

B. Arbeit, die als Ergebnis eine „Arbeitsfähigkeit oder Energie" hinterläßt. Man findet

eine „potentielle Energie" im Betrage $G h$ bei einer Masse, die gegen ihr Gewicht um die Höhe h über den Boden gehoben worden ist;

eine „potentielle Energie" im Betrage $\frac{1}{2} D x^2$ bei elastischer Verformung (Streckung oder Stauchung) um den Weg x und „linearem Kraftgesetz". Dies darf man bei Beschränkung auf hinreichend kleine Verformung überall annehmen (S. 42);

eine „kinetische Energie" im Betrage $\frac{1}{2} m u^2$ bei einer aus der Ruhe zur Geschwindigkeit u beschleunigten Masse.

Zum Nachweis der Arbeitsfähigkeit sowie ihrer Größe genügt in allen drei Fällen ein dicker auf dem Fußboden stehender Stahlklotz und eine Stahlkugel.

In Abb. 108 hat eine Muskelkraft gegen das Gewicht G der Kugel Hubarbeit im Betrage $G h$ geleistet. Losgelassen erweist die Kugel sich im Besitz einer Arbeitsfähigkeit: Sie vermag sich selbst (mittels des Gewichtes!) zu beschleunigen. Die geleistete Beschleunigungsarbeit erteilt der Kugel eine neue Arbeitsfähigkeit in Gestalt kinetischer Energie $\frac{1}{2} m u^2$. Denn diese kann ihrerseits die Kugel und die Oberfläche des Stahlklotzes verformen. Sie kann unter Arbeitsleistung gegen elastische Kräfte potentielle Energie einer elastischen Verformung liefern.

Zum Nachweis der elastischen Verformung während des Stoßes läßt man eine Stahlkugel auf einer berußten Glasplatte tanzen. Man sieht einen mit abnehmender Sprunghöhe rasch abnehmenden Durchmesser der kreisrunden Aufschlagstellen. Er geht allmählich in die Spurbreite der ruhig über die Scheibe rollenden Kugel über.

Diese potentielle Energie der elastisch verformten Stahlteile vermag ihrerseits die Kugel wieder nach oben zu beschleunigen. Dadurch erhält die Kugel wieder eine kinetische Energie $\frac{1}{2}mu^2$. Denn diese kinetische Energie vermag wieder die ursprüngliche Hubarbeit Gh zu leisten: Die Kugel erreicht (mit großer Annäherung!) wieder ihre Ausgangshöhe und somit ihre anfängliche potentielle Energie.

Der Versuch wiederholt sich ohne unser Zutun als „Kugeltanz" noch zahllose Male. Doch zeigt sich allmählich ein merkliches Zurückbleiben hinter der anfänglichen Hubhöhe. Der Versuch ist nicht ganz „reversibel". Allmählich geht auch hier ein Teil der ursprünglich geleisteten Hubarbeit „irreversibel" durch Erwärmung von Kugel, Platte und Luft verloren. Deswegen sprachen wir oben von „idealisierenden Grenzfällen". Wir müssen praktisch bei allen mechanischen Laboratoriumsversuchen von „Störungen durch Reibung" abstrahieren; so auch hier im Falle wechselnder Energieformen von den unvermeidlichen „Energieverlusten durch Reibung".

§ 42. Der Energiesatz. Worin liegt der Nutzen des Hilfsbegriffes Energie? Antwort: Die Energie ist bei allen mechanischen Vorgängen eine Invariante. Für die Energie gilt ein Erhaltungssatz. Er lautet, beschränkt auf die Mechanik: „In irgendeinem System bewegter Körper ist in jedem Augenblick die Summe von potentieller und kinetischer Energie konstant, solange nicht durch Arbeitsleistung Energie von außen zugeführt oder nach außen abgegeben wird. Andernfalls ändert sich die Summe um den Betrag der zu- oder abgeführten Energie."

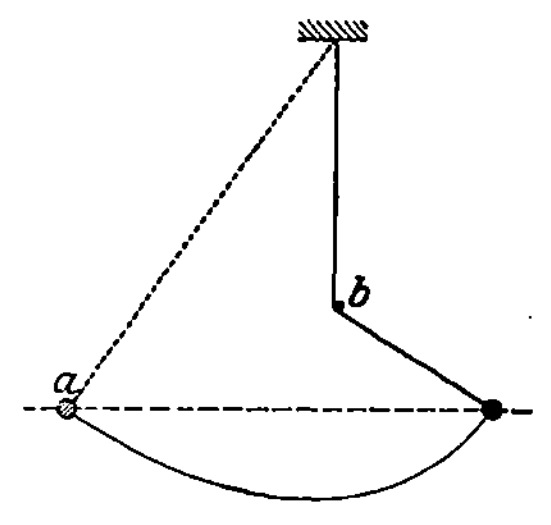
Abb. 109. Galileis Fangpendel.

Dieser Energiesatz wird uns viel Rechenarbeit ersparen. Wir werden ihn in Zukunft häufig benutzen. Daher beschränken wir uns hier auf drei ganz einfache Beispiele.

1. Galileis Fangpendel (Abb. 109). Bei a wird die Kugel eines Schwerependels losgelassen. Bei b fängt sich die Schnur an einem Nagel. — Beobachtung: Unabhängig von der Stellung des Nagels steigt die Pendelkugel stets bis zu der durch a gehenden Horizontalen. — Deutung: In den Umkehrpunkten ist die Geschwindigkeit des Pendels Null. Folglich ist die Gesamtenergie nur in Form potentieller Energie vorhanden. Diese würde durch ein Über- oder Unterschreiten der punktierten Horizontalen geändert werden. Die dazu erforderliche Arbeit wird aber nicht geleistet. Denn der Nagel sitzt fest und ist starr.

2. Das Aufschaukeln eines Schwerependels. Es wurde schon in der Einleitung dieses Kapitels erwähnt und durch die Abb. 100 erläutert. Man beachte nunmehr die horizontalen Hilfslinien! Auf dem Wege 1..2 gibt das Pendel potentielle Energie im Betrage Gh an den Muskel ab. Während des Weges 2..3 gibt ihm jedoch der Muskel durch Hubarbeit den größeren Energiebetrag GH zurück. In der Stellung 3 hat das Pendel gegenüber der Stellung 1 Energie im Betrage $G \cdot (H - h)$ gewonnen. In der Umkehrstellung 4 ist diese Energie wieder ausschließlich als potentielle Energie vertreten. Dort muß sich

der Energiegewinn von $G \cdot (H - h)$ Kilogrammkraftmeter durch eine Überschreitung der durch 1 gehenden Horizontalen um den Betrag $(H - h)$ Meter zeigen. Wir haben kleine Amplituden vorausgesetzt. Andernfalls ist der Hubarbeit $G(H - h)$ die Arbeit gegen die Zentrifugalkraft (S. 103) zu addieren.

3. Gegeben ein beliebiges Pendel mit linearem Kraftgesetz (§ 26). Es passiere die Ruhelage (Mittelstellung) mit der Geschwindigkeit u_0. Welchen Maximalausschlag x_0 erreicht es?

In der Mittelstellung hat die ganze Energie des Pendels die Form der kinetischen Energie $\frac{1}{2}mu_0^2$; in den Umkehrpunkten ist die ganze Energie potentiell. Ihr Betrag ist $\frac{1}{2}Dx_0^2$. (D = Richtkraft, vgl. S. 41). Nach dem Energiesatz müssen beide Energiebeträge gleich groß sein, also

$$\tfrac{1}{2}mu_0^2 = \tfrac{1}{2}Dx_0^2,$$

$$u_0 = x_0\sqrt{\frac{D}{m}}$$

oder zusammengefaßt mit Gleichung (11a) S. 41

$$u_0 = \omega x_0 \quad \text{oder} \quad x_0 = u_0/\omega. \tag{25}$$

(ω = Kreisfrequenz = $2\pi/T$, wo T = Schwingungsdauer; bei u_0 und x_0 beliebige, aber gleiche Längeneinheit benutzen!)

Diese oft gebrauchte Beziehung (z. B. S. 72) ist nicht minder wichtig als Gleichung (11) auf S. 41.

§ 43. Definition des Impulses. In der Natur verlaufen sehr viele Bewegungen ruck- oder stoßartig. Es sind Kräfte rasch wechselnder Größe und Richtung am Werk. Die Gesamtdauer der Beschleunigungen kann auf kleine Bruchteile einer Sekunde zusammengedrängt sein (Zahlenbeispiel § 48). Bei der Behandlung dieser Gruppe von Bewegungen leistet außer der Energie ein weiterer Hilfsbegriff vortreffliche Dienste. Es ist der **Impuls. Als Impuls definiert man das Produkt aus Masse und Geschwindigkeit, also** mu.

Das Produkt mu ist ursprünglich von NEWTON „Bewegungsgröße" genannt worden. Doch wird dieser Name neuerdings rasch durch das Wort Impuls verdrängt.

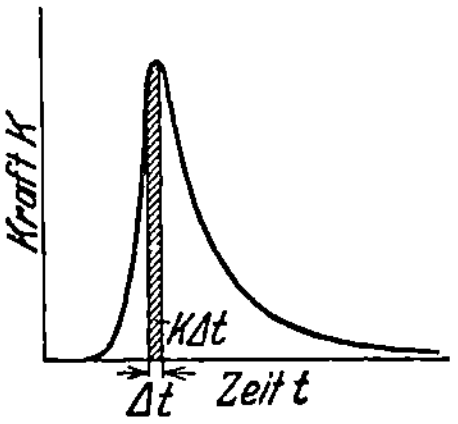

In Abb. 110 veranschaulicht die willkürlich gezeichnete Kurve den zeitlichen Verlauf irgendeiner Kraft. Die ganze von dieser Kurve umfaßte Fläche ist die Zeitsumme der Kraft

$$\sum K_n \Delta t_n = K_1 \Delta t_1 + K_2 \Delta t_2 + \cdots + K_n \Delta t_n$$

oder im „Grenzübergang"

$$\int K\,dt$$

Abb. 110. Zeitsumme der Kraft oder Kraftstoß.

Diese Zeitsumme der Kraft nennt man einen Kraftstoß oder kurz Stoß. Man mißt ihn in Kilogrammkraftsekunden, in Dynsekunden usf.[1]

Das Ergebnis eines auf einen Körper (Massenpunkt) einwirkenden Kraftstoßes ist nach dem Beschleunigungssatz zu berechnen. Vor Beginn des Kraftstoßes habe der Körper die Geschwindigkeit u_1. Während jedes Zeitabschnittes Δt_n hat die Beschleunigung die Größe $b_n = K_n/m$. Diese Beschleunigung bewirkt innerhalb des Zeitabschnittes Δt_n einen Geschwindigkeitszuwachs

$$\Delta u_n = b_n \Delta t_n = \frac{1}{m} K_n \Delta t_n$$

oder

$$m\,\Delta u_n = K_n \Delta t_n.$$

---

[1] Analog in der Elektrizitätslehre: Stromstoß $\int i\,dt$, gemessen in Amperesekunden, Spannungsstoß $\int P\,dt$, gemessen in Voltsekunden.

Über alle Zeitabschnitte Δt_n summiert, ergibt $\sum \Delta u_n$ den gesamten, durch die Beschleunigungen bewirkten Geschwindigkeitszuwachs $(u_2 - u_1)$ des Körpers. Also

$$m(u_2 - u_1) = \int K\,dt. \tag{26}$$

(Auch hier ist bei der Wahl der Einheiten die Tabelle auf S. 31 gültig!)

Das Ergebnis des Kraftstoßes $\int K\,dt$ ist eine Änderung des Impulses vom Anfangswert mu_1 auf den Endwert mu_2. In vielen Fällen wird eine Anfangsgeschwindigkeit u_1 fehlen. Wir wollen dann die gesamte, vom Kraftstoß $\int K\,dt$ erzeugte Geschwindigkeit nicht u_2 sondern u_0 nennen und schreiben

$$\int K\,dt = mu_0. \tag{26a}$$

Hier unterbrechen wir kurz den Gang der Darstellung. Es ist eine grundsätzliche, den Aufbau der Mechanik betreffende Frage klarzustellen.

Unser Weg führte uns vom Beschleunigungssatz zur Impulsgleichung (26). Selbstverständlich ist der umgekehrte Weg genau so berechtigt (und in der Tat zuerst von NEWTON begangen). Man stellt die Definition des Impulses mu an den Anfang und sagt: „Die zeitliche Änderung des Impulses ist proportional der wirkenden Kraft" oder in Zeichensprache

$$\frac{d}{dt}(mu) = \text{const}\,K. \tag{27}$$

Für konstante Masse m darf man dann schreiben

$$m\frac{du}{dt} = \text{const}\,K, \tag{27a}$$

Man gelangt also nachträglich zum Beschleunigungssatz

$$mb = \text{const}\,K.$$

Für konstante Masse sind beide Wege gleichberechtigt. Der von uns begangene paßt sich besser den Bedürfnissen des experimentellen Unterrichts an.

Nach der physikalischen Entwicklung der letzten Jahrzehnte ist die Annahme einer konstanten Masse m jedoch nur eine, wenn auch in weitesten Grenzen bewährte Näherung. Ihre Zulässigkeit begrenzt den Bereich der „klassischen Mechanik". In der nächstfolgenden Näherung (Relativitätsprinzip) hat man statt m zu schreiben

$$\frac{m_0}{\sqrt{1 - \dfrac{u^2}{c^2}}}.$$

Dabei bedeutet c die Lichtgeschwindigkeit $= 3 \cdot 10^8$ m/sec. Bei Berücksichtigung dieser Korrektion bleibt die Impulsgleichung (26) richtig, nicht aber der Beschleunigungssatz. Im Gebiet extrem hoher Geschwindigkeiten u erreicht der so überaus einfache Beschleunigungssatz die Grenzen seiner Gültigkeit. — Soweit die Einschaltung.

§ 44. Der Impulssatz. Einfache Beispiele. Der Nutzen des Hilfsbegriffes Energie beruht auf der Möglichkeit, für die Mechanik einen „Erhaltungssatz" der Energie zu formulieren (§ 42). Dieser Erhaltungssatz war keine neue, zum Beschleunigungssatz hinzukommende Erfahrung, sondern eine Folgerung aus diesem Satz.

Ganz entsprechend steht es mit dem Hilfsbegriff des Impulses. Auch er läßt einen „Erhaltungssatz" formulieren. Dieser „Impulssatz" stellt ebenfalls keine neue Erfahrung dar. Er ist vielmehr nur eine quantitative Fassung des Satzes actio = reactio.

Man betrachte beispielsweise ein einfaches „System", bestehend aus zwei Kugeln (Massenpunkten) M und m. Ihr gemeinsamer Schwerpunkt S ist definiert durch die Gleichung

$$M a = m b. \tag{28}$$

Zwischen beiden Kugeln befindet sich eine gespannte Feder. Beide Kugeln sind in Ruhe (Abb. 111). Der Impuls jeder einzelnen ist gleich Null. Folglich ist auch $\sum mu$, der Gesamtimpuls des ganzen „Systems", gleich Null. Dann gebe eine Auslösevorrichtung die Feder frei. Beide Kugeln erhalten einen Kraftstoß $\int K dt$ Nach dem Satz von actio = reactio muß der Kraftstoß bis auf das Vorzeichen für beide Kugeln der gleiche sein. Infolgedessen erhalten nach Gleichung (26a) beide Kugeln gleich große Impulse. Es muß sein

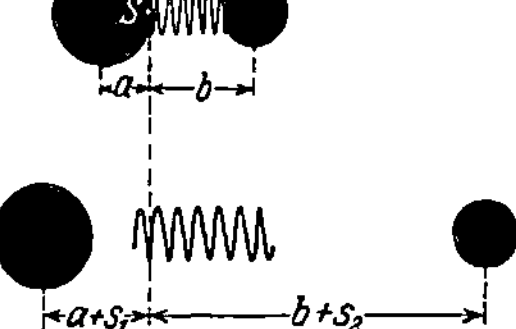

Abb. 111. Erhaltung des Impulses und des Schwerpunktes.

$$M u_1 = m u_2. \tag{29}$$

Diese Impulse sind ebenso wie die zugehörigen Geschwindigkeiten Vektoren. Die Impulspfeile $M u_1$ und $m u_2$ haben zwar gleiche Größe, aber entgegengesetzte Richtung. Ihre graphische Addition ergibt als resultierenden Gesamtimpuls Null. Die vor dem Kraftstoß vorhandene Impulssumme Null ist „erhalten" geblieben.

Derartige Betrachtungen lassen sich leicht verallgemeinern. So gelangt man zu einer allgemeinen Fassung des Impulssatzes. Sie lautet: Ohne Einwirkung „äußerer" Kräfte bleibt in irgendeinem System beliebiger bewegter Körper die Summe aller Impulse konstant.

Der Inhalt des Impulssatzes läßt sich noch anders formulieren. Wir knüpfen dazu wieder an das einfache Beispiel an: Nach Schluß des Kraftstoßes laufen die beiden Kugeln mit konstanten Geschwindigkeiten u_1 und u_2 von dannen. (Wir abstrahieren in üblicher Weise von der unvermeidlichen Störung durch Reibung). Also darf man in der Gleichung (29) die Geschwindigkeiten durch die in einem beliebigen Zeitabschnitt durchlaufenen Wege s ersetzen. Man erhält

$$M s_1 = m s_2. \tag{29a}$$

Diese Gleichung fassen wir mit der Definitionsgleichung des Schwerpunkts (28) zusammen. Wir erhalten

$$\frac{a + s_1}{b + s_2} = \frac{m}{M}, \tag{30}$$

in Worten: Die Abstände der Kugeln vom Schwerpunkt verhalten sich wiederum umgekehrt wie die Massen der Kugeln. Der gemeinsame Schwerpunkt S beider Kugeln ist auch nach dem Kraftstoß erhalten geblieben. Oder, falls der Schwerpunkt schon anfänglich eine Geschwindigkeit hatte, verallgemeinert: Ohne äußere Kräfte kann die Geschwindigkeit des Schwerpunkts eines Systems nicht geändert werden. Daher nennt man den „Impulssatz" oft den „Schwerpunktsatz".

Der Satz actio = reactio ist in unserer bisherigen Darstellung gegenüber dem Beschleunigungssatz stark im Hintergrund geblieben. Wir haben uns wohl hin und wieder bei einem Beschleunigungsvorgang den Angriffspunkt der Gegenkraft klar gemacht. Das aber war alles. Als „Impulssatz" erhält der Satz „actio = reactio" jetzt endlich die quantitative Fassung, die seiner überragenden Bedeutung in allen Gebieten der Physik entspricht. Als „Impulssatz" wird der Satz actio = reactio fortan im Mittelpunkt unserer mechanischen Betrachtungen stehen.

Ebenso wie der Energiesatz wird auch der Impulssatz erst durch einige einfache experimentelle Beispiele Inhalt bekommen:

1. Zwei gleichgebaute flache Wagen gleicher Masse ($M = m$) seien anfänglich in Ruhe. Zwischen beiden befindet sich eine kräftige, gespannte Schraubenfeder. Beiderseits der Wagen steht links und rechts in je 3 m Abstand eine Marke, etwa eine Glocke. Dann wird die Sperrvorrichtung der Feder ausgelöst. Nach dem Impulssatz sollen beide Wagen gleiche Geschwindigkeiten erhalten. In der Tat legen sie in gleicher Zeit gleiche Wege zurück: Ihr Anprall gegen die Marken erfolgt im gleichen Augenblick.

Abb. 112. Zum Impulssatz. Ein Mann beschleunigt sich auf einem Wagen und erteilt dabei dem Wagen einen Impuls entgegengesetzter Richtung.

2. Der Versuch wird mit einer Abänderung wiederholt. Die Masse des linken Wagens wird durch Aufsetzen eines Metallklotzes verdoppelt, also $M = 2m$. Die Marke links wird in 1,5 m, die Marke rechts in 3 m Abstand aufgestellt. Nach dem Impulssatz soll sein $2\,mu_1 = mu_2$ oder $u_1 = \frac{1}{2}\,u_2$. Dem entspricht die Beobachtung. Beide Wagen prallen zu gleicher Zeit gegen ihre Marke. Dank seiner doppelt so großen Geschwindigkeit hat der rechte Wagen in der gleichen Zeit einen doppelt so langen Weg zurücklegen können wie der linke.

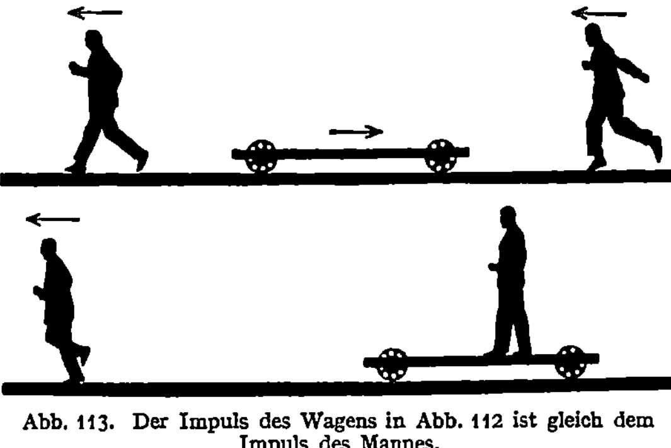

Abb. 113. Der Impuls des Wagens in Abb. 112 ist gleich dem Impuls des Mannes.

3. Gegeben ein flacher, etwa 2 m langer stillstehender Wagen. An seinem rechten Ende steht ein Mann (Abb. 112). Wagen und Mann bilden ein System. Der Mann beginnt nach links zu laufen. Dadurch erhält er einen nach links gerichteten Impuls. Gleichzeitig läuft der Wagen nach rechts. Der Wagen hat nach dem Impulssatz einen Impuls gleicher Größe, aber entgegengesetzter Richtung erhalten. — Der Mann setzt seinen Lauf fort und verläßt den Wagen am linken Ende. Dabei nimmt er seinen Impuls mit. Der Wagen rollt mit konstanter Geschwindigkeit nach rechts. Denn er besitzt, vom Vorzeichen abgesehen, einen ebenso großen Impuls wie der Mann.

Abb. 114. Zum Impulssatz. Der Läufer hat seinen Impuls beim Passieren des Wagens nicht in merklichem Betrage geändert.

4. Zum Beleg dieser quantitativen Aussage lassen wir den leer laufenden Wagen einem zweiten laufenden Mann begegnen (Abb. 113). Masse und

Geschwindigkeit dieses zweiten Mannes waren gleich der des ersten gewählt. Der zweite Mann betritt den Wagen und bleibt auf ihm stehen. Sofort steht auch der Wagen still. Der vom Mann mitgebrachte und abgelieferte Impuls war entgegengesetzt gleich dem des leer heranrollenden Wagens.

5. Der flache Wagen steht ruhig da. Von rechts kommt im Laufschritt konstanter Geschwindigkeit ein Mann. Er betritt den Wagen rechts und verläßt ihn links (Abb. 114). Der Wagen bleibt ruhig stehen. Der Mann hatte seinen ganzen Impulsvorrat mitgebracht und ihn auf dem Wagen nicht merklich geändert. Infolgedessen kann auch der Impuls des Wagens nicht gegenüber seinem Anfangswert Null geändert sein.

Der flache Wagen hat Gummiräder. Quer zu seiner Längsrichtung ist er praktisch unverschiebbar. Er kann nur in seiner Längsrichtung rollen. Infolgedessen erlaubt er, die Vektornatur des Impulses zu zeigen: Der Mann laufe unter einem Winkel α schräg auf den Wagen herauf und stoppe auf dem Wagen ab. Dann fällt in die Längsrichtung des Wagens nur die Impulskomponente $\mathfrak{G}\cos\alpha$. Bei $\alpha = 60°$ reagiert der Wagen nur noch mit halber Geschwindigkeit ($\cos\alpha = 0,5$); bei $\alpha = 90°$ bleibt die Geschwindigkeit des Wagens Null ($\cos 90° = 0$).

§ 45. Weitere Anwendungsbeispiele für den Impulssatz. Elastischer und unelastischer Stoß. Kräfte besonders kurzer Dauer treten beim Zusammenprall zweier Körper auf. Ohne den Impulssatz wäre die Behandlung dieser Erscheinung schwierig. Der Impulssatz macht sie einfach.

Beim Zusammenprall zweier Körper unterscheidet man die beiden Grenzfälle des elastischen und des unelastischen Stoßes. Zur Definition dieser Grenzfälle dient der Energiebegriff. Man gibt dem einen Körper die Gestalt einer festen, ruhenden Wand und läßt den zweiten senkrecht aufprallen. Elastisch heißt der Stoß, wenn gar keine, unelastisch, wenn alle kinetische Energie des Körpers in Wärme verwandelt wird. Oder in anderer Ausdrucksweise: Man verlegt den Standpunkt des Beobachters in den einen der beiden Körper und sagt: Der elastische Stoß ändert nur das Vorzeichen, nicht aber die Größe der Geschwindigkeit des stoßenden Körpers. Oder eine dritte Formulierung: Der elastische Stoß läßt die Relativgeschwindigkeit zweier Körper bis auf das Vorzeichen ungeändert, der unelastische Stoß macht sie zu Null.

Beide Grenzfälle lassen sich weitgehend verwirklichen. Für den elastischen Stoß braucht man eine Stahlwand und eine Stahlkugel. Für den unelastischen überzieht man die Wand mit Blei oder einer ähnlich plastischen Substanz.

In Abb. 108 erreicht die tanzende Stahlkugel nach jedem Aufschlag 95 % ihrer Ausgangshöhe. Sie verliert also bei jedem Stoß nur 5 % ihrer vor dem betreffenden Stoß vorhandenen Energie oder 2,5 % ihrer Geschwindigkeit.

Im allgemeinen Fall ist der gestoßene Körper keine feste Wand, sondern ist seinerseits beweglich. Durch den übertragenen Impuls erhält auch er eine Geschwindigkeit u_x. Die Größe dieser Geschwindigkeit und des übertragenen Impulses wollen wir für einen Sonderfall berechnen. Es handelt sich um zwei zentral zusammenstoßende Kugeln ungleicher Masse. Dieses Beispiel ist für die kinetische Gastheorie und die Atomphysik von erheblicher Wichtigkeit. Die Berechnung beruht auf einer Anwendung des Impulssatzes. Der Einfachheit halber nehmen wir die größere Kugel vor dem Zusammenprall ruhend an.

Vor dem Zusammenstoß beträgt die Impulssumme

$$\mathfrak{G}_v = 0 + m\overset{\leftarrow}{u}.$$

Nach dem Stoß sind die beiden Grenzfälle auseinanderzuhalten:

I. Grenzfall: Der Stoß war elastisch. Nach dem Stoß bewegt sich die große Kugel mit der Geschwindigkeit u_x nach links, die kleinere mit der

Geschwindigkeit $(u - u_x)$ nach rechts. Denn die kleine Kugel war an einer mit der Geschwindigkeit u_x nach links zurückweichenden „Wand" reflektiert worden. Also ist die Impulssumme nach dem Stoß

$$\mathfrak{G}_n = M u_x + m(u - u_x) .$$

Nach dem Impulssatz muß $\mathfrak{G}_v = \mathfrak{G}_n$ sein, daher

$$m u = M u_x - m(u - u_x) ,$$

$$u_x = \frac{2 m u}{(M + m)} , \tag{30a}$$

II. Grenzfall: Der Stoß war unelastisch. Nach dem Stoß bewegen sich beide Kugeln gemeinsam mit der Geschwindigkeit u_y nach links. Denn die kleine ist nicht nach rechts reflektiert worden. Die Impulssumme ist nach dem Stoß

$$\mathfrak{G}_n = u_y(M + m) .$$

Wiederum müssen nach dem Impulssatz $\mathfrak{G}_v = \mathfrak{G}_n$ sein, daher

$$m u = u_y(M + m) ,$$

$$u_y = \frac{m u}{(M + m)} . \tag{30b}$$

Die Zusammenfassung der Gleichungen (30a) und (30b) gibt das einfache Ergebnis $u_x = 2 u_y$. In Worten: Beim elastischen Stoß erhält der gestoßene zuvor ruhende Körper eine doppelt so hohe Geschwindigkeit, also auch einen doppelt so hohen Impuls wie beim unelastischen.

Zur Prüfung dieser rechnerischen Voraussage muß man die Geschwindigkeit der gestoßenen Kugel nach einem elastischen und einem unelastischen Stoß miteinander vergleichen. Diesem Zweck dient die in Abb. 115 skizzierte Anordnung. Die große ruhende Kugel bildet die Masse eines Schwerependels. Der Faden des Schwerependels ist etliche Meter lang. Infolgedessen dürfen wir das lineare Kraftgesetz annehmen und die Gleichung (25) (S. 65) anwenden. Diese

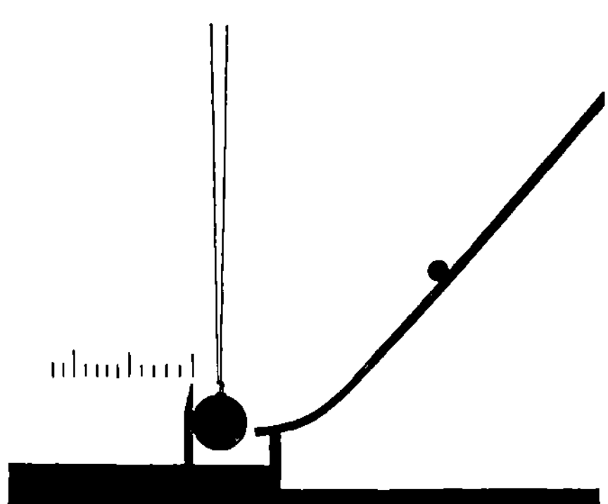

Abb. 115. Eine Stahlkugel läuft gegen ein Stoßpendel. Links ein leichter, in einer Gleitbahn verschiebbarer Zeiger (Fadenlänge etwa $4^1/_2$ m).

besagt: Der Stoßausschlag x_0 ist der Geschwindigkeit proportional, mit der die Kugel die Ruhelage verläßt.

Die kleine stoßende Kugel kommt eine schiefe Rinne heruntergelaufen und trifft zentral. Für den unelastischen Stoß bekleben wir die Aufschlagstelle mit einem Stückchen Bleiblech. Die Pendelkugel verschiebt beim Ausschlag einen leichten Pappzeiger in einer Gleitbahn. Er bleibt am Ende des Ausschlages stehen und ermöglicht eine bequeme Ablesung. — Der Versuch entspricht der Voraussage. Der elastische Stoß erzeugt einen praktisch doppelt so großen Ausschlag wie der unelastische. Er hat der gestoßenen Kugel einen doppelt so großen Impuls erteilt wie der unelastische.

§ 46. Impulsaustausch bei elastischem Stoß von Kugeln gleicher Masse. Für $M = m$, also zwei Kugeln gleicher Masse, folgt aus der Gleichung (30a) für die Geschwindigkeit der gestoßenen Kugel nach dem Stoß $u_x = u$, für die der stoßenden Kugel nach dem Stoß $u - u_x = $ Null.

Die zuvor ruhende Kugel erhält die Geschwindigkeit u der auf-
prallenden Kugel. Diese selbst bleibt nach dem Stoß stehen. —
Der in Abb. 116 dargestellte Apparat läßt diesen Versuch in vielfacher Wiederholung ausführen. — Bei drei gleichen Kugeln, zwei ruhenden und einer stoßenden, übernimmt die mittlere nacheinander in winzigem zeitlichen Abstand die
Rolle einer gestoßenen und einer stoßenden Kugel. Auch sie
bleibt stehen. Erst die dritte in der Stoßrichtung folgende Kugel
fliegt ab. Analog sind die Erscheinungen bei größeren Kugelzahlen
zu behandeln.

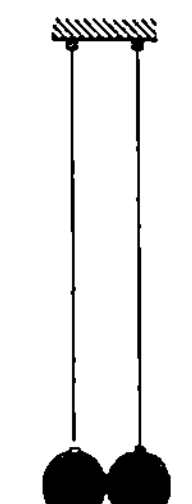

Abb. 116. Elasti-
scher Stoß zweier
Stahlkugeln glei-
cher Masse.

Die aufgehängten Kugeln werden im Kinderspiel durch einige neben-
einandergelegte Münzen ersetzt.

§ 47. Messung eines Kraftstoßes mit einer Stoßwaage (Kraft-stoßmesser). Messung einer Geschoßgeschwindigkeit.

Bei den
Beispielen der letzten Paragraphen haben wir stets den Impulserhaltungssatz benutzt: „Beim Fehlen äußerer Kräfte ist die Impulssumme eines Systemes konstant." — Im folgenden werden wir
jedoch bis auf die Definitionsgleichung des Impulses zurückgreifen.
Sie lautet für einen zuvor ruhenden Körper

$$\int K \, dt = m u_0. \tag{26a}$$

Diese Gleichung spielt in der Meßtechnik eine bedeutsame Rolle. Wir holen
ein wenig aus.

Etliche der wichtigsten physikalischen Meßinstrumente sind, mechanisch
betrachtet, Pendel mit linearem Kraftgesetz. Äußerlich sieht man bei diesen
Instrumenten einen Zeiger über einer Skala spie-
len. Der Zeiger stellt sich nach einigem Hinund-
herschwingen auf einen festen Ausschlag oder
„Dauerausschlag" ein. Diese Dauerausschläge x
sind der zu messenden Größe G proportional. Wir
haben ein Meßinstrument mit äquidistanten Teil-
strichen, mit „linearer Skala". Der Propor-
tionalitätsfaktor $D = G/x$ erhält den Namen
„Empfindlichkeit des Instrumentes"[1]. Die
Empfindlichkeit eines Meßinstrumentes ist also
der Betrag der zu messenden Größe G (Kraft,
Druck, Strom, Spannung usw.), der für einen
Skalenteil Ausschlag erforderlich ist. Mit der
Empfindlichkeit D multipliziert, gibt die abgelesene
Anzahl Skalenteile den Betrag G der zu messenden
Größe. Also $G = Dx$.

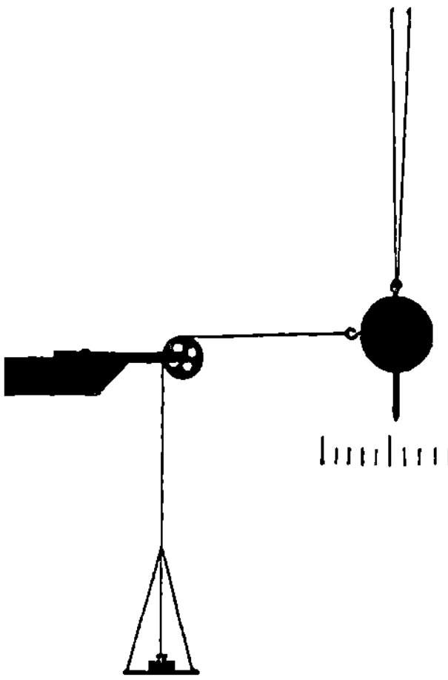

Die lineare Skala ist das Kennzeichen
dieser Meßinstrumente, denen ein Pendel
mit linearem Kraftgesetz zugrunde liegt.

Abb. 117. Das Schwerependel als Waage mit
linearer Skala. Fadenlänge etwa $3\frac{1}{2}$ m.

Wir bleiben in diesem Paragraphen bei einem Beispiel aus der Mechanik.
Dabei wählen wir eine etwas umständlichere Darstellungsform. Sie soll uns im
folgenden Paragraphen den Übergang zu elektrischen Meßinstrumenten erleichtern.

Wir bringen in Abb. 117 ein beliebiges, als Kraftmesser (Waage) umgestaltetes
Pendel. Seine Skala ist in Zehntelmeter geteilt. Dieser primitive Kraftmesser

---

[1] Dieser physikalische Sprachgebrauch ist seltsam, denn in ihm bedeuten kleine
Zahlenwerte große Empfindlichkeit.

zeigt in der Tat den großen Vorzug einer linearen Skala. Wir bestimmen seine Empfindlichkeit $D = K/x$ beispielsweise zu 20 g-Kraft pro Skalenteil oder $= \frac{0,2}{0,1} = 2 \frac{\text{Großdyn}}{\text{Meter}}$.

Mit der Messung von Kräften ist aber der Anwendungsbereich dieser Waage nicht erschöpft. Sie erlaubt uns, bei einem anderen Beobachtungsverfahren auch Zeitsummen von Kräften oder Kraftstöße $\int K\,dt$ zu messen, beispielsweise in Großdynsekunden oder in kg-Kraftsekunden. Sie kann als „Stoßwaage" dienen:

Auf das ruhende Pendel wirke ein Kraftstoß $\int K\,dt$. Er erteilt der Waage den Impuls $m u_0$, also $\int K\,dt = m u_0$ (26a). Die Stoßdauer $\int dt$ soll klein gegen die Schwingungsdauer T der Waage sein. Dann befindet sich das Pendel am Schluß des Stoßes praktisch noch in seiner Ruhelage. Wir dürfen also u_0 als die Geschwindigkeit betrachten, mit der das als Waage benutzte Pendel die Ruhelage verläßt. Wir dürfen Gleichung (25) von S. 65 anwenden und in Gleichung (26a) einsetzen. Wir erhalten

$$\int K\,dt = m \omega x_0 = B x_0. \tag{31}$$

In Worten: Der Stoßausschlag x_0 des Meßinstrumentes ist der Kraftzeitsumme oder dem Kraftstoß $\int K\,dt$ proportional. Der Proportionalitätsfaktor $B = m\omega$ wird die ballistische Empfindlichkeit oder Stoßempfindlichkeit genannt[1]. Als Einheiten kommen in Frage kg-Kraftsekunden/Skalenteil, Großdynsekunden/Meter usw.

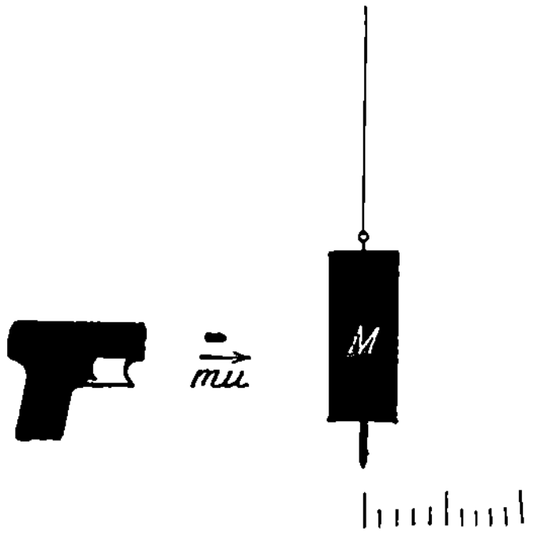

Anwendung der Stoßwaage: Messung des Kraftstoßes beim Aufprall eines Geschosses und einer Geschoßgeschwindigkeit.

Abb. 118 zeigt uns ein einfaches Schwerependel als Stoßwaage oder Kraftstoßmesser. Es ist eine mit Blech und Sand gefüllte Zigarrenkiste der Masse $M = 2$ Kilogramm, aufgehängt an zwei Bindfäden. Das Pendel hat eine Schwingungsdauer $T = 4{,}19$ Sekunden, also eine Kreisfrequenz $\omega = 2\pi/T = 1{,}5$. Folglich ist die ballistische Empfindlichkeit $B = 2 \cdot 1{,}5 = 3$ Großdynsekunden/Meter.

Abb. 118. Das Schwerependel als Kraftstoßmesser. Messung einer Pistolenkugelgeschwindigkeit (Fadenlängen etwa 4,3 m). Skala in Zehntelmeterteilung.

Mit dieser Anordnung soll der Kraftstoß $\int K\,dt$ beim Abbremsen einer Pistolenkugel gemessen werden.

Von links kommt die Pistolenkugel mit der unbekannten Geschwindigkeit u_x und der Masse m. Sie wird beim Einschuß in die Kiste gebremst, und zwar praktisch bis zur Geschwindigkeit Null. Wir beobachten einen Stoßausschlag x_0. Also war der Kraftstoß

$$\int K\,dt = B x_0 \quad \text{Großdynsekunden.}$$

Zahlenbeispiel: $x_0 = 0{,}25$ Meter
$\int K\,dt = 3 \cdot 0{,}25 = 0{,}75$ Großdynsekunden oder 77 gr-Kraftsekunden.

Aus dem nunmehr mit der Stoßwaage gemessenen Kraftstoß $\int K\,dt$ können wir jetzt die Geschwindigkeit u_x aus der obenstehenden Gleichung (26a) berechnen.

---

[1] Die ballistische Empfindlichkeit B läßt sich mit Hilfe der Gleichung (11a) von S. 41 aus der gewöhnlichen Empfindlichkeit D berechnen. Man erhält $B = D/\omega$ oder $B = D\,T/2\,\pi$. Doch setzt diese Umrechnung kleine Dämpfung der Schwingungen voraus.

Denn der Kraftstoß $\int K dt$ muß gleich dem Impuls des Geschosses sein, also

$$B x_0 = m u_x. \tag{26a}$$

Es muß also nur m, die Kugelmasse, bekannt sein.

Fortsetzung des Zahlenbeispiels:

$m = 3{,}3$ g-Masse $= 0{,}0033$ kg-Masse, $\qquad 0{,}75$ Großdynsekunden $= 0{,}0033\, u_x$,
$u_x = 227$ Meter/Sekunde.

(In guter Übereinstimmung mit unserer früheren Messung auf S. 14.)

Aber welche Vereinfachung hat uns der Impulsbegriff gebracht! Damals brauchten wir einen Chronographen mit Zeitmarkendruck, einen Elektromotor, Regelwiderstand und Drehzahlmesser und überdies einen Kugelfang. Im Besitz des Impulssatzes benötigen wir für die gleiche Messung nur noch eine sandgefüllte Zigarrenkiste, etwas Bindfaden und eine Taschenuhr.

Weiter erlaubt uns der gemessene Kraftstoß $B x_0$, die Kraft beim Aufprall des Geschosses abzuschätzen:

Die Kugel wird in der Kiste auf rund 2 cm Flugbahn gebremst. Das dauert rund $0{,}02/200 = 10^{-4}$ sec. 77 g-Kraftsekunden ergeben eine Kraft von 770 kg-Kraft als zeitlichen Mittelwert der zur Kugelbremsung erforderlichen Kraft. Diese Kraft, ausgeübt von einer Kugel von ca. $0{,}3$ cm^2 Querschnitt, belastet das Holz mit einem Druck von rund 2500 kg-Kraft pro cm^2 oder Atmosphären!

Anfänger versuchen gelegentlich bei der Messung der Geschoßgeschwindigkeit mit dem Stoßpendel den Energiesatz zu benutzen. Sie setzen die kinetische Energie $\frac{1}{2} m u_x^2$ des Geschosses gleich der kinetischen Energie $\frac{1}{2} M (\omega x_0)^2$ des Stoßpendels. Das ist völlig unzulässig. Der Aufprall des Geschosses erfolgt ja nicht elastisch (S. 69). Vielmehr wird die kinetische Energie des Geschosses während des Einschlages bis auf ca. $0{,}16\%$ in Wärme verwandelt.

§ 48. Das Stoßgalvanometer. Anwendungsbeispiel: Messung einer Stoßdauer. Der ganze Gedankengang des vorigen Paragraphen ist ohne weiteres auf elektrische Meßinstrumente zu übertragen. Wir wählen als Beispiel einen Strommesser, auch Galvanometer oder Amperemeter genannt.

Die von einem elektrischen Strom erzeugten Kräfte sind der Stromstärke i (Einheit Ampere) proportional. Man kann daher Strommesser mit linearer Skala bauen, z. B. die bekannten Drehspulgalvanometer. Bei ihnen gilt statt $K = D x$

$$i = D_i \cdot x. \tag{32}$$

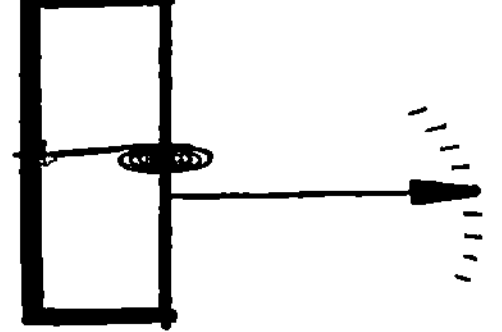

Abb. 119. Schema eines elektrischen Meßinstrumentes mit linearer Skala.

D_i wird die Stromempfindlichkeit des Galvanometers genannt (beispielsweise 10^{-8} Amp/Skalenteil). Die Bauart dieser Strommesser ist hier für uns ohne Belang. Grundsätzlich kann man sie durch das in Abb. 119 skizzierte Schema ersetzt denken. Der Strom bewegt mit Hilfe irgendwelcher nicht mitgezeichneter Spulen eine Masse in Zeigerform gegen die Kraft einer Schneckenfeder. Mechanisch haben wir lediglich ein Pendel mit linearem Kraftgesetz vor uns.

Die mechanische Waage ließ sich in Abb. 118 als Stoßwaage verwenden. Ihre Stoßausschläge x_0 gaben uns Zeitsummen der Kraft oder Kraftstöße $\int K dt$ (z. B. in Großdynsekunden). Ganz analog lassen sich die genannten Galvanometer zur Messung von Stromzeitsummen oder Stromstößen $\int i dt$ benutzen (Einheit Amperesekunde). Dabei ist wieder nur eine Voraussetzung zu erfüllen: Die Flußzeit $\int dt$ muß klein gegen die Schwingungsdauer T des Galvanometerzeigers sein. Wir haben in Gleichung (31) die Kraft K durch die ihr proportionale Stromstärke i zu ersetzen und diesen Ersatz auch bei dem Proportionalitätsfaktor, der Stoßempfindlichkeit B, durch einen Index anzudeuten. Also

$$\int i dt = B_i \cdot x_0. \tag{33}$$

B_i ist die Zahl der Amperesekunden für einen Skalenteil Stoßausschlag (vgl. Anm. 1 auf S. 65). Für konstante Ströme nimmt die Stromzeitfläche die Gestalt eines Rechteckes an (s. Elektrizitätslehre Abb. 55b). Mit ihrer Hilfe ist die Proportionalität zwischen Stromstoß und Stoßausschlag leicht zu erweisen. Man findet

$$it = B_i x_0. \tag{33a}$$

Messungen dieser Art werden im Bande „Elektrizitätslehre" vorgeführt. Hier werden wir hingegen die Gleichung (33) wegen ihrer einfachen Herleitung als gesichert betrachten. Wir bringen gleich eine

       Anwendung des Stoßgalvanometers: Die Messung der Stoß-
       dauer beim Stoß einer Stahlkugel gegen eine Stahlwand.

Wir sehen in Abb. 120 eine dicke Stahlplatte als Wand. Vor ihr hängt in einigen Millimeter Abstand eine Stahlkugel an einem Draht. Wand und Kugel sind als „Schalter" in einen Stromkreis eingeschaltet. Dieser Stromkreis enthält eine Stromquelle von 100 Volt Spannung (Radiobatterie) und ein Spiegelgalvanometer von etwa 30 Sekunden Schwingungsdauer. — Wir lassen die Stahlkugel aus etwa 30 cm Abstand gegen die Wand anpendeln und an ihr zurückprallen. Dann fangen wir sie wieder auf. Während der Berührungszeit von Kugel und Wand fließt ein Strom i. Seine Amperezahl interessiert uns nicht. Der Strom erzeugt einen Stoßausschlag x_0, es gilt

$$i \cdot t_x = B_i x_0. \tag{33b}$$

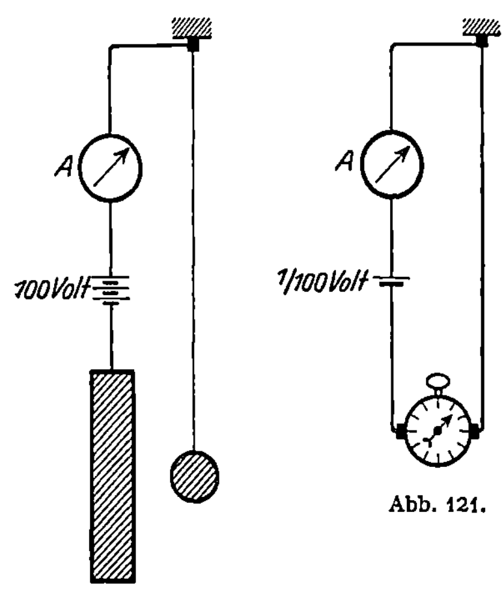

Abb. 121.

Abb. 120.

Abb. 120 u. 121. Zur Messung der Stoßdauer bei elastischem Stoß.

Dann schalten wir statt Kugel und Platte einen „Stoppuhrschalter" in den Stromkreis ein und ersetzen die Stromquelle durch eine solche von nur $^1/_{100}$ Volt Spannung (Abb. 121). Der Strom fließt nur, solange die Stoppuhr läuft. Seine Stärke ist 10000 mal kleiner als zuvor bei 100 Volt Spannung.

Bei 1,30 Sekunden Flußzeit erzeugt dieser kleine Strom den gleichen Stoßausschlag x_0 wie oben. Also

$$10^{-4} i \cdot 1{,}30 \sec = B_i \cdot x_0. \tag{33c}$$

Aus einem Vergleich der Gleichungen (33b) und (33c) folgt t_x, die Dauer des elastischen Stoßes zwischen Kugel und Platte, $= 1{,}30 \cdot 10^{-4}$ sec. In dieser winzigen Zeit erfolgt also in unserm Beispiel das ganze Spiel der elastischen Kräfte, der Verformungen und der Beschleunigungen wechselnder Richtung! Ohne das Stoßgalvanometer, also in letzter Linie ohne den Impulsbegriff, hätte diese Zeitmessung schon erheblichen Aufwand erfordert. Eine photographische Aufnahme auf einer rasch bewegten Platte wäre kaum zu umgehen gewesen.

VII. Drehbewegungen fester Körper.

§ 49. Vorbemerkung. Bei einem beliebig bewegten Körper sehen wir im allgemeinen zwei Bewegungen überlagert, nämlich eine fortschreitende und eine Drehbewegung. Unsere ganze bisherige Darstellung hat sich auf fortschreitende Bewegungen beschränkt. Formal haben wir die Körper als Massenpunkte ohne räumliche Ausdehnung behandelt. Experimentell haben wir die Drehbewegungen durch zwei Kunstgriffe ausgeschaltet: Bei Bewegung auf gerader Bahn ließen wir die beschleunigende Kraft in einer durch den Schwerpunkt des Körpers gehenden Richtung angreifen. Bei Bewegungen auf gekrümmter Bahn wählten wir alle Lineardimensionen des Körpers klein gegen den Krümmungsradius seiner Bahn. Gewiß macht auch dann beispielsweise ein Schleuderstein während eines vollen Kreisbahnumlaufs noch eine volle Drehung um seinen Schwerpunkt. Aber die kinetische Energie dieser Drehbewegung (§ 52) ist klein gegen die kinetische Energie der fortschreitenden Bewegung. Deswegen dürfen wir die Drehbewegung neben der fortschreitenden Bewegung vernachlässigen. — In diesem Kapitel betrachten wir jetzt den anderen Grenzfall: ein Körper schreitet als Ganzes nicht fort, seine Bewegung beschränkt sich ausschließlich auf Drehungen. Die Achse dieser Drehbewegungen soll zunächst durch feste Lager gegeben sein.

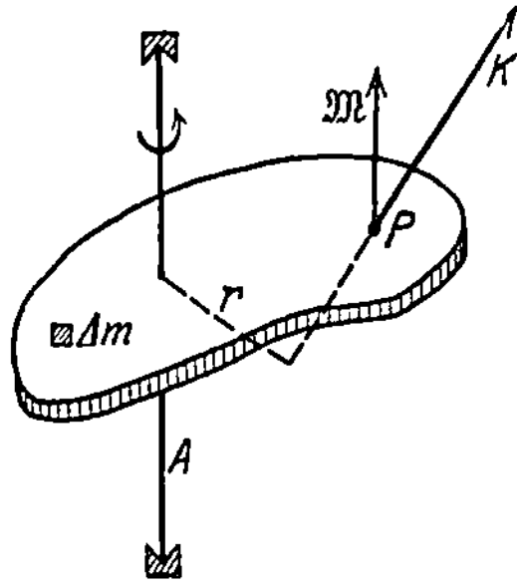
Abb. 122. Zur Definition des Drehmomentes.

§ 50. Definition des Drehmoments. Die Abb. 122 zeigt uns einen beliebig gestalteten starren Körper mit einer durch Lager gehaltenen Achse A. Bei einer Drehung des Körpers bewegt sich jeder seiner Punkte, oder besser, jeder seiner Massenpunkte $\varDelta m$ in einer zur Achse senkrechten Ebene, genannt Drehebene. Der Körper soll in jeder beliebigen Winkelstellung in Ruhe verharren können. Zu diesem Zweck muß der Einfluß des Gewichtes ausgeschaltet werden. Wir haben die Drehachse genau senkrecht zu stellen. Dann liegt die Drehebene jedes Punktes horizontal.

Zur Einleitung einer Drehbewegung genügt nicht eine ganz beliebige Kraft. Die Kraft muß vielmehr ein für die gegebene Achse wirksames Drehmoment besitzen. D. h. qualitativ: Die Richtung der Kraft darf weder durch einen Punkt der Drehachse gehen noch dieser selbst parallel sein.

Quantitativ definiert man das Drehmoment $\mathfrak{M}$ durch die Gleichung

$$\mathfrak{M} = K r . \tag{34}$$

Dabei ist r der senkrechte (oder kürzeste) Abstand der Kraftrichtung K von der Drehachse oder der „Hebelarm" der Kraft. Auch das Drehmoment $\mathfrak{M}$ ist ein Vektor. Sein Pfeil steht sowohl zur Richtung von K wie von r senkrecht. Die Schaftlänge des Pfeils bedeutet die Größe des Drehmomentes, gemessen z. B. in Großdynmetern, in Kilogrammkraftmetern usw. In Richtung des Pfeiles blickend sollen wir einen Drehsinn mit dem Uhrzeiger sehen.

Nach dieser Definition sind für eine gegebene Drehachse nur solche Drehmomente wirksam, deren Pfeil eine zur Drehachse parallele Komponente besitzt.

Meist wirken auf einen drehbaren Körper gleichzeitig viele Kräfte mit ganz verschiedenen Drehmomenten. Alle Drehmomente setzen sich zu einem resultierenden zusammen.

Das alles zeigt man bequem mit einem Elektromotor mit vertikaler Achse. Der drehbare Teil des Elektromotors, sein Läufer, ist aus einem zahnradartigen Eisenkern und stromdurchflossenen Drähten zusammengesetzt. Im Magnetfeld des Ständers (des feststehenden Motorgehäuses) greifen an den Einzelteilen des Eisenkernes und den einzelnen Drähten Kräfte verschiedener Größe und Richtung an. Alle

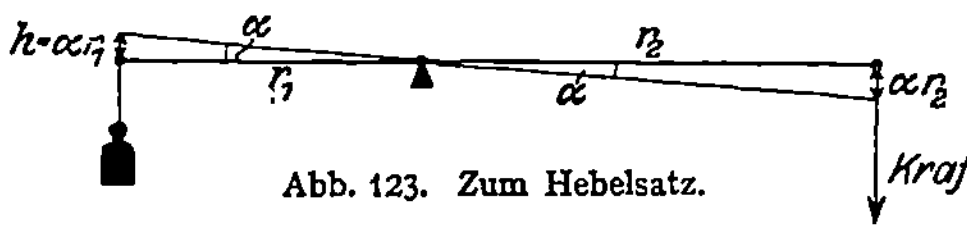

Abb. 123. Zum Hebelsatz.

zusammen ergeben ein resultierendes Drehmoment, nämlich das des Motors. Sein Pfeil liegt der Drehachse parallel. Zur Messung der Größe dieses Drehmomentes benutzen wir ein bekanntes Moment gleicher Größe, aber entgegengesetzten Drehsinnes. Zur Erzeugung dieses Momentes dient uns ein an die Motorachse geklemmter Arm und ein Kraftmesser (Federwaage). Man beobachtet bei verschiedenen Angriffspunkten, Hebelarmen und Richtungen der Kraft. So demonstriert man den Vektorcharakter des Drehmomentes und seine Zerlegung in Komponenten.

Diese Tatsachen braucht man keineswegs neu der Erfahrung zu entnehmen. Sie lassen sich alle aus unseren bisherigen Kenntnissen herleiten, etwa dem Energiesatz.

Man denke sich in einem einfachsten Beispiel die Drehbewegung nach dem Schema der Abb. 123 zur Leistung einer Hubarbeit benutzt. Der Hubweg sei so bemessen, daß der Drehwinkel α klein bleibt, also die arbeitende Kraft K vor Beginn und nach Schluß der Drehung noch senkrecht am Hebelarm r angreift. Wir benutzen verschiedene Armlängen r_2 bei gleichbleibender Hubhöhe h. Dann muß nach dem Energiesatz die Arbeit in allen Fällen die gleiche sein, also

$$\alpha r_1 K_1 = \alpha r_2 K_2 = \alpha r_n K_n,$$

$$r_1 K_1 = r_2 K_2. \tag{35}$$

Bei schrägem Angriff der Kraft an dem Arm ist entsprechend mit einer Komponentenzerlegung zu verfahren.

In Abb. 122 war die Drehachse vertikal angeordnet. Bei diesem Grenzfall konnte das Gewicht des Körpers bzw. seiner einzelnen Massenteilchen Δm kein der Achse paralleles, also wirksames Drehmoment liefern. Anders im zweiten Grenzfall, dem der horizontalen Achse. Hier liefert das Gewicht jedes einzelnen Massenteilchens Δm gemäß Abb. 124 ein Drehmoment proportional zu $\Delta m r$. Der Körper wird im allgemeinen aus einer beliebigen Anfangsstellung herausgedreht. Nur in einem Sonderfall bleibt er in jeder Stellung in Ruhe. In diesem Sonderfall geht die Achse durch seinen Schwerpunkt. Also muß für eine Achse im Schwerpunkt

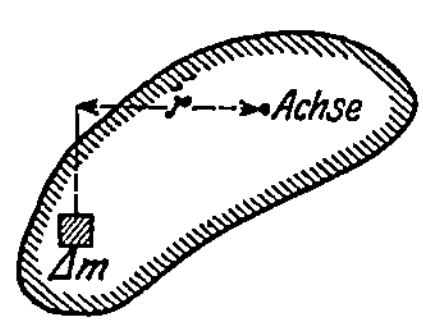

Abb. 124. Zum Schwerpunkt.

das resultierende Drehmoment und folglich auch die Summe $\sum \Delta m r$ gleich Null sein. Diese Gleichung enthält eine Definition des Schwerpunktes. Wir werden sie späterhin benutzen. Im übrigen betrachten wir nach wie vor den Schwerpunkt eines Körpers und seine Bestimmung als bekannt. Er wird ja im Zusammenhang mit Hebeln, Waagen und einfachen Maschinen im Schulunterricht ausgiebig behandelt.

Bei einer durch feste Lager gegebenen Achse wird über Richtung, Größe und Drehsinn eines Drehmomentes kaum je Unklarheit herrschen. In andern Fällen stößt der Anfänger gelegentlich auf Schwierigkeiten. Dahin gehört z. B. der Kinderscherz von der „folgsamen" und der „unfolgsamen" Garnrolle. Eine Garnrolle ist auf den Boden gefallen und unter das Sofa gerollt. Man versucht, sie durch Zug am Faden zurückzuholen. Einige Rollen kommen folgsam hervor, andere verkriechen sich weiter in ihren Schlupfwinkel. Die Abb. 125 gibt die Deutung. Als Drehachse ist nicht die Symmetrieachse der Rolle zu betrachten, sondern ihre jeweilige Berührungslinie mit dem Fußboden. Sie ist in Abb. 125 mit A_m angedeutet („Momentanachse"). Durch hinreichend „flache" Fadenhaltung läßt sich auch die widerspenstigste Rolle zur Folgsamkeit zwingen. Wie so manchmal im Leben hilft auch hier ein wenig Physik weiter als lebhafte Temperamentsausbrüche.

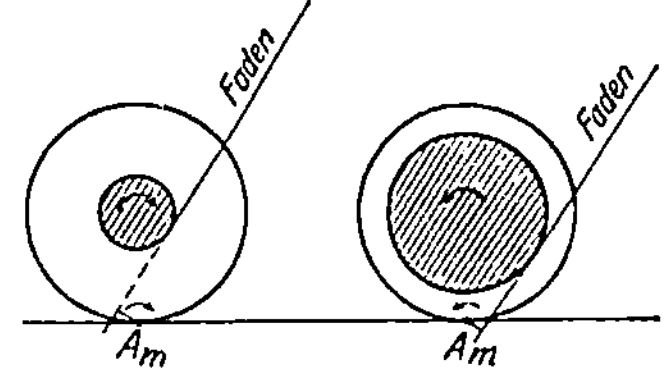

Abb. 125. Drehmoment bei Garnrollen.

§ 51. Herstellung bekannter Drehmomente.

Ermittlung ihres Richtmomentes D^*. Die Winkelgeschwindigkeit ω als Vektor. Kräfte bekannter Größe und Richtung stellt man sich besonders übersichtlich mit Hilfe von Schraubenfedern her. Bei geeigneten Abmessungen (hinreichender Federlänge) sind die Kräfte der Längenänderung x der Feder proportional. Es gilt das lineare Kraftgesetz

$$K = Dx. \tag{10}$$

Die Konstante D ist die Richtkraft (Direktionskraft). D ist die Kraft für eine Längenänderung der Feder um die Längeneinheit (Zentimeter oder Meter).

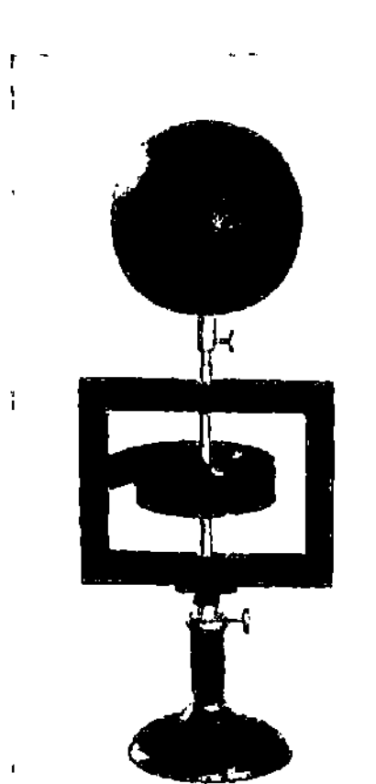

Abb. 126. Kleine Drillachse, vertikal gestellt, mit aufgesetzter Kugel. Diese Drillachse benutzt die Biegungselastizität einer Schneckenfeder. Ihr Richtmoment

$$D^* = 0{,}0056 \frac{\text{kg-Kraftmeter}}{\text{Einheitswinkel}}$$
$$= 0{,}055 \frac{\text{Großdynmeter}}{\text{Einheitswinkel}}.$$

Ganz entsprechend stellt man sich Drehmomente $\mathfrak{M}$ bekannter Größe und Richtung besonders übersichtlich mit Hilfe einer Schneckenfeder an einer Achse her. Abb. 126 zeigt eine solche „Drillachse". Bei geeigneten Abmessungen (hinreichender Federlänge) sind die Drehmomente dem Drehwinkel proportional. Es gilt wieder ein lineares Kraftgesetz

$$\mathfrak{M} = D^*\alpha. \tag{10a}$$

Die Konstante D^* nennen wir das Richtmoment. D^* ist das Drehmoment für eine Verspannung der Feder um die Einheit des Winkels. Der Winkel wird dabei in Bogenmaß gezählt, d. h. wir schreiben 2π statt $360°$, $\pi/2$ statt $90°$ usw. Die Winkeleinheit im Bogenmaß ist daher $360/2\pi = 57{,}3°$.

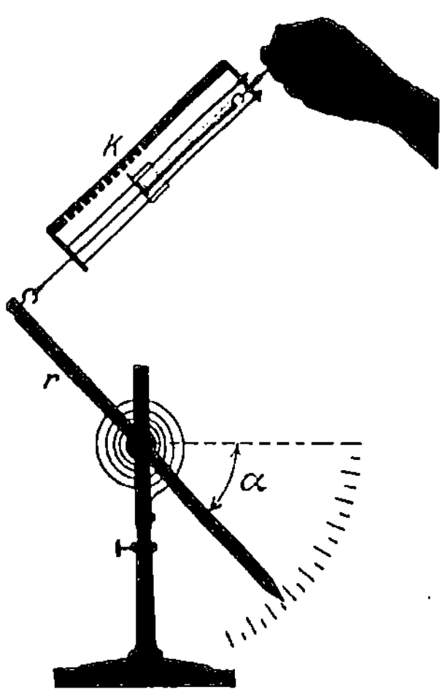

Abb. 127. Eichung der aus Abb. 126 bekannten Drillachse in horizontaler Lage. Z. B. $r = 0{,}1$ m, $\alpha = 180° = \pi = 3{,}14$; $K = 0{,}175$ kg-Kraft oder $1{,}71$ Großdyn; $K \cdot r = 0{,}0175$ kg-Kraftmeter $= 0{,}171$ Großdyn-Meter;
$$D^* = \frac{0{,}0175}{3{,}14} = 0{,}0056 \frac{\text{kg-Kraftmeter}}{\text{Einheitswinkel}}$$
$$= 0{,}055 \frac{\text{Großdynmeter}}{\text{Einheitswinkel}}.$$

Das Richtmoment D^* einer Schneckenfeder ist also das Drehmoment für eine Achsendrehung um $57{,}3°$. Genau wie Schraubenfedern bekannter Richtkraft D werden wir in Zukunft häufig eine Schneckenfeder plus Achse mit bekanntem Richtmoment D^* benötigen. Deswegen eichen wir uns gleich die in Abb. 126 skizzierte Drillachse nach dem leichtverständlichen Schema der Abb. 127 nebst beigefügtem Zahlenbeispiel.

Bei der Herstellung bekannter Kräfte kann man statt Schraubenfedern auch zylindrische Stäbe oder Drähte benutzen. Bei der Herstellung bekannter Drehmomente gilt das gleiche. Die an der Achse angreifende Schneckenfeder läßt sich durch eine verdrillbare stab- oder drahtförmige Achse ersetzen.

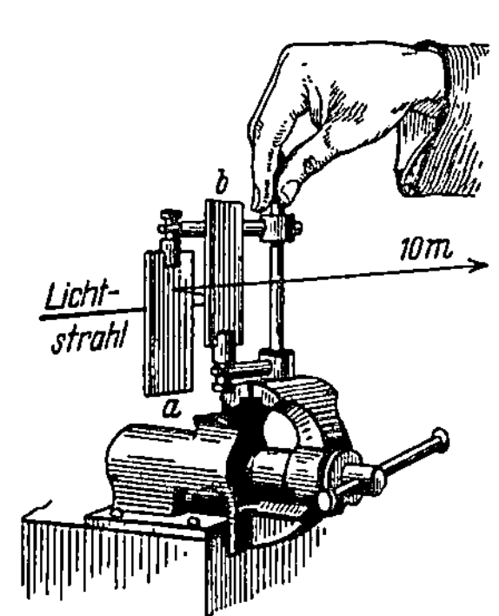

Abb. 128. Zwei Finger verdrillen einen kurzen, dicken Stahlstab.

Doch geben in beiden Fällen die Federn größere Übersichtlichkeit. Sie geben bei Kräften bzw. bei Drehmomenten gleicher Größe größere und daher weiterhin sichtbare Ausschläge.

Anfänger unterschätzen leicht die Verdrillungsfähigkeit selbst dicker Stahlstäbe. Die Abb. 128 zeigt einen Stahlstab von 1 cm Dicke und nur 10 cm Länge in einen Schraubstock eingeklemmt. Diesen anscheinend so starren Körper vermögen wir schon mit den Fingerspitzen in sichtbarer Weise zu verdrillen. Zum Nachweis hat man lediglich einen Lichtzeiger von etwa 10 m Länge zu benutzen, der zwischen den Spiegeln a und b reflektiert wird.

Mit Kräften ändert man die Bahngeschwindigkeit, mit Drehmomenten die Winkelgeschwindigkeit eines Körpers. Die Bahngeschwindigkeit u ist erst durch Angabe ihrer Größe und ihrer Richtung vollständig bestimmt, sie ist ein Vektor. Das gleiche gilt von der Winkelgeschwindigkeit ω. Ihre Größe ist der pro Zeiteinheit zurückgelegte Winkel im Bogenmaß, ihre Richtung die der Drehachse. Der Vektorpfeil der Winkelgeschwindigkeit ist in Richtung der Drehachse zu zeichnen. Zur Erläuterung dient die Abb. 129. Ein Punkt P umkreist gleichzeitig die Achse I mit der Winkelgeschwindigkeit ω_1 und die Achse II mit der Winkelgeschwindigkeit ω_2. Innerhalb eines hinreichend kleinen Zeitabschnittes $\varDelta t$ legt der Punkt die praktisch geradlinige Bahn $\varDelta s = P \ldots 3$ zurück. Diese Bahn $\varDelta s$ können wir als die Resultierende der beiden Einzelbahnen

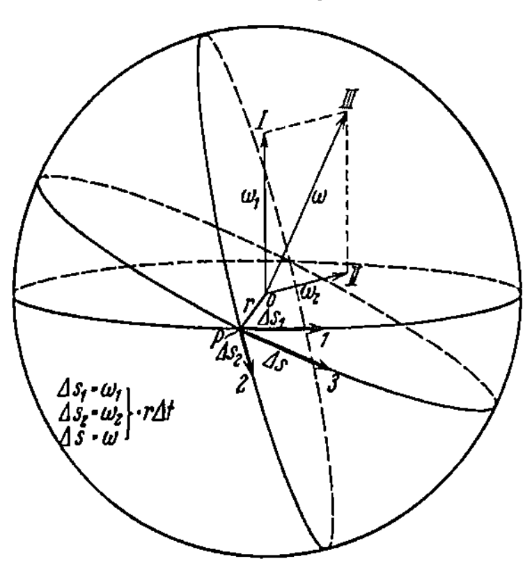

Abb. 129. Die Winkelgeschwindigkeit als Vektor.

$$\varDelta s_1 = \omega_1 \cdot r \cdot \varDelta t \quad \text{und} \quad \varDelta s_2 = \omega_2 \cdot r \cdot \varDelta t$$

konstruieren. Auf die Bahn $P \ldots 3$ führt uns aber noch ein zweiter Weg. Wir zeichnen in den Achsen I und II je einen Vektorpfeil von der Größe der Winkelgeschwindigkeit ω_1 bzw. ω_2. Diese beiden Vektoren setzen wir graphisch zu der resultierenden Winkelgeschwindigkeit ω zusammen. Sie bestimmt eine neue Achse III, und um diese lassen wir den Körper mit der Winkelgeschwindigkeit ω rotieren. Er legt dann in der Zeit $\varDelta t$ die Bahn $\varDelta s = \omega \cdot r \cdot \varDelta t$ zurück. Die Vektoraddition zweier Winkelgeschwindigkeiten übersieht man hier aus der ohne weiteres evidenten Ähnlichkeit der bei den Konstruktionen benutzten Dreiecke.

§ 52. Trägheitsmoment, Drehschwingungen. Im Besitz der Begriffe Drehmoment $\mathfrak{M}$ und Richtmoment D^* ist der Übergang von der fortschreitenden zur Drehbewegung leicht zu vollziehen. Wir bedienen uns dabei der Tabelle auf S. 79. Ihre beiden oberen Horizontalzeilen enthalten die beiden kinematischen Begriffe Geschwindigkeit und Beschleunigung. Daran anschließend haben wir in der linken Vertikalspalte die uns bekannten Definitionen und Sätze für fortschreitende Bewegungen eingetragen, und zwar in der zeitlichen Reihenfolge ihrer Einführung.

Fortschreitende Bewegung		Drehbewegung
Geschwindigkeit $u = \dfrac{dx}{dt}$ (1 a)	1	Winkelgeschwindigkeit oder Kreisfrequenz $$\omega = \frac{d\alpha}{dt} \qquad (5)$$
$$dx = u\,dt \qquad u = \omega r \qquad (5\,a)$$		
Beschleunigung $b = \dfrac{du}{dt}$ (2a)	2	Winkelbeschleunigung $$\dot{\omega} = \frac{d\omega}{dt} \qquad (37)$$
Masse m	3	Trägheitsmoment (Drehmasse) $$\Theta = \sum \Delta m r^2 \qquad (36)$$
Kraft $K = mb$ (8c)	4	Drehmoment $\mathfrak{M} = \Theta \cdot \dot{\omega}$ (48)
$$\mathfrak{M} = K \cdot r$$		
$\dfrac{\text{Kraft } K}{\text{Weg } x} = \text{Richtkraft } D$ (10)	5	$\dfrac{\text{Drehmoment } \mathfrak{M}}{\text{Winkel } \alpha} = \text{Richtmoment } D^*$ (48a)
Lineares Kraftgesetz		
Schwingungsdauer $$T = 2\pi \sqrt{\frac{m}{D}} \qquad (11)$$	6	Schwingungsdauer $$T = 2\pi \sqrt{\frac{\Theta}{D^*}} \qquad (44)$$
Kinetische Energie $$E = \tfrac{1}{2} m u^2 \qquad (23)$$	7	Kinetische Energie $$E = \tfrac{1}{2} \Theta \omega^2 \qquad (38)$$
Impuls $\mathfrak{G} = mu$ (26)	8	Drehimpuls $\mathfrak{G}^* = \Theta \omega$ (47)
$\mathfrak{G}$ und $\mathfrak{G}^*$ nicht dimensionsgleich.		
Kraft $K = \dfrac{d\mathfrak{G}}{dt}$ (27)	9	Drehmoment $\mathfrak{M} = \dfrac{d\mathfrak{G}^*}{dt}$ (49)

Alsdann berechnen wir die kinetische Energie eines seine Achse umkreisenden Körpers. Diese Energie muß sich additiv aus den kinetischen Energien aller einzelnen, den Körper aufbauenden Massenteilchen Δm zusammensetzen. Ein beliebiges dieser Massenteilchen bewege sich im Abstand r_n von der Drehachse mit der Bahngeschwindigkeit u_n. Dann ist die kinetische Energie dieses Einzelteilchens

$$\Delta E_n = \tfrac{1}{2} \Delta m \cdot u_n^2 .$$

Wir führen die für alle Massenteilchen gleiche Winkelgeschwindigkeit $\omega = u/r$ ein und erhalten

$$\Delta E_n = \tfrac{1}{2} (\Delta m_n r_n^2) \cdot \omega^2 .$$

Eine Summenbildung über alle Einzelteilchen ergibt die kinetische Energie des ganzen die Achse umkreisenden Körpers, also

$$E = \tfrac{1}{2}\sum(\varDelta m_n r_n^2)\cdot \omega^2\,.$$

Die rechtsbefindliche Summe erhält einen besonderen Namen, nämlich

$$\text{Trägheitsmoment oder Drehmasse}\quad \Theta = \sum(\varDelta m_n r_n^2)\,. \tag{36}$$

Mit dieser Kürzung ist die kinetische Energie eines mit der Winkelgeschwindigkeit ω kreisenden Körpers

$$E = \tfrac{1}{2}\Theta\omega^2\,. \tag{38}$$

Wir gelangen in der Tabelle rechts zur 7. Zeile. Für die fortschreitende Bewegung hieß die entsprechende Gleichung links

$$E = \tfrac{1}{2}mu^2\,, \tag{23}$$

in Worten: Bei Drehbewegungen tritt an die Stelle der Bahngeschwindigkeit u die Winkelgeschwindigkeit ω, an die Stelle der Masse m das Trägheitsmoment oder die Drehmasse Θ. Das vermerken wir in der dritten Zeile unserer Tabelle rechts.

Es gilt jetzt, uns mit dem Begriff des Trägheitsmomentes durch Beispiele gut vertraut zu machen.

Bei geometrisch einfach gebauten Körpern bereitet die Berechnung des Trägheitsmomentes keine Schwierigkeiten. Die erforderliche Summenbildung ist meist mit wenigen Zeilen durchführbar. Beispiele:

I. Homogene Kreisscheibe, Achse senkrecht im Mittelpunkt. Masse der Scheibe M, Dicke h, Radius R, Dichte $\varrho = $ Masse der Volumeneinheit $= \dfrac{M}{R^2\pi h}$,

$$\Theta = \frac{1}{2}MR^2 = \frac{\pi}{2}h\varrho R^4\,. \tag{39}$$

Herleitung: Wir wählen die einzelnen Masseteilchen als konzentrische Ringe vom Radius r und der Breite dr. Ein solcher Ring enthält die Masse

$$\varDelta m = 2r\pi\,dr\,h\varrho\,, \tag{40}$$

das Trägheitsmoment dieses Ringes ist

$$2r\pi\,dr\,h\varrho\cdot r^2\,.$$

Die Summierung über alle Ringe vom Radius Null bis zum vollen Radius R der Kreisscheibe ergibt

$$\Theta = 2\pi h\varrho\int_0^R r^3\,dr = \frac{\pi}{2}h\varrho R^4\,.$$

II. Homogene Kugel, Achse den Mittelpunkt durchsetzend. Masse $M = \tfrac{4}{3}R^3\pi\varrho$,

$$\Theta = \tfrac{2}{5}MR^2 = \tfrac{8}{15}\pi\varrho R^5\,. \tag{41}$$

III. Homogener, langgestreckter Stab von beliebigem Profil. Achse senkrecht zur Längsrichtung durch den Schwerpunkt gelegt.

$$\Theta = \tfrac{1}{12}Ml^2\,. \tag{42}$$

IV. Steinerscher Satz. Man kennt das Trägheitsmoment Θ_s eines beliebigen Körpers der Masse M für eine durch seinen Schwerpunkt S gehende Achse. Wie groß ist das Trägheitsmoment Θ_0 für eine beliebige andere, der ersten im Abstande a parallel verlaufende Achse? Antwort:

$$\Theta_0 = \Theta_s + Ma^2\,. \tag{43}$$

Herleitung: Abb. 130.

$$\Theta_s = \sum (\varDelta m)\, r_1^2 \,,$$

$$\Theta_0 = \sum (\varDelta m)\, r_2^2 \,,$$

$$r_2^2 = r_1^2 + a^2 - 2 r_1 a \cos \alpha \,,$$

$$\Theta_0 = \Theta_s + M a^2 - 2a \sum (\varDelta m)\, r_1 \cos \alpha \,,$$

$$\sum (\varDelta m)\, r_1 \cos \alpha = \sum (\varDelta m)\, r = 0 \,.$$

Gemäß der auf S. 76 gegebenen Definitionsgleichung für den Schwerpunkt.

Viel wichtiger jedoch als die Berechnung von Trägheitsmomenten ist ihre Messung. Denn bei komplizierter Gestalt des Körpers macht die Summierung unnütze Schwierigkeiten.

Zur Messung von Trägheitsmomenten benutzt man allgemein Drehschwingungen. Wir müssen in Zeile 6 unserer Tabelle nur die Masse m durch das Trägheitsmoment Θ und die Richtkraft D einer Schraubenfeder durch das Richtmoment D^* einer Schneckenfeder ersetzen. Unsere aus Abb. 126 bekannte Drillachse liefert uns ein bekanntes Richtmoment D^*. Am oberen Ende dieser Drillachse befestigen wir den zu untersuchenden Körper (vgl. Abb. 126). Dabei muß die Achse dieses Körpers mit der Verlängerung der Drillachse zusammenfallen. Dann drehen wir den Körper um ca. 90° aus seiner Ruhelage heraus und beobachten die Schwingungsdauer T mit der Stoppuhr. Dann gilt

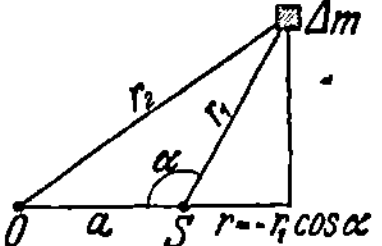
Abb. 130. Herleitung des Steinerschen Satzes.

$$\Theta = \frac{T^2}{4\pi^2} D^* \,. \tag{44}$$

Das Richtmoment D^* unserer kleinen Drillachse war schon auf S. 77 zu $5{,}5 \cdot 10^{-2}$ Großdynmeter pro Einheitswinkel von $57{,}3°$ ermittelt worden. Also haben wir

$$\Theta = 1{,}4 \cdot 10^{-3}\, T^2\, \text{kg-Masse} \cdot \text{m}^2 = 1{,}4 \cdot 10^{-4}\, T^2\, \text{kg-Kraft} \cdot \text{sec}^2 \cdot \text{m}\,.$$

Beispiele:

I. Nachprüfung eines berechneten Trägheitsmomentes. Für eine Kreisscheibe aus Holz von $M = 0{,}8$ kg-Masse und von 0,2 m Radius berechnen wir aus Gleichung (39) ein Trägheitsmoment Θ von $1{,}6 \cdot 10^{-2}$ kg-Masse $\cdot$ m^2 für eine im Mittelpunkt senkrechte Achse. Wir beobachten $T = 3{,}37$ Sekunden, also $\Theta = 1{,}58 \cdot 10^{-2}$ kg-Masse $\cdot$ m^2. Das steht in guter Übereinstimmung mit der Rechnung.

II. Nachprüfung des Steinerschen Satzes. Wir verlegen die Achse sich selbst parallel um $a = 10$ cm aus dem Mittelpunkt heraus. Dadurch soll nach dem Steinerschen Satz [Gleichung (43)] das Trägheitsmoment um den Betrag $M a^2 = 8 \cdot 10^{-3}$ kg-Masse $\cdot$ m^2 zunehmen. — Die Beobachtung ergibt $T = 4{,}15$ sec, $\Theta_0 = 2{,}41 \cdot 10^{-2}$ kg-Masse $\cdot$ m^2, also $\Theta_0 - \Theta_s = 8{,}1 \cdot 10^{-3}$ kg-Masse $\cdot$ m^2.

III. Scheibe und Kugel von gleichem Trägheitsmoment. Die Abb. 131 zeigt uns im gleichen Maßstab eine Scheibe und eine Kugel aus gleichem Material. Ihre

Abb. 131. Scheibe und Kugel von gleichem Trägheitsmoment.

Massen verhalten sich wie $1 : 3{,}2$. Ihre Trägheitsmomente sollen nach den Gleichungen (39) und (41) identisch sein. In der Tat zeigen beide auf der Drillachse die gleiche Schwingungsdauer.

IV. Trägheitsmomente von Hohl- und Vollwalze gleicher Masse. Die Abb. 132 zeigt uns eine hohle Metallwalze und eine massive Holzwalze von gleicher Masse m, gleichem Durchmesser und gleicher Länge. Auf der Drillachse finden wir für die Hohlwalze ein erheblich größeres Trägheitsmoment.

Das erklärt eine oft überraschende Beobachtung: Wir legen beide Walzen nebeneinander auf eine Rampe, etwa ein geneigtes Brett. Die Achsen beider

Abb. 132. Voll- und Hohlwalze von gleicher Masse (Holz und Metall), aber ungleichem Trägheitsmoment.

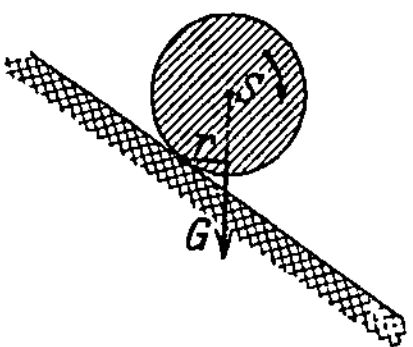

Abb. 133. Drehmoment $\mathfrak{M} = r \cdot G$ bei einer Walze auf einer Rampe,

Abb. 134. Große Drillachse zur Messung der Trägheitsmomente eines Menschen in verschiedenen Stellungen. F eine kräftige Schneckenfeder. Ihr Richtmoment D^* beträgt rund $2.5 \frac{\text{Großdynmeter}}{\text{Einheitswinkel}}$. Das Trägheitsmoment Θ des liegenden Mannes rund $= 17\,\text{kg-Masse} \cdot \text{m}^2$ oder $1{,}7\,\text{kg-Kraft sek}^2 \cdot \text{m}$.

Walzen sollen auf einer Geraden liegen. Dann lassen wir beide Walzen zu gleicher Zeit los. Die massive Holzwalze kommt viel früher als die hohle Metallwalze unten an. — Deutung: Zum Abrollen werden beide Walzen durch gleich große Drehmomente $Gr = mgr$ beschleunigt (Abb. 133). Denn die Massen und Radien sind für beide Walzen die gleichen. Infolgedessen erhält die Hohlwalze mit größerem Trägheitsmoment eine kleinere Winkelbeschleunigung $\dot{\omega}$ und Winkelgeschwindigkeit ω (Zeile 4 der Tabelle).

V. Trägheitsmomente des menschlichen Körpers. Wir bestimmen uns das Trägheitsmoment des menschlichen Körpers für einige verschiedene Körperstellungen und Achsenlagen. Dazu benutzen wir eine große Drillachse ge-

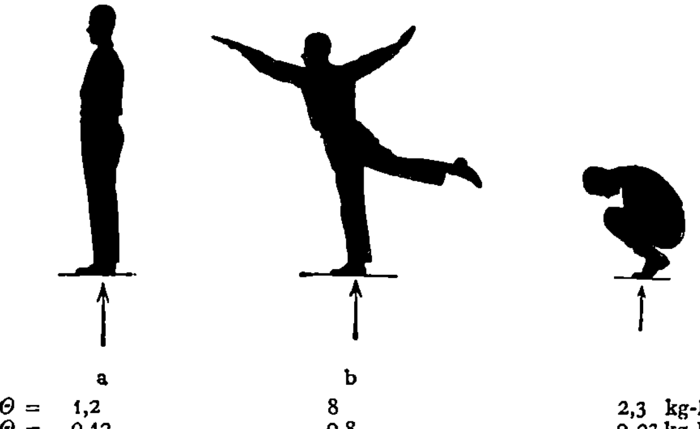

	a	b	
$\Theta =$	1,2	8	2,3 kg-Masse $\cdot$ m²
$\Theta =$	0,12	0,8	0,23 kg-Kraft sek² $\cdot$ m

Abb. 135. Trägheitsmomente eines Menschen in drei verschiedenen Stellungen. Die Pfeile markieren die Drehachsenrichtung.

mäß Abb. 134. Einige Meßergebnisse sind in der Abb. 135 zusammengestellt. Diese Zahlenwerte werden uns späterhin nützlich werden.

§ 53. Die Bedeutung des Trägheitsmomentes für das Schwerependel. Drehschwingungen von Körpern um eine vertikale Ruhelage sind im täglichen Leben und in der Technik sehr häufig. In der überwiegenden Mehrzahl der Fälle entstehen sie durch das Gewicht der Körper. Jeder nicht gerade in seinem Schwerpunkt aufgehängte oder gelagerte Körper kann, einmal angestoßen, pendeln. Wir haben den allgemeinen Fall des „physischen" Schwerependels beliebiger Gestalt. Mit diesem Namen unterscheiden wir es von unserm früher behandelten „mathematischen" Schwerependel, der „punktförmigen" Masse an einem „masselosen" Faden.

Das „physische" Schwerependel ist für viele physikalische Probleme von Wichtigkeit, insonderheit in der Meßtechnik. Deswegen bringen wir einige seiner wesentlichen Eigenschaften. Doch ist ihre Kenntnis für das Verständnis der späteren Kapitel zwar nützlich, aber nicht notwendig.

I. Schwingungsdauer eines physischen Pendels. Reduzierte Pendellänge. Die Abb. 136 zeigt uns ein Brett beliebiger Gestalt als Schwerependel aufgehängt. O bezeichnet die Achse, S den Schwerpunkt, s den Abstand beider.

Für die Schwingungsdauer dieses physischen Pendels gilt die für jede Drehschwingung gültige Formel

$$T = 2\pi \sqrt{\frac{\Theta_0}{D^*}}\,. \tag{44}$$

Θ_0 ist das für die Drehachse O geltende Trägheitsmoment. D^* ist wieder das Richtmoment, d. h. das zur Einheit des Winkelausschlages gehörige Drehmoment, also $D^* = \mathfrak{M}/\alpha$. Die Größe des Drehmomentes $\mathfrak{M}$ entnimmt man der Abb. 136:

$$\mathfrak{M} = mgs \sin\alpha\,.$$

Für kleine Winkel α dürfen wir wieder $\sin\alpha = \alpha$ setzen, erhalten also

$$D^* = \mathfrak{M}/\alpha = mgs\,. \tag{48a}$$

Für ein „mathematisches" Schwerependel, d. h. eine punktförmige Masse an einem masselosen Faden, fanden wir auf S. 53

$$T = 2\pi \sqrt{\frac{l}{g}}\,. \tag{15b}$$

Beim physischen Pendel tritt also an die Stelle der Pendellänge l des mathematischen Pendels der Quotient Θ_0/ms. Man nennt ihn die reduzierte Pendellänge. Die reduzierte Pendellänge ist die Länge eines mathematischen Schwerependels von der gleichen Schwingungsdauer wie die des physischen. Wir sehen die reduzierte Pendellänge l in Abb. 136 eingezeichnet. Ihr unterer Endpunkt heißt Schwingungsmittelpunkt M. In ihm könnten wir die gesamte Masse des Pendels konzentrieren, ohne die Schwingungsdauer des Pendels zu ändern.

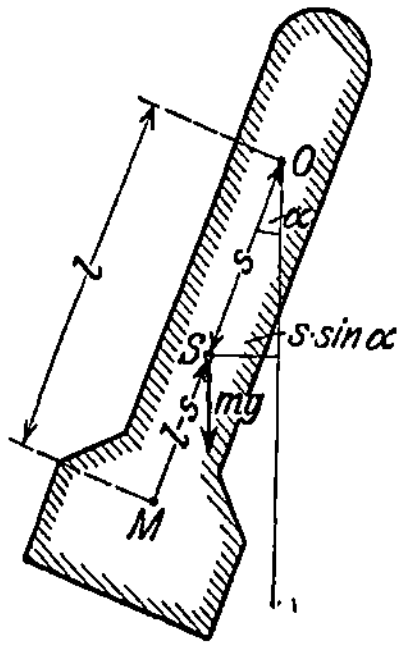

Mittels des STEINERschen Satzes [Gleichung (43) auf S. 80] erhält man für die reduzierte Pendellänge den Ausdruck

$$l = \frac{\Theta_s + ms^2}{ms} = \frac{\Theta_s}{ms} + s\,. \tag{45}$$

Abb. 136. Das physikalische Schwerependel.

Dabei ist Θ_s das Trägheitsmoment für eine durch den Schwerpunkt gehende Achse. Der Wert $(l-s) = \Theta_s/ms$ ist in Abb. 136 eingezeichnet.

Die Berechnung der reduzierten Pendellänge für ein Pendel beliebiger Bauart verlangt die rechnerische oder experimentelle Ermittlung dreier Größen, eines Trägheitsmomentes Θ, einer Masse m und des Abstandes s zwischen Achse und Schwerpunkt. — Dieser umständliche Weg läßt sich durch eine einzige Messung ersetzen. Für sie dient das „Reversionspendel".

II. Das Reversionspendel. „Die Schwingungsdauer eines beliebigen Pendels bleibt ungeändert, wenn man die Achse in den Schwingungsmittelpunkt verlegt." Beweis: Für eine Achse im Schwingungsmittelpunkt M (Abb. 136) haben wir als Schwerpunktsabstand nicht s, sondern $(l-s)$ in Gleichung (45) einzusetzen. Wir erhalten dann als reduzierte Pendellänge für diese neue Achse

$$l' = \frac{\Theta_s}{m\,\dfrac{\Theta_s}{ms}} + \frac{\Theta_s}{ms} = s + \frac{\Theta_s}{ms} = l\,,$$

$$l' = l\,, \quad \text{also auch} \quad T' = T\,.$$

Zur experimentellen Bestimmung der reduzierten Pendellänge gibt man dem Pendel außer der ersten festen eine zweite, in der Pendellängsrichtung verschiebbare Achse. Dadurch wird es zum „Reversionspendel". Man bestimme die Schwingungsdauer T für die erste Achse. Dann stelle man das Pendel auf den Kopf, lasse es um die Achse 2 schwingen und ermittle die Schwingungsdauer T'. Durch Probieren findet man eine Stellung der zweiten Achse, in der $T = T'$ ist. In diesem Falle liegt die zweite Achse im Schwingungsmittelpunkt der ersten. Der Abstand beider Achsen ist die gesuchte reduzierte Pendellänge l.

Das Reversionspendel ist das wichtigste Meßinstrument zur Bestimmung der Erdbeschleunigung g und ihrer lokalen Variationen. Man bestimmt mit dem Reversionspendel l und T und berechnet dann g nach der Formel (15b).

III. Das Ausgleichpendel für Präzisionsuhren. Alle Präzisionsuhren der Astronomen benutzen Schwerependel. Das eigentliche Konstruktionsproblem ist die Konstanthaltung der korrespondierenden Pendellänge

$$l = \frac{\Theta_s}{m\,s} + s\,. \tag{45}$$

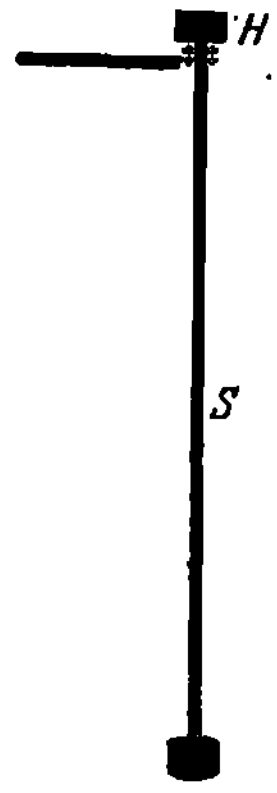

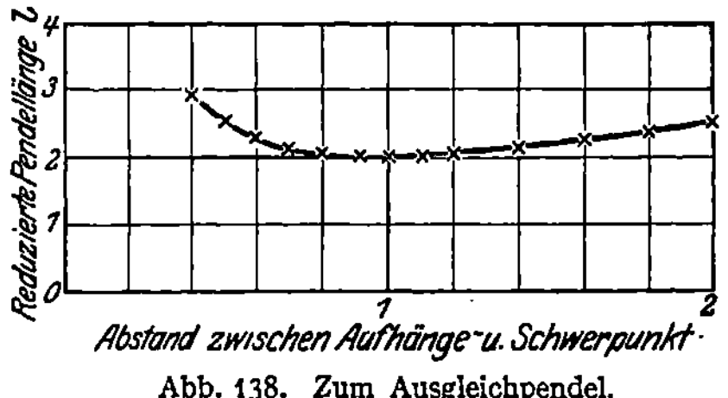

Abb. 137. Ausgleichpendel.

Änderungen von s (Abstand Schwerpunkt-Drehpunkt) durch Temperaturschwankungen sind unschwer zu kompensieren. Die gefährlichsten Änderungen von s entstehen durch die chronische Beanspruchung der zur Aufhängung dienenden Blattfeder. Wird doch diese Blattfeder täglich 43 000 mal hin und hergebogen. Zur Vermeidung dieser Schwierigkeit geht man neuerdings zur Schneidenlagerung über. Gewiß können sich auch Schneiden abnutzen und somit s verändern. Aber bei Schneidenlagerung lassen sich diese Änderungen von s weitgehend durch eine gegenläufige Änderung von Θ_s kompensieren. Diesem Zweck dient eine oberhalb der Schneide angebrachte Hilfsmasse H. So entsteht das in Abb. 137 skizzierte Ausgleichpendel. Beim üblichen Uhrpendel ist s angenähert gleich l, d. h. der Schwerpunkt S des Pendels befindet sich nahe dem unteren Ende der Pendelstange. Beim Ausgleichpendel hingegen wird der Schwerpunkt S angenähert in die Mitte der Pendelstange verlegt. Dadurch wird die korrespondierende Pendellänge dieses Ausgleichpendels von kleinen Änderungen von s unabhängig.

Zum Nachweis dessen stellen wir in Abb. 138 die korrespondierende Pendellänge l in ihrer Abhängigkeit vom Abstande s zwischen Aufhänge- und Schwerpunkt graphisch dar. $\frac{\Theta_s}{m}$ ist willkürlich

Abb. 138. Zum Ausgleichpendel.

$= 1$ gesetzt worden. Für $s = \tfrac{1}{2} l$ zeigt die Kurve ein flaches Minimum. Im Gebiete dieses Minimums sind kleine Änderungen von s ohne Einfluß auf die Größe von l.

Oder in Formelsprache:

$$\frac{dl}{ds} = -\frac{\Theta_s}{m} \cdot \frac{1}{s^2} + 1 = \text{Null gesetzt ergibt } l = 2s = 2\varrho\,. \tag{46}$$

Im Bereich dieses Minimums ändert sich l nur sehr wenig mit s. Die Abb. 137 zeigt einen einfachen Vorführungsapparat. Nützlich ist jedoch außerdem ein praktisches Beispiel.

Das sog. Sekundenpendel macht eine Halbschwingung in einer Sekunde und hat nahezu 1 m Länge. Sein Aufhängepunkt verschiebe sich um 0,1 mm. Beim gewöhnlichen Pendel geht die Uhr dann um 4,3 Sekunden am Tag falsch, beim Ausgleichpendel jedoch nur um 0,0002 Sekunden.

§ 54. Der Drehimpuls (Drall). Bei der fortschreitenden Bewegung war der Impuls als *mu* definiert. Der Impuls war ein Vektor, und für den Impuls eines „Systems" galt ein Erhaltungssatz.

Bei der Drehbewegung tritt an die Stelle der Masse m ein Trägheitsmoment Θ, an die Stelle der Bahngeschwindigkeit u die Winkelgeschwindigkeit ω. Also ist der Impuls einer Drehbewegung, der Drehimpuls,

$$\mathfrak{G}^* = \Theta\omega. \tag{47}$$

(Zeile 8 der Tabelle.)

Auch der Drehimpuls ist ein Vektor, auch für ihn gilt ein Erhaltungssatz. Ist doch der Impulserhaltungssatz nichts anderes als eine quantitative Fassung des Satzes actio = reactio.

Wir bringen, genau wie seinerzeit bei der fortschreitenden Bewegung, einige experimentelle Beispiele zur Einprägung dieser Tatsachen. Als Hilfsmittel tritt an die Stelle des gestreckten Wagens bei der fortschreitenden Bewegung (Abb. 112) ein Drehstuhl. Er kann sich um eine genau lotrechte Achse mit winziger Reibung drehen (Kugellager). Er reagiert also nur auf Impulse mit lotrecht stehendem Vektorpfeil. Von Impulsen mit schrägliegendem Pfeil nimmt er nur die lotrechte Komponente auf.

Abb. 139. Zur Erhaltung des Drehimpulses. (Bei kleinen Beschleunigungen wird man durch Reibung gestört.)

Wir haben uns noch über den Drehsinn der Impulse zu einigen. In den Skizzen soll ein Blick vom Pfeilschwanz zur Spitze eine Drehung im Uhrzeigersinne zeigen. Im Text gelten die Drehsinnangaben für einen von oben blickenden Beobachter.

1. Ein Mann sitzt auf dem ruhenden Drehstuhl. In der linken Hand hält er etwa in Augenhöhe einen ruhenden großen Kreisel mit vertikaler Achse (Fahrradfelge mit Bleieinlage). Der Drehimpuls ist anfänglich Null. Der Mann greift mit der rechten Hand von unten in die Speichen und versetzt den Kreisel in Drehung. Der Kreisel erhält einen Drehimpuls $\Theta_1\omega_1$ gegen den Uhrzeiger. Nach dem Impulserhaltungssatz muß der Mann einen Drehimpuls $\Theta_2\omega_2$ gleicher Größe, aber entgegengesetzten Drehsinnes erhalten. In der Tat beginnt der Mann mit dem Uhrzeiger zu kreisen. Seine Winkelgeschwindigkeit ω_2 ist erheblich kleiner als die des Kreisels, denn sein Trägheitsmoment ist viel größer als das des Kreisels.

2. Der Mann drückt die Felge des laufenden Kreisels gegen seine Brust und bremst den Kreisel. Die Drehung von Kreisel und Mann hören gleichzeitig auf. Es werden wieder beide Impulse gleichzeitig Null.

3. Der Mann hält auf dem ruhenden Drehstuhl den ruhenden Kreisel mit horizontaler Achse. Er versetzt den Kreisel in Drehung, der Impulspfeil des Kreises liegt horizontal. Drehstuhl und Mann bleiben in Ruhe. Denn sie reagieren nicht auf einen Impuls mit horizontalem Pfeil.

4. Der anfänglich ruhende Kreisel wird mit seiner Achse unter 60° gegen die Vertikale geneigt gehalten und dann in Gang gesetzt. Mann und Stuhl beginnen sich zu drehen, jedoch nur mit kleiner Winkelgeschwindigkeit. Sie erhalten nur einen Impuls gleich der vertikalen Komponente des Kreiselimpulses.

5. Wir geben dem ruhenden Mann den laufenden Kreisel in die Hand. Der Kreisel läuft im Uhrzeigersinn. Der Mann bleibt in Ruhe. Wir haben ihm ja den Kreisel mit seinem Drehimpuls geliefert. Nunmehr kippt der Mann die Kreiselachse um 180°. Er nimmt ihr unteres Ende nach oben. Damit ändert er den Drehimpuls von $+\mathfrak{G}^*$ auf $-\mathfrak{G}^*$, insgesamt also um $2\,\mathfrak{G}^*$. Der Mann selbst

rotiert mit dem Drehimpuls $2\,\mathfrak{G}^*$ mit dem Uhrzeiger. Dann kippt der Mann den Kreisel wieder in die Ausgangsstellung und gibt ihn uns zurück. Drehstuhl und Mann sind wieder in Ruhe. — Man kann also eine Zeitlang mit einem geliehenen Impuls spielen und ihn dann wieder abliefern.

6. Der Mann sitzt auf dem ruhenden Drehstuhl. In der Hand hält er einen Hammer (Abb. 140). Der Mann soll sich durch Schwingbewegungen des Hammers in horizontaler Richtung einmal ganz um die vertikale Achse herumdrehen.

Abb. 140. Mit Hilfe eines langen Holzhammers lassen sich Drehimpulse mit verschiedenen Achsenrichtungen erzeugen.

— Während des Schwunges dreht sich der Mann, wenn auch mit kleinerer Winkelgeschwindigkeit als Arm und Hammer. Hammer und Arm können nur um etwa 180° geschwenkt werden. Gleichzeitig mit der Hammerbewegung kommt auch die Körperdrehung zur Ruhe. Denn Mann und Hammer können nur zu gleicher Zeit einen Drehimpuls haben. Für einen zweiten Schwung muß der Mann den Hammer in die Ausgangsstellung zurückbringen. Das kann er auf dem gleichen Wege tun. Aber dann verliert er seinen ganzen zuvorigen Winkelgewinn. Daher muß er zur Wiederholung der Schwungbewegung einen anderen Rückweg wählen. Er muß den Hammer aus der Endstellung in der vertikalen Ebene nach oben führen und dann abermals in einer vertikalen Ebene in die Ausgangsstellung zurückbringen. Auf die Impulse dieser Drehbewegung reagiert der vertikal gelagerte Körper nicht. Von der Ausgangsstellung kann der Versuch wiederholt werden, der Winkelgewinn verdoppelt sich usf. Selbstverständlich lassen sich die drei einzelnen Bewegungen zu einer einzigen Bewegung kombinieren. Man läßt Arm und Hammer einen Kegelmantel umfahren, dessen Achse möglichst wenig gegen die Vertikale geneigt ist.

Abb. 141. Ein um die Vertikale drehbarer Zimmerventilator zur Vorführung des Impulserhaltungssatzes.

7. Die Abb. 141 zeigt uns einen gewöhnlichen elektrischen Zimmerventilator. Sein Stativ ist als vertikale Achse ausgebildet. Außerdem kann die umlaufende Motorachse unter verschiedenen Winkeln α gegen diese vertikale Stativachse eingestellt werden. Der Winkel α sei zunächst 90°. Der Ventilator wird durch Einschalten des Stromes in Gang gesetzt. Er läuft mit dem Uhrzeigersinn. Dabei ist der Blick durch die Flügel auf den Motor gerichtet. Die Stativachse des Motors bleibt in Ruhe. — Dann verkleinern wir α zunächst auf etwa 80°. Die Stativachse beginnt mit kleiner Winkelgeschwindigkeit gegen den Uhrzeiger zu rotieren. — Bei weiterer Verkleinerung des Winkels α, z. B. auf 30°, steigert sich die Winkelgeschwindigkeit.

Deutung: Die Ventilatorflügel treiben die angesaugte Luft nicht nur vorwärts, sondern erteilen ihr auch einen Drehimpuls. Der Ventilator erhält einen Impuls gleicher Größe entgegengesetzten Drehsinnes. Man beobachtet nur die vertikale Komponente dieses Impulses.

8. Wir lassen den Ventilator mit einem Winkel $\alpha = 30°$ laufen und unterbrechen nach einiger Zeit den Strom. Die Flügel kommen allmählich zur Ruhe

Währenddessen verliert das Stativ seine Winkelgeschwindigkeit gegen den Uhrzeigersinn. Erst kommt es zur Ruhe, und dann beginnt es mit dem Uhrzeigersinn zu kreisen.

Deutung: Nach Abschalten des Stromes werden Motorläufer und -flügel allmählich durch die Lagerreibung gebremst. Sie kommen relativ zum Motorgehäuse zur Ruhe. Ihr ganzer Drehimpuls wird bei der Bremsung an das Gehäuse und das Stativ abgegeben. Die vertikale Komponente dieses Drehimpulses wird beobachtet.

Endlich lassen wir mit $\alpha = 100°$ flach schräg nach unten blasen. Die Stativachse läuft von oben gesehen mit dem Uhrzeiger.

9. Wir ersetzen den Drehstuhl durch die große aus Abb. 134 bekannte Drill

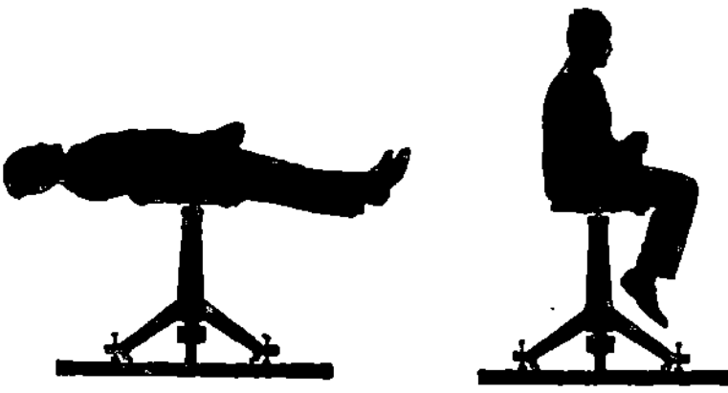

Abb. 142. Zur Technik des Turnens mit Schwüngen.

achse. Auf ihr liegt in gestreckter Stellung ein Mann, sich beiderseits an zwei Handgriffen haltend (Abb. 142). Der Mann wird angestoßen und vollführt Drehschwingungen kleiner Amplitude. Aufgabe: Der Mann soll ohne Hilfe von außen seine Schwingungsamplitude bis zu vollen Kreisschwingungen von $360°$ aufschaukeln. Lösung: Der Mann hat in periodischer Folge sein Trägheitsmoment um die Vertikalachse zu ändern. Beim Passieren der Nullage zieht er die Beine an und richtet den Oberkörper auf. Dadurch verkleinert er sein Trägheitsmoment Θ und vergrößert seine Winkelgeschwindigkeit ω. In der Umkehrstellung streckt er sich wieder und kehrt zum großen Trägheitsmoment zurück. Beim Passieren der Ruhelage wiederholt er das Spiel. In kurzer Zeit vollführt er Drehschwingungen mit $360°$ Amplitude. — Dieser Versuch erläutert vorzüglich die ganze Technik des Reckturnens. Nur ist die Achse der horizontalen Reckstange durch die vertikale Drillachse und das Drehmoment des Gewichtes am Reck durch das Drehmoment der Schneckenfeder an der Drillachse ersetzt. Dadurch erreichen wir den Vorteil eines langsameren zeitlichen Verlaufs und daher leichterer Beobachtung. Der eben gezeigte Versuch war, in die Sprache des Reckturners übersetzt, der Riesenschwung.

Der Turner am Reck weiß sein Trägheitsmoment im richtigen Augenblick auf mancherlei Weise zu verkleinern. Allein beim Riesenschwung sind drei Verfahren üblich: entweder Einknicken der Arme oder Einknicken der Beine oder Spreizen der Beine.

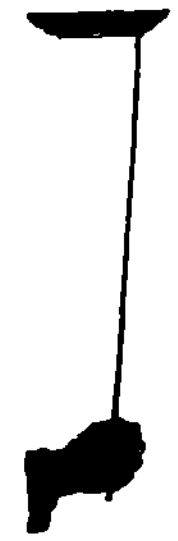

§ 55. Freie Achsen. Bei allen bisher betrachteten Drehbewegungen war die Drehachse des Körpers durch eine wirkliche Achse in Zylinder- oder Schneidenform in Lagern festgelegt. Diese Beschränkung lassen wir jetzt fallen. So gelangen wir zu den Drehbewegungen der Körper um freie Achsen. Zur Erläuterung dieses Wortes bringen wir etliche experimentelle Beispiele.

a) Die Abb. 143 zeigt einen bekannten Zirkusscherz: Ein flacher Teller rotiert oben auf der Spitze eines Bambusstäbchens. Seine Symmetrieachse dient ihm als freie Achse.

Abb. 143. Die Figurenachse eines Tellers als freie Achse.

b) Ein flacher Teller kann, geschickt in Gang gesetzt, auch um einen Durchmesser als freie Achse rotieren (Abb. 144). Diese Tatsache kennt jedes Kind.

c) Wir bringen eine kleine Variante dieser beiden Versuche. Wir hängen an die vertikale Achse eines schnell laufenden Elektromotors einen zylindrischen Stab an seinem einen Ende auf. Als freie Achse kann entweder seine Längsachse dienen oder aber wie in Abb. 145 seine Querachse.

d) Technisch verwertet man freie Achsen als „schwanke" Achsen. In Abb. 146 sehen wir eine Schmirgelscheibe am Ende eines etwa 20 cm langen und nur wenige Millimeter starken Drahtes. Ein Elektromotor läßt diese Scheibe mit einer Drehzahl von etwa 50 sec^{-1} rotieren. Die Scheibe rotiert stabil um die Achse ihres größten Trägheitsmomentes und legt sich federnd gegen das angepreßte Werkstück.

Abb. 144. Tellerdurchmesser als freie Achse.

Allen diesen Beispielen war zweierlei gemeinsam:

1. Die benutzten Körper hatten Rotationssymmetrie. Alle waren sie im Prinzip auf einer Drehbank herstellbar. Bei allen war eine Symmetrie- oder Figurenachse ausgezeichnet.

2. Die eine freie Achse fiel mit der Figurenachse zusammen, die andere stand stets zu ihr senkrecht.

In den jetzt folgenden Versuchen fehlt die Rotationssymmetrie der Körper. Wir nehmen als Beispiel eine flache Zigarrenkiste (vgl. Abb. 147). Ihre drei Flächenpaare sind durch je eine Farbe gekennzeichnet.

e) In die kleinste Seite der Kiste wird eine Öse eingesetzt. An dieser Öse wird der Kasten mittels eines Drahtes ebenso an der Motorachse aufgehängt wie oben in Abb. 145 der zylindrische Stab. Der Versuch zeigt folgendes: Die Mittellinien A und C können als „freie" Achsen dienen, um sie vermag der Körper stabil zu rotieren. Beide freie Achsen stehen wieder

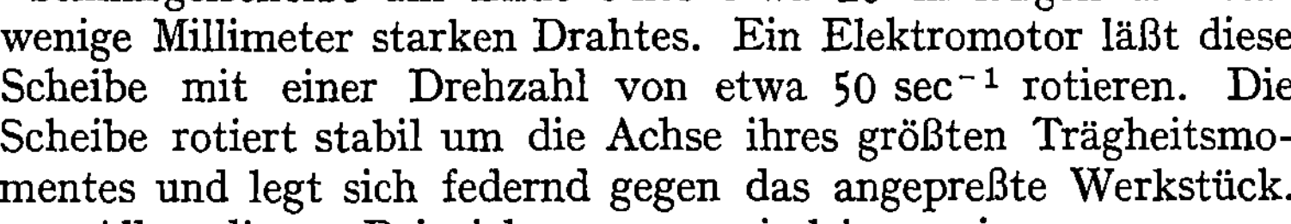

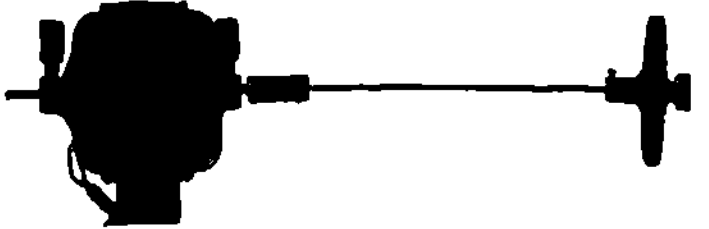

Abb. 146. Schwanke Achse einer Schmirgelscheibe. Achse für praktische Zwecke etwas zu dünn.

Abb. 145. Ein Stab umkreist die Achse seines größten Trägheitsmomentes als freie Achse.

senkrecht zueinander. — Anders die dritte Mittellinie B, die senkrecht zu A und C ebenfalls durch den Schwerpunkt geht. Sie läßt sich in keiner Weise als freie Achse verwenden. Der Körper kehrt stets in eine der beiden stabilen Lagen zurück.

f) Mit dem gleichen Ergebnis wiederholen wir den Versuch in einer Variante. Wir schleudern die Kiste in die Luft, ihr durch geeignete Fingerhaltung (Abb. 148) eine Drehung erteilend. Wieder können A und C als freie Achsen dienen. Dem Beschauer bleibt ein und dieselbe Kistenfläche zugewandt, kenntlich an ihrer Farbe. Drehversuche um die Achse B führen stets zu Torkelbewegungen, der Beschauer sieht wechselnde Farben.

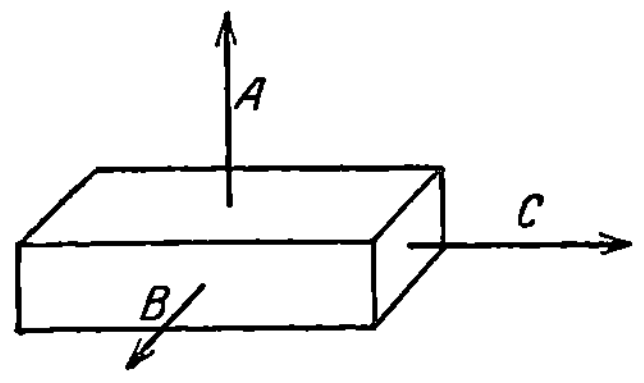

Abb. 147. Die Achse A des größten, B des mittleren und C des kleinsten Trägheitsmomentes einer Kiste.

$\Theta_A = 6{,}5$
$\Theta_B = 5{,}6$ } $\cdot 10^{-3}$ kg-Masse m^2 oder
$\Theta_C = 1{,}4$
$\cdot 10^{-4}$ kg-Kraft sek$^2 \cdot$ m.

Abb. 148. Abschleudern einer Kiste zur Rotation um ihre freie Achse A mit größtem Trägheitsmoment.

Mit diesen oder ähnlichen Versuchen gelangt man zu einer einfachen physikalischen Definition der freien Achsen: Als freie Achse eines Körpers kann die Achse seines größten oder kleinsten Trägheitsmomentes dienen.

Bei den einfach gewählten Beispielen a) bis f) ist das wohl in jedem Einzelfall rein geometrisch evident. In andern Fällen kann man jederzeit die Drillachse (Abb. 126 u. 134) zu Hilfe nehmen und die Trägheitsmomente für die verschiedenen Achsenrichtungen messen. Der Sicherheit halber haben wir derartige

Messungen für unsere flache Zigarrenkiste ausgeführt und die Meßergebnisse in Abb. 147 vermerkt.

§ 56. Freie Achsen bei Mensch und Tier. Freie Achsen setzen keineswegs Rotationssymmetrie des Körpers voraus. Die Körper brauchen nicht auf der Drehbank hergestellt zu sein. Das zeigt uns der Versuch mit der bemalten, flachen Zigarrenkiste. Noch besser zeigt es uns aber die Anwendung der freien Achsen durch Mensch und Tier. Beispiele:

a) **Eine Balletteuse macht eine Pirouette auf** einer Fußspitze. Sie dreht sich dabei um ihre Körperlängsachse. Sie benutzt die Achse ihres **kleinsten** Trägheitsmomentes als **freie** Achse. Um diese dreht sie sich mit großer Winkelgeschwindigkeit ω und dem Drehimpuls $\Theta\omega$. Zum Abstoppen vergrößert sie im gegebenen Augenblick ihr Trägheitsmoment durch Übergang in die Körperstellung b unserer Abb. 135. Dies neue Trägheitsmoment ist rund siebenmal größer als das vorangegangene. Folglich ist ihre Drehgeschwindigkeit auf den dritten Teil verkleinert. Die Fußsohle wird auf den Boden gesetzt, die Drehung gebremst und der Unterstützungspunkt unter den Schwerpunkt gebracht.

Abb. 149. Veränderung des Trägheitsmomentes beim Salto.

b) **Ein Springer macht einen Salto.** Leicht vornübergekrümmt, meist mit erhobenen Händen, erteilt er sich einen Drehimpuls. Die zugehörige Achse ist in Abb. 149a angedeutet. Es ist seine freie Achse **größten** Trägheitsmomentes. Die Winkelgeschwindigkeit ist noch klein. Einen Augenblick später reißt der Springer seinen Körper in die Kauerstellung der Abb. 149b zusammen. Auch für diese Körperstellung bleibt die Achse die seines **größten** Trägheitsmomentes. Aber dies selbst ist rund dreimal kleiner. Folglich ist die Winkelgeschwindigkeit nach dem Impulserhaltungsgesetz auf das Dreifache erhöht. Mit dieser großen Winkelgeschwindigkeit werden ein oder zwei, ja gelegentlich sogar drei ganze Drehungen ausgeführt. Dann vergrößert der Springer im gegebenen Augenblick wieder sein Trägheitsmoment durch Streckung des Körpers. Er landet mit wieder kleiner Winkelgeschwindigkeit auf dem Boden. Die Sprungtechnik guter Zirkuskünstler ist physikalisch recht lehrreich. Zum Springen gehört in erster Linie Mut. Springen ist Nervensache. Für die nötigen Drehungen sorgt schon automatisch der Erhaltungssatz des Drehimpulses.

c) **Eine an den Füßen aufgehängte und dann losgelassene Katze** fällt stets auf ihre Füße. Dabei dreht sich das Tier um seine freie Achse kleinsten Trägheitsmomentes. Es benutzt sie als Ersatz für die durch Lager gehaltene Achse unseres Drehschemels in Abb. 140. Statt des **Hammers** werden die **hinteren Extremitäten** und der Schwanz herumgeschwungen. Der Mensch kann diesen Trick der Katze in **seiner** Art leicht nachmachen. Auch er kann während des Springens Drehbewegungen um seine Achse kleinsten Trägheitsmomentes einleiten. Nur ist das beim Menschen die **vertikale** Körperachse.

§ 57. Definition des Kreisels und seiner drei Achsen. Bei den zuerst von uns betrachteten Drehungen lag die Drehachse im rotierenden Körper fest, und außerdem wurde sie außerhalb des Körpers von Lagern gehalten.

Bei den dann folgenden Drehungen um freie Achsen lag die Drehachse noch immer im rotierenden Körper fest, doch fehlten die Lager.

Im allgemeinsten Fall der Drehung fehlen sowohl die Lager wie eine feste Lage der Drehachse im rotierenden Körper. Die Drehachse geht im rotierenden Körper zwar dauernd durch dessen Schwerpunkt, doch wechselt sie ständig ihre Richtung im Körper.

Die letztgenannte allgemeine Drehung heißt „Kreiselbewegung". Drehungen um freie Achsen oder um gelagerte Achsen sind Sonderfälle dieser allgemeinen Kreiselbewegung.

In ihrer allgemeinsten Form bieten die Kreiselbewegungen die schwierigsten Aufgaben der ganzen Mechanik. Man gelangt selbst mit großem mathematischen Rüstzeug nur zu Näherungslösungen. Doch lassen sich alle wesentlichen Kreiselerscheinungen bereits an dem Sonderfall eines rotationssymmetrischen Kreisels erläutern. Dieser Sonderfall wird durch die Abb. 150 festgelegt. In den dort skizzierten Beispielen ist die Figurenachse stets die Achse des größten Trägheitsmomentes. Es handelt sich im physikalischen Sinne um „abgeplattete" Kreisel oder einfach um „Kreisel" im Sinne des täglichen Sprachgebrauches.

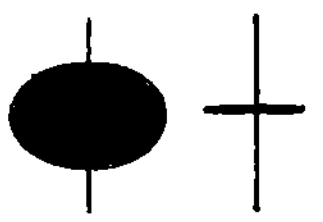

Abb. 150. Zwei „abgeplattete" Kreisel. Die Figurenachse ist die Achse des größten Trägheitsmomentes.

Entscheidend für die Darstellung und das Verständnis aller Kreiselerscheinungen ist die strenge Unterscheidung dreier verschiedener Achsen:

1. Die Figurenachse, also in unsern Kreiseln (Abb. 150) die Achse des größten Trägheitsmomentes. Sie ist ohne weiteres an jedem unserer Kreisel erkennbar.

2. Die momentane Drehachse, die Achse, um die in einem bestimmten Augenblick die Drehung erfolgt. Sie läßt sich durch geeignete Kunstgriffe sichtbar machen.

3. Die Impulsachse, sie liegt zwischen Figuren- und Drehachse in der durch beide festgelegten Ebene. Alle drei Achsen schneiden sich im Schwerpunkt des Kreisels. Die Impulsachse ist die weitaus wichtigste der drei Achsen. Leider ist sie der unmittelbaren Anschauung unzugänglich.

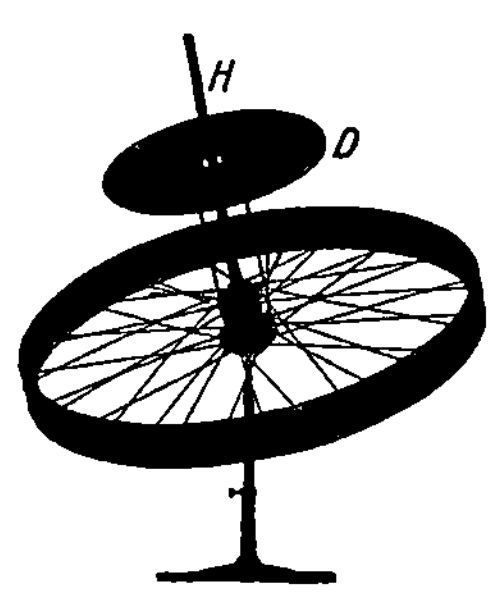

Abb. 151. Kreisel zur Vorführung der momentanen Drehachse (Hinterrad eines Fahrrades mit unten angesetzter zweiter Felge. Dadurch wird eine bequem zugängliche Lage des Schwerpunktes erzielt).

Diese Sätze sind erst einmal experimentell und zeichnerisch zu erläutern. Diesem Zweck dient der in Abb. 151 und 154 dargestellte Kreisel. Er ist in seinem Schwerpunkt mit Spitze und Pfanne gelagert (innerhalb des großen Kugellagers). Er ist daher „kräftefrei" und in jeder Stellung seiner Figurenachse im Gleichgewicht.

Zur Ausführung des Versuchs setzt man den laufenden Kreisel auf die Lagerspitze und gibt der Figurenachse einen seitlichen Stoß. Zur Sichtbarmachung der Momentandrehachse trägt der Kreisel oberhalb des eigentlichen Kreiselkörpers, jedoch starr mit ihm verbunden, eine mit Druckschrift (Zeitungspapier) versehene Pappscheibe D.

Bei der Rotation des Kreisels verschwimmt die Druckschrift zu einem einförmigen Grau. Nur im Durchstoßpunkt der augenblicklichen Drehachse Ω ist die Druckschrift angenähert in Ruhe und gut erkennbar. So markiert sich die Drehachse mit erfreulicher Deutlichkeit. Man sieht die Drehachse im Kreiselkörper herumwandern. Drehachse und Figurenachse umkreisen einander wie ein tanzendes Paar. Dabei beschreibt jede der beiden Achsen für sich einen Kreiskegel um die raumfeste, aber unsichtbare Impulsachse. Diesen Vorgang nennen wir Nutation. Der von der Figurenachse umfahrene Kegel heißt Nutationskegel (Mittellinie = Impulsachse). Die Zahl der Kegelumläufe pro Sekunde heißt Nutationsfrequenz n_N. ω_N ist die Winkelgeschwindigkeit der Nutation.

Näheres über die Nutation bringt der folgende Pragraph. — Hier entnehmen wir dem Experiment lediglich noch eine für später nützliche Feststellung: Die Nutationen klingen in einiger Zeit ab. Das ist eine Folge der unvermeidlichen Lagerreibung, in unserem Beispiel also zwischen Spitze und Pfanne.

§ 58. Die Nutation des kräftefreien Kreisels und sein raumfester Drehimpuls. Die soeben experimentell beobachtete Nutation ist eine unmittelbare Folge des Impulserhaltungssatzes. Man denke sich in Abb. 152 die Zeichenebene durch die Figurenachse A des Kreisels und durch seine augenblickliche Drehachse Ω hindurchgelegt. Um diese augenblickliche Drehachse rotiert der Kreisel mit der Winkelgeschwindigkeit ω, dargestellt durch die Länge des Pfeiles in Richtung der Drehachse Ω. Diese Drehgeschwindigkeit ω können wir in zwei Komponenten ω_1 und ω_2 zerlegen. ω_1 ist die Winkelgeschwindigkeit um die Achse A des größten Trägheitsmomentes Θ_A. — ω_2 ist die Winkelgeschwindigkeit um eine Achse C kleinsten Trägheitsmomentes Θ_C. Der Drehimpuls beträgt demnach $\mathfrak{G}_A^* = \Theta_A \omega_1$ in Richtung der Figurenachse A, $\mathfrak{G}_C^* = \Theta_C \omega_2$ in Richtung der zur Figurenachse senkrechten Achse C.

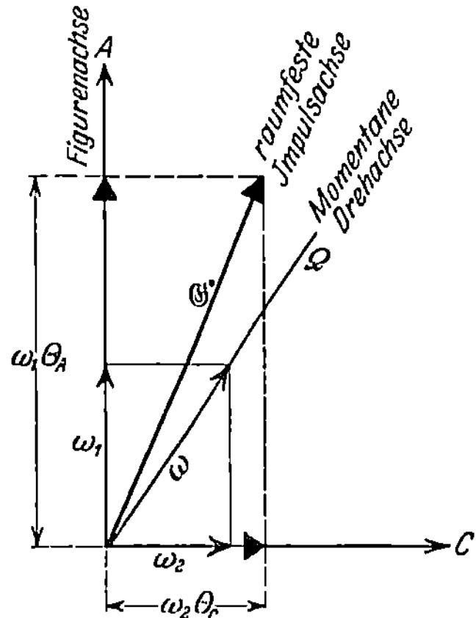

Abb. 152. Die drei Kreiselachsen.

Diese beiden Drehimpulse sind durch Pfeile mit dicken Spitzen eingezeichnet. Sie setzen sich graphisch zu einem resultierenden Drehimpuls zusammen. Dieser Pfeil $\mathfrak{G}^*$ stellt Größe und Richtung des Drehimpulses dar. Die Richtung dieses Drehimpulses, die Impulsachse, liegt also zwischen der Figurenachse A und der augenblicklichen Drehachse Ω in der beiden gemeinsamen Ebene.

Jetzt ist der Kreisel voraussetzungsgemäß „kräftefrei". Er ist in seinem Schwerpunkt auf einer Spitze gelagert. Es wirken keinerlei Drehmomente auf ihn ein. Infolgedessen muß sein Drehimpuls nach Größe und Richtung nach dem Impulserhaltungssatz ungeändert bleiben. Die Impulsachse muß dauernd ein und dieselbe feste Richtung im Raume behalten. Sowohl die Figurenachse A wie die augenblickliche Drehachse Ω müssen die raumfeste Impulsachse umkreisen. Die Figurenachse umfährt einen Kegel. Es ist der uns schon experimentell bekannte Nutationskegel. Seine Entstehung wird durch die Abb. 153 sehr deutlich gemacht. Diese Abbildung stellt die Gesamtheit der zeitlich aufeinanderfolgenden Abb. 152 dar: Die raumfeste Drehimpulsachse ist von einem raumfesten Kegel („Rastpolkegel", „Herpolhodie") umgeben. Ihn umfassend rollt auf diesem raumfesten Kegel („pericykloidisch") ein Hohlkegel ab. Dieser ist starr mit der Figurenachse des Kreisels verbunden zu denken („Gangpolkegel", „Polhodie"). Die jeweilige Berührungslinie dieser Kegel mit gemeinsamer Spitze ergibt die Richtung der momentanen Drehachse Ω.

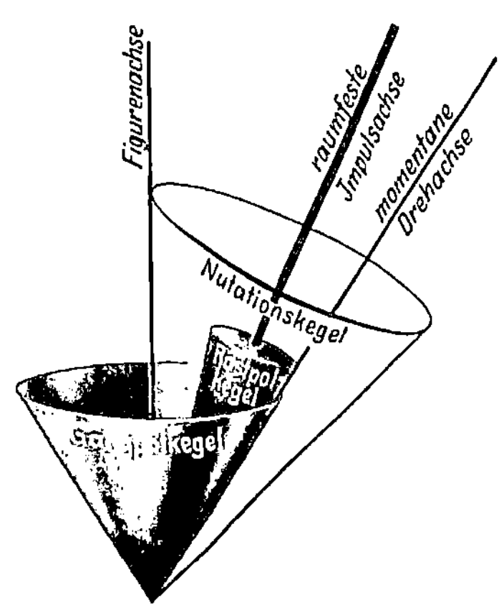

Abb. 153. Der Nutationskegel.

Auf den Inhalt dieses Paragraphen muß man etwas Mühe verwenden. Es lohnt aber. Das Wort Nutation kommt sehr häufig in neuzeitlichen physikalischen und technischen Arbeiten vor. Man muß mit ihm einen Sinn verbinden können. „Die unsichtbare Drehimpulsachse, nicht die grob sichtbare Figurenachse ist für die Kreiselbewegungen entscheidend." In diesem Satz ist die Hauptsache enthalten.

In Sonderfällen kann die Impulsachse eines Kreisels mit seiner Figurenachse zusammenfallen:

1. Der flache Kreisel entartet zu einem Kugelkreisel.

2. Die Drehachse eines flachen Kreisels wird in seine Figurenachse gelegt. Diesen zweiten Fall können wir auf verschiedene Weise verwirklichen. Dann zeigt sich die auch dem Laien geläufige Erscheinung des kräftefreien Kreisels: Die Figurenachse bleibt raumfest stehen. Beispiele:

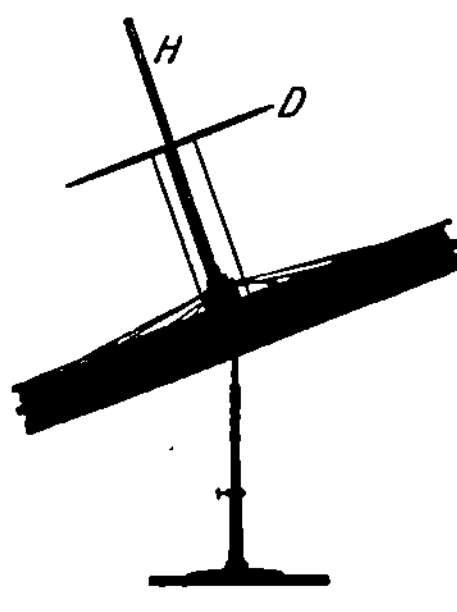

Abb. 154. Kräftefreier Kreisel mit raumfester Figurenachse.

a) Man setzt den rotierenden Kreisel in Abb. 154 recht behutsam auf sein Spitzenlager im Schwerpunkt. Man vermeidet beim Aufsetzen jeden seitlichen Stoß gegen die Kreiselachse. Die Kreiselachse bleibt wirklich längere Zeit raumfest stehen.

b) Man schleudert eine Diskusscheibe, sie durch die bekannte Handbewegung als Kreisel in Drehung versetzend. Die Richtung der Figurenachse bleibt als Impulsachse $\mathfrak{G}^*$ raumfest (Abb. 155). Der Diskus fliegt auf dem absteigenden Ast seiner Bahnkurve wie die Tragfläche eines Flug-zeuges mit festem Anstellwinkel α durch die Luft. Dabei erfährt der Diskus den Auftrieb eines Flügels (S. 158).

Er sinkt langsamer zu Boden als ein Stein und fliegt daher weiter, als der punktierten Wurfparabel entspricht. — Selbstverständlich ist das Wort „kräftefrei" in diesem Fall nur im Sinne einer Näherung anwendbar. Denn die anströmende Luft läßt in Wirklichkeit ein kleines Drehmoment auf den Kreisel wirken.

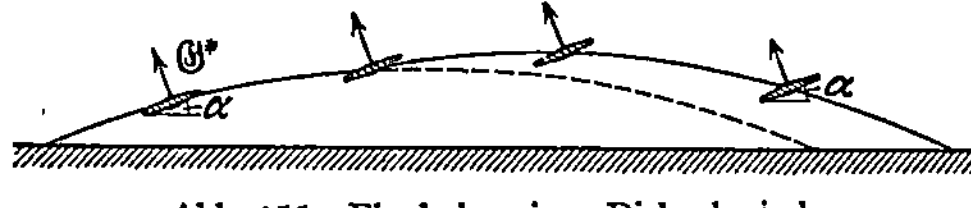

Abb. 155.   Flugbahn eines Diskuskreisels.

c) Der Diabolokreisel gemäß Abb. 156. Er behält auch bei großer Wurfhöhe eine feste Richtung seiner Figurenachse bei.

Abb. 156. Dia-bolo-Spiel-kreisel.

§ 59. Die Präzession der Drehimpulsachse.

Ohne Einwirkung äußerer Drehmomente bleibt die unsichtbare Impulsachse, nicht die sichtbare Figurenachse, raumfest. Die sichtbare Figurenachse umkreist die Impulsachse auf dem Mantel eines Kegels, genannt Nutationskegel. Nur in Sonderfällen fallen Drehimpulsachse und Figurenachse zusammen. In diesen Sonderfällen bleibt ausnahmsweise die Figurenachse raumfest. — Das war der Inhalt des vorigen Paragraphen.

In diesem Paragraphen wird nun der Einfluß äußerer Drehmomente auf den Kreisel behandelt. Wir nehmen der Übersichtlichkeit halber das allgemeine Ergebnis vorweg.

Äußere Drehmomente veranlassen eine Präzessionsbewegung der Drehimpulsachse. Die Drehimpulsachse bleibt nicht mehr raumfest. Sie beginnt ihrerseits, einen im Raum festen Präzessionskegel zu umfahren. Dabei bleibt die Drehimpulsachse nach wie vor die Mittellinie des Nutationskegels. Der Kreisel ist nunmehr durch drei Kreisfrequenzen oder Winkelgeschwindigkeiten gekennzeichnet:

1. seine Winkelgeschwindigkeit ω um die Figurenachse;

2. die Winkelgeschwindigkeit ω_N der Figurenachse beim Umfahren der Drehimpulsachse auf dem Nutationskegel;

3. die Winkelgeschwindigkeit ω_P der Impulsachse beim Umfahren des raumfesten Präzessionskegels.

Die hier vorweggenommenen Tatsachen werden in diesem und den beiden folgenden Paragraphen durch geeignete Versuche belegt.

Kreiselbewegungen mit gleichzeitiger Nutation und Präzession zeigen recht verwickelte Bilder. Darum muß man für Vorführungszwecke eine möglichst weitgehende Trennung von Nutation und Präzession erstreben. Zu diesem Zweck beginnt man in der Regel mit einem nutationsfreien Kreisel. Man nimmt also einen Kreisel, bei dem ausnahmsweise Impuls- und Figurenachse zusammenfallen.

Die Abb. 157 zeigt einen Kreisel mit horizontaler Achse. Der Kreiselträger ist im Schwerpunkt des ganzen Systems auf einer Spitze gelagert. Es wirkt zunächst keinerlei Drehmoment auf den Kreisel. Die Figurenachse bleibt raumfest stehen. Auf diesen ruhenden Kreisel soll jetzt ein Drehmoment $\mathfrak{M}$ wirken. Dies Drehmoment soll eine zur Figurenachse senkrechte Achse haben. Zu diesem Zweck wird beispielsweise ein Gewichtstück an den Kreiselträger gehängt. Der Pfeil des Drehmomentes $\mathfrak{M}$ steht im Unterstützungspunkt senkrecht auf den Beschauer zu gerichtet. Es erteilt dem Kreisel einen kleinen Impuls $d\mathfrak{G}^*$. Wir könnten ihn nach Belieben durch einen senkrecht zur Figurenachse ansetzenden Pfeil einzeichnen. Bei ruhendem Kreisel gilt quantitativ nach S. 79:

Abb. 157. Kippung eines ruhenden Kreisels unter der Einwirkung eines Drehmomentes.

$$\frac{d^2\beta}{dt^2} = \frac{\mathfrak{M}}{\Theta_s}. \tag{48}$$

Dabei ist Θ_s das Trägheitsmoment des ganzen Apparates, bezogen auf den Schwerpunkt S. β ist der Kippwinkel in der vertikalen durch die Kreiselachse gehenden Ebene. Bei ruhendem Kreisel (Abb. 157) sinkt also das linke Ende des Kreiselträgers mit der Winkelbeschleunigung $\mathfrak{M}/\Theta_s$ nach unten. Bei laufendem Kreisel passiert aber etwas ganz anderes: Der Kreisel zeigt kleine Nutationen. Diese beachten wir nicht. Denn außerdem geschieht etwas viel Auffallenderes: Die Kreiselachse beginnt sich in der Horizontalen mit konstanter Winkelgeschwindigkeit ω_p zu drehen: „Die Achse des Kreisels folgt dem Drehmoment nicht, sondern weicht ihm rechtwinklig aus." Das ist die Präzession des Kreisels, beschrieben unter Vernachlässigung gleichzeitiger Nutationen.

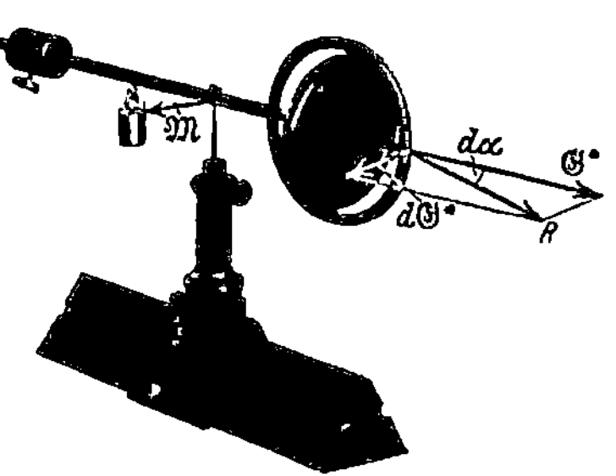

Abb. 158. Präzession eines rotierenden Kreisels unter Einwirkung eines Drehmomentes.

Die Entstehung dieser überraschenden Präzessionsbewegung ist leicht verständlich zu machen. Bei laufendem Kreisel findet der vom Moment $\mathfrak{M}$ geschaffene Impuls $d\mathfrak{G}^*$ bereits den großen Impuls $\mathfrak{G}^* = \Theta\omega$ des laufenden Kreiselkörpers vor (Abb. 158). Er setzt sich mit diesem zu dem neuen auf den Punkt R hinweisenden Drehimpuls zusammen[1]. Die Kreiselachse dreht sich nicht in der Vertikalen, sondern in der horizontalen Ebene in der Zeit dt um den Winkel $d\alpha$. Dabei gilt nach S. 79

$$\mathfrak{M} = \frac{d\mathfrak{G}^*}{dt}. \tag{49}$$

Der im Zeitabschnitt dt entstandene Zusatzimpuls $d\mathfrak{G}^*$ hat nur die Richtung,

---

[1] Anschaulicher wird der Vorgang der Kreiselpräzession bei einer Darstellung mit Corioliskräften, vgl. S. 107.

nicht aber die Größe von $\mathfrak{G}^*$ geändert. Es gilt nach der Abb. 158 $d\mathfrak{G}^* = \mathfrak{G}^* d\alpha$

$$\mathfrak{M} = \mathfrak{G}^* \frac{d\alpha}{dt},$$

$$\mathfrak{M} = \mathfrak{G}^* \omega_P, \tag{50}$$

$$\omega_P = \frac{\mathfrak{M}}{\Theta \omega}.$$

(Z. B. Drehmoment $\mathfrak{M}$ in Großdyn $\cdot$ m, Θ in kg-Masse $\cdot$ m² oder $\mathfrak{M}$ in kg-Kraftmeter und Θ in kg-Kraft $\cdot$ sec² $\cdot$ m.)

Die Winkelgeschwindigkeit der Präzession ω_P ist dem wirkenden Drehmoment $\mathfrak{M}$ direkt, dem vorhandenen Kreiseldrehimpuls $\mathfrak{G}^* = \Theta \omega$ umgekehrt proportional.

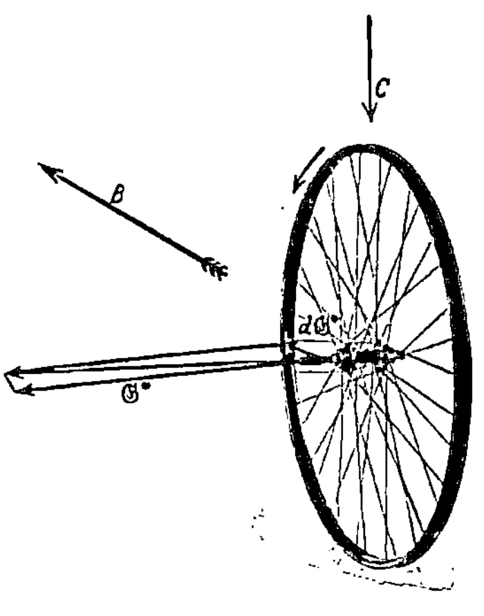

Abb. 159. Zum Freihändigfahren mit dem Fahrrad.

Diese Aussage wird vom Experiment bestätigt. Eine Vergrößerung des Drehmomentes in Abb. 158 (größeres Gewichtstück) erhöht die Winkelgeschwindigkeit ω_P der Präzession.

Diese primitive Darstellung der Präzession hat die Nutation außer acht gelassen. Sie genügt aber schon zum Verständnis mancher praktischer Anwendungen der Präzession. Wir beschränken uns auf drei Beispiele.

a) Das Freihändigfahren mit dem Fahrrad. Die Abb. 159 zeigt uns das Vorderrad eines Fahrrades. Der Fahrer kippe ein wenig nach rechts. Dadurch erfährt die Achse des Vorderrades ein Drehmoment um die horizontale Fahrtrichtung B. Gleichzeitig macht das Vorderrad als Kreisel eine Präzessionsbewegung um die Vertikale C und läuft in einer Rechtskurve. Die Verbindungslinie zwischen den Berührungspunkten von Vorder- und Hinterrad mit dem Boden gelangt wieder unter den Schwerpunkt des Fahrers. Somit ist der Unterstützungspunkt wieder unter den Schwerpunkt gebracht. — Die Vorzeichen aller Drehungen und Impulse sind in die Abb. 159 eingezeichnet.

Das Freihändigfahren setzt eine bestimmte Minimalgeschwindigkeit voraus, sonst reicht die erforderliche Präzessionsgeschwindigkeit des Vorderrades nicht aus und die Bahnkrümmung wird zu gering.

Abb. 160. Ein Fahrradmodell wird durch Anpressen an eine Scheibe auf der Achse eines Elektromotors in Gang gesetzt.

Sehr anschaulich ist ein Vorführungsversuch mit einem kleinen Fahrradmodell. Man bringt seine Räder durch kurzes Andrücken gegen eine laufende Kreisscheibe (Abb. 160) auf hohe Drehzahl und stellt dann die Fahrradlängsachse frei in der Luft horizontal. Um diese Längsachse kippt man das Fahrrad vorsichtig. Eine Rechtskippung läßt das Vorderrad prompt in eine Rechtskurvenstellung übergehen und umgekehrt. Auf den Boden gesetzt läuft das kleine Modell einwandfrei auf gerader Bahn davon. Der Fahrer ist ganz entbehrlich. Seine Leistung beim Freihändigfahren ist eine recht bescheidene. Er hat nur zu lernen, die automatisch erfolgenden Präzessionsbewegungen des Vorderrades nicht zu stören. — Der Spielreifen der Kinder benutzt ersichtlich die gleichen physikalischen Vorgänge.

b) Der Bierfilz als Diskus. Man schleudere einen fast waagerecht gehaltenen Bierfilz mit der rechten Hand etwas schräg nach oben. Dann fliegt der

Bierfilz nur anfänglich wie ein guter Diskus als „Tragfläche" dahin (Abb. 155). Bald vergrößert sich der Anstellwinkel seiner Scheibe: Die zunächst nur flach ansteigende Flugbahn geht steil in die Höhe. Gleichzeitig bäumt sich der Bierfilz mit seiner rechten Seite auf, er fliegt nach rechts und verliert beim starken Steigen seine ganze Bahngeschwindigkeit. Vom Gipfel der Bahn fällt er jäh herab.

Deutung: Der Drehimpuls des Bierfilzes ist viel kleiner als der der schweren Diskusscheibe mit hohem Trägheitsmoment. Das von der anströmenden Luft auf die Kreiselscheibe ausgeübte Drehmoment ruft eine große Präzession der Kreiselachse hervor und durch sie wird der Anstellwinkel vergrößert und verdreht.

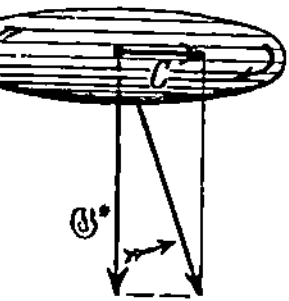

Abb. 161. Bierfilz als Diskus. Mit der rechten Hand geworfen.

Eine nichtrotierende Scheibe würde durch das Drehmoment mit dem Vorderende hochgekippt (vgl. S. 152). Die anströmende Luft erteilt der Scheibe also einen Drehimpuls in Richtung der Achse C quer zur Flugbahn. Beim rotierenden Bierfilz ist schon vorher der Drehimpuls $\mathfrak{G}^*$ vorhanden. Beide Impulse addieren sich und die Figurenachse des Bierfilzes macht die durch die krummen gefiederten Pfeile angedeutete Präzessionsbewegung.

c) Der Bumerang (Rückkehrkeule). Man kann das Trägheitmoment des Bierfilzes vergrößern und die störende Präzession vermindern, ohne das Gewicht des Bierfilzes und seinen Tragflächenauftrieb zu verändern. Man muß nur den Hauptteil der Masse in den Rand der Scheibe verlegen, den Rand des Bierfilzes also auf Kosten der Mitte verstärken.

Man nehme einen Pappring von ca. 20 cm Durchmesser und 4 × 20 mm Profil und überklebe die Oberfläche mit einem Blatt Schreibpapier.

Solch Bierfilz mit vergrößertem Trägheitsmoment vollführt nach Gleichung (50) nur noch eine kleine Kreiselpräzession. Auch er steigt mit zunehmender Steilheit und verliert dabei seine Bahngeschwindigkeit, hat aber am Gipfel der Bahn noch einen brauchbaren Anstellwinkel. Mit diesem kehrt er, ständig weiter rotierend, im Gleitflug zum Werfenden zurück: Er zeigt die typische Eigenschaft des als Bumerang bekannten Sportgerätes. Die herkömmliche Hakenform dieses Wurfgeschosses ist also für die Rückkehr durchaus nicht wesentlich.

Allerdings ist eine Kreisscheibe keine gute Tragfläche. Eine längliche recht eckige Scheibe mit schwacher Rückenwölbung ist eine erheblich bessere Tragfläche und ein schon recht guter Bumerang (dabei ein nicht rotationssymmetrischer Kreisel). Für Vorführungszwecke nehme man einen Kartonstreifen von ca. 2,5 × 12 cm Größe und 0,5 mm Dicke.

Kleine Bumerange schleudert man nicht aus freier Hand. Man legt sie auf ein etwas schräg gehaltenes Buch, läßt ein Ende überstehen und schlägt gegen dies Ende parallel der Buchkante mit einem Stab. Durch kleine Seitenkippungen dieser Abflugrampe kann man nach Belieben links oder rechts durchlaufene Bahnen erzeugen oder auch den Hin- und Rückweg praktisch in die gleiche vertikale Ebene verlegen. Man kann das Geschoß mehrfach um die Vertikale des Ausgangspunktes hin und her pendeln lassen usf. Durch Übergang zur Hakenform und propellerartiges Verdrillen der Schenkel kann man die Flugbahn noch weiter umgestalten („Schraubenflug" vgl. Abb. 274) und die Zahl der netten Spielereien erheblich vergrößern.

d) Der Kollergang ist eine viel benutzte, schon den Römern bekannte Bauart für Mühlen. Er verwertet die Kreiselpräzession zur Erhöhung des Mahldruckes. Die Abb. 162 zeigt ein Versuchsmodell. Die horizontalen Achsen AA der beiden Mühlsteine werden von einer gemeinsamen vertikalen Mittelachse C angetrieben. Die Gelenkverbindungen mit der Mittelachse ermöglichen Kippungen der Achsen AA in der allen drei Achsen gemeinsamen vertikalen Ebene. Während des Umlaufes bildet jeder der beiden Mühlsteine einen Kreisel. Beide Kreisel müssen während des Umlaufes fortgesetzt ihre Achsenrichtung ändern. Ihnen wird eine Präzessionsbewegung mit der Winkelgeschwindigkeit ω_p aufgezwungen. Eine solche Präzession verlangt ein zu den Kreiselachsen senkrechtes Drehmoment:

$$\mathfrak{M} = \omega_p \cdot \Theta\omega .$$

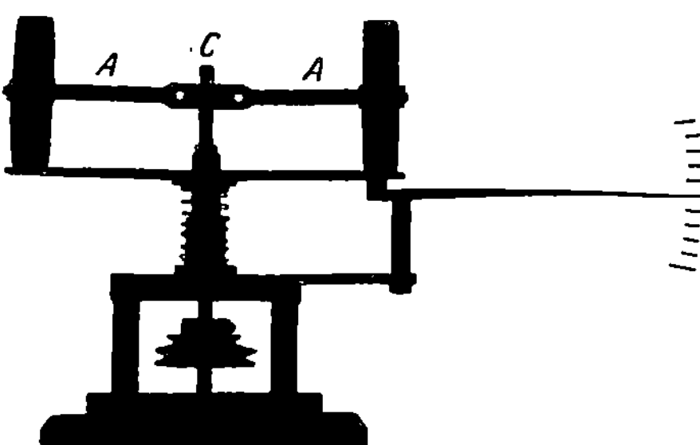

Abb. 162. Vorführungsmodell eines Kollerganges.

Θ = Trägheitsmoment des Mühlsteines, nach Gleichung (39) zu berechnen. ω = Winkelgeschwindigkeit des Mühlsteines um die Achse A; $\mathfrak{M}$ z. B. in Großdynmeter, falls Θ in kg-Masse · m^2 gemessen.

Dies Drehmoment $\mathfrak{M}$ muß die Mühlsteine gegen den Mahltisch pressen und zu erhöhtem Mahldruck führen. In unserem Vorführungsmodell wird der Mahltisch von einer Schraubenfeder getragen. Die Zunahme ihrer Stauchung macht die Steigerung des Mahldruckes durch die erzwungene Kreiselpräzession weithin sichtbar.

„Drehmomente erzeugen eine Präzessionsbewegung der Kreiselimpulsachse. Präzessionen einer Kreiselimpulsachse setzen die Existenz eines Drehmomentes voraus." Das war der Inhalt obiger Ausführungen.

Unter geeigneten Versuchsbedingungen führt die Präzession der Kreiselimpulsachse unter Einwirkung eines Drehmomentes zu einem wohl ausgebildeten Präzessionskegel. Beispiele:

1. Das Kreiselpendel. Ein Kreisel ist gemäß Abb. 163 stabil, aber allseitig schwenkbar aufgehängt („Cardan-Gelenk"). Er ist aus einer Fahrradfelge (evtl. mit Bleieinlage) hergestellt. Außerhalb der Vertikalen wirkt auf ihn das Moment $\mathfrak{M}$, herrührend von dem Gewicht mg, angreifend an den Hebelarm r. Sein Vektor ist eingezeichnet, ebenfalls der durch das Drehmoment erzeugte Zusatzimpuls $d\mathfrak{G}^*$. In der gezeichneten Stellung losgelassen, beginnt der Kreisel einen wohl ausgebildeten Präzessionskegel mit einer relativ geringen Winkelgeschwindigkeit zu umfahren. Gleichzeitig zeigt er stets kleine Nutationen. Die untere Spitze der Kreiselfigurenachse zeichnet keinen glatten Kreis, sondern einen Kreis mit Wellenlinien (Abb. 164a). Je größer der Impuls des Kreisels, desto kleiner die Nutation. Die Nutation kann praktisch unmerklich werden. Dann nennt man die Präzession pseudoregulär. Der Gegensatz der pseudoregulären Präzession ist die echte reguläre Präzession. Bei dieser letzteren unterdrückt man die kleine Nutation, die das äußere Drehmoment auslöst. Das geschieht durch bestimmte Anfangsbedingungen. Man erteilt dem Kreisel im Augenblick des Loslassens durch einen Stoß eine Nutation gerade entgegengesetzt gleicher Größe, wie sie das Drehmoment allein erzeugen würde. Der Stoß muß in Richtung des Pfeiles $d\mathfrak{G}^*$ erfolgen. Seine richtige Größe findet man leicht durch Probieren. Eine Berechnung führt hier zu weit.

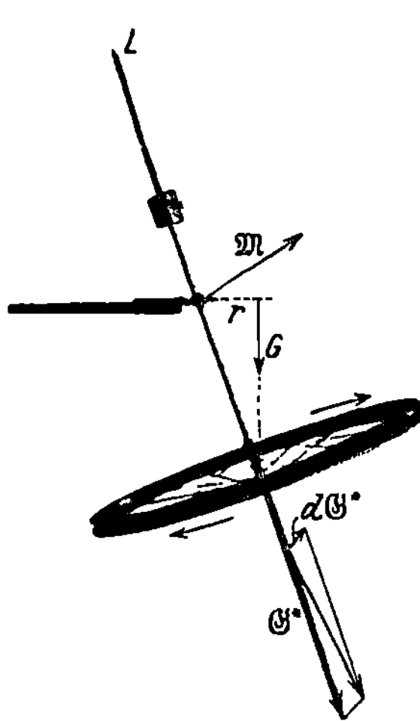

Abb. 163. Pendelnd aufgehängter Kreisel (3 Freiheitsgrade). Am oberen Ende ein kleines Glühlämpchen zur photographischen Aufnahme der in Abb. 164 folgenden Bilder.

Statt dessen wollen wir durch Verkleinerungen des Kreiselimpulses, d. h. praktisch Verminderung der Winkelgeschwindigkeit um die Figurenachse, die Nutation mehr und mehr hervortreten lassen. Die Spitze der Figurenachse beschreibt Bahnen, wie sie in Abb. 164b u. c photographiert sind. — Durch geeignete Anfangsbedingungen läßt sich sogar die Präzession ganz unterdrücken.

Dann verbleiben trotz des Drehmomentes nur Nutationen, aber auch das führt im einzelnen zu weit.

2. Der Tanzkreisel der Kinder. Er ist genau so wie das Kreiselpendel zu behandeln. Nur ist seine Aufstellung in der Ruhelage labil. Für die Kreiselerscheinungen ist das unerheblich.

Der Kinderkreisel zeigt jedoch außer dem bekannten, von Nutationen überlagerten Präzessionskegel noch eine besondere Eigentümlichkeit: Auf glatter

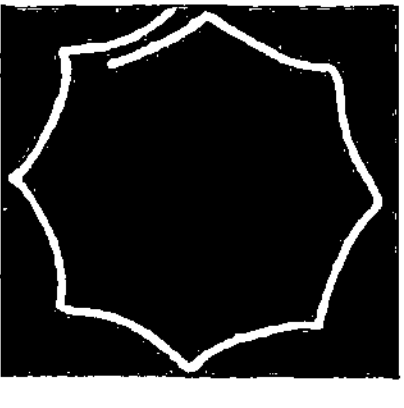  

a   b   c

Abb. 164. a Kleine Nutation eines aufgehangten Kreisels. Annäherung an die pseudo-reguläre Präzession. b und c Zunahme der Nutation mit abnehmendem Drehimpuls des Kreisels. Photographische Positive.

Bahn richtet er sich langsam auf. Er legt sich jedoch hin, sobald seine Spitze in ein Loch gerät. — Für die Deutung reicht wieder die einfache Präzessionsregel [Gleichung (50)] aus.

Fall 1. Die Abb. 165 zeigt einen Kinderkreisel auf glatter Fläche, die Abb. 166 darunter eine Hand. Die Hand hält ein stark vergrößertes Modell der halbkugelförmigen Kreiselspitze auf dem Tisch. Die Hand dreht das Modell im Drehsinn der Kreiselachse. Dabei rollt die auf dem Tisch reibende Kreiselspitze der Hand bzw. dem Kreiselschwerpunkt voraus. Es entsteht ein Drehmoment im Sinne des Pfeiles $\mathfrak{M}$ und ein Zusatzimpuls $d\mathfrak{G}^*$. Die Addition beider Impulse gibt eine Näherung der Impulsachse an die Vertikale.

Fall 2. Beim Anlaufen gegen ein Hindernis wird die Kreiselspitze zurückgehalten, der Kreiselschwerpunkt jedoch rückt noch fort. Es gibt ein Drehmoment $\mathfrak{M}$ mit senkrecht nach oben gerichtetem Vektorpfeil. Eine Kreiselspitze in einem Loch kann man mit einer solchen vergleichen, die ständig gegen ein Hindernis anläuft. Also legt sich der Kreisel.

Abb. 165.

Abb. 166.

Abb. 165 u. 166. Zur Aufrichtung des Kreisels durch Reibung.

3. Die Erde als Kreisel. Ein sehr berühmtes Beispiel einer Präzessionsbewegung bietet unsere Erde. Die Erde ist keine Kugel, sondern ein wenig abgeplattet. Der Durchmesser des Äquators ist um ca. $^1/_{300}$ größer als die Figurenachse der Erde, die Verbindungslinie von Nord- und Südpol. Man kann sich im groben Bilde auf die streng kugelförmige Erde längs des Äquators einen Wulst aufgesetzt denken. Die Anziehung dieses Wulstes durch Sonne und Mond erzeugt ein Drehmoment auf den Erdkreisel. Die Figurenachse NS beschreibt einenPräzessionskegel von $23^1/_2°$ halber Öffnung. Er wird in ca. 26000 Jahren einmal umfahren. Gleichzeitig erzeugt das Drehmoment winzige Nutationen. Infolgedessen weicht in jedem Augenblick die Drehachse ein wenig von der Figurenachse NS der Erde ab. Doch sind die Durchstoßpunkte beider Achsen an der Erdoberfläche nur um ca. 10 m voneinander entfernt.

Diesen winzigen Nutationen im physikalischen und technischen Sinne überlagern sich Nutationen im Sinne der Astronomen. Das sind im physikalischen und technischen Sinne erzwungene Schwingungen der Drehachse
der Erde (§ 107). Sie rühren von den periodischen Schwankungen des wirksamen
Drehmomentes her. Denn dies muß je nach der wechselnden Stellung von Mond
und Sonne am Himmel relativ zur Erde verschieden sein.

4. **Drehimpuls der Geschosse.** Abb. 167. Mit Langgeschossen kann man bei
gleichem Kaliber größere Massen verschießen als bei den früheren Kugelgeschossen. Doch
verlangen Langgeschosse besondere Vorsichtsmaßnahmen gegen Überschlagen. Man muß
die Längsachse des Geschosses nach Möglichkeit der jeweiligen Bahntangente parallel und
dadurch den Luftwiderstand klein halten. Für diesen Zweck gibt man dem Geschoß entweder Pfeilform und große Länge (z. B. bei Mienenwerfern), oder erteilt dem Geschoß eine

Abb. 167. Langsame Kreiselpräzession einer Granate.

Rotation um seine Längsachse
(„gezogener Lauf"). Das rotierende Geschoß ist ein Kreisel, und
als solcher vollführt es unter dem
Einfluß des Luftwiderstandes eine
Präzessionsbewegung. Die Präzession beginnt etwa in dem durch
die Pfeile markierten Punkt. Dort

trifft der Luftwiderstand das Geschoß ein wenig unterhalb seiner Spitze. Dadurch entsteht ein Drehmoment. Sein Pfeil steht senkrecht zur Papierebene. Das Drehmoment ist
nicht konstant, denn die Bahntangente ändert ständig ihre Neigung. Infolgedessen entsteht kein einfacher Präzessionskegel, die Geschoßspitze durchläuft keinen Kreis, sondern
Zykloidenbogen. Bei Rechtsdrall liegt die Geschoßspitze der Reihe nach rechts und oberhalb, rechts und seitlich, rechts und unterhalb der Bahntangente, und endlich wiederum
in der Tangente. Bei einem deutschen Feldgeschütz wiederholt sich das Spiel von neuem
nach je etwa 1 Sekunde, also in einer gegen die Flugdauer (ca. 20 Sekunden) kleinen Zeit.
Die Geschoßspitze entfernt sich nie erheblich von der Bahntangente und das Geschoß erreicht sein Ziel mit der Spitze voran. Allerdings ist eine Seitenabweichung mit in den
Kauf zu nehmen. Bei Rechtsdrall ist es eine Abweichung nach rechts. Denn das in Präzession begriffene Geschoß wird auf dem absteigenden Bahnast dauernd auf seiner linken
Flanke vom Luftwiderstand getroffen.

§ 60. Kreisel mit nur zwei Freiheitsgraden. Alle unsere bisher betrachteten
Kreisel hatten drei Freiheitsgrade. Ihre Achsen konnten jede beliebige Richtung im
Raume einnehmen. Höchstens war ein begrenzter Raumwinkelbereich
durch zufällige äußerliche Hindernisse konstruktiver Art versperrt.

Im Gegensatz hierzu betrachten wir jetzt einen Kreisel mit
nur zwei Freiheitsgraden. Die Abb. 168 zeigt ein Beispiel. Ein
Fahrradkreisel ist als Schwerependel um die festgelagerte horizontale Achse A drehbar aufgehängt.

Dies Pendel zeigt uns beim Lauf und bei Ruhe des Kreisels
die gleiche Schwingungsdauer. Beim Bewegen des Pendels in
seiner Schwingungsebene fühlt unsere Hand nicht das
geringste vom Lauf des Kreisels. Trotzdem soll man ein
solches „linear polarisiert schwingendes Kreiselpendel" höchst behutsam behandeln: Schwingungen des Kreisels in der vorgeschriebenen Ebene bedeuten erzwungene Präzessionen oder Richtungsänderungen der Impulsachse. Präzessionen gibt es nach Gleichung

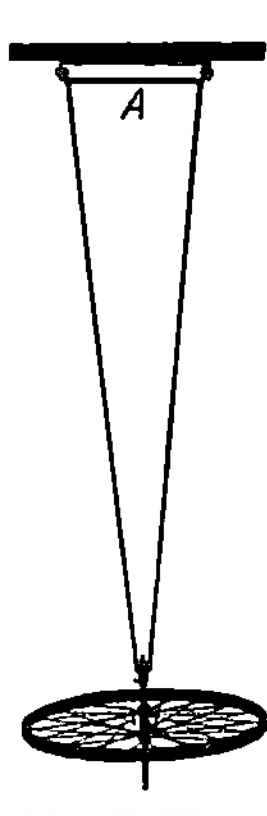

Abb. 168. Ein um
die Achse A an
einem Eisenrah-
men pendelnd auf-
gehängter Kreisel.
Zwei Freiheits-
grade.

(50), S. 94, nie ohne Drehmomente. Diese Drehmomente aber
werden in den Pendellagern der Achse A sowie in den Lagern
der Kreiselfigurenachse aufgenommen. Sie können unter Umständen Lager und Zapfen zerstören. Man lasse sich ja nicht dadurch täuschen, daß sich Lauf und Präzession des Kreisels in Rich-

tung der vorgeschriebenen Schwingungsebene gar nicht bemerkbar machen.

Diese von den Pendellagern aufgenommenen Drehmomente wollen wir mit
einem drastischen Versuche vorführen. Die Abb. 169 zeigt uns eine in Kugel-

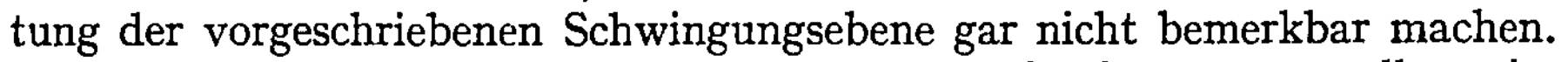

lagern KK gelagerte Reckstange. Sie trägt oben einen Motorkreisel und einen Sitz. Der Kreisel kann in einem u-förmigen Rahmen R in der Längsrichtung dieser Stange pendeln. Die Lager sind durch einen weißen Kreis markiert, und der Rahmen ist starr mit der Reckstange verbunden. Auf den Sitz setzt sich ein Mann. Der Schwerpunkt des ganzen Systems (Stange, Kreisel, Mann) liegt weit oberhalb der Stange, das System ist völlig labil. Es kippt beispielsweise nach rechts. Diese Kippung übt ein Drehmoment auf die Kreiselachse aus. Der Kreisel antwortet mit einer Präzession: Gesetzt, er läuft von oben be-

Abb. 169. Stabilisierung mittels negativ gedämpfter Kreiselpräzessionsschwingungen (Einschienenbahn). Zwischen Kreisel und Brust ein Schutzblech, rechts unterhalb des Kreisels eine Ausgleichmasse.

trachtet gegen den Uhrzeiger. In diesem Fall entfernt sich das obere Ende des Kreisels vom Mann. Darauf drückt der Mann das obere Kreiselende noch etwas weiter von sich weg. Dabei spürt er praktisch nicht mehr als beim ruhenden Kreisel. Trotzdem tritt durch diese Präzession ein großes Drehmoment auf. Es wirkt auf die Pendellager und somit auf die Stange. Die Stange kehrt in ihre Ausgangslage zurück. Bei einer anfänglichen Linkskippung verläuft alles ebenso mit umgekehrtem Drehsinn. Die obere Kreiselachse nähert sich dem Mann. Der Mann zieht sie noch ein wenig mehr an sich heran usf. Auf diese Weise kann man mühelos balancieren. Der Kreisel pendelt mit kleinen Amplituden in seiner durch die Lager vorgeschriebenen Pendelebene. Der Mann hat lediglich für „negative Dämpfung" dieser Kreiselpräzessionsschwingungen zu sorgen. D. h. er hat die jeweils vorhandene Amplitude zu vergrößern.

Erstaunlich rasch lernt unser Organismus diese „negative Dämpfung" rein reflektorisch ausüben. Bei geeigneter Wahl der Kreiselabmessungen bleibt zum Nachdenken keine Zeit. Aber das Muskelgefühl erfaßt die physikalische Situation sehr rasch. Nach wenigen Minuten fühlt man sich auf dieser kopflastigen Reckstange ebenso sicher wie ein gewandter Radfahrer auf seinem Rade.

Chinesische Seiltänzerinnen haben dies Hilfsmittel negativ gedämpfter Kreiselschwingungen schon seit langem empirisch herausgefunden. Sie benutzen als Kreisel einen von den Fingern in lebhafte Drehung versetzten Schirm. Sie halten die Schirmstange angenähert parallel dem Seil und balancieren durch kleine Kippungen der Kreiselachse. — Meist allerdings arbeiten die Seiltänzer nur mit der Fallschirmwirkung ruhender Schirme.

In großem Maßstab hat man den Pendelkreisel mit zwei Freiheitsgraden und negativer Dämpfung zur Konstruktion einer „Einschienenbahn" zu benutzen gesucht. Die Bewegung des Armmuskels wird durch eine geeignete Hilfsmaschine ersetzt, die mit der Kippung des Wagens nach links oder rechts ihre Bewegungsrichtung wechselt.

Kreisel mit nur einem Freiheitsgrad lassen sich bequemer nach den Methoden der folgenden Kapitel behandeln.

VIII. Beschleunigte Bezugssysteme.

§ 61. Vorbemerkung. Trägheitskräfte. Bislang haben wir die physikalischen Vorgänge vom Standpunkt des festen Erd- oder Hörsaalbodens aus betrachtet. Unser Bezugssystem war die als starr und ruhend angenommene Erde. Gelegentliche Ausnahmen sind wohl stets deutlich als solche gekennzeichnet worden.

Der Übergang zu einem anderen Bezugssystem kann in Sonderfällen belanglos sein. In diesen Sonderfällen muß sich das neue Bezugssystem gegenüber dem Erdboden mit konstanter Geschwindigkeit bewegen. Seine Geschwindigkeit darf sich weder nach Größe noch nach Richtung ändern. Experimentell finden wir diese Bedingung gelegentlich bei einem sehr „ruhig" fahrenden Fahrzeug verwirklicht, etwa einem Dampfer oder einem Eisenbahnwagen. In diesen Fällen „spüren" wir im Innern des Fahrzeuges nichts von der Bewegung unseres Bezugssystems. Alle Vorgänge spielen sich im Fahrzeug genau so ab wie im ruhenden Hörsaal. Aber das sind ganz selten verwirklichte Ausnahmefälle.

Im allgemeinen sind Fahrzeuge aller Art „beschleunigte" Bezugssysteme: Ihre Geschwindigkeit ändert sich nach Größe und Richtung. Diese Beschleunigung des Bezugssystems führt zu tiefgreifenden Änderungen im Ablauf unserer physikalischen Beobachtung. Unser Beobachtungsstandpunkt im beschleunigten Bezugssystem verlangt zur einfachen Darstellung des physikalischen Geschehens neue Begriffe. Für den beschleunigten Beobachter treten neue Kräfte auf. Ihr Sammelname ist „Trägheitskräfte". Einzelne von ihnen haben außerdem noch Sondernamen (Zentrifugalkraft, Corioliskraft) erhalten. Die Darstellung dieser Trägheitskräfte[1] bildet den Inhalt dieses Kapitels.

Wir haben in unserer Darstellung durchweg zwei Grenzfälle der Beschleunigung auseinandergehalten: reine Bahnbeschleunigung und reine Radialbeschleunigung, Änderung der Geschwindigkeit nur nach Größe oder nur nach Richtung. In entsprechender Weise wollen wir auch jetzt beschleunigte Bezugssysteme mit reiner Bahnbeschleunigung und beschleunigte Bezugssysteme mit reiner Radialbeschleunigung getrennt als zwei Grenzfälle behandeln.

Bezugssysteme mit reiner Bahnbeschleunigung begegnen uns zwar häufig. Man denke an Fahrzeuge aller Art beim Anfahren und Bremsen auf gerader Bahn. Aber die Zeitdauer dieser Beschleunigung ist im allgemeinen gering, die Größe der Beschleunigung höchstens für wenige Sekunden konstant. Wir können diesen Grenzfall daher verhältnismäßig kurz abtun. Das geschieht in § 62.

Ganz anders die Bezugssysteme mit reiner Radialbeschleunigung. Jedes Karussell mit konstanter Winkelgeschwindigkeit ω läßt die Radialbeschleunigung beliebig lange Zeit konstant erhalten. Vor allem aber ist unsere Erde selbst ein großes Karussell. Daher haben wir das Karussellsystem mit Gründlichkeit zu studieren. Das geschieht in allen übrigen Paragraphen dieses Kapitels.

---

[1] Wir vermeiden das Wort „Trägheitswiderstand". Es ist doppeldeutig. Es bezeichnet sowohl eine Trägheitskraft für einen beschleunigten wie eine Gegenkraft (L in Abb. 45 und 46) für einen ruhenden Beobachter. Unzulässigerweise wird es fast stets ohne Angabe des benutzten Bezugssystems angewandt. Dieser Umstand sowie seine Doppeldeutigkeit hat zu vielen unfruchtbaren Erörterungen Anlaß gegeben.

Zur Erleichterung der Darstellung werden wir uns im folgenden eines Kunstgriffes bedienen: Wir werden den Text in zwei senkrechte Parallelspalten teilen. In der linken Spalte wird der Vorgang kurz in unserer bisherigen Weise vom ruhenden Bezugssystem des Erd- oder Hörsaalbodens aus dargestellt. In der rechten Spalte steht daneben die Darstellung vom Standpunkt des beschleunigten Beobachters. Beide Beobachter stellen den Beschleunigungssatz $K = mb$ als Grundsatz an die Spitze ihrer Darstellung.

§ 62. Bezugssystem mit reiner Bahnbeschleunigung. Wir bringen Beispiele:

1. Der eine Beobachter sitzt fest auf einem Wagen, und vor ihm liegt eine Kugel auf einer reibungsfreien Tischplatte (Abb. 170). Durch diese soll die Schwere ausgeschaltet werden. Tisch und Stuhl sind auf den Wagen aufgeschraubt. Der Wagen wird in seiner Längsrichtung nach links beschleunigt (Fußtritt!). Dabei nähern sich die Kugel und der Mann auf dem Wagen einander.

Abb. 170.

Jetzt ergeben sich folgende zwei Darstellungsmöglichkeiten. In beiden gelten die Angaben links und rechts für den Leser.

Ruhender Beobachter:

Die Kugel bleibt in Ruhe. Es greift keine Kraft an ihr an, denn sie ist reibungslos gelagert. Hingegen werden der Wagen und der auf ihm sitzende Mann nach links beschleunigt. Der Mann nähert sich der Kugel.

Beschleunigter Beobachter:

Die Kugel bewegt sich beschleunigt nach rechts. Folglich greift an ihr eine nach rechts gerichtete Kraft an. Sie erhält den Namen „Trägheitskraft".

Bei der Wahl dieses Namens hat man ein Wissen des Beobachters um die eigene Beschleunigung vorausgesetzt. Ein farbloserer Name oder eine eigene Wortbildung, analog dem Wort „Gewicht", wäre zweckmäßiger gewesen.

2. Der Beobachter auf dem Wagen hält die Kugel unter Zwischenschaltung eines Kraftmessers fest (Abb. 171). Der Wagen wird wieder nach links beschleunigt. Während der Beschleunigung spürt der Beobachter auf dem Wagen in seinen Hand- und Armmuskeln ein Kraftgefühl. Der Kraftmesser zeigt den Ausschlag K.

Abb. 171.

Die Kugel wird nach links beschleunigt. Es greift an ihr eine nach links drückende Kraft K an. Für die Größe der Beschleunigung gilt $b = K/m$.

Die Kugel bleibt in Ruhe. Sie wird nicht beschleunigt. Also ist die Summe der beiden an ihr angreifenden Kräfte gleich Null. Die nach rechts ziehende Trägheitskraft und die nach links drückende Muskelkraft sind einander entgegengesetzt gleich. Ihre Größe ist am Kraftmesser abzulesen. Man findet $K = mb$.

Abb. 172.

3. Der Wagen wird nach links beschleunigt. Der auf dem Wagen stehende eine Beobachter muß während des Anfahrens die in Abb. 172 skizzierte Schrägstellung einnehmen. Andernfalls fällt er hintenüber.

In der nun folgenden Darstellung beider Beobachter gelten die Angaben links und rechts wieder für den Leser.

Ruhender Beobachter:

Der Schwerpunkt des Mannes muß in gleicher Größe und Richtung wie der Wagen beschleunigt werden. Den zur Beschleunigung des Schwerpunktes erforderlichen nach links gerichteten Kraftpfeil K erzeugt der Mann mit Hilfe seines Gewichtes. Zu diesem Zweck neigt er sich schräg vorn über.

Beschleunigter Beobachter:

Der Schwerpunkt des Mannes muß in Ruhe bleiben. Dazu muß die Richtung der am Schwerpunkt angreifenden Kraft durch den Unterstützungspunkt (Füße) hindurchgehen. Diese Kraft ist

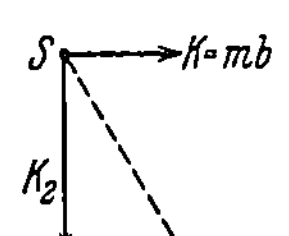

schräg nach unten rechts gerichtet. Denn sie setzt sich aus zwei am Schwerpunkt S des Menschen angreifenden Kräften zusammen: dem vertikal nach unten gerichteten Gewicht K_2 und der horizontal nach rechts gerichteten Trägheitskraft $K = mb$.

4. Der eine Beobachter befindet sich in einem Fahrstuhl. Vor ihm steht auf einem Tisch eine Federwaage mit einer aufgelegten Masse m. Der Ausschlag der Waage zeigt das Gewicht K_2. Dann beginnt der Fahrstuhl eine beschleunigte Abwärtsbewegung. Die Waage zeigt nunmehr den kleineren Ausschlag K_1.

Die Masse wird abwärts beschleunigt. Es wirken zwei Kräfte ungleicher Größe und Richtung auf sie ein. Das Gewicht K_2 zieht die Masse nach unten, die Federkraft K_1 drückt sie nach oben. Wirksam bleibt die Differenz $K_2 - K_1$. Sie erteilt der Masse die Beschleunigung $b = (K_2 - K_1)/m$.

Die Masse ruht. Der Ausschlag der Waage ist um den Betrag $(K_2 - K_1)$ verringert. Folglich muß dem abwärts gerichteten Gewicht K_2 eine nach oben gerichtete Trägheitskraft $(K_2 - K_1) = mb$ entgegenwirken.

Abb. 173.

5. Der eine Beobachter springt mit der Federwaage in der Hand von einem hohen Tisch zur Erde. Oben auf der Federwaage steht eine Masse (Gewichtstück). Unmittelbar nach dem Absprung geht der Ausschlag der Waage vom Werte K_2 auf Null zurück (Abb. 173).

Die Masse fällt ebenso schnell wie der Mann. Sie fällt mit der Erdbeschleunigung $g = K_2/m$ zu Boden. Als einzige Kraft greift an ihr das nach unten ziehende Gewicht K_2 an. Die Muskelkraft drückt nicht mehr nach oben.

Die Masse ruht. Die Summe der an ihr angreifenden Kräfte ist Null. Das nach unten ziehende Gewicht K_2 und die nach oben ziehende Trägheitskraft sind einander entgegengesetzt gleich. Der Absolutwert beider Kräfte ist mg.

Mit diesen Beispielen dürfte der Sinn des Wortes Trägheitskraft zur Genüge erläutert sein. Die Trägheitskraft existiert nur für einen beschleunigten Beobachter. Der Beobachter muß — zum mindesten in Gedanken! — an der Beschleunigung seines Bezugssystems teilnehmen. Die Trägheitskraft ermöglicht es dem beschleunigten Beobachter, am Beschleunigungssatz $b = K/m$ als oberstem Grundsatz seiner Mechanik festzuhalten.

§ 63. Bezugssystem mit reiner Radialbeschleunigung. Zentrifugal- und Corioliskraft.

1. Der eine Beobachter sitzt auf einem rotierenden Drehstuhl mit vertikaler Achse und großem Trägheitsmoment (Abb. 174, vgl. auch Abb. 182). Vorn trägt der Drehstuhl eine horizontale glatte Tischplatte. Auf diese legt der auf dem Stuhl sitzende Beobachter eine Kugel (Abb. 174). Sie fliegt ihm von der Platte nach außen herunter.

Abb. 174.

Ruhender Beobachter:

Die Kugel wird nicht beschleunigt. Es wirkt auf sie keine Kraft. Folglich kann sie nicht an der Kreisbahn teilnehmen. Sie fliegt tangential mit der konstanten Geschwindigkeit $u = \omega r$ ab (ω = Winkelgeschwindigkeit des Drehstuhls, r = Abstand der Kugel von der Drehachse im Moment des Hinlegens).

Beschleunigter Beobachter:

Die hingelegte Kugel entfernt sich beschleunigt aus ihrer Ruhelage. Sie entfernt sich dabei vom Drehzentrum der Tischfläche. Folglich greift an der ruhig daliegenden Kugel eine Trägheitskraft an. Sie erhält den Sondernamen Zentrifugalkraft. Ihre Größe ist $K = m\omega^2 r$.

2. Der Beobachter auf dem Drehstuhl schaltet zwischen die Kugel und seine Handmuskeln einen Kraftmesser ein. Die horizontale Längsachse dieses Kraftmessers ist auf die Achse des Drehstuhles hin gerichtet. Der Kraftmesser zeigt während der Drehung des Stuhles eine Kraft $K = m\omega^2 r$ an.

Die Kugel bewegt sich auf einer Kreisbahn vom Radius r, sie wird beschleunigt. Das verlangt eine radial auf die Drehachse hin gerichtete, an der Kugel angreifende Kraft $K = m\omega^2 r$ („Radialkraft").

Die Kugel bleibt in Ruhe. Sie wird nicht beschleunigt. Folglich ist die Summe der beiden an ihr angreifenden Kräfte Null. Die radial nach außen ziehende Zentrifugalkraft und die radial nach innen ziehende Muskelkraft sind einander entgegengesetzt gleich. Der Absolutwert beider ist $= m\omega^2 r$.

3. Der Beobachter auf dem Drehstuhl hängt vor sich über seinem Tisch ein Schwerependel auf, etwa eine Kugel an einem Faden. Dies Pendel stellt sich nicht lotrecht (vertikal) ein (Abb. 175). Es weicht in der durch Radius und Drehachse festgelegten Ebene um den Winkel α nach außen hin von der Vertikalen ab. Der Winkel α wächst mit steigender Drehzahl des Stuhles.

Abb. 175.

Die Pendelkugel bewegt sich auf einer Kreisbahn vom Radius r, sie

Die Pendelkugel ruht, das Schwerependel befindet sich in seiner

Ruhender Beobachter:	Beschleunigter Beobachter:

wird beschleunigt. Dazu ist eine horizontal zur Drehachse hin gerichtete Radialkraft $K = m\omega^2 \cdot r$ erforderlich. Sie wird vom Gewicht im Verein mit der elastischen Kraft des gespannten Fadens geliefert.

Ruhestellung. Folglich muß der Pendelfaden F die Richtung der an der Pendelkugel angreifenden Kraft haben.

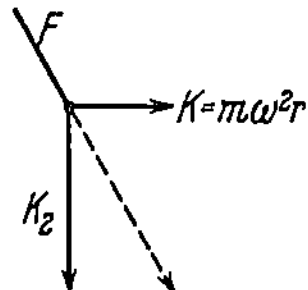

Diese Kraft ist schräg nach unten außen gerichtet. Sie setzt sich aus zwei an der Pendelkugel angreifenden Kräften zusammen: dem vertikal nach unten gerichteten Gewicht K_2 und der horizontal nach außen gerichteten Zentrifugalkraft $K = m\omega^2 r$.

4. In den bisherigen Versuchen galt die Beobachtung einem auf dem Drehstuhl ruhenden Körper. Es kam nur darauf an, ob der Körper aus dieser Ruhelage fortbeschleunigt wurde oder nicht. Jetzt soll ein auf dem Drehstuhl bewegter Körper Gegenstand der Beobachtung werden, und zwar ein Geschoß. Zu diesem Zwecke befestigen wir auf dem Tisch des Drehstuhles ein kleines horizontal gerichtetes Geschütz. Seine Längsrichtung kann mit seiner Verbindungslinie zur Drehachse einen beliebigen Winkel α einschließen. Das Geschütz ist auf eine Scheibe im Abstand A vor seiner Mündung gerichtet und zielt auf einen Punkt a. Die Scheibe

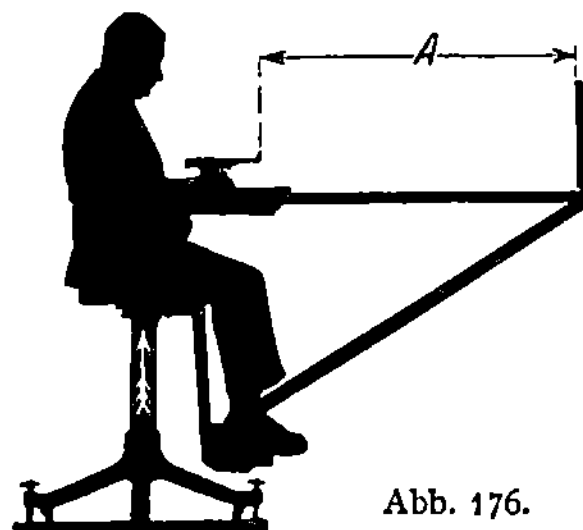

Abb. 176.

nimmt, durch Stangen gehalten, an der Drehung des Drehstuhles teil (Abb. 176). Zunächst wird bei ruhendem Drehstuhl ein Geschoß abgefeuert und seine Einschlagstelle a, also das Ziel, bestimmt. Alsdann wird der Drehstuhl mit der Winkelgeschwindigkeit ω in Drehung versetzt. Der Drehstuhl soll von nun an immer von oben gesehen gegen den Uhrzeiger kreisen. Nunmehr wird der zweite Schuß abgefeuert. Seine Einschlagstelle b ist gegen das Ziel um s cm nach rechts versetzt.

Zahlenbeispiel: Eine Drehung in 2 Sekunden. Geschoßgeschwindigkeit $u = 60$ m/sec (Luftpistole). Scheibenabstand $A = 1,2$ m, Rechtsabweichung $s = 0,075$ m $= 7,5$ cm.

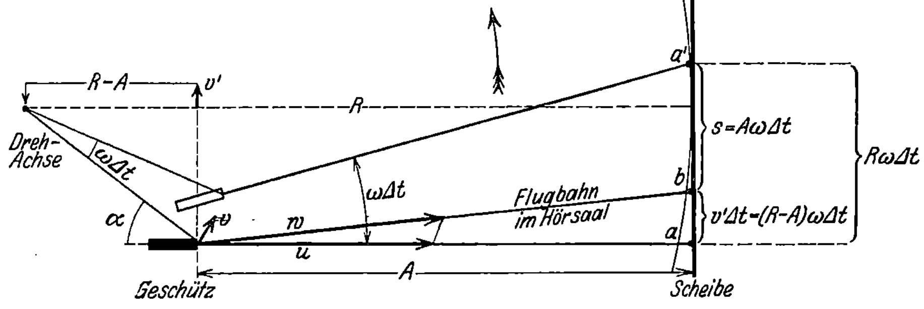

Abb. 177. v' ist die der Scheibe parallele Komponente der Geschoßgeschwindigkeit w. v ist die Geschwindigkeit der Geschützmündung. Der Deutlichkeit halber ist der Winkel $\omega\varDelta t$ zu groß gezeichnet worden. Dadurch entsteht ein Schönheitsfehler. Die Visierlinie scheint bei a' nicht mehr senkrecht auf die Scheibe zu treffen.

Bei ruhendem Drehstuhl trifft das Geschoß das anvisierte Ziel a. Beim	Während des Fluges wird das Geschoß quer zu seiner Bahn beschleunigt.

Ruhender Beobachter:

Stoppen des Drehstuhls unmittelbar nach dem Abschuß liegt die Einschlagstelle b links vom Ziel. Denn in diesem Fall hat sich die Geschwindigkeit v der Geschützmündung zur Geschwindigkeit u des Geschosses addiert. Infolgedessen ist das Geschoß in Richtung w durch den Hörsaal geflogen.

Im tatsächlich vorgeführten Versuch rotiert der Drehstuhl auch nach dem Abschuß weiter. Das Geschoß hingegen fliegt nach Verlassen der Mündung kräftefrei auf gerader Bahn in Richtung w durch den Hörsaal. Folglich dreht sich die Visierlinie gegenüber der Flugbahn. Am Schluß der Flugzeit Δt liegt das anvisierte Ziel bei a'. Also ist die Einschlagstelle b auf der Scheibe jetzt gegenüber dem Ziel um die Strecke s nach rechts versetzt. Wir entnehmen der Abb. 177 die Beziehung

$$s = A\omega\Delta t$$

Für beide Flugwege (also in Richtung u und w) ist die Flugzeit des Geschosses bis zur Scheibe die gleiche, nämlich

$$\Delta t = A/u.$$

Folglich

$$s = \omega u (\Delta t)^2 \qquad (51)$$

Beschleunigter Beobachter:

Seine Bahn wird nach rechts gekrümmt. Innerhalb der Flugzeit Δt wird das Geschoß um den Weg $s = \tfrac{1}{2}b(\Delta t)^2$ nach rechts abgelenkt. s ist nach der nebenstehenden Angabe des ruhenden Beobachters $= \omega u (\Delta t)^2$. Folglich ist die beobachtete Beschleunigung $b = 2\omega u$. Sie soll nach ihrem Entdecker Coriolisbeschleunigung heißen. Keine Beschleunigung b ohne Kraft $K = mb$. Folglich wirkt auf das bewegte Geschoß quer zu seiner Bahn eine Corioliskraft

$$K = m \cdot 2\omega u. \qquad (52)$$

Oder allgemein: Ein Bezugssystem rotiere mit der Winkelgeschwindigkeit ω. Innerhalb dieses Systems bewege sich ein Körper mit einer zur Drehachse senkrechten Bahngeschwindigkeitskomponente u. Dann wirkt auf den bewegten Körper quer zu seiner Bahn eine Corioliskraft $K = 2mu\omega$. Die Corioliskraft ist also eine auf einen bewegten Körper wirkende Trägheitskraft. Sie steht senkrecht auf den Pfeilen der Winkelgeschwindigkeit und der Bahngeschwindigkeit.

Die von beiden Beobachtern anerkannte Gleichung $s = A \cdot \omega \Delta t = A^2 \cdot \omega/u$ gibt eine sehr einfache Methode zur Messung einer Geschoßgeschwindigkeit.

5. Das vorige Beispiel hat uns die seitliche Ablenkung eines im beschleunigten Bezugssystem bewegten Körpers nur für eine einzige Anfangsrichtung seiner Bahn gezeigt. Der Betrag der Ablenkung sollte von der gewählten Anfangsrichtung (Geschützrichtung) unabhängig sein. Aber das wurde absichtlich nicht vorgeführt. Denn es läßt sich mit einer kleinen experimentellen Abänderung viel schneller und einfacher machen: Man ersetzt das Geschoß durch den Körper eines Schwerependels. Das Pendel ist in der uns geläufigen Weise über dem Tisch des Drehstuhles aufgehängt.

Abb. 178.

Zur Erleichterung der Beobachtung soll der bewegte Pendelkörper selbst seine Bahn aufzeichnen. Zu diesem Zweck wird in den Pendelkörper ein kleines Tintenfaß eingebaut. Es hat am Boden eine feine Ausflußdüse. Auf dem Tisch des Drehstuhls wird ein Bogen weißen Fließpapiers ausgespannt. Der Beobachter auf dem Drehstuhl hält zunächst den Pendelkörper fest und die Düse zu (Abb. 178). Dabei ist der Pendelfaden in einer beliebigen Vertikalebene aus seiner Ruhelage herausgekippt. Losgelassen schwingt das Pendel mit langsam abnehmender Amplitude

um seine **nicht** lotrechte Ruhelage (Abb. 175!). Dabei zeichnet es in fort-
laufendem Kurvenzug die in Abb. 179a wiedergegebene Rosettenbahn.

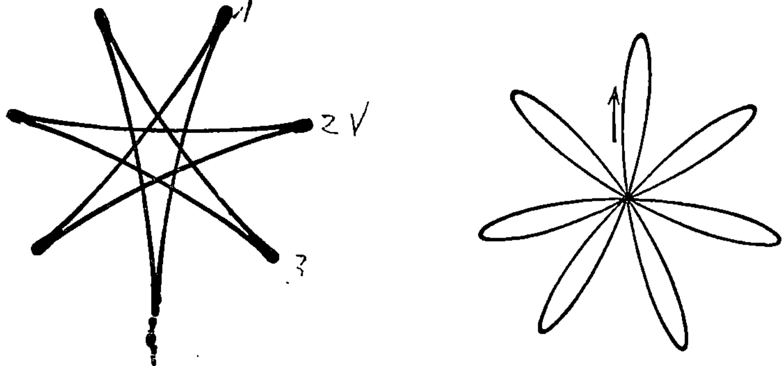

Abb. 179a.   Abb. 179b.

Abb. 179a u. b.   Rosettenbahnen eines Pendels auf einem Karussell. In Abb. 179a ist das Pendel oberhalb der Tinten-
kleckse in der Stellung seines Maximalausschlages losgelassen worden und zunächst nach rechts gelaufen. Der Endpunkt der Rosette fällt zufällig mit der Ausgangsstellung zusammen. In Abb. 179b ist das Pendel aus seiner Ruhestellung herausgestoßen worden.

Nunmehr kommen die beiden Beobachter zu Worte:

Ruhender Beobachter:

Das Pendel schwingt um seine
Ruhelage andauernd parallel zu einer
raumfesten Vertikalebene. Es schwingt
„linear polarisiert". Es fehlen Kräfte,
die den Pendelkörper quer zu seiner
Bahn ablenken könnten. Die Papierebene dreht sich unter dem schwingenden Pendel.

Die Abweichung der Pendelruhe-
lage von der Vertikalen ist bereits oben
unter 3 erklärt worden.

(Bei der Vorführung gebe man dem
Drehstuhl nur eine kleine Winkelgeschwindigkeit ω. Andernfalls vermag das Auge
die Lage der Pendelschwingungsebene nicht
zu erkennen.)

[1] Bei der Herleitung der Corioliskraft in
Abb. 177 hatten wir einen bewegten Körper
großer Geschwindigkeit, ein Geschoß, benutzt. Dadurch erhielten wir einen verein-
fachenden Grenzfall: Wir durften Änderungen der Geschoßgeschwindigkeit durch die

Beschleunigter Beobachter:

Während der Bewegung wird der
Pendelkörper in jedem Punkt seiner
Bahn quer zur Richtung seiner Ge-
schwindigkeit nach rechts durch eine
Corioliskraft abgelenkt. Alle Einzel-
bogen der Rosette zeigen trotz ihrer
verschiedenen Orientierung auf dem
Drehstuhl die gleiche Gestalt. Folg-
lich ist die Bahnrichtung im be-
schleunigten System für die
Größe der Corioliskraft ohne
Belang.

Die Abweichung der Pendelruhe-
lage von der Vertikalen ist eine Folge der
Zentrifugalkraft (siehe oben unter 3!).
Auf einen bewegten Körper
wirken also in einem beschleunigten Bezugssystem sowohl
die Corioliskraft wie die Zentrifugalkraft [1].

Zentrifugalkraft vernachlässigen. Bei kleinen Anfangsgeschwindigkeiten hätte der Mann auf
dem Drehstuhl statt einer geringfügigen Rechtsablenkung eine sich allmählich erweiternde
Spiralbahn beobachtet, herrührend vom Zusammenwirken der Zentrifugal- und Corioliskraft.

6. **Ein Kreisel im beschleunigten Bezugssystem** (zugleich Modell eines
Kreiselkompasses auf einem Globus). Die Abb. 180 zeigt uns auf dem Drehstuhl
einen Kreisel in einem Rahmen. Kurzer Ausdrucksweise halber wollen wir den
Drehstuhl als einen „Globus" bezeichnen. Er soll von oben gesehen gegen
den Uhrzeiger rotieren. Der Rahmen des Kreisels ist seinerseits um die zur
Kreiselfigurenachse F senkrechte Achse A drehbar. Die Achse A liegt in einer
Meridianebene des Drehstuhls oder Globus, d. h. sie weist auf seine vertikale
(NS-) Achse hin. Außerdem läßt sich die Achse A auf verschiedene Breiten ein-
stellen. Sie kann also mit der Drehebene des Drehstuhles einen beliebigen

Winkel φ zwischen $0°$ (Äquator) und $90°$ (Pol) einnehmen. Den Horizont des Kreiselstandortes hat man sich senkrecht zur A-Achse zu denken. Der Beobachter auf dem rotierenden Drehstuhl setzt den Kreisel durch einige Griffe in seine Speichen in Gang. Dann über-
läßt er den Kreisel sich selbst: Die Figurenachse des Kreisels stellt sich nach einigen Drehschwingungen um die Achse A in die Meridianebene ein (Abb. 180 rechts). Dabei rotieren bei der hier gewählten Anordnung Kreisel- und Drehstuhlachse im gleichen Sinne. (Doch läßt sich durch eine andere Lagerung der Kreiselachse auch ein gegenläufiger Drehsinn beider Achsen erreichen.)

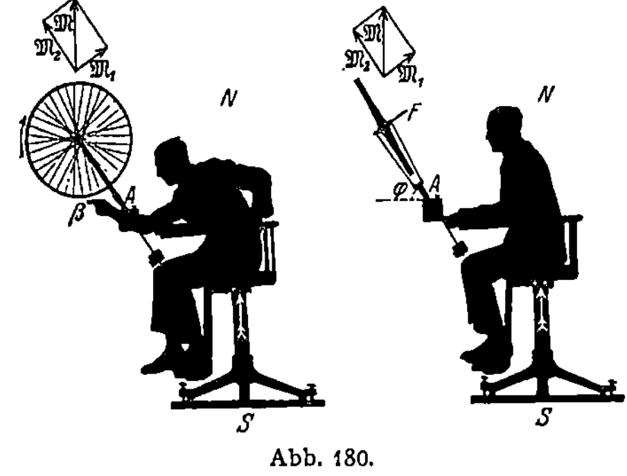

Abb. 180.

Beide Beobachter nehmen der Einfachheit halber die gleiche Ausgangsstellung der Kreiselfigurenachse an: Sie soll einem „Breitenkreis" parallel liegen.

Ruhender Beobachter:

Die Drehung um die Stuhl- oder Globusachse NS läßt auf die Figurenachse des Kreisels das Drehmoment $\mathfrak{M}$ wirken. Dies hat eine zur B-Achse senkrechte Komponente $\mathfrak{M}_1$. Dies Drehmoment $\mathfrak{M}_1$ ruft eine Präzessionsbewegung der Kreiselfigurenachse F um die Rahmenachse A hervor. Dabei pendelt die Figurenachse F zunächst über den Meridian hinaus. Doch läßt die Lagerreibung der Achse A diese Pendelschwingungen rasch gedämpft abklingen. Die Kreiselachse bleibt im Meridian stehen. Denn nur in dieser Stellung fällt die $\mathfrak{M}_1$-Komponente des Drehmoments in die Längsrichtung der Kreiselfigurenachse F. Nur in dieser Richtung kann sie keine weitere Präzession erzeugen. Die Kreiselfigurenachse liegt wie eine Kompaßnadel im Meridian des Globus.

Beschleunigter Beobachter:

Corioliskräfte lenken die bei β befindlichen Teile der Kreiselradfelge in ihrer Bahn im Sinne einer Rechtsabweichung ab. Die für den Leser rechts befindliche Kreiselhälfte tritt aus der Papierebene heraus auf den Leser zu. Dadurch gelangt die Kreiselachse in die Meridianebene. Dann wirken zwar weiterhin Corioliskräfte auf die bewegte Radfelge ein. Aber sie liefern für die A-Achse kein Drehmoment mehr.

Soweit die Versuche zur Definition der Begriffe Zentrifugalkraft und Corioliskraft. Beide Kräfte existieren nur für einen radial beschleunigten Beobachter. Der Beobachter muß, zum mindesten in Gedanken, an der Rotation seines Bezugssystems teilnehmen. Mit den neuen Kräften kann er auch im radial beschleunigten Bezugssystem an dem Beschleunigungssatz $b = K/m$ als Grundsatz seiner Mechanik festhalten.

Wie steht es für den beschleunigten Beobachter mit dem Satz actio = reactio? — Antwort: Es ergeht ihm ebenso wie dem Beobachter auf der Erde mit der Gegenkraft zum Gewicht. Der Beobachter im beschleunigten Bezugssystem kann keine den Trägheitskräften entsprechenden Gegenkräfte nachweisen. Durch diese Parallele geraten wir wieder auf die schon im § 32 gestellte Frage: Sollte wohl auch das Gewicht eines Körpers nur auf einer Beschleunigung des Bezugssystems, also des Erdkörpers, beruhen, deren Wesen noch aufzuklären bleibt?

Der Sinn dieser Fragestellung soll noch durch eine letzte Beobachtung vom Drehstuhl aus erläutert werden: Der Drehstuhl rotiert wie üblich von oben gesehen gegen den Uhrzeiger. Der Beobachter auf dem Drehstuhl betrachtet einen im Auditorium ruhenden Hörer A. Jetzt ergeben sich folgende zwei Darstellungsmöglichkeiten:

Ruhender Beobachter:	Beschleunigter Beobachter:

Der Hörer ruht. Er wird nicht beschleunigt. Es greifen keine Kräfte an ihm an.

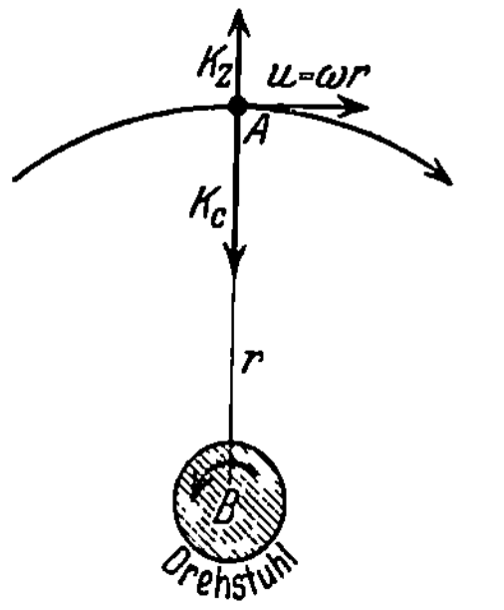

Abb. 181. Zum rechts daneben stehenden Text.

Der Hörer durchläuft im Uhrzeigersinn eine Kreisbahn vom Radius r mit der Bahngeschwindigkeit $u = \omega \cdot r$. Es liegt ein bewegter Körper im beschleunigten Bezugssystem vor. Folglich greifen an ihm sowohl eine Zentrifugalkraft wie eine Corioliskraft an. Die Zentrifugalkraft $m\omega^2 r$ ist radial nach außen gerichtet, die Corioliskraft $2m u \omega = 2m\omega^2 r$ radial nach innen (im Sinne einer Rechtsablenkung des Hörers auf seiner Bahn). Als Differenz verbleibt eine radial zur Drehachse hin gerichtete Kraft $m\omega^2 r$. Sie ermöglicht dem Hörer die Innehaltung der Kreisbahn.

Das Auftreten oder Verschwinden von Kräften wird also durch die jeweilige Wahl des Bezugssystems bestimmt. Die „Realität" von Kräften und die Unterscheidung „wirklicher" und „scheinbarer" Kräfte kann nicht Gegenstand einer physikalischen Fragestellung sein.

§ 64. Unsere Fahrzeuge als beschleunigte Bezugssysteme. Die Wahl zwischen unbeschleunigtem und beschleunigtem Bezugssystem ist in manchen Fällen lediglich Geschmacksache, z. B. bei Kreisbewegungen von Körpern um gelagerte Achsen. Wesentlich ist nur eine klare Angabe des benutzten Bezugssystems (vgl. § 21, Anfang). — In anderen Fällen ist jedoch unzweifelhaft das beschleunigte Bezugssystem vorzuziehen. Dahin gehört vor allem jede Physik in unseren technischen Fahrzeugen. Die Beschleunigung dieser Bezugssysteme ist oft recht verwickelt. Bahnbeschleunigung (Anfahren und Bremsen) und Radialbeschleunigung (Kurvenfahren) überlagern sich meistens.

Unsere alltäglichen Erfahrungen über die Trägheitskräfte in Fahrzeugen waren bereits alle in den Beispielen der §§ 62 und 63 enthalten. Z. B.:

a) Schrägstellung im Zuge beim Anfahren und Bremsen sowie in jeder Kurve. Andernfalls Umkippen.

b) Schrägstellung von Rad und Fahrer, Reiter und Pferd, Flugzeug und Pilot in jeder Kurve.

c) Die seitliche Ablenkung durch Corioliskräfte an Deck eines kursändernden Dampfers. Nur mit „Übersetzen" der Füße erreicht man sein Ziel auf gerader Bahn.

Abb. 182. Ein Drehstuhl mit hohem Trägheitsmoment zur Vorführung von Corioliskräften. Die hier gezeichneten Zusatzmassen benutzt man zweckmäßig auch bei den in den Abb. 174. 176, 178, 180 dargestellten Versuchen.

d) Besonders drastisch „fühlt" man die Corioliskräfte auf einem Drehstuhl von hohem Trägheitsmoment und daher gut konstanter Winkelgeschwindigkeit. Man versuche ein Gewichtstück (ca. 2 kg) rasch auf einer beliebigen geraden Bahn zu bewegen (Abb. 182).

Der Erfolg ist verblüffend. Man glaubt mit dem Arm in einen Strom einer zähen Flüssigkeit geraten zu sein. Es ist ein ganz besonders wichtiger Versuch.

Zahlenbeispiel: Eine Umdrehung in 2 Sekunden, also $n = 0{,}5\,\mathrm{sec}^{-1}$; $\omega = 2\,\pi\,n$ $= 3{,}14$; Metallklotz $m = 2\,\mathrm{kg}$ Masse; $u = 2\,\mathrm{m/sec}$; Corioliskraft $= 2\,m\,u\,\omega = 2 \cdot 2 \cdot 2 \cdot 3{,}14$ $= 25$ Großdynen $= 2^1/_2\,\mathrm{kg}$ Kraft, also größer als das Gewicht des bewegten Metallklotzes!

Auch versteht man jetzt endlich das Kräftespiel in dem in Abb. 23 dargestellten Versuch. Die Muskelkraft mußte die Metallklötze den Corioliskräften entgegen bewegen. Der Drehstuhl hatte ein nur kleines Trägheitsmoment. Folglich reagierte er auf die Gegenkraft zur Muskelkraft mit großen Änderungen seiner Winkelgeschwindigkeit.

Die Zahl derartiger qualitativer Beispiele läßt sich erheblich vermehren. Lehrreicher ist jedoch die quantitative Behandlung eines zunächst seltsam anmutenden Sonderfalles. Er betrifft ein horizontales Drehpendel auf einem Karussell. Die Abb. 183 zeigt in Seitenansicht ein Karussell. Auf ihm steht ein Drehpendel mit stabförmigem Pendelkörper. Die Pendelachse hat den Abstand R von der Karussellachse. Das Pendel soll uns mit seiner Längsrichtung unabhängig von allen Beschleunigungen des Karussells die Richtung zur Drehachse des Karussells weisen.

Bei konstanter Winkelgeschwindigkeit ω des Karussells bleibt das Pendel in Ruhestellung. Denn die rein radiale Beschleunigung dieser Kreisbewegung erfolgt genau in der Längsrichtung des Pendelkörpers. Derartige Beschleunigungen aber können nie ein Drehmoment geben.

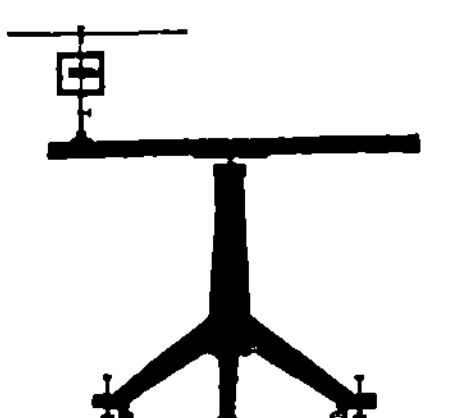

Abb. 183. Ein Drehpendel auf einem Karussell. Das Drehpendel besteht aus einem Holzstab auf der aus Abb. 126 bekannten kleinen Drillachse.

Zur Kontrolle kann man die Pendelachse auf einer Schiene verschiebbar machen und seine Längsrichtung der Schiene parallel stellen. Das Pendel reagiert dann auf keinerlei Beschleunigungen in Richtung der Schiene.

Jede Änderung der Winkelgeschwindigkeit ω hingegen, also jede Winkelbeschleunigung $\dot{\omega}$ des Karussells, wirft das Pendel aus seiner Ruhelage heraus. Die Ausschläge erreichen gleich erhebliche Größen. Denn jetzt liegen die Beschleunigungen b quer zur Pendellängsrichtung. Die oben gestellte Aufgabe erscheint zunächst hoffnungslos. Trotzdem ist sie ganz einfach zu lösen. Man kann das Pendel allein durch eine passende Wahl seines Trägheitsmomentes Θ gegen jede Winkelbeschleunigung $\dot{\omega}$ vollständig unempfindlich machen! Es muß sein

$$\Theta_0 = m\,s\,(R - s) \tag{54}$$

oder für numerische Rechnungen bequemer

$$\Theta_s = m\,(s\,R - 2\,s^2)\,. \tag{54a}$$

$\Theta_0 =$ Trägheitsmoment des Pendels, bezogen auf seine Drehachse, $\Theta_s =$ desgleichen, bezogen auf seinen Schwerpunkt. $m =$ Masse des Pendels, $s =$ Abstand Schwerpunkt-Drehachse, $R =$ Fahrstrahlabstand der Pendelachse von der Karussellachse.

Das Richtmoment D^* der Schneckenfeder dieses Pendels ist völlig belanglos. Es geht überhaupt nicht in die Rechnung ein. Der Schattenriß zeigt einen derart berechneten Pendelkörper in Stabform (Maße siehe S. 110). Dies Pendel verharrt tatsächlich bei jeder noch so starken Winkelbeschleunigung des Karussells in Ruhe. Der Versuch wirkt sehr verblüffend. Kleine Änderungen von R oder s stellen die alte Empfindlichkeit gegen Winkelbeschleunigungen wieder her.

Herleitung: In Abb. 184a ist R der Fahrstrahl der Pendelachse O. Bei konstanter Winkelgeschwindigkeit ω des Karussells würde R im Zeitpunkt t der x-Achse parallel stehen. Die tatsächlich vorhandene Winkelbeschleunigung $\dot\omega_1$ des Karussells hat jedoch den Fahrstrahl R um den Winkel α vorwärts gedreht. Kräftefrei sich selbst überlassen würde die Pendellängsachse der x-Achse parallel geblieben sein. Sie hätte zur Zeit t die punktierte Lage. Tatsächlich aber war sie nicht kräftefrei. Die Winkelbeschleunigung $\dot\omega_1$ des Karussells und der Pendelachse im Uhrzeigersinn nach rechts ließ am Pendelschwerpunkt eine nach links gerichtete Trägheitskraft

$$m\,b = m\,\dot\omega_1(R - s) \tag{55}$$

angreifen (vgl. Abb. 184b). Auf das Pendel wirkte also das Drehmoment

$$m\,b\,s = m\,s\,\dot\omega_1(R - s)\,.$$

Dies Drehmoment erteilte dem Pendel ebenfalls im Uhrzeigersinne die Winkelbeschleunigung:

$$\dot\omega_2 = \frac{\text{Drehmoment}}{\text{Trägheitsmoment}} = \frac{m\,s\,\dot\omega_1(R - s)}{\Theta_0}\,.$$

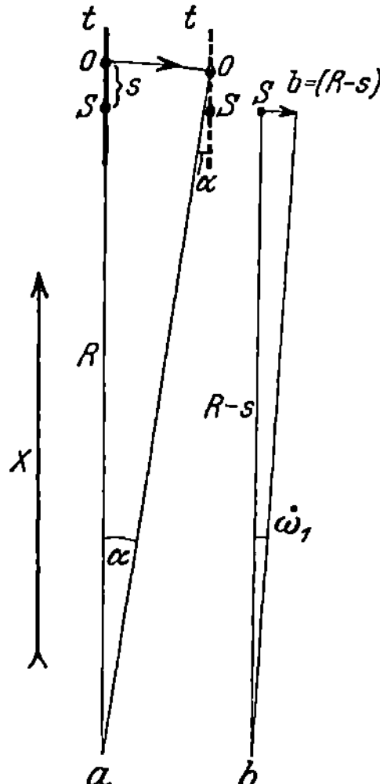

Abb. 184. Unempfindlichkeit eines Pendels gegen Winkelbeschleunigung seines Aufhängepunktes O.

Jetzt machen wir $\dot\omega_1 = \dot\omega_2$. Dann legt das Pendel im Uhrzeigersinn ausschlagend, während der Winkelbeschleunigung des Karussells, den Winkel $\beta = \alpha$ zurück. D. h. es fällt nicht nur am Anfang, sondern auch am Schluß der Beschleunigung mit dem Fahrstrahl zusammen.

Für $\dot\omega_1 = \dot\omega_2$ wird

$$\Theta_0 = m\,s(R - s) \tag{54}$$

oder, nach Anwendung des STEINERschen Satzes [Gleichung (43), S. 80]

$$\Theta_s = \Theta_0 - m\,s^2\,,$$
$$\Theta_s = m(s\,R - 2s^2)\,. \tag{54a}$$

Für den im Schauversuch gewählten Pendelstab der Masse m und der Länge l gilt nach S. 80

$$\Theta_s = \tfrac{1}{12}m\,l^2\,. \tag{42}$$

Dieser Wert in die Gleichung (54a) eingesetzt, ergibt

$$l^2 = 12\,s\,R - 24\,s^2\,.$$

Zahlenbeispiel zu Abb. 183: $R = 50\,\text{cm}$. $s = 5\,\text{cm}$. $l = 49\,\text{cm}$.

Dieser seltsame Versuch wird im Verkehrswesen der Zukunft eine bedeutsame Rolle spielen. Das wird uns der nächste Paragraph zeigen.

§ 65. Das Schwerependel als Lot in beschleunigten Fahrzeugen. Die Navigation eines Flugzeuges ohne Bodensicht (Nebel, Wolken) verlangt bei größeren Entfernungen (transatlantische Flüge) jederzeit eine sichere Kenntnis der Vertikalen. Ohne diese kann ein Pilot ohne Bodensicht nicht einmal die gerade Bahn von Kurven unterscheiden. Muskelgefühl und Körperstellung lassen ihn völlig im Stich. Sie geben ihm nur die Resultante von Gewicht und Zentrifugalkraft, nie aber die wahre, mit dem jeweiligen Erdkugelradius zusammenfallende Vertikale.

Auf dem ruhenden Erdboden ermittelt man die Vertikale mit dem Schwerependel als Lot. In beschleunigten Fahrzeugen erscheint diese Benutzung des

Schwerependels zunächst als sinnlos. Denn jeder hat Schwerependel in technischen Fahrzeugen beobachtet. Man denke an einen, im Eisenbahnwagen aus dem Gepäcknetz hängenden Riemen. Widerstandslos baumelt er im Spiel der Trägheitskräfte. Trotzdem kann man prinzipiell ein Schwerependel auch in beliebig beschleunigten Fahrzeugen als Lot benutzen! Das hat folgenden Grund: Jede beliebige Fahrtbeschleunigung eines Fahrzeuges läßt sich in eine vertikale und eine horizontale Komponente zerlegen. Vertikale Beschleunigungen beschleunigen lediglich den Pendelaufhängungspunkt in der Pendellängsrichtung. Sie sind also für ein Schwerependel in seiner Ruhestellung gleichgültig. Es bleibt die horizontale Beschleunigungskomponente.

Jetzt kommt der entscheidende Punkt: Jede horizontale Bewegung, jede Bewegung parallel der Erdoberfläche ist in Wirklichkeit keine gerade Bahn, sondern eine Kreisbahn um den Erdmittelpunkt! Diese Aussage ist ganz unabhängig von der Achsendrehung der Erde, sie würde auch für eine ruhende Erde gelten. Denn jede Horizontalbewegung erfolgt parallel einem größten Erdkugelkreis, ist also letzten Endes schon auf einer ruhenden Erde eine Karussellbewegung! Infolgedessen kann man ohne weiteres auf den seltsamen, im vorigen Paragraphen behandelten Versuch zurückgreifen.

Man muß nur dem Schwerependel das in Gleichung (54a) verlangte Trägheitsmoment geben. Dabei muß man R gleich dem Erdradius von 6400 km $= 6,4 \cdot 10^6$ m setzen. Man legt also die schematische Abb. 184 zugrunde. R bedeutet den Erdradius, s ist selbstverständlich neben R zu vernachlässigen.

Wir erhalten
$$\Theta_0 = m s R . \tag{54b}$$

Bei einem Schwerependel ist im Gegensatz zum Federpendel das Trägheitsmoment Θ_0 fest mit dem Richtmoment D^* verknüpft. Die Wahl eines Richtmomentes ist nicht mehr frei. Das Richtmoment D^* eines Schwerependels wird durch sein Gewicht geliefert. Es ist nach S. 83

$$D^* = m g s \quad (g = 9{,}81 \ \text{m/sec}^2) .$$

Folglich beträgt die Schwingungsdauer dieses Pendels nach Gleichung (44), S. 79:
$$T = 2\pi \sqrt{\frac{\Theta_0}{D^*}} = 2\pi \sqrt{\frac{m s R}{m g s}} = 2\pi \sqrt{\frac{R}{g}} .$$

$T = 84$ Minuten, entsprechend einem mathematischen Pendel (S. 83) von der Länge des Erdradius R!

Leider hat die Technik Schwerependel derartiger Schwingungsdauer noch nicht verwirklichen können. Selbst pendelnd aufgehängte Kreisel haben noch keine Schwingungsdauer (Präzessionsdauer) über 15 Minuten erreichen lassen. Derartige Pendel stellen zwar schon eine erfreuliche Annäherung an das theoretisch verlangte Ideal dar, aber eben doch nur eineAnnäherung. Mit seiner heutigen Schwingungsdauer ist selbst das langsamste Kreiselpendel noch ein Notbehelf. Er kann unter unglücklichen Umständen, insbesondere bei bestimmten periodisch wiederkehrenden Beschleunigungen versagen. Erst ein beliebiges Schwerependel von 84 Minuten Schwingungsdauer wird das aktuelle Problem des „künstlichen Horizontes" lösen (M. Schuler).

§ 66. Die Erde als beschleunigtes Bezugssystem: Zentrifugalkräfte auf ruhende Körper. Als letztes beschleunigtes Bezugssystem wollen wir das Erdkarussell behandeln. Wir wollen die tägliche Drehung der Erde gegenüber dem

Fixsternsystem berücksichtigen. Eine volle Drehung 2π erfolgt in 86140 sec.
Die Winkelgeschwindigkeit der Erdkugel ist also klein. Es ist

$$\omega = \frac{2\pi}{86140} = 7{,}3 \cdot 10^{-5}. \tag{56}$$

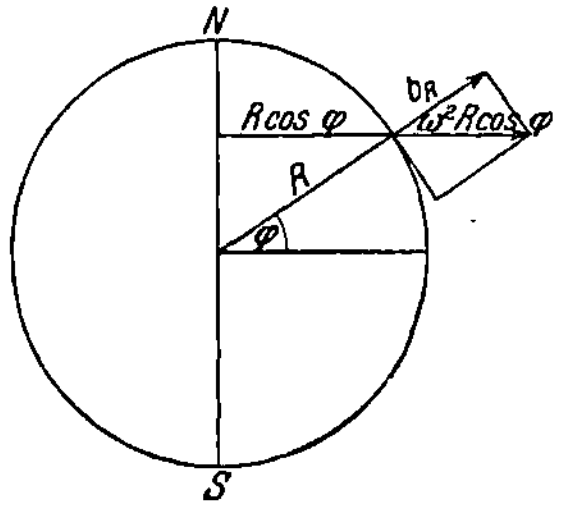

Abb. 185. Gewicht und Zentrifugalkraft auf der Erdoberfläche unter
der geographischen Breite φ.

Diese Winkelgeschwindigkeit ω erzeugt für jeden
auf der Erdoberfläche ruhenden Körper eine von der
Erdachse NS fortgerichtete Zentrifugalkraft $K = m\,b_z$
oder Zentrifugalbeschleunigung b_z. Der Körper befinde
sich auf der geographischen Breite φ (Abb. 185).

$r = R\cos\varphi$ sei der Radius des zugehörigen Breiten-
kreises. Dann beträgt die Zentrifugalbeschleunigung:

$$b_z = \omega^2 \cdot r = \omega^2 R \cos\varphi = 0{,}03 \cos\varphi \; \text{m/sec}^2 \tag{57}$$

$$\text{(abgerundet!)}\,.$$

Diese Zentrifugalbeschleunigung ist in Richtung des Breitenkreisradius r nach
außen gerichtet. In die Vertikale, also die Richtung des Erdkugelradius R,
fällt nur eine Komponente dieser Zentrifugalbeschleunigung, nämlich:

$$b_R = b_z \cos\varphi = 0{,}03 \cos^2\varphi \; \text{m/sec}^2. \tag{58}$$

Sie ist vom Erdmittelpunkt fort nach außen gerichtet, sie ist entgegengesetzt
der allein vom Gewicht herrührenden „Erdbeschleunigung g_0". Auf der rotierenden Erde muß daher die Erdbeschleunigung unter der geographischen Breite φ
ein wenig kleiner sein als auf einer ruhenden Erde. Wir erhalten:

$$g_\varphi = g_0 - 0{,}03 \cos^2\varphi \; \text{m/sec}^2. \tag{59}$$

Dabei gilt g_0, der Wert der Fall- oder Erdbeschleunigung, für die ruhende Erde.
Jetzt kommt eine Verwicklung hinzu. Die Zentrifugalkraft greift keineswegs nur
an Körpern auf der Erdoberfläche an. Tatsächlich erfährt auch jedes Massenteilchen der Erde selbst eine im Breitenkreis radial nach außen gerichtete Zentrifugalkraft. Die Gesamtheit all dieser Kräfte erzeugt eine elastische Deformation
des Erdkörpers. Die Erde ist ein wenig abgeplattet, ihre NS-Achse um rund $^1/_{300}$
kürzer als der Äquatordurchmesser. Infolge dieser Abplattung der Erde ist die
Änderung der Erdbeschleunigung g_φ mit der geographischen Breite φ noch
größer, als man nach Gleichung (59) berechnet. Die empirischen Beobachtungen
führen auf die Gleichung

$$g_\varphi = (9{,}832 - 0{,}052 \cos^2\varphi) \; \text{m/sec}^2. \tag{59a}$$

Für Meeresniveau und 45° geographische Breite findet man $g = 9{,}806\,\text{m/sec}^2$.
Das Korrektionsglied erreicht für $\varphi = 0°$, d. h. am Äquator seinen Höchstwert. Die Korrektion beträgt dann 5 Promille, sie ist also bei vielen Messungen
ohne Schaden zu vernachlässigen. Doch bleibt eine Pendeluhr am Äquator
gegen eine gleichgebaute am Pol am Tage immerhin schon um rund 3,5 Minuten
zurück.

Die oben erwähnte Abplattung von rund $^1/_{300}$ gilt für den festen Erdkörper.
Viel stärker ist die Deformation seiner flüssigen Hülle, der Ozeane, durch die
Zentrifugalkräfte. Doch tritt diese Deformation nie allein in Erscheinung. Ihr
überlagert sich die periodisch während jedes Tages wechselnde Anziehung des
Wassers durch Mond und Sonne. Die Wasserhülle wird auch durch die Kräfte
dieser Massenanziehung (vgl. S. 55) viel stärker deformiert als der feste Erdkörper.
Die Überlagerung von Zentrifugalkräften und Massenanziehung ergibt das komplizierte Phänomen von Ebbe und Flut. Es handelt sich um ein Problem „erzwungener Schwingungen" (§ 107). Hier kann es nur angedeutet werden.

§ 67. Die Erde als beschleunigtes Bezugssystem: Corioliskräfte auf bewegte Körper. In Abb. 186 bedeutet HH die Horizontebene eines Beobachters an einem Ort der geographischen Breite φ. Diese Ebene umkreist den Erdkugelradius R (die Vertikale) nur mit der Vertikalkomponente der Winkelgeschwindigkeit ω_0 der NS-Achse, also

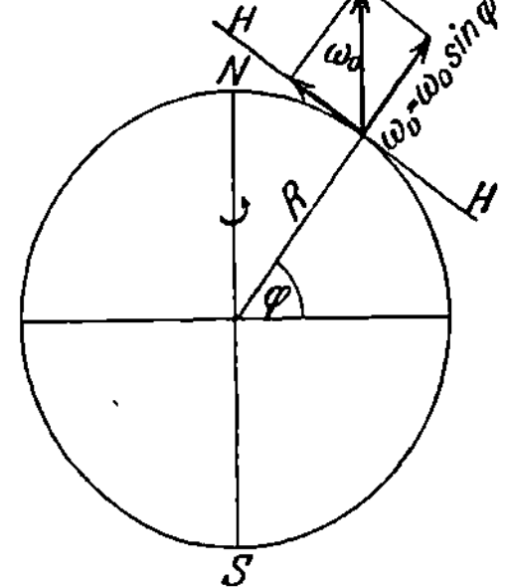

$$\omega_v = \omega \sin\varphi = 7,3 \cdot 10^{-5} \cdot \sin\varphi. \qquad (60)$$

Ein auf der genannten Horizontalebene mit der Bahngeschwindigkeit u bewegter Körper erfährt also nach Gleichung (52), S. 104, eine Coriolisbeschleunigung:

$$b = 2u\omega_0 \sin\varphi.$$

Die Erde rotiert für einen auf den Nordpol blickenden Beobachter gegen den Uhrzeiger. Wir haben also den gleichen Drehsinn wie bei der Achse unseres Drehstuhls in § 63.

Abb. 186. Die beiden Komponenten der Corioliskraft auf der Erdoberfläche.

Von den mancherlei experimentellen Anordnungen zum Nachweis der Coriolisbeschleunigung in der Horizontalebene zeichnet sich das Foucaultsche Pendel durch besondere Einfachheit aus. Sein Prinzip war für den Fall eines Karussells bereits auf S. 105 dargestellt. Die Bahn des Schwerependels ergibt die in Abb. 179 dargestellte Rosette.

Eine ganz entsprechende Rosette beschreibt jedes aus Faden und Kugel bestehende Schwerependel an der Erdoberfläche. Nur ist in unseren Breiten für einen kreisförmigen Schluß der Rosette nicht ein Tag ausreichend. Die Zeit muß etwas länger sein, es sind 24 Stunden/sin φ erforderlich. In Göttingen ($\varphi = 51,5°$) beträgt diese Zeit ca. 30,5 Stunden.

Die experimentelle Nachprüfung dieser Behauptung (rosettenförmige Bahn, Rechtsabweichung, Zeitdauer für die volle Rosette) bietet in keinem Hörsaal Schwierigkeit. Die Abb. 187 zeigt eine bewährte Ausführungsform. Ihr wesentlicher Teil ist ein gutes astronomisches Objektiv. Es entwirft von dem dünnen Pendelfaden in den Wendepunkten der Rosettenschleifen ein stark vergrößertes Bild. Die Figur enthält die nötigen Zahlenangaben. Man sieht mit den gewählten Abmessungen in dem vergrößerten Bild die einzelnen Rosettenschleifen mit ihren Umkehrpunkten in je etwa 2 cm Abstand aufeinanderfolgen. Es ist ein ganz einfacher Versuch.

Wir nennen weiterhin noch einige qualitative Beispiele für die Rechtsabweichung durch

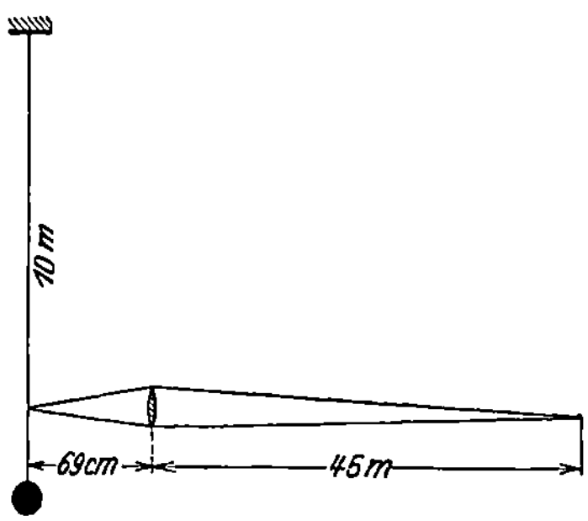

Abb. 187. Rosettenbahn eines langen Schwerependels auf der Erdoberfläche. Foucaultscher Pendelversuch.

die Horizontalkomponente der Coriolisbeschleunigung für unsere Nordhalbkugel.

a) Bei allen zweigleisigen Eisenbahnen wird in jedem Strang die rechte Schiene stärker abgenutzt. Denn gegen sie preßt die Corioliskraft den Radkranz.

b) Rechte Flußufer werden stärker unterspült.

c) Geschosse weichen, auch abgesehen von der in Abb. 167 erläuterten Erscheinung, stets nach rechts ab.

d) Das Einströmen der atmosphärischen Luft in Gebiete barometrischen Tiefdrucks erfolgt auf gekrümmten Bahnen und führt so zur Wirbelbildung (Zyklone).

Die Vertikalkomponente der Coriolisbeschleunigung ist nicht minder einfach nachzuweisen. Die für sie maßgebende Komponente der Erdachsenwinkelgeschwindigkeit ω beträgt $\omega \cos\varphi$. Die Drehachse dieser Komponente bildet die Tangente zum Meridian am Beobachtungsort.

Von quantitativen Versuchen nennen wir die rotierend aufgestellte Waage von Eötvös. Die jeweils ostwärts laufende Masse erscheint leichter. Zur Erzielung großer Ausschläge macht man die Umlaufszeit der vertikalen Drehachse gleich der Schwingungsdauer des Tragebalkens. Es tritt dann das bekannte als „Resonanz" bezeichnete Aufschaukeln der Waageausschläge ein (§ 107).

Von qualitativen Beispielen erwähnen wir die Rechtsabweichung eines fallenden Steines. Doch verlangt dieser Versuch erhebliche Fallhöhen, am besten im Schacht eines Bergwerkes.

§ 68. Der Kreiselkompaß in Fahrzeugen und seine prinzipiell unvermeidliche Mißweisung. Wir beschließen das Kapitel über beschleunigte Bezugssysteme mit der technisch bedeutsamen Anwendung der Corioliskräfte im Kreiselkompaß. Das Prinzip des Kreiselkompasses ist aus dem in Abb. 180 dargestellten Versuch bekannt. Bei den wirklichen technischen Ausführungen hängt man einen Kreisel mit horizontaler Achse als Schwerependel auf. Nach seiner eigentlichen Bestimmung soll ein Kreiselkompaß auf Fahrzeugen benutzt werden. Erst dabei entstehen physikalisch interessante Fragen. Dann haben wir grundsätzlich die gleichen Schwierigkeiten wie bei der Verwendung eines gewöhnlichen Schwerependels als Lot: Alle vertikalen Beschleunigungen des Fahrzeuges sind harmlos, aber jede horizontale Fahrtbeschleunigung des Fahrzeuges wirft durch Trägheitskräfte die Kreiselachse aus ihrer Ruhelage (nahe dem Meridian) heraus. Doch lassen sich diese an sich sehr schweren Störungen durch den gleichen Kunstgriff beheben, der das Schwerependel als Lot auch im horizontal beschleunigten Fahrzeug brauchbar macht. Man muß dem Kompaßkreisel eine Schwingungsdauer von 84 Minuten geben. Dann ist er gegen jede Fahrtbeschleunigung (Anfahren, Bremsen, Kurven) vollständig unempfindlich. Ein weiterer Kunstgriff (gleichzeitige Anwendung dreier Kreisel) beseitigt Störungen durch Schlingern („Schaukeln") der Dampfer.

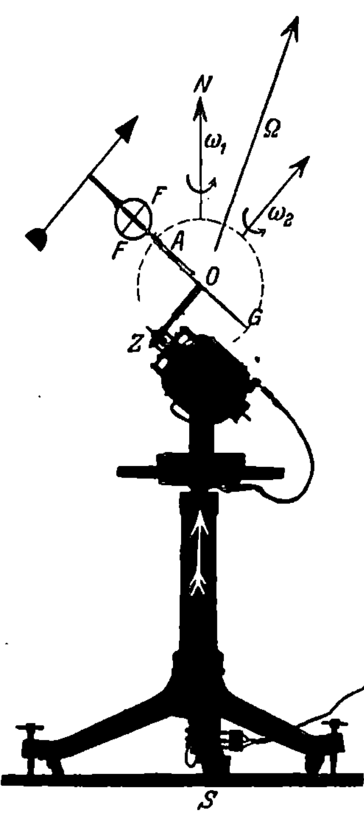

Abb. 188. Die Mißweisung eines Kreiselkompasses in fahrenden Fahrzeugen („Fahrtfehler"). Auf einer Karussellplatte steht ein Elektromotor mit einer Schneckenübersetzung Z. Mit ihrer Hilfe erreicht man eine kleine Winkelgeschwindigkeit ω_1 der Scheibe G. Diese Scheibe soll einen Großkreis der punktiert angedeuteten Erdkugel darstellen. Der ringförmige Kreiselrahmen (statt des gabelförmigen in Abb. 180) ist um die Achse A drehbar gelagert. Die Achse A liegt im Radius des Großkreises G und somit senkrecht zum „Horizont" des Kreiselstandortes. Oberhalb von S ist die Stromzuführung des Elektromotors mit Schleifkontakten zu sehen. Der Kreisel F ist der in Abb. 157 und 158 benutzte.

Hingegen verbleibt auch bei einem technisch ideal konstruierten Kreisel ein prinzipieller Fehler des Kreiselkompasses unvermeidbar. Die Eigengeschwindigkeit des Fahrzeuges bedingt eine Mißweisung des Kompasses. Das Zustandekommen dieser Mißweisung soll an der Abb. 188 erläutert werden. Jedes Fahrzeug fährt auf einem größten Kreis der Erdkugel[1]. Die Erdkugel ist punktiert angedeutet, der größte Kreis als Rand der Blechscheibe G dargestellt. Die Bewegung des Fahrzeuges auf diesem größten Kreis stellt eine Kreisbewegung dar. Ihre Achse ZO geht

---

[1] Man lese noch einmal den dritten Absatz von § 65!

senkrecht zu der Großkreisebene G durch den Erdmittelpunkt O hindurch. Diese Kreisbewegung des Fahrzeuges (Winkelgeschwindigkeit ω_2) setzt sich mit der Kreisbewegung der Erdkugel (Winkelgeschwindigkeit ω_1) zu einer resultierenden Kreisbewegung zusammen (Abb. 188). Diese resultierende Kreisbewegung hat die Winkelgeschwindigkeit Ω. Ihre Drehachse — das ist der entscheidende Punkt — weicht stets von der Nord-Süd-Achse der Erde ab. Ausgenommen ist nur der Sonderfall, in dem ein Fahrzeug genau auf dem Äquator fährt. Der Kreisel befindet sich, kurz gesagt, auf einem Karussell mit der Drehachsenrichtung des Pfeiles Ω. Infolgedessen stellt sich die Kreiselfigurenachse FF in die durch den Pfeil Ω gehende Ebene ein. Diese Ebene geht zwar in Abb. 188 durch die NS-Achse der Erde hindurch. Denn das Fahrzeug oder sein Kreisel befinden sich hier gerade in einem polnächsten Punkt des Großkreises. Aber in allen anderen Punkten des Großkreises G, z. B. in Abb. 189, ist das keineswegs der Fall. Der Kreisel zeigt eine erhebliche Mißweisung δ. Zur Vorführung dieser Mißweisung „unterbricht man die Fahrt" durch Anhalten des Elektromotors ($\omega_2 = 0$). Dann sieht man die Kreisachse um den jeweiligen Winkel δ in die Meridianebene zurückklappen. Man findet δ in der Tat nur in den beiden polnächsten Stellungen (Abb. 188 gibt die nordpolnächste) gleich Null. Der Betrag dieser Mißweisung übersteigt bei modernen Schnelldampfern selten den Wert von $3°$. Bei den viel größeren Fahrtgeschwindigkeiten moderner Flugzeuge ist er entsprechend höher. Die Mißweisung läßt sich grundsätzlich nur rechnerisch berücksichtigen. Man braucht genau wie beim alten Magnetkompaß Korrektionstabellen. Sie enthalten den Betrag der Mißweisung für die verschiedenen Punkte der Erdoberfläche sowie für verschiedene Geschwindigkeiten und Kurse des Fahrzeuges. Trotz dieser prinzipiell unvermeidlichen Mißweisung bedeutet der moderne Kreiselkompaß technisch einen außerordentlichen Fortschritt. Denn er ist von allen Störungen durch benachbarte Eisenteile frei. Auch besitzt er ein höheres Richtmoment als der Magnetkompaß. Er kann leicht „Tochterkompasse" in größerer Anzahl und sogar die Steuermaschine des Dampfers betätigen.

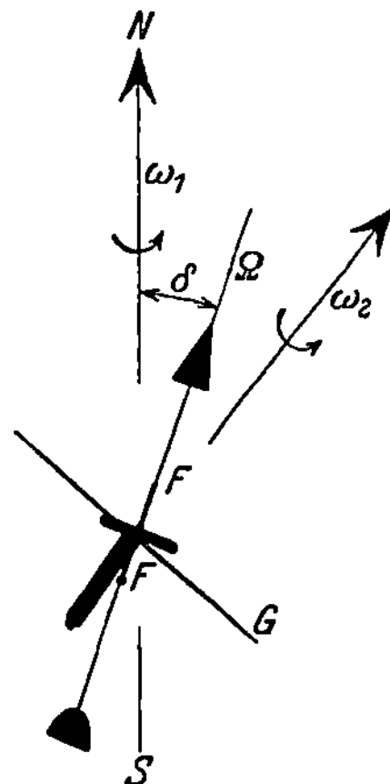

Abb. 189. Hilfsfigur zu Abb. 188, nach einer Winkeldrehung um 90° um die Achse OZ. Diese Achse ist oberhalb von Z abgebrochen gezeichnet.

IX. Ruhende Flüssigkeiten und Gase.

§ 69. Vorbemerkung. Unser nächstes Thema sollen Bewegungsvorgänge in Flüssigkeiten und Gasen bilden. Zur Vorbereitung brauchen wir einen Überblick über die physikalischen Eigenschaften ruhender Flüssigkeiten und Gase. Die Darstellung kann dabei ziemlich summarisch verfahren. Die meisten Einzelheiten werden schon im Schulunterricht ausgiebig behandelt. Man denke an kommunizierende Röhren, Heronsball und ähnliches. Wir wollen durch ein paar leitende Gesichtspunkte die Zusammenfassung der Einzeltatsachen zu erleichtern versuchen. Diese leitenden Gesichtspunkte liefert uns der Atomismus.

Wir gliedern den Stoff nach folgendem Schema:

a) Natur der Flüssigkeiten.

1. Die freie Verschieblichkeit und die enge Packung der Flüssigkeitsmoleküle. § 70.

2. Folgerungen aus ihnen. § 71—76.

3. Innere Reibung, Zerreißfestigkeit und Oberflächenspannung der Flüssigkeiten. § 77—78.

b) Natur der Gase.

Gase als Flüssigkeiten geringer Dichte und ohne Oberfläche.

Bei der Auswahl des Stoffes wird im wesentlichen die Bedeutung der einzelnen Tatsachen für das Verständnis der Bewegungsvorgänge in Flüssigkeiten und Gasen maßgebend sein. — Viele in diesem Kapitel nur gestreifte oder ganz fehlende Dinge werden im Abschnitt „Wärme und molekulare Eigenschaften der Körper" den gebührenden Platz finden.

§ 70. Die freie Verschieblichkeit der Flüssigkeitsmoleküle. Die Brownsche Bewegung. Als idealisierte Grundform aller festen Körper hat der Kristall zu gelten. Kennzeichnend für den Kristall ist die Anordnung seiner elementaren Bausteine (Atome, Moleküle oder Ionen) in geometrisch scharf definierten räumlichen Gittern. Grob formal hat man ein Kristallmodell zweidimensional nach Art der Abb. 190 zu skizzieren. Die elementaren Bausteine sind als Kugeln angedeutet, die Kräfte zwischen ihnen durch Schraubenfedern symbolisiert. Wir betrachten einen Kristall wie eine gitterförmige Gleichgewichtsanordnung einer großen

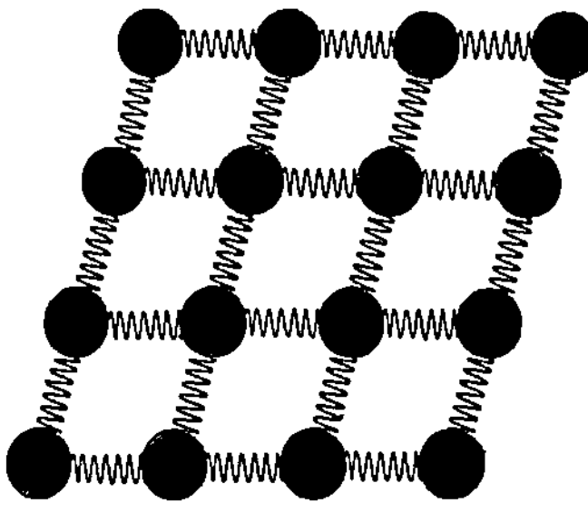

Abb. 190. Flächenhaftes Kristallmodell.

Anzahl der uns wohlbekannten elastischen Pendel (S. 40). Die Massen dieser elementaren Pendel sind nicht in Ruhe. Sie schwingen andauernd in den verwickelten Bahnen räumlicher Lissajousfiguren (S. 49). Es ist die Bewegung, auf die unser Hautsinn mit der Empfindung „Wärme" reagiert. Der bekannte Verlust kinetischer Energie bei allen mechanischen Vorgängen ist nach der atomistischen Auffassung aller Materie nur ein scheinbarer. Ein Teil der kinetischen Energie der grob sichtbaren Körper geht in den Besitz der unsichtbaren Elementarpendel über: „Der Körper wird durch Reibung erwärmt."

Zunehmende Erwärmung eines Kristalles bedeutet Zunahme der kinetischen Energie seiner Elementarpendel. Die Pendelamplituden steigen mit wachsender Temperatur des Kristalles. Beim Überschreiten einer gewissen Schwingungsamplitude wird die Stabilitätsgrenze überschritten. Der komplizierte Gitterbau stürzt wie ein Kartenhaus zusammen. Dann ist der Kristall geschmolzen und zur Flüssigkeit geworden. Ein scharfer Schmelzpunkt ist ein wesentliches Charakteristikum jedes Kristalles.

Nach diesem, in seinen großen Zügen experimentell wohl fundierten Bilde des Schmelzvorganges ist von vornherein mit einer erheblichen kinetischen Energie der Flüssigkeitsmoleküle zu rechnen. Es ist eine andauernde und lebhafte Bewegung der Flüssigkeitsmoleküle anzunehmen. An die Stelle der Pendelbewegungen um die Gleichgewichtslage im Gitterbau müssen fortschreitende und Drehbewegungen der einzelnen Moleküle getreten sein.

Wir besitzen ein stark vergröbertes, aber sicher weitgehend naturgetreues Abbild dieser Wärmebewegung in Flüssigkeiten. Es ist die Erscheinung der Brownschen Bewegung.

Das Prinzip trifft man schon mit einem Bilde von geradezu kindlicher Einfachheit. Gegeben eine mit lebenden Ameisen gefüllte Schüssel. Unser Auge sei kurzsichtig oder zu weit entfernt. Es vermag die einzelnen wimmelnden Tierchen nicht zu erkennen. Es sieht lediglich eine strukturlose braunschwarze Fläche. Da hilft uns ein einfacher Kunstgriff weiter. Wir werfen auf die Schüssel einige größere, bequem sichtbare, leichtere Körper, etwa Flaumfedern, Papierschnitzel oder dergleichen. Diese Teilchen bleiben nicht ruhig liegen. Von unsichtbaren Individuen gezogen und geschoben, vollführen sie regellose Bewegungen und Drehungen. Wir sehen ein stark vergröbertes Bild von der Bewegung der rastlos wimmelnden Tierchen.

Ganz entsprechend verfährt man bei der Vorführung der Brownschen Bewegung. Nur nimmt man ein Mikroskop nicht gar zu bescheidener Ausführung zu Hilfe. Man bringt zwischen Objektträger und Deckglas einen Tropfen einer beliebigen Flüssigkeit, am einfachsten Wasser. Dieser Flüssigkeit ist zuvor ein nicht lösliches, feines Pulver beigefügt worden. Bequem ist z. B. ein winziger Zusatz von chinesischer Tusche. Denn diese besteht aus feinstem Kohlestaub.

Zur Vorführung in großem Kreise in Mikroprojektion soll man ein Pulver von hohem optischem Brechungsindex nehmen, z. B. das Mineral Rutil (TiO_2). Der hohe Brechungsindex gibt helle, kontrastreiche Bilder.

Nur wenige physikalische Erscheinungen vermögen den Beobachter so zu fesseln wie die Brownsche Bewegung. Hier ist dem Beobachter einmal ein Blick hinter die Kulissen des Naturgeschehens vergönnt. Es erschließt sich ihm eine neue Welt, das rastlose, sinnverwirrende Getriebe einer völlig unübersehbaren Individuenzahl. Pfeilschnell schießen die kleinsten Teilchen durch das Gesichtsfeld, in wildem Zickzackkurs ihre Richtung verändernd. Behäbig und langsam rücken die größeren Teile vorwärts, auch sie in ständigem Wechsel der Richtung. Die größten Teile torkeln praktisch nur auf einem Fleck hin und her. Ihre Zacken und Ecken zeigen uns deutlich Drehbewegungen um ständig wechselnde Achsenrichtungen. Nirgends offenbart sich noch eine Spur von System und Ordnung. Herrschaft des regellosen, blinden Zufalls, das ist der zwingende und überwältigende Eindruck auf jeden unbefangenen Beobachter. — Die Brownsche Bewegung gehört schlechthin zu den Fundamentalerscheinungen im Bereich unserer heutigen Beobachtungskunst. Keine Schilderung mit Worten vermag auch nur angenähert die Wirkung der eigenen Beobachtung zu ersetzen.

Eine wirkungsvolle Vorführung der Brownschen Bewegung verlangt eine mehrhundertfache Vergrößerung durch das Mikroskop. Diese Vergrößerung verführt leicht zu einer Überschätzung der beobachteten Geschwindigkeiten. Vor diesem Irrtum bewahrt uns ein anderes Beobachtungsverfahren. Es zeigt die in der Flüssigkeit schwebenden Teilchen nur noch in Gesamtheit als Schwarm oder Wolke, läßt aber nicht mehr die einzelnen Staubteilchen erkennen. Wir sehen in Abb. 191 staubhaltiges Wasser, z. B. wieder sehr stark verdünnte chinesische Tusche, von reinem Wasser überschichtet. Die Grenzfläche beider Flüssigkeiten ist scharf.

Das kann man mit mancherlei Kunstgriffen erreichen. Man setzt beispielsweise auf die zuerst eingefüllte untere Flüssigkeit eine dünne, flache Korkscheibe. Auf diese läßt man dann hinterher reines Wasser vorsichtig in feinem Strahl aufströmen.

Zugleich setzen wir einen Parallelversuch an. Der Kohlestaub der chinesischen Tusche hat im Mittel noch etwa Durchmesser von $0{,}5\ \mu$. Für den Parallelversuch nehmen wir als Schwebeteilchen viel kleinere Gebilde, nämlich die Moleküle irgend eines in Wasser löslichen Farbstoffes. In beiden Fällen wird die Trennfläche zwischen dem gefärbten und dem ungefärbten Wasser mit der Zeit unscharf. Langsam dringt der Schwarm der in Brownscher oder Wärmebewegung befindlichen Kohle- oder Farbstoffteilchen in das zuvor klare Wasser ein. Die Farbstoffe diffundieren in das klare Wasser hinein. Diffusion und Brownsche Bewegung sind also zwei Namen für den gleichen Vorgang. Beide bezeichnen das elementare Getümmel der Wärmebewegung in einer

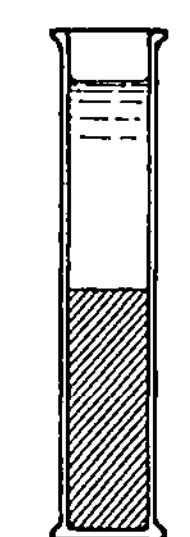
Abb. 191. Vorrücken einer Grenzschicht durch Diffusion.

Flüssigkeit. Das Wort Brownsche Bewegung setzt mikroskopische Beobachtung einzelner durch besondere Größe ausgezeichneter Individuen in der Flüssigkeit voraus. Bei makroskopischer Beobachtung sprechen wir von Diffusion, ganz unabhängig von der Größe der Individuen. D. h. die als Schwarm oder Wolke sichtbaren Gebilde können aus Staubteilchen oder winzigen, für jedes Mikroskop unerreichbaren Farbstoffmolekülen bestehen.

In unserem Zusammenhang ist die Geschwindigkeit dieses Diffusionsvorganges der wesentliche Punkt. Verblüffend langsam rückt die Grenze des Schwarmes vor. Je nach Größe der Farbstoffteilchen werden erst in Tagen oder Wochen meßbare Wege zurückgelegt.

Der Grund für die Langsamkeit des Diffusionsvorganges ist in der engen Packung der wimmelnden Flüssigkeitsmoleküle zu suchen. Der mittlere Abstand der Moleküle ist in der Flüssigkeit von der gleichen Größenordnung wie für den zugehörigen festen Körper (Kristall). Das folgt aus zwei Tatsachen:

a) Die Dichte der Flüssigkeit stimmt meistens innerhalb weniger Prozente mit der des festen Körpers überein. Als Dichte bezeichnet man die Masse der Volumeneinheit, und zwar meist die in Gramm gemessene Masse eines Kubikzentimeters. Jede Methode der Massenmessung (Wägung) kombiniert mit jeder beliebigen Methode einer Volumenmessung gibt eine Methode der Dichtebestimmung. Die Aufzählung und Benennung einzelner „Methoden" ist überflüssig. Wir beschränken uns auf einige wenige Zahlenergebnisse.

Substanz	Temperatur	Dichte	
		fest g-Masse/cm³	flüssig g-Masse/cm³
Quecksilber	− 38,9°	14,2	13,7
Natrium	+ 97,6°	0,95	0,93
Natriumchlorid . .	+ 800°	—	1,55
Wasser	0°	0,92	1,00

Bei Benutzung der Einheiten kg-Masse und Meter hat man nebenstehende Zahlenwerte mit 10^3 zu multiplizieren. Wasser hat also die Dichte 1000 kg-Masse/m³.

b) Die Flüssigkeiten haben eine sehr geringe Zusammendrückbarkeit. Diese Behauptung wird auf S. 122 zahlenmäßig belegt werden. —

Nach diesen Darlegungen können wir eine wirkliche Flüssigkeit unschwer durch eine Modellflüssigkeit ersetzen und mit ihrer Hilfe die charakteristischen Eigenschaften der Flüssigkeiten studieren. Am besten wäre ein Gefäß voll lebender Ameisen oder rundlicher Käfer mit harten Flügeldecken. Aber es genügt schon ein Gefäß mit kleinen glatten Stahlkugeln. Nur muß man dann die Eigen- oder Wärmebewegung dieser Modellmoleküle ein wenig zu plump durch Schütteln des ganzen Gefäßes ersetzen. Dies Schütteln werden wir in Zukunft nicht jedesmal besonders erwähnen.

Das Hauptkennzeichen der Modellflüssigkeit ist die freie Verschieblichkeit aller Flüssigkeitsmoleküle gegeneinander. Diese freie Verschieblichkeit macht uns sogleich drei wichtige Tatsachen verständlich:

1. die Einstellung der Flüssigkeitsoberfläche, § 71;

2. die Verteilung des Druckes in Flüssigkeiten, §§ 72 und 73;

3. Druckverteilung im Schwerefeld und Auftrieb, §§ 74 und 75.

§ 71. Die Einstellung der Flüssigkeitsoberfläche. Eine Flüssigkeitsoberfläche stellt sich stets senkrecht zur Richtung der an ihren Molekülen angreifenden Kraft ein. Beispiele:

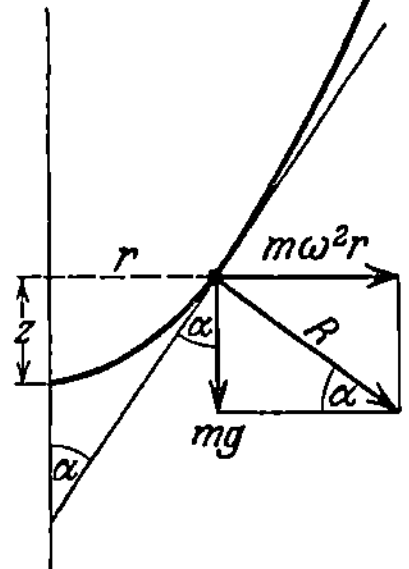
Abb. 192. Parabolische Oberfläche einer rotierenden Flüssigkeit.

a) Bei einer Flüssigkeit in einer flachen, weiten Schale ist nur das Gewicht der einzelnen Flüssigkeitsmoleküle wirksam. Die Oberfläche stellt sich als horizontale Ebene ein. Bei der Modellflüssigkeit sehen wir beim Eingießen in eine Schale die frei verschieblichen Moleküle übereinander weggleiten. Erst bei der tiefstmöglichen Lage ihrer Gesamtheit kommt sie zur Ruhe.

b) In den weiten Meeres- und Seebecken darf man die Richtung des Gewichtes an verschiedenen Stellen nicht mehr als parallel betrachten. Das Gewicht weist überall radial zum Erdmittelpunkt. Folglich bildet die Flüssigkeitsoberfläche ein Stück einer Kugeloberfläche.

c) In einem um eine vertikale Achse rotierenden Gefäß nimmt die Flüssigkeitsoberfläche die Gestalt eines Paraboloids an. Wir betrachten die Flüssigkeitsmoleküle vom beschleunigten Bezugssystem aus. An jedem einzelnen Teilchen (Molekül) greifen zwei Kräfte an: senkrecht nach unten ziehend das Gewicht mg des Teilchens, radial nach außen ziehend die Zentrifugalkraft $m\omega^2 r$. Beide Kräfte vereinigen sich zu der Gesamtkraft R. Senkrecht zu dieser Gesamtkraft stellt sich die Oberfläche ein. Nach der in Abb. 192 ausgeführten Skizze gilt

$$\operatorname{tg}\alpha = \frac{mg}{m\omega^2 r} = \frac{dr}{dz}\,, \tag{61}$$

$$\frac{g}{\omega^2}\cdot dz = r\cdot dr\,,$$

$$\operatorname{const} z = r^2\,. \tag{62}$$

Das aber ist die Gleichung einer Parabel.

Der Klarheit halber wollen wir den gleichen Vorgang auch von unserem früher benutzten Bezugssystem (Erd- oder Hörsaalboden) aus beschreiben.

Jedes Flüssigkeitsteilchen soll an einer Kreisbahn eines bestimmten Radius r teilnehmen. Das erfordert eine an ihm radial zur Drehachse hin angreifende Radialkraft $m\omega^2 r$. Diese wird vom Gewicht mit Hilfe einer „Rampe" hergestellt. Dies „Abrutschen auf der Rampe" zeigt uns das Momentbild der Modellflüssigkeit in Abb. 193 mit großer Deutlichkeit. Die Steilheit der Rampe muß bei gegebener Winkelgeschwindigkeit ω mit dem Abstand r zwischen Teilchen und Drehachse zunehmen. Die parabelförmige Rampe bietet lediglich eine neue Lösung einer uns schon bekannten Aufgabe: nämlich Herstellung einer dem Radius r

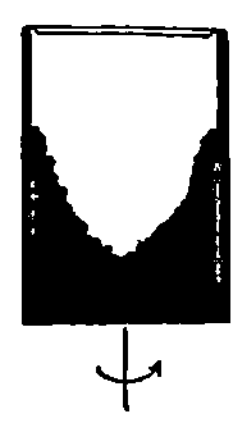

Abb. 193. Parabelquerschnitt einer rotierenden Stahlkugelmodellflüssigkeit. (Momentphotographie.)

proportionalen Radialkraft. Sie tritt an die Stelle unserer früheren Lösung mit Federkraft und linearem Kraftgesetz auf S. 35. Man kann diese neue Lösung recht einfach mit einer durchbohrten Kugel auf einem parabolisch gebogenen Draht vorführen. Bei passender Winkelgeschwindigkeit ω bleibt die Kugel, mit einem Stab hin und her gestoßen, in jeder Höhenlage im Gleichgewicht.

§ 72. Druck in Flüssigkeiten, Manometer. Als Druck definiert man allgemein den Quotienten Kraft/Fläche. An Einheiten des Druckes sind zunächst zu nennen:

1 Dyn/cm² = 1 Bar (10^6 Bar = 1 Megabar),

1 Großdyn/m² = 10 Bar,

1 kg-Kraft/cm² = 1 (technische) Atmosphäre = $9{,}81 \cdot 10^4$ Großdyn/m²,

1,0333 kg-Kraft/cm² = 1 physikalische Atmosphäre = $1{,}013 \cdot 10^5$ Großdyn/m²,

1 engl. Pfund/Quadratzoll = 0,07 Atmosphären usf.

Die Größenordnung der im täglichen Leben vorkommenden Drucke wird meistens unterschätzt. Ein mit dem Fingerhut geschützter Finger kann leicht auf eine Nähnadel eine Kraft der Größe 1 kg-Kraft wirken lassen. Die Nadelspitze habe einen Durchmesser von etwa 0,2 mm, also einen Querschnitt der Größenordnung $4 \cdot 10^{-4}$ cm². Folglich dringt die Nähnadelspitze in unserem Beispiel mit einem Druck von rund

$$\frac{1 \text{ kg-Kraft}}{4 \cdot 10^{-4} \text{ cm}^2} = 2500 \text{ kg-Kraft/cm}^2 = 2500 \text{ Atm.}$$

in den zu durchstechenden Stoff ein. Ein Rasiermesser geht mit einem Druck von einigen 10^4 Atmosphären in die Bartstoppeln hinein. Man soll sich nie durch Drucke imponieren lassen, sondern nur durch das Produkt Druck mal Fläche.

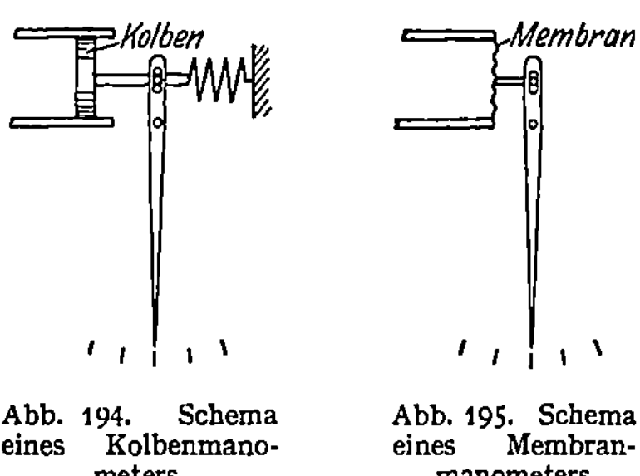

Abb. 194. Schema eines Kolbenmanometers.

Abb. 195. Schema eines Membranmanometers.

Die Definition des Druckes ermöglicht es uns, sogleich für Flüssigkeiten brauchbare **Druckmesser** oder **Manometer** zu bauen. Wir sehen in Abb. 194 einen recht reibungsfrei verschiebbaren Kolben in einem an das Flüssigkeitsgefäß angeschlossenen Hohlzylinder. Der Kolben ist an eine Federwaage mit Zeiger und Skala angeschlossen. — Kolben und Feder lassen sich konstruktiv zusammenfassen. So gelangen wir zu einer gewellten oder auch glatten Membran (Abb. 195). Ihre Durchwölbung durch den Druck betätigt den Zeiger. Ohne Eichung lassen diese Instrumente zunächst nur räumlich oder zeitlich getrennte Drucke als gleich identifizieren („Manoskop"). Doch werden wir schon auf der folgenden Seite ein Eichverfahren kennenlernen.

Im Besitz dieser, wenn auch noch ungeeichten Manometer wollen wir jetzt die Druckverteilung in Flüssigkeiten betrachten. Dabei halten wir der Einfachheit halber zwei Grenzfälle aneinander:

1. Der Druck rührt lediglich vom eigenen Gewicht der Flüssigkeiten her: Kennwort: **Schweredruck.**

2. Die Flüssigkeit befindet sich in einem allseitig geschlossenen Gefäß. Ein angeschlossener Zylinder mit eingepaßtem Kolben erzeugt einen Druck, neben dessen Größe der Schweredruck als unerheblich vernachlässigt werden kann. Kennwort: Stempeldruck.

Wir beginnen in § 73 mit dem zweiten Grenzfall.

§ 73. Allseitigkeit des Druckes bei Stempeldruck.

1. Die Abb. 196 zeigt uns ein ganz mit Wasser gefülltes Eisengefäß von ziemlich komplizierter Gestalt mit vier gleichgebauten technischen Manometern. Rechts pressen wir mittels einer Schraube einen Stempel in das Gefäß hinein. Alle (ungeeichten) Manometer zeigen uns gleich große Zeigerausschläge und damit die allseitige Gleichheit des Druckes.

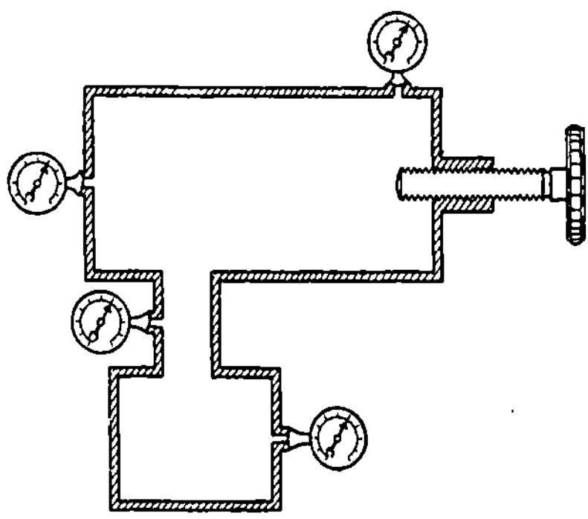

Abb. 196. Druckverteilung in einer Flüssigkeit bei überwiegendem Stempeldruck.

2. Zur Erläuterung denken wir uns die Modellflüssigkeit (Stahlkugel) in einen Sack gefüllt und durch ein geeignetes Loch einen Kolben hereingepreßt. Der Sack bläht sich allseitig auf. Die freie Verschieblichkeit der Stahlkugeln läßt keine Bevorzugung einer Richtung zustande kommen.

Als nächstes bringen wir drei wichtige Anwendungen dieser Allseitigkeit des Stempeldruckes.

1. Eichung eines technischen Manometers. Das Manometer hat eine technisch sehr gebräuchliche, bislang von uns noch nicht erwähnte Form. Die auswölbbare Membran ist in Abb. 197 durch ein flaches Rohr R von elliptischem Querschnitt ersetzt. Durch Einpressen einer Flüssigkeit streckt sich das Rohr und dreht dabei einen Zeiger (man denke an das bekannte Kinderspielzeug eines flachen, im Ruhezustand schneckenförmig aufgerollten Papierrüssels). Vom Manometer führt irgendeine Rohrleitung zum Zylinder Z mit eingepaßtem Kolben K. Die gesamten Hohlräume sind mit einer beliebigen Flüssigkeit, z. B. einem Öl, gefüllt. Druck ist Kraft durch Fläche. Der Stempeldruck des Kolbens ist also gleich „Eigengewicht des Kolbens plus Gewicht des aufgesetzten Gewichtstückes" dividiert durch den „Kolbenquerschnitt F". Nun kommt das wesentliche: Die Reibung zwischen Kolben und Zylinderwand muß

Abb. 197. Eichung eines technischen Manometers mit rotierendem Kolben K.

ausgeschaltet werden. Sonst wäre die Kraft kleiner als die eben genannten Gewichte. Die Ausschaltung der Reibung erfolgt durch einen Kunstgriff: Man läßt den Kolben dauernd von einer feinen Flüssigkeitshaut umspülen. Das erreicht man durch eine gleichförmige Rotation des Kolbens um seine vertikale Längsachse[1]. Zu diesem Zweck ist das obere Ende des Kolbens als ein Schwungrad von erheblichem Trägheitsmoment ausgestaltet worden. Einmal in Drehung versetzt, rotiert der Kolben lange Zeit. Man stoße kräftig von oben auf das laufende Schwungrad: Der Manometerzeiger kehrt jedesmal zum

---

[1] Dieser Versuch erläutert zugleich die Lagerschmierung als eine „schleichende" Flüssigkeitsströmung im Sinne des § 88.

gleichen Ausschlag zurück. Die Einstellung des Manometerzeigers wird also in der Tat nur durch das Eigengewicht des Kolbens und seine Belastung bestimmt.

2. Die hydraulische Presse. Dies wichtige technische Hilfsmittel dient der Herstellung großer Kräfte mit Hilfe kleiner Drucke. Wir zeigen diese Presse (in Abb. 198) in einer improvisierten Ausführung. Ihre wesentlichen Einzelteile sind ein zylindrischer Kochtopf A, eine dünnwandige Gummiblase B, ein hölzerner Kolben K und ein festgefügter rechteckiger Rahmen R. Der Füllstutzen der Gummiblase tritt aus einem seitlichen Loch L heraus. Er wird mittels eines dickwandigen Gummischlauches an die städtische Wasserleitung angeschlossen. Eine Ledermanschette M am Kolbenrand verhindert die Bildung von Blindsäcken zwischen Kolben und Topfwand.

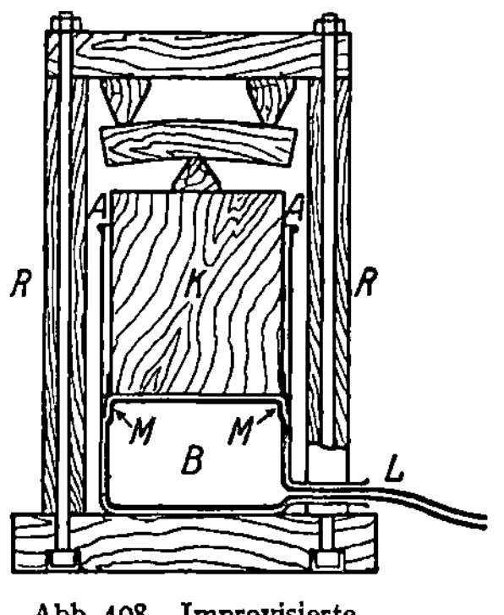

Abb. 198. Improvisierte hydraulische Presse.

Zahlenbeispiel: Die Wasserleitung im Göttinger Hörsaal hat einen Druck von ungefähr 4 kg-Kraft/cm². Der benutzte Kochtopf hat einen lichten Durchmesser von 30 cm, der Kolben also rund 710 cm² Querschnitt. Die Presse gibt daher eine Kraft K von rund 3000 kg-Kraft. Sie knickt Eichenklötze von 4×5 cm² Querschnitt und 40 cm Länge.

3. Die Zusammendrückbarkeit des Wassers. Die geringe Zusammendrückbarkeit der Flüssigkeiten wird auf S. 119 lediglich als eine Behauptung eingeführt. Die Allseitigkeit des Flüssigkeitsdruckes ermöglicht eine quantitative Bestätigung dieser Behauptung. Das Prinzip ist das folgende: Man preßt eine Flüssigkeit mit hohem Druck in ein Meßgefäß, verhindert jedoch dabei ein blasenartiges Aufblähen des Meßgefäßes. Zu diesem Zweck umgibt man das Meßgefäß von außen mit einer Flüssigkeit gleichen Druckes, wie innen. So gelangt man zu der in Abb. 199 skizzierten Anordnung.

A ist das Meßgefäß, gefüllt mit der zu untersuchenden Flüssigkeit. Wir wählen als Beispiel Wasser. Das Meßgefäß endet in einem engen, unten offenen Rohr von bekanntem Querschnitt q. Es taucht unten in ein Schälchen mit Quecksilber als „Sperrflüssigkeit". Meßgefäß und Hg-Schale befinden sich in einem weiten durchsichtigen Glaszylinder. Er ist allseitig geschlossen und ebenfalls mit Wasser gefüllt. Ein Schraubengewinde mit Handgriff H erlaubt, einen Stempel in das Wasser hineinzutreiben und es so unter Druck zu setzen. Ein technisches Manometer läßt den Druck in kg-Kraft/cm² oder Atmosphären

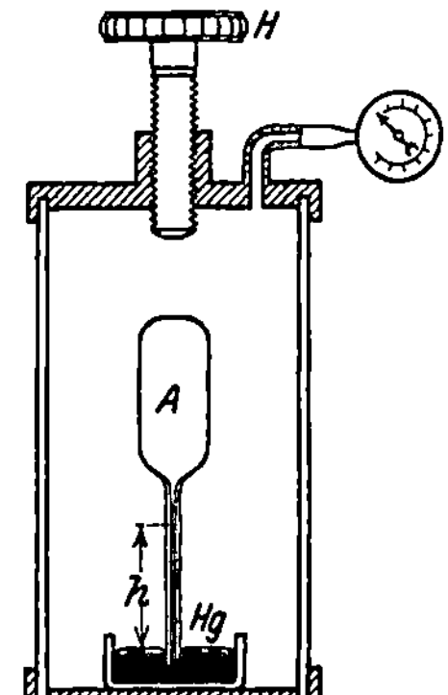

Abb. 199. Zusammendrückbarkeit des Wassers.

ablesen. Mit wachsendem Druck dringt die Sperrflüssigkeit aufwärts in das Glasrohr ein. Ein Steigen um h cm bedeutet eine Abnahme des gepreßten Wasservolumens V im Meßgefäß um den Betrag $\Delta V = hq$ cm³. Derartige Messungen ergeben in der Tat für Wasser eine nur sehr geringfügige Zusammendrückbarkeit. Man findet pro Atmosphäre Drucksteigerung eine Volumenabnahme ($\Delta V/V$) um nur rund $5 \cdot 10^{-3}\%$. Erst bei 1000 Atmosphären Druck erreicht die Volumenabnahme gepreßten Wassers einen Betrag von rund 5%. Diese geringe Zusammendrückbarkeit des Wassers führt zu mancherlei überraschenden Schauversuchen. Sie zeigen stets das Auftreten großer Kräfte und Drucke bei geringfügiger Kompression. Wir nennen ein Beispiel:

Gegeben eine passend abgedichtete, mit Wasser gefüllte rechteckige Holzkiste ohne Deckel. Oben liegt die Flüssigkeit frei zutage. Durch diese Kiste wird von der Seite eine Gewehrkugel geschossen. Dadurch wird das Wasser um den Betrag des Kugelvolumens zusammengepreßt. Denn zum Ausweichen des Wassers nach oben fehlt die Zeit. Es entstehen erhebliche Drucke. Die Kiste wird zu Kleinholz zerfetzt (Blasenschuß!).

Eine Variante dieses Versuches erfordert bescheideneren Aufwand. Es genügt ein mit Wasser gefülltes Becherglas und die Explosion einer Glasträne in diesem Glas. Glastränen werden in den Fabriken durch Eintropfen flüssigen Glases in Wasser hergestellt. Es sind rasch erstarrte feste Glastropfen mit großen inneren Spannungen (Abb. 200). Eine Glasträne ist gegen Schlag und Stoß sehr unempfindlich. Man kann getrost mit einem Hammer auf ihr herumklopfen. Hingegen verträgt sie keinerlei Beschädigungen ihres fadenförmigen Schwanzes. Beim Abbrechen der Schwanzspitze zerfällt sie knallend in Splitter. Man lasse eine Glasträne in dieser Weise in der geschlossenen Faust explodieren. Man fühlt dann deutlich, aber ohne jeden Schmerz und Schaden, das Auseinanderfliegen der Bruchstücke. Die Harmlosigkeit dieses Versuches in der Hand steht in überraschendem Gegensatz zu der völligen Zerstörung des mit Wasser gefüllten Becherglases.

Abb. 200. Zwei Glastränen.

§ 74. Druckverteilung im Schwerefeld. Gegeben ein zylindrisches, senkrecht stehendes Gefäß vom Querschnitt F (Abb. 201). Es ist bis zur Höhe h mit einer Flüssigkeit der Dichte ϱ gefüllt. Es enthält also insgesamt die Flüssigkeitsmasse $m = Fh\varrho$. Das Gewicht dieser Flüssigkeitssäule beträgt in dynamischen Einheiten

$$G = mg = Fh\varrho g \,. \tag{63}$$

Gewicht durch Fläche gibt den am Gefäßboden herrschenden, allseitig gleichen Druck P

$$P = \frac{G}{F} = h\varrho g \,. \tag{64}$$

Dieser Herleitung liegt eine wesentliche, jedoch experimentell wohl begründete Voraussetzung zugrunde: Die Dichte der Flüssigkeit ist innerhalb der ganzen Säulenhöhe die gleiche. Infolge der winzigen Zusammendrückbarkeit der Flüssigkeiten wird die Dichte der unteren Schichten nicht merklich durch den Druck der auf ihnen lastenden höheren Schichten erhöht. Wasser hat die Dichte $\varrho = 1000$ kg-Masse/m³. Ferner ist die Erdbeschleunigung $g = 9,81$ m/sec². Also erzeugt eine Wassersäule von 1000 m Höhe nach Gleichung (64) an ihrem Boden einen Druck von $1000 \cdot 1000 \cdot 9,81 = \text{rund } 10^7$ Großdyn/m² $= 100$ Atmosphären. Dieser Druck aber preßt die unterste Wasserschicht erst um ¹/₂% zusammen (vgl. S. 122).

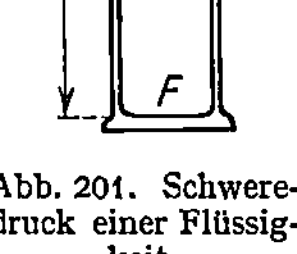

Abb. 201. Schweredruck einer Flüssigkeit.

Gestalt und Querschnitt des Gefäßes gehen nicht in die Gleichung (64) ein. Das gilt ebenso für nichtzylindrische Gefäße beliebiger Gestalt. Das kann man leicht übersehen. Die Abb. 202 zeigt uns einen zylindrischen Holzklotz und auf ihm frei verschiebbar einen schraffiert gezeichneten Körper in Form eines durchbohrten Kegels. Das Gewicht dieses schraffierten Kegels kann unmöglich unter der Bodenfläche des Zylinders zur Wirkung kommen. — Ganz analog liegt es im Fall eines trichterförmigen, mit Flüssigkeit gefüllten Gefäßes. Die Flüssigkeitsmoleküle sind frei gegeneinander verschiebbar, sie gleiten also auch längs der gedachten Grenzfläche. In ähnlicher Form läßt sich die Einflußlosigkeit der Gefäßform auch in allen anderen Fällen erweisen. So gelangt man

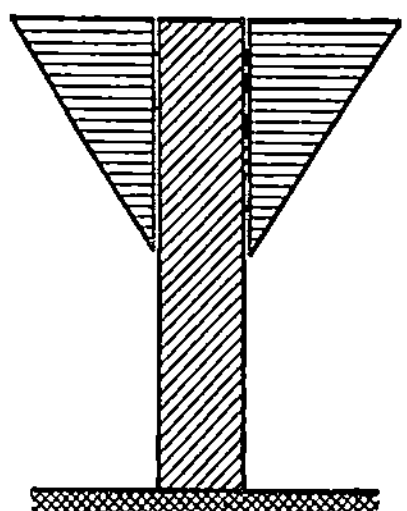

Abb. 202. Zum Bodendruck.

zu dem wichtigen Satz: Maßgebend für den Schweredruck an irgendeinem Punkt einer Flüssigkeit ist stets nur der senkrechte Abstand h des Punktes von der Flüssigkeitsoberfläche. Quantitativ gilt die Gleichung (64).

Von den vielen wichtigen Anwendungen dieses Satzes erinnern wir an die allbekannten Flüssigkeitsmanometer zur Messung von Gas- und Dampfdrucken.

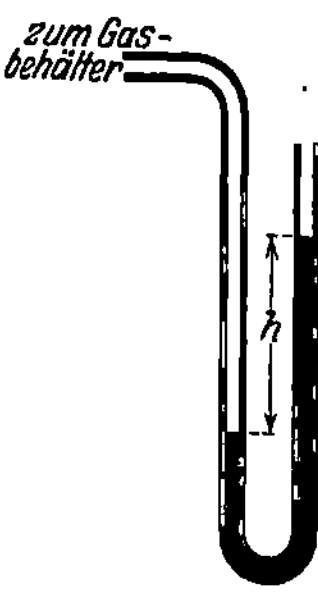

Abb. 203. Flüssigkeitsmanometer.

Die einfachste Ausführungsform besteht aus einem U-förmigen Glasrohr mit einer Flüssigkeit zweckmäßig gewählter Dichte (Abb. 203). Meist benutzt man Wasser oder Quecksilber als Sperrflüssigkeit. Selbstverständlich lassen sich diese Manometer in den üblichen Druckeinheiten, wie Bar, Kilogrammkraft pro cm² usw. eichen. Doch begnügt man sich in der Regel mit der Angabe der Niveaudifferenz der Flüssigkeit in den beiden Schenkeln. Man spricht beispielsweise von einem Druck von 10 cm Wassersäule usf. Die Umrechnungsfaktoren ergeben sich unmittelbar aus Gleichung (64). Man muß nur die Dichte der benutzten Flüssigkeit kennen. Wir nennen einige oft gebrauchte Zahlen:

10^6 Dyn/cm² oder Bar $= 10^5$ Großdyn/m² $= 750{,}06$ mm Hg-Säule,

1 kg-Kraft/cm² $= 1$ technische Atmosphäre $= 735{,}52$ mm Hg-Säule.

§ 75. Der statische Auftrieb in Flüssigkeiten. Die bekannteste Folgerung dieser Druckverteilung im Schwerefeld ist der statische Auftrieb von Körpern in einer Flüssigkeit. Wir betrachten zunächst den Auftrieb eines festen, in die Flüssigkeit eingetauchten Körpers. Er

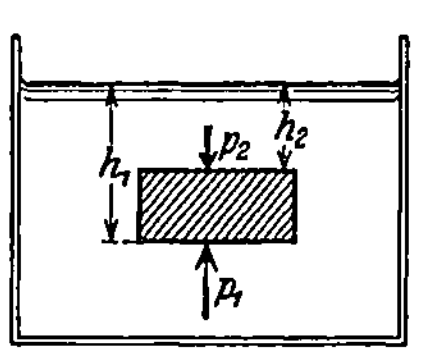
Abb. 204. Entstehung des Auftriebes.

habe der Einfachheit halber die Form eines flachen Zylinders (Abb. 204). Der Druck der Flüssigkeit ist in allen Richtungen der gleiche. Das ist eine Folge der freien Verschieblichkeit aller Flüssigkeitsmoleküle. Folglich drückt gegen die untere Zylinderfläche ein Druck $p_1 = h_1 \varrho g$ nach oben, gegen die obere ein kleinerer Druck $p_2 = h_2 \varrho g$ nach unten. Alle Drucke gegen die Seitenfläche des Zylinders heben sich gegenseitig paarweise auf. Es verbleibt nur die Differenz der beiden Drucke $(p_1 - p_2)$. Diese ergibt, multipliziert mit der Basisfläche F, eine nach oben gerichtete, am Körper angreifende Kraft K. Man nennt sie den Auftrieb.

$$K = \varrho g F (h_1 - h_2) . \qquad (65)$$

Das rechts stehende Produkt ist aber nichts anderes als das Gewicht einer Flüssigkeitsmasse vom Volumen des eingetauchten Körpers. In dieser und ähnlicher Weise finden wir allgemein: **Der Auftrieb eines eingetauchten festen Körpers ist gleich dem Gewicht des von ihm verdrängten Flüssigkeitsvolumens.**

Die Gegenkraft zum Auftrieb drückt die Flüssigkeit nach unten. Das zeigt man mit der in Abb. 205 skizzierten Anordnung. Sie bedarf keiner weiteren Erläuterung.

Abb. 205. Gegenkraft beim Auftrieb.

Man kann mancherlei quantitative Versuche über den Auftrieb bringen. Statt dessen veranschaulichen wir die Entstehung des Auftriebes mit Hilfe unserer Modellflüssigkeit. Die Abb. 206 zeigt uns im Schattenbild ein Glasgefäß mit

Stahlkugeln. In diesen Stahlkugeln haben wir zuvor zwei große Kugeln vergraben, die eine aus Holz, die andere aus Stein. Wir ersetzen die fehlende Wärmebewegung unserer Modellflüssigkeit in bekannter Weise durch Schütteln. Sofort bringt der Auftrieb die beiden großen Kugeln an die Oberfläche. Sie „schwimmen", die Holzkugel hoch herausragend, die Steinkugel noch bis etwa zur Hälfte eintauchend.

Selbstverständlich kann man von diesem Versuch keine quantitative Nachprüfung des Auftriebes verlangen. Dazu ist der Ersatz der Wärmebewegung durch Schütteln zu primitiv.

Der wesentliche Punkt bei der Entstehung des Auftriebes eines festen Körpers ist ein Druck gegen die Bodenfläche des Körpers. Die Flüssigkeitsmoleküle müssen sich dank ihrer freien Verschieblichkeit unter den Boden des Körpers herunterdrängen können. Das zeigt ein altbekannter, in Abb. 207 skizzierter Versuch. Das Gefäß hat einen ebenen Boden aus Spiegelglas. Auf diesen Boden setzen wir einen Glasklotz G mit ebenfalls ebenem Boden. Wir halten ihn fest und füllen dann das Gefäß mit Quecksilber. Das Quecksilber kann nicht in den Zwischenraum zwischen Glasklotz und Glasboden eindringen. Die Flüssig

Abb. 206. Auftrieb in einer Stahlkugelmodellflüssigkeit.

keit drückt in vertikaler Richtung nur gegen die Oberseite des Glasklotzes. Infolgedessen bleibt der Glasklotz wie angesaugt am Boden haften, in seiner Ebene leicht verschiebbar. Das zeigen wir mit Hilfe eines am Glasklotz befestigten Stieles. Durch Kippen von Stiel und Klotz geben wir dem Hg den Weg unter die Bodenfläche frei. Sofort erscheint der Glasklotz an der Quecksilberoberfläche.

Das Gewicht eines Körpers und sein Auftrieb in einer Flüssigkeit wirken einander entgegen. Beim Überwiegen des Gewichtes sinkt der Körper in der Flüssigkeit zu Boden. Beim Überwiegen des Auftriebes steigt er zur Oberfläche. Den Übergang zwischen beiden Möglichkeiten vermittelt ein Sonderfall: Der Körper und das von ihm verdrängte Flüssigkeitsvolumen haben Massen

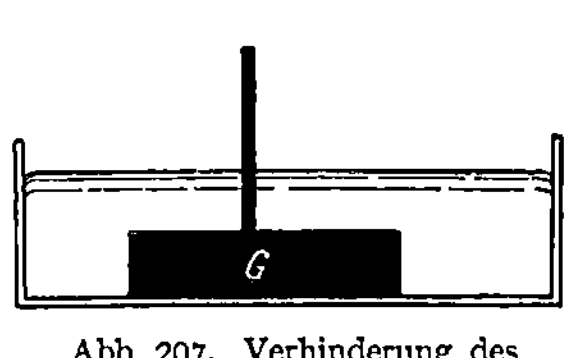

Abb. 207. Verhinderung des Auftriebes.

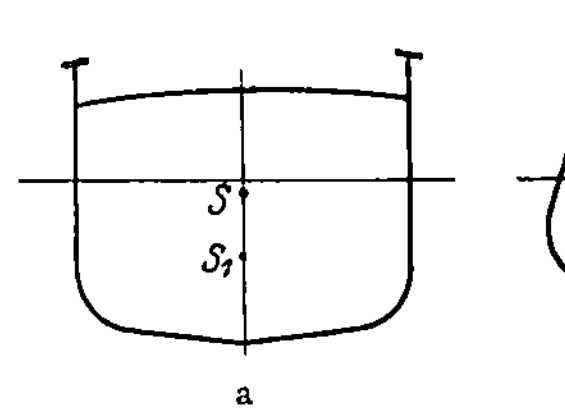

Abb. 208. Metazentrum.

gleicher Größe. In diesem Sonderfall schwebt der Körper in beliebiger Höhenlage in der Flüssigkeit. Dieser Sonderfall läßt sich auf zahllose Weisen verwirklichen. Wir nennen als einziges Beispiel eine Bernsteinkugel in einer Zinksulfatlösung passend gewählter Konzentration.

Bei überwiegendem Auftrieb tritt ein Teil des Körpers aus der Flüssigkeitsoberfläche heraus. Der Körper kommt zur Ruhe, sobald die von ihm noch verdrängte Wassermasse gleich seiner eigenen Masse geworden ist. Dann spricht man vom Schwimmen eines Körpers. Für praktische Zwecke (Schiffe) ist eine Stabilität der Schwimmstellung von größter Wichtigkeit. Sie wird durch die Lage des Metazentrums bestimmt. Man denke sich in Abb. 208b einen Dampfer um den Winkel α aus seiner Ruhelage herausgedreht. S_2 sei der Schwerpunkt des in dieser Schräglage von ihm verdrängten Wasservolumens, also der Angriffspunkt des Auftriebes in dieser Schräglage. Durch

diesen Punkt S_2 ziehen wir eine Vertikale. Ihr Schnittpunkt mit der punktierten
Mittellinie des Dampfers heißt das Metazentrum. Dies Metazentrum darf
bei keiner Schräglage unter den Schwerpunkt S des Dampfers geraten. Nur so
richtet das Drehmoment des Auftriebs den Dampfer wieder auf. Nur mit einem
Metazentrum oberhalb seines Schwerpunktes schwimmt ein Schiff
stabil.

§ 76. Auftrieb einer Flüssigkeit in einer anderen. Unsere bisherigen Ausführungen betrafen den statischen Auftrieb eines festen Körpers in einer Flüssigkeit. Jetzt betrachten wir den Auftrieb einer Flüssigkeit in einer anderen. Wir
wählen dabei einen späterhin nützlichen Sonderfall: Eine Flüssigkeit befindet sich
in einer unten offenen Hülle im Innern einer zweiten Flüssigkeit von größerer

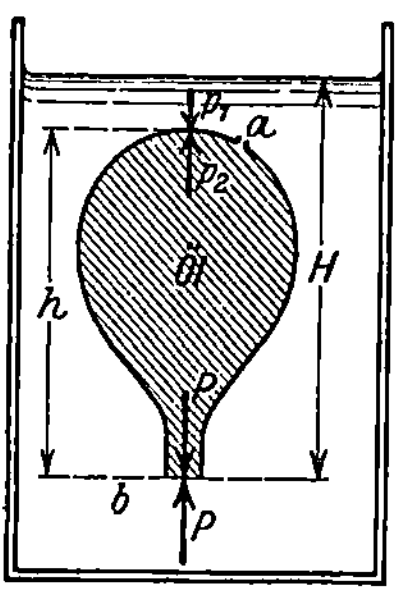

Abb. 209. Auftrieb eines
mit Flüssigkeit gefüllten
Ballons in einer Flüssig-
keit größerer Dichte.

Dichte. Wir sehen in Abb. 209 einen unten offenen Glasballon mit Öl gefüllt. Er befindet sich in einem größeren,
mit Wasser gefüllten Gefäß. Der Auftrieb des Öles und
seiner Glashülle ist größer als ihr Gewicht. Doch verhindert
eine nicht gezeichnete kleine Drahtringführung das Erreichen
und Durchstoßen der Wasseroberfläche.

Formal kann man ohne weiteres auch hier den auf S. 124
hergeleiteten Satz anwenden: Der Auftrieb des Öles und
seiner Hülle ist gleich dem Gewicht der verdrängten Wasser-
menge. Trotzdem macht man sich zweckmäßig einmal die
Druckverteilung innerhalb des Ballons klar. Dadurch gewinnt der Vorgang an Anschaulichkeit. Der Ballon ist
unten offen. Öl und Wasser berühren einander, und beide
sind in der Vertikalen frei verschiebbar. Folglich müssen
Öl und Wasser beiderseits ihrer Trennflächen den gleichen, allein durch die
Wasserhöhe H bedingten Druck P haben. Anders hingegen oben im Ballon.
Dort ist der Druck p_2 im Öl gegen die Innenfläche der Ballonwand größer als
der Druck p_1 des umgebenden Wassers gegen die Außenfläche der Ballonwand.
Denn es gilt

$$p_1 = P - h\varrho_1 g; \quad \varrho_1 = \text{Wasserdichte},$$
$$p_2 = P - h\varrho_2 g; \quad \varrho_2 = \text{Öldichte}.$$

Die Dichte des Öles ϱ_2 ist kleiner als die des Wassers ϱ_1. Folglich ist $p_1 < p_2$.
Wir haben

$$p_2 - p_1 = hg(\varrho_1 - \varrho_2) . \qquad\qquad (66)$$

Diese Druckdifferenz erzeugt die nach oben gerichtete, an der Ballonhülle angreifende Kraft. Diese Kraft hat für einen zylindrischen Ballon vom Querschnitt F den Wert $(p_2 - p_1)F$.

Zur experimentellen Vorführung der Druckverteilung hat der Ballon bei a
ein feines Loch. Es ist anfänglich durch einen Stopfen verschlossen. Nach Entfernung dieses Stopfens entweicht das Öl aus dem Loch a als freier Strahl ins
Wasser hinein. Also war am Deckel der Druck p_2 im Öl größer als p_1, der Wasserdruck. — In § 84 werden wir an diesen Schauversuch wieder anknüpfen.

§ 77. Zähigkeit und innere Reibung der Flüssigkeiten. Das von uns bisher
benutzte Modell einer Flüssigkeit (Stahlkugeln) läßt noch drei wichtige Eigenschaften der wirklichen Flüssigkeiten vermissen: 1. die Zähigkeit der Flüssigkeiten, 2. das Haften der Flüssigkeiten an festen Körpern, 3. den offensichtlichen
Zusammenhalt zwischen den Flüssigkeitsmolekülen. Beim Ausgießen einer
wirklichen Flüssigkeit fahren die einzelnen Flüssigkeitsmoleküle keineswegs so
völlig zusammenhaltslos nach allen Richtungen auseinander wie die Stahlkugeln
unserer Modellflüssigkeit. Die wirkliche Flüssigkeit zeigt immer Zusammen-
ballungen in Form von Tropfen verschiedener Größe und Gestalt.

Die Zähigkeit der Flüssigkeit und ihr Haften an festen Körpern wollen wir in diesem, ihren inneren Zusammenhalt im folgenden Paragraphen behandeln.

Ohne Zweifel ist das Hauptkennzeichen aller wirklichen Flüssigkeiten die vollständig freie Verschieblichkeit ihrer einzelnen Moleküle. Es fehlen der Flüssigkeit alle „inneren Sperrhaken". Das soll heißen: Zwei aufeinander gesetzte Körper „verhaken" sich stets an ihrer Oberfläche. Die beste Politur kann das Verhaken an winzigen Unebenheiten der Oberfläche nur vermindern, aber nie beseitigen. Zwei mit ebener, horizontaler Grenzfläche aufeinander gesetzte Körper werden keineswegs durch beliebig kleine Kräfte parallel dieser Grenzfläche gegeneinander in Bewegung gesetzt (Abb. 210). Die Kraft muß zur Einleitung einer Bewegung stets einen Schwellenwert überschreiten. Man nennt ihn nicht gerade glücklich die „Ruhreibung". Bei einer Flüssigkeit hingegen findet man nie ein Verhaken und nie einen Schwellenwert der bewegenden Kraft. In jeder Flüssigkeit herrscht allseitig freie Verschieblichkeit.

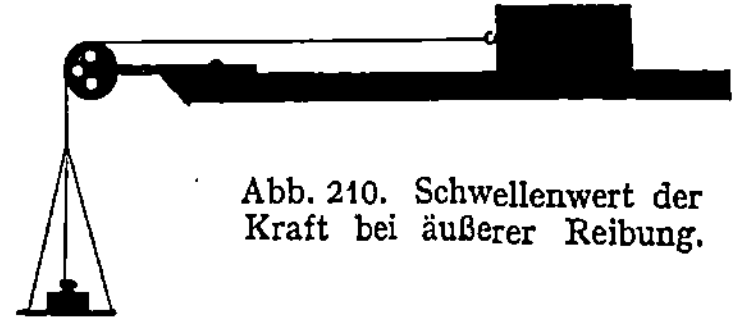

Abb. 210. Schwellenwert der Kraft bei äußerer Reibung.

Trotz dieser freien Verschieblichkeit besitzen viele Flüssigkeiten eine erhebliche Zähigkeit. Diese Zähigkeit läßt bei Bewegungen in Flüssigkeiten die als innere Reibung benannte Kraft entstehen. Das muß näher erläutert werden.

Jede als Reibung bezeichnete Kraft setzt stets die Relativbewegung eines Körpers gegen einen anderen voraus. Dabei haben wir schon früher zwei Fälle unterscheiden gelernt:

1. Zwei feste Körper berühren einander mit ihren Grenzflächen und gleiten mehr oder minder zusammengepreßt übereinander weg.. Während dieser Bewegung wirkt auf jeden der beiden Körper eine Kraft (actio = reactio). Diese Kraft nennt man die äußere Reibung.

2. Zwei feste Körper sind voneinander durch Flüssigkeiten oder Gase getrennt. Auch dann wirkt während der Bewegung auf jeden der beiden Körper eine Kraft. Diese Kraft nennt man innere Reibung.

Zur Messung der inneren Reibung dient im Prinzip die in Abb. 211 skizzierte Anordnung. Eine ausgedehnte Glasplatte A wird von irgendeinem Motor (Hand) mit der konstanten Geschwindigkeit u aufwärts bewegt. Im Abstande x befindet sich vor ihr eine zweite Platte B vom Querschnitt F. Sie ist in ihrer Längsrichtung beweglich und wird rechts vom Kraftmesser I (Blattfeder) gehalten. Ihr Abstand x von der hinteren Platte ist klein gegen ihren Durchmesser. Beide Platten befinden sich im Innern einer Flüssigkeit. Die vom Kraftmesser angezeigte Kraft ist die innere Reibung. Ihre Größe ergibt sich proportional zur Plattenfläche F und zur Relativgeschwindigkeit u zwischen den beiden Platten. Hingegen ist sie umgekehrt proportional zum Abstande x der beiden Platten. Wir finden also für die als innere Reibung bezeichneten Kräfte die Größe

Abb. 211. Innere Reibung in einer Flüssigkeit.

$$K = \eta F \frac{u}{x}. \tag{67}$$

Der Proportionalitätsfaktor η wird als Zähigkeitskonstante bezeichnet. Man ermittelt die Zahlenwerte dieser Konstanten im Prinzip mit der in Abb. 211 skizzierten Anordnung. Man mißt also die Kraft K bei bekannter Größe von u,

F und *x*. Meßtechnische Einzelheiten und bequeme Formen der Versuchsanordnung sind Sache des Praktikums. Hier begnügen wir uns mit der Zusammenstellung einiger Zahlenwerte.

Substanz	Temperatur	Zähigkeitskonstante in Großdynsec/m² (1 Großdyn = 0,102 kg-Kraft)
Flüssige Kohlensäure .	20°	$7 \cdot 10^{-5}$
Benzol	20°	$6,4 \cdot 10^{-4}$
Wasser	0°	1,8
	20°	1,0
	98°	0,3
	−21,4°	1,9 $\Big\} 10^{-3}$
Quecksilber	0°	1,6
	100°	1,2
	300°	1,0
Rizinusöl	20°	1,02
	30°	0,45
	40°	0,22
Pech	20°	10^7

Bei Benutzung der Einheiten g-Masse und Zentimeter hat man obige Zahlenwerte mit 10 zu multiplizieren. Wasser hat bei 20° beispielsweise die Zähigkeitskonstante 0,01 Dynsec/cm².

Der nächste, in Abb. 212 skizzierte Versuch soll uns die Vorgänge bei der Entstehung der inneren Reibung näher erläutern. Er zeigt uns im wesentlichen den Versuch von Abb. 211 in Seitenansicht. Diesmal ist die untere Hälfte der Flüssigkeit violett gefärbt. Die lange Platte *A* wird mit konstanter Geschwindigkeit *u* nach oben bewegt. Während dieser Bewegung zeigt uns die Flüssigkeit das in Abb. 212 wiedergegebene Momentbild: Die Flüssigkeit **haftet** am bewegten Körper. Die Grenzschicht der Flüssigkeit gegen den bewegten Körper bewegt sich mit der gleichen Geschwindigkeit wie dieser Körper. Die weiterhin folgenden Flüssigkeitsschichten erhalten ebenfalls eine Geschwindigkeit in Richtung der vertikal nach oben bewegten Platte. Doch nimmt die Größe dieser Geschwindigkeit mit wachsendem Abstand *x* von der bewegten Platte ab. In der Flüssigkeit herrscht quer zur Geschwindigkeitsrichtung ein „Geschwindigkeitsgefälle $\partial u/\partial x$". In dem Sonderfall der hier benutzten Körper mit parallelen, ebenen Grenzflächen ist das Geschwindigkeitsgefälle angenähert linear. Denn wir finden rechts von *A* die Grenzschicht zwischen der gefärbten und der ungefärbten Flüssigkeit im Plattenzwischenraum nur noch wenig von

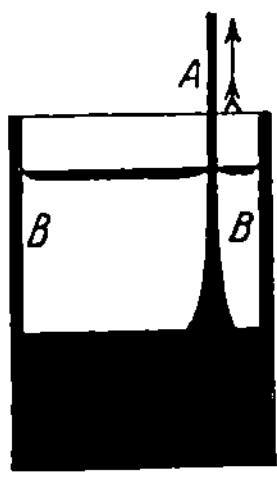

Abb. 212. Entstehung innerer Reibung.

einer **Geraden** abweichend. Daher können wir statt $\partial u/\partial x$ schreiben u/x. Dadurch bekommt aber der Quotient u/x in unserer oben empirisch gefundenen Gleichung (67) einen anschaulichen Sinn: Er bedeutet das Geschwindigkeitsgefälle innerhalb der Flüssigkeit. Wir haben die Gleichung (67) in allgemeinerer Form zu schreiben und erhalten für die als innere Reibung bezeichnete Kraft

$$K = \eta F \frac{\partial u}{\partial x}. \tag{67a}$$

Nach dem nunmehr vervollständigten Bild wirkt die als innere Reibung bezeichnete Kraft nicht nur auf die festen Begrenzungen einer Flüssigkeit. Vielmehr besteht auch zwischen benachbarten Flüssigkeitsteilchen verschiedener Geschwindigkeit stets eine als innere Reibung bezeichnete Kraft. Durch diese innere Reibung schleppen bewegte Flüssigkeitsteilchen ihre zuvor ruhenden Nachbarn mit. Sie selbst werden dabei gebremst und büßen kinetische Energie ein. In zähen Flüssigkeiten läßt sich eine konstante Geschwindigkeit nur bei dauernder Einwirkung äußerer Kräfte aufrechterhalten.

§ 78. Der Zusammenhalt der Flüssigkeiten, ihre Zerreißfestigkeit und Oberflächenspannung. Flüssigkeiten haften an festen Körpern. Außerdem haben sie eine Zähigkeit. Durch sie entsteht die als „innere Reibung" bezeichnete

Kraft. Diese Merkmale fehlen bisher unserer Modellflüssigkeit. — Das war der Inhalt des vorigen Paragraphen.

Weiterhin fehlt unserer Modellflüssigkeit bislang ein drittes Merkmal wirklicher Flüssigkeiten: ein Zusammenhalt zwischen den einzelnen Molekülen. — Er bildet den Inhalt dieses Paragraphen.

Wirkliche Flüssigkeiten verhalten sich kurz gesagt wie eine Modellflüssigkeit aus magnetisierten Stahlkugeln. Zwischen den einzelnen Flüssigkeitsmolekülen bestehen Kräfte. Bei wirklichen Flüssigkeiten nennt man sie formal „Molekularkräfte". Nach Maßgabe unserer heutigen Kenntnis sind sie ausschließlich elektromagnetischen Ursprungs. Molekularkräfte bewirken auch das Haften der Flüssigkeiten an festen Körpern. Sie bestehen zwischen den Flüssigkeitsmolekülen einerseits, den Molekülen des festen Körpers andrerseits. Das Haften kann bis zur „Benetzung" gehen. In diesen Fällen ist der Zusammenhalt zwischen den Molekülen der Flüssigkeit und des festen Körpers größer als der zwischen den Molekülen der Flüssigkeit.

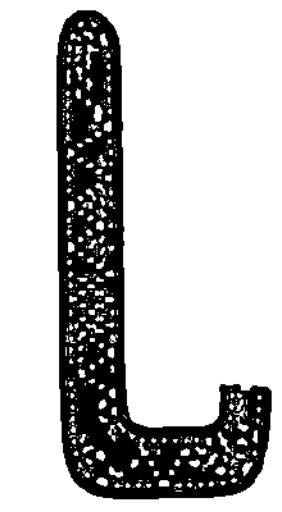

Abb. 213. Zerreißfestigkeit einer Modellflüssigkeit.

Leider läßt sich mit einer Modellflüssigkeit aus magnetisierten Stahlkugeln nur schlecht experimentieren. Ein Häufchen magnetisierter Stahlkugeln ballt sich zwar ganz nett zu einem „Tropfen" zusammen. Man kann diesen „Tropfen" auf einer Glasplatte hin und her rutschen lassen. Aber man kann in dieser Modellflüssigkeit nicht mehr eine „Wärmebewegung" durch Schütteln erzeugen. Denn die Modellflüssigkeit ist jetzt so zäh wie dickflüssiger Honig. — Hinzu kommt eine schlechte Haltbarkeit der Magnetisierung in den technischen Stahlkugeln. Man muß die Magnetisierung vor jeder Vorführung mit Hilfe eines kräftigen Elektromagneten erneuern. — Trotzdem leistet uns die Modellflüssigkeit auch jetzt noch gute Dienste.

Die Abb. 213 zeigt uns im Längsschnitt ein oben verschlossenes vertikales Eisenrohr, angefüllt mit unserer Modellflüssigkeit. Die magnetischen Moleküle haften an den Eisenwänden. Unsere Modellflüssigkeit bildet einen zusammenhängenden Flüssigkeitsfaden. Dieser trägt sein eigenes Gewicht, hat also eine erhebliche Zerreißfestigkeit.

Darunter zeigt uns die Abb. 214 den gleichen Versuch mit einer wirklichen Flüssigkeit ausgeführt, und zwar einem Wasserfaden. Das Wasser ist zuvor im Vakuum ausgekocht und völlig luftfrei gemacht worden. Der weite Schenkel B ist ganz luftleer gepumpt. Man kann auf diese Weise Wasserfäden von vielen

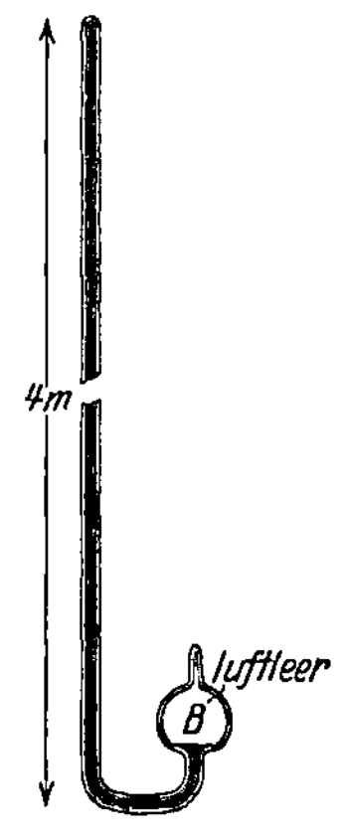

Abb. 214. Zerreißfestigkeit eines Wasserfadens.

Metern Länge aufhängen. Sie haben eine den Anfänger oft überraschende Zerreißfestigkeit. Man montiert das lange Glasrohr zweckmäßig auf ein Brett. Man kann das Brett hart auf den Boden aufstoßen, den Wasserfaden starken, nach unten ziehenden Trägheitskräften aussetzen (also das Brett als beschleunigtes Bezugssystem betrachtet!). Oft gelingt das Abreißen des Fadens erst nach mehreren vergeblichen Versuchen.

Die wesentliche Vorbedingung für den Nachweis der Zerreißfestigkeit des Wassers ist klar ersichtlich: Man muß eine seitliche Einschnürung des Fadens, eine Taillenbildung, verhindern. Diesem Zweck dient das Haften an den Wänden. Darum ist die Abwesenheit selbst winziger Luftblasen unerläßlich. Denn diese bilden sofort den Ausgangspunkt einer Einschnürung.

In einer zweiten Versuchsreihe geben wir jetzt die seitliche Einschnürung der Flüssigkeit absichtlich frei. Die Abb. 215 zeigt links einen Tropfen unserer magnetischen Modellflüssigkeit zwischen zwei benetzten Stahlkörpern a und b, am einfachsten den Polen zweier Stabmagnete. Rechts sehen wir den gleichen Versuch mit einer wirklichen Flüssigkeit. Als Beispiel ist ein Öltropfen zwischen Fingerspitzen gewählt. Bei einer langsamen Abstandsvergrößerung tritt zweierlei ein:

1. eine Taillenbildung,
2. eine Vergrößerung der Flüssigkeitsoberfläche.

An der Modellflüssigkeit sieht man während des Versuches sehr hübsch ständig neue Moleküle aus dem Innern des Tropfens in die oberste Moleküllage, die Oberfläche, eintreten.

Im Schattenwurf ausgezeichnet zu sehen. Man projiziere parallel der Breitseite des langsam zur Lamelle ausartenden Tropfens.

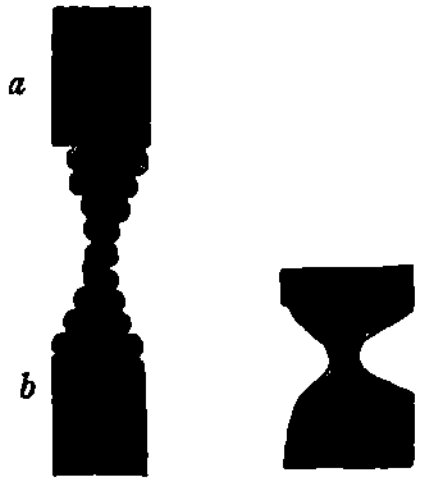

Abb. 215. Ein Öltropfen zwischen zwei Fingerspitzen a und b und Modellversuch dazu.

Im Innern der Flüssigkeit sind alle Moleküle allseitig symmetrischen Kräften ausgesetzt. Daher rührt ihre völlig freie Verschieblichkeit. Beim Eintritt in die Oberfläche ist es mit dieser allseitigen Symmetrie vorbei. Für jedes neu eintretende Molekül muß entgegen den Anziehungskräften zwischen benachbarten Molekülen der Oberfläche eine Lücke geschaffen werden. Etliche zuvor benachbarte Moleküle müssen getrennt werden. Daher erfordert die Vergrößerung der Oberfläche eine Arbeit. Die für die Schaffung der Flächeneinheit neuer Oberfläche erforderliche Arbeit nennt man die Oberflächenspannung σ. Ihre Dimension ist Arbeit/Fläche oder Kraft/Länge (da Arbeit = Kraft × Weg!). Das Produkt aus Taillenumfang U des Tropfens und der Oberflächenspannung σ gibt eine Kraft. Sie ist in der magnetischen Modellflüssigkeit grob

Abb. 216. Zur Messung der Oberflächenspannung von Wasser. Ringdurchmesser 8 cm; T flache Schale mit Wasser; M Schlittenmikrometer; $K = 3{,}8$ g-Kraft. Der Ausschlag der Entenschnäbel auf der Skala S wird nachträglich mit Gewichtstücken geeicht. $G = $ Ausgleichmasse.

mit den Muskeln zu fühlen, bei den wirklichen Flüssigkeiten unschwer zu messen. Es gibt mancherlei Methoden. Wesentlich ist bei den meisten die Eingrenzung des Flüssigkeitstropfens zwischen zwei festen Körpern a und b. Der eine wird mit einem Kraftmesser verbunden. Dabei ist das Wort „Flüssigkeitstropfen" ja nicht zu wörtlich zu nehmen. Meist wählt man „Tropfen" in Ring- oder Lamellenform. Zur Herstellung eines kurzen Flüssigkeitsringes dient die in Abb. 216 skizzierte Anordnung. Ihr wesentlicher Teil

Substanz	Temperatur	Oberflächenspannung gegen Luft in Wattsekunden/m² oder Großdyn/m (1 Großdyn = 0,102 kg-Kraft)
Quecksilber	18°	500
Wasser . . . . {	0°	75,5
	20°	72,5
	80°	62,3
Glycerin	18°	64
Rizinusöl	18°	36,4
Benzol	18°	29,2
Flüssige Luft	−190°	12
Flüssiger Wasserstoff .	−254°	2,5

Die Werte der letzten Spalte sind mit 10^{-3} zu multiplizieren.

Bei Benutzung der Einheiten g-Masse und Zentimeter hat man den Faktor 10^{-3} fortzulassen, um die Oberflächenspannung in Dyn/cm zu erhalten.

ist ein leichter, an einem Kraftmesser aufgehängter Metallring R. Man steigert den mit dem Kraftmesser gemessenen Zug langsam bis zum Abreißen. Der gerade noch ertragene Höchstwert der Kraft gibt, durch den Umfang U der

Flüssigkeitsoberfläche dividiert, die gesuchte Oberflächenspannung σ. Wir geben vorstehende Zahlenwerte als Ergebnisse derartiger und ähnlicher Messungen.

Zur Herstellung einer Flüssigkeitslamelle dient die in Abb. 217 skizzierte Anordnung. Seitliches Einschnüren der Lamelle wird links und rechts durch zwei benetzte Stangen verhindert. Es verbleibt nur noch eine Möglichkeit der Einschnürung senkrecht zur Papierebene. Als Flüssigkeit bewährt sich in diesem Fall für Schauversuche eine Seifenlösung.

Diese Anordnung erlaubt die Vorführung eines wichtigen Punktes: Man vergleicht die Oberfläche einer Flüssigkeit gern mit einer Gummimembran. Dieser Vergleich ist nur mit Vorsicht anwendbar. Denn die Spannung einer Gummimembran wächst mit einer Ausdehnung ihrer Oberfläche. Bei der Oberflächenspannung einer Flüssigkeit ist das keineswegs der Fall. Das ist nach dem molekularen, durch Abb. 215 erläuterten Bilde ohne weiteres verständlich. Es handelt sich bei Dehnung einer Flüssigkeitsoberfläche um die Schaffung von Lücken für den Eintritt neuer Moleküle in die Oberfläche. Die dazu erforderliche Kraft wird lediglich durch die Anziehung benachbarter Oberflächenmoleküle bedingt, aber nicht durch die Größe der Oberfläche. Der Apparat in Abb. 217 erlaubt diese Unabhängigkeit der Oberflächenspannung vom Betrage der bereits erfolgten Flächenvergrößerung gut vorzuführen. Der untere, auf den seitlichen Führungsstangen gleitende

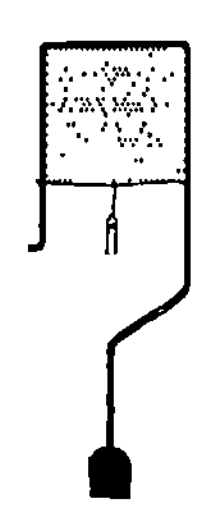

Abb. 217. Eine Seifenlamelle, unten von einem verschiebbaren Läufer begrenzt.

Läufer läßt sich bei richtiger Belastung in jeder beliebigen Höhenlage einstellen. Das als Belastung benutzte Gewicht ist gleich $2l\sigma$; l ist die Bügellänge, der Faktor 2 ist durch die 2 Oberflächen der Flüssigkeitslamelle bedingt.

Nach obigen Ausführungen verliert der Begriff Oberflächenspannung bei einer aus nur einer Moleküllage gebildeten („monomolekularen") Schicht ihren Sinn. Dieser Fall ist in Abb. 218 schematisch dargestellt, aber praktisch nicht realisierbar (Verdampfen!). Jetzt befinden sich bereits alle Moleküle in der Oberfläche. Es können keine weiteren Moleküle in sie eintreten. Ein Abreißen der Lamelle bei einer bestimmten Belastung würde uns im Gegensatz zur Abb. 217 nicht die Oberflächenspannung, sondern die Zerreißfestigkeit einer „monomolekularen" Flüssigkeitshaut ergeben. Dieses Gedankenexperiment läßt die Bedeutung der gleichen Molekularkräfte für Zerreißfestigkeit und Oberflächenspannung erkennen. Im Prinzip läßt sich der zahlenmäßige Zusammenhang beider berechnen. Doch muß dafür die Abhängigkeit der Molekularkräfte vom Molekülabstand bekannt sein. Alles weitere in der Wärmelehre.

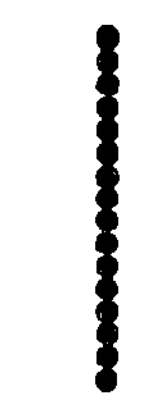

Abb. 218. Rohes Schema einer monomolekularen Flüssigkeitshaut.

Hier beschränken wir uns auf die Aufzählung einiger weiterer Schauversuche über die Wirkung der Oberflächenspannung. Allerdings ist es nur eine verschwindend kleine Auswahl.

In den ersten Beispielen erscheint uns die Flüssigkeitsoberfläche als leicht gespannte Hülle oder Haut:

1. Ein nicht benetzter Körper kann auf einer Flüssigkeitsoberfläche wie auf einem lose gestopften Kissen, etwa einem Luftkissen, ruhen. Die Oberfläche zeigt eine deutliche Einbeulung. Man kann beispielsweise eine nicht ganz fettfreie Nähnadel ohne weiteres auf eine Wasserfläche legen (Laufbeine der Wasserwanze).

2. Ein Flüssigkeitstropfen liegt auf einem nichtbenetzten Siebe wie eine mit Wasser gefüllte Gummiblase auf einem weitmaschigen Drahtnetz. Aus jeder Masche guckt ein gewölbtes Stück der Flüssigkeitsoberfläche hervor.

3. Ein Überzug mit nicht benetzbarem Pulver (z. B. Lykopodium) schützt einen Finger beim Eintauchen in Wasser vor Benetzung. Die Flüssigkeitsoberfläche ist über die kleinen Staubteilchen in ähnlicher Weise weggespannt wie ein Zeltdach über die tragenden Stangen. Die zwischen den einzelnen Trägern „durchhängende" Flüssigkeitsoberfläche kann nirgends die Haut des Fingers erreichen.

In den weiteren Beispielen bewirkt die Oberflächenspannung die größte mit den Versuchsbedingungen verträgliche Verkleinerung der Flüssigkeitsoberfläche.

4. In ein flaches, mit angesäuertem Wasser gefülltes Uhrglas wird Hg in feinem Strahl eingeleitet. Das Hg bildet am Boden des Glases zunächst zahllose feine (Abb. 219) Tropfen von ca. 1 mm Durchmesser. Die gesamte Oberfläche des Hg ist also sehr groß. Doch tritt ruckweise eine Vereinigung der Tropfen ein. Bald hier, bald dort wird ein kleiner Tropfen von einem größeren aufgenommen. Die erforderlichen „Verbindungsbrücken" entstehen durch die statistischen Schwankungen der Wärmebewegung an den Grenzen der einzelnen Tropfen. Nach wenigen Minuten ist nur noch ein einziger großer Hg-Tropfen vorhanden. Die Oberfläche des Hg hat sich unter der Einwirkung der Oberflächenspannung auf das erreichbare Minimum zusammengezogen. Es ist ein besonders hübscher Versuch.

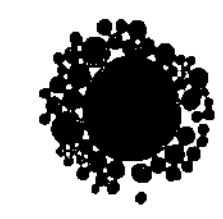

Abb. 219. Quecksilbertropfen verschiedener Größen vereinigen sich in angesäuertem Wasser.

5. Auf einer Wasserfläche schwimmt ein großer, durch sein Gewicht plattgedrückter Tropfen aus gefärbtem Rizinusöl. Wir stecken senkrecht von oben in dies „Fettauge" einen Stab hinein. Das Fettauge schmiegt sich dem Stabe wie ein nasser Lappen an und wird von dem Stabe unter die Oberfläche heruntergezogen. Dann hält man den Stab ruhig. Im Laufe etlicher Minuten ballt die Oberflächenspannung den zähen Ölüberzug des Stabes zu einer Kugel zusammen. Diese Kugel kriecht ganz langsam am Stab in die Höhe. An der Oberfläche wird dieser kugelförmige Tropfen dann wieder durch sein Gewicht zu einem Fettauge platt gedrückt. Denn nunmehr fehlt wieder der das Gewicht weitgehend ausgleichende Auftrieb.

6. Man wirft eine zusammengeknotete Fadenschleife auf eine Lamelle aus Seifenwasser. Man durchsticht sie irgendwo zwischen den Fäden, am besten mit einem in Alkohol getauchten Streichholz. Das von den Fäden umsäumte Loch auf der Seifenlamelle ist kreisrund (Abb. 220). Auf diese Weise wird die größte, mit der Fadenlänge erzielbare Verkleinerung der Lamellenfläche erreicht.

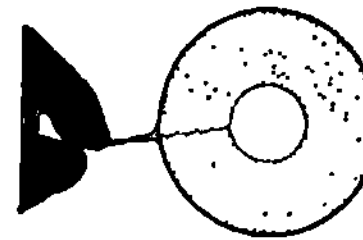

Abb. 220. Seifenlamelle mit Fadenring.

Der Stab zum Durchstechen der Seifenlamelle wurde soeben mit Alkohol angefeuchtet. Das war ein erstes Beispiel für die starke Veränderung der Oberflächenspannung durch das Eindringen fremder Moleküle. Nach dem in Abb. 215 erläuterten Mechanismus der Oberflächenspannung müssen schon winzige Mengen fremder Moleküle wirksam sein.

Wir bringen noch einige weitere Beispiele für den Einfluß fremder Moleküle auf die Oberflächenspannung:

7. Das Zucken der Tropfen in Gläsern schweren Weines. Der langsam am Glas herabfließende Tropfen verliert Alkohol durch Verdunstung. Seine Oberflächenspannung ist geringer als die des Weines im Glase. Bei der Berührung der Weinoberfläche gehen einige Alkoholmoleküle in die Tropfenoberfläche über. Die Oberflächenspannung des Tropfens steigt, der Tropfen zieht sich zuckend zusammen.

8. Ein anderes Beispiel dieser Art zeigt uns ein Körnchen Kampfer auf Wasser. Die einzelnen Teile seiner Oberfläche gehen verschieden rasch in

Lösung. Infolgedessen schwankt die Oberflächenspannung in verschiedenen Richtungen. Das Körnchen fährt tanzend auf der Wasserfläche herum. Derartige Bewegungsvorgänge spielen im Leben der Organismen eine wichtige Rolle. Wir nennen die Fortbewegung vieler kleiner Lebewesen und vor allem die Kontraktion der tierischen Muskeln.

9. Das „Ölen der See". Es verwandelt die „Brecher" mit den sich überschlagenden Schaumköpfen in glatte Dünungswogen. Für die dazu erforderliche Änderung der Oberflächenspannung braucht ein Schiff nur winzige Ölmengen in Form einzelner Tropfen auf die Meeresoberfläche gelangen zu lassen.

Bei Anwesenheit von Fremdmolekülen verlieren die Erscheinungen der Oberflächenspannung an Einfachheit. Die Oberflächenspannung wird anomal. D. h. ihre Größe wird ähnlich der Spannung einer Gummimembran von der bereits erfolgten Vergrößerung der Oberfläche abhängig. Außerdem geht die Oberflächenvergrößerung unter Erwärmung vor sich. Es wird kinetische Energie als „Wärme" vernichtet. Diese zum Teil sehr interessanten Dinge gehören in die Wärmelehre.

§ 79. Gase und Dämpfe als Flüssigkeiten geringer Dichte ohne Oberfläche.

Gase haben, verglichen mit Flüssigkeiten, eine außerordentlich geringe Dichte. Als Beispiel messen wir die Dichte der Luft. Die Abb. 221 zeigt uns auf der linken Schale einer Küchenwaage einen Glasballon von 7 l Inhalt. Aus diesem Ballon ist zuvor die Luft mit irgendeiner der bekannten technischen Pumpen herausgepumpt worden. Das Gewicht des luftleeren Ballons ist durch einige Gewichtstücke ausgeglichen. Dann öffnen wir den Hahn der Glaskugel und lassen Zimmerluft in den Ballon einströmen. Jetzt sinkt die Waagschale mit dem Glasballon herunter. Wir müssen von der linken

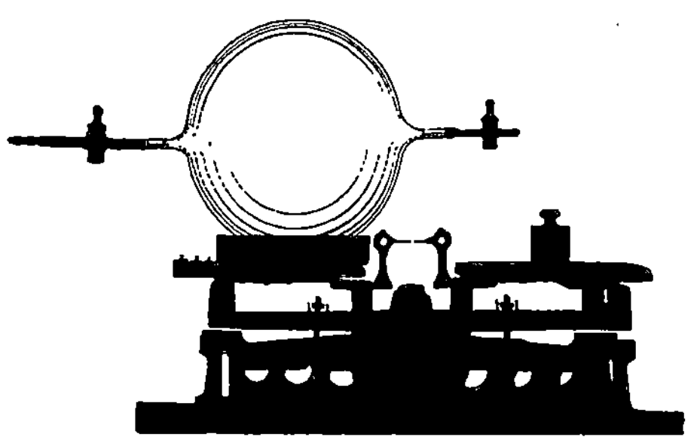
Abb. 221. Messung der Luftdichte.

Waagschale 9 g herunternehmen, um die Waage wieder ins Gleichgewicht zu bringen. Folglich beträgt die Masse der 7 l Luft rund 9 g. Die Masse eines Kubikzentimeters oder ihre Dichte beträgt $0{,}0013$ g/cm^3 = $1{,}3$ kg/m^3. Die Dichte der Zimmerluft ist also rund 800 mal geringer als die des Wassers.

Die Moleküle sind in einem Gas und in der zugehörigen Flüssigkeit dieselben. Folglich kann die kleine Dichte eines Gases lediglich durch große Abstände zwischen den einzelnen Molekülen entstehen. Für große Abstände zwischen den Molekülen in Gasen und Dämpfen sprechen fernerhin folgende Tatsachen:

1. Gase haben im Gegensatz zu Flüssigkeiten eine sehr große Zusammendrückbarkeit. Das zeigt uns jede Fahrradluftpumpe bei ihrer Benutzung.

2. Die Brownsche Molekularbewegung ist in Gasen bei viel geringerer Vergrößerung zu beobachten als in Flüssigkeiten. Als sichtbare Staubpartikelchen nimmt man am einfachsten die den Tabaksqualm bildenden Verbrennungsprodukte. Man beleuchtet qualmhaltige Luft in einer kleinen Glasküvette von der Seite und beobachtet mit einem ganz primitiven Mikroskop.

3. Die Moleküle eines Gases oder Dampfes fahren völlig zusammenhanglos nach allen Richtungen auseinander. Sie verteilen sich in jedem sich ihnen darbietenden Raum. Man denke an etwas im Zimmer ausströmendes Leuchtgas oder an die gasförmigen Duftstoffe unserer Parfüms. Im Gegensatz zu Flüssigkeiten ist in Gasen ohne verfeinerte Beobachtungen keinerlei Zusammenhalt der Moleküle mehr erkennbar. Auf jeden Fall kommt es bei Gasen nicht mehr zur Bildung einer Oberfläche. Die Anziehungskräfte zwischen den einzelnen Molekülen

kommen offenbar bei großen Abständen zwischen den Molekülen nicht mehr
zur vollen Wirkung.

§ 80. **Modell eines Gases. Der Gasdruck als Folge der Wärmebewegung.**
$pv =$ const. An Hand obiger Tatsachen können wir ein wirkliches Gas durch ein
Modellgas ersetzen und mit seiner Hilfe weitere Eigenschaften der Gase studieren.
Als Moleküle nehmen wir wieder die schon beim Flüssigkeitsmodell bewährten
Stahlkugeln. Nur geben wir diesen Molekülen diesmal einen vielfach größeren
Spielraum in einem weiten „Gasbehälter". Es ist ein flacher Kasten mit großen
Glasfenstern (Abb. 222). Außerdem sorgen wir dies-
mal für eine gleichmäßige, lebhafte „Wärmebewegung" an Stelle des gele-
gentlichen Schüttelns der Modellflüssigkeit. Diese
gleichmäßige Wärmebewe-

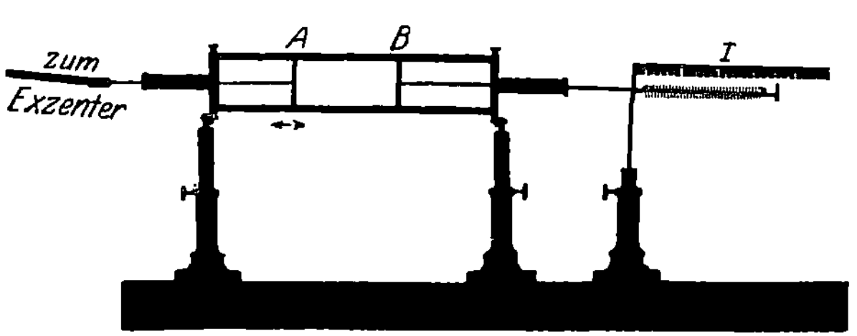

Abb. 222. Gasbehälter für ein Modellgas aus Stahlkugeln. Die Kugeln
werden zwischen A und B eingefüllt. B ist der Kolben des Kraftmessers I.

gung erzeugen wir durch einen lebhaft vibrierenden Stahlstempel A. Er
bildet den einen Seitenabschluß des Gasbehälters. Eine zweite Seitenwand B
ist ebenfalls als leicht verschiebbarer Stempel ausgestaltet. Dieser Stempel B steht
durch eine Schubstange mit einem Kraftmesser I (Federwaage) in Verbindung.

Beim Betrieb des Apparates schwirren alle Stahlkugelmoleküle in lebhafter
Bewegung hin und her. Die Moleküle stoßen fortgesetzt mit ihresgleichen oder
mit einer der Wände zusammen. Diese Stöße erfolgen elastisch. Jede Molekül-
kugel wechselt fortgesetzt Größe und Richtung ihrer Geschwindigkeit. Wir haben
das Bild einer wahrhaft „ungeordneten" Wärmebewegung.

Diese Wärmebewegung erzeugt einen Druck des Modellgases gegen die
Behälterwände. Wir stellen diesen Druck zunächst einmal experimentell mit
Hilfe des Kraftmessers I fest. Dieser Druck eines Gases gegen die
Gefäßwände kommt also in ganz anderer Weise zustande als der
einer Flüssigkeit. Bei einer Flüssigkeit entsteht der Druck gegen die Wände
entweder durch das Gewicht der Flüssigkeit (Schweredruck) oder durch das
Eintreiben eines Stempels in einen abgeschlossenen Flüssigkeitsbehälter (Stempel-
druck). Von einem von der Wärmebewegung herrührenden Druck gegen
die Gefäßwände war bei den Flüssigkeiten keine Rede. Hier zeigen uns
Gase und Dämpfe eine durchaus neue, durch den Fortfall des
Zusammenhaltes und der Oberfläche bedingte Erscheinung.

Die Entstehung des Gasdruckes p als Folge der Wärmebewegung ist qualitativ sogleich zu übersehen. Die Moleküle prasseln fortgesetzt gegen die Wände.
Jede Reflexion eines Moleküles bedeutet einen Kraftstoß ($\int K dt$) gegen die
getroffene Wand. Die Gesamtheit dieser Stöße wirkt wie eine kontinuierlich
angreifende Kraft der Größe $p \cdot F$ ($F =$ Fläche der Wand).

Doch können wir uns auch quantitativ von der Entstehung dieses Gasdruckes
Rechenschaft geben. Dazu machen wir eine Voraussetzung: Alle N Moleküle
sollen im zeitlichen Mittel die gleiche, vom verfügbaren Behältervolumen v
unabhängige Geschwindigkeit u besitzen und daher auch die gleiche kinetische
Energie $L = \frac{1}{2} mu^2$.

Die Kiste in Abb. 223 stelle einen Gasbehälter dar. Auf je 1 cm³ seines
Volumens v entfallen N/v Moleküle. Also ist die Dichte des in ihm eingeschlossenen
Modellgases

$$\varrho = \frac{N \cdot m}{v}.$$

(69)

Wir wollen den Druck gegen die linke Seitenwand des Behälters (Fläche F) berechnen.

Ein Molekül der Geschwindigkeit u durchläuft in der Zeit T einen Weg $s = u \cdot T$. Infolgedessen können innerhalb der Zeit T nur solche Moleküle die linke Seitenwand erreichen, die sich innerhalb des schraffierten Behälterabschnittes vom Volumen $Fs = FuT$ befinden. In einem cm³ befinden sich N/v Moleküle. Folglich haben wir im schraffierten Volumen Fs eine Anzahl $N/v \cdot FuT$-Moleküle. Die Moleküle fliegen ungeordnet, sie bevorzugen keine der sechs Richtungen des Raumes. Aus jedem cm³ fliegt nur $^1/_6$ in die nach F weisende Richtung. Folglich werden von den Molekülen des schraffierten Bereiches innerhalb der Zeit T nur $^1/_6$ auf die Fläche F aufprasseln, also $\dfrac{1}{6}\dfrac{N}{v}FuT$

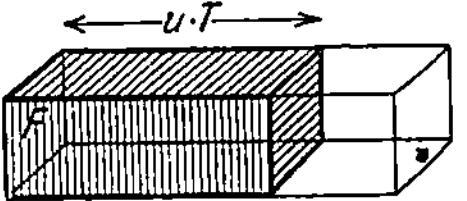

Abb. 223. Zur Herleitung des Gasdruckes eines Modellgases.

Moleküle. Einfacher Rechnung zuliebe sollen alle diese Moleküle senkrecht auf die Wand auftreffen. Dann erteilt jedes einzelne dieser Moleküle der Wand einen Kraftstoß $\int K\,dt = 2\,mu$ (S. 70). Denn der Anprall erfolgt elastisch. Die Summe aller dieser Kraftstöße innerhalb der Zeit T ist

$$2mu\,\frac{1}{6}\cdot\frac{N}{v}\cdot F\cdot uT$$

oder

$$\frac{1}{3}\frac{Nm}{v}\cdot F\cdot u^2\cdot T. \tag{70}$$

Die Summe dieser in schneller Folge ungleich und unregelmäßig erfolgenden Kraftstöße können wir durch einen Kraftstoß KT ersetzen, der während der Zeit T mit der konstanten Kraft K wirkt. Diese Kraft, dividiert durch die Fläche F, ist der gesuchte Druck p. Wir erhalten zunächst

$$KT = \frac{1}{3}\frac{mN}{v}\cdot u^2\cdot FT$$

und daraus

$$p = \frac{K}{F} = \frac{1}{3}\frac{mN}{v}u^2, \tag{71}$$

oder nach Einführung der Gasdichte $\varrho = mN/v$

$$p = \tfrac{1}{3}\varrho u^2. \tag{72}$$

In den Gleichungen (71) und (72) sind nicht nur m und N, sondern voraussetzungsgemäß auch u konstant. Infolgedessen enthalten diese für das Modellgas hergeleiteten Gleichungen zwei sehr einfache Aussagen, nämlich

$$pv = \text{const}, \tag{73}$$

$$\varrho = \text{const}\cdot p. \tag{74}$$

Für unser Modellgas soll

1. das Produkt aus Volumen v und Druck p konstant,
2. die Dichte ϱ dem Druck p proportional sein.

Einzige Voraussetzung war Konstanz der Geschwindigkeit u und somit auch der kinetischen Energie $\tfrac{1}{2}mu^2$ aller im Behälter eingeschlossenen Moleküle von gleicher Masse m.

Versuche mit dem Modellapparat bestätigen diese Aussage qualitativ sehr gut. Eine genaue quantitative Übereinstimmung ist ausgeschlossen. Die vorausgesetzte Konstanz der Kugelgeschwindigkeit u kann mit den benutzten einfachen Hilfsmitteln nur angenähert erfüllt werden.

Hingegen zeigen wirkliche Gase eine höchst auffallende Übereinstimmung mit dem für das Modellgas berechneten Verhalten. Zur Vorführung dessen dient der in Abb. 224 skizzierte Apparat. Ein Glaszylinder ist durch eine Trennwand W gasdicht unterteilt. In seinem unteren Teil ist ein Flüssigkeitsstempel verschiebbar. Mit diesem Stempel kann man das im oberen Teil des Gefäßes eingeschlossene Gas, z. B. Luft, zusammendrücken. Die Trennwand ist durchbohrt und an die Öffnung ein technisches Manometer angeschlossen. Es ist irgendeines der früher schon für Flüssigkeiten benutzten Instrumente (Abb. 194 u. 195). Die obere Hälfte des Glasrohres ist mit einer technischen Luftpumpe leer gepumpt worden. Das jeweilige Volumen des unten eingeschlossenen Gases ist dem Abstande zwischen Stempel und Mittelwand proportional. — Bei den Messungen muß sorgfältig für Temperaturkonstanz des eingeschlossenen Gases gesorgt werden. (Näheres siehe später in der Wärmelehre.) Die folgende Tabelle gibt einige typische Meßergebnisse:

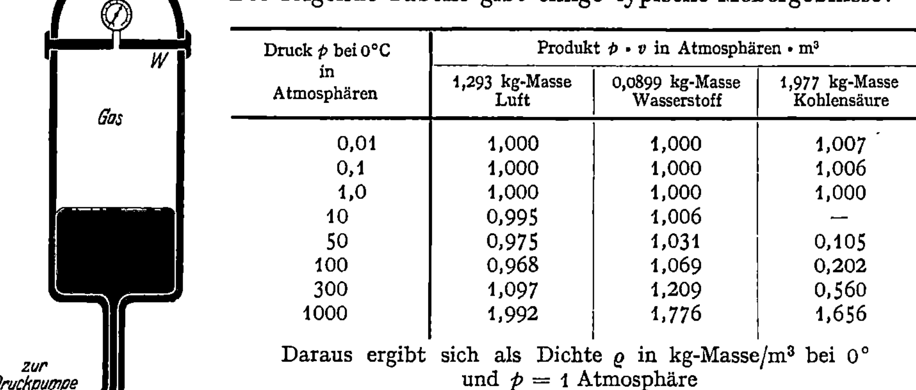

Abb. 224. Zusammenhang von Druck und Volumen eines Gases.

Druck p bei 0°C in Atmosphären	Produkt $p \cdot v$ in Atmosphären · m³		
	1,293 kg-Masse Luft	0,0899 kg-Masse Wasserstoff	1,977 kg-Masse Kohlensäure
0,01	1,000	1,000	1,007
0,1	1,000	1,000	1,006
1,0	1,000	1,000	1,000
10	0,995	1,006	—
50	0,975	1,031	0,105
100	0,968	1,069	0,202
300	1,097	1,209	0,560
1000	1,992	1,776	1,656

Daraus ergibt sich als Dichte ϱ in kg-Masse/m³ bei 0° und $p = 1$ Atmosphäre

| 1,293 | 8,99 · 10⁻² | 1,977 |

oder in g-Masse/cm³

| $1{,}293 \cdot 10^{-3}$ | $8{,}99 \cdot 10^{-5}$ | $1{,}977 \cdot 10^{-3}$ |

Man findet die Gleichung (73) $pv = $ const. für Luft und Wasserstoff bis zu Drucken von etwa 100 Atmosphären mit guter Näherung erfüllt. Diese Gase nennt man daher „ideale". Andere Gase, z. B. Kohlensäure, zeigen die Konstanz des Produktes pv nur bei kleinen Drucken. Solche Gase nennt man Dämpfe. Ein Dampf ist ein Gas, das dem „idealen Gasgesetz"

$$pv = \text{const} \tag{73}$$

schlecht oder gar nicht gehorcht.

Demnach findet sich das „ideale Gasgesetz" bei den wirklichen Gasen als ein typisches „Grenzgesetz". Es gibt, vor allem in Bereichen kleiner Drucke und Dichten, vorzügliche Näherungen. Aber kein Gas befolgt es in aller Strenge.

§ 81. Die Geschwindigkeit der Gasmoleküle. Nach den Darlegungen des vorigen Paragraphen wird unser idealisiertes Modellgas dem Verhalten wirklicher Gase weitgehend gerecht. Unser Modellgas enthält als Moleküle elastische, undurchdringliche Kugeln von einer im zeitlichen Mittel konstanten Geschwindigkeit u. Diese Geschwindigkeit u hängt in einfacher Weise mit dem Druck P und der Dichte ϱ des Gases zusammen, nach Gleichung (72) gilt

$$p = \tfrac{1}{3}\varrho u^2 .$$

Wir entnehmen obiger Tabelle ein beliebiges, für Luft von Zimmertemperatur gültiges Wertepaar von P und ϱ, z. B.

$$p = 1 \text{ Atm} = 10^5 \text{ Großdyn}_{/}\text{m}^2; \qquad \varrho = 1{,}3 \text{ kg-Masse/m}^3 .$$

Einsetzen dieser Werte in Gleichung (72) ergibt als Geschwindigkeit u der Luftmoleküle bei Zimmertemperatur

$$u = 480 \text{ m/sec.}$$

Analog finden wir für Wasserstoff von Zimmertemperatur eine Molekulargeschwindigkeit $u = 2$ km/sec (rund).

Der Größenordnung nach ist diese Rechnung sicher einwandfrei. Selbstverständlich ergibt sie Mittelwerte. Die wahren Geschwindigkeiten der Moleküle gruppieren sich in weitem Spielraum um sie herum.

§ 82. Die Lufthülle der Erde. Der Luftdruck in Schauversuchen. Die Luft verteilt sich ebenso wie unser Modellgas in jedem sich ihr darbietenden Raum. Ihr fehlt der durch eine Oberfläche gegebene Zusammenhang. Wie kann da unserer Erde die Lufthülle, die Atmosphäre, erhalten bleiben? Warum fahren die Luftmoleküle nicht in den Weltenraum hinaus? — Antwort: Wie alle Körper werden auch die Luftmoleküle durch ihr Gewicht zum Erdmittelpunkt hingezogen. Für jedes Luftmolekül gilt das gleiche wie für ein Geschoß (S. 58): Zum Verlassen der Erde ist eine Geschwindigkeit von mindestens 11,2 km/sec erforderlich. Die mittlere Geschwindigkeit der Luftmoleküle bleibt weit hinter diesem Grenzwert von 11,2 km/sec zurück. Infolgedessen wird die ganz überwiegende Mehrzahl aller Luftmoleküle durch ihr Gewicht an die Erde gefesselt.

Ohne ihre Wärmebewegung würden sämtliche Luftmoleküle wie Steine auf die Erde herunterfallen[1] und — beiläufig erwähnt — auf dem Boden eine Schicht von rund 10 m Dicke bilden. Ohne ihr Gewicht würden sie die Erde sofort auf Nimmerwiedersehen verlassen. Der Wettstreit zwischen Wärmebewegung und Gewicht erhält jedoch die Luftmoleküle schwebend und führt zur Ausbildung der freien Lufthülle, der Atmosphäre. Die feste Erdoberfläche verhindert die Annäherung der Atmosphäre an den Erdmittelpunkt. Folglich hat die Erdoberfläche das volle Gewicht der in der Atmosphäre enthaltenen Luftmassen zu tragen. Das auf 1 cm² Oberfläche entfallende Gewicht gibt den normalen Luftdruck von „einer Atmosphäre" oder „76 cm Hg-Säule".

„Wir Menschen führen ein Tiefseeleben auf dem Boden des riesigen Luftozeans." Heutigentags weiß das jedes Schulkind. Die vor wenigen Jahrhunderten sensationellen Versuche zum Nachweis eines „Luftdrucks" gehören heute zur elementarsten Schulphysik. Trotzdem nennen wir aus Gründen historischer Pietät noch zwei klassische Schauversuche. Beide verdankt man dem Magdeburger Bürgermeister OTTO VON GUERICKE[2] (1602—1686).

1. Eine Kapsel ist durch eine Membran luftdicht verschlossen. Durch ein seitliches Rohr wird die Luft mit irgendeiner technischen Pumpe herausgesaugt. Die Membran beult sich ein. In vielen Fällen zerreißt sie mit lautem Knall.

Diese Einbeulung einer Membran auf einer luftleer gepumpten Kapsel läßt sich auf einen Zeiger mit Skala übertragen. So entstehen die als Anaeroid- oder Zimmerbarometer bekannten Luftdruckmesser.

2. GUERICKE hat zwei kupferne Halbkugeln von 42 cm Durchmesser mit einer gefetteten Lederdichtung aufeinander gesetzt und die Luft durch einen Ansatzstutzen herausgesaugt. Dann preßte der Luftdruck die Halbkugeln fest aufeinander. Wir berechnen die Kraft als Produkt von Kugelquerschnitt ($F = \infty\ 1400$ cm²) und Luftdruck ($P = 1$ kg-Kraft/cm²) zu 1400 kg-Kraft. Daher brauchte GUERICKE 8 Pferde, um die Halbkugeln voneinander zu trennen.

---

[1] In dem Seite 141 gezeigten Modellversuch leicht vorführbar.

[2] Ein guter Auszug aus seinem Hauptwerk „Nova experimenta (ut vocantur) Magdeburgica" ist 1912 im Verlage von R. Voigtländer-Leipzig in deutscher Übersetzung erschienen. Kein angehender Physiker sollte die Lektüre dieses Buches versäumen. Die Experimentierkunst Guerickes und seine einfachste Klarheit erstrebende Darstellungsweise sind vorbildlich.

Der in Abb. 225 stark verkleinert abgedruckte Holzschnitt zeigt eine Vorführung dieses berühmten Versuches. Das Bild zeigt uns sogar 16 statt 8 Pferde. Das war natürlich ein auf Laienzuschauer berechneter Bluff. 8 der Pferde hätten

Abb. 225. Zwei Magdeburger Halbkugeln werden von 8 Pferden auseinandergerissen.

sich sehr gut durch eine feste Wand ersetzen lassen. Denn schon damals galt der Satz actio = reactio!

Heutigentags führen die Magdeburger Halbkugeln in einer Kümmerform ein bescheidenes, aber nützliches Dasein. Es sind die bekannten, aus Glastopf, Gummiring und Glasdeckel bestehenden Einmachegläser. Man macht sie nicht mit einer Pumpe luftleer, sondern verdrängt die Luft durch heißen Wasserdampf (anaerobe Bakterien!). Nach Abkühlung und Kondensation des Wasserdampfes entsteht ein „Vakuum".

3. Weiterhin führt man im Elementarunterricht häufig den bekannten „Flüssigkeitsheber" als eine Wirkung des Luftdruckes vor. Das ist jedoch nur sehr bedingt zutreffend. Das Prinzip des Hebers hat nichts mit dem Luftdruck zu tun. Es wird durch die Abb. 226 erläutert. Eine Kette hängt über einer reibungslosen Rolle. Beide Enden liegen zusammengerollt in je einem Glas. Beim Heben und Senken eines der Gläser läuft die Kette jedesmal in das tiefer gelegene herab. Sie wird durch das Gewicht des überhängenden Endes H gezogen.

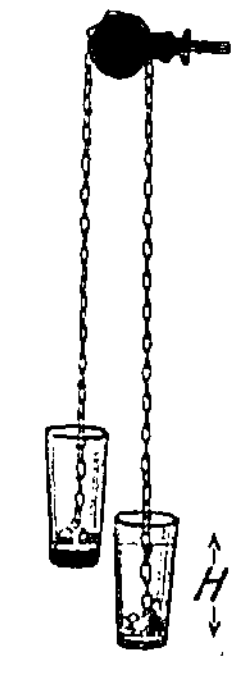

Abb. 226. Kettenheber.

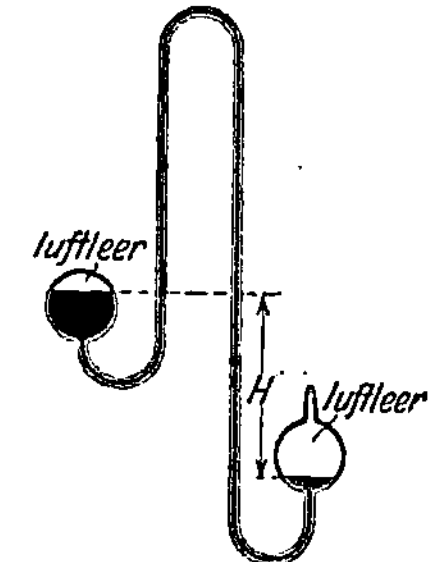

Abb. 227. Ein Flüssigkeitsheber läuft im Vakuum.

Genau das gleiche gilt für Flüssigkeiten. Denn auch Flüssigkeiten haben ebenso wie feste Körper eine Zerreißfestigkeit (S. 129). Nur muß die Flüssigkeit hinreichend frei von Gasblasen sein. Infolgedessen läuft ein Wasserheber ganz einwandfrei im Vakuum. Ein solcher Vakuumheber ist in Abb. 227 dargestellt. Das überhängende Ende des Wasserfadens ist durch die Länge H markiert. Im Prinzip arbeitet also auch ein Flüssigkeitsheber vollständig ohne Luftdruck.

Die Flüssigkeiten im täglichen Leben, vor allem also Wasser, sind aber nie frei von kleinen Luftblasen. Diese setzen die Zerreißfestigkeit des Wassers stark herab. Das haben wir in § 78 ausgiebig gezeigt. Infolgedessen reißen bei gewöhnlichem lufthaltigen Wasser die Wasserfäden auseinander. Diese ganz sekundäre Schwierigkeit läßt sich auf mannigfache Weise vermeiden. Die Abb. 228 zeigt ein mögliches Verfahren. Die Flüssigkeit des Hebers ist beiderseits unter einen Stempeldruck gleicher Größe gesetzt. Er wird durch zwei gleichgebaute, gleichbelastete Stempel hervorgerufen. Dieser Stempeldruck verhindert das Abreißen des lufthaltigen Flüssigkeitsfadens durch sein eigenes Gewicht. Die Flüssigkeit strömt vom linken in das rechte Gefäß über. Das Gewicht der punktiert angedeuteten Flüssigkeitssäule H zieht die Flüssigkeit herüber. Technisch sind natürlich derartige Kolben nicht hinreichend reibungsfrei zu bekommen. Viel einfacher ersetzt man den Stempeldruck durch den Schweredruck einer Flüssigkeit geringerer Dichte (z. B. Öl) nach dem Schema der Abb. 229. Man ersetzt also die festen Stempel in Abb. 228 durch die in Abb. 229 punktiert eingegrenzten Flüssigkeitssäulen. In Abb. 229 ist nur eines wesentlich: die gezeichnete Hilfsflüssigkeit muß eine geringere Dichte haben als die im Heber fließende. Folglich kann man das in Abb. 229 benutzte Öl ohne weiteres durch die Atmosphäre ersetzen. Der Luftdruck spielt also beim Flüssigkeitsheber nur eine ganz nebensächliche Rolle. Er verhindert die in lufthaltigen Flüssigkeitsfäden leicht auftretende Blasenbildung und verhindert so das Abreißen der Flüssigkeitsfäden.

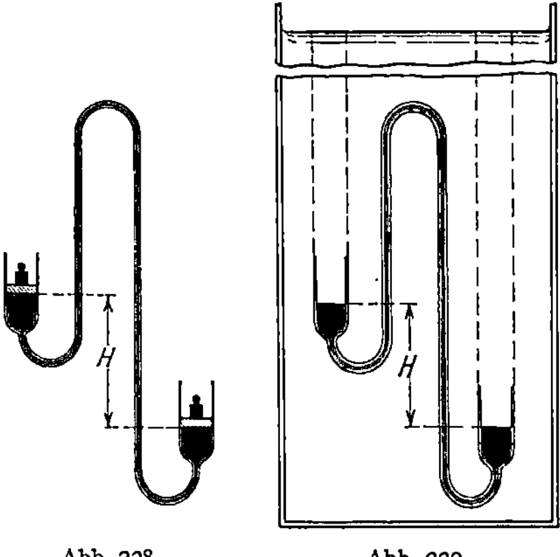

Abb. 228.　　　　　Abb. 229.

Abb. 228 u. 229. Zur Rolle des Luftdruckes beim Flüssigkeitsheber.

Anders der Gasheber. Gase haben keine Zerreißfestigkeit. Im Gegensatz zu Flüssigkeiten können Gase für sich allein nie einen Faden bilden. Darum verlangen Gasheber stets die Zuhilfenahme eines Hilfsdruckes im Sinne der Abb. 228 oder 229. Die Abb. 230 zeigt uns einen Gasheber im Betrieb. Er läßt das unsichtbare Gas Kohlensäure durch einen Schlauchheber aus dem oberen in das untere Becherglas überströmen. Die Ankunft des Gases im unteren Becherglas wird mittels einer Kerzenflamme sichtbar gemacht. Die Kohlensäure bringt die Flamme zum Verlöschen.

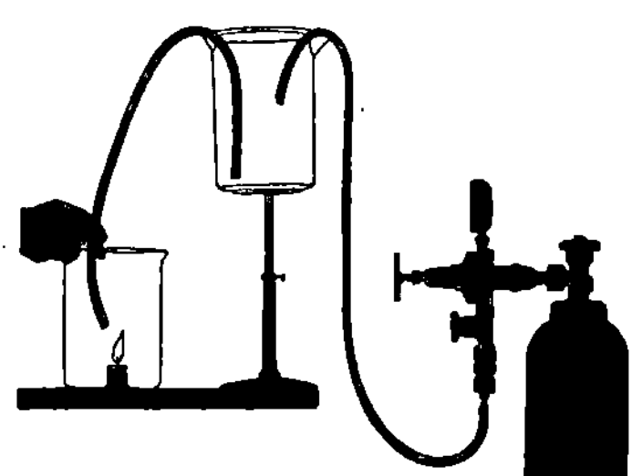

Abb. 230. Gasheber. Rechts Kohlensäurebombe mit Reduzierventil- und Schlauchleitung zum Füllen des Becherglases.

Mit dem Gasheber berühren wir eine bei vielen Schauversuchen nützliche Hilfsrolle unserer Atmosphäre: Gase haben keine Oberfläche, aber die Anwesenheit der Atmosphäre schafft uns einen gewissen Ersatz! An die Stelle der fehlenden Oberfläche tritt die Diffusionsgrenze des Gases oder Dampfes gegen die umgebende Luft. Infolgedessen können wir beispielsweise mit Ätherdampf ebenso hantieren wie mit einer Flüssigkeit. Wir neigen eine etwas Schwefeläther enthaltende Flasche. An ein Auslaufen der Flüssigkeit ist noch nicht zu denken. Wohl aber sehen wir den Ätherdampf wie einen Flüssigkeitsstrahl aus der Flasche abfließen. Der Strahl ist besonders gut im Schattenwurf sichtbar.

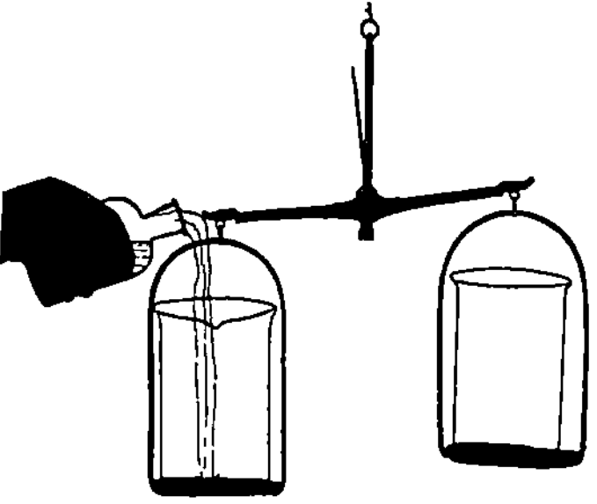

Abb. 231. Ein Strahl von Ätherdampf.

Wir können diesen Ätherdampf mit einem Becherglas auf einer ausgeglichenen Waage auffangen (Abb. 231). Das Becherglas füllt sich, und die Waage schlägt im Sinne von „schwer" aus. Denn Ätherdampf hat eine größere

Dichte als die vom Ätherdampf aus dem Becher verdrängte Luft. Nach Schluß des Versuches entleeren wir das Gefäß durch Umkippen. Wieder sehen wir den Ätherdampf wie einen breiten Flüssigkeitsstrahl auslaufen und zu Boden fallen.

§ 83. Druckverteilung der Gase im Schwerefeld. Barometerformel.

Bisher haben wir nur den Luftdruck am Erdboden behandelt. Er ist, von geringen Änderungen mit der Wetterlage abgesehen, praktisch konstant gleich rund 1 kg-Kraft/cm². Er ist ebenso groß wie der Wasserdruck am Boden eines Teiches von rund 10 m Wassertiefe.

In jeder Flüssigkeit nimmt der Druck beim Übergang vom Boden zu höheren Schichten ab. Bei Flüssigkeiten erfolgt diese Druckabnahme linear. In Wasser

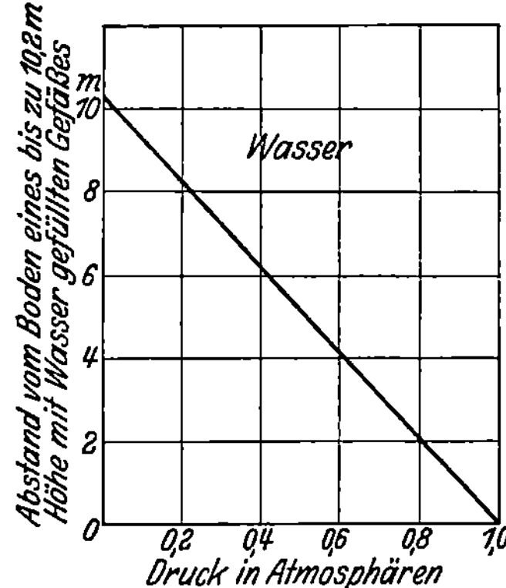

Abb. 232. Druckverteilung im Wasser.

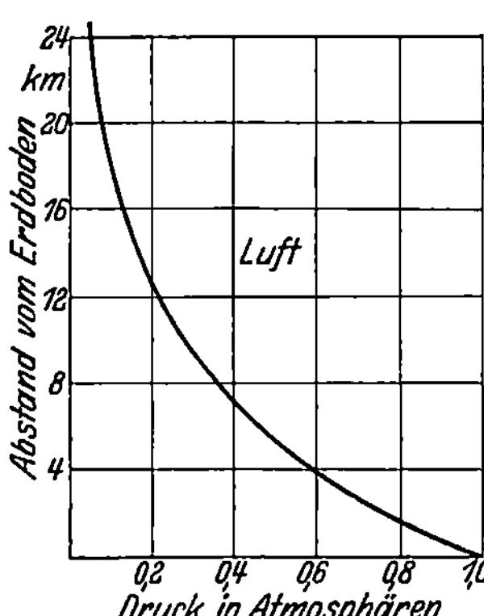

Abb. 233. Druckverteilung in Luft.

sinkt der Druck beispielsweise pro Meter Anstieg um je $^1/_{10}$ Atmosphäre oder 0,1 kg-Kraft/cm², vgl. Abb. 232. In Wasser liefert jede Flüssigkeitsschicht der Dicke dh einen gleichen Beitrag $dp = dh \varrho g$ zum Gesamtdruck. Denn Flüssigkeiten sind nahezu inkompressibel, ihre Dichte ϱ ist in allen Flüssigkeitsschichten praktisch die gleiche. Die unteren Schichten werden nicht im merklichen Betrage durch das Gewicht der auf ihnen lastenden höheren Schicht zusammengedrückt. Ganz anders in Gasen. Gase sind stark kompressibel. Die unteren Schichten werden durch den Druck der auf ihnen lastenden höheren Schichten zusammengedrückt. Die Dichte ϱ jeder einzelnen Schicht ist dem in ihr herrschenden Druck p proportional. Wir haben

$$\frac{\varrho}{\varrho_0} = \frac{p}{p_0} \quad \text{oder} \quad \varrho = \varrho_0 \frac{p}{p_0}.$$

Dabei ist ϱ_0 die Dichte des Gases für den normalen Luftdruck p_0. Demnach ist der Druckbeitrag jeder einzelnen Gasschicht der vertikal gemessenen Dicke dh

$$dp = dh\, \varrho_0 \frac{p}{p_0}\, g\,. \qquad \frac{dp}{p} = \frac{\varrho_0}{p_0} g\, dh \qquad (75)$$

Das gibt bis zur Höhe h summiert

$$p_h = p_0 e^{-\frac{\varrho_0 g h}{p_0}}\,. \qquad\qquad (76)$$

p_h = Druck in h m über dem Erdboden in Großdyn/m²,

p_0 = normaler Luftdruck am Boden in Großdyn/m²,

ϱ_0 = Dichte der Luft beim Druck p_0 und einer Temperatur 0° in kg-Masse/m³,

g = Erdbeschleunigung = 9,81 m/sec².

Durch Einsetzen der für eine Temperatur von 0° geltenden Zahlenwerte erhält man für den Luftdruck in h km Höhe

$$p_h = p_0 e^{-0,127 h}$$

(h in Kilometer gemessen, p_h und p_0 in beliebigen, aber gleichen Druckeinheiten.)

Diese „Barometerformel" ist graphisch in Abb. 233 dargestellt. Es ist ein Gegenstück zu der in Abb. 232 dargestellten Verteilung des Schweredrucks in Wasser.

Den Sinn dieser „Barometerformel" erlaubt unser Modellgas mit Stahlkugeln sehr anschaulich klarzumachen. Zu diesem Zweck stellen wir den aus Abb. 222 bekannten Apparat vertikal und betrachten ihn in intermittierendem

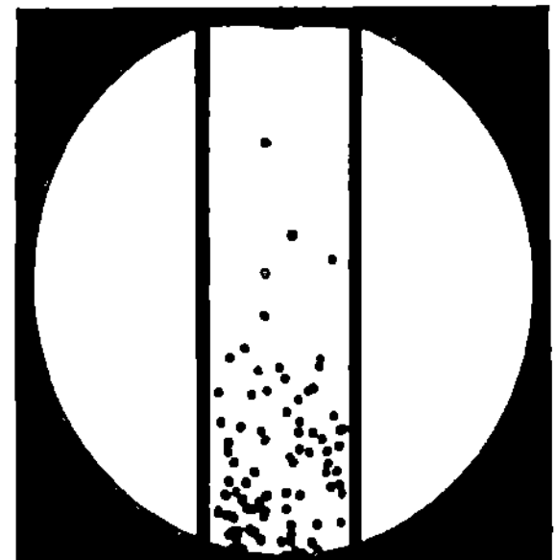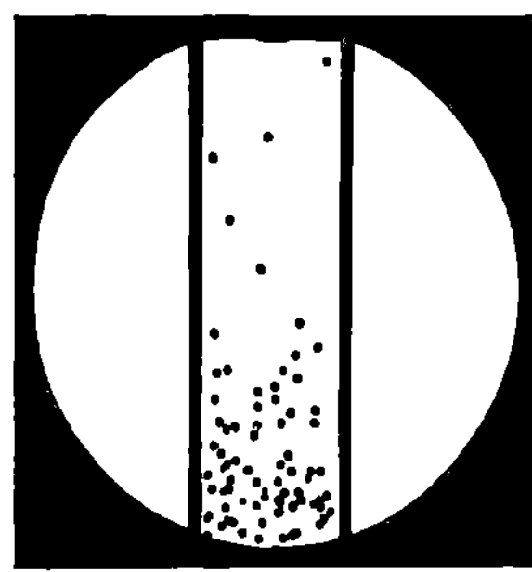

Abb. 234. Zwei Momentbilder eines Stahlkugelmodellgases zur Veranschaulichung der Barometerformel. Expositionszeit je $8 \cdot 10^{-4}$ Sekunden.

Licht. Man erhält dann auf dem Projektionsschirm wechselnde Momentbilder der in Abb. 234 wiedergegebenen Art. Man sieht in den untersten Schichten eine Häufung der Moleküle und eine rasche Abnahme beim Anstieg nach oben. Man sieht den Wettstreit zwischen Gewicht und Wärmebewegung. Schon 2 m oberhalb des vibrierenden Stempels sind Moleküle recht selten. Bis zu 3 m Höhe (auf dem Projektionsschirm!) verirrt sich nur noch ganz vereinzelt ein Molekül. Unsere „künstliche Atmosphäre" endet nach oben ohne angebbare Grenze.

Ganz analog haben wir uns die Verhältnisse in unserer Erdatmosphäre zu denken. Nur ist die Höhenausdehnung erheblich größer. Eine obere Grenze der Atmosphäre kann man ebensowenig wie für unsere künstliche Atmosphäre angeben. 5,4 km über dem Erdboden ist die Dichte der Luft auf rund die Hälfte gesunken ($e^{-0,69} = 0,5$), in rund 11 km auf $1/4$ usw. (Abb. 233). Aber selbst in mehreren 100 km oberhalb des Erdbodens treiben sich noch immer Gasmoleküle unserer Atmosphäre herum. Denn noch in diesen Höhen beobachtet man das Aufleuchten von Meteoren. Diese geraten beim Eindringen in die Atmosphäre ins Glühen (Reibung!). Auch Nordlichter werden schon in ähnlichen Höhen gefunden. Sie entstehen durch das Eindringen elektrischer Korpuskularstrahlen in unsere Atmosphäre.

Zum Schluß fügen wir unserer künstlichen Atmosphäre noch einige größere Körper, z. B. Holzsplitter, hinzu. Sie markieren uns Staub in der Luft. Wir sehen den Staub in lebhafter „Brownscher Molekularbewegung" herumtanzen. Doch treibt er sich stets nahe dem „Erdboden" herum. Denn das Gewicht eines Holzteilchens ist viel größer als das eines Stahlkugelmoleküls. (Der Staub verhält sich wie ein Gas von hohem Molekulargewicht.)

§ 84. Der statische Auftrieb in Gasen. Nach den Ergebnissen des vorigen Paragraphen stimmen also Gase und Flüssigkeiten qualitativ auch hinsichtlich ihrer Druckverteilung im Schwerefeld weitgehend überein. Auch in dieser Beziehung darf man Gase, vor allem also auch unsere Luft, getrost wie eine Flüssigkeit betrachten. Die Abweichungen sind nur quantitativer Art. Sie ergeben sich aus einem Vergleich der Abb. 233 und 232. Infolgedessen können wir auch den statischen Auftrieb in Gasen in Analogie zu dem für Flüssigkeiten bekannten Schema verstehen. — Wir bringen zunächst in Abb. 235 ein Beispiel für den Auftrieb eines festen Körpers in einem Gas. Diese Anordnung stammt ebenfalls schon von OTTO VON GUERICKE. Ein gasdichter Zylinder hängt ausbalanciert an einer Waage in einer großen Glasglocke. Wir haben das Schema der Abb. 204 von S. 124. Beim Auspumpen der Glasglocke sinkt der Zylinder im Sinne von „schwerer". Denn mit abnehmender Luftdichte vermindert sich der nach oben gerichtete Auftrieb.

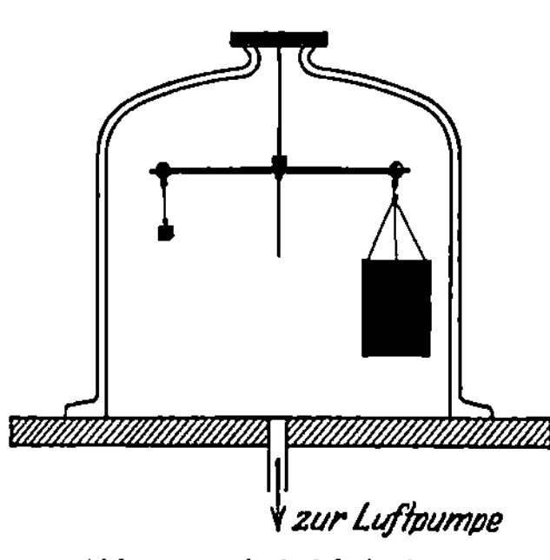

Abb. 235. Auftrieb in Luft.

Unser nächstes Beispiel betrifft den Auftrieb eines Gases in einem anderen. Wir wollen uns die Wirkungsweise des Freiballons klar machen. Ein solcher Ballon ist in Abb. 236 schematisch skizziert, und zwar in enger Anlehnung an die Abb. 209. An die Stelle des Wassers tritt Luft, an die Stelle des Öles ein Gas geringer Dichte, meist Wasserstoff oder Leuchtgas.

Formal kann man wiederum den S. 124 hergeleiteten Satz anwenden: Der Auftrieb des Ballons ist gleich dem Gewicht der von ihm verdrängten Luft. Doch macht man sich auch hier wie früher bei dem entsprechenden Fall zweier Flüssigkeiten zweckmäßig die Druckverteilung im Innern der Ballonhülle klar. Dadurch gewinnt auch hier der Vorgang an Anschaulichkeit.

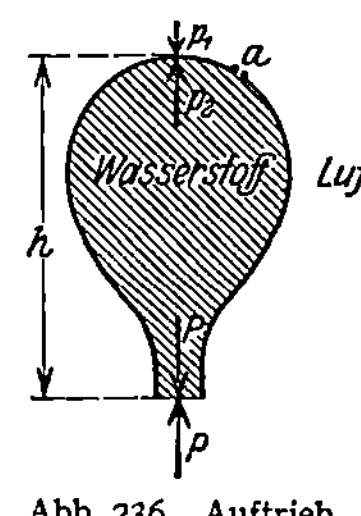

Abb. 236. Auftrieb eines Freiballons.

Ein Freiballon ist unten offen. An der Grenzschicht von Luft und Füllgas herrscht keine Druckdifferenz. Selbstverständlich ist diese Grenze nicht ganz scharf. Sie ist zwischen zwei Gasen ja lediglich eine Diffusionsgrenze. Die wirksame Druckdifferenz läßt sich in der oberen Ballonhälfte beobachten. Dort ist der Druck des Füllgases gegen die Innenfläche der Hülle größer als der Druck der Luft gegen deren Außenfläche. Dort bringt man auch das Entleerungsventil des Ballons an (a in Abb. 236).

Die aufwärts gerichtete, an der Ballonhülle angreifende Kraft ist der Dichtedifferenz zwischen Luft und Füllgas proportional. Mit steigender Höhe nehmen beide Dichten ab. Für das Füllgas erfolgt diese Abnahme beim unprallen Ballon unter allmählicher Aufblähung der unteren Teile. Beim Überschreiten der Prallgrenze entweicht das Füllgas aus der unteren Öffnung. Mit sinkendem Absolutwerte der Dichten nimmt auch der Betrag ihrer Differenz ab. Bei einem bestimmten Grenzwert der Dichte wird die aufwärts gerichtete Kraft gleich dem Gewicht, und in diesem Fall schwebt der Ballon in konstanter Höhenlage. Weiteres Steigen verlangt Verminderung des Gewichtes, also Ballastabgabe.

3. Eine ganz analoge Druckverteilung wie im Freiballon haben wir in den Gasleitungen unserer Wohnhäuser. Das Leitungssystem in einem Etagenhaus läßt sich als ein oben geschlossener, mit Leuchtgas gefüllter Zylinder schematisieren. Dieser Zylinder ist wie die Rohrleitungen in den Häusern von der Luft umgeben. Normalerweise soll das Leuchtgas in den städtischen Rohrleitungen unter einem gewissen Stempeldruck stehen. Oft ist aber dieser Druck zu gering. Dann „will" das Gas aus einem Hahn im Keller nicht ausströmen. Im vierten Stock des Hauses merkt man aber nichts von der Störung. Einem dort oben geöffneten Hahn entströmt das Gas noch als kräftiger Strahl. Diese Verhältnisse lassen sich mit einem sehr hübschen Schauversuch vorführen: Die Abb. 237

zeigt uns das Rohrsystem als ein Glasrohr. Dieses Glasrohr trägt an beiden Enden
eine kleine Brenneröffnung. Die rechte Brennstelle soll 10 cm tiefer liegen als
die linke. Durch einen beliebigen Ansatzstutzen führt man diesem Rohr Leuchtgas des städtischen Werkes zu, drosselt aber den Zufluß mit einem Hahn. Dann
kann man an der oben befindlichen Öffnung a leicht ein Flämmchen entzünden,
nicht hingegen an der gleich großen unteren Öffnung b. Bei der unteren Öffnung b
herrscht zwischen Luft und Leuchtgas keine Druckdifferenz. 10 cm höher ist
jedoch schon eine merkliche Druck-
differenz vorhanden. Man kann eine
hellleuchtende Flamme erhalten. Bei
horizontaler Lage des Gasrohres lassen
sich an beiden Öffnungen Flammen
gleicher Brennhöhe entzünden. Bei umge-
kehrter Schräglage kann nur bei b eine
Flamme brennen.

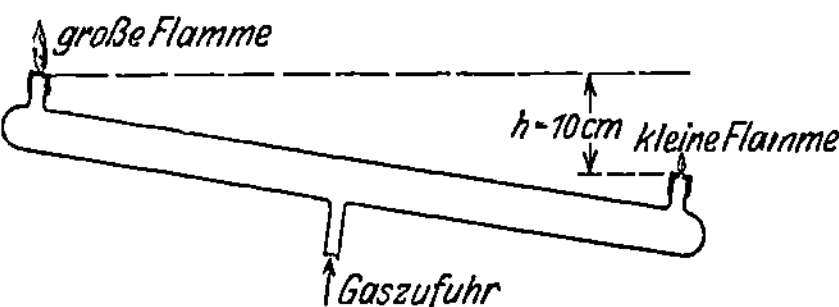

Abb. 237. Abnahme des Luftdruckes mit der Höhe
(Behnsches Rohr).

Diese Anordnung ist also erstaunlich empfindlich. Sie zeigt uns nicht etwa
die Abnahme des Luftdruckes mit der Höhe. Sie zeigt uns nur die Differenz
in der Abnahme des Druckes in einer Luft- und einer Leuchtgasatmosphäre.

Endlich erwähnen wir in diesem Zusammenhang die Schornsteine unserer
Wohnhäuser und Fabriken. Sie enthalten in ihrem Inneren warme Luft geringerer Dichte als die der umgebenden Atmosphäre. Je höher der Schornstein,
desto größer die Druckdifferenz an seiner oberen Öffnung, desto besser der „Zug".

§ 85. Gase und Flüssigkeiten in beschleunigten Bezugssystemen. Nach
den ausführlichen Darlegungen des 8. Kapitels können wir uns hier kurz fassen.
Wir bringen zunächst etliche Beispiele für ein radial be-
schleunigtes Bezugssystem. Wir lassen also in diesem ganzen
Paragraphen einen Beobachter auf einem Karussell oder
Drehstuhl sprechen.

1. **Statischer Auftrieb durch Zentrifugalkraft.
Prinzip der technischen Zentrifugen.** Auf dem Karussell liegt in radialer Richtung horizontal ein allseitig
verschlossener, mit Wasser gefüllter Kasten (Abb. 238). Unter
seinem Deckel schwimmt eine Kugel, ihre Dichte ist also kleiner

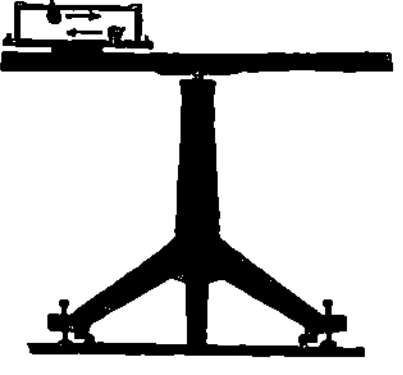

Abb. 238. Prinzip der
Zentrifugen.

als die des Wassers. Bei Drehung des Karussells läuft die Kugel auf die Drehachse zu. Umgekehrt läuft eine auf dem Boden des Kastens liegende Kugel
größerer Dichte zur Peripherie.

Deutung: Das Gewicht der Kugeln und ihr Auftrieb durch das Gewicht des
Wassers sind durch den Boden und den Deckel des Kastens, die Corioliskräfte
durch seine seitlichen Wände ausgeschaltet. Es verbleiben nur die Zentrifugalkräfte. Diese wirken innerhalb des horizontalen Kastens genau so wie
das Gewicht innerhalb eines vertikalen Kastens. Für die Zentrifugalkräfte ist
die Drehachse „oben", die Karussellperipherie „unten". Ein Körper in der
Flüssigkeit erfährt einen Auftrieb nach „oben", also zur Drehachse hin. Dieser
Auftrieb kann größer oder kleiner sein als die am Körper angreifende Zentrifugalkraft. Beim Überwiegen der letzteren geht der Körper zur Peripherie, d. h. bildlich, „er sinkt zu Boden". Beim Überwiegen des Auftriebes gilt das Umgekehrte.

Dieser statische Auftrieb in radial beschleunigten Flüssigkeiten bildet die
Grundlage unserer technischen Zentrifugen, z. B. zur Trennung von Butterfett
und Milch. Das Butterfett geht wegen seiner geringen Dichte zur Drehachse.

2. **Krümmung einer Schlauchleitung durch Corioliskräfte.** Unser
Karussell-Drehstuhl läuft auch weiterhin gegen den Uhrzeiger. Auf seinem
Tisch liegt ein Gummischlauch. Er wird durch die Zentrifugalkräfte nach außen

gestreckt. Jetzt spritzt der Mann mit einem Gummiball einen Wasserstrahl in den Schlauch. Auf das bewegte Wasser wirken Corioliskräfte, und der Wasserstrahl wird nach rechts abgelenkt. Der den Strahl umschmiegende Schlauch erhält eine Rechtskrümmung.

3. **Ablenkung und Krümmung einer Kerzenflamme durch Zentrifugal- und Corioliskräfte.** Auf dem Karussell steht, sorgsam gegen alle Zugluft geschützt, eine Kerzenflamme in einem großen Glaskasten. Die Flamme neigt sich der Drehachse zu (Abb. 239). Außerdem bekommt sie, von oben betrachtet, eine Rechtskrümmung.

Deutung: Die Resultante von Gewicht und Zentrifugalkraft ist schräg nach unten außen gerichtet. Die Flammengase haben eine geringere Dichte als Luft, folglich treibt der Auftrieb sie schräg nach innen-oben. Dieser Auftrieb erteilt den Flammengasen eine Geschwindigkeit, und folglich gesellen sich den Zentrifugalkräften Corioliskräfte hinzu. Sie krümmen den Flammenstrahl nach rechts.

Abb. 239. Eine Flamme unter dem Einfluß von Trägheitskräften.

4. **Radiale Zirkulation in Flüssigkeiten bei verschiedenen Winkelgeschwindigkeiten ihrer einzelnen Schichten.** In die Mitte unseres Drehtisches stellen wir eine flache, mit Wasser gefüllte Schale (Abb. 240). Dann erteilen wir dem Drehtisch eine konstante Winkelgeschwindigkeit. Durch innere Reibung erhält auch das Wasser allmählich eine Winkelgeschwindigkeit. Am größten ist sie in den untersten, dem Boden nahen Schichten, nach oben hin nimmt sie ab. Erst nach einigen Minuten erhält auch die oberste Schicht des Wassers die volle Geschwindigkeit des Drehtisches. Das sieht man an einigen aufgestreuten Papierschnitzeln. Vor Herstellung dieses stationären Zustandes wirken auf symmetrisch gelegene Wasserteilchen o und u radiale nach außen gerichtete Zentrifugalkräfte ungleicher Größe. Die unten bei u angreifende Zentrifugalkraft ist größer als die oben bei o angreifende. Die Flüssigkeit beginnt daher radial in den punktierten Bahnen zu rotieren. Einige auf den Boden gestreute Körper, am einfachsten einige Papierschnitzel, werden radial bis zum Außenrand des Bodens verschoben. Eine Umkehr des Versuches ist allbekannt.

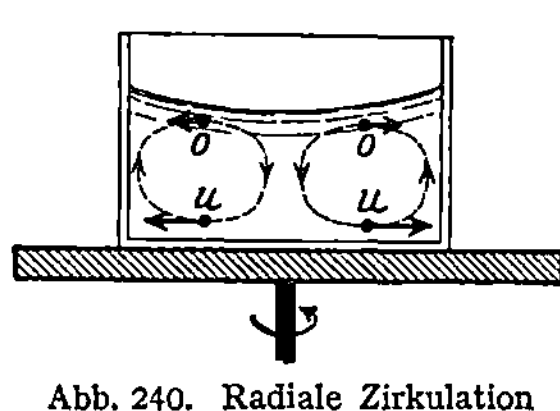

Abb. 240. Radiale Zirkulation in einer Flüssigkeitsschale.

In einer Teetasse erteilt der rührende Löffel anfänglich dem gesamten Tasseninhalte die gleiche Winkelgeschwindigkeit. Aber der ruhende Tassenboden vermindert sofort nach Schluß des Rührens die Winkelgeschwindigkeit der unteren Flüssigkeitsschichten. Es beginnt eine radiale Zirkulation, jedoch diesmal entgegen dem Sinne der Abb. 240. Sie führt die auf dem Boden liegenden Teeblätter der Mitte des Tassenbodens zu.

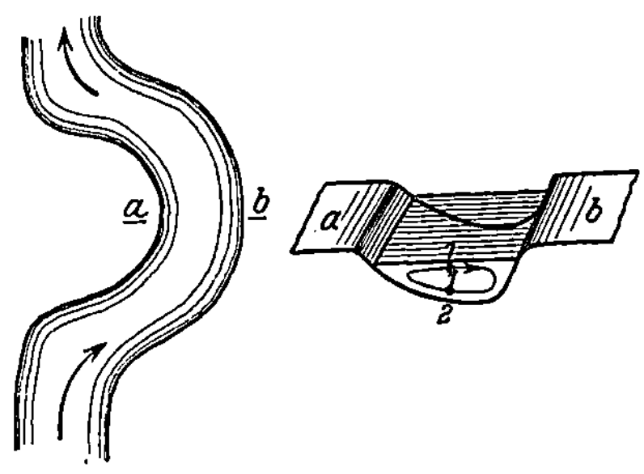

Abb. 241. Zur Mäanderbildung.

In ganz entsprechender Weise erklärt sich die Mäanderbildung der Flüsse und Bäche gemäß Abb. 241. Abb. 241 zeigt uns in vergrößertem Maßstab das Flußbettprofil in der Kurve an der Stelle $a\,b$. Das Wasser fließt bei 1 schneller in der Flußrichtung als bei 2. Denn unten bei 2 wird es durch innere Reibung vom Boden aus gehemmt. Infolgedessen wirkt oben auf 1 eine größere Zentrifugalkraft nach rechts als unten auf 2. Es beginnt eine Zirkulation im Sinne der punktierten Pfeilbahn. Das rechte Flußufer wird unterwaschen und der losgeschwemmte Sand von der Zirkulationsströmung nach a geführt und dort abgelagert. Dadurch rückt das Flußbett unter ständiger Vergrößerung der Mäanderbildung in der Richtung nach *b* vor.

5. **Ausnutzung der Corioliskräfte bei radialer Zirkulation. Die hydraulische Kupplung.** Wir haben soeben nur von einer radialen Zirkulation des Wassers gesprochen, in Wirklichkeit sind die Bahnen der Wasserteilchen in der Horizontalen nach rechts gekrümmt. Denn auf die radial bewegten Wasserteilchen wirken Corioliskräfte.

Diese Corioliskräfte lassen sich zur Konstruktion einer lehrreichen hydrodynamischen Kupplung ausnutzen. Zu diesem Zweck unterteilt man die untere Hälfte des Gefäßes in Abb. 240 durch radiale Trennwände. Sie sind in der Abb. 242 schraffiert und wie die Lamellen eines Blätterpilzes an dem Achsenstiel befestigt. Durch den Deckel *D* führt man eine „Kupplungsscheibe" *K* mit gleichgebauten radialen Trennwänden ein. Die Trennwände werden einander bis auf wenige mm genähert. Die untere Achse *A* soll die Achse eines Motors darstellen, die Achse der oberen Scheibe führt zur „Arbeitsachse". Die Achse des Motors läuft im Betrieb mit einer etwas höheren Winkelgeschwindigkeit als die Achse der Arbeitsmaschine („Schlüpfung"). Infolgedessen haben wir dauernd eine Zirkulation. Sie ist oben auf die Achse hin und unten von der Achse weg gerichtet. Die Corioliskräfte dieser bewegten Wassermassen drücken gegen die radialen Trennwände und zwingen die Kupplungsscheibe, fast so rasch wie die Arbeitsmaschine zu rotieren. Nach diesem Prinzip hat man hydrodynamische Kupplungen für Tausende von Kilowatt konstruiert.

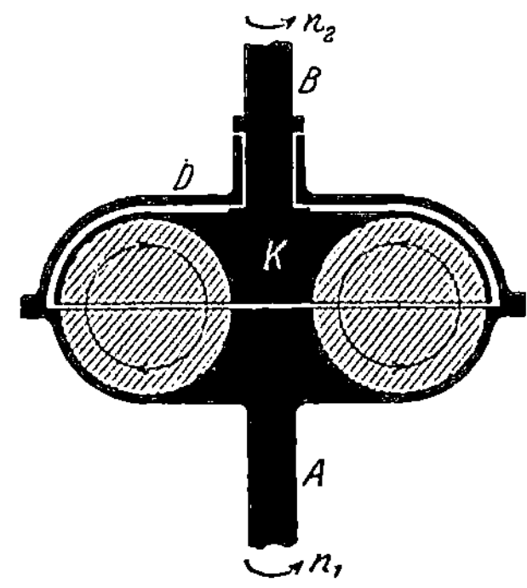

Abb. 242. Hydrodynamische Kupplung. (Föttinger.)

Ihr Nutzeffekt ist ein hervorragender. Mit dieser Kupplung hat man die gleichförmig rotierenden Dampfturbinen mit den ungleichförmig laufenden Kolbendampfmaschinen zusammenspannen können. Das ist für alle Dampfer mit nur einer Schraubenwelle von größter Bedeutung. Denn nun kann man den im Niederdruckzylinder schlecht ausgenutzten Dampf noch zum Antrieb einer Niederdruckturbine benutzen und auf diese Weise die gesamte Maschinenleistung um rund 25 % erhöhen.

Die Abb. 242a zeigt im Schattenriß eine für Vorführungen geeignete hydrodynamische Kupplung auf der vertikalen Achse eines Elektromotors ($^1/_8$ Kilowatt). Zum Nachweis der Schlüpfung trägt das Gehäuse eine kleine Glocke *G*. Ihr Klöppel wird vom Nocken *N* der Arbeitsachse betätigt. Die Zahl der Glockenschläge pro Sekunde gibt direkt die Differenz der Frequenzen von Motor- und Arbeitsachse, also die Schlüpfung. Mit wachsender Belastung (Handreibung!) wächst die Schlüpfung (in guter Analogie zum Drehfeldmotor, siehe Band II, §§ 57 und 59).

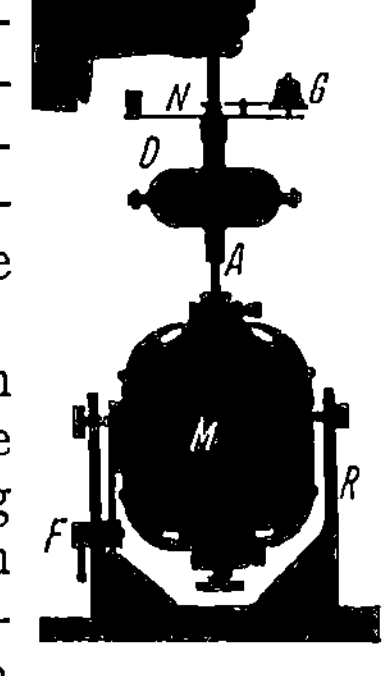

Abb. 242a. Vorführungsmodell einer hydrodynamischen Kupplung auf einem Elektromotor *M*. Der Motor kann im Rahmen *R* um eine horizontale Achse geschwenkt und bei *F* festgestellt werden.

Endlich noch ein Beispiel für Gase in einem Bezugssystem mit Bahnbeschleunigung. Wir lassen eine brennende Kerze in einem luftzugsicheren Gehäuse (Stallaterne) frei zu Boden fallen (mit Kissen abfangen). Die Lampe erstickt während des Falles. Grund: Es fehlt der die Flammengase beseitigende statische Auftrieb, weil die Trägheitskräfte den Gewichten der Gasmoleküle entgegengesetzt gleich sind (vgl. S. 102 unten rechts, S. 142 Mitte, S. 144 oben).

§ 86. **Schlußbemerkung.** Mit den Zirkulationen verlassen wir im vorigen Paragraphen das Gebiet der ruhenden Flüssigkeiten und Gase. Sie bilden schon den Übergang zum folgenden Kapitel: Bewegungen in Flüssigkeiten und Gasen.

X. Bewegungen in Flüssigkeiten und Gasen.

§ 87. Zwei Vorbemerkungen. 1. Zwischen Flüssigkeiten und Gasen besteht ein wesentlicher, durch die Ausbildung der Oberfläche bedingter Unterschied. Trotzdem ließen sich die Erscheinungen in ruhenden Flüssigkeiten und Gasen formal in weitgehender Übereinstimmung behandeln. — Bei der Bewegung in Flüssigkeiten und Gasen kann man in der einheitlichen Behandlung von Flüssigkeiten und Gasen noch erheblich weitergehen. Bis zu Geschwindigkeiten von 50 m/sec kann man beispielsweise Luft getrost als eine inkompressible Flüssigkeit betrachten. Denn diese Geschwindigkeit ist noch klein gegen die Schallgeschwindigkeit in Luft (340 m/sec, vgl. S. 189). Wir werden in diesem Kapitel der Kürze halber das Wort Flüssigkeit als Sammelbegriff benutzen. Er soll Flüssigkeiten mit und ohne Oberfläche umfassen, also Flüssigkeiten wie Gase im üblichen Sprachgebrauch.

2. Bei der Mechanik fester Körper haben wir stets die als Reibung bezeichneten Kräfte nach Möglichkeit auszuschalten versucht. Bei der Bewegung in Flüssigkeiten verfahren wir zunächst gerade umgekehrt. Die an erster Stelle dargestellten Bewegungen erfolgen unter überwiegender Mitwirkung der Reibung: Wir beginnen mit der „schleichenden Bewegung" in Flüssigkeiten. Dieser ungewöhnliche Weg hat einen großen Vorzug: er bringt uns rasch in den Besitz eines für die weitere Darstellung bequemen Hilfsmittels; dies Hilfsmittel wird uns viele Zeichenarbeit ersparen.

§ 88. Die schleichende, unter überwiegender Mitwirkung innerer Reibung entstehende Flüssigkeitsbewegung. Die Abb. 243 zeigt uns in Aufsicht eine sehr flache, vertikal stehende Glasküvette. In dem daneben gezeichneten Querschnitt (Abb. 244) sieht man die Glasplatten nach oben hin in zwei Metallplatten fortgesetzt. Jede derselben bildet die Innenwand einer Flüssigkeitskammer. Diese Kammern stehen durch Löcher mit dem Innenraum der flachen, nur ca. 1 mm weiten Küvette in Verbindung. Die Löcher der linken Kammer sind gegen die der rechten um einen halben Lochabstand versetzt.

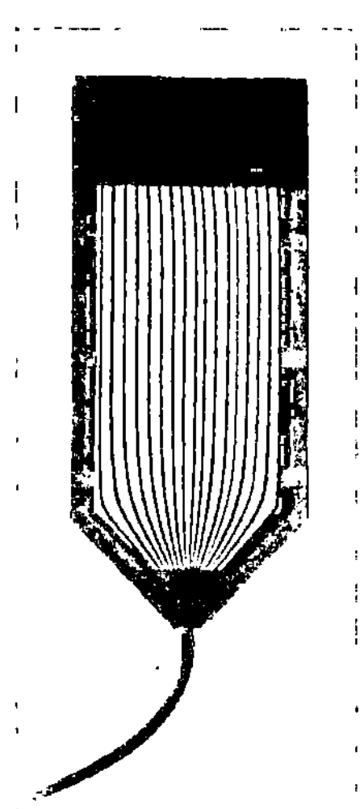

Abb. 243. Stromfädenapparat in Aufsicht. Bei der Projektion dreht man zweckmäßig die Bilder (mit Hilfe von zwei rechtwinkligen Prismen) um 90°. Die Strömung verläuft dann horizontal. Vgl. Abb. 245, 249 usw.

Beide Kammern werden zunächst mit Wasser gefüllt, die linke höher als die rechte. Dann wird der rechten etwas Tinte zugesetzt. Die Flüssigkeit tritt aus beiden Kammern durch die Löcher hindurch in die Glasküvette ein. Unten läuft sie, durch eine feine Glasdüse gedrosselt, langsam ab. Während der Flüssigkeitsströmung zeigt uns die Küvette das in Abb. 243 wiedergegebene Bild: Ein System äquidistanter Stromfäden einer schleichenden Flüssigkeitsströmung.

In einem zweiten Versuch ist zwischen die Glasplatten eine kreisrunde Scheibe eingepaßt (Zelluloid). Sie soll den Querschnitt einer Kugel markieren. Die Stromfäden der schleichenden Flüssigkeit (Wasser) zeigen das in Abb. 245 dargestellte Bild. Man sieht die Relativgeschwindigkeit abwechselnd gefärbter und ungefärbter Flüssigkeitsschichten gegeneinander. Die der Kugel näheren

Abb. 245. Schleichende Umströmung einer Kugel oder eines Zylinders. (Photographisches Positiv in Hellfeldbeleuchtung.)

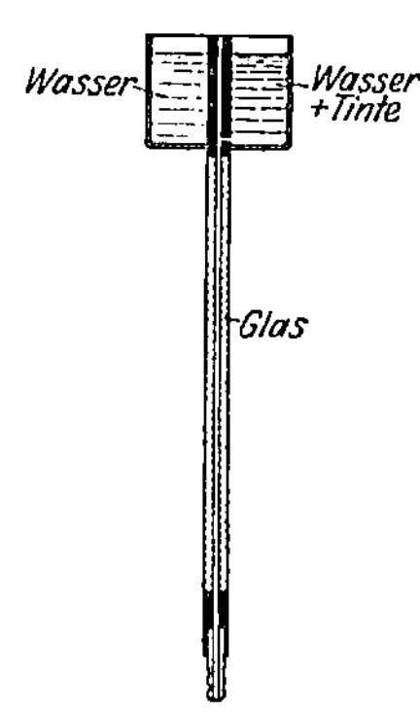

Abb. 244. Stromfädenapparat im Längsschnitt.

Flüssigkeitsfäden haben größere Wege zu durchlaufen. Es herrschen radial vom Kugelzentrum fortgerichtet Geschwindigkeitsgefälle $\partial u/\partial x$, und zwar in verschiedenen Richtungen von verschiedener Größe. Derartige Geschwindigkeitsgefälle erzeugen nach Gleichung (67a) die als innere Reibung bezeichnete Kraft. Sie widersetzt sich als „Widerstand der Kugel in der zähen Flüssigkeit" der Relativbewegung zwischen Kugel und Flüssigkeit. Eine Berechnung dieses Widerstandes ergibt

$$\boxed{K = 6\eta\,\pi r \cdot u} \qquad \textit{Stokessches Gesetz} \qquad (77)$$

(Einheiten gemäß Tabelle auf S. 128, η z. B. in Großdynsec/m², r in m, u in m/sec).

Dieser Widerstand der Kugel wächst also wie jede innere Reibung proportional der Relativgeschwindigkeit u zwischen Kugel und Flüssigkeit.

Eine in eine hinreichend zähe Flüssigkeit gelegte Kugel wird anfänglich durch ihr Gewicht **beschleunigt**. Die Beschleunigung hört aber nach kurzem Fallweg auf. Denn nach Erreichen einer gewissen Geschwindigkeit sind Widerstand K und Gewicht G einander entgegengesetzt gleich geworden. Die Summe der an der Kugel angreifenden Kräfte ist Null. Ihre Geschwindigkeit ist folglich fortan konstant. Sie „fällt" nicht mehr, sondern „sinkt".

Die konstante Sinkgeschwindigkeit von Kugeln in Flüssigkeiten bei überwiegendem Einfluß der Zähigkeit hat praktisch mancherlei Bedeutung. Beispiele:

1. Sie kann zur Messung der Zähigkeitskonstanten η dienen.

2. Man kann mit ihrer Hilfe die Radien **kleiner** in Luft schwebender Kügelchen (z. B. Öltropfen) ermitteln. Diese Methode ist oft bequemer als direkte mikroskopische Ausmessung, insbesondere bei Schwärmen oder Wolken aus zahllosen Einzeltropfen.

3. Man kann sie zum Ausloten von Wassertiefen benutzen. Man ermittelt mit der Stoppuhr die Sinkzeit **kleiner** birnenförmiger Explosivkörper. Ihre Sinkgeschwindigkeit in Seewasser wird ein für allemal experimentell bestimmt. Sie beträgt meistens 2 m/sec.

Abb. 246. Geschwindigkeitsverteilung bei schleichender Strömung durch ein Rohr.

4. Ohne den Reibungswiderstand ihrer winzigen Wassertropfen würden uns die Wolken auf den Kopf fallen. So aber sinken sie nur ganz langsam, unten verdunstend und meist von oben wieder nachgebildet.

Ein anderer praktisch wichtiger Sonderfall einer schleichenden Flüssigkeitsbewegung ist die Strömung von Flüssigkeiten in engen Röhren (Kapillarsystem unseres Blutkreislaufs!) Die Abb. 246 zeigt das Geschwindigkeitsgefälle bei

der Strömung in einem Rohre von quadratischem Querschnitt. Es war ein
gefärbter und ein ungefärbter Glyzerinfaden übereinandergeschichtet. Der
Abfluß ist unten im Bilde zu denken. Im Fall eines zylindrischen Querschnitts
hat die Geschwindigkeitsverteilung die Form eines Paraboloides. Für diesen
Fall berechnet man die Größe der pro Sekunde ausfließenden Flüssigkeitsmenge
oder die „Stromstärke" i nach der Gleichung

$$i = \frac{\pi}{8} \frac{r^4}{\eta} \cdot \frac{p_1 - p_2}{l}. \tag{78}$$

$2r$ = Rohrradius, p_1 = Druck am Anfang, p_2 = Druck am Ende des Rohres, l = Rohrlänge.
Einheiten gemäß Seite 31 und 120.

Der Quotient $\dfrac{p_1 - p_2}{i}$ wird als Strömungswiderstand des Rohres bezeichnet.

Die angeführten Beispiele zeigen uns rein experimentell die Existenz schleichender Bewegung keineswegs nur in zähen Flüssigkeiten, wie Glyzerin. Schleichende Bewegungen können auch in Flüssigkeiten mit sehr kleiner Zähigkeit
auftreten, wie etwa Wasser oder gar Luft. Des Vergleichs halber stellen wir
die Zähigkeitskonstanten dieser drei Flüssigkeiten zusammen.

	Temperatur	Zähigkeitskonstante in Großdynsec/m² (1 Großdyn = 0,102 kg-Kraft)
Glyzerin . {	0°	4,6
	20°	$8,5 \cdot 10^{-1}$
Wasser . . {	20°	$1 \cdot 10^{-3}$
	100°	$3 \cdot 10^{-4}$
Luft . . .	20°	$1,7 \cdot 10^{-5}$

Bei Benutzung der Einheiten g-Masse und
Zentimeter hat man obige Zahlen mit 10 zu
multiplizieren. Luft hat beispielsweise bei 20°
die Zähigkeitskonstante $1,7 \cdot 10^{-4}$ Dynsec/cm².

Die Messung erfolgt ebenfalls nach dem für
Flüssigkeiten in Abb. 211 erläuterten Schema.
Es ist nichts hinzuzufügen. Vgl. auch Abb. 38.

Für einen überwiegenden Einfluß der inneren Reibung auf die
Bewegung ist also durchaus nicht
nur die Größe der Zähigkeitskonstante bestimmend. Nicht
minder wichtig sind die Lineardimensionen (z. B. Kugeldurch-
messer, Kanalweite) und die Geschwindigkeit der Bewegung.
Näheres über diese Zusammenhänge
findet man später in § 95. Zunächst ist uns lediglich die Existenz
schleichender Bewegungen von Wichtigkeit, vor allem in dem
in Abb. 243 gezeigten Stromfädenapparat.

**§ 89. Die von innerer Reibung unbeeinflußte ideale
Flüssigkeitsbewegung. Bernoullische Gleichung.** Von nun an
gehen wir den in der Mechanik fester Körper befolgten Weg:
Wir versuchen Bewegungen möglichst frei von allen
Einflüssen der Reibung zur Beobachtung zu bringen.
Dazu dient uns der in Abb. 247 dargestellte Strömungsapparat.
Er besteht aus einer 1 cm weiten und 30 cm langen Glas-
küvette. In ihrem Inneren können, die Glaswände lose be-
rührend, Körper der verschiedensten Umrisse (Profile) bewegt
werden. In Abb. 247 ist es ein Körper von kreisförmigem
Umriß. In Abb. 248 hingegen sind es zwei Körper a und b.
Sie werden von unsichtbaren Stangen gehalten und bilden gemeinsam ein taillenförmiges Profil. Für photographische Aufnahmen macht man die Glasküvette in einer Schienenführung

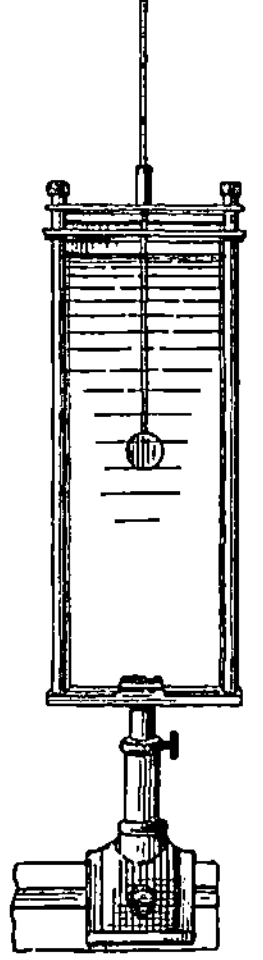

mit konstanter Geschwindigkeit in vertikaler Richtung beweglich. Für Beobachtungen auf dem Projektionsschirm genügt
die feste, in Abb. 247 skizzierte Aufstellung der Küvette. Diese
Küvette wird mit Wasser gefüllt. Die Bewegung des Wassers
gilt es sichtbar zu machen. Für diesen Zweck werden dem
Wasser gut entfettete Flitter des handelsüblichen Aluminium-Bronzepulvers zugesetzt. Diese Flitter zeigen uns auf dem Projektionsschirm in jedem Augenblick

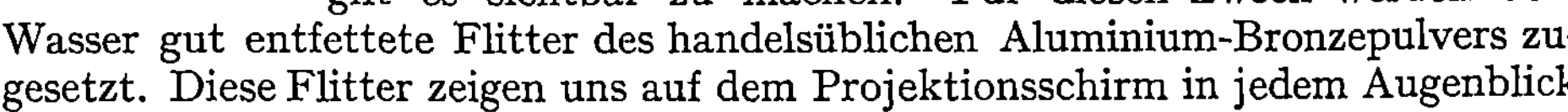

Größe und Richtung der Geschwindigkeit der einzelnen Wasserteilchen innerhalb der ganzen Küvette. Eine photographische Zeitaufnahme von ca. 0,1 Sekunde Dauer zeigt uns die Bahn jedes Aluminiumflitters als kurzen Strich. Jeder dieser Striche ist praktisch noch gerade. Jeder einzelne Strich stellt, kurz gesagt, einen Geschwindigkeitsvektor dar. Er zeigt die Geschwindigkeit eines einzelnen Wasserteilchens nach Größe und Richtung. Das ganze Bild zeigt uns die gleichzeitig nebeneinander vorkommenden Geschwindigkeitsvektoren. Bei genügender Dauer der photographischen Zeitaufnahme (z. B. Abb. 269) vereinigt sich die Gesamtheit dieser Striche zu „Stromlinien". Sie geben uns

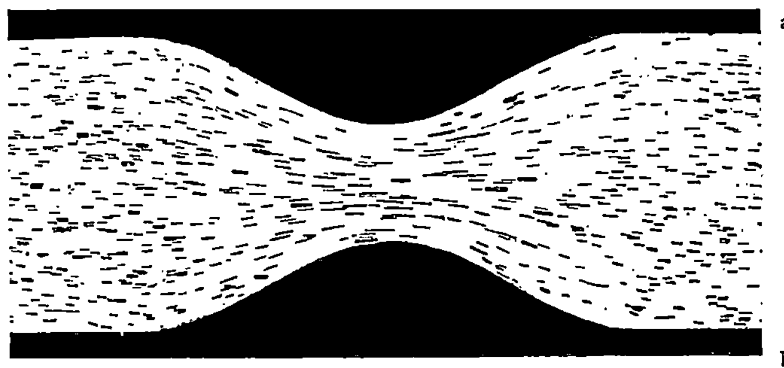

Abb. 248. Stromlinien einer Flüssigkeit in einer Taille. Photographisches Negativ des Strömungsapparates (Abb. 247) mit Dunkelfeldbeleuchtung.

ein ungemein anschauliches Bild der Flüssigkeitsströmung. Sie zeigen uns die Gesamtheit der in einem bestimmten Zeitpunkt nebeneinander in der Flüssigkeit existierenden Geschwindigkeitsrichtungen. Im Falle der stationären Bewegungen zeigen die Stromlinien uns außerdem die ganze von einem einzelnen Flüssigkeitsteilchen nacheinander durchlaufene Bahn, einen Stromfaden.

Die photographische Zeitaufnahme gibt dies Bild der Stromlinien in der klaren, aus Abb. 248 ersichtlichen Gestalt. Lebendiger ist das Bild bei direkter Beobachtung auf dem Projektionsschirm. Oft aber wird man ein Bild ohne viel Einzelheiten, mit wenigen klaren Strichen erstreben. In diesem Falle kommt uns ein seltsamer Umstand zu Hilfe: Wir können die Stromlinien einer von Reibung praktisch unbeeinflußten stationären Flüssigkeitsströmung vorzüglich mit einem Modellversuch nachahmen. Dazu dient uns der aus Abb. 243 bekannte Stromfädenapparat mit seiner schleichenden Flüssigkeitsströmung. Trotz der so gänzlich anderen Entstehungsbedingungen stimmt der formale Verlauf der Stromfäden der schleichenden Bewegung mit den Stromlinien der idealen reibungsfreien Flüssigkeitsbewegung überein. Die

Abb. 249. Stromlinien im Modellversuch. Photographisches Positiv in Hellfeldbeleuchtung. Ebenso Abb. 253, 256—258, 260, 261, 271, 342.

Abb. 249 zeigt uns ein so gewonnenes Bild. Es entspricht der Abb. 248. Es handelt sich jedoch im Gegensatz zu Abb. 248 nur um einen Modellversuch. Das soll noch einmal betont werden. Aber formal ist das Bild richtig, und in seiner Einfachheit ist es klar und einprägsam. Die so veranschaulichte, von Reibung praktisch unbeeinflußte Flüssigkeitsströmung läßt sich nur für ganz kurze Zeit aufrechterhalten. Sie entspricht etwa dem Beispiel einer kräftefrei mit konstanter Geschwindigkeit laufenden Kugel in der Mechanik fester Körper. Sie ist ein idealisierter Grenzfall. Aber es gilt für sie ein wichtiger, für alles weitere grundlegender Satz. Er betrifft den „statischen" Druck, d. h. den Druck der Flüssigkeit gegen eine ihren Stromlinien parallele Fläche. Der Satz lautet in zunächst qualitativer Form:

In Gebieten zusammengedrängter Stromlinien oder erhöhter Strömungsgeschwindigkeit ist der statische Druck p der Flüssigkeit kleiner als in der Umgebung.

Zur Veranschaulichung dieses Satzes dienen die beiden in Abb. 250 und 251 dargestellten Versuche. Die Abb. 250 zeigt den statischen Druck der strömenden Flüssigkeit vor, in und hinter der Taille. Die Figur ist nicht schematisiert. Infolge unvermeidlicher Reibungsverluste erreicht der statische Druck hinter der Taille nicht ganz denselben Wert wie vor ihr. In Abb. 251 ist eine erheblich höhere Strömungsgeschwindigkeit gewählt. Bei ihr wird der statische Druck des Wassers in der Taille kleiner als der umgebende Luftdruck im Zimmer. Das Wasser vermag Quecksilber in einem U-förmigen Manometer „anzusaugen" und eine „Hg-Säule" von etlichen cm Höhe zu heben.

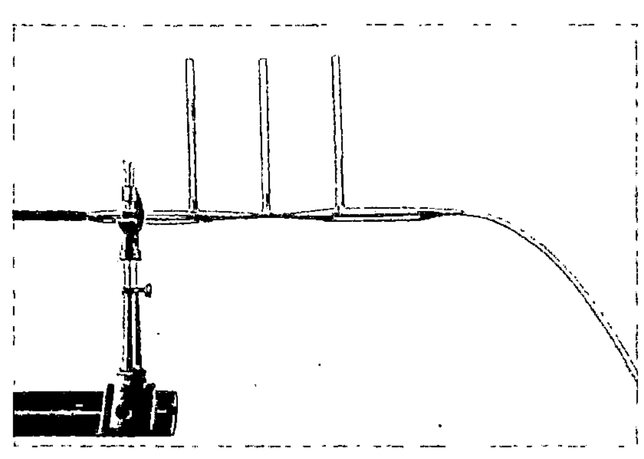

Abb. 250. Verteilung des statischen Druckes beim Durchströmen einer Taille. Die drei vertikal angesetzten Glasrohre dienen als Wassermanometer.

Quantitativ wird der Zusammenhang von Druck und Geschwindigkeit einer Flüssigkeit durch die „Bernoullische Gleichung" dargestellt. Diese Gleichung ergibt sich unmittelbar durch eine Anwendung des Energieerhaltungssatzes (S. 64) auf eine reibungsfrei strömende Flüssigkeit. Wir denken uns eine Flüssigkeitsmenge m vom Volumen v und der Dichte ϱ. Ein in ihr mitlaufendes Manometer zeigt den „statischen" Druck p. Nach dem Energieerhaltungssatz soll dann die Summe folgender drei Einzelposten konstant sein:

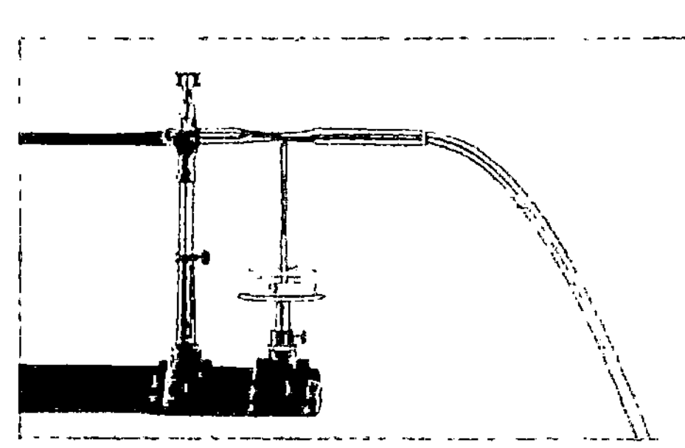

Abb. 251. Statischer Druck in einer Taille. Er ist kleiner als Atmosphärendruck. Als Manometer dient eine Quecksilbersäule.

I. Die von der Flüssigkeitsmenge m geleistete Arbeit, z. B. durch Verschieben eines Kolbens in einem Zylinder (Wassermotor). Diese Arbeit beträgt pv. Denn Druck p ist gleich Kraft/Kolbenfläche, das Volumen Kolbenfläche mal Schubweg. Also ist das Produkt beider Kraft mal Weg oder Arbeit.

II. Die in dieser Flüssigkeitsmenge noch enthaltene potentielle Energie. Sie wird im allgemeinen durch eine Hubhöhe h über den Erdboden bedingt sein. Sie ist dann Gewicht mal Hubhöhe h, also im dynamischen Kraftmaß $= mgh$.

III. Die in dieser Flüssigkeitsmenge noch enthaltene kinetische Energie $\frac{1}{2}mu^2$.

Also $\qquad\qquad pv + mgh + \tfrac{1}{2}mu^2 = \text{const.}$ $\qquad\qquad$ (79)

Oder $\qquad\qquad p + \varrho gh + \tfrac{1}{2}\varrho u^2 = \text{const.}$ $\qquad\qquad$ (79a)

$\quad$ (p in Großdyn/m²; $g = 9{,}81$ m/sec²; h in m; ϱ in kg-Masse/m³; u in m/sec.)

Bei konstanter Höhenlage der Flüssigkeit über dem Erdboden bleibt auch der mittlere der drei Einzelposten, die potentielle Energie, konstant. Wir können schreiben

$$p + \tfrac{1}{2}\varrho\, u^2 = \text{const} = p_1. \qquad (80)$$

Das ist die Bernoullische Gleichung.

p heißt, wie erwähnt, der **statische Druck**. Denn er wird im Prinzip von einem mit der Flüssigkeit bewegten also in ihr ruhenden Manometer gemessen. $\tfrac{1}{2}\varrho\, u^2$ heißt der **dynamische oder Staudruck**.

Die Bernoullische Gleichung sagt also aus: „**Die Summe von statischem Druck und Staudruck ist konstant.**" Man nennt die konstante Summe dieser beiden Drucke den Gesamtdruck p_1.

Zur Messung des statischen Druckes p in der strömenden Flüssigkeit dient die aus Abb. 251 ersichtliche Anordnung; die zum Manometer führende Öffnung liegt parallel den Stromlinien. Für Messungen im **Innern** weiter Strombahnen verlegt man die Öffnung, meist siebartig unterteilt oder als Schlitz, in die Flanke einer „**Drucksonde**". Sie steht durch eine Schlauchleitung mit einem Manometer in Verbindung. Das wird in Abb. 252 erläutert.

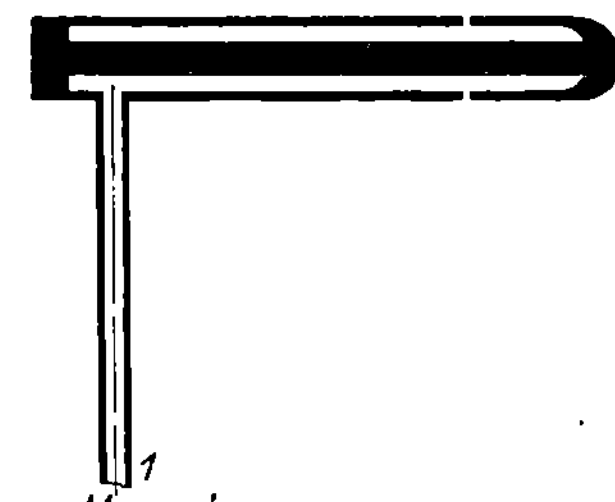

Abb. 252. Schnitt durch eine Drucksonde mit ringförmigem Schlitz zur Messung des statischen Druckes im Innern einer strömenden Flussigkeit.

Den Gesamtdruck p_1 ermittelt man in einem „**Staugebiet**". Ein solches wird im Modellversuch in Abb. 253 veranschaulicht. Im Mittelpunkt des Staugebietes trifft eine Stromlinie senkrecht auf das Hindernis. Dort bringt man die Zuleitung zum Manometer an (Abb. 253 Pitotrohr). An dieser Stelle ist die Flüssigkeit in Ruhe, also $u = 0$. Der statische Druck wird nach Gleichung (80) gleich dem Gesamtdruck p_1. Das Manometer zeigt den „Gesamtdruck" p_1.

Abb. 253. Ein **Pitot-Rohr** zur Messung des Gesamtdruckes p_1 in einem Staugebiet. In natura eine rechtwinklig gebogene Kupferröhre von meist nur 2—3 mm äußerem Durchmesser (Modellversuch mit dem Stromfädenapparat [Abb. 243], Konturen des Rohres nachträglich schraffiert).

Den Staudruck mißt man als Differenz des Gesamtdruckes p_1 und des statischen Druckes p. Der gesuchte Staudruck ist nach Gleichung (80)

$$\tfrac{1}{2}\varrho\, u^2 = (p_1 - p). \qquad (81)$$

[Einheiten siehe bei (79a)].

Man muß also zur Ermittelung des Staudruckes eine Druckmessung nach Abb. 252 mit einer solchen nach Abb. 253 kombinieren. Man hat für den statischen Druck p eine Drucksonde, für den Gesamtdruck p_1 ein Pitotrohr zu verwenden. Für technische Messungen vereinigt man zweckmäßig beide Geräte zu einem „**Staurohr**". Es ist in Abb. 254 schematisch und in Abb. 255 im Schattenriß dargestellt. Staurohrmessungen sind ein beliebtes Mittel zur Geschwindigkeitsmessung in strömenden Flüssigkeiten.

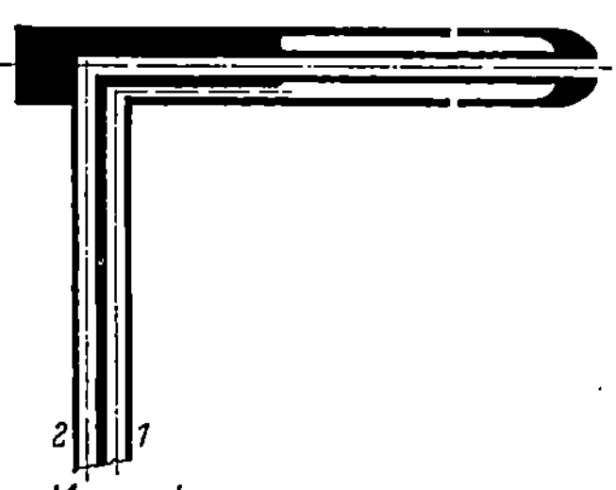

Abb. 254. Schnitt durch ein Staurohr, eine Kombination von **Pitot-Rohr** und **Drucksonde**. Das mit beiden Schenkeln angeschlossene Flussigkeitsmanometer gibt direkt den Staudruck als Differenz von Gesamtdruck p_1 und statischem Druck p.

Die Abb. 250 und 251 erläutern uns die Abnahme des statischen Druckes p mit wachsender Strömungsgeschwindigkeit u. Das gleiche leisten zahlreiche weitere Schauversuche. Wir bringen einige Beispiele:

1. Eine ebene Scheibe steht unter spitzem Winkel gegen die Strömungsrichtung geneigt. Ein Modellversuch mit schleichender Bewegung veranschaulicht uns in Abb. 256 den Verlauf der Stromlinien. Wir sehen zwei Gebiete mit zusammengedrängten Stromlinien, also mit gesteigerter Geschwindigkeit u, und daher vermindertem statischen Druck p. Durch diese Druckverteilung ent-

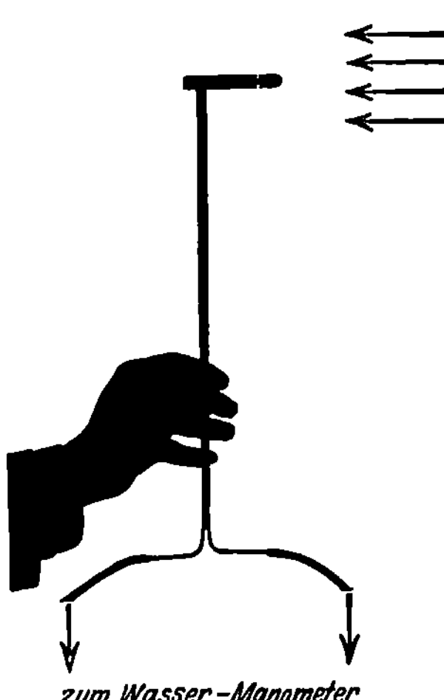

Abb. 255. Schattenriß eines Staurohres in normaler Größe.

Abb. 256. Stromlinien beim Umströmen eines schräg zur Strömung stehenden Brettes. Modellversuch.

Abb. 257. Stromlinienbild beim Umströmen eines senkrecht zur Strömung stehenden Brettes. Modellversuch. Vgl. Abb. 262.

steht ein Drehmoment im Uhrzeigersinn. Dies Drehmoment stellt die Scheibenebene senkrecht zu den Stromlinien. In dieser Senkrechtstellung zeigt uns ein Modellversuch in Abb. 257 eine völlige Symmetrie der Stromlinien. Es tritt kein weiteres Drehmoment mehr auf. — Jedes zur Erde fallende, halbwegs steife Papierblatt zeigt das von den Stromlinien der Luft erzeugte Drehmoment. Nur pendelt das Blatt dabei lebhaft um die Symmetriestellung hin und her. — Späterhin werden wir diese Erscheinung für Meßzwecke verwerten.

2. Zwei Kugeln bewegen sich in einer Flüssigkeit. Die Verbindungslinie ihrer Mittelpunkte steht senkrecht zur Richtung der ungestörten Stromlinien. Der Modellversuch zeigt uns in Abb. 258 zwischen den Kugeln eine gesteigerte Strömungsgeschwindigkeit u. Daher ist der statische Druck p zwischen den beiden Kugeln verkleinert und die Kugeln „ziehen einander an". Die Abb. 259 zeigt uns diesen Versuch in einer kleinen Variante. Eine Holzkugel hängt, um ein Gelenk drehbar, als umgekehrtes Schwerependel in einem Wassertrog. Eine zweite Kugel wird

Abb. 258. Stromlinien zwischen Kugeln oder Zylindern. Modellversuch.

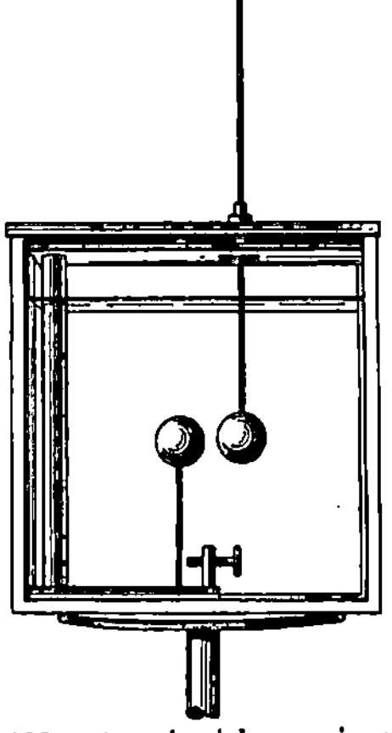

Abb. 259. Anziehung einer ruhenden und einer bewegten Kugel.

an ihr in etlichem Abstand mittels einer Führungsstange vorbeibewegt. Die Anziehung der Holzkugel ist weithin sichtbar. Ein Anschlag verhindert den Zusammenstoß beider Kugeln. — In großem Maßstab haben wir uns statt der beiden Kugeln zwei Schiffe zu denken. In engen Fahrwässern, z. B. Kanälen, besteht stets die Gefahr der gegenseitigen Anziehung. Sie läßt sich nur durch sehr langsame Fahrt vermindern. Denn nach Gleichung (80) steigt der dynamische Druck $\frac{1}{2}\varrho u^2$ mit dem Quadrat der Geschwindigkeit.

3. Abb. 260 veranschaulicht uns nach einem Modellversuch den Stromlinienverlauf um eine Ventilatorkappe. Bei a sind Gebiete verminderten statischen

Druckes. In sie strömt die Luft des bei *b* angeschlossenen Schachtes hinein. —
Im Schauversuch macht man Kappe und Schacht aus Glas. Man steckt in den
Schacht ein Stückchen Watte und bläst dann von rechts gegen die Kappen-
spitze. Der Wattebausch wird im Schacht in die Höhe gerissen und fliegt
weithin sichtbar aus der Kappenöffnung heraus.

Wir fassen den Inhalt dieses Paragraphen zusammen und fügen dabei
eine wesentliche Ergänzung hinzu:

Wir haben Bewegungen in Flüssigkeiten ohne merklichen Einfluß der
inneren Reibung zur Beobachtung zu bringen versucht. Es sollte das Verhalten

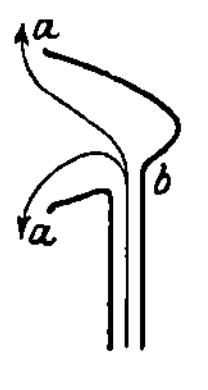

a　　　　　　　　b
Abb. 260a u. b　Wirkungsweise einer Ventilatorkappe.
Abb. 260a Modellversuch.

Abb. 261. Stromlinien um einen zylindrischen Stab. Modellversuch.

einer „idealen" reibungsfreien Flüssigkeit studiert werden. Als Hilfsmittel der
Darstellung dienten uns die Stromlinien. Wirklich beobachtet wurden diese
Stromlinien im Strömungsapparat der Abb. 247. Ihre modellmäßige Nach-
ahmung, ein bequemer Ersatz für zeitraubende Zeichnungen, gelang mit dem
Apparat der Abb. 243. Er ergab u. a. für die Umströmung einer Kugel und einer
Platte die in den Abb. 245 und 257 reproduzierten Stromlinienbilder. Wir fügen
in Abb. 261 noch ein weiteres hinzu: Die Umströmung eines langen, gestreckten
Zylinders. Wir haben auch dies Bild modellmäßig durch die Stromfäden einer
schleichenden Bewegung zeichnen lassen.

All diesen „Stromlinienbildern" der „idealen Flüssigkeit" ist ein Merkmal
gemeinsam. In keinem einzigen Teilgebiet der Flüssigkeit sehen wir Flüssigkeitsteilchen rotieren. Jedes Teilgebiet der Flüssigkeit ist drehungsfrei.
Dieser Umstand hat die Namensgebung bestimmt: Man nennt die von uns
bisher betrachteten Bewegungen der idealen Flüssigkeit „drehungsfreie Potentialströmung". § 90 wird den Sinn dieser Namensgebung erläutern.

**§ 90. Drehungsfreie Potentialströmung. Definition von Zirkulation.
Mit der Strömung bewegtes Bezugssystem.** Die Gestalt aller Stromlinienbilder
war in entscheidender Weise durch die Wahl unseres bisherigen Bezugssystems
bestimmt worden. Es war, wie üblich, der Erd- oder Hörsaalboden, und die umströmten Körper waren von ihm aus gesehen in Ruhe. Jetzt gehen wir zu
einem anderen Bezugssystem über. Es bewegt sich mit der Flüssigkeit.
Seine Geschwindigkeit soll gleich der Geschwindigkeit u_0 der Flüssigkeit im
Gebiete der parallelen Stromlinien vor oder hinter dem umströmten Körper sein.
Unser Strömungsapparat läßt auch dies mit der Flüssigkeit bewegte Bezugssystem leicht in Anwendung bringen. Er benutzt zur Abbildung der Strömung
einen Projektionsapparat oder einen photographischen Apparat. Man hat diesen
Apparat nur fest mit der auf- und niedersteigenden Küvette zu verbinden und
wieder eine photographische Zeitaufnahme kurzer Dauer zu machen. Man erhält
dann ganz andere Stromlinienbilder. An die Stelle der Abb. 262 tritt beispielsweise die Abb. 263. Entsprechende Bilder für die Umströmung einer Kugel und
eines Stabes finden sich in Abb. 264 und 265.

Die Bilder des mit der strömenden Flüssigkeit mitlaufenden Bezugssystems stimmen formal mit den Feldlinienbildern der

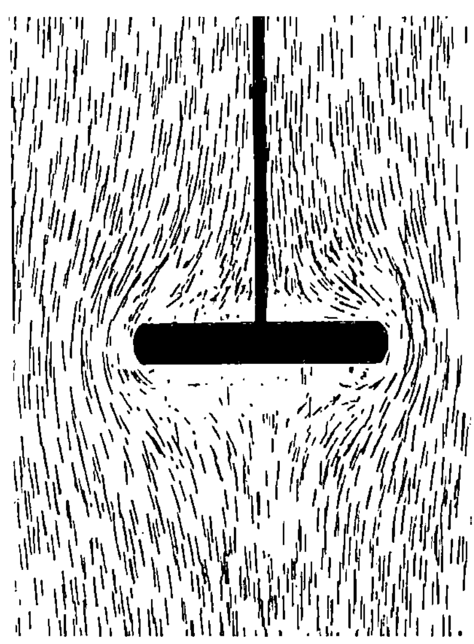

Abb. 262. Stromlinien beim Umströmen einer senkrecht zur Strömung stehenden Platte unmittelbar nach dem Anfahren. Photographisches Negativ in Dunkelfeldbeleuchtung (Strömungsapparat der Abb. 247).

Dies Bild entspricht dem in Abb. 257 dargestellten Modellversuch.

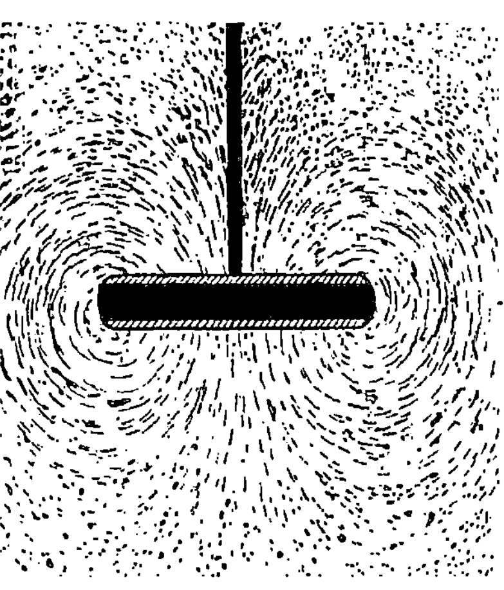

Abb. 263. Stromlinien beim Umströmen einer senkrecht zur Strömung stehenden Platte, beobachtet von einem mit der ungestörten Strömung bewegten Bezugssystem. Photographisches Negativ in Dunkelfeldbeleuchtung (Strömungsapparat der Abb. 247). Die Halbtöne der durch die Bewegung verwaschenen Körperkonturen nachträglich durch Schraffierung ersetzt. Sonst keine Retusche. Gleiches gilt von den Abb. 264—266.

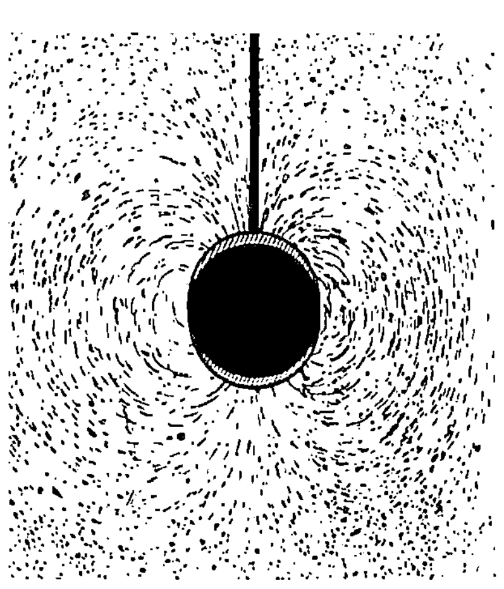

Abb. 264. Stromlinien beim Umströmen einer Kugel, beobachtet von einem mit der ungestörten Strömung bewegten Bezugssystem.

Man vergleiche dies Bild mit dem Feldlinienbild einer magnetischen Kugel, z. B. Abb. 126 im Bande „Elektrizitätslehre".

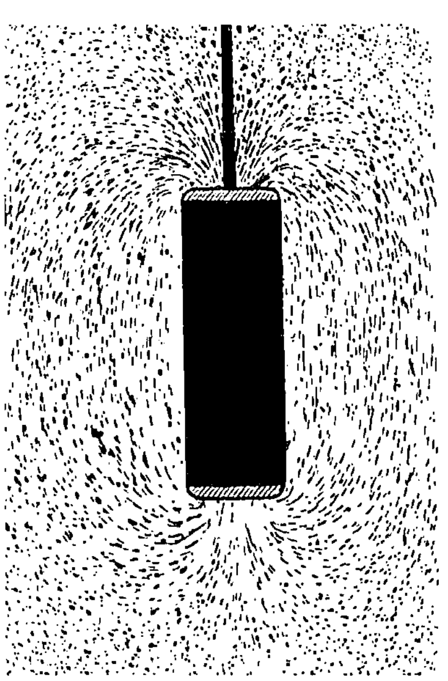

Abb. 265. Stromlinien beim Umströmen eines Zylinders, beobachtet von einem mit der Strömung bewegten Bezugssystem.

Elektrizitätslehre überein. So gleicht Abb. 265 den magnetischen Feldlinien einer gestreckten stromdurchflossenen Spule, Abb. 263 dem Streufeld eines Plattenkondensators (siehe Elektr. Lehre Abb. 119 und 37).

Die Stromlinien der strömenden Flüssigkeit und die magnetischen Feldlinien der stromdurchflossenen Spule haben physikalisch durchaus verschiedene Bedeutungen. Im ersten Falle stellen ihre Tangenten Geschwindigkeitsrichtungen von Wasserteilchen dar, im zweiten die Richtung einer magnetischen Feldstärke. Mathematisch formal aber lassen sich die Bilder in beiden Fällen übereinstimmend behandeln. Man braucht den mathematischen Formalismus der auch sonst viel angewandten „Potentialtheorie". Aus diesem Grunde nennt man die Strömung in einer „idealen" reibungsfreien Flüssigkeit eine Potentialströmung.

Physikalisch ist die Potentialströmung in allen bisher von uns behandelten Fällen durch ein scharfes Merkmal gekennzeichnet. Die Flüssigkeit ist innerhalb aller ihrer Teilgebiete drehungsfrei oder frei von Zirkulationen. Dabei hat das Wort Zirkulation folgenden Sinn: Man denke sich innerhalb eines Flüssigkeitsgebietes mit Tusche eine geschlossene Linie s angefärbt („flüssige Linie"). Dann bildet man für jeden Längenabschnitt ds dieser Linie das Produkt $u_s\,ds$. Dabei ist u_s die Geschwindigkeitskomponente der Flüssigkeit in Richtung des Linienelementes ds. Die Summe $\sum u_s ds$ heißt die Liniensumme der Geschwindigkeit. Im „Grenzübergang" schreibt man statt der Liniensumme das Linienintegral $\int u_s ds$. Dies Linienintegral, gebildet über eine geschlossene Linie schreibt man

$$\oint u_s\,ds \tag{82}$$

und nennt es die Zirkulation Γ.

„In jedem Teilstück ist die Zirkulation der Flüssigkeit gleich Null." Das ist mathematisch das Kriterium für alle bisher von uns behandelten Potentialströmungen, also z. B. für die Abb. 262 und 263. Oder ganz grob anschaulich ausgedrückt: Wir haben bisher in keinem Teilgebiet unserer idealen reibungsfrei strömenden Flüssigkeit Rotationen der Flüssigkeitsteilchen beobachtet.

§ 91. Der Stirnwiderstand bei der Umströmung von Körpern in Flüssigkeiten. Aus unsern bisherigen Stromlinienbildern ergibt sich eine sehr merkwürdige Folgerung. Nehmen wir als Beispiel ein senkrecht zur Strömung stehendes Brett (Abb. 257 oder 263). Die Stromlinien verlaufen auf der Vorder- und Rückseite des Brettes völlig symmetrisch. Diese völlige Symmetrie bedeutet nach Gleichung (80) eine völlige Symmetrie der Drucke und Kräfte auf der Vorder- und Rückseite des Brettes. Die Summe der auf das Brett wirkenden Kräfte muß Null sein. D. h. die Strömung darf das Brett nicht „mitnehmen". Der Arm, der ein Brett durch eine ideale Flüssigkeit bewegt, darf keinen Widerstand spüren. — Die Bewegung eines Brettes in einer idealen Flüssigkeit muß völlig „widerstandsfrei" erfolgen. Das steht in krassem Widerspruch mit jeder Beobachtung, man denke nur an das Rudern. Weiter denke man an einen Kinderdrachen, also eine Platte schräg im Winde nach dem Schema der Abb. 256. Nach diesem idealisierten Schema sollte allein ein Drehmoment auf den Drachen wirken. In Wirklichkeit kommt ein dynamischer Auftrieb hinzu und ein durch das Halteseil ausgeschalteter Rücktrieb. Folglich sind wir mit unserer Idealisierung zu weit gegangen. In Wirklichkeit kann bei Flüssigkeiten keine völlige Symmetrie der Stromlinienbilder vor und hinter dem umströmten Körper vorliegen. Auch bei symmetrisch gebauten Körpern muß der Stromlinienverlauf „vorn" und „hinten" Abweichungen zeigen. Die experimentelle Auffindung dieser Abweichungen von der Symmetrie ist die Aufgabe dieses und der beiden folgenden Paragraphen. Dabei trennen wir die Erscheinungen nach „Stirnwiderstand" und „Auftrieb".

Wir brauchen kein neues Hilfsmittel. Es genügt vollauf der aus Abb. 247 bekannte Strömungsapparat. Wir haben nur die Beobachtungszeit länger auszudehnen und höhere Strömungsgeschwindigkeiten zu benutzen. Als Bezugssystem wollen wir das „mitbewegte" benutzen (die Kamera bewegt sich mit der Geschwindigkeit der ungestörten Flüssigkeitsströmung). Nunmehr erhalten wir das in Abb. 266 abgedruckte Bild. Wir sehen die Potentialströmung nur auf der Vorderseite (oben) erhalten. Auf der Rückseite sehen wir die Bildung zweier großer Wirbel. Sie entstehen anfänglich rechts und links symmetrisch, zueinander widersinnig kreisend. (Die anfängliche Drehimpulssumme Null bleibt also erhalten.) Bald aber lösen sich die Wirbel ab und treiben mit der Strömung fort. An ihre Stelle treten neue Wirbel. Ihre Bildung erfolgt aber nicht mehr symmetrisch zu beiden Seiten, es folgen abwechselnd links und rechts große Wirbel aufeinander. Ein derartiger Wirbel ist in Abb. 267 photographiert.

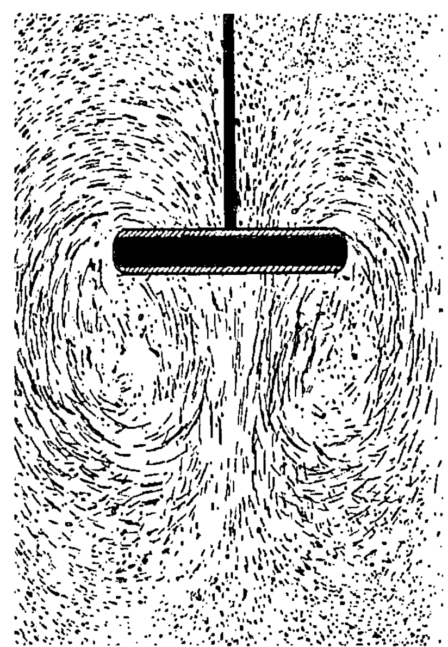

Abb. 266. Entstehung von Wirbeln beim Umströmen einer senkrecht zur Strömung stehenden Platte. Bezugssystem mit der ungestörten Strömung bewegt.

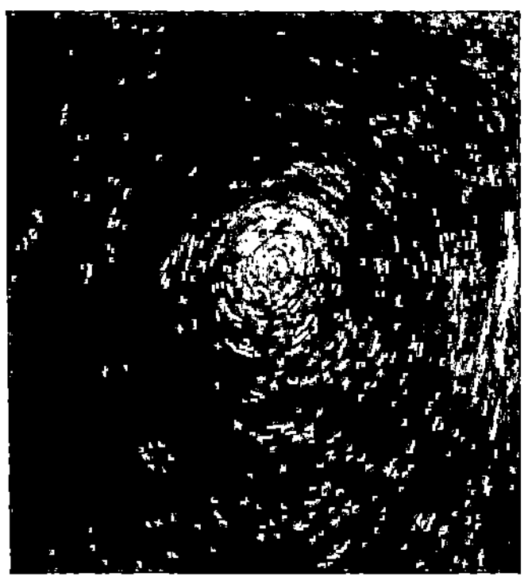

Abb. 267. Einer der in Abb. 266 entstehenden Wirbel nach seiner Ablösung. Photographisches Positiv in Hellfeldbeleuchtung, ebenfalls mit dem Strömungsapparat der Abb. 247 aufgenommen.

Im ruhenden Bezugssystem (die Kamera oder der Projektionsapparat ruhen in bezug auf den umströmten Körper) überlagert sich die fortschreitende Flüssigkeitsströmung der Wirbelbewegung. Dadurch werden die Wirbel in der Photographie entstellt. Wir erhalten z. B. Abb. 268 an Stelle von Abb. 266. Bei subjektiver Beobachtung auf dem „Projektionsschirm" macht sich unser Auge automatisch von dieser Störung frei. Es sieht eine klare Wirbelbewegung auf dem langsam fortschreitenden Untergrund. Mit der subjektiven Beobachtung auf dem Projektionsschirm verglichen, erscheinen selbst gute Photographien im bewegten Bezugssystem (z. B. Abb. 266) als dürftig.

Jetzt übersehen wir mit einem Schlage die Entstehung des Widerstandes umströmter Körper in wirklichen Flüssigkeiten. Er wird durch Drehbewegungen der Flüssigkeit auf der Rückseite des umströmten Körpers erzeugt. Es werden ständig neue Teilgebiete der Flüssigkeit in Drehung versetzt. Das Andrehen dieser Wirbel, die Herstellung ihrer kinetischen Energie, verlangt Leistung von Arbeit. Die für diese Arbeit erforderliche Kraft ist der Stirnwiderstand. „Der Stirnwiderstand eines von einer Flüssigkeit umströmten Körpers wird durch Dreh- oder Wirbelbewegungen auf seiner Rückseite bedingt." Das ist der überraschende experimentelle Befund. Die Entstehung dieser Drehbewegungen lassen wir einstweilen unerörtert, sie wird sich in § 94 als eine Folge der inneren Reibung erweisen.

Zunächst wollen wir diese lästige Wirbelbildung durch geschickte Formgebung des umströmten Körpers auszuschalten versuchen. Für die Lösung dieser Aufgabe hat uns die Natur zahllose Vorbilder gegeben. Ihr gemeinsames Merkmal ist das „Tropfenprofil" gemäß Abb. 269. Einen derart tropfenförmigen Körper können wir mit großer Geschwindigkeit in unserer Küvette von Wasser umströmen lassen. Die gefürchtete Wirbelbildung bleibt aus. Eine Kugel von praktisch gleichem Durchmesser erzeugt bei gleicher Geschwindigkeit schon unmittelbar nach dem Anfahren eine starke Wirbelbildung, man vergleiche Abb. 270. Der mit dem Tropfenprofil experimentell erzielte Fortschritt ist außerordentlich. Das zeigt ein Zahlenbeispiel. Ein 5-Mark-Stück zeigt in Luft durch Wirbel auf seiner Rückseite den gleichen Widerstand wie ein Tropfenkörper von etwa 1 m Länge und 30 cm Durchmesser. Das Tropfenprofil spielt in der Technik eine hochwichtige Rolle. Wir nennen nur die Gestalt der Luftschiffe, Unterseeboote, Torpedos, den Querschnitt aller Verspannungsdrähte und -stäbe in Flugzeugen usw.

§ 92. Der dynamische Auftrieb einer Tragfläche als Folge einer Zirkulation. Die Drehbewegung oder Zirkulation ist uns in § 91 als lästige Störungsquelle begegnet. Ihre Entstehung an der Rückseite der umströmten Körper erzeugt den Stirnwiderstand. Er läßt sich durch geschickte Formgebung (Tropfenprofil) stark vermindern, aber nicht völlig ausschalten.

In anderen Fällen kann die Zirkulation einer Flüssigkeit außerordentlich nützlich werden. Sie erzeugt den „dynamischen Auftrieb" von Tragflächen und Flügeln aller Art in Natur und Technik. Allerdings haben wir dann einen Sonderfall der Drehbewegung oder Zirkulation. Sie ist nicht mehr auf einzelne Teilgebiete der Flüssigkeit beschränkt. Vielmehr führt die Flüssigkeit als Ganzes eine Drehbewegung aus.

Die Abb. 269a zeigt uns als einfachste „Tragfläche" eine Platte schräg in horizontal strömender Luft (Pfeil 1). Die Luft wird durch die Tragfläche irgendwie schräg nach unten rechts abgelenkt, roh angedeutet durch den Pfeil 2. Durch

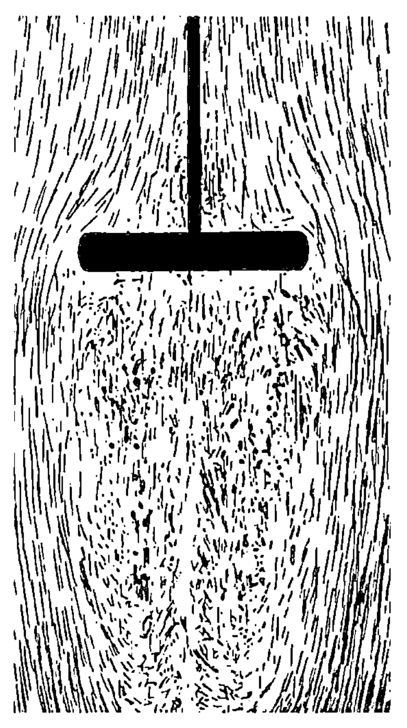

Abb. 268. Verzerrung der Wirbel durch Betrachtung vom ruhenden Bezugssystem (Hörsaalboden).

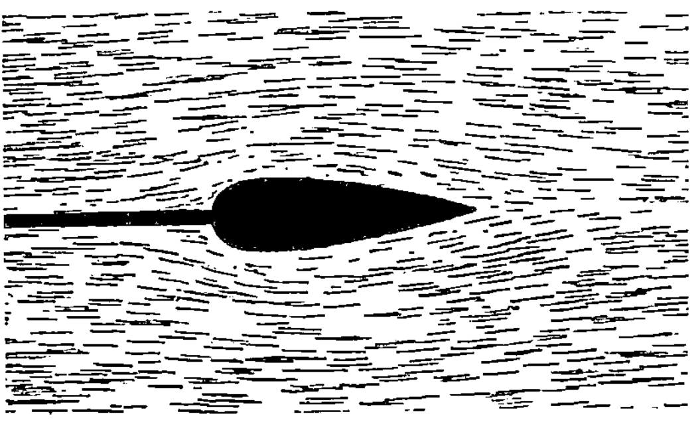

Abb. 269a.

Abb. 269. Tropfenprofil. Photographisches Negativ mit Dunkelfeldbeleuchtung (Strömungsapparat der Abb. 247).

diese Richtungsänderung der Luft wird auf die Tragfläche ein schräg nach oben rechts gerichteter Impuls (Pfeil 3) übertragen. Seine vertikale Komponente (Pfeil 4) erzeugt den dynamischen Auftrieb, seine horizontale Komponente (Pfeil 5) einen dynamischen Rücktrieb, oft auch induzierten

Widerstand genannt. Bei einer guten Tragfläche soll der Auftrieb den Rücktrieb erheblich überwiegen. Das erreicht man erstens durch Flachstellung der Tragfläche („kleiner Anstellwinkel") und zweitens durch besondere Formgebung, die bekannten „Flügelprofile". Soweit das rohe Schema. Es ist jetzt durch Beobachtung der Strömungen zu ergänzen und zu verbessern.

Zunächst lassen wir im Modellversuch durch eine schleichende Bewegung eine Skizze einer zirkulationsfreien Potentialströmung um ein Flügelprofil aufzeichnen. Es ist in Abb. 271 abgedruckt. Das Charakteristische dieses Bildes ist die Umströmung des scharfen, hinteren Flügelsaumes.

Dann lassen wir in unserem Strömungsapparat ein Flügelprofil von flitterhaltigem Wasser umströmen. Wir sehen dreierlei:

1. Die Flüssigkeit umströmt nur im allerersten Augenblick den scharfen hinteren Flügelsaum.

2. Gleich darauf bildet sich am hinteren Flügelsaum ein Wirbel (Abb. 272). Diesmal ist es im Gegensatz zu Abb. 266 nur ein Wirbel. Er rotiert im Bilde gegen den Uhrzeiger. Er treibt mit der Strömung von dannen. Er ist auf dem Projektionsschirm vorzüglich sichtbar, aber schlecht zu photographieren.

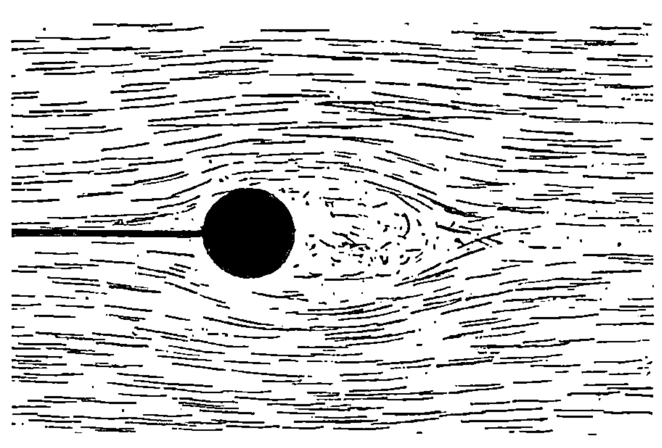

Abb. 270. Ausbildung von Wirbeln hinter einer Kugel. Aufnahmetechnik wie bei Abb. 268. Stromrichtung →

3. Zugleich mit der Ausbildung dieses Anfahrwirbels beginnt die Flüssigkeit auf der Rückenseite des Flügels rascher, auf der Bauchseite des Flügels langsamer zu strömen (Abb. 273). Das sieht man im Schauversuch mit besonderer Deutlichkeit.

Das Experiment zeigt uns also auf der Rückenseite der Tragfläche (Flügel) vermehrte, auf der Bauchseite verminderte Strömungsgeschwindigkeit.

Nach der Bernoullischen Gleichung (S. 151) bedeutet das auf der Rückenseite verminderten, auf der Bauchseite erhöhten Druck. So entsteht der dynamische Auftrieb der Tragfläche. Die Tragfläche wird vor allem nach oben „gesaugt" und außerdem von unten aus gedrückt.

Wie kommt aber diese Geschwindigkeitsvermehrung über dem Rücken und die Geschwindigkeitsverminderung unter dem Bauch des Flügels zustande? Die Antwort ist in der unter 2. genannten Beobachtung enthalten. Wir sehen in der Flüssigkeit eine Drehbewegung gegen den Uhrzeiger entstehen. Nach dem Satz von der Erhaltung des Drehimpulses muß

Abb. 271. Zirkulationsfreie Potentialströmung um einen Flügel. Modellversuch.

Abb. 272. Ausbildung des Anfahrwirbels bei einem Flügel.

gleichzeitig in der Flüssigkeit eine zweite Drehbewegung mit einem Impuls entgegengesetzt gleicher Größe entstehen. Denn nur so kann die anfängliche Drehimpulssumme Null erhalten bleiben. Diese Drehbewegung besteht in einer Zirkulation der Flüssigkeit um das Flügelprofil. Sie erfolgt in Abb. 272

im Uhrzeigersinn um den Flügel als Kern, ist aber nicht mit gezeichnet. Die Überlagerung dieser Zirkulation über die anfängliche, zirkulationsfreie Potentialströmung gibt die wirkliche Umströmung des Flügelprofiles in Abb. 273. Auf der Rückenseite hat die Zirkulation die gleiche Richtung wie die fortschreitende Flüssigkeitsströmung, beide Geschwindigkeiten addieren sich zu einer hohen Gesamtgeschwindigkeit. Auf der Bauchseite laufen beide Strömungen einander entgegen. Die Summe ihrer Geschwindigkeiten ist klein.

Wir haben uns hier auf eine qualitative Deutung des Flügelauftriebs beschränkt. Bei einer Verfeinerung der Darstellung findet man den am Flügelschwerpunkt angreifenden Kraftpfeil stets etwas schräg nach hinten gerichtet, d. h. neben dem dynamischen Auftrieb bleibt stets ein als „induzierter Widerstand" störender Rücktrieb erhalten.

Jetzt wird man auf Abb. 269a zurückgreifen und fragen: Wo bleibt nun in der Stromliniendarstellung die Ablenkung von Luftmassen nach unten ab-

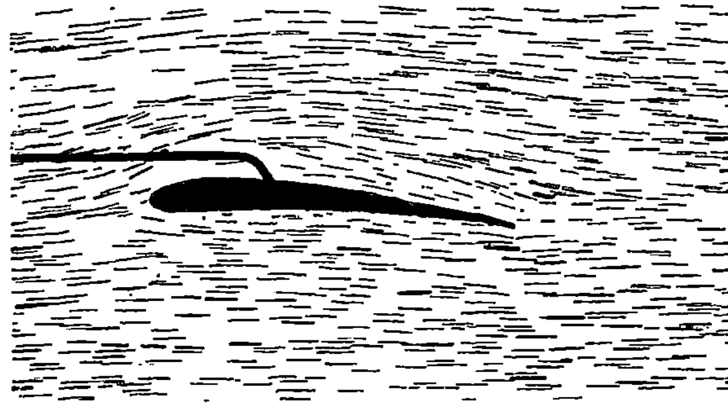

Abb. 273. Umströmung eines Flügels. Die Geschwindigkeit (Strichlänge) auf dem Rücken größer als an der Unterseite. Photographisches Negativ in Dunkelfeldbeleuchtung (Strömungsapparat der Abb. 247).

wärts? Die Tragfläche kann doch keinen Auftrieb erhalten, ohne daß gleichzeitig andere Massen nach unten beschleunigt werden. Das verlangt der Impulserhaltungssatz. — Die Antwort lautet: An den beiden seitlichen Enden der Tragflächen grenzen die Hochdruckgebiete des Flügelbauches an die Tiefdruckgebiete des Flügelrückens. Es strömt Luft vom Bauch zum Rücken. Dadurch entstehen an beiden Flügelenden Wirbel oder „Wirbelzöpfe" und diese haben als Ganzes einen nach unten gerichteten Impuls. Die in Abb. 269a skizzierte Richtungsänderung der Luft kann also in der Tat nur als rohe Schematisierung gelten.

Die Tragflächen oder Flügel werden in Natur und Technik in der mannigfachsten Weise angewandt. Wesentlich für die Entstehung ihres dynamischen Auftriebes ist stets die Umströmung ihres Profiles. Tragfläche und Flüssigkeit müssen relativ zueinander eine Geschwindigkeit besitzen. Wir können aus Platzmangel nur einige wenige Beispiele bringen:

1. Ein Kinderdrachen wird im Winde vom Boden aus mit einem Bindfaden festgehalten. Dann kann die Luft diesen Drachen umströmen, ohne ihn in der Horizontalen fortzuführen. — Die Annäherung des Drachenprofils an eine gute Tragfläche ist zwar nur mäßig, aber völlig ausreichend.

2. Ein Flugzeug erhält durch den Zug seines Propellers in horizontaler Richtung eine Geschwindigkeit gegen die Luft. Die Umströmung seiner Tragfläche liefert den vertikalen Auftrieb, jedoch auch einen das Flugzeug verlangsamenden Rücktrieb. Dieser addiert sich dem Stirnwiderstand infolge der unvermeidlichen lokalen Wirbelbildungen hinter den einzelnen Flugzeugteilen. Infolgedessen kann ein Flugzeug nach Abstellen des Motors nicht in gleicher Höhenlage weiterfliegen, es verliert ständig kinetische Energie und muß diese Verluste aus seinem Vorrat an potentieller Energie ersetzen, d. h. das Flugzeug muß sich im Gleitflug langsam der Erde nähern.

3. Im Gleitflug fliegen auch die einem Dampfer folgenden Möwen. Sie benutzen die leicht schräg aufwärts gerichtete Strömung am Heck des Schiffes. Sie gleiten nicht in ruhender, sondern in schräg aufwärts strömender Luft

abwärts. Dadurch halten sie ihre Höhenlage. Sie ersetzen also ihre Verluste an kinetischer Energie nicht aus ihrem mit den Muskeln erarbeiteten Vorrat an potentieller Energie. Sie entnehmen den Energieersatz der schräg aufwärts strömenden Luft, beziehen ihn also in letzter Linie auf Kosten der Schiffsmaschine.

4. Motorlose Sportflugzeuge bedienen sich meistens des Gleitfluges in aufwärtsströmender Luft. Für ihr Steigen muß die senkrecht nach oben gerichtete Komponente der Windgeschwindigkeit größer sein als die senkrecht nach unten gerichtete Komponente der Gleitfluggeschwindigkeit.

Doch können motorlose Flugzeuge auch nach Art vieler gut fliegender Vögel „segeln". Beim Segelflug erhalten die Tragflügel ihre unerläßliche Relativgeschwindigkeit gegen die umgebende Luft durch Trägheitskräfte. Der Segelflug verlangt unbedingt einen Wechsel der Windgeschwindigkeit. Die Luft ist als beschleunigtes Bezugssystem zu betrachten. Der Flieger hat nur Anstellwinkel und Flugrichtung sinngemäß zu wechseln (und Zeiten konstanter Windgeschwindigkeit mit Abwärtsgleitflug auszufüllen). Die energetischen Verhältnisse veranschaulicht man sich leicht durch Modellversuche. Für horizontale Geschwindigkeitsänderungen nimmt man z. B. eine Stahlkugel in einem senkrecht stehenden Glasrohr von Zickzackform. Dies Rohr bewegt man beschleunigt in horizontaler Richtung hin und her. Durch die Trägheitskräfte steigt die Kugel in die Höhe.

5. Typische Tragflächen sind auch die Flügel unserer alten Windmühlen. Sie sind empirisch zu großer Vollkommenheit entwickelt worden. Die Beherrschung der theoretischen Grundlagen hat keinen nennenswerten Fortschritt mehr bringen können.

6. Der Propeller eines Flugzeuges oder Dampfers bohrt sich keineswegs wie ein Korkzieher in die Flüssigkeit hinein. Seine Flügel sind nichts weiter als rotierende Tragflächen. Man überspanne einen Holzrahmen von zirka 20×80 cm Größe lose wie einen Kinderdrachen mit Stoff und versetze ihn mit gestrecktem Arm in eine kreisende Bewegung. Bei einem geeigneten Anstellwinkel dieser Tragfläche gegen die Luftströmung fühlt man den Auftrieb oder Vorschub dieser improvisierten Propellerfläche vortrefflich.

7. Ein nettes Kinderspiel ist der in Abb. 274 dargestellte Schraubenflieger. Durch Achsen verschiedener Länge kann man sein Trägheitsmoment variieren. Dann lassen sich hübsch die beiden freien Achsen vorführen. Die Achsen des größten und des kleinsten Trägheitsmomentes, Abb. 274a (Flügel ohne Stengel) und 274c, geben stabilen Flug in die Höhe. Die Achse des mittleren Trägheitsmomentes (Abb. 274b) erweist sich auch hier als völlig instabil, der Schraubenflieger torkelt und stürzt zu Boden (vgl. § 55).

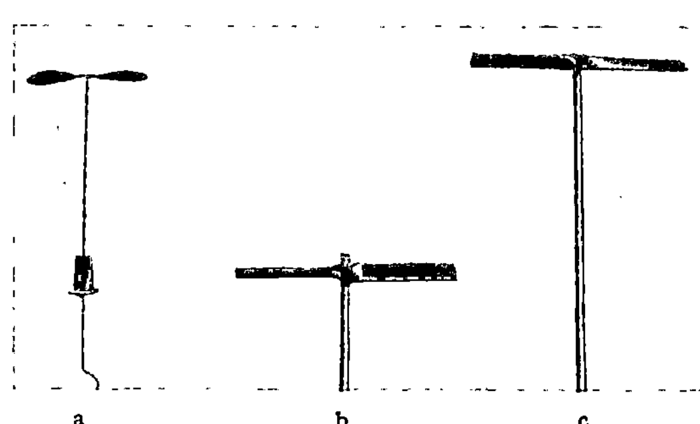

Abb. 274. 3 Schraubenflieger mit verschiedenen Trägheitsmomenten. a fliegt als flacher Doppelflügel ohne den zum Andrehen dienenden Schraubendraht. An b u. c sitzen die Stäbe fest.

8. Jede Rotation läßt sich durch eine periodische Hinundherbewegung ersetzen. An die Stelle der rotierenden Schiffsschraube kann das „wriggende" Ruder am Heck eines kleinen Bootes treten. Den Sinn der Wriggbewegung kann man sich ebenfalls gut mit einer Flügelfläche in Gestalt eines überspannten Holzrahmens klarmachen.

9. Beim Flug der Vögel und Insekten haben die Flügel eine doppelte Funktion. Erstens haben sie als Tragflächen den Auftrieb in vertikaler Richtung zu liefern. Zweitens müssen sie als Propeller den horizontalen Vorschub liefern und die unerläßliche Relativgeschwindigkeit zwischen Tier und Luft erzeugen. Das geschieht mit Hilfe von teilweise verwickelten Wriggbewegungen.

Der rotierende Propeller der Technik findet sich nirgends im Tierreich verwirklicht. Die Zuleitung der Blut- und Nervenbahnen von einem Lager aus in eine rotierende Welle hat sich anscheinend mit den Konstruktionselementen der organischen Substanz nicht herstellen lassen.

§ 93. Weiteres über den dynamischen Auftrieb. Das Potential der Zirkulation.

Bei der experimentellen Untersuchung des Tragflügelauftriebes in § 92 war der wesentliche Punkt die Entstehung einer Zirkulation um den Flügel herum. Eine derartige kreisende Bewegung einer Flüssigkeit um einen festen Kern ist nicht auf das Tragflügelprofil beschränkt. Das Tragflächenprofil hat lediglich einen Vorzug: es vermag von selbst, ohne weiteren Kunstgriff, die für den dynamischen Auftrieb unerläßliche Zirkulation in Gang zu bringen.

Man kann z. B. auch eine völlig rotationssymmetrische Zirkulation um einen zylindrischen Kern herstellen. Nur muß man in diesem Fall den Zylinder um seine Längsachse rotieren lassen. Die Ausbildung der Zirkulation erfolgt zeitlich ebenso wie bei der Tragfläche. Zunächst sieht man auf der Rückseite einen Wirbel entstehen und mit der Strömung wegtreiben. Schließlich verbleibt das in Abbildung 275 wiedergegebene Bild. Bei den gezeichneten Bewegungsrichtungen erfährt der Zylinder einen Auftrieb in Richtung des gefiederten Pfeiles.

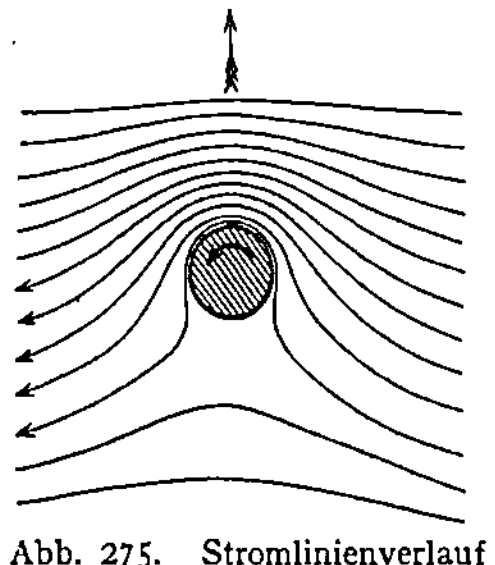

Abb. 275. Stromlinienverlauf um einen rotierenden Zylinder.

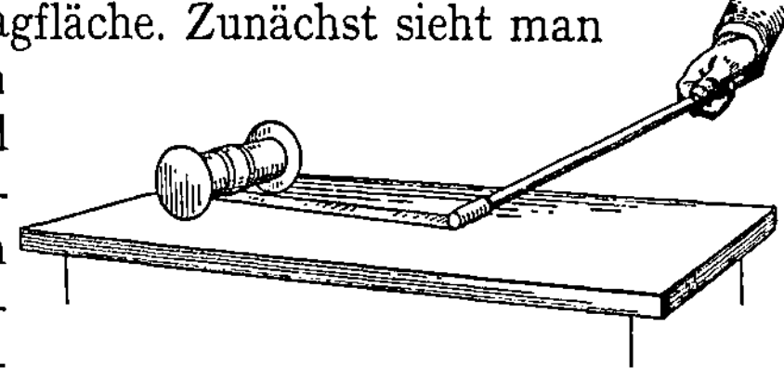

Abb. 276. Dynamischer Auftrieb eines rotierenden Zylinders (Magnus-Effekt).

Zur Vorführung dieser Erscheinung benutzt man eine leichte Papprolle von der Größe einer aufgerollten Serviette (Abb. 276). Ihre Enden sind mit etwas überragenden Kreisscheiben abgeschlossen. Auf diese Rolle wird ein flaches Leinenband aufgerollt. Das freie Ende des Bandes wird wie eine Schnur an einem Peitschenstiel befestigt. Man schlägt den Peitschenstiel in horizontaler Richtung zur Seite. Dadurch erhält der Zylinder eine Geschwindigkeit in der Horizontalen. Das abrollende Band erteilt ihm gleichzeitig eine Rotation. Wir haben die in Abb. 275 skizzierten Bedingungen verwirklicht. Der Zylinder fliegt statt in einer horizontal einsetzenden Wurfparabel in hochaufbäumender Flugbahn davon und durchläuft eine Schleifenbahn.

Man hat diesen Auftrieb rotierender Zylinder zum Antrieb neuartiger Segelschiffe („Rotorschiffe") benutzt. Doch scheinen die wirtschaftlichen Erfolge nicht die anfängliche Reklame zu rechtfertigen. Hingegen werden derartige Auftriebserscheinungen ruhender Körper in Luft mannigfach im Sport ausgenutzt. Der „geschnittene", d. h. der mit schräg bewegtem Schläger beschleunigte Tennisball oder Golfball fliegt weiter, als es einer Wurfparabel entsprechen würde. Die Bahn derart „geschnittener" Bälle gleicht der in Abb. 155 skizzierten.

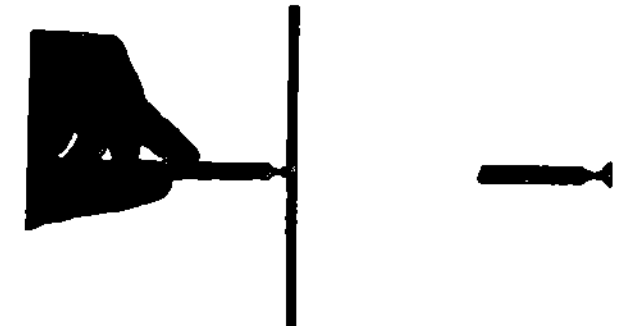

Abb. 277. Windmühle mit symmetrisch gebauten Flügeln.

Ein anderes Beispiel eines dynamischen Auftriebes ohne Tragflächenprofil zeigt uns eine kleine Spiel-Windmühle. Sie hat ein Paar ganz seitensymmetrische Flügel von halbkreisförmigem Profil. Man hat einfach einen Stab von halbkreisförmigem Querschnitt gemäß Abb. 277 auf eine recht reibungsfreie Achse zu setzen. In einen Luftstrom hineingebracht, bleibt diese „Mühle" zunächst in Ruhe. Es kommt bei ihrer völlig seitensymmetrischen Gestalt nicht zur Ablösung eines Anfahrwirbels gemäß Abb. 272. Infolgedessen entsteht auch keine Zirkulation um diese „Flügel" als festen Kern. Doch läßt sich eine solche Ablösung eines Anfahrwirbels durch einen Kunstgriff erzwingen. Man hat der Mühle lediglich durch einen Schlag einen Drehimpuls zu erteilen. Dann kommt sofort eine Zirkulation um den Flügel in Gang. Die Mühle rotiert beliebig lange weiter. Der Drehsinn ist nur durch die Richtung des anfänglichen Drehimpulses bestimmt. Man kann ihn nach Belieben durch einen Schlag in entgegengesetzter Richtung umkehren. Dies kleine Spielzeug ist recht lehrreich.

Die für den dynamischen Auftrieb verwertete Zirkulation hat zwei wesentliche Kennzeichen:

1. Die Zirkulation erfolgt um einen Kern.

2. Sie ist nicht auf ein Teilgebiet der Flüssigkeit beschränkt. Sie erfaßt, wenigstens im Grundsatz, die gesamte Flüssigkeitsmasse. Die Geschwindigkeit der kreisenden Bewegung sinkt zwar rasch mit wachsendem Abstand vom Kern, verschwindet aber auch in großem Abstand nicht völlig.

Der Kern einer Zirkulation braucht übrigens kein fester Körper zu sein. Ein bekanntes Beispiel für eine solche Zirkulation ohne festen Kern kann man oft beim Abfluß einer Badewanne beobachten. Der Kern wird in diesem Fall von einem Luftschlauch gebildet.

In der mathematischen Darstellung haben alle Zirkulationen der ganzen Flüssigkeitsmasse um einen Kern ein Potential. Am einfachsten wird es für die rotationssymmetrische Zirkulation um den rotierenden Zylinder. Die mathematische Darstellung zeigt eine weitgehende Analogie zur Darstellung elektrischer und magnetischer Felder. Man vergleiche nur die Abb. 275 mit der Abb. 174 im Bande Elektrizitätslehre, um diese formalen Zusammenhänge zu übersehen.

Der rotierende Zylinder entspricht dabei beispielsweise einem geraden, vom elektrischen Strom durchflossenen Leitungsdraht. In der Hydrodynamik heißt es nach Seite 155

$$\oint u\,ds = n\Gamma,$$

in der Elektrizitätslehre

$$\oint \mathfrak{H}\,ds = ni,$$

falls der Integrationsweg den Kern bzw. Draht n-mal umfaßt.

§ 94. Entstehung und Gestalt der Wirbel. Strahlbildung. Als Wirbel haben wir Drehbewegungen begrenzter Flüssigkeitsgebiete bezeichnet. Derartige Wirbel haben wir in wirklichen Flüssigkeiten in zwei Fällen beobachtet:

1. Auf der Rückseite umströmter Körper als Ursache des Stirnwiderstandes.

2. Am rückwärtigen Saum einer Tragfläche beim Ingangsetzen der Zirkulation um den Tragflächenkörper.

Diese Wirbel an Hindernissen entstehen infolge innerer Reibung. Das macht man sich folgendermaßen klar. Die Abb. 278A zeigt uns einen sehr breiten Strom einer idealen reibungsfreien Flüssigkeit beim Umströmen eines Zylinderprofiles. Die Kreuze markieren dieselben Flüssigkeitsteilchen zu drei verschiedenen Zeiten vor und nach Passieren des Zylinders. Die Flüssigkeitsteilchen „halten Front". Längere Wegstrecken, etwa die „Umwege" der Teilchen *1*, werden mit gesteigerter Geschwindigkeit durchlaufen. Dabei ergeht es diesen Teilchen etwa wie einer Kugel in einer Einsattelung einer sonst horizontalen Führungsschiene („U-Profil") (Abb. 278B). Die Kugel wird auf dem abwärts geneigten Wege *abc* beschleunigt. Das heißt ein Teil ihrer potentiellen Energie wird zur Vergrößerung ihrer kinetischen Energie benutzt. Beim Wiederanstieg tritt genau das Umgekehrte ein. Bei Abwesenheit aller Reibung würde die Kugel das horizontale Schienenniveau bei *e* wieder mit der ursprünglichen Rollgeschwindigkeit erreichen. In Wirklichkeit verursacht die äußere Reibung zwischen Kugel und Schiene Energieverluste. Die Geschwindigkeit der Kugel wird bei *e* kleiner sein als bei *a*. Bei stärkerer Reibung kann bereits beim Punkte *d* die gesamte kinetische Energie der Kugel aufgezehrt sein. Die Kugel kommt im Punkte *d* vorübergehend zur Ruhe, und dann rollt sie abwärts zurück.

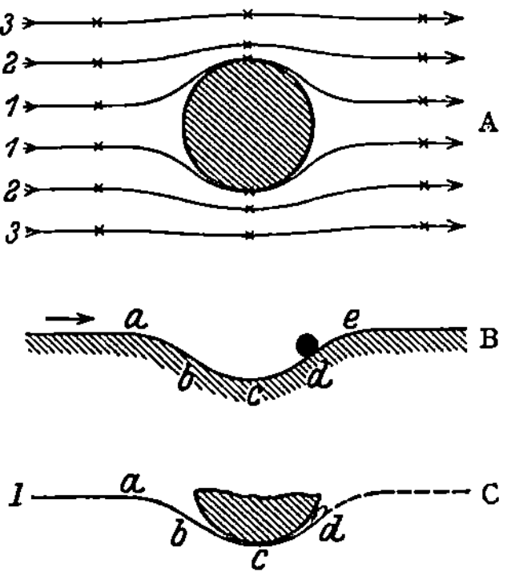

Abb. 278. Zur Entstehung der Wirbel durch innere Reibung.

Entsprechend ergeht es dem Flüssigkeitsteilchen *1* in Abb. 278C infolge innerer Reibung. Es muß bei seinem Wiederaufstieg in Gebiete höheren Druckes über die am Zylinder haftende und daher ruhende Flüssigkeitsschicht hinwegströmen. Dabei wird es durch innere Reibung stark verzögert. Im Punkte *d* muß es umkehren. Das kann es nur in Richtung des skizzierten Pfeiles. Denn dieser Drehsinn wird ihm von dem nach außen hin folgenden, rascher strömenden Flüssigkeitsteilchen *2* aufgezwungen. Der Wirbel beginnt also durch Ablösung einer gegen die vorwärtsströmende Flüssigkeit abgesetzten Grenzschicht.

Soweit die Entstehung von Wirbeln in Flüssigkeiten beim Umströmen von Hindernissen. Sie ist letzten Endes nur ein Sonderfall eines allgemeineren Falles, nämlich der Wirbelbewegung in der Grenzschicht zweier einander berührenden Flüssigkeitsströmungen verschiedener Geschwindigkeit. Die Grenzschicht zweier derartiger Flüssigkeiten ist nicht stabil. Es kommt zu mancherlei Wirbelbildungen. Wir beschränken uns auf drei Beispiele.

1. In Abb. 279 sei 1 eine ruhende, 2 eine ihr parallel strömende Flüssigkeit. Bei *e* denken wir uns eine kleine zufällig entstandene Ausbuchtung der ruhenden Flüssigkeit. Sie führt zu einer Zusammendrängung der Stromlinien in der bewegten Flüssigkeit. Sie ist roh mit ein paar Strichen skizziert. Nach der Bernoullischen Gleichung herrscht in diesem Gebiet zusammengedrängter Stromlinien ein verminderter Druck. Dieser muß die anfängliche Ausbuchtung der ruhenden Flüssigkeit dauernd vergrößern, die Grenze ist instabil. — Man denke sich in der skizzierten Grenzschicht ein Flaggentuch. Das Flaggentuch flattert und zeigt uns so grob, aber einfach die Instabilität der Grenzschicht.

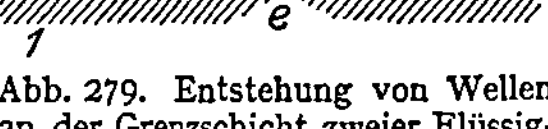

Abb. 279. Entstehung von Wellen an der Grenzschicht zweier Flüssigkeiten.

2. Abb. 280 zeigt uns einen Kasten. Seine Hinterfläche wird wie bei einer Trommel mit einer Membran *M* bespannt. Die Vorderfläche zeigt eine kreisrunde Öffnung mit scharfem Rand. Die Luft im Innern des Kastens ist mit irgendeinem Qualm gefärbt. Bei einem Schlag gegen die Membran schießt für kurze Zeit ein Strahl gefärbter Luft aus der Öffnung heraus. In der Grenzschicht zwischen Strahl und ruhender Umgebung entsteht innere Reibung. Sie bewirkt eine Umbörtelung und Aufrollung der Grenzschicht. Es entsteht der jedem Raucher bekannte Wirbelring. Er kann bei kräftigem Schlag viele Meter weit ins Zimmer fliegen, ein aufgestelltes Kartenblatt umwerfen, eine Kerze ausblasen usf. Der Luftwirbelring besitzt einen erheblichen Impuls in seiner Bewegungsrichtung.

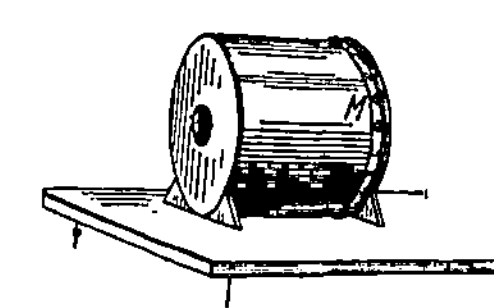

Abb. 280. Zur Herstellung von Wirbelringen.

Die von uns bisher beobachteten Flüssigkeitswirbel wurden seitlich durch die Gefäßwände begrenzt. Es waren die Glasplatten des zuerst in Abb. 247 vorgeführten Apparates. Oft werden Flüssigkeiten oben durch ihre Oberfläche, unten durch ihren Gefäßboden begrenzt. In diesem Fall erstreckt sich das Wirbelgebiet von der Oberfläche bis zum Boden.

Im Innern einer Flüssigkeit kann ein Wirbel nie Anfang oder Ende haben. Er bildet immer einen mehr oder minder regelmäßig gestalteten Ring. Der soeben erwähnte Tabaksring ist ein gutes Beispiel. Man kann ihn durch einen Stab oder dergleichen zerschlagen. Das Ergebnis sind zwei neue geschlossene Wirbelringe von unregelmäßiger Gestalt.

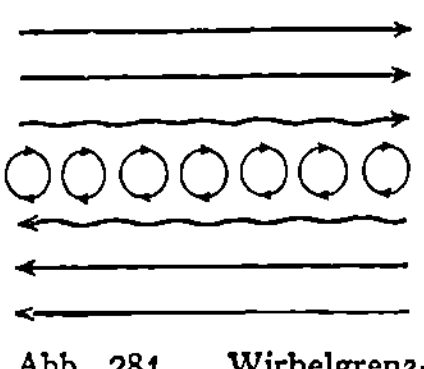

Abb. 281. Wirbelgrenzschicht zwischen zwei entgegengesetzt strömenden Flüssigkeiten.

Mathematisch behandelt man diese geschlossenen Wirbel als Wirbelfäden, das heißt, man nimmt den Radius ihres Kernes als verschwindend klein an.

3. Der Schlag gegen die Membran in Abb. 280 bewirkte nur eine kurzdauernde Strahlbildung. Eine langdauernde Strahlbildung läßt sich auf zwei Weisen erzielen:

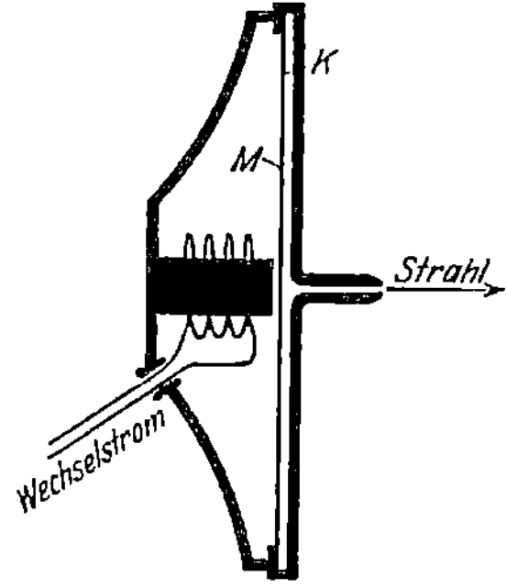

Abb. 282. Intermittierende Strahlbildung.

a) Im Kasten wird durch dauernde Luftzufuhr ein Überdruck aufrechterhalten. Auch dann fliegt im ersten Augenblick ein Wirbelring davon. Hinterher ist der Strahl gegen die ruhende Luft durch eine Grenzschicht abgesetzt. Man hat sie sich im Schnitt gemäß Abb. 281 vorzustellen: Der Übergang von der ruhenden in die strömende Luft wird durch eine Unzahl winziger Wirbel vermittelt.

b) Durch rasche periodische Änderungen des Luftdrnckes im Innern des Kastens. Man benutzt z. B. als Hinterwand eines flachen Kastens K (Abb. 282) eine mit Wechselstrom zu Schwingungen erregte Telefonmembran M. Dann wird die Luft in der Frequenz des Wechselstromes als Strahl ausgestoßen, aber allseitig eingesaugt. Der Strahl ist also intermittierend. In ganz langsamer Folge können wir den gleichen Vorgang bei lebhaftem Atmen beobachten. Wir können ein Licht auf weiten Abstand durch den Strahl beim Ausatmen „auspusten". Wir können es aber nicht beim Einatmen „aussaugen". Beim Einatmen strömt die Luft von allen Seiten gleichmäßig in unsern Mund.

Die Wirbelgrenzschichten zwischen Strahl und ruhender Umgebung sind sehr labil. Oft zerfallen sie unter völliger Zerfetzung des Strahles. Man bekommt dann die Turbulenz benannte wirre Vermischung der ruhenden und der bewegten Flüssigkeit oder allgemeiner die turbulente Vermischung von Flüssigkeitsschichten verschiedener Geschwindigkeit.

Derartige Turbulenzen lassen sich bequem mit einem angefärbten Wasserfaden in einem großen Glasrohr vorführen. Die Abb. 283 zeigt die Flüssigkeitsströmung vor und nach Entstehung der Turbulenz. Die Turbulenz vermindert die bei der Druckdifferenz $p_1 - p_2$ pro Sekunde durchfließende Flüssigkeitsmenge i. Der Strömungswiderstand $(p_1 - p_2)/i$ des Rohres wird durch die Turbulenz auf ein Mehrfaches erhöht.

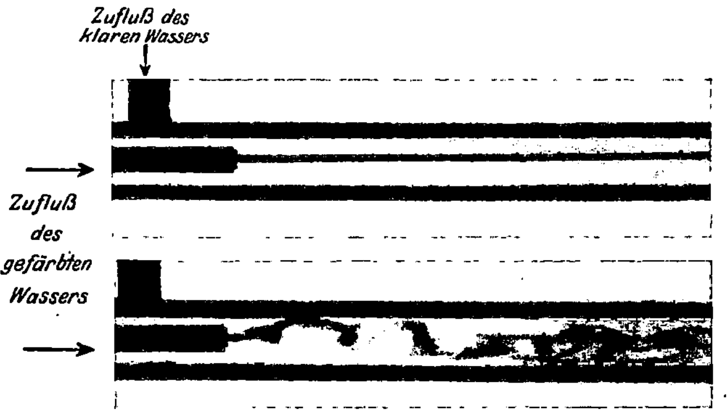

Abb. 283. Gefärbter Wasserstrahl vor und nach Entstehung der Turbulenz.

Die Turbulenz kann sich durch sausende Geräusche in den durchströmten Röhren bemerkbar machen. Dies Geräusch ist als Symptom hochgradiger Blutarmut an den Halsschlagadern zu hören. Normalerweise soll der Blutkreislauf turbulenzfrei erfolgen.

Der turbulente Zerfall eines Strahles wird oft durch geringfügige Erschütterungen eingeleitet. Beispiele dieser Art sind die „empfindlichen" Wasserstrahlen und Gasflammen. Sie werden uns in den §§ 110 und 118 begegnen.

§ 95. Die Reynoldssche Zahl. Wir haben bei unserer Darstellung strömender Flüssigkeiten an Hand von Experimenten 3 Fälle unterschieden.

1. Die laminare oder schleichende Bewegung einer Flüssigkeit bei überwiegendem Einfluß der inneren Reibung. Dieser Grenzfall lieferte uns im Stromfädenapparat ein sehr bequemes, Zeichenarbeit ersparendes Hilfsmittel, § 88.

2. Die „ideale", von Reibung völlig unbeeinflußte Flüssigkeitsströmung. Dieser Grenzfall ließ sich nur ganz kurze Zeit nach Bewegungsbeginn beobachten. Er gab eine auch scharfe Kanten umströmende Potentialströmung ohne Zirkulation und Wirbel, § 89.

3. Die von Wirkungen innerer Reibung abgeänderte ideale Flüssigkeitsströmung. Die innere Reibung führt zur Entstehung von Grenzschichten, von Zirkulation und Wirbeln, § 91 und 92.

Für die Ausbildung jedes dieser drei Fälle ist bei gegebener Gestalt (Rohr, Schlitz, Spiralgang usw.) die Größe eines von O. Reynolds 1883 entdeckten Quotienten bestimmend. Es ist der als Reynoldssche Zahl bekannte Quotient

$$\frac{l u \varrho}{\eta} = \Re \tag{83}$$

l = eine die Körpergröße bestimmende Länge, z. B. Kugelradius, Rohrdurchmesser usw. (m).
u = Geschwindigkeit der Flüssigkeit relativ zum festen Körper (m/sec).
ϱ = Dichte der Flüssigkeit kg-Masse/m^3,
η = Zähigkeitskonstante der Flüssigkeit (Großdynsec/m^2). Der Quotient η/ϱ wird häufig als kinematische Zähigkeit bezeichnet.

Die Reynoldssche Zahl bestimmt das Verhältnis zweier in der strömenden Flüssigkeit geleisteter Arbeiten, nämlich 1. der Beschleunigungsarbeit A_b und 2. der gegen die „innere Reibung" geleisteten Reibungsarbeit A_r.

Für beide Arbeiten machen wir einen „Dimensionalansatz". Das heißt, wir setzen alle vorkommenden Längen proportional zu einer die Körpergröße bestimmenden Länge l. Außerdem lassen wir reine Zahlen als Proportionalitätsfaktoren fort.

Für die Beschleunigungsarbeit gilt nach Seite 62

$$A_b = \tfrac{1}{2} m u^2 = l^3 \varrho u^2. \tag{84}$$

Als Reibungsarbeit finden wir mit Hilfe von Gleichung (67) (Seite 127)

$$A_r = K \cdot l = \eta \cdot F \cdot \frac{u}{l} \cdot l = \eta l^2 u. \tag{85}$$

Aus (84) und (85) ergibt sich der Quotient

$$\frac{A_b}{A_r} = \frac{l^3 \varrho u^2}{\eta l^2 u} = \frac{l u \varrho}{\eta} = \Re.$$

Kleine Reynoldssche Zahlen bedeuten Überwiegen der Reibungsarbeit, große Überwiegen der Beschleunigungsarbeit. Der idealen reibungsfreien Flüssigkeit entspricht die Reynoldssche Zahl ∞.

Diese Reynoldssche Zahl spielt für alle quantitativen Behandlungen von Flüssigkeitsströmungen eine große Rolle. Man kann Versuche für bestimmte geometrische Formen zunächst in experimentell bequemen Lineardimensionen ausführen und die gewonnenen Ergebnisse dann hinterher auf andere Lineardimensionen übertragen. Man hat für diesen Zweck nur in beiden Fällen durch passende Wahl von Geschwindigkeit und Dichte für die gleiche Reynoldssche Zahl zu sorgen.

Wir geben einige wenige Zahlenbeispiele:

1. In unserm Stromfädenapparat von Abb. 243 fanden wir eine schleichende Bewegung für etwa $\Re = 10$. Denn der Plattenabstand war $l = 1\,\text{mm} = 10^{-3}\,\text{m}$, die Strömungsgeschwindigkeit u etwa 1 cm/sec $= 10^{-2}$ m/sec. Das benutzte Wasser hatte die Dichte $\varrho = 1000\,\text{kg-Masse/m}^3$. Die Zähigkeitskonstante betrug 10^{-3} Großdynsec/m^2, also

$$\Re = \frac{10^{-3} \cdot 10^{-2} \cdot 10^3}{10^{-3}} = 10.$$

2. In unserm Strömungsapparat mit eingesetztem Kugelprofil (Abb. 270) fanden wir starke Rückenwirbel bei einer Reynoldsschen Zahl $\Re$ = rund 300. Denn der Plattenabstand war $l = 1$ cm $= 10^{-2}$ m, die Geschwindigkeit u etwa 3 cm/sec $= 3 \cdot 10^{-2}$ m/sec, also

$$\Re = \frac{10^{-2} \cdot 3 \cdot 10^{-2} \cdot 10^{3}}{10^{-3}} = 300 \, .$$

3. Unsere technischen Flugzeuge benutzen Reynoldssche Zahlen der Größenordnung 10^7.

($u \sim 50$ m/sec, Flügelbreite $l \sim 2$ m, Luftdichte ϱ bei $20° \sim 1,3$ kg-Masse/m³. Zähigkeitskonstante $1,7 \cdot 10^{-5}$ Großdynsec/m².)

Die Größe dieser Reynoldsschen Zahl hat meßtechnisch eine lästige Konsequenz. Sie verhindert das Studium technisch wichtiger Fragen an kleinen Modellen. Kleine Modelle (l) lassen die hohen Reynoldsschen Zahlen der Praxis nur mit Hilfe großer Strömungsgeschwindigkeiten u erzielen. Dann gelangt man aber zu Luftgeschwindigkeiten, die nicht mehr klein gegen die Schallgeschwindigkeit $u = 340$ m/sec sind. Dann aber darf man Luft nicht mehr als eine inkompressible Flüssigkeit behandeln. Infolgedessen muß man für technisch wichtige Experimentaluntersuchungen Modelle verhältnismäßig großer Abmessungen benutzen. Dieser Umstand bedingt den erheblichen Aufwand der heute in größerer Zahl vorhandenen „aerodynamischen Versuchsstationen".

4. Turbulenzen in Kanälen und Röhren (§ 94) entstehen je nach Wandbeschaffenheit und Gestalt bei Reynoldsschen Zahlen zwischen 1200 und 10000.

Die Atemluft passiert unsere Nase mit einer Geschwindigkeit von etwa 2 m/sec. Die Kanalweite ist von der Größenordnung 0,01 m. Für Zimmerluft ist die Dichte $\varrho = 1$ kg-Masse/m³, die Zähigkeitskonstante $\eta = 1,7 \cdot 10^{-5}$ Großdynsec/m². Also hat man bei der Nasenatmung mit einer Reynoldsschen Zahl von etwa 1000 zu rechnen. Bei normalem Bau der inneren Nase verläuft diese Strömung noch turbulenzfrei. Bei starken Querschnittserweiterungen im Innern kann es jedoch zu schweren, den Reibungswiderstand erhöhenden Turbulenzen kommen. Abnorm erweiterte innere Nasen erscheinen dauernd „verstopft" (vgl. S. 164). Die Strömungsvorgänge in unserem Organismus sind noch viel zu wenig erforscht. Man denke nur an die Strömung des Blutes in den elastischen Arterienschläuchen und die verhängnisvollen, zur Thrombosebildung führenden Wirbel in den Venen. Allerdings können hier nur außerordentlich mühselige Untersuchungen weiter helfen.

Diese knappen Ausführungen über die Reynoldsschen Zahlen müssen genügen. Wir haben uns in diesem Kapitel über strömende Flüssigkeiten ganz überwiegend auf eine qualitative Darstellung beschränkt. Doch kommt man mit ihr schon verhältnismäßig recht weit. Quantitative Behandlung verlangt selbst in scheinbar einfachen Fällen einen großen mathematischen Aufwand. Sie bilden den Gegenstand einer umfangreichen, besonders technischen Literatur.

§ 96. Wellen auf der Oberfläche von Flüssigkeiten. Wir haben bisher nur Bewegungen im Innern von Flüssigkeiten betrachtet. Das Wort Flüssigkeit ist dabei in diesem ganzen Kapitel ein Sammelbegriff für Flüssigkeiten und Gase im Sinne des täglichen Sprachgebrauches. Als Oberfläche hat daher allgemein die Grenze zweier Flüssigkeiten ungleicher Dichte zu gelten. Gemeint ist also erstens die Oberfläche einer Flüssigkeit im gewöhnlichen Sinne, zweitens aber auch die Diffusionsgrenze zweier Gase ungleicher Dichte. Die Diffusionsgrenze zweier Gase als Oberflächenersatz ist uns schon seit § 82 geläufig.

Die Existenz von Wellen auf Wasseroberflächen gehört zu unsern alltäglichen Erfahrungen. Diese Wellen haben keineswegs die einfache Gestalt einer Sinuswelle. Die Wellentäler sind breit und flach, die Wellenberge schmal und

hoch. Die Abb. 284 zeigt ein Momentbild einer von links nach rechts fort-
schreitenden Wasserwelle. Trotz dieser komplizierten Gestalt werden sich uns
die Wasserwellen in einer Wasch- oder Suppenschüssel im Kapitel XII als ein
sehr nützliches, viel Zeichen- und Rechenarbeit ersparendes Hilfsmittel erweisen.
Darum wollen wir uns hier vom
Zustandekommen der Wellen auf
Flüssigkeitsoberflächen in großen
Zügen Rechenschaft geben.

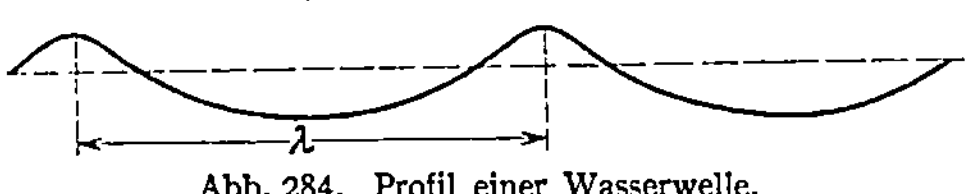

Abb. 284. Profil einer Wasserwelle.

Zu diesem Zweck stellen wir uns zunächst experimentell einen leicht beobachtbaren Wellenzug her. Dazu benutzen wir eine Wellenrinne. Es ist ein
langer, schmaler Blechkasten mit seitlichen Glasfenstern (etwa $150 \times 30 \times 5$ cm).
Er wird etwa zur Hälfte mit Wasser gefüllt. Dem Wasser werden in bekannter

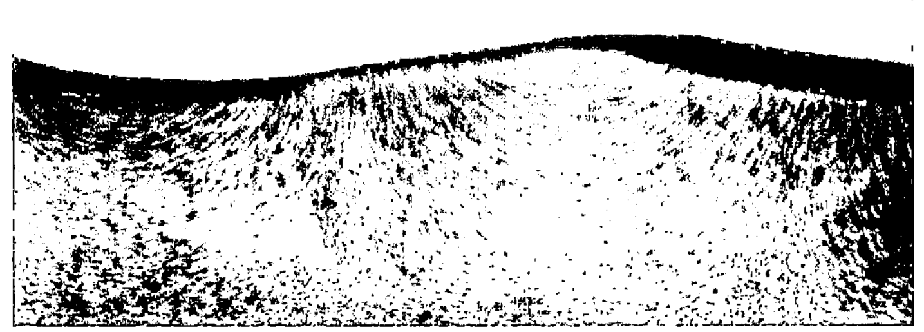

Abb. 285. Stromlinien in einer fortschreitenden Wasserwelle. Photographisches Positiv mit Hellfeldbeleuchtung.

Weise Aluminiumflitter als Schwebeteilchen beigemengt. Zur Einleitung der
Wellenbewegung dient ein von einem Motor auf und nieder bewegter Klotz.
Beim Fortschreiten der Welle sehen wir ein Stromlinienbild gemäß Abb. 285.
Es ist eine Zeitaufnahme von etwa $^1/_{25}$ Sekunden Dauer. Dies Stromlinienbild
gilt für einen im Hörsaal ruhenden Beobachter. Es zeigt uns die Verteilung
der Geschwindigkeitsrichtungen.

In einer Welle ist die Bewegung der Flüssigkeit nicht stationär. Infolgedessen fallen die im
Laufe der Zeit von den einzelnen Flüssigkeitsteilchen zurückgelegten Bahnen keineswegs mit
den Stromlinien zusammen (vgl. S. 149). Diese
Bahnen sehen ganz anders aus. Sie sind bei
mäßigen Wellenamplituden mit großer Näherung
Kreise. Man findet diese Kreisbahnen sowohl an
der Oberfläche wie in größeren Tiefen. Doch ist
der Kreisbahndurchmesser für die Wasserteilchen
in den obersten Schichten am größten.

Zur Vorführung dieser Kreisbahnen einzelner
Wasserteilchen („Orbitalbewegung") setzen wir
dem Wasser nur einige wenige Aluminiumflitter
als Schwebekörper zu. Außerdem machen wir
die Dauer der photographischen Zeitaufnahme
gleich einer Wellenperiode. So gelangen wir zu
dem in Abb. 286 abgedruckten Bilde.

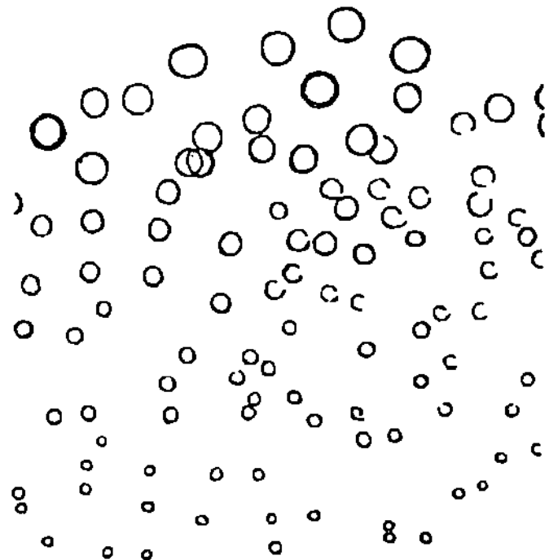

Abb. 286. Kreisbahnbewegung einzelner
Flüssigkeitsteilchen (Orbitalbewegung) in
einer fortschreitenden Wasserwelle. Photographisches Negativ mit Dunkelfeldbeleuchtung (vgl. Abb. 333). Die obere Bildgrenze
ist nicht etwa durch den Umriß einer Welle,
sondern durch die zufällige Verteilung der
Al-Flitter bedingt.

Zur Erleichterung der Beobachtung auf dem Projektionsschirm kann man die
Laufgeschwindigkeit der Welle vermindern. Zu diesem Zweck schichtet man in
der Wellenrinne zwei Flüssigkeiten mit geringem Dichteunterschied übereinander, z. B. unten Salz-, oben Süßwasser. Der zur Erzeugung der Welle dienende

Klotz durchsetzt die Trennschicht. Die Oberfläche des Süßwassers gegen Luft bleibt praktisch in Ruhe. Hingegen läuft längs der Oberfläche zwischen Salz- und Süßwasser eine Welle hoher Amplitude langsam nach rechts.

Auf Grund unserer experimentellen Befunde gelangen wir zu dem in Abb. 287 skizzierten Schema. Es enthält die Kreisbahnen einiger an der Oberfläche be-

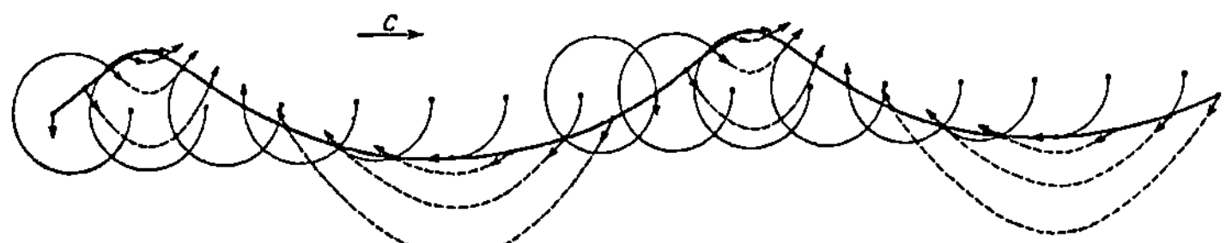

Abb. 287. Zusammenhang von Stromlinien und Kreisbahnbewegung in fortschreitenden Wasserwellen. Bei einer Verbindung der kleinen Pfeilspitzen erhält man das Profil der nach rechts fortschreitenden Welle am Schluß des nächsten Zeitintervalles. Es sind lediglich für jeden 2. Geschwindigkeitspfeil die Kreisbahnbewegungen eingezeichnet.

findlicher Flüssigkeitsteilchen. Ihr Durchmesser $2r$ ist gleich dem Höhenunterschied zwischen Wellenberg und Wellental.

Die Kreisbahngeschwindigkeit nennen wir w, also

$$w = \frac{2r\pi}{T}.$$

Die Zeit T eines vollen Umlaufes entspricht dem Vorrücken der Welle um eine volle Wellenlänge λ.

Zur Vereinfachung der Rechnung nehmen wir eine Oberfläche von Wasser gegen Luft an. Wir wollen Dichte und kinetische Energie der Luft gegen die des Wassers vernachlässigen.

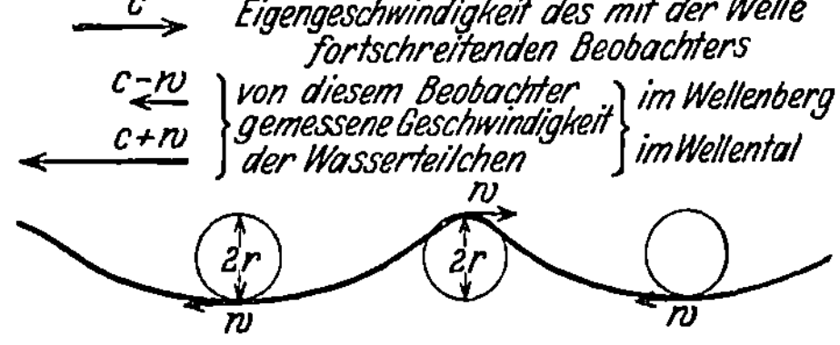

Abb. 288. Die Bahnbewegung der Wasserteilchen betrachtet von einem mit der Welle fortschreitenden Beobachter.

Ferner setzen wir fortan einen mit der Wellengeschwindigkeit c nach rechts fortschreitenden Beobachter voraus. Für diesen ist die Welle als Ganzes in Ruhe, ihr Umriß erscheint ihm erstarrt. Aber dafür huschen nun die einzelnen Flüssigkeitsteilchen mit großer Geschwindigkeit nach links an ihm vorüber (Abb. 288). Er erhält für

ein Wasserteilchen im Wellental eine Geschwindigkeit

$$u_1 = c + \frac{2r\pi}{T}$$

oder eine kinetische Energie

$$\frac{m}{2}\,u_1^2 = \frac{m}{2}\left(c + \frac{2r\pi}{T}\right)^2.$$

Für ein Wasserteilchen im Wellenberg erhält er die kinetische Energie

$$\frac{m}{2}\,u_2^2 = \frac{m}{2}\left(c - \frac{2r\pi}{T}\right)^2.$$

Die Differenz dieser beiden kinetischen Energien ist ausgerechnet

$$\frac{m}{2}\,(u_1^2 - u_2^2) = \frac{4r\pi c m}{T}. \tag{86}$$

Dieser für das Wasserteilchen im Wellental gefundene Gewinn an kinetischer Energie kann nur auf Kosten der potentiellen Energie erzielt sein. Die Abnahme der potentiellen Energie beim Übergang vom Wellenberg zum Wellental beträgt Gewicht mal Hubhöhe, also

$$mg2r.$$

Also haben wir

$$mg2r = \frac{4r\pi c m}{T}; \qquad c = \frac{gT}{2\pi}. \tag{87}$$

Ferner dürfen wir für den Grenzfall kleiner Amplituden den Kreisbahndurchmesser gegenüber dem Abstand zweier benachbarter Wellenberge vernachlässigen

und den Umriß der Welle als Sinuswelle betrachten. Für diese Sinuswelle setzen
wir in bekannter Weise

$$cT = \lambda \tag{88}$$

und erhalten

$$c = \sqrt{\frac{g\lambda}{2\pi}}. \tag{89}$$

Die Fortpflanzungsgeschwindigkeit c der „flachen", praktisch noch sinusförmigen
transversalen Wasseroberflächenwellen hängt von der Wellenlänge λ ab. Sie hat
eine „Dispersion" Denn mit diesem Wort bezeichnet man jede Abhängigkeit
einer Größe von einer Wellenlänge.

Qualitativ läßt sich diese Aussage im täglichen Leben häufig bestätigen.
Kurze Wasserwellen werden von langen eingeholt, auf den Rücken genommen
und dann hinten zurückgelassen.

In der Herleitung der Gleichung (89) war bei der Berechnung der potentiellen
Energie die potentielle Energie der Oberflächenspannung neben der des Gewichts
vernachlässigt worden. Das ist bis zu Wellenlängen von etwa 5 cm herab zulässig.

Andernfalls ist in Gleichung (89) unter der Wurzel der Posten $\frac{2\pi}{\lambda} \cdot \frac{\sigma}{\varrho}$ als
Summand hinzuzufügen ($\sigma =$ Oberflächenspannung gemäß der Tabelle auf S. 130;
$\varrho =$ Dichte der Flüssigkeit).

Ferner setzt die Gleichung (89) „große" Wassertiefen voraus. Doch bleibt
sie noch herab bis zu einer Wassertiefe von nur $0{,}5\ \lambda$ anwendbar.

Im entgegengesetzten Grenzfall verschwindend kleiner Wassertiefe h wird die Fortpflanzungsgeschwindigkeit der Flachwasserwellen unabhängig von λ, also ohne Dispersion

$$c = \sqrt{gh}. \tag{90}$$

Die Oberflächenwellen auf Wasser werden wir, wie erwähnt, im Kapitel XII
mit großem Nutzen verwerten. Hier wollen wir vorerst nur noch drei, Wellen
in Grenzflächen betreffende Fälle erwähnen:

1. Die Entstehung der Wellen an der Grenze zweier Luftschichten
verschiedener Dichte. Derartige Dichteunterschiede entstehen in der Atmosphäre durch verschiedene Temperaturen. Das Auftreten dieser sehr langsam
fortschreitenden Wellen macht sich durch periodische Kondensation von Wasserdampf in Form weißer „Wogenwolken" bemerkbar. Die Entstehung der Wellenbewegung hat man sich gemäß Abb. 279 zu denken.

2. Das Totwasser. Unweit von Flußmündungen beobachtet man, insbesondere in skandinavischen Fjorden, nicht selten das überraschende Phänomen des „Totwassers". Langsam, d. h. mit 4 bis 5 Knoten fahrende Schiffe
werden plötzlich von einer unsichtbaren Macht gebremst, Segelschiffe gehorchen
oft dem Steuer nicht mehr. — Hier findet sich in der Natur der auf S. 167
benutzte Fall verwirklicht, eine Schichtung von Süßwasser über Salzwasser.
Das bis an die Oberfläche zwischen beiden reichende Fahrzeug setzt hochauf-
bäumende Wogen in dieser dem Auge verborgenen Grenzschicht in Gang. Die
sichtbare Wasseroberfläche gegen Luft bleibt praktisch in Ruhe. Das Fahrzeug
muß die ganze Energie dieser Wellenbewegung liefern. Daher rührt seine starke
Bremsung. Der Fall liegt also ähnlich wie bei der Entstehung des Stirnwiderstandes umströmter Körper durch das Andrehen der Wirbel auf der Rückseite.

3. Der Wellenwiderstand der Schiffe beruht in erster Linie auf dem
Aufwerfen von Bug- und Heckwellen. Beide schleppen dauernd vom Schiff
gelieferte Energie nach rückwärts-seitwärts fort. Durch geschickte Formgebung können Bug- und Heckwelle sich teilweise gegenseitig aufheben (Interferenz, vgl. § 120). Dabei gelangt man für Dampfer und Segler in der Wasser-
linie zu ganz andern Profilen als der Tropfenform der Unterseeboote.

B. Akustik.

XI. Schwingungslehre.

§ 97. Vorbemerkung. Die Schwingungslehre ist ursprünglich in engstem Zusammenhang mit dem Hören und mit musikalischen Fragen entwickelt worden. Unser Organismus besitzt ja in seinem Ohr einen überaus empfindlichen Indikator für mechanische Schwingungen in einem erstaunlich weiten Frequenzbereich (n etwa 20 sec^{-1} bis 20000 sec^{-1}). Die Bedeutung der auf diese Weise gefundenen Tatsachen und Gesetzmäßigkeiten reicht jedoch weit über das Sondergebiet der „Akustik oder Hörlehre" heraus. Daher trennt man heutigentags zweckmäßig die rein mechanischen Fragen der Schwingungslehre von den physiologisch-akustischen Problemen. Unter diesem Gesichtspunkt ist der Stoff der beiden folgenden Kapitel gegliedert.

§ 98. Erzeugung ungedämpfter Schwingungen. Bisher haben wir lediglich die Sinusschwingungen einfacher Pendel mit linearem Kraftgesetz behandelt. Das Schema derartiger Pendel fand sich in den Abb. 69 und 73. Die Schwingungen dieser Pendel wurden durch einen Stoß gegen die Pendelmasse in Gang gesetzt. Sie waren gedämpft, ihre Amplituden klangen gemäß Abb. 74 zeitlich ab. Die Pendel verloren allmählich ihre anfänglich „durch Stoßerregung" zugeführte Energie, und zwar in der Hauptsache durch die unvermeidliche Reibung.

Jetzt braucht man jedoch für zahllose physikalische, technische und musikalische Zwecke ungedämpfte Schwingungen, also Schwingungen mit zeitlich konstant bleibender Amplitude gemäß Abb. 74 oben. Die Herstellung derart ungedämpfter Schwingungen verlangt den ständigen Ersatz der oben genannten Energieverluste. Die für diesen Zweck ersonnenen Verfahren faßt

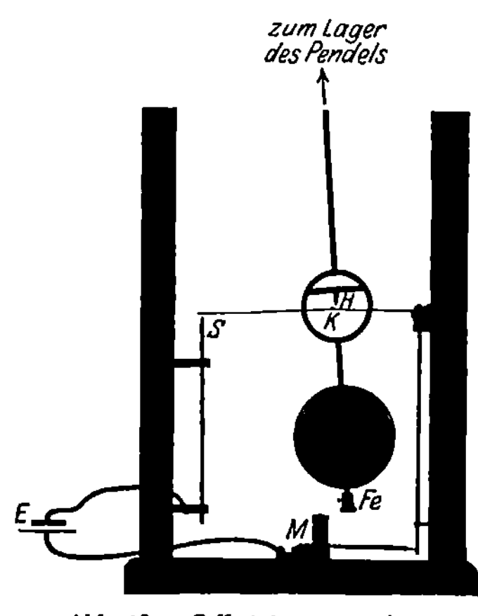

Abb. 289. Selbststeuerung eines Schwerependels.

man unter dem Namen der „Selbststeuerung" zusammen. Diese Selbststeuerung bildet unser nächstes Thema.

Wir beginnen mit einem übersichtlichen Sonderfall, nämlich der Selbststeuerung eines Schwerependels mit Hilfe eines Elektromagneten. Wir verzichten also zunächst auf die Benutzung ausschließlich mechanischer Hilfsmittel. Doch lassen sich gerade dadurch die wesentlichen Züge der Selbststeuerung besonders deutlich machen. Wir sehen in Abb. 289 unterhalb der Pendelmasse einen kleinen Eisenklotz Fe. Dieser kann als Anker von dem Elektromagneten M angezogen werden. Zu diesem Zweck muß der Stromkreis des Akkumulators E durch den federnden Schalter S geschlossen werden. Dieser Schalter wird vom Pendel selbst im jeweils richtigen Augenblick betätigt. Dazu dient das kleine

Hilfspendel *H*. (Es ist durch eine ringförmige Unterbrechung der Pendelstange auch im Schattenriß sichtbar gemacht.) Bei großen Pendelamplituden gleitet das Hilfspendel über den Höcker *K* auf der Schalterfeder hinweg. Bei einer unteren Grenzamplitude hingegen verfängt sich das spitze untere Ende des Hilfspendels in der Mittelfurche des Höckers (Abb. 290!). In-folgedessen drückt das von rechts nach links zurückkehrende Pendel die Kontaktfeder des Schalters *S* nach unten. Der Elektro-magnet wird für kurze Zeit erregt und das Pendel im Sinne seiner Bewegungsrichtung beschleunigt.

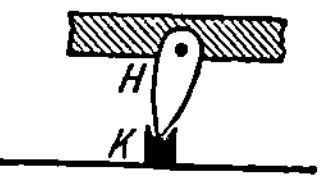

Abb. 290. Zur Selbst-steuerung eines Schwerependels.

Auf diese Weise wird der Energievorrat des Pendels je-weils nach einer bestimmten Zahl von Schwingungen auf seinen ursprünglichen Wert ergänzt. Man erhält beispielsweise das in Abb. 291 skizzierte Schwingungsbild. In diesem Beispiel erfolgt der periodische Energie-ersatz oder die periodische Wiederherstellung der Höchstamplitude nach jeweils $N = 4$ Schwingungen. Doch läßt sich diese Zahl *N* durch Änderun-gen der Abmessungen nach Wunsch vergrößern oder verkleinern. Für $N = 1$ erfolgt der Ener-gieersatz bei jeder ein-zelnen der aufeinander-

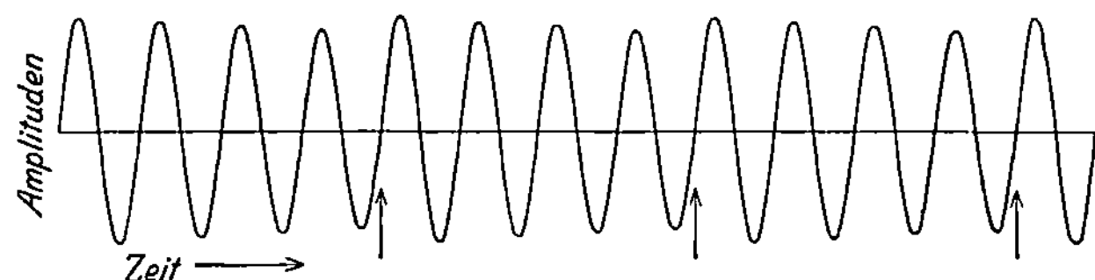

Abb. 291. Sinusschwingungen eines Schwerependels mit Selbststeuerung beim Energieersatz nach jeder 4. Schwingung.

folgenden Schwingungen. Doch kann man in diesem Fall die Bauart äußerlich erheblich vereinfachen. Man gelangt zu dem heute jedem Schulkind geläufigen Schema der elektrischen **Hausklingel** (vgl. Abb. 292). Man hat ein Feder-pendel mit einer eisernen Pendelstange vor dem Pol eines Elektromagneten *M*. Die Pendelstange trägt die Kontaktfeder des Schalters *S*.

Bei der Wirkungsweise der Hausklingel wird der entscheidende Punkt häufig verkannt. Während des Stromschlusses wird der Pendel-körper vom Elektromagneten beschleunigt. Diese Beschleunigung erfolgt nicht nur während der Viertelschwingung 1 — 0, sondern ebenfalls während der Viertelschwingung 0 — 1. Aber auf dem Wege 0 — 1 hat die Beschleunigung ein falsches Vorzeichen. Sie ist der Pendelbewegung entgegengerichtet. Sie verzögert das Pendel und vermindert seine Energie. Folglich muß unbe-dingt eine Zusatzbedingung erfüllt werden: Der Energiegewinn auf dem Wege 1 — 0 muß größer sein als der Energieverlust auf dem Wege 0 — 1. Nur die **Differenz** dieser beiden Energiebeträge kommt dem Pendel zugute. Praktisch heißt das: Der Strom im Elektromagneten muß während des Weges 0 — 1 im zeitlichen Mittel kleiner sein als während des Weges 1 — 0. Der Strom im Elektromagneten muß also nach Schalterschluß

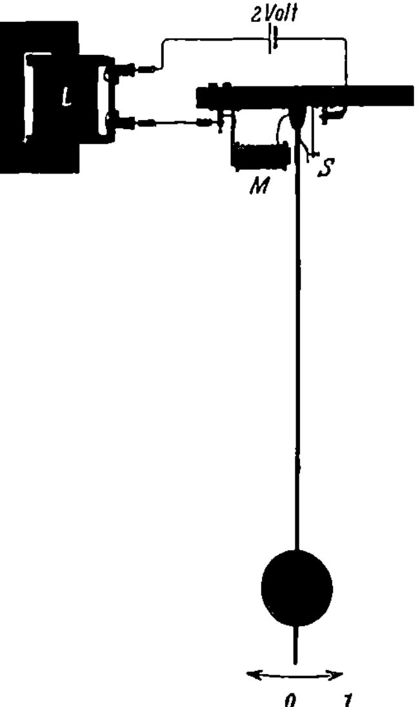

Abb. 292. Selbststeuerung eines Schwere-pendels nach dem Schema der elektrischen Hausglocke.

während der Pendelbewegung 0 — 1 — 0 zeitlich **ansteigen**, etwa gemäß Abb. 293. Der Strom darf keinesfalls nach Schalterschluß trägheitslos gleich einen konstanten Wert erreichen.

Technisch erzielt man diesen langsamen Stromanstieg durch eine genügend hohe **Selbstinduktion** des Stromkreises[1]. Man muß entweder dem Elektromagneten viele Windungen geben oder in den Stromkreis eine Hilfsspule mit hoher Selbstinduktion einschalten. Diese Anordnung mit der Hilfsspule eignet sich besonders für Schauversuche. Man benutzt dann ein langsam schwingendes Schwerependel gemäß Abb. 292 ($n =$ etwa 2 sec^{-1}). Diese Anordnung arbeitet nur nach Einschaltung der Hilfsspule L von hoher Selbstinduktion. Ohne Hilfsspule erreicht der Strom des Elektromagneten in weniger als $^1/_{100}$ Sekunde seinen vollen Wert. Mit der Hilfsspule dauert der Stromanstieg etwa eine Sekunde. Zur Vorführung dieses Stromanstieges schaltet man ein Glühlämpchen (2 Volt, 1 Ampere) in den Stromkreis und stellt es in Abb. 292 bei O auf.

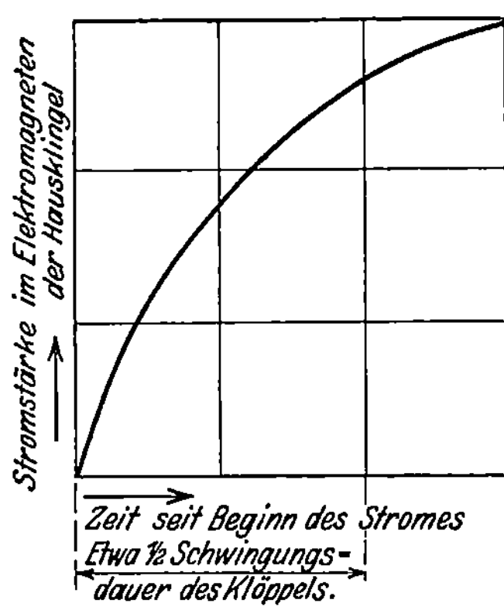

Abb. 293. Der Stromverlauf bei der Selbststeuerung in Abb. 292 (Hausklingelschema).

Die Abb. 294 zeigt das Schwingungsbild einer handelsüblichen Hausklingel nach Entfernung der eigentlichen Glockenschale. Die Klöppelstange war in der von S. 9 und 183 bekannten Weise vor einen Spalt gesetzt und mit einer bewegten Linse photographiert worden. Man sieht jetzt dauernd konstante Amplituden. Die in Abb. 291 noch ersichtlichen kleinen periodischen Schwankungen der Amplitudenhöhe sind fortgefallen. Doch gibt der zeitliche Verlauf der Schwingungen auch in diesem Falle nicht das Bild einer einfachen Sinuskurve. Die Bögen erscheinen deutlich ein wenig zugespitzt. Das ist keineswegs ein Ausnahmefall. Bei **jeder Selbststeuerung** leidet die Sinusform der Schwingungen. Man erkauft die Beseitigung der Dämpfung mit einem Verzicht auf

Abb. 294. Schwingungsform des Klöppels einer Hausklingel.

strenge Sinusform der Schwingungen. Doch lassen sich die Abweichungen bei zweckmäßiger Bauart erheblich geringer machen als in den für Schauversuche absichtlich übertreibenden Beispielen.

In den nun folgenden Beispielen werden die ungedämpften Schwingungen mit ausschließlich **mechanischen** Hilfsmitteln hergestellt. In den beiden ersten Fällen benutzt ein Schwerependel eine rotierende Achse zur Selbststeuerung. Im ersten Beispiel erfolgt der periodische Anschluß des Pendels an seine Energiequelle durch das „Verkleben" oder „Verhaken" zweier relativ zueinander ruhender Körper.

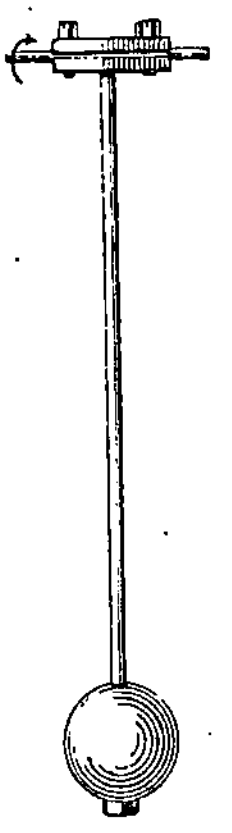

In Abb. 295 sehen wir in Seitenansicht ein Schwerependel von der Größe eines mittleren Uhrpendels. Es ist mit zwei gefütterten Klemmbacken auf einer Achse von etwa 4 mm Dicke aufgeklemmt. Nach dem Ingangsetzen der Achse wird das Pendel nach vorn mitgenommen. Die Klemmbacke klebt oder hakt an der Achse

Abb. 295. Selbststeuerung eines Pendels mit reibender Achse.

(„Ruhreibung"). Bei einer bestimmten Amplitude wird das vom Gewicht des Pendels herrührende Drehmoment· zu groß, die Klebeverbindung reißt. Die Backen gleiten, von äußerer Reibung gebremst, auf der Achse. Das Pendel schwingt nach hinten. Bei dann folgendem Rücklauf des Pendels nach vorn

---

[1] Siehe Elektrizitätslehre § 60.

wird in einem bestimmten Augenblick die Relativgeschwindigkeit zwischen Backenfutter und Achsenumfang gleich Null. Beide Körper sind gegeneinander in Ruhe, die Backen kleben wieder fest, das Pendel wird bis zur Abreißstellung nach vorn mitgenommen. Es beginnt die zweite Schwingung mit der gleichen Amplitude wie die erste und so fort. Auch in diesem Falle der Selbststeuerung wird keine gute Sinusform der Schwingungen erreicht. Meist kann man schon mit dem Auge eine Asymmetrie der Schwingungen erkennen.

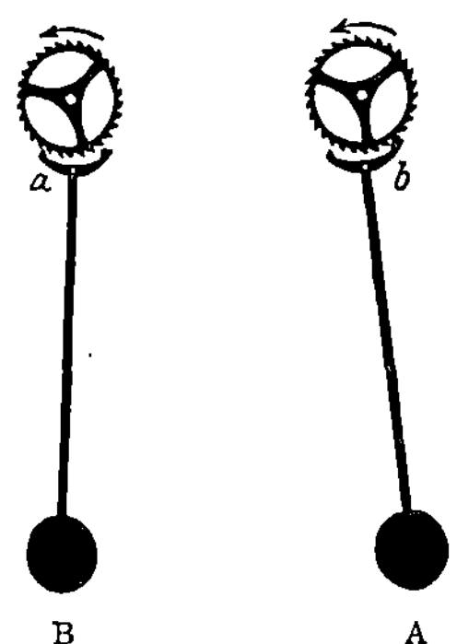

Abb. 296. Selbststeuerung eines Schwerependels mit Anker und Steigrad.

Über lange Zeiten gleichmäßiger arbeitet die aus der Uhrentechnik als „Anker + Steigrad" bekannte Anordnung. Die Triebachse trägt ein Steigrad mit asymmetrisch geschnittenen Zähnen. Die Pendelstange ist mit einem in zwei Nasen endenden Bügel („Anker") starr verbunden. Ein Federwerk oder ein Schnurzug mit Gewichtstück läßt auf die Triebachse ein Drehmoment einwirken. Die Drehung der Achse erfolgt schrittweise um konstante Winkelbeträge: Während des Pendelganges nach links drückt ein Zahn gegen die Innenfläche der Nase b in Abb. 296A. Dadurch beschleunigt das Zahnrad das Pendel nach links. Bald nach Passieren der Mittellage rutscht der Zahn von b ab. Unmittelbar darauf fängt die Nase a das Rad wieder ab, Abb. 296B. Jetzt erfolgt ein Rückgang nach rechts, und so fort.

Diese als Steigrad mit Anker bekannte Selbststeuereinrichtung arbeitet für mittlere Frequenzen (bis zu etwa 100 pro Sekunde) hervorragend gut[1].

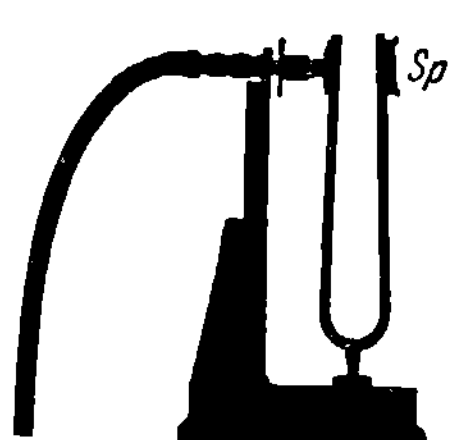

Abb. 297. Hydrodynamische Selbststeuerung einer Stimmgabel.

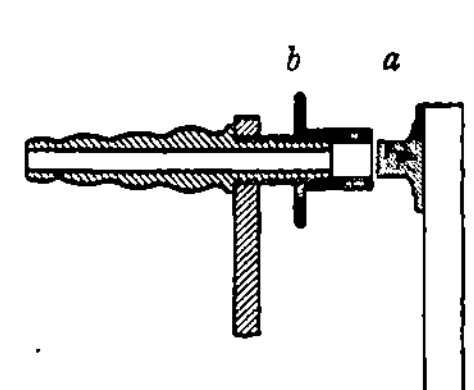

Abb. 298. Zur hydrodynamischen Selbststeuerung einer Stimmgabel.

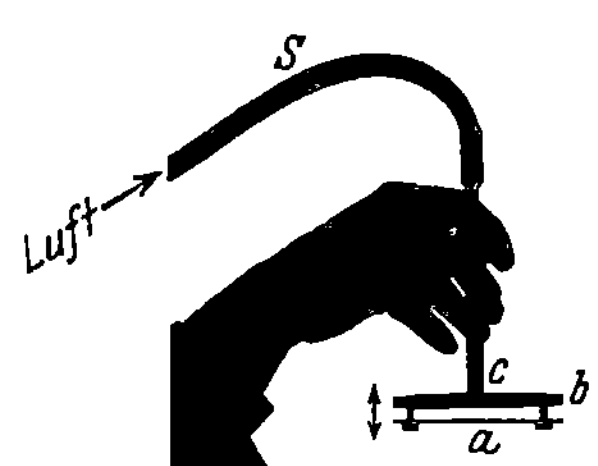

Abb. 299. Zur hydrodynamischen Selbststeuerung von Schwingungen, z. B. des Kehlkopfes.

Für höhere Frequenzen sind hydrodynamische Selbststeuerungen vorzuziehen. Die Abb. 297 zeigt eine solche für den Betrieb einer Stimmgabel. Der wesentliche Teil ist im Nebenbild (Abb. 298) im Schnitt dargestellt. Ein Kolben a paßt mit kleinem Spielraum in den Zylinder b, berührt ihn jedoch nirgends. Der Zylinder wird mit einer Druckluftleitung verbunden. Der Luftdruck treibt den Kolben aus seiner Ruhelage im Zylinder heraus und somit die Stimmgabelzinke nach rechts. Nach dem Austritt des Kolbens entsteht zwischen Kolben und Zylinderwand ein ringförmiger Spalt. Durch diesen Spalt entweicht die Luft mit eng zusammengedrängten Stromlinien. Folglich wird nach der Bernoullischen Gleichung (S. 150) der statische Druck der Luft gering und der Kolben zurückgesaugt. Dieser ständige Wechsel von Fortdrücken und Ansaugen läßt sich noch einfacher mit dem in Abb. 299 skizzierten Apparat vorführen. Ein Rohr c endet in eine Scheibe b. Vor ihr befindet sich eine durch 2 nagelförmige Führungsstangen locker gehaltene, leicht bewegliche Platte a. Beim Einblasen von Luft in das

---

[1] Z. B. bei dem Drehpendel (Unruhe) der aus Abb. 21 bekannten Stoppuhr mit $^1/_{100}$ Sekunden Ablesung.

Rohr c schwirrt die Platte unter lautem Brummen in Richtung des Doppelpfeiles hin und her.

Diese hydrodynamischen Selbststeuerungen werden in Natur und Technik
in zahlreichen Varianten ausgeführt. Etliche von ihnen sind schon recht verwickelt und ohne Kenntnis „gekoppelter Schwingungen" (§ 111) nur oberfläch-
lich verständlich (z. B. der Kehlkopf des Menschen). Doch genügt uns für die
nächsten Paragraphen der obige summarische Überblick.

Der Vollständigkeit halber erwähnen wir hier noch die Kippschwingungen.
Sie beruhen auf einem für mechanische Aufgaben nur selten benutzten Selbststeuerverfahren. Zur Erläuterung genügt ein Beispiel: die
periodische Entleerung eines Wasserbehälters in Abb. 300. Oben
rechts sehen wir eine Zuflußleitung. Die Zuflußgeschwindigkeit
des Wassers kann durch den Widerstand eines Drosselhahnes
nach Belieben eingestellt werden. In die linke Seitenwand des
Behälters ist ein Heber eingebaut. Dieser spricht beim Überschreiten einer bestimmten Wasserhöhe an. Bei dieser Wasserhöhe vermag die im langen Schenkel des Hebers zusammen-
gedrückte Luft den Wasserpropfen H_2 aus der unteren Öffnung
herauszuwerfen. Der laufende Heber führt in kurzer Zeit zu
einer vollständigen Entleerung des Gefäßes. Am Schluß ist nur
noch das untere u-förmige Ende mit Wasser gefüllt. Dann füllt
das langsam zuströmende Wasser den Behälter von neuem,
und das Spiel kann sich wiederholen.

Kippschwingungen spielen sicher bei den periodischen Vorgängen der Organismen (z. B. Herztätigkeit) eine wichtige Rolle
(langsamer „Zufluß" durch Diffusionsvorgänge!).

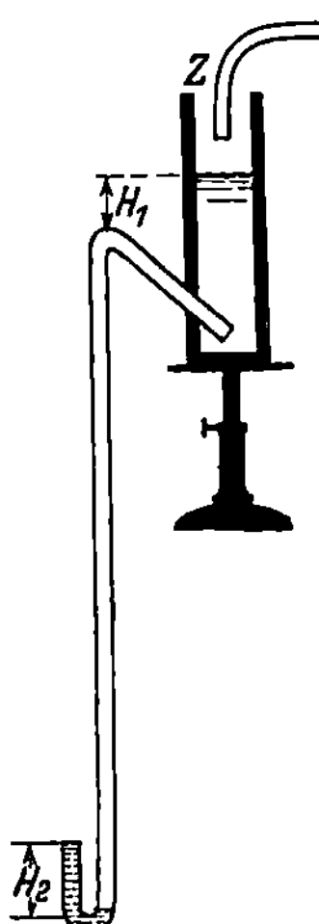

Abb. 300. Kipp-
schwingungen.

§ 99. Darstellung nicht-sinusförmiger Schwingungsvorgänge mit Hilfe von Sinusschwingungen. Bei der Herstellung
ungedämpfter Schwingungen mit Hilfe der Selbststeuerung sind uns Schwingungskurven mit teilweise erheblichen Abweichungen von der Sinusform begegnet.
Doch stehen derartige Schwingungsformen in engstem Zusammenhang mit
einfachen Sinusschwingungen. Man kann nicht-sinusförmige Schwingungen
entweder mathematisch-formal mit Hilfe einfacher Sinusschwingungen beschreiben (Fourier-Darstel-
lung) oder physikalisch aus einzelnen Sinusschwingungen auf-
bauen[1]. Man nennt diesen Vorgang
Überlagerung oder Inter-
ferenz.

In beiden Fällen müssen die
einzelnen Teil-Sinusschwingungen
bestimmte Frequenz n, Amplitude A und Phase φ haben. Das
erläutern wir an Beispielen.

Wir beginnen mit dem ein-
fachsten Fall, der Überlagerung

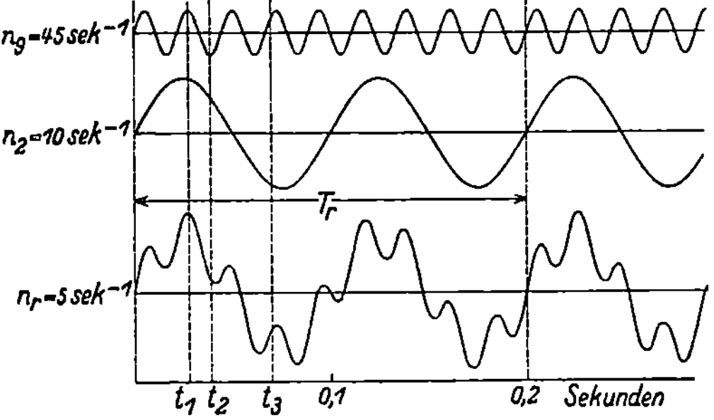

Abb. 301. Überlagerung zweier Sinusschwingungen sehr
verschiedener Frequenz.

oder Interferenz von nur zwei Sinusschwingungen in graphischer Darstellung.
— Wir sehen in den beiden ersten Horizontalreihen der Abb. 301 zwei Sinuskurven übereinander gestellt. Die für die Bezeichnung gewählten Indizes 2 und
9 sind aus den Frequenzen durch Wegheben des gemeinsamen Teilers erhalten.

---

[1] Fortsetzung S. 199.

Diese Bezeichnungsweise werden wir fortan ständig benutzen. Die untere Sinuskurve hat eine größere Amplitude, aber kleinere Frequenz als die obere $(A_2 > A_9; n_2 < n_9)$. Ferner sind 4 vertikale Gerade punktiert eingetragen. Ihre Abschnitte zwischen der Abszisse und den Kurven markieren zeitlich zusammenfallende Amplituden beider Schwingungen. Nach oben gerichtete Amplituden werden positiv, nach unten gerichtete negativ gezählt. Diese Amplituden addieren wir für die verschiedenen Zeitpunkte t_1, t_2 usw. und tragen ihre Resultante graphisch über der untersten horizontalen Abszisse auf. Auf diese Weise gelangen wir zu einem verwickelten, nichtsinusförmigen Kurvenzug. Er wird zunächst rein formal mit dem Index n_r bezeichnet. In diesem Beispiel waren die Frequenzen der beiden Teilschwingungen erheblich verschieden. Es war $n_9 = 4{,}5\ n_2$.

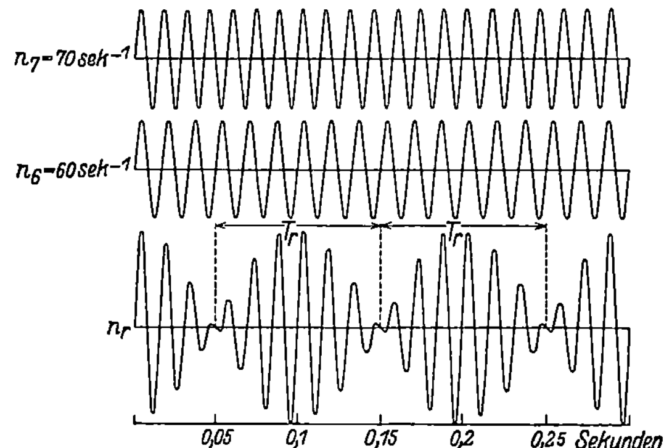

Abb. 302.   Überlagerung zweier Schwingungen ähnlicher Frequenz. Schwebungen.

Für ein zweites Beispiel wählen wir die Frequenzen nahezu gleich, und zwar in Abb. 302 $n_7 = \frac{7}{6}\, n_6$. Ferner sind die beiden Amplituden gleich groß gewählt. Im übrigen führen wir die Addition längs der punktierten Vertikalen genau so wie vorher aus und gelangen so zu der resultierenden Kurve n_r. Sie gleicht äußerlich einer Sinuskurve mit periodisch veränderlicher Amplitude. Man nennt eine solche Interferenzkurve eine **Schwebungskurve**. In dem gewählten Beispiel kommt die Schwingung in jedem **Schwebungsminimum** zur Ruhe. Zur Zeit $t_{\min}$ sind die gleich großen Amplituden der beiden Teilschwingungen einander **entgegengesetzt** gerichtet. Ihre Phasendifferenz beträgt 180°. Im Schwebungsmaximum hingegen addieren sich beide Amplituden mit der Phasendifferenz Null zum doppelten Wert der Einzelamplitude.

Für zwei Einzelschwingungen ungleicher Amplitude werden die Schwebungsminima weniger vollkommen ausgebildet.

In einem dritten Beispiel benutzen wir zwei Schwingungen mit dem Amplitudenverhältnis $A_2 : A_1 = 2 : 3$ und dem Frequenzverhältnis $n_2 : n_1 = 2 : 1$ $(n_2 = 2n_1)$. Dabei beachten wir diesmal die Phasen:

Fall I. In Abb. 303 beginnen die beiden Schwingungen 1 und 2 zur Zeit t_0 gleichzeitig mit der Phase Null. Das Ergebnis, die resultierende Kurve n_r, findet sich unten in Abb. 303.

Fall II. Abb. 304. Amplituden und Frequenzen bleiben ungeändert. Jedoch beginnt die Schwingung n_2 zur Zeit t_0 mit der Phase 90° oder ihrer Maximalamplitude. Die resultierende Schwingung n_r zeigt trotz gleicher Amplituden und Frequenzen wie in Abb. 303 ein erheblich anderes Aussehen. In diesem Beispiel zeigt sich deutlich der Einfluß der Phasen auf die Gestalt des resultierenden Schwingungsbildes.

Soweit diese zwar anschaulichen, aber zeitraubenden **graphischen** Beispiele. Sehr viel einfacher und rascher kann man die Überlagerung zweier Sinusschwingungen auf **mechanischem** Wege vorführen. Dazu hat man lediglich an den von uns so oft benutzten Zusammenhang von Kreisbewegung und Sinusschwingung anzuknüpfen. Wir lassen wiederum einen Stab vor einem Spalt rotieren und betrachten die zeitliche Reihenfolge der Spaltbilder räumlich nebeneinander (rotierender Spiegel im Strahlengang). Wir sehen den Stab und den Spalt in der Mitte der Abb. 305. Wir denken uns die Zahnräder zunächst entfernt und die beiden oberen Achsen 1 und 2 mit je einem Motor verbunden. Dieser Stab ist beiderseits mit seinen Enden an der Peripherie zweier Kreisscheiben *I* und *II* in Löchern gefaßt. Jede der beiden Kreisscheiben kann durch ihren Motor in Drehungen versetzt und auf eine gewünschte Frequenz n eingestellt werden. Zunächst sei die Scheibe *II* in Ruhe, die Scheibe *I* laufe mit der Frequenz n_1. Dann bewegt sich der Stab vor dem Spalt auf einem Kegelmantel. Das über einen beweglichen Spiegel (Polygonspiegel) projizierte Spaltbild zeigt uns das Bild einer Sinuswelle mit der Frequenz n_1.

In entsprechender Weise kann man die Scheibe *I* festhalten und durch Rotation der Scheibe *II* eine zweite Sinusschwingung der Frequenz n_2 erhalten.

Bei gleichzeitigem Lauf beider Scheiben erhalten wir in freier Wahl jede beliebige der in den Abb. 301 bis 304 gezeichneten Interferenzkurven. Denn erstens können wir die Frequenzen n_1 und n_2 der beiden Einzelschwingungen beliebig durch die Drehzahl der Scheiben *I* und *II* einstellen.

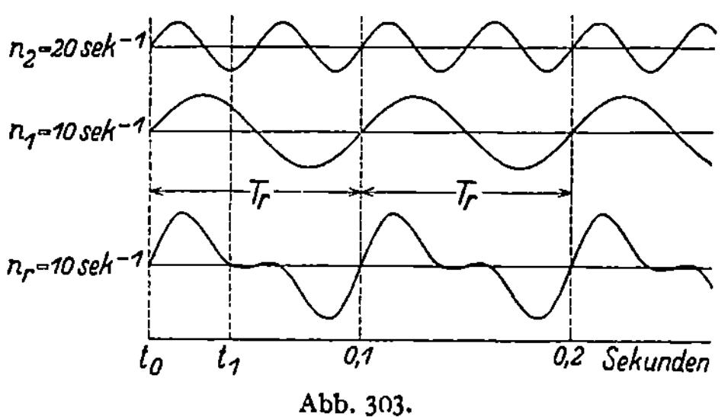

Abb. 303.

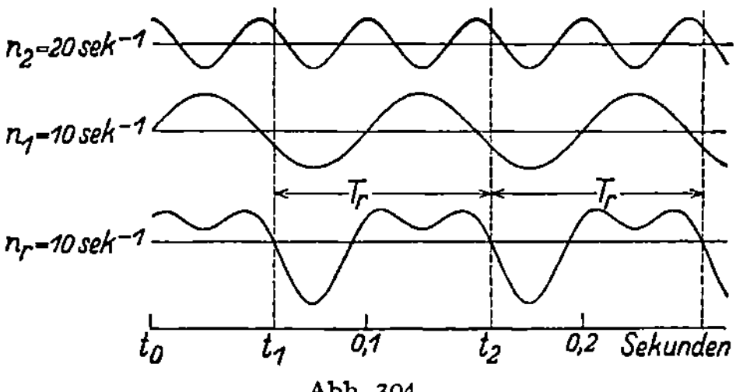

Abb. 304.

Abb. 303 u. 304. Einfluß der Phase auf die Gestalt des resultierenden Schwingungsbildes. (Hilfsbemerkung für den Experimentator: der kleine Glanzkreis muß sich bei Abb. 303 unten, bei Abb. 304 oben befinden.)

Abb. 305. Vorführungsapparat für die Überlagerung zweier Sinusschwingungen.

Zweitens aber können wir auch bei gegebenen Frequenzen beliebige Amplitudenverhältnisse herstellen. Zu diesem Zweck ist der Spalt innerhalb des Fensters in horizontaler Richtung verschiebbar. Dicht bei der Scheibe *II* stehend, gibt er uns die Frequenz n_2 mit großer, die Frequenz n_1 mit kleiner Amplitude. In der Mitte zwischen beiden Scheiben gibt er beide Frequenzen mit gleicher Amplitude und so fort. Drittens kann man die Schwingungen zur Zeit t_0 mit fest eingestellten Phasen beginnen lassen. Für diesen Zweck muß man die beiden Scheiben *I* und *II* durch eine passende Zahnradübersetzung $(n_1 : n_2)$ kuppeln und von einem Motor aus antreiben[1]. In dieser Ausführung zeigt ihn die Abb. 305. Dieser einfache Apparat vermittelt uns die Interferenzkurven von 2 Sinusschwingungen verschiedener Frequenz und Amplitude mit großer Anschaulichkeit.

Soweit die Überlagerung oder Interferenz von nur zwei Sinusschwingungen: Wir konnten die in den Abb. 301 bis 304 abgedruckten Kurven nichtsinusförmiger Gestalt schon durch zwei einfache Sinuskurven „darstellen". Das Wort „darstellen" hat dabei einen doppelten Sinn.

---

[1] Nur bei strenger Ganzzahligkeit bleiben die Phasen in den Zeitpunkten t_0 (Abb. 303 und 304) erhalten. Eine derartige Ganzzahligkeit ist technisch nicht ohne Zahnräder zu erzielen.

Erstens können uns die verwickelten Kurven durch die Beobachtung gegeben sein. Wir brauchen nichts über den Mechanismus ihrer Entstehung zu wissen. Trotzdem können wir sie formal mit Hilfe der jeweils oberhalb von ihnen abgedruckten zwei einfachen Sinusschwingungen beschreiben. Dazu haben wir nur für beide Sinusschwingungen Frequenz, Amplitude und Phase anzugeben.

Zweitens können wir vor der Aufgabe stehen, verwickelte Schwingungskurven der in den Abb. 301 bis 304 mit n_r bezeichneten Gestalt experimentell zu verwirklichen. Dann ist ein Weg zur Lösung dieser Aufgabe die Benutzung zweier schwingungsfähiger Gebilde mit einfachen Sinusschwingungen.

Doch ist das keineswegs der einzig mögliche Weg. Wir können ja beispielsweise die in Abb. 302 unten vorhandene Schwingungskurve mit nur einem schwingungsfähigen Gebilde herstellen, z. B. mit unserer Hand, die wir beim Zeichnen nach einem zeitlich kompliziert verlaufenden Kraftgesetz bewegen.

Dabei macht der Anfänger häufig einen Fehler. Er möchte die zur formalen Beschreibung benötigten einzelnen Sinusschwingungen auch in diesem Fall in einzelnen räumlich getrennten, sinusförmig schwingenden Gebilden lokalisieren. Wir können jedoch beim Zeichnen eines solchen Kurvenzuges keineswegs sagen: Unsere Finger schwingen mit der Frequenz n_2, unsere Hand mit der Frequenz n_1. Denn eine derartige räumliche Trennung der beiden Teilschwingungen kommt beim Zeichnen nur ganz selten vor, z. B. im Falle der Abb. 301: Wir wollen an der Wandtafel entlang gehend mit sinusförmig bewegtem Arm eine Sinuswelle großer Amplitude zeichnen. Doch haben wir eine zitternde Hand, und daher überlagert sich diese Schwingung hoher Frequenz als Zitterbewegung dem glatten Kurvenzug unseres langsam schwingenden Armes.

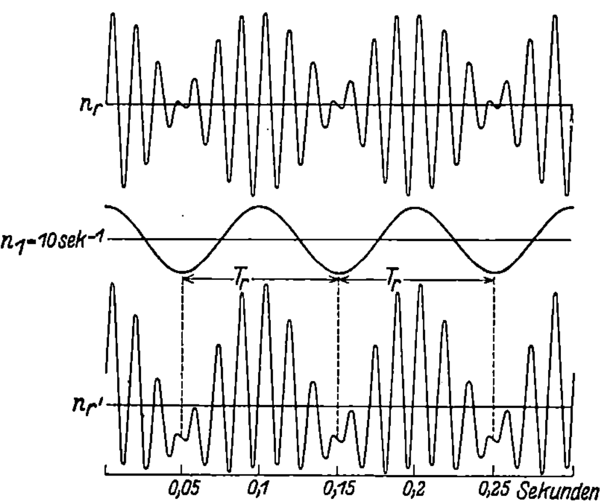

Abb. 306. Asymmetrisches Schwingungsbild bei Überlagerung einer „Differenzschwingung" (Fortsetzung der Abb. 302).

In den Abb. 301 bis 304 sind auch die verwickelten, nichtsinusförmigen Schwingungskurven durch eine bestimmte Frequenz gekennzeichnet. Denn nach je einer „Periode" von T_r Sekunden wiederholt sich ein bestimmtes Schwingungsbild in allen Einzelheiten. $1/T_r$ nennt man die Grundfrequenz n_r des nichtsinusförmigen Schwingungsvorganges. Die beiden Teilschwingungen n_α und n_β haben ganzzahlige Vielfache dieser Grundfrequenz n_r. Ohne diese Ganzzahligkeit wäre eine periodische Wiederholung des ganzen Schwingungsbildes nicht möglich.

Zwei Frequenzen n_1 und n_2 im Verhältnis $1 : \sqrt{2}$ geben in aller Strenge überhaupt keine periodische Wiederholung eines und desselben Schwingungsbildes. Die Grundperiode T_r wird unendlich oder die Grundfrequenz n_r Null. In Wirklichkeit haben aber alle Kurven eine endliche Strichdicke. Im Rahmen der dadurch begrenzten Meßgenauigkeit wird man eine Grundperiode $T_r = 14/n_1$ oder mindestens gleich $141/n_1$ finden.

In entsprechender Weise lassen sich durch Hinzunahme weiterer Teilsinusschwingungen beliebig verwickelte Schwingungskurven „darstellen". Das Wort „darstellen" ist dabei in dem oben erläuterten Doppelsinn zu verstehen. Amplituden und Phasen der Einzelschwingungen sind passend zu wählen. Ihre Frequenzen müssen ausnahmslos ganzzahlige Vielfache der „Grundfrequenz" des verwickelten Kurvenzuges bilden. Das übersieht man wieder am besten an Beispielen. Wir bringen deren drei:

In Abb. 306 haben wir noch einmal eine Schwebungskurve n_r aus den beiden Teilfrequenzen n_6 und n_7 dargestellt. Dieser Schwebungskurve wollen wir jetzt eine dritte Sinuskurve überlagern. Diese soll

a) eine Frequenz gleich der Differenz der beiden ersten Teilschwingungen haben, also $n_1 = n_7 - n_6$;

b) zur Zeit t_0 um $90°$ gegen die beiden ersten phasengleichen Teilschwingungen verschoben sein.

Durch diese Addition der „Differenzschwingung" entsteht aus der ursprünglich zur Abszisse ganz symmetrischen Schwebungskurve eine asymmetrische Kurve $n_{r'}$. Der Betrag dieser Asymmetrie hängt in ersichtlicher Weise von der Amplitude der benutzten Differenzschwingung ab. Wir hatten sie eben gleich $^2/_3$ der Amplitude der beiden andern Teilschwingungen gewählt. In Analogie zur Elektrotechnik nennt man eine solche asymmetrische Schwebungskurve oft eine „gleichgerichtete Schwebungskurve". In einer solchen „gleichgerichteten Schwebungskurve" ist also eine Frequenz gleich der Differenz $n_{(\beta - \alpha)}$ der beiden Teilfrequenzen n_β und n_α enthalten. Diese sehr wichtige Tatsache präge man sich fest ein.

In unserm zweiten Beispiel soll die in der untersten Zeile von Abb. 307 enthaltene dreiecksähnliche Schwingungskurve mit Hilfe der vier über ihr befindlichen verschiedenen Sinusschwingungen „dargestellt" werden. Diese eckige Kurve hat die Grundfrequenz $n_r = 10 \ \mathrm{sec}^{-1}$. Denn nach je 0,1 Sekunde wiederholt sich das gleiche Kurvenbild.

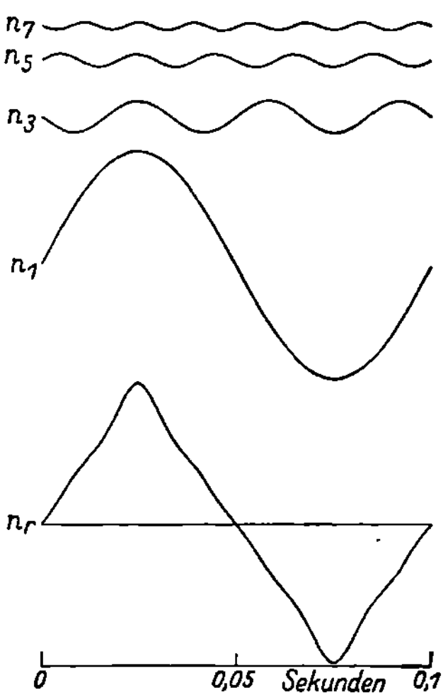

Abb. 307. Darstellung einer dreiecksähnlichen Kurve aus 4 Sinusschwingungen.

Die Frequenz der langsamsten zur Darstellung benötigten sinusförmigen Teilschwingungen n_1 ist gleich n_r. Die Frequenz der anderen mit dem Index 3, 5, 7 usw. beträgt 30, 50, 70 usw. sec^{-1}.

Das in Abb. 307 unten abgedruckte Schwingungsbild können wir also erstens mathematisch formal mit Hilfe der vier über ihm abgedruckten Schwingungen beschreiben. In analytischer Form hat diese Beschreibung folgendes Aussehen:

$$\text{Amplitude } x = 10 \sin 20\,\pi t - 1,5 \sin 60\,\pi t + 0,6 \sin 100\,\pi t - 0,3 \sin 140\,\pi t.$$

(in mm gemessen!)

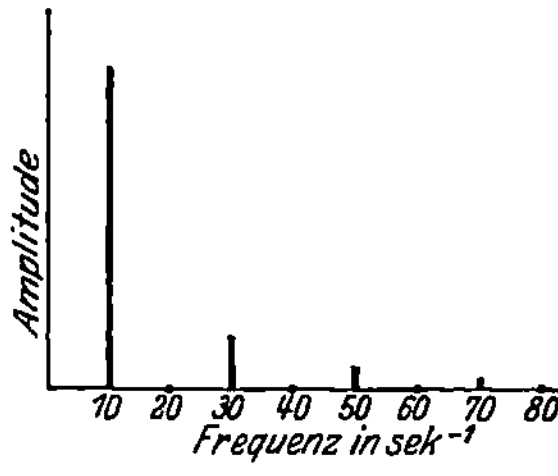

Abb. 308. Linienspektrum der in Abb. 307 dargestellten Schwingung (Ordinatenmaßstab verdoppelt).

Zweitens können wir dasselbe Kurvenbild experimentell verwirklichen, indem wir einen Lichtstrahl nacheinander über vier sinusförmig schwingende Spiegel passender Frequenz, Amplitude und Phase auf eine bewegte photographische Platte fallen lassen. Aber ein derartiger Versuch lohnt nicht den experimentellen Aufwand. Viel einfacher bedient man sich im Bedarfsfalle eines nichtsinusförmig schwingenden Gebildes mit nichtlinearem Kraftgesetz. Wir kennen ja bereits ein sehr ähnlich schwingendes Pendel, etwa unsere elektrische Hausklingel. Nicht in der experimentellen Verwirklichung komplizierter Schwingungsvorgänge liegt der Wert ihrer „Darstellung" mittels einfacher Sinusschwingungen, sondern in ihrer Beschreibung.

In Abb. 306 war die Periode T_r der komplizierten Schwingung und somit auch ihre Grundfrequenz $n_r = 1/T_r$ sehr einfach zu finden. Das braucht keineswegs immer der Fall zu sein. Abb. 439 gibt ein solches Beispiel einer weniger leicht erkennbaren Periode. Auch Abb. 301 ist schon in diesem Zusammenhang zu nennen.

§ 100. Spektraldarstellung verwickelter Schwingungsformen. Die Beschreibung verwickelter Schwingungsformen läßt sich zeichnerisch noch weiter vereinfachen. Man stellt einen verwickelten Schwingungsvorgang als ein Spektrum dar.

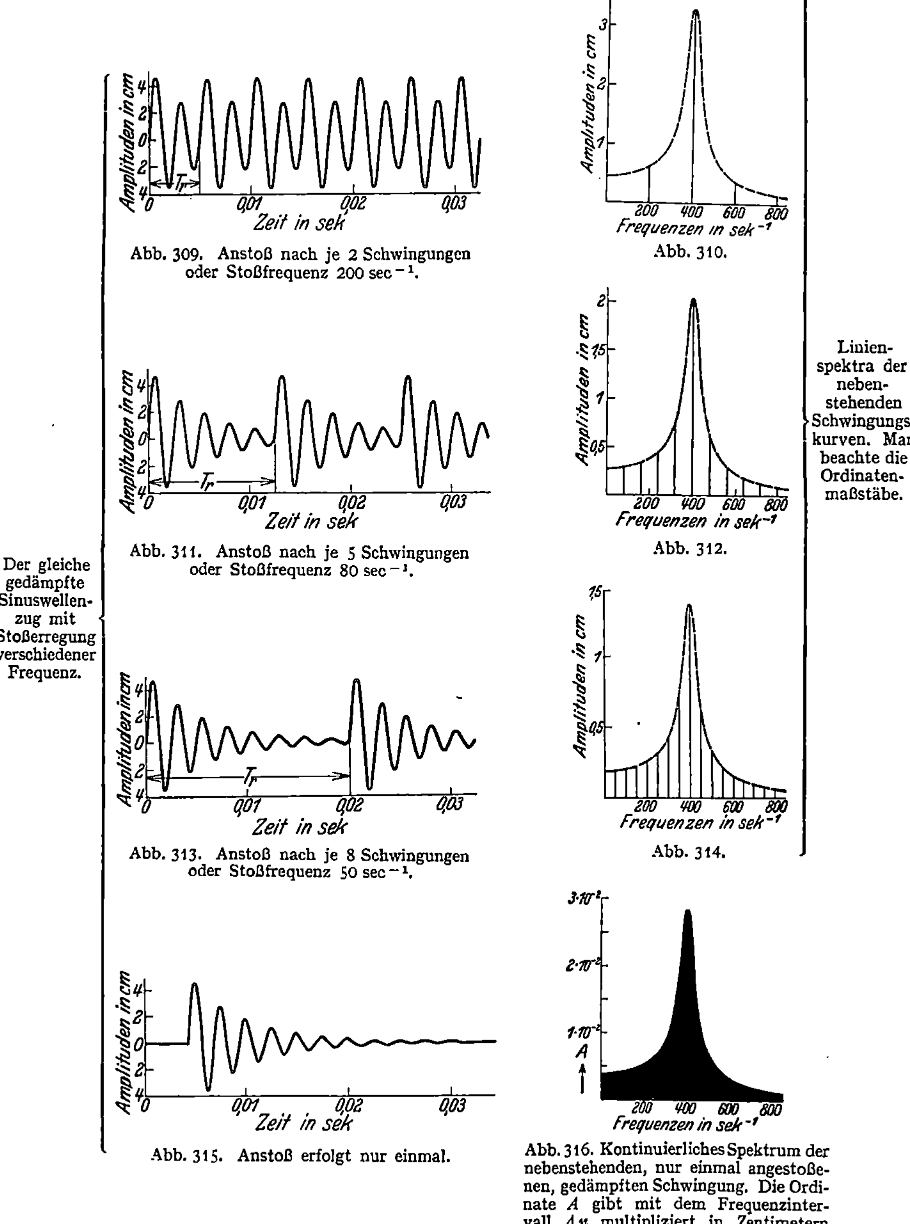

Abb. 309. Anstoß nach je 2 Schwingungen oder Stoßfrequenz 200 sec^{-1}.

Abb. 310.

Abb. 311. Anstoß nach je 5 Schwingungen oder Stoßfrequenz 80 sec^{-1}.

Abb. 312.

Linienspektra der nebenstehenden Schwingungskurven. Man beachte die Ordinatenmaßstäbe.

Der gleiche gedämpfte Sinuswellenzug mit Stoßerregung verschiedener Frequenz.

Abb. 313. Anstoß nach je 8 Schwingungen oder Stoßfrequenz 50 sec^{-1}.

Abb. 314.

Abb. 315. Anstoß erfolgt nur einmal.

Abb. 316. Kontinuierliches Spektrum der nebenstehenden, nur einmal angestoßenen, gedämpften Schwingung. Die Ordinate A gibt mit dem Frequenzintervall Δn multipliziert in Zentimetern die mittleren Amplituden der Schwingungen in diesem Frequenzintervall.

Ein Spektrum enthält in seiner horizontalen Abszisse die Frequenzen der sinusförmigen Teilschwingungen. Die Ordinaten markieren durch ihre Länge die Amplituden der einzelnen benutzten Teilschwingungen. So zeigt Abb. 308

das zu Abb. 307 gehörige Spektrum. Es ist ein Linienspektrum, die einfachste Darstellung des in Abb. 307 abgedruckten Schwingungsvorganges. Allerdings ist diese überaus einfache Beschreibung in einem Punkte unvollkommen. Ein Spektrum enthält keine Angaben über die Phasen. Zwar ist die Kenntnis der Phasen für eine zeichnerische oder rechnerische Rekonstruktion des Schwingungskurvenbildes unerläßlich. Doch braucht man diese Kenntnis nicht für eine Reihe physikalisch bedeutsamer, mit nichtsinusförmigen Schwingungen verknüpfter Aufgaben.

In dieser Spektraldarstellung geben wir noch drei praktisch wichtige Sonderfälle.

Fall I. Linienspektra gedämpfter Schwingungen bei periodischer Stoßerregung. Wir nehmen der Kürze halber ein numerisches Beispiel: Irgend ein schwingungsfähiges Gebilde soll ohne Dämpfung Sinusschwingungen der Frequenz $n = 400$ sec^{-1} ausführen. Einmal angestoßen, gibt es als Schwingungsbild einen Sinuswellenzug von konstanter Amplitude und unbegrenzter Länge. Sein Spektrum besteht aus nur einer einzigen Spektrallinie bei der Frequenz 400 sec^{-1}.

Darauf werde dies schwingungsfähige Gebilde irgendwie gedämpft. Infolgedessen zeigt es jetzt nach einer einmaligen Stoßerregung als Schwingungsbild einen Wellenzug mit abklingender Amplitude und begrenzter Länge, Abb. 315. Darüber sehen wir die Schwingungen des gleichen Gebildes bei periodisch wiederholter Stoßerregung. In Abb. 313 erfolgt ein neuer Anstoß nach jeweils 8, in Abb. 311 nach jeweils 5, in Abb. 309 schon nach jeweils 2 Schwingungen. Neben jedem dieser drei Schwingungsbilder finden wir das zugehörige Spektrum. Keines von ihnen zeigt noch das einfache Spektrum der ungedämpften Schwingung, also nur eine einzige Spektrallinie bei der Frequenz 400 sec^{-1}. Zu der ursprünglichen Frequenz 400 sec^{-1} gesellt sich eine ganze Reihe weiterer Spektrallinien. In jedem der drei Spektren ist die niedrigste Frequenz die der Stoßfolge oder kurz „Stoßfrequenz". Sie beträgt in den drei Spektren von oben beginnend 200, 80 und 50 sec^{-1}. Die Stoßfrequenz ist die Grundfrequenz jedes der drei nichtsinusförmigen Wellenzüge. Alle übrigen Spektralfrequenzen müssen ganzzahlige Vielfache der jeweils benutzten Stoßfrequenz sein. Infolgedessen können die Spektrallinien bei den drei verschiedenen Stoßfrequenzen nur in vereinzelten Fällen zusammenfallen. Aber sie finden sich — das ist wesentlich — stets im gleichen Frequenzbereich. Alle drei Linienspektra lassen sich (bei passend gewähltem Ordinatenmaßstab) von der gleichen gestrichelten Kurve umhüllen.

Mit sinkender Stoßfrequenz nimmt die Zahl der zur Spektraldarstellung benötigten Teilschwingungen oder Spektrallinien dauernd zu. Man braucht eine immer größere Zahl von Sinusschwingungen, um durch gegenseitiges Wegheben ihrer Amplituden die weiten Lückenbereiche zwischen den gedämpften Wellenzügen darzustellen. So gelangen wir endlich im Grenzübergang zu dem überaus wichtigen Fall II.

Fall II. Kontinuierliches Spektrum einer gedämpften Schwingung bei einmaliger Stoßerregung. Wir haben in Abb. 315 den gedämpft abklingenden Wellenzug nach einer einmaligen Stoßerregung und in Abb. 316 sein Spektrum. Die Spektrallinien sind jetzt unendlich dicht gehäuft. Sie erfüllen kontinuierlich den Bereich der oben punktierten umhüllenden Kurve. Diese Kurve ist demgemäß mit schwarzer Fläche gezeichnet worden. An die Stelle des Linienspektrums ist ein kontinuierliches Spektrum getreten[1].

---

[1] In diesem Grenzübergang ist mathematisch an die Stelle einer Fourierschen Reihe ein Fouriersches Integral getreten.

Fall III. Linienspektra periodisch gestörter Sinuswellenzüge. Dieser Fall bringt nichts grundsätzlich Neues. Er soll nur vor einer oft gemachten Verwechslung warnen:

Man benutzt gelegentlich Sinusschwingungen mit periodisch variabler Amplitude gemäß Abb. 317 A, periodischen Lücken gemäß Abb. 317 B und periodischen Phasensprüngen gemäß Abb. 317 C.

Bei allen diesen Kurvenzügen wird selbstverständlich wie stets die Grundperiode T_r und die Grundfrequenz $n_r = 1/T_r$ durch die Wiederkehr eines identischen Schwingungsbildes bestimmt. Sie ist in allen drei Bildern eingetragen. Zur Darstellung dieser Schwingungsbilder durch einzelne Sinuskurven sind die Frequenz $n_1 = n_r$ und ganzzahlige Vielfache von ihr zu benutzen. Ihre Spektra enthalten auch die erste Teilschwingung mit der Frequenz $n_1 = n_r$ mit erheblicher Amplitude. Dadurch unterscheiden sich die Schwingungsbilder in Abb. 317 von den ihnen ja äußerlich sehr ähnlichen Schwebungskurven. Die Schwebungskurven stellen durchaus einen Sonderfall dar: Sie enthalten lediglich zwei Teilschwingungen von hohen und wenig verschiedenen Indexzahlen. Für alle andern zur Grundfrequenz n_r gehörigen Teilschwingungen, also $n_1 = n_r$; $n_2 = 2 n_r$ usw. sind die Amplituden im Sonderfall der

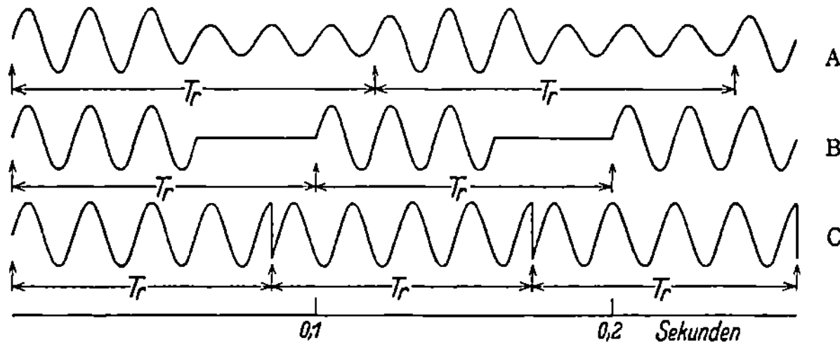

Abb. 317. Sinusschwingungen: A mit periodisch variabler Intensität, B mit periodischen Lücken, C mit periodischen Phasensprungen.

Schwebungskurven gleich Null. Eine rechtzeitige Beachtung dieser Tatsachen hätte viel Literatur über angebliche „Variations- und Phasensprungtöne" ersparen können.

Diese wichtigen Zusammenhänge haben wir in diesem Paragraphen nur beschreibend mitgeteilt. Ihre graphische Herleitung ist zu zeitraubend. Ihre analytische wird in allen mathematischen Lehrgängen ausgiebig behandelt. Überdies werden wir in späteren Paragraphen die Richtigkeit dieser Darstellung an ganz durchsichtigen experimentellen Folgerungen erweisen können.

§ 101. Allgemeines über elastische Eigenschwingungen von beliebig gestalteten festen Körpern. Schwingungsfähige Gebilde oder Pendel haben wir bisher stets auf ein einfaches Schema zurückgeführt, eine träge Masse zur Aufnahme der kinetischen Energie und eine elastische Feder zur Aufnahme potentieller Energie. Die übersichtlichste Form dieses Schemas war die Kugel zwischen zwei gespannten Schraubenfedern (Abb. 69). Diese Anordnung heiße fortan ein Elementarpendel. Dies Schema war für die Mehrzahl der von uns bisher benutzten schwingungsfähigen Gebilde ausreichend, wenngleich manchmal etwas gewaltsam. Es reicht aber keineswegs für alle vorkommenden Fälle aus. Sehr häufig ist eine getrennte Lokalisierung von träger Masse und Feder nicht möglich. Es können ja schließlich alle beliebig gestalteten Körper schwingen. Das sagt uns die Erfahrung des täglichen Lebens. Damit gelangen wir zu dem Problem der elastischen Eigenschwingungen beliebiger Körper.

Der Einfachheit halber beschränken wir uns zunächst auf Körper von geometrisch besonders einfacher Form. Wir behandeln in den §§ 102 bis 105 Schwingungen linearer Gebilde, d. h. von Körpern mit ganz überwiegender Längsausdehnung, wie Schläuche, Drähte, Schraubenfedern, Ketten, Stäbe usw. Zur Herleitung der Eigenschwingungen dieser linearen festen Körper können wir zwei verschiedene Wege benutzen, nämlich

1. die Aneinanderkopplung einer großen Reihe von Elementarpendeln;
2. die Interferenz gegenläufiger fortschreitender elastischer Wellen.

Den ersten Weg benutzen wir in den §§ 102 und 103, den zweiten in den §§ 104 und 105.

§ 102. Elastische Querschwingungen linearer fester Körper. Die Abb. 69 zeigte uns ein einfaches Elementarpendel. Eine Schwingung in der Längsrichtung seiner Feder soll fortan eine Längsschwingung heißen, eine Richtung quer zur Federlänge eine Querschwingung. Zunächst wollen wir von diesen Querschwingungen Gebrauch machen.

In Abb. 318 u. 319 sind 2 solcher Elementarpendel aneinander gefügt oder „gekoppelt". Dies Gebilde kann in zweifacher Weise schwingen: Im 1. Fall schwingen beide Massen gleichsinnig oder „in Phase". In Abb. 318 sind 2 Momentbilder dieser Schwingungen eingezeichnet. Im 2. Fall schwingen beide Massen gegensinnig oder „um 180° phasenverschoben". Auch hier sind wieder in Abb. 319 2 Momentbilder skizziert.

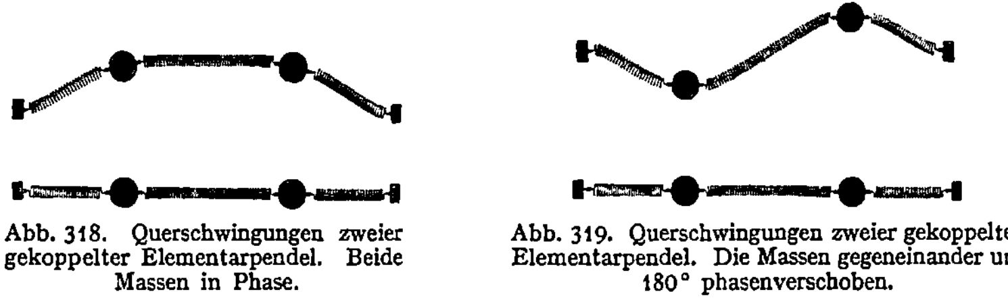

Abb. 318. Querschwingungen zweier gekoppelter Elementarpendel. Beide Massen in Phase.

Abb. 319. Querschwingungen zweier gekoppelter Elementarpendel. Die Massen gegeneinander um 180° phasenverschoben.

Die Frequenzen sind in beiden Fällen verschieden. Im Fall 2 beobachten wir mit der Stoppuhr eine höhere Frequenz als im Fall 1. Bei 2 miteinander gekoppelten Elementarpendeln beobachten wir also 2 Querschwingungen und 2 Eigenfrequenzen.

In ganz entsprechender Weise sind in Abb. 320 3 Elementarpendel miteinander gekoppelt. Diesmal sind 3 verschiedene Querschwingungen möglich, alle 3 sind durch geeignete Momentbilder belegt. Ihre experimentelle Vorführung bietet keine Schwierigkeit. Bei 3 gekoppelten Elementarpendeln erhalten wir also 3 Eigenfrequenzen.

In dieser Weise kann man nun beliebig fortfahren. Für eine Kette von n gekoppelten Elementarpendeln erhält man n verschiedene Eigenfrequenzen. Im Grenzübergang gelangt man zu kontinuierlichen linearen Gebilden. Für ein solches ist also eine praktisch unbegrenzte Anzahl von Eigenschwingungen zu erwarten. Wir bringen einige experimentelle Beispiele:

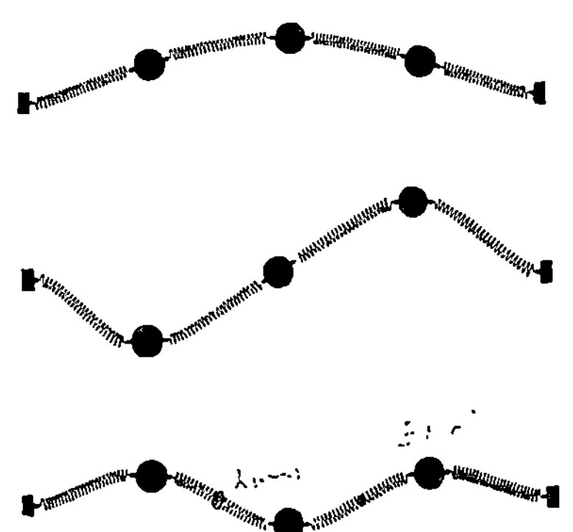

Abb. 320. Die drei möglichen Querschwingungen dreier gekoppelter Elementarpendel.

Wir sehen in Abb. 321 einen etliche Meter langen Gummischlauch. Er ist oben an der Zimmerdecke befestigt und unten an einem kleinen Schlitten. Dieser Schlitten kann mittels eines Exzenters von einem kräftigen Elektromotor (etwa $^1/_2$ Kilowatt) in Richtung des Doppelpfeiles um etwa 1 cm hin- und herbewegt werden. Je nach der Drehzahl des Motors können wir eine beliebige der 12 ersten Eigenschwingungen des Schlauches einstellen. Die Abb. 321A bis C zeigen uns als Zeitaufnahmen die neunte, elfte und zwölfte Ober- oder Teilschwingung. Sie zeigen uns die Bilder ungedämpfter Eigenschwingungen oder

„stehender Wellen“. Wir unterscheiden deutlich „Knoten“ und „Bäuche“. — Den zeitlichen Ablauf dieser Eigenschwingungen oder stehenden Wellen besieht man sich am besten „stroboskopisch“ (S. 10). Man kann dadurch den zeitlichen Ablauf beliebig verlangsamen. Noch einfacher benutzt man zu rein kinematischer Veranschaulichung einen sinusförmig gebogenen Draht mit einer Kurbel an einem Ende (Abb. 322). Diesen Draht versetzt man vor der Projektionslampe in Drehungen um seine Längsachse. Das Projektionsbild läßt dann die einzelnen Momentbilder der Schwingungen (oft kurz „Schwingungsphasen“ genannt) nacheinander beobachten. Bei raschen Kurbeldrehungen kann man bequem den Übergang zu den aus Abb. 321 ersichtlichen Zeitaufnahmen erreichen. Diese primitive Vorrichtung ist recht nützlich.

Wir greifen noch einmal auf die Abb. 321B zurück und denken uns gegen den in elfter Oberschwingung schwingenden Schlauch in der Papierebene einen Schlag ausgeführt. Dann beginnt der Schlauch als Ganzes in seiner Grundschwingung zu schwingen und die beiden stehenden Wellen treten **gleichzeitig** auf. Ein solches gleichzeitiges Auftreten von mehreren Eigenschwingungen oder stehenden Wellen benutzt man sehr viel bei den Saiten unserer Musikinstrumente. Wir sehen in Abb. 323 für einen Schauversuch eine horizontale Saite ausgespannt. Sie wird in bekannter Weise durch einen Violinbogen zu ungedämpften Schwingungen erregt.

Die Wirkungsweise des Violinbogens stimmt im Prinzip mit dem in Abb. 295 gezeigten Selbststeuerverfahren überein. Man kann den Umfang der damals benutzten rotierenden Achse als einen endlosen Violinbogen auffassen.

Quer vor der Saite steht ein Spalt S. Dieser wird in bekannter Weise mit einer horizontal bewegten Linse projiziert.

Technisch ersetzt man diese geradlinige Linsenbewegung in der Horizontalen zweck-

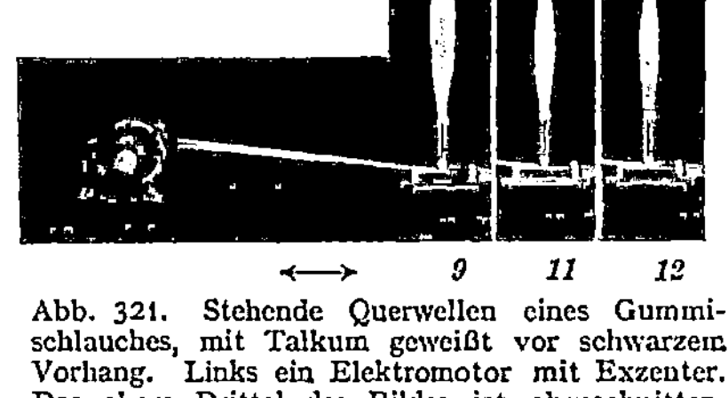

Abb. 321. Stehende Querwellen eines Gummischlauches, mit Talkum geweißt vor schwarzem Vorhang. Links ein Elektromotor mit Exzenter. Das obere Drittel des Bildes ist abgeschnitten.

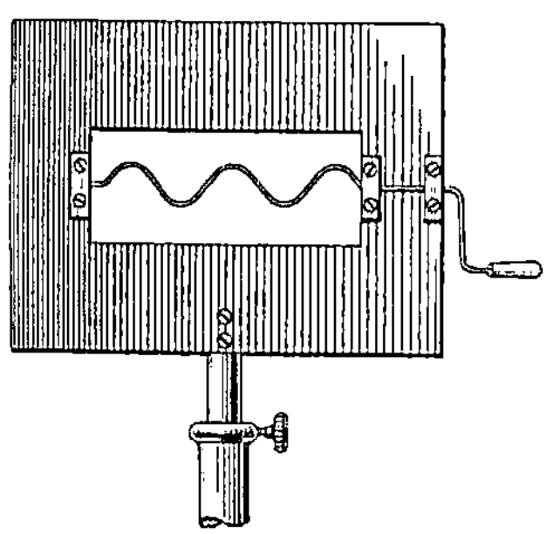

Abb. 322. Zur Veranschaulichung stehender Wellen.

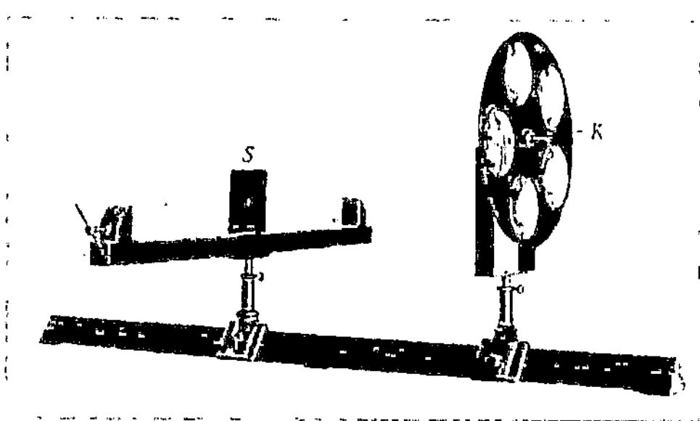

Abb. 323. Projektion von Schwingungskurven einer Saite mit Hilfe einer rotierenden Linsenscheibe.

mäßig durch eine Bewegung auf schwach gekrümmter Kreisbahn. Man benutzt die in Abb. 323 gezeigte „Linsenscheibe“. Bei der Rotation treten ihre einzelnen Linsen nacheinander in Tätigkeit. Der Antrieb erfolgt mit Daumen und Zeigefinger am Kordelknopf K. Die bei Verwendung der Linsenscheibe unvermeidliche Krümmung der Zeitabszisse ist ein harmloser Schönheitsfehler.

Man erhält auf diese Weise Schwingungsbilder nach Art der Abb. 324. Ein einzelner Punkt der Saite, in Abb. 323 also der Mittelpunkt, vollführt also auf seiner Bahn quer zur Saitenlängsrichtung keineswegs eine einfache Sinusschwingung. Man sieht vielmehr meistens schon recht verwickelte Schwingungsbilder. Sie rühren von der Überlagerung einer größeren Anzahl von Teilschwingungen her. Das alleinige Auftreten einer Teilschwingung läßt sich nur durch ganz besondere Bogenführung und auch dann nur mit Annäherung erreichen. Im allgemeinen geben die Saiten der Musikinstrumente ein recht kompliziertes Schwingungsspektrum.

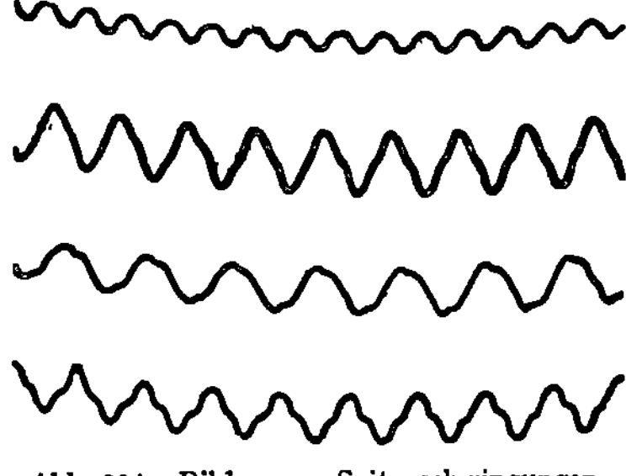

Abb. 324. Bilder von Saitenschwingungen, photographiert mit der Linsenscheibe.

Bei bekannter Drehgeschwindigkeit der Linsenscheibe kann man in den Schwingungskurven der Abb. 324 leicht die Zeitdauer T_0 einer einzelnen Periode bestimmen. So findet man für die Grundfrequenz $n_0 = 1/T_0$ in unserm Schauversuch die Größenordnung von einigen Hundert pro Sekunde.

§ 103. Elastische Längs- und Drillschwingungen linearer fester Körper.

Als Längsschwingungen eines Elementarpendels haben wir am Anfang von § 102 eine Schwingung der Pendelmasse in Richtung der Schraubenfeder definiert. In Abb. 325 und 326 sehen wir die beiden Längsschwingungen zweier aneinander gekoppelter Elementarpendel dargestellt. In Abb. 325 schwingen beide Pendel gleichsinnig oder „in Phase". In Abb. 326 schwingen sie gegen-

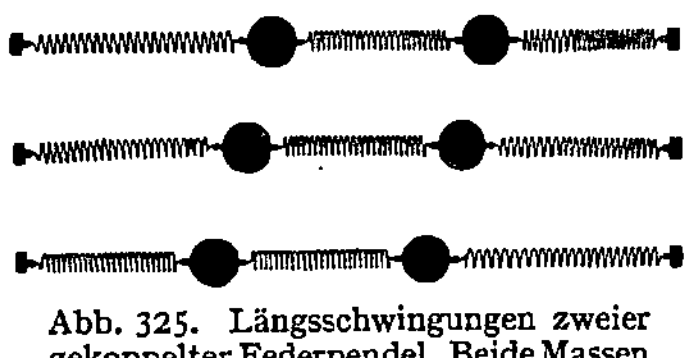

Abb. 325. Längsschwingungen zweier gekoppelter Federpendel. Beide Massen in Phase.

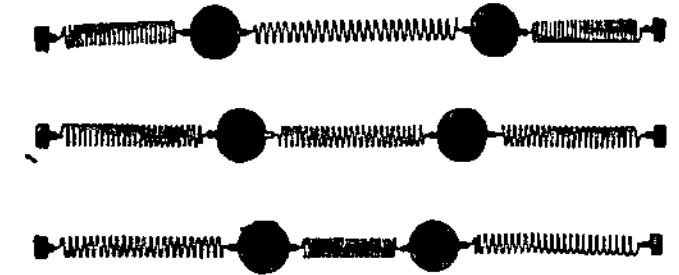

Abb. 326. Längsschwingungen zweier gekoppelter Federpendel. Beide Massen um 180° phasenverschoben.

läufig oder „um 180° phasenverschoben". Wir fahren mit der kettenartigen Ankopplung weiterer Elementarpendel fort und finden für n Elementarpendel n Eigenschwingungen. So gelangen wir wiederum im Grenzübergang zu einem linearen Gebilde mit einer praktisch unbegrenzten Anzahl von Längs-Eigenschwingungen. Wir beschränken uns experimentell auf zwei Beispiele:

Wir erzeugen uns erstens in Abb. 327 ungedämpfte Längsschwingungen einer dünnen Schraubenfeder. Zur dauernden Aufrechterhaltung dieser Schwingungen ist das eine Federende mit dem Klöppel einer elektrischen Hausklingel verbunden. Die Grundfrequenz dieses Klöppels muß mit einer der Eigenfrequenzen der Schraubenfeder übereinstimmen. Das Bild stellt eine photographische Zeitaufnahme dar. Nur die in den „Knoten der Bewegung" ruhenden Federstücke sind scharf gezeichnet. Auf dem Bild sind deutlich 6 derartige Knoten erkennbar.

Ein zweiter Versuch zeigt uns Längsschwingungen eines dünnen Stahl- oder Glasstabes. Der Stab ist gemäß Abb. 328 an 2 Fadenschleifen aufgehängt. Er wird durch einen Schlag gegen sein eines Ende erregt. Diese „Stoßerregung" gibt eine gedämpft abklingende Schwingung. Unser Ohr hört einen etliche Sekunden lang abklingenden Ton.

Zur Erzeugung ungedämpfter Stablängsschwingungen hat man den Stab an einem oder mehreren Punkten festzuklemmen. Die Klemmbacken müssen in Bewegungsknoten der gewünschten Eigenschwingung angebracht werden. Zur Selbststeuerung kann eines der aus § 98 bekannten Verfahren dienen, z. B. das in Abb. 295 erläuterte in passender technischer Umgestaltung. Man drückt eine mit Leder umspannte rotierende Scheibe gegen den Stab. Dabei unterstützt man eventuell die Klebwirkung zwischen Stab und Leder durch An-

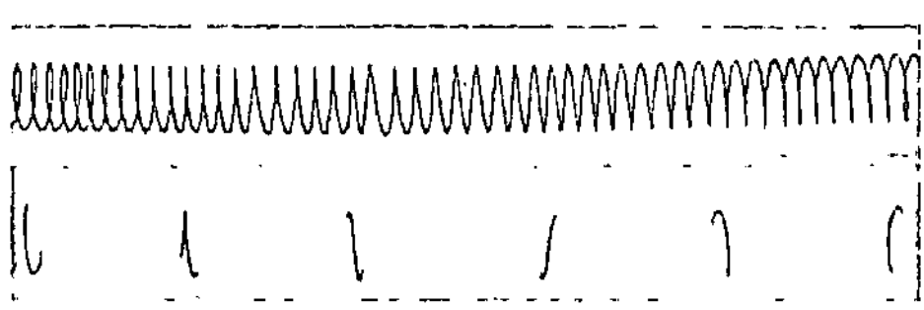

Abb. 327. Schraubenfeder, oben in Ruhe, unten in Längsschwingung. Man sieht nur die „Knoten" der Bewegung.

Abb. 328. Längsschwingungen eines an Fäden aufgehängten Stabes (Länge $l = 25$ cm). Grundfrequenz $N = c/2\,l$ ($c =$ Schallgeschwindigkeit im Stab).

feuchten oder durch ein Harzpulver. An einem solchen ungedämpft schwingenden Stab kann man unschwer die Bewegungsknoten aufsuchen. Man setzt auf den Stab etliche Papierreiter. Sie gleiten (von hydrodynamischen Kräften getrieben) über die schwingenden Bäuche hinweg und kommen in den Knoten der Bewegung zur Ruhe.

Momentbilder eines längsschwingenden Stabes sind mit starker Übertreibung in der Abb. 329 schematisiert. Der Stab bläht sich, bildlich gesprochen, abwechselnd im Gebiet eines Bewegungsknotens K_b auf oder zieht sich unter Taillenbildung zusammen. Die den Stab ringförmig umgebenden Knotenlinien der Bewegung ruhen also relativ zur Längsrichtung des Stabes, ihr **Ringdurchmesser aber ändert** sich periodisch in der Frequenz der Längsschwingung. In Wirklichkeit sind diese Dickenänderungen eines längsschwingenden Stabes nur geringfügig. Sie sind nur mit verfeinerter Beobachtung nachweisbar.

Abb. 329. Schematische Veranschaulichung von Stablängsschwingungen.

Zu den Quer- und Längsschwingungen linearer fester Körper gesellen sich als dritter Schwingungstyp die **Drillschwingungen** hinzu. Wir drehen die

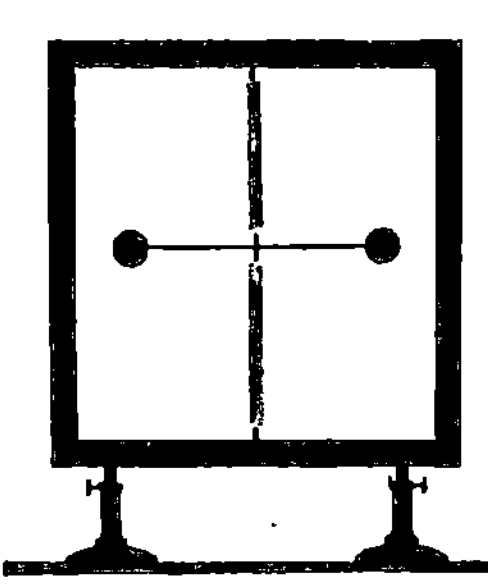

Abb. 330. Drillpendel.

Kugel unseres Elementarpendels um die Federrichtung als Drehachse und geben sie frei. Dann vollführt das Elementarpendel Dreh- oder Drillschwingungen. Ihre Frequenz ist unbequem hoch, denn das Trägheitsmoment der Kugel ist sehr klein [vgl. Gleichung (41) auf S. 80]. Zur Verringerung der Frequenz ersetzen wir die Kugel durch ein hantelförmiges Gebilde gemäß Abb. 330. Dann können wir sogar die Schraubenfeder durch ein kurzes Stück Stahldraht ersetzen. Trotz des größeren

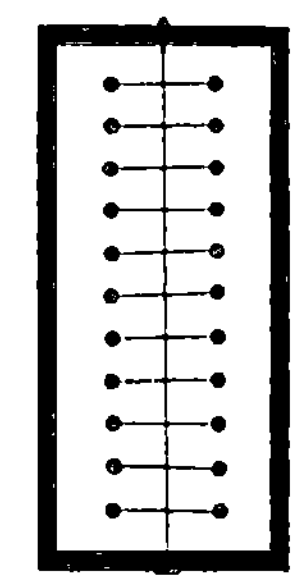

Abb. 331. Zur Vorführung von Drillwellen.

Richtmomentes bekommen wir doch noch Drehschwingungen hinreichend kleiner Frequenz. Von diesem Elementarpendel können wir uns in bekannter Weise n Stück aneinander koppeln. So gelangen wir zu dem in Abb. 331 dargestellten Apparat. Er erlaubt eine ganze Anzahl von Drilleigenschwingungen

vorzuführen, beispielsweise auch die Drillschwingung höchster Frequenz. Zu
diesem Zweck muß man mit irgendeiner Hilfseinrichtung zu gleicher Zeit die
gradzahligen Hanteln links, die ungradzahligen rechts loslassen. Die Kleinheit
der Frequenz dieser Drillschwingungen erleichtert die Beobachtung wesentlich.
Auch hier führt der Grenzübergang zu Drillschwingungen von Saiten und Stäben.

§ 104. **Elastische Eigenschwingungen linearer fester Körper, hergeleitet aus der Interferenz fortschreitender Wellen.** Gemäß unserer in
§ 101 gegebenen Disposition wollen wir uns das Zustandekommen der Eigenschwingungen oder stehenden Wellen linearer fester Körper nunmehr auf einem
zweiten Wege klarmachen. Wir beginnen mit einem Versuch.

Wir sehen in Abb. 332 einen etwa 10 m langen Schraubenfederdraht links
an der Wand befestigt und rechts von einer Hand gehalten. Der Durchhang

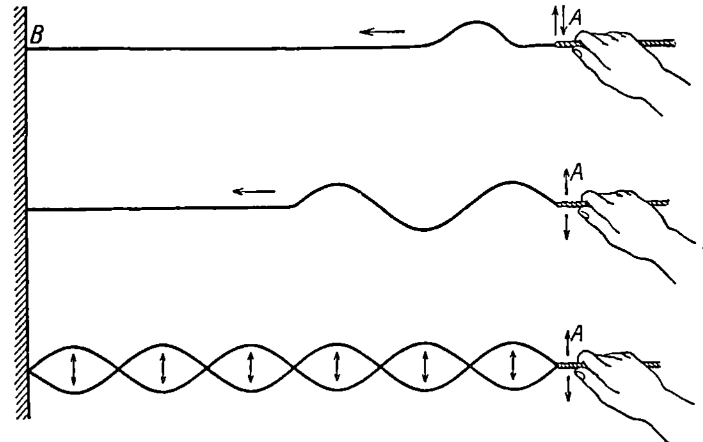

Abb. 332. Zur Entstehung fortschreitender und stehender Querwellen.

des Drahtes infolge seines Gewichtes ist nicht mit gezeichnet worden. Dem
rechten Ende des Drahtes geben wir einen kurzen Ruck in Richtung des vertikalen Doppelpfeiles. Dann sieht man eine e l a s t i s c h e S t ö r u n g längs des
Drahtes nach links laufen, und zwar mit einer bequem beobachtbaren Geschwindigkeit von nur wenigen Metern pro Sekunde.

Diese endliche Ausbreitungsgeschwindigkeit einer elastischen Störung ist
der für uns wesentliche Punkt. Auf ihm beruht die Möglichkeit einer Entstehung
fortschreitender elastischer Wellen. Denn bei einer zeitlosen Ausbreitung einer
elastischen Störung würde der Draht als Ganzes wie eine geometrische Gerade
den Bewegungen der Hand folgen.

Zur V o r f ü h r u n g d i e s e r f o r t s c h r e i t e n d e n Q u e r w e l l e n versetzen wir
unsere Hand in eine vertikal schwingende Bewegung. Die Wellen schreiten
schlängelnd längs des Drahtes vorwärts. Wir unterbrechen unsere Beobachtung
einstweilen, bevor der Kopf des Wellenzuges die Wand erreicht hat.

Bei fortschreitenden Wellen sieht jeder unbefangene Beobachter den Körper als Ganzes im Sinne einer schlängelnden Natter vorwärts laufen. Davon
ist aber in Wirklichkeit[1] keine Rede. Es h a n d e l t s i c h b e i f o r t s c h r e i t e n d e n

---

[1] An diesem Mißverständnis sind zum Teil die sonst in der Wellenlehre so nützlichen
Wasseroberflächenwellen schuld. Die in Abb. 286 photographierten Kreisbahnen der
Wasserteilchen gelten für den Grenzfall kleiner Amplituden, d. h. die Amplituden müssen
klein gegenüber dem Abstand benachbarter Wellenberge sein. Bei größeren Amplituden
entarten die Kreise zu den in Abb. 333 skizzierten Kurven. Es findet ein Vorrücken des
Wassers in der Laufrichtung der Wellen statt. Infolgedessen können hohe Wellen auf
ihnen schwimmende Gegenstände ans Ufer heranspülen.

Wellen lediglich um das Fortschreiten eines Schwingungszustandes und eine psychologische Umdeutung. Das muß man sich einmal in Ruhe klarmachen. Diesem Zweck dient der in Abb. 334 dargestellte Schauversuch.

Wir sehen auf einer Achse zwei Scheiben befestigt und zwischen ihren Rändern dünne Bindfäden ausgespannt. So ist ein zylindrischer Käfig entstanden. Auf den Bindfäden sitzen leichte Holzkugeln in schraubenförmiger Anordnung. Im seitlichen Schattenbild erscheint uns die Schraube als eine punktierte Sinuslinie. Durch einen Blendschirm mit vertikaler Spaltöffnung S (in Abb. 334 hochgeklappt) können wir alle Kugeln bis auf eine von ihnen abdecken. Bei einer Rotation des Käfigs sehen wir diese eine Kugel im hellen Spaltbild auf und nieder schwin-

Abb. 333. Bahn der Wasserteilchen bei fortschreitenden Wasseroberflächenwellen von hoher Amplitude.

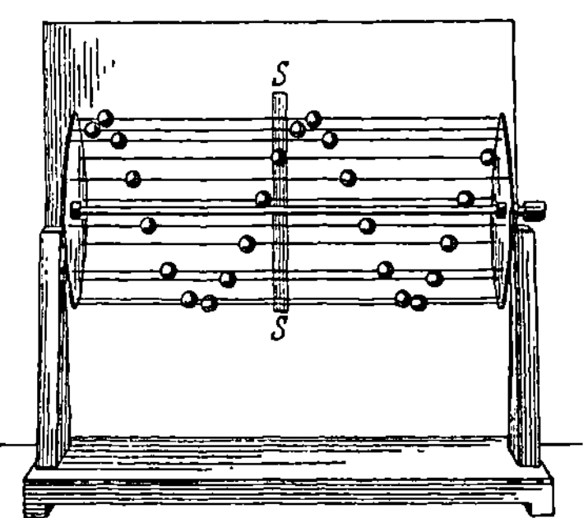

Abb. 334. Spiralwellenmaschine.

gen. Das gleiche können wir auch nach Niederklappen der Spaltblende bei ganz langsamer Käfigdrehung gleichzeitig nebeneinander für alle Kugeln beobachten. Dabei sehen wir deutlich eine Phasenverschiebung der einzelnen Kugelschwingungen längs der ganzen Kugelreihe. Bei Steigerung der Drehzahl tritt jedoch unvermittelt ein verblüffender Wechsel des gesehenen Bildes ein. An die Stelle der punktierten Sinuslinie tritt ein nahezu schwarzer, zusammenhängender, horizontal fortlaufender Wellenzug gemäß Abb. 335. Oberhalb einer gewissen Drehgeschwindigkeit irrt sich unser Gehirn in der Identifizierung der einzelnen Individuen und ihrer Zuordnung zu einer Bahn. Es handelt sich dabei um einen ähnlichen Vorgang wie bei dem bekannten

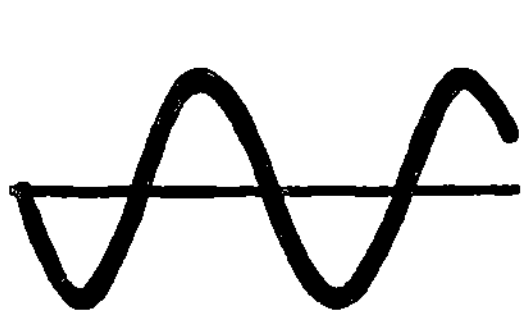

Abb. 335. Momentbild einer fortschreitenden Welle.

a

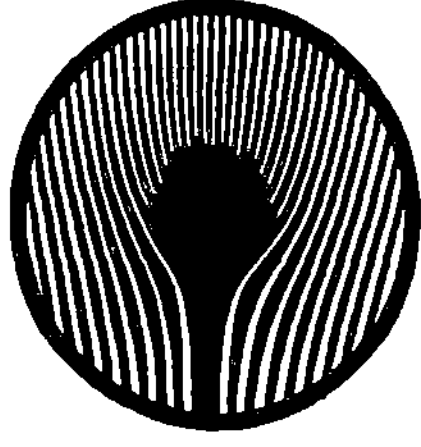

b

Abb. 336a u. b. Das Zaunphänomen bei verschiedener Radgeschwindigkeit.

„Zaunphänomen". Durch einen Gartenzaun blickend sehen wir die Speichen eines vorbeifahrenden Rades gemäß Abb. 336 in seltsamer Weise verkrümmt. Man kann diese Erscheinung leicht vor der Projektionslampe mit den aus Abb. 337 ersichtlichen Hilfsmitteln vorführen. Das Auge sieht die bewegten Schnittpunkte der Zaunlatten und Radspeichen als eine zusammenhängende gekrümmte Bahn.

Jetzt setzen wir unsere Versuche mit dem langen Schraubendraht fort. Wir machen durch etliche Schwingungen unserer Hand einen Wellenzug begrenzter Länge. Er läuft zu dem an der Wand befestigten Drahtende und wird dort reflektiert. Nach der Rückkehr zur Hand erfolgt eine abermalige Reflexion und so fort. Dann machen wir den gleichen Versuch mit andauerndem Auf- und Abschwingen der Hand. Dabei erhalten wir jetzt zwei gegeneinander laufende Wellenzüge gleicher Frequenz, nämlich den von der Hand ausgehenden und den an der Wand reflektierten. Ihre Überlagerung gibt zunächst ein sich unübersichtlich änderndes Bild. Durch geringfügiges Probieren, nämlich kleine Frequenzänderungen der Hand, gelangen wir jedoch rasch zu dem klaren Bild stehender Wellen. Es muß lediglich die halbe Wellenlänge der fortschreitenden Welle gleich irgendeinem ganzzahligen Bruchteil der Drahtlänge gemacht werden.

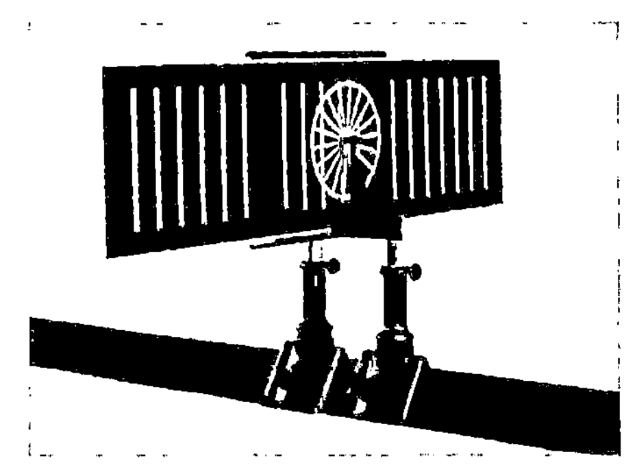

Abb. 337. Zur Vorführung des Zaunphänomens. Im Zaun sind die Lücken weiß. Im Rad sind die geraden Speichen undurchsichtig. Das Rad ist vernickelt, damit es sich im Lichtbild auf dem schwarzen Zaun gut abhebt.

Wir sehen hier also experimentell eine stehende Welle durch die Überlagerung oder Interferenz zweier gegenläufiger fortschreitender Wellen gleicher Frequenz entstehen. Den zeitlichen Verlauf dieser Interferenz kann man sich graphisch an Hand der Abb. 338 klarmachen. Die Abb. 338 beginnt in der obersten Zeile kurz nach der ersten Begegnung der beiden gegenläufigen Wellenzüge. Die von rechts und links kommenden Wellen sind punktiert und gestrichelt, ihre Resultante dick ausgezogen eingetragen. Diese dick ausgezogenen Momentbilder entsprechen den uns aus Abb. 322 bekannten.

In ganz analoger Weise kann man auch stehende Längs- und Drillwellen aus der Interferenz gegenläufiger fortschreitender Längs- und Drillwellen herleiten.

Die Fortpflanzungsgeschwindigkeit all dieser elastischen Wellen läßt sich aus den elastischen Konstanten der benutzten Körper berechnen. Als Beispiel geben wir die Berechnung der Geschwindigkeit c der Längswellen in einem festen Körper.

Der Berechnung legen wir einen Körper in Stabform zugrunde (Abb. 339). Die elastische Stauchung eines Stabes der Länge l und des Querschnittes q um die Länge Δx erfordert die Kraft

$$K = E\frac{\Delta x \cdot q}{l}. \tag{91}$$

Der Proportionalitätsfaktor E heißt Elastizitätsmodul.

Die Stauchung um das Stück Δx soll innerhalb der Zeit Δt durch den Kraftstoß $K\Delta t$ erfolgen. Während der Zeit Δt erfaßt die elastische Störung, nach rechts vorrückend, die Stablänge $l = c \cdot \Delta t$.

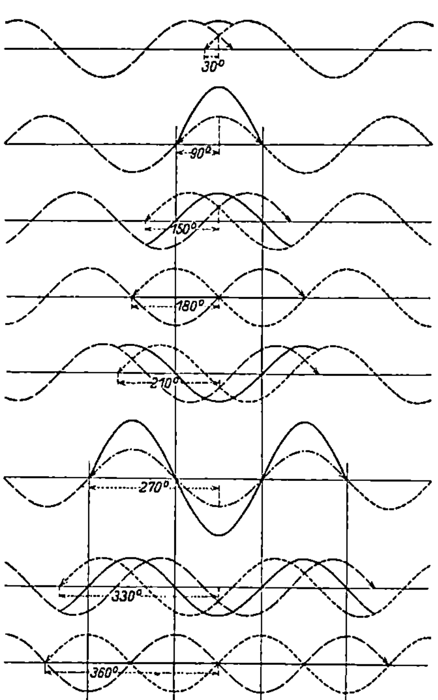

Abb. 338. Zeitliche Ausbildung stehender Wellen.

Demnach ist der Kraftstoß

$$K\Delta t = \frac{E \cdot \Delta x \cdot q}{c}. \tag{92}$$

Dieser Kraftstoß erteilt dem Stabstück der Länge l einen Impuls

$$m u = l q \varrho \frac{\varDelta x}{\varDelta t} = c \cdot q \cdot \varrho \varDelta x. \tag{93}$$

Denn nach Ablauf der Zeit $\varDelta t$ soll ja das rechte Stabende um den Betrag $\varDelta x$ vorgerückt sein.

Kraftstoß und Impuls müssen einander gleich sein. Wir fassen Gleichung (92) und (93) zusammen und erhalten

$$c = \sqrt{\frac{E}{\varrho}}. \tag{94}$$

„Die Geschwindigkeit elastischer Längswellen ist gleich der Wurzel aus Elastizitätsmodul durch Dichte".

Zahlenbeispiel: Für Stahl ist der Elastizitätsmodul[1] $E = 2 \cdot 10^{12}$ Dyn/cm², die Dichte $\varrho = 7{,}7$ g-Masse/cm³. Also Geschwindigkeit

$$C = \sqrt{\frac{2 \cdot 10^{12}}{7{,}7} \frac{\text{cm}}{\text{sec}}} = 5{,}1 \frac{\text{km}}{\text{sec}}.$$

Die Fortpflanzungsgeschwindigkeit elastischer Längswellen in Körpern bezeichnet man meist als Schallgeschwindigkeit. Denn ihre Frequenzen fallen meist in den Frequenzbereich unseres Ohres. Mit ihrer Hilfe kann man beispielsweise für Stäbe die Frequenzen der verschiedenen Längseigenschwingungen berechnen. So finden wir etwa für den in Abb. 328 benutzten Stahlstab eine Grundfrequenz $n = 10^4$ sec^{-1}. Mit einem

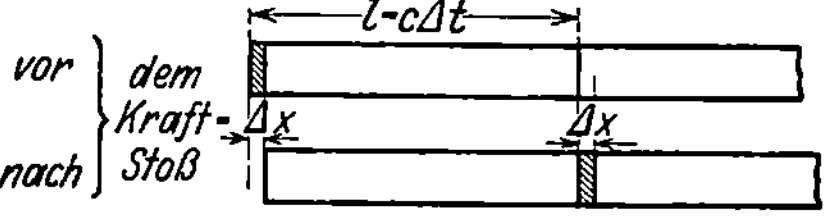

Abb. 339. Zur Berechnung der Schallgeschwindigkeit in einem Stab.

dünnen Steinsalzstab von 5 cm Länge erreichen wir eine Grundfrequenz von 43 000 sec^{-1}, und so fort. Längsschwingungen von Kristallen (meist Quarz) benutzt die Technik in steigendem Maße als „Frequenznormale". Sie lassen bequemer hohe Frequenzen erreichen als die Schwingungen der allbekannten Stimmgabeln.

§ 105. Elastische Längswellen in Säulen von Flüssigkeiten und Gasen. Wie stets behandeln wir auch hier Flüssigkeiten und Gase gemeinsam. Unsere Experimente werden wir meistens mit Luft ausführen.

Im Inneren von Flüssigkeiten und Gasen (Gegensatz: Oberfläche) sind keine Quer- und Drillwellen, sondern nur Längswellen möglich. Das folgt ohne weiteres aus der freien Verschieblichkeit aller Flüssigkeits- und Gasteilchen gegeneinander. Ein Flüssigkeits- und Gasteilchen[2] kann seinesgleichen nur in der Längsrichtung der eigenen Bewegung vorwärtstreiben.

Wie bei den festen Körpern wollen wir anfänglich auch bei den Flüssigkeiten und Gasen lineare Gebilde behandeln. Linear begrenzte Flüssigkeits- und Gassäulen stellen wir uns mit Hilfe von Röhren her.

Wesentlich für das Zustandekommen fortschreitender und stehender Wellen war nach § 104 eine endliche Fortpflanzungsgeschwindigkeit der elastischen Störungen. In Luft beträgt diese Fortpflanzungs- oder Schallgeschwindigkeit bei Zimmertemperatur rund 340 m/sec.

---

[1] Die physikalischen und technischen Tabellen zählen fast ausnahmslos die Kraft K in kg-Kraft, den Querschnitt q in mm². Sie geben z. B. für Stahl die Zahl $2 \cdot 10^4$ kg-Kraft/mm²; zum Übergang auf Dynen und cm² hat man die Tabellenwerte mit $981 \cdot 10^3 \cdot 10^2 =$ rund 10^8 zu multiplizieren. Zum Übergang auf Großdyn und m² hat man die Tabellenwerte mit $9{,}81 \cdot 10^6$ oder rund 10^7 zu multiplizieren.

[2] Im Sinne von Raumelementen, nicht von einzelnen Molekülen.

Experimentell mißt man diese Geschwindigkeit für Schauversuche beispielsweise mit einer rund 150 m langen und einige Zentimeter weiten Rohrleitung. Das rechte Ende wird mit einer Gummimembran verschlossen, am linken
Ende befindet sich ein Druckmesser geringer Trägheit. Bequem ist das „Flammenmanometer". Seine Membran bildet die eine Wand einer flachen, in die Zuleitung
einer Leuchtgasflamme eingeschalteten Kapsel. Durch einen kurzen Schlag
gegen die Gummimembran steigert man vorübergehend den Luftdruck im
rechten Rohrende und dadurch entsteht ein
Verdichtungsstoß. Man mißt dessen Laufzeit bis zum linken Rohrende mit Hilfe
einer in hundertstel Sekunden geteilten
Stoppuhr.

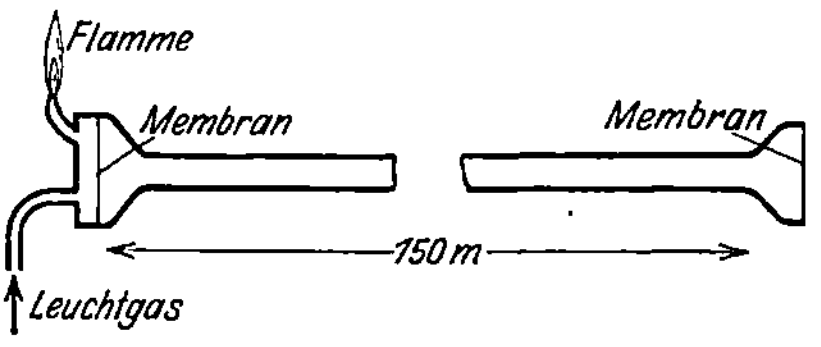

Abb. 340. Laufzeit elastischer Längsstörungen
in einer Luftsäule.

Dieser Versuch zeigt uns für die elastische Längsstörung in einer Luftsäule dasselbe wie der Versuch in Abb. 332 für die
elastische Querstörung eines festen Schraubendrahtes. In entsprechender Weise
können wir uns jetzt die sinusförmige Bewegung unserer Hand in Abb. 332b
durch eine sinusförmige Bewegung der Membran am rechten Rohrende ersetzt
denken. Dann läuft eine elastische Längswelle durch das Rohr hindurch. Die
einzelnen Luftteilchen vollführen Sinusschwingungen um ihre
Ruhelage, aber diesmal in der Längsrichtung des Rohres. Dabei beginnt
jedes in der Rohrleitung schwingende Teilchen seine Schwingung ein wenig
später, als das ihm in der Laufrichtung vorangehende. Oder anders ausgedrückt: Durch das Rohr fließt ein Luftwechselstrom. Für die Wellenlänge
dieser fortschreitenden Welle oder dieses Luftwechselstromes gilt wieder die
Gleichung (88) $\lambda = cT = c/n$ von S. 168. Dabei ist n die Frequenz der Membran, c die Schallgeschwindigkeit.

Zur Vorführung dieses Versuches bringt man seitlich etwa in der Mitte
der Rohrleitung ein hinreichend trägheitsfreies Manometer an, etwa wieder ein
Flammenmanometer. Dann beobachtet man mit Hilfe eines rotierenden Spiegels
das Vorbeihuschen der Gebiete gesteigerten und verminderten Luftdruckes, d. h. der Wellenberge und -täler. Freilich braucht man eine Rohrleitung von einigen hundert Metern Länge. Sonst erreichen die Wellen das
linke Rohrende zu bald. Es beginnt dann die Reflexion des Wellenzuges und
damit die Ausbildung stehender Wellen.

Eine solche Reflexion findet nicht nur an einem verschlossenen Rohrende
statt, sondern auch an einem offenen Ende oder noch allgemeiner, an jeder Veränderung des Rohrquerschnittes. Dadurch wird die absichtliche Herstellung stehender Wellen in Rohren besonders einfach. Man hat beispielsweise für einen Schauversuch nur ein Papprohr von rund 1 m Länge und etlichen
Zentimetern Weite an einem Ende mit einer Gummimembran
zu verschließen. Durch Zupfen oder Schlagen der Membran

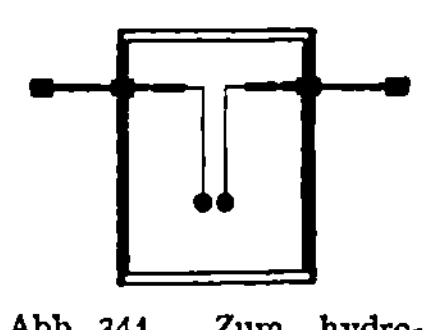
Abb. 341. Zum hydrodynamischen Nachweis des
Luftwechselstromes in
einer Pfeife.

erregt man diese „Luftsäule" zu laut hörbaren, aber rasch
abklingenden Eigenschwingungen. Oder man gibt dem einen
Rohrende einen festen Boden und zieht vom andern Ende
einen hülsenförmigen Deckel herunter. In beiden Fällen läßt sich das Hin- und
Herströmen der Luft im Innern des Rohres gut vorführen. Man hat zu diesem Zweck eine Wirkung strömender Gase zu benutzen, die zwar von der Richtung der Strömung, aber nicht von ihrem Vorzeichen abhängig ist. Denn es soll
ja die Richtung eines Luftstromes ständig wechselnden Vorzeichens (Wechselstrom)
vorgeführt werden. Diese Aufgabe wird durch die Anordnung in Abb. 341 erfüllt.

Man hängt im Innern des Rohres von quadratischem Querschnitt zwei kleine Holunderkugeln an dünnen Fäden auf. Zwei Fenster aus Glas oder Cellon erlauben die Kugeln direkt oder im Projektionsbild zu beobachten. Die Verbindungslinie der beiden Kugeln kann mit der Rohrachse verschiedene Winkel einschließen. Sie wird zunächst senkrecht zur Rohrlängsachse gestellt. Dann muß für eine der Rohrlängsachse parallele Strömung, unabhängig vom Vorzeichen, das aus Abb. 258 bekannte Stromlinienbild gelten. Zwischen beiden Kugeln werden die Stromlinien zusammengedrängt.

Beide Kugeln müssen sich beim Schwingen oder Tönen der Pfeife anziehen. Das ist in der Tat der Fall.

Dann stellen wir die Verbindungslinie beider Kugeln in die Rohrachse.

Jetzt muß eine der Verbindungslinie parallele Strömung das uns bisher noch unbekannte Stromlinienbild der Abb. 342 erzeugen. Zwischen den Kugeln ist der Abstand der Stromlinien sehr groß. Die beiden Kugeln haben sich beim Schwingen der Pfeife gegenseitig abzustoßen. Auch das ist leicht zu beobachten.

Abb. 342. Zum hydrodynamischen Nachweis des Luftwechselstromes in einer Pfeife.

Durch diese Bewegung der Luftteilchen parallel zur Rohrlängsachse entsteht nun die charakteristische Druck- und Dichteverteilung einer stehenden Längswelle. Wir zeichnen sie schematisch in drei Momentbildern zunächst für die Grundschwingung eines beiderseits verschlossenen (Pfeifen-)Rohres (Abb. 343). Das mittlere Momentbild zeigt mit gleichmäßigem Grau zunächst längs des ganzen Rohres konstanten Druck und konstante Dichte. In den beiden andern Momentbildern haben wir an den beiden Rohrenden Bäuche von Luftdruck und -dichte. Im oberen Momentbild bedeutet der schwarze Bauch links einen Wellenberg, ein Gebiet von erhöhtem Luftdruck und erhöhter Luftdichte. Der weiße Bauch rechts bedeutet ein Wellental, ein Gebiet von erniedrigtem Luftdruck und erniedrigter Dichte. Für das untere Momentbild gilt genau das Umgekehrte, dort haben wir links niedrigen, rechts hohen Luftdruck.

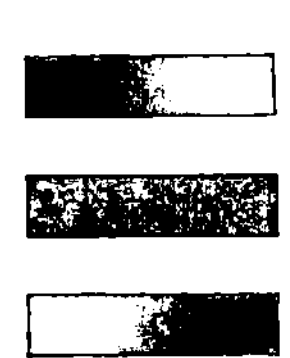

Abb. 343. Zur Veranschaulichung einer stehenden Längsschwingung in einer Luftsäule (Grundschwingung).

Wohl zu unterscheiden von dieser (sinusförmigen) Verteilung von Luftdruck und -dichte ist die (ebenfalls sinusförmige) Verteilung der Geschwindigkeit und des Ausschlages, mit der die einzelnen Luftteilchen längs der Rohrachse um ihre Ruhelage hin und herschwingen. Geschwindigkeit und Ausschlag der Luftteilchen haben in Abb. 343 ihre Knoten an den Rohrenden, ihren Bauch, d. h. abwechselnd Maximalwerte nach links oder rechts gerichtet, in der Rohrmitte. Die Knoten von Druck- und Geschwindigkeitsverteilung sind also bei diesen stehenden Wellen um eine Viertelwellenlänge gegeneinander in der Rohrlängsrichtung verschoben.

Abb. 344. Zur Veranschaulichung einer stehenden Längsschwingung in einer Luftsäule (1. Oberschwingung).

Bei einem in einer „Oberschwingung" schwingenden Rohr hat man sich die in Abb. 343 skizzierten Bilder in symmetrischer Wiederholung aneinandergesetzt zu denken. Es genügt in Abb. 344 ein Beispiel für die erste Oberschwingung. Dargestellt sind wieder die Druck- und Dichteverteilung im Augenblick der größten Unterschiede. Auch hier fallen die Bäuche von Druck und

Dichte räumlich mit den Knoten von Teilchengeschwindigkeit und Amplitude zusammen. Derartige periodische Druckverteilungen zeigt man für die Oberschwingungen in einer Gassäule sehr hübsch mit dem in Abb. 345 skizzierten „Flammenrohr". Ein etwa 2 m langes, mit Leuchtgas beschicktes Rohr hat an seiner Oberseite eine über die ganze Rohrlänge laufende Reihe von Brenner-

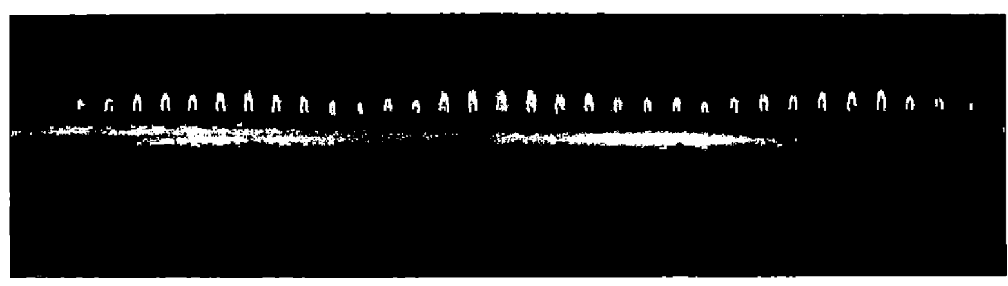

Abb. 345. Stehende Längsschwingungen in einer Leuchtgassäule. Rubenssches Flammenrohr.

öffnungen. Das eine Rohrende ist mit einer Gummimembran verschlossen. Diese Membran wird irgendwie zu ungedämpften Schwingungen erregt. Ihre Frequenz muß mit irgendeiner der Oberschwingungen der Leuchtgassäule übereinstimmen. Die längs des Rohres periodisch wechselnde Flammenhöhe gibt ein recht anschauliches Bild der stehenden Welle im Rohrinnern. Durch passenden Wechsel der Membranfrequenz kann man so nacheinander eine ganze Reihe verschiedener Eigenschwingungen der Gassäule vorführen.

Die Eigenschwingungen von Gassäulen spielen technisch beim Bau von Pfeifen aller Art eine große Rolle. Diese Pfeifen benutzen zur Erzeugung ungedämpfter Schwingungen hydrodynamische Selbststeuerungen. Die gebräuchlichsten Ausführungsformen können äußerlich als bekannt gelten. Ihre Wirkungsweise ist im einzelnen überaus verwickelt und nur qualitativ in großen Zügen aufgeklärt. Bei der Lippenpfeife handelt es sich um einen periodischen Zerfall des gegen die Schneide blasenden Luftstrahles in einzelne Wirbel. Der eingeblasene Luftstrahl einerseits, die Luftsäule in der Pfeife andererseits bilden zwei gekoppelte Schwingungssysteme. Das gleiche gilt bei der Zungenpfeife für die Zunge und die Gassäule. Dieser verwickelte Selbststeuermechanismus bedingt in der Regel erhebliche

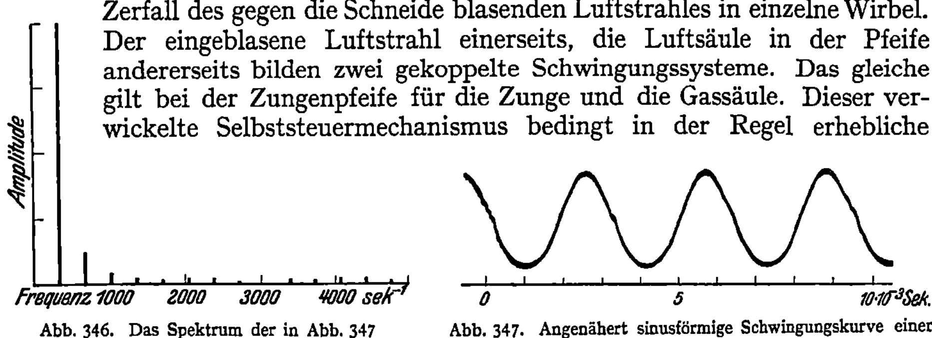

Abb. 346. Das Spektrum der in Abb. 347 dargestellten Pfeifenschwingung.

Abb. 347. Angenähert sinusförmige Schwingungskurve einer Pfeife. Aufnahme von Ferd. Trendelenburg.

Abweichungen der Pfeifenschwingungen von der Sinusform. Die Abb. 346 und 347 geben eine von technischer Seite aufgenommene noch recht einfache Pfeifenschwingung mit ihrem Linienspektrum.

Wir beschränken unsere Vorführung von Pfeifen auf zwei Versuche: Erstens lassen wir eine Lippenpfeife im Wasser mit einem Wasserstrahl „angeblasen" schwingen. So wird endlich einmal auch eine Längsschwingung in einer Flüssigkeitssäule vorgeführt. Zweitens bringen wir eine im folgenden Kapitel fortgesetzt benötigte kleine Lippenpfeife hoher Frequenz. Sie ist in Abb. 348 in Aufsicht und im Längsschnitt dargestellt. Lippenspalt L und Schneide S sind als Rotationskörper ausgeführt. Der eigentliche Pfeifenhohlraum stellt nur noch eine sehr dürftige Annäherung an eine lineare Luftsäule dar.

Für spätere Zwecke bestimmen wir gleich die Frequenz dieser kleinen, stets mit Druckluft angetriebenen Lippenpfeife. Wir messen die Länge der von ihr in einem Glasrohr erzeugten stehenden Wellen. Das Glasrohr hat eine Weite von etwa 4 mm und eine Länge von etwa 15 cm. Die Länge der Luftsäule kann durch einen verschiebbaren Messingstempel gleich einem Vielfachen der halben Pfeifenwellenlänge gemacht werden. Zum Nachweis der stehenden Wellen und der Messung ihrer Länge dient das sehr elegante Verfahren der „Kundtschen Staubfiguren". Man verteilt längs des Rohrinnern ein leichtes trockenes Pulver. Dann bringt man die schwingende und unangenehm stechend tönende kleine Pfeife vor die Rohröffnung und verschiebt den Messingstempel langsam. Nach kurzem Probieren ordnet sich der Staub in sehr charakteristischen, periodisch aneinandergereihten Figuren an (Abb. 349). Die Entstehung dieser Figuren beruht auf hydrodynamischen Kräften, wie wir sie in einer gröberen Anordnung mit den Holunderkugeln in Abb. 341 beobachtet haben. Wir finden die Periode der Staubfiguren gleich rund $^3/_4$ cm. Sie ist gleich dem Abstand zweier Knoten oder der halben gesuchten Wellenlänge. Aus dieser Wellenlänge von rund 1,5 cm folgt nach der schon oft benutzten Gleichung (88) von S. 168 eine Frequenz der kleinen Lippenpfeife von rund 23000 sec^{-1}.

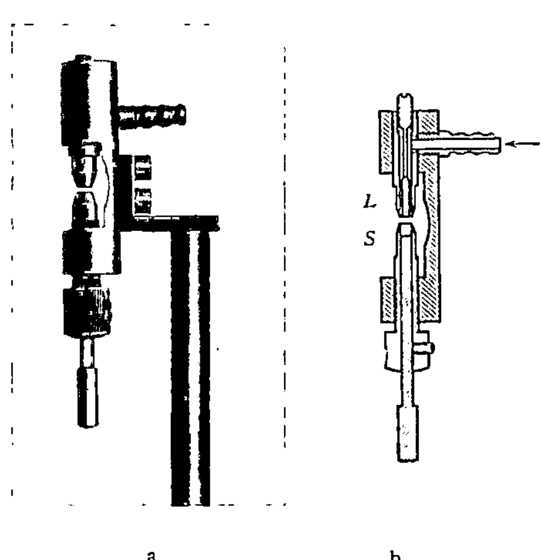

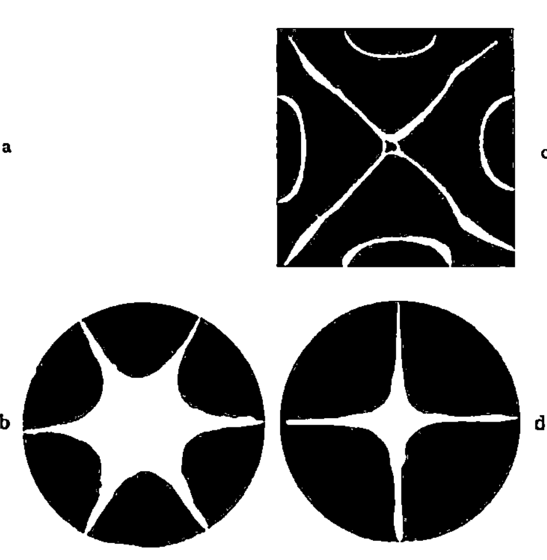

Abb. 348. Lippenpfeife hoher Frequenz (etwa 10000—30000 sec^{-1}).

Abb. 349. Kundtsche Staubfiguren, hergestellt mit der Lippenpfeife der Abb. 348. Zirka 1,2 fach vergrößerte Photographie.

Abb. 350. Chladnische Klangfiguren (photographisches Positiv).

§ 106. Eigenschwingungen flächenhaft und räumlich ausgedehnter Gebilde. Wärmeschwingungen. Wir fassen uns hier ganz kurz. Man kann auch hier das Zustandekommen der Eigenschwingungen auf den beiden in § 101 angegebenen Wegen verfolgen und rechnerisch behandeln. Doch handelt es sich, von wenigen Ausnahmen abgesehen, um mathematisch recht verwickelte Aufgaben. In der Mehrzahl aller praktisch wichtigen Fälle bleibt man auf das Experiment angewiesen. Dabei handelt es sich vorzugsweise um zwei Angaben: Die Bestimmung der verschiedenen vorkommenden Eigenfrequenzen und die Auffindung der Knotenlinien.

Die Frequenzen bestimmt man in der Regel durch eine photographische Registrierung der Schwingungskurven und ihre nachträgliche rechnerische Zerlegung in Sinuskurven.

Zum Nachweis der Knotenlinien benutzt man meistens die Ansammlung aufgestreuten Staubes. Die Abb. 350 zeigt uns so die Knotenlinien einer quadratischen und einer kreisförmigen Metallmembran in verschiedenen Schwingungszuständen.

Eine Wölbung der Platten führt zur Glas- oder Glockenform. Die Schwingungen dieser geometrisch noch relativ einfachen Gebilde sind schon unangenehm

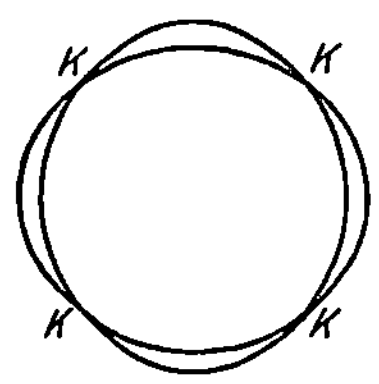

verwickelt. Im einfachsten Falle schwingt ein Glas von oben betrachtet nach dem Schema der Abb. 351. Bei K haben wir die Durchstoßpunkte von vier „als Meridiane" verlaufenden Knotenlinien. So ungefähr haben wir uns auch die einfachste Schwingung unserer Schädelkapsel vorzustellen, die in ihren Wänden unsere Gehörorgane beherbergt.

Abb. 351. Einfache Schwingungen eines Weinglases, von oben gesehen (schematisch).

Im Gebiet extrem hoher Frequenzen bis zur Größenordnung $10^{18}\,\text{sec}^{-1}$ besitzen alle festen Körper ganz unabhängig von ihrer Gestalt eine Unzahl elastischer Eigenfrequenzen. Die Energie dieser Schwingungen bildet den Wärmeinhalt der festen Körper oder Kristalle (vgl. S. 116). Bei den höchsten der genannten Frequenzen schwingen die einzelnen Atome oder Moleküle der Kristallgitter in einer grob durch die Abb. 326 veranschaulichten Weise.

Von den Eigenschwingungen gaserfüllter Hohlräume sind besonders zu nennen die Eigenschwingungen lufthaltiger kugel- oder flaschenförmiger Gefäße mit kurzem offenen Hals. Es sind die meßtechnisch wichtigen „Helmholtzschen Resonatoren". Sie stellen in handlichen Formen Pfeifen von wohldefinierter Grundfrequenz dar. Im Betriebe zeigen sie oft die S. 163 beschriebene, scheinbar kontinuierliche, in Wirklichkeit intermittierende Strahlbildung. Ein Flaschenresonator kann im Betrieb ganz gehörig „blasen".

Für die Architekten sind die Eigenschwingungen großer Wohn- und Versammlungsräume von Wichtigkeit. Die Einzelheiten bilden den Gegenstand einer technischen Sonderliteratur.

§ **107. Erzwungene Schwingungen.** Nach einer Stoßerregung oder mit einer Selbststeuerung schwingt jedes schwingungsfähige Gebilde in einer oder

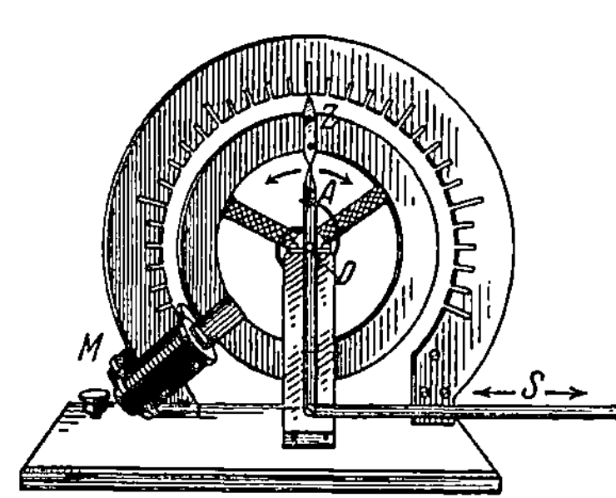

mehreren seiner Eigenfrequenzen. Doch kann man jedes schwingungsfähige Gebilde auch in beliebigen anderen, mit keiner seiner Eigenfrequenzen zusammenfallenden Frequenzen schwingen lassen. In diesem Fall vollführt das Gebilde „erzwungene Schwingungen". Diese erzwungenen Schwingungen spielen im Gesamtgebiet der Physik eine überaus wichtige Rolle.

Für ihre Darstellung müssen wir zunächst den Begriff der Dämpfung eines Pendels schärfer fassen als bisher. Infolge unvermeidlicher Energieverluste oder auch beabsichtigter Energie-

Abb. 352. Drehpendel zur Vorführung erzwungener Schwingungen.

abgabe klingt die Amplitude jedes Pendels nach einer Stoßerregung ab. Der zeitliche Verlauf der Schwingungen wird durch Kurven nach Art der Abb. 353 dargestellt. In der Mehrzahl der Fälle zeigen diese Kurven bei sinusförmig schwingenden Pendeln eine einfache Gesetzmäßigkeit. Das Verhältnis zweier auf der gleichen Seite aufeinanderfolgender Amplituden bleibt längs des ganzen Kurvenzuges konstant. Man nennt es das „Dämpfungsverhältnis" K. Sein natürlicher Logarithmus heißt das „logarithmische Dekrement" $\varLambda$. Die

Zahlenwerte des Dämpfungsverhältnisses und des logarithmischen Dekrements finden wir den Kurvenzügen in Abb. 353 beigefügt.

Nach diesen Definitionen wollen wir jetzt das Wesen der erzwungenen Schwingungen an einem möglichst klaren und in allen Einzelheiten übersichtlichen Schauversuch erläutern. Wir benutzen für diesen Zweck Drehschwingungen sehr kleiner Frequenz. Bei sehr kleinen Frequenzen werden alle Einzelheiten leicht beobachtbar.

Die Abb. 352 zeigt uns ein Drehpendel mit einer einzigen Eigenfrequenz. Seine träge Masse besteht aus einem kupfernen Rade. An seiner Achse greift

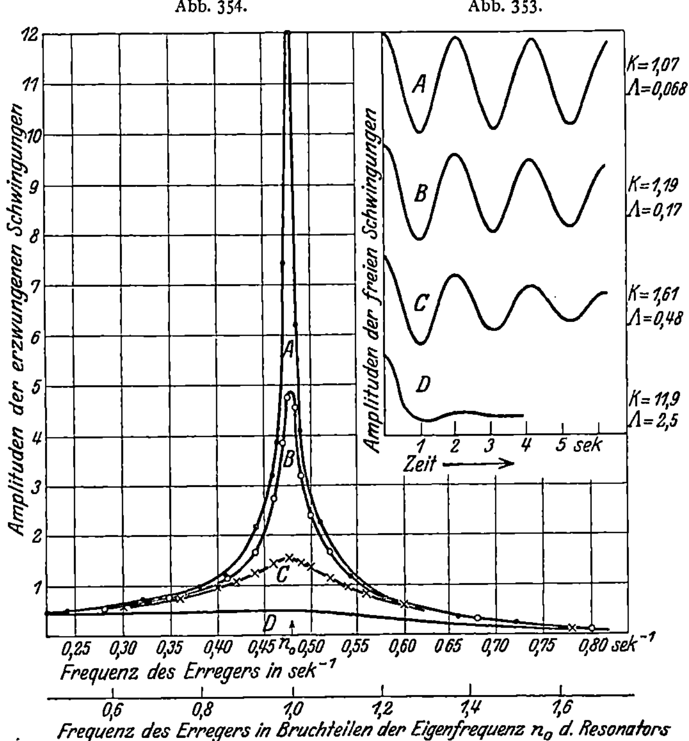

Abb. 353 u. 354. Die Amplituden (vgl. Sachverzeichnis!) erzwungener Schwingungen bei konstanter Erregeramplitude in ihrer Abhängigkeit von der Erregerfrequenz und der Resonatordämpfung, gemessen mit dem Drehpendel von Abb. 352. — Die durch seitliche Verschiebungen des Federendes A erzeugten Drehmomente („Erregeramplituden") hatten für alle Frequenzen den gleichen Höchstwert. Für die Frequenz Null (konstantes Drehmoment, Federende A dauernd in seiner linken oder rechten Außenstellung) ist die Resonatoramplitude in diesem Beispiel praktisch gleich 0,5 Skalenteile. Also ergeben die Zahlenwerte der Ordinate, mit 2 multipliziert, die „Vergrößerung" der Resonatoramplitude bei periodischer statt bei konstanter Erregung (im Beispiel bei periodischem statt konstantem Drehmoment).

eine Schneckenfeder an. Durch seitliche Verschiebungen des oberen Federendes A kann man ein Drehmoment auf das Rad wirken lassen. Zur Herstellung dieser Verschiebung in Richtung der Pfeile dient der bei D gelagerte Hebel in Verbindung mit der langen Schubstange S. Diese Schubstange S kann mittels eines Exzenters und eines langsam laufenden Motors (Zahnradübersetzung) in jeder gewünschten Frequenz und Amplitude praktisch sinusförmig hin- und herbewegt werden. Auf diese Weise kann man also an der Achse des Drehpendels sinusförmig verlaufende Drehmomente von konstantem Höchstwert, aber beliebig einstellbarer Frequenz angreifen lassen. Diese periodischen Drehmomente sollen Schwingungen des Pendels erzwingen. Die Amplituden des Pendels lassen sich mit dem Zeiger Z vor einer, im Schattenbild weithin sichtbaren Skala ablesen.

Links unten befindet sich bei M eine Hilfseinrichtung zur Veränderung der Dämpfung des Drehpendels. Man nennt sie einen Wirbelstromdämpfer. Es ist ein kleiner Elektromagnet mit beiderseits des Radkranzes befindlichen Polen. Der schwingende Radkranz kann sich ohne Berührung dieser Pole durch das Magnetfeld zwischen ihnen bewegen. Je nach der den Elektromagneten durchfließenden Stromstärke wirkt dieser Wirbelstromdämpfer wie ein mehr oder minder fest gegen den Radkranz gepreßter Wattebausch als Bremse. Der Vorzug dieser elektromagnetischen vor einer mechanischen Reibungsdämpfung ist lediglich ihre gleichmäßige Wirksamkeit und bequeme Einstellbarkeit.

Vor Beginn des eigentlichen Versuches werden Eigenfrequenz n_0 und Dämpfungsverhältnis K des Drehpendels ermittelt. Für beide Zwecke stößt man das Pendel bei ruhender Schubstange an und beobachtet seine Umkehrpunkte an der Skala. Mit einer Stoppuhr finden wir die Schwingungszeit $T_0 = 2{,}08$ sec, folglich ist seine Eigenfrequenz $n_0 = 1/2{,}08 = 0{,}48$ sec^{-1}. Das Verhältnis zweier auf der gleichen Seite aufeinanderfolgender Amplituden ergibt sich angenähert konstant $= 1{,}07$. Das ist die gesuchte Dämpfungskonstante. Zu ihrer Veranschaulichung sind die nacheinander links und rechts abgelesenen Amplituden in je 1,04 sec Abstand in Abb. 353 graphisch eingetragen und ihre Endpunkte freihändig verbunden worden.

Jetzt kommt der eigentliche Versuch. Man setzt die Schubstange in Gang, bestimmt ihre Frequenz durch Abzählen mit der Stoppuhr und beobachtet die am Drehpendel erzwungenen Amplituden. Zusammengehörige Wertepaare von Schubstangenfrequenz und Amplitude sind in Kurve A der Abb. 354 zusammengestellt worden. Die Abszisse enthält die Frequenz der Schubstange, also der periodisch wirkenden Kraft. Man nennt die Frequenz dieser periodischen Kraft allgemein die „Erregerfrequenz" (also hier Schubstange $=$ Erreger).

Der gleiche Versuch wird alsdann für drei größere Dämpfungen wiederholt. Für die Dämpfungsverhältnisse 1,19; 1,61 und 11,9 finden wir die Kurven B, C und D.

Die in allen drei Fällen erhaltene etwas unsymmetrische Glockenkurve heißt die Kurve der erzwungenen Schwingungen oder auch die Resonanzkurve. Im Falle kleiner Dämpfung, aber nur dann, ist der die Eigenfrequenz des Pendels umgebende Frequenzbereich durch besonders hohe Amplituden vor den erzwungenen Schwingungen anderer Frequenz ausgezeichnet. Man nennt diesen ausgezeichneten Fall den der Resonanz. An dies Wort anknüpfend benennt man häufig ein beliebiges, zu erzwungenen Schwingungen benutztes Pendel einen „Resonator".

Die so an einem Sonderfall experimentell für verschiedene Dämpfungsverhältnisse gefundenen Resonanzkurven gelten ganz allgemein. Infolgedessen ist der Abb. 354 eine zweite, von den Zahlenwerten des Vorführungsapparates unabhängige Abszisse beigefügt. Sie zählt die Frequenz des Erregers in Bruchteilen der Eigenfrequenz des Resonators. Dadurch werden die Kurven nicht nur für beliebige mechanische und akustische, sondern auch elektrische und optische erzwungene Schwingungen brauchbar.

Bei der universellen Bedeutung dieser Kurven erzwungener Schwingungen der verschiedenartigsten Amplituden (Längen, Winkel, Drucke, Stromstärken, Spannungen, Feldstärken usw.) soll man sich ihr Zustandekommen recht anschaulich klarmachen. Diesem Zweck dient eine weitere experimentelle Beobachtung. Sie ist überdies für zahlreiche Anwendungen erzwungener Schwingungen von Bedeutung. Es handelt sich um die Phasenverschiebung zwischen den Amplituden des Resonators und des Erregers oder der erregenden Kraft in ihrer Abhängigkeit von der Erregerfrequenz. Wir haben dafür in Abb. 352 zugleich den Zeiger Z des Pendels und das Federende A zu beobachten. Zur Erleichterung der Beobachtung vergrößern wir die Schubstangenamplitude, doch verhindern wir die Entstehung allzu großer Amplituden des Pendels durch Benutzung einer größeren Dämpfung.

Die Abb. 355 enthält die Ergebnisse. Die Abszisse zählt die Erregerfrequenz sogleich in Bruchteilen der Resonatoreigenfrequenz. Die Ordinate enthält die Phasenverschiebung zwischen Pendel- und Erregeramplitude.

Für sehr kleine Frequenzen laufen der Zeiger Z und das Federende A gleichsinnig und beide kehren im gleichen Augenblick um. Ihr Phasenunterschied ist Null. Bei wachsender Erregerfrequenz eilt die Erregeramplitude der Pendel- oder Resonatoramplitude mehr und mehr voraus. Im Resonanzfalle erreicht die Phasenverschiebung 90°: das nach rechts laufende Federende passiert z. B. bereits die Ruhelage, wenn das Pendel im Augenblick seines linken Maximalausschlages umkehrt. Bei weiter wachsender Erregerfrequenz vergrößert sich die Phasenverschiebung bis zu 180°. Zeiger Z und Federende A passieren gegensinnig laufend zu gleicher Zeit die Ruhelage.

Bei einer Wiederholung des Versuches mit kleinerer Dämpfung rückt das Gebiet des Phasenwechsels dichter an die Eigenfrequenz des Resonators heran, mittlere Kurve in Abb. 355. Von der Kurvenneigung abgesehen, bleibt grundsätzlich alles ungeändert. Vor allem bleibt auch bei kleiner Dämpfung im Resonanzfalle die Phasenverschiebung von 90° erhalten.

Die Bedeutung dieser Phasenverschiebung von 90° ist unschwer zu übersehen: Sie bewirkt auf dem ganzen Wege des Pendels eine Beschleunigung mit richtigem Vorzeichen! Beim linken Höchstausschlag des Pendels verläßt das Federende A die Ruhelage nach rechts. Der Erreger erzeugt ein nach rechts drehendes Drehmoment. Dies erreicht seinen Höchstwert (Federende A ganz rechts) beim Durchgang des Pendels durch die Ruhelage. Es endet (Feder wieder in der entspannten Mittelstellung) im Augenblick der Pendelumkehr rechts. Für die Pendelschwingung von rechts nach links gilt das gleiche mit umgekehrtem Vorzeichen.

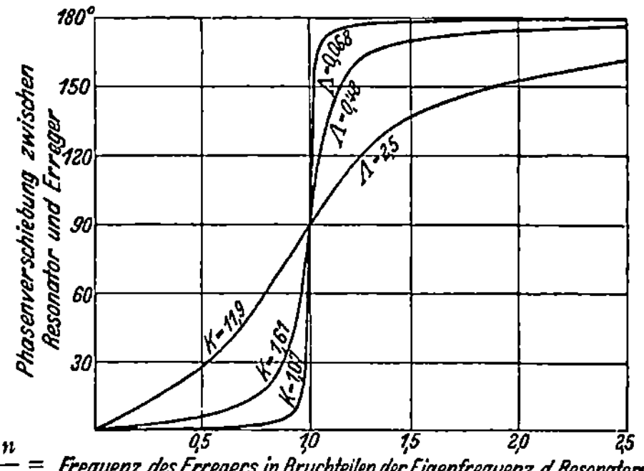

$\dfrac{n}{n_0}$ = Frequenz des Erregers in Bruchteilen der Eigenfrequenz d. Resonators

Abb. 355. Einfluß der Dämpfung auf die Phasenverschiebung zwischen Erreger und Resonator.

Im Resonanzfalle wird also durch das Vorauseilen des beschleunigenden Drehmoments um 90° dem Pendel auf seinem ganzen Hin- undherweg andauernd Energie zugeführt. Ohne die Dämpfungsverluste müßte die Amplitude im Resonanzfalle über alle Grenzen ansteigen.

Bei Nichtübereinstimmung von Resonator- und Erregerfrequenz hat die Beschleunigung durch das beschleunigende Drehmoment auf mehr oder minder großen Teilen der Bahn falsches Vorzeichen. Die gesamte Energiezufuhr bleibt daher gering.

§ 108. Die Resonanz in ihrer Bedeutung für den Nachweis einzelner Sinusschwingungen. Nach den Darlegungen des vorigen Paragraphen können erzwungene Schwingungen eines Pendels oder Resonators auch bei kleinen periodisch einwirkenden Kräften sehr große Amplituden erreichen. Dazu muß

a) das Pendel schwach gedämpft sein;

b) seine Eigenfrequenz möglichst nahe mit der der erregenden Kraft übereinstimmen.

Man hat für die auf diese Weise erzielbaren, oft verblüffenden Amplituden eine große Reihe von Schauversuchen ersonnen. Wir beschränken uns auf drei Beispiele.

1. **Erzwungene Schwingungen eines Maschinenfundamentes.** Wir setzen einen Elektromotor auf ein beiderseits gelagertes Brett als Fundament. Die an sich gute Auswuchtung der Motorachse ist durch eine kleine, etwas exzentrisch auf die Achse aufgesetzte Metallscheibe beeinträchtigt. Die Achse schlägt etwas. Die Drehzahl des Motors wird von Null beginnend langsam gesteigert. Bei jeder Annäherung der Motorfrequenz an eine der Eigenfrequenzen des Brettes gerät das Brett als Resonator in lebhafte Schwingungen. In der Technik können derartige Schwingungen zu ernsten Zerstörungen führen.

2. **Erzwungene Schwingungen aufgehängter Taschenuhren.** Jede an einem Haken hängende Taschenuhr bildet ein Schwerependel. Das in der Uhr befindliche Drehpendel (**Unruhe**) wirkt als **Erreger**. Die ganze Uhr voll-

Abb. 356.   Resonanz zwischen Uhrgehäuse und Unruhe.

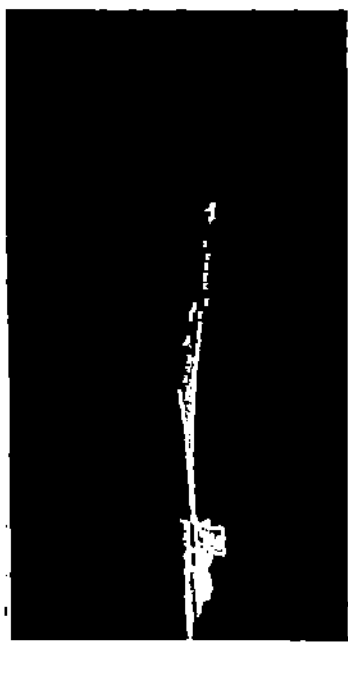

a

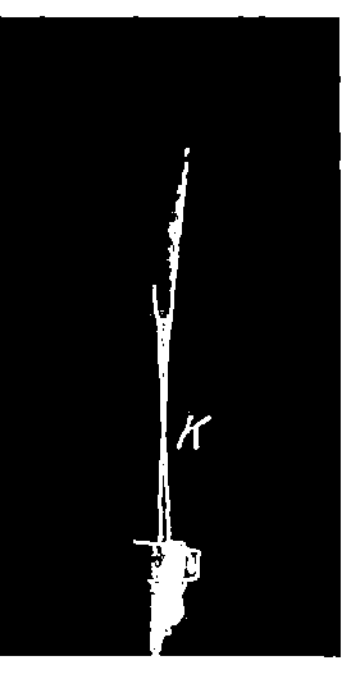

b

Abb. 357.   a Blattfeder, mit ihrer Grundfrequenz zu erzwungenen Schwingungen erregt; b desgl. mit ihrer ersten Oberschwingung erregt. K = Knoten. Vgl. Abb. 22.

führt als **Resonator** dauernd erzwungene Schwingungen kleiner Amplitude in der hohen Frequenz der Unruhe. Diese Frequenz beträgt bei deutschen Taschenuhren $5\ \mathrm{sec}^{-1}$. Sie ist also erheblich größer als die Eigenfrequenz der pendelnden Uhr. Bei amerikanischen Uhren hat die Unruhe eine Frequenz von nur $n = 3\ \mathrm{sec}^{-1}$. Mit einer solchen Uhr kann man eine **Resonanz** zwischen der Unruhe und der pendelnden Uhr erzielen. Man hängt die Uhr in der aus Abb. 356 ersichtlichen Weise mit Spitzenlagern auf (kleine Dämpfung!) und macht mit einer kleinen Hilfsmasse die Eigenfrequenz der ganzen Uhr gleich der der Unruhe. In diesem Resonanzfall vollführt die Uhr dauernd erzwungene Schwingungen mit einer Maximalamplitude von etwa $\pm 30°$.

Selbstverständlich bleiben diese erzwungenen Schwingungen in keinem Fall ohne Rückwirkung auf den Erreger, also die Unruhe. Man muß daher seine Uhr nachts unbeweglich aufhängen (Haken auf Samtunterlage!).

3. **Erzwungene Schwingungen einer Blattfeder.** Wir haben früher bei Erläuterung des Stroboskopverfahrens (S. 10) eine Blattfeder mit großen Schwingungsamplituden gebraucht (Abb. 357a). Dazu haben wir **erzwungene** Schwingungen der Blattfeder benutzt. Als Erreger diente eine durch den Halter der Feder senkrecht hindurchgeführte Achse. Sie war durch einen seitlichen Ansatzstift zu leichtem **Schlagen** gebracht worden. Die Dämpfung einer Blattfeder in einem Metallhalter ist sehr klein. Infolgedessen ist die Resonanzkurve der Blattfeder unbequem spitz. Zur Innehaltung des Resonanzfrequenzbereiches muß die Drehzahl des Elektromotors auf etwa 1 Promille genau eingestellt und konstant gehalten werden. Das erfordert schon etlichen Aufwand. Den vermeidet man durch eine künstliche **Erhöhung** der Federdämpfung. Dazu hat

man die Feder lediglich statt in Metall zwischen Gummipolstern zu fassen. —
Bei einer solchen Blattfeder kann man übrigens auch Schwingungen in der
zweiten Eigenfrequenz erzwingen. Dabei erhält man das in Abb. 357b photographierte Schwingungsbild mit einem Knoten bei K.

Nach diesen Schauversuchen bilden die Resonanzerscheinungen offensichtlich ein sehr empfindliches Mittel zum Nachweis von Schwingungen
kleiner Amplitude. Dabei ist jedoch ein sehr wichtiger Punkt zu beachten:
bei diesem Nachweis stimmt die Kurvenform des Resonators nur im Falle
sinusförmiger Schwingungen mit der des Erregers überein. Nur im Falle
sinusförmiger Schwingungen kann man zu einer formgetreuen „Wiedergabe" gelangen. Bei nichtsinusförmigen Schwingungen führt die Ausnutzung
der Resonanz zu meist unerträglichen Verzer-
rungen der Kurvenform. Für eine verzerrungsfreie Wiedergabe nichtsinusförmiger
Schwingungen darf man erzwungene Schwingungen nur unter peinlicher Vermeidung der
Resonanz benutzen. Das wird in § 109 näher
ausgeführt.

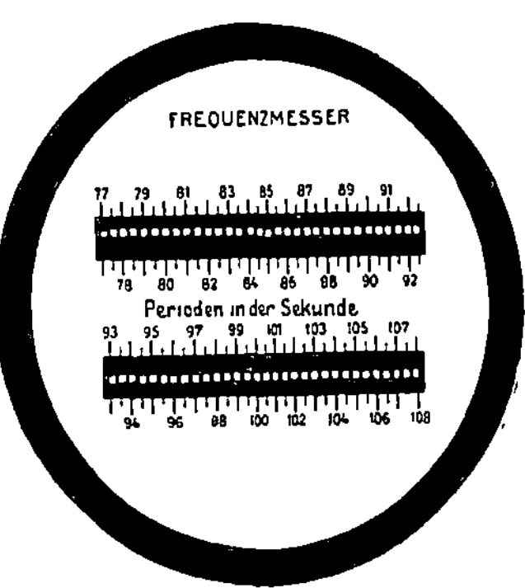

Abb. 358. Zungenfrequenzmesser.

Aber trotz dieser Beschränkung leisten uns
erzwungene Schwingungen auch im Sonderfall
der Resonanz unschätzbare Dienste. Sie ermöglicht den individuellen Nachweis der
einzelnen, nichtsinusförmige Schwingungen „darstellenden" Sinusschwingungen. Bisher haben wir diese Teilsinus-
schwingungen nur als einfaches Hilfsmittel zur formalen Beschreibung
nichtsinusförmiger Schwingungskurven betrachten dürfen. Jetzt aber kommt
ein sehr bedeutsamer Fortschritt: Nach den nun folgenden Versuchen
dürfen wir fortan eine nichtsinusförmige Schwingung einfach als
ein physikalisches Gemisch voneinander unabhängiger Sinusschwingungen behandeln. Wir dürfen von seiner „Zusammensetzung"
und seiner „Zerlegung" sprechen.

Von den mancherlei zur Stütze dieser Behauptung geeigneten Anordnungen
wählen wir gleich eine in der Technik benutzte, den „Zungenfrequenzmesser".
Er besteht konstruktiv aus einer größeren Anzahl von Blattfedern oder
Zungen an einem gemeinsamen
Halter. Das Ende der Federn
ist meist der besseren Sicht-
barkeit halber verdickt. Die
Eigenfrequenzen dieser Blattfedern sind durch Wahl geeigneter Längen und Belastungen

Abb. 359. Schattenriß der Blattfedern eines Zungenfrequenzmessers in Seitenansicht.

auf eine fortlaufende Reihe ganzer Zahlen abgeglichen. Die Abb. 358 zeigt ein
derartiges Instrument in seinem Gehäuse. Es umfaßt mit 61 Federn in zwei
Reihen einen Frequenzbereich von 77 bis 108 sec^{-1}.

Für Schauversuche nehmen wir einen Halter mit den Blattfedern ohne
Gehäuse und verlängern ihn gemäß Abb. 359 durch eine angesetzte Stange. Auf
diese Stange lassen wir 3 Schwingungen verschiedener Frequenz einwirken. Wir
erzeugen sie am einfachsten durch drei Elektromotoren mit Exzentern. Unter der
gleichzeitigen Einwirkung der drei Sinusschwingungen schwingt der Halter mit
einem sehr verwickelten Schwingungsbild. Wir machen es in einer der üblichen
Weisen sichtbar, am einfachsten mit Spiegel und Lichtzeiger. Dieser komplizierte

Schwingungsvorgang wird auf den Halter der Blattfedern übertragen. Trotzdem aber zeigt der Zungenfrequenzmesser uns lediglich die drei von den Motoren erzeugten Sinusschwingungen an. Keine der drei wird durch die Anwesenheit der anderen verändert. Auch zeigen sich keine neuen Frequenzen. Man kann den komplizierten Schwingungsvorgang des Stabes einfach als ein Gemisch der drei Sinusschwingungen auffassen. Jede von ihnen erregt nur die Blattfeder der ihr nächsten Frequenz zu erheblichen Amplituden.

Mit dem experimentellen Nachweis dieser Tatsache ist jedoch die Leistungsfähigkeit des Zungenfrequenzmessers noch nicht erschöpft.

Durch hinreichende Dämpfung der Blattfedern und genügende Breite ihrer Resonanzkurven kann man geringe Abweichungen zwischen Erreger- und Federfrequenz belanglos machen. Dann werden die erzwungenen Amplituden der Federn mit guter Näherung den erregenden Amplituden proportional. Der Frequenzmesser erweist sich als ein typischer „Spektralapparat": Er zerlegt uns, unter Verzicht auf die Phasen, einen beliebig komplizierten Schwingungsvorgang in ein Spektrum einfacher Sinusschwingungen.

In den eben genannten Beispielen haben wir eine grobmechanische Zuführung der zu untersuchenden Schwingungen auf den Halter der Blattfedern oder Zungen angewandt. Im Laboratorium und in der Technik bedient man sich oft einer elektromagnetischen Übertragung der Schwingungen auf die Federn des Frequenzmessers. Zu diesem Zweck wird unter dem gemeinsamen Halter der Blattfedern ein Elektromagnet angebracht und durch ihn ein im Rhythmus der Schwingungen zeitlich schwankender Strom hindurchgeschickt. Ein Beispiel wird das klarmachen.

Der Wechselstrom unserer städtischen Zentrale stellt zeitlich eine einfache Sinuskurve der Frequenz 50 sec^{-1} dar. Durch den Elektromagneten des Frequenzmessers geschickt, erregt er daher die Blattfeder unter dem Skalenteil 50 zu lebhaften Schwingungen.

Darauf unterbrechen wir den Wechselstrom mit einem Hebelschalter **ganz kurz, aber regelmäßig zweimal pro Sekunde**. Dadurch erhält die Schwingungskurve des Wechselstromes die in Abb. 317B schematisch skizzierte Gestalt. Ihre Grundfrequenz $n_r = 1/T_r$ wird $= 2 \text{ sec}^{-1}$. Ihr Spektrum muß daher aus ganzzahligen Vielfachen dieser Grundfrequenz bestehen. Eine ganze Reihe von ihnen werden vom Frequenzmesser als Spektralapparat angezeigt, insbesondere die Frequenzen 48 und 52 sec^{-1}.

§ 109. Die Bedeutung erzwungener Schwingungen für die verzerrungsfreie Wiedergabe nichtsinusförmiger Schwingungen. Registrierapparate. Für den bloßen **Nachweis** mechanischer Schwingungen reichen in der Mehrzahl der Fälle unsere Sinnesorgane aus. Unser Körper spürt beispielsweise Schwingungen seiner Unterlage (n etwa 10 sec^{-1}) schon bei Horizontalamplituden von nur $3 \cdot 10^{-3}$ mm. Unsere Fingerspitzen spüren bei zarter Berührung Schwingungsamplituden von etwa $5 \cdot 10^{-4}$ mm (bei $n = 50 \text{ sec}^{-1}$). Über die ungeheure Empfindlichkeit des Ohres folgen Zahlenangaben in § 125. Im allgemeinen ist es jedoch mit dem bloßen Nachweis von Schwingungen nicht getan. Man braucht vielmehr eine **formgetreue oder verzerrungsfreie Wiedergabe** ihres Verlaufs oder auch seine schriftliche **Registrierung**.

Bei jeder Registrierung setzen die zu untersuchenden Schwingungen irgendwelche „Tastorgane" (Hebel, Membranen usw.) in Bewegung. Diese Bewegung wird, meist durch mechanische oder Lichthebelübersetzung erheblich vergrößert, auf ein fortlaufend bewegtes Papier mit Tinte oder photographisch aufgezeichnet. Bei diesem ganzen Vorgang handelt es sich physikalisch um **erzwungene Schwingungen**. Denn das ganze Registriersystem hat unter allen Umständen eine ganze Reihe von Eigenschwingungen. In dieser Erkenntnis sind sogleich die prinzipiellen Schwierigkeiten der gesamten Registriertechnik enthalten: Jeder Registrierapparat ist kurz gesagt ein Resonator, im einfachsten Falle mit nur einer Eigenschwingung. Irgendein komplizierter Schwingungsvorgang „erregt" den „Resonator" mit jeder einzelnen seiner sinusförmigen Teilschwingungen. Jede dieser Teilschwingungen zwingt dem Resonator Schwingungen ihrer eigenen Frequenz auf. Die Amplitude dieser erzwungenen Schwingung wird dabei keineswegs nur durch die Amplitude dieser Teilschwingung im erregenden Wellenzug bestimmt. Denn der Resonator reagiert auf Teilschwingungen gleicher Amplitude, aber verschiedener Frequenz durchaus nach Maßgabe seiner eigenen, durch seine Eigenfrequenz und Dämpfung bestimmten Resonanzkurve. Er zeichnet eine Schwingung im Bereich seiner Eigenfrequenz gegenüber solchen aus abliegenden Frequenzbereichen in viel zu großem Maßstabe auf. Das ist der erste Fehler. Der zweite Fehler liegt in einer falschen Wiedergabe der Phasen.

Die Amplitude eines Resonators ist gegenüber der des Erregers stets phasenverschoben. Die Amplitude der erzwungenen Schwingung bleibt hinter der Amplitude der erregenden Schwingung um einen Phasenwinkel zurück. Dieser Phasenwinkel hat für die verschiedenen Teilschwingungen des erregenden Schwingungsvorgangs ganz verschiedene Größen zwischen 0° und 180°. Er wird dabei durch die aus Abb. 355 bekannte Gesetzmäßigkeit bestimmt: Teilschwingungen sehr kleiner Frequenz werden phasenrichtig wiedergegeben, Teilschwingungen jedoch aus dem Resonanzbereich des Registrierapparates um 90° phasenverschoben. Eine solche Phasenverschiebung führt aber schon bei ganz einfachen, nur aus zwei Teilschwingungen zusammengesetzten Kurvenzügen zu einer vollständigen Umgestaltung der ganzen Kurvenform! Man vergleiche die Abb. 303 und 304 auf S. 176.

Wir geben zur Abschreckung ein Schulbeispiel einer durch und durch verfehlten Registrieranordnung: In Abb. 360 soll die

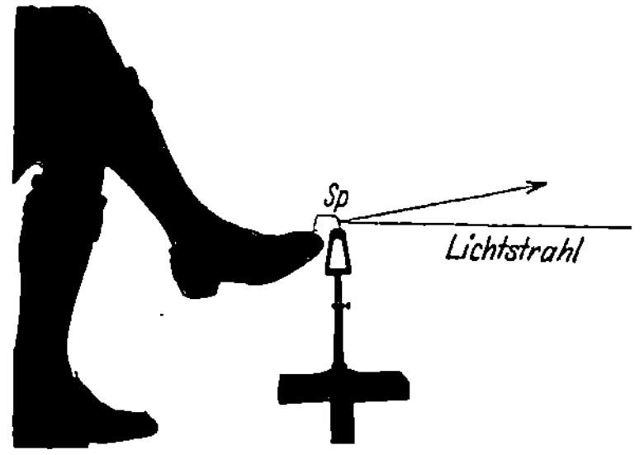

Abb. 360. Schulbeispiel einer verfehlten Registrierung der Blutdruckkurve.

Blutdruckkurve eines Menschen registriert werden. Als „Schreibhebel" dient der rechte, über das linke Knie geschlagene Unterschenkel. Zur Erregung dieses „Resonators" dient die periodische Aufblähung der großen Kniekehlenarterie. Die Fußspitze ist mit einem kleinen, um eine Achse drehbaren Spiegel Sp verbunden. Über diesen Spiegel werfen wir einen Lichtstrahl auf den Beobachtungsschirm. Unterwegs ist in den Strahlengang noch ein rotierender Spiegel eingeschaltet. Er verwandelt das zeitliche Nacheinander

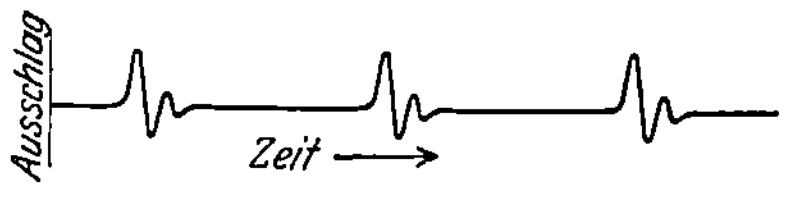

Abb. 361. Ein „registrierter" Kurvenzug.

in ein räumliches Nebeneinander. Wir registrieren auf diese Weise einen sehr schönen Kurvenzug, Abb. 361. Er läßt sich auch photographisch fixieren. Er hat nur einen Nachteil: er gleicht der wirklichen Blutdruckkurve nicht im geringsten! Richtig wiedergegeben wird nur die Periodendauer des Blutdrucks.

Ähnlich, wenn auch nicht ganz so grob, wird bei vielen Registrierungen gesündigt.

Bei einer einwandfreien Registrierung hat man nach obigen Darlegungen zweierlei zu verhindern:

1. Die Bevorzugung von Amplituden einzelner Teilschwingungen in bestimmten Frequenzbereichen.

2. Phasenverschiebungen der einzelnen Teilschwingungen gegeneinander.

Die erste Forderung ist verhältnismäßig einfach zu erfüllen. Man hat nach Abb. 354 die Eigenfrequenz n_0 des Registrierapparates ungefähr gleich der höchsten zu registrierenden Frequenz n_{max} zu machen und außerdem hat man die Eigenschwingung des Registrierapparates sehr stark zu dämpfen. Die Kurve seiner erzwungenen Schwingung muß noch etwas flacher sein als die Kurve D in Abb. 354. Dadurch erhält man für alle Frequenzen zwischen $n = 0$ und n_{max} richtige Amplituden. Sollen jedoch auch die Phasen richtig wiedergegeben werden, so wird die Aufgabe erheblich erschwert. Man muß die Eigenfrequenz n_0 des Registrierapparates g r o ß machen gegenüber a l l e n in dem zu registrierenden Schwingungsvorgang vorkommenden Frequenzen n. Das entnimmt man der Abb. 355. Die Phasenverschiebung ist dort nur für sehr kleine Werte n/n_0 zu vernachlässigen.

Diese beiden Forderungen sind für Registrierungen im Bereiche kleiner Frequenzen (unter 20 sec^{-1}) durch mannigfache Anordnungen zu erfüllen. Mit einwandfreien Registrierinstrumenten für höhere Frequenzen (bis zu einigen Tausend sec^{-1}) ist es sehr trübe bestellt. R e i n m e c h a n i s c h e Lösungen sind nicht geglückt und müssen wohl heute als hoffnungslos gelten. Einwandfrei sind eigentlich nur die als „O s z i l l o g r a p h e n" (Schwingungsschreiber) bekannten elektrischen Registrierstrommesser. Ihr wesentlicher Teil ist bei der wichtigsten Ausführung eine gespannte (Abb. 362), vom Strom durchflossene Schleife in einem Magnetfeld NS. Sie trägt einen winzigen (0,5 mm^2) Spiegel für photographische Registrierung. Ihre Grundfrequenz beträgt bei den besten Ausführungen ca. $2 \cdot 10^4$ sec^{-1}.

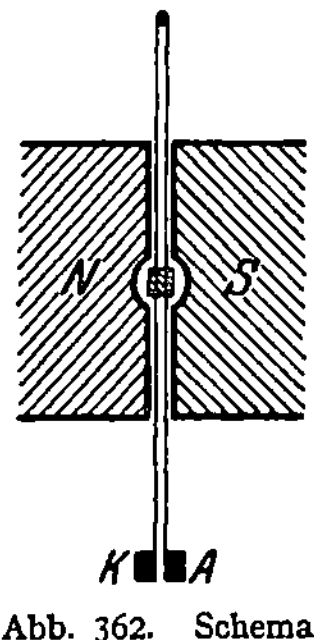

Abb. 362. Schema eines Oszillographen älterer Bauart.

Das ganze System ist zur Erzielung der unerläßlichen Dämpfung in Öl eingebettet[1]. Zur Benutzung dieses elektrischen Registrierinstrumentes muß man die zu registrierenden Schwingungen zunächst formgetreu in e l e k t r i s c h e S t r o m s c h w a n k u n g e n übersetzen. Dazu braucht man im Prinzip die heute aus dem Fernsprechbetrieb allgemein bekannten Mikrophone. Ihr wesentlicher Teil ist eine Membran, die einen in den Stromkreis eingeschalteten Kohlekontakt mehr oder minder fest aufeinander preßt und so durch verschiedene Übergangswiderstände die elektrische Stromstärke im Rhythmus der Membranschwingungen verändert. Durch diese und selbst sehr viel zweckmäßigere (Kondensator-)Mikrophone kommen jedoch in das Registrierproblem neue Schwierigkeiten hinein. Erstens vollführen die als „Tastorgane" benutzten M e m b r a n e n ihrerseits erzwungene Schwingungen. Also muß man sie für formgetreue Schwingungswiedergabe selbst mit sehr hohen Eigenfrequenzen und starker Dämpfung bauen. Das ist aber nur auf Kosten der Empfindlichkeit erreichbar. Die dann noch mit ihnen erzielbaren Stromstärken reichen nicht mehr zum Betrieb eines Oszillographen aus. Infolgedessen muß man die elektrischen Ströme zuvor f o r m g e t r e u v e r s t ä r k e n. Das geschieht mit Hilfe der heute aus der Radiotechnik allgemein bekannten E l e k t r o n e n r ö h r e n. Diese sind letzten Endes elektrische Umbildungen und großartige Vervollkommnungen einfacher, im nächsten Paragraphen behandelter mechanischer Anordnungen.

---

[1] Bei den gelegentlich als Oszillographen empfohlenen Telephonen mit irgendwie aufgesetzten Spiegeln sind die für M e s s u n g e n unerläßliche Dämpfungen nicht zu erhalten. Doch kann man mit ihnen hübsche Schwebungskurven und dgl. vorführen.

Wir haben die Schwingungswiedergabe mit Registrierapparaten sehr ausführlich behandelt. Das hatte zwei Gründe:

1. Bildet die formgetreue Aufzeichnung der Schwingungskurven die experimentelle Grundlage für zahlreiche akustische Probleme im engeren Sinne, wie die Erforschung der Sprache, der Musikinstrumente, der Raumakustik usw.

2. Ist sie das anspruchsvollste Wiedergabeverfahren. Das für sie Gültige läßt sich mit sinngemäßer Einschränkung der Anforderungen für den Bau anderer Wiedergabeapparate, wie etwa Lautsprecher und Grammophone, verwerten.

Ähnliche Aufgaben wie bei den Registrierapparaten finden sich beim Bau der Beschleunigungsmesser oder „Seismographen" zur Aufzeichnung von Bodenschwingungen. Ein Seismograph für horizontale Erdbebenschwingungen besteht beispielsweise aus einem auf den Kopf gestellten Schwerependel. Es wird durch geeignete Federn gehalten. Bei Schwingungen des Erdbodens befindet sich dies Pendel im beschleunigten Bezugssystem. Es wird durch Trägheitskräfte im Rhythmus der Bodenschwingungen den Federn entgegen bewegt und betätigt einen Schreibhebel mit großer Übersetzung (bis zu $5 \cdot 10^5$). Die unerläßliche Dämpfung dieses Pendels wird mit Luft- oder Flüssigkeitsbremsen erreicht.

Die Trägheitskräfte sind der Masse m des Pendels proportional. Deswegen benutzt man Massen bis zu etlichen 1000 kg. Außerdem macht man zur Erzielung großer Empfindlichkeit die Richtkraft der Federn sehr klein („Astasierung"). Damit wird jedoch nach Gleichung (11) (Seite 41) die Eigenfrequenz n_0 des Seismographen außerordentlich klein. Sie liegt oft weit unterhalb der kleinsten zu registrierenden Frequenz n. Damit scheint man sich zunächst mit der einen der beiden Grundforderungen der Registriertechnik in Widerspruch zu setzen: Nach dieser soll ja die Eigenfrequenz aller Registrierapparate oberhalb der höchsten zu registrierenden Frequenz liegen (S. 202 oben). Das lasen wir aus den Kurven der erzwungenen Schwingungen in Abb. 354 ab. Aber diese Kurven galten für konstante Amplituden des sinusförmig schwingenden Erregers. Die den Resonator beschleunigenden Kräfte hatten bei allen Frequenzen den gleichen Höchstwert. Im Fall der Beschleunigungsmesser hingegen wachsen die Erregeramplituden, d. h. die Trägheitskräfte proportional der Erregerfrequenz. Man hat also die Amplituden in Abb. 354 mit einem von links nach rechts proportional zur Erregerfrequenz ansteigenden Faktor zu multiplizieren. Infolgedessen schmiegen sich die linken Enden der Kurven der Abszisse an, während die rechten praktisch horizontal verlaufen. Nur im Gebiete dieses horizontalen Verlaufs, also im Gebiet der Schwingungen hoher Frequenz, werden die Schwingungen des Bodens mit richtiger Amplitude aufgezeichnet. (Die Dämpfung des Instruments ist etwa dem Fall D in Abb. 353 entsprechend zu wählen.)

§ 110. **Schwingungswiedergabe mit mechanischer Verstärkung und Entdämpfung.** Bei der üblichen Wiedergabe von Schwingungen mit rein mechanischen Mitteln muß die gesamte benötigte Energie von den wiederzugebenden Schwingungen geliefert werden. Bei Benutzung elektrischer Hilfsmittel liegt der Fall grundsätzlich anders: Die zur Betätigung der Wiedergabeorgane benötigte Energie wird von einer elektrischen Stromquelle geliefert. Die mechanischen Schwingungen brauchen diesen Energiezufluß lediglich in ihrem eigenen Rhythmus zu steuern. Dabei können die gesteuerten elektrischen Energiebeträge erheblich größer sein als die Energie der sie steuernden mechanischen Schwingungen. In diesem Fall liegt eine „Schwingungswiedergabe mit Verstärkung" vor. Im Prinzip kann man eine solche Verstärkung schon mit dem als Tastorgan benutzten Mikrophon erreichen. In praxi nimmt man jedoch die aus der Rundfunktechnik bekannten Elektronen-Verstärkerrohre zu Hilfe.

Die Schwingungswiedergabe mit Verstärkung gewinnt ständig an Bedeutung. Wir erwähnen Lautsprecher, Grammophone, Beobachtung von Herz- und Atemgeräuschen, Untersuchung von Musikinstrumenten usw. Deswegen soll eine rein mechanische Lösung dieser Aufgabe das Verständnis des Verfahrens in seinen Grundzügen erleichtern.

Bei dieser mechanischen Lösung wird die zur Wiedergabe benutzte Energie nicht einem elektrischen, sondern einem Wasserstrom entnommen. Dieser Wasserstrom wird durch die wiederzugebenden Schwingungen gesteuert. Das gelingt schon mit der primitiven, aus Abb. 363 ersichtlichen Anordnung. Ein Wasserstrahl fließt aus einer Glasdüse nahezu horizontal gegen eine stark gedämpfte gespannte Membran (z. B. Tamburin). Er bildet dabei einen ganz glatten Faden. Ein solcher fadenförmiger Strahl ist ein sehr labiles Gebilde (S. 164 u. 220). Durch winzige Bewegungen der Düse zerfällt sein Ende turbulent in zahllose Tropfen. Diese Tropfen erregen durch ihren Aufschlag die Membran

Abb. 363. Ein Wasserstrahl als Lautverstärker.

zu rasch abklingendem, weithin hörbarem Schwingen. So wird ein leiser Stoß gegen die Düse zu einem lauten Schlag verstärkt. Genau so werden die Schwingungen einer mit dem Stiel gegen die Düse gehaltenen kleinen Stimmgabel (Abb. 363) im größten Saal vernehmbar. Beim Abklingen der Stimmgabelamplitude rückt die Zerfallsstelle des Strahles allmählich weiter von der Düse fort. Dabei wird der von der Membran ausgehende Stimmgabelton leiser. In einem letzten Versuch halten wir eine Taschenuhr gegen die Düse. Ihr Ticken wird im größten Auditorium hörbar.

Die als Verstärker benutzten Elektronenröhren werden von der Technik in größtem Umfange auch zur Erzeugung ungedämpfter elektrischer Schwingungen angewandt. Das gleiche leistet unser mechanischer Verstärker für die Erzeugung ungedämpfter mechanischer Schwingungen. Man hat nur zwischen dem schwingungsfähigen Gebilde, hier also der Membran, und der Glasdüse eine „Rückkopplung" anzubringen. Man hat durch eine mechanische Verbindung die Schwingungen der Membran auf die Düse zu übertragen. Dann „steuert" die Membran den Zerfall des Wasserstrahles im Rhythmus ihrer Eigenfrequenz. Es genügt, auf die Membran und

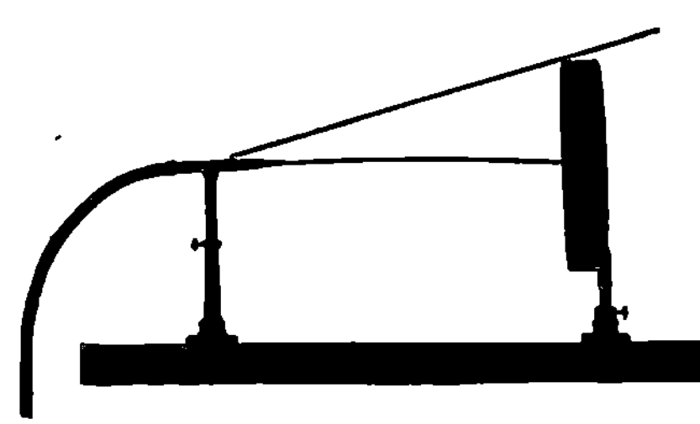

Abb. 364. Ein Wasserstrahl erzeugt durch Selbststeuerung ungedämpfte Schwingungen (Rückkopplung).

die Düse gemäß Abb. 364 einen Metallstab zu legen. Sofort treten weithin tönende ungedämpfte Schwingungen auf. Ihre Frequenz kann man nach Belieben verändern. Man hat dazu nur der Membran durch Änderung ihrer mechanischen Spannung eine andere Eigenfrequenz zu geben.

Die älteren Verfahren der Schwingungswiedergabe kannten zur Erzielung großer Amplituden nur das Hilfsmittel der Resonanz. Das ist aber bei allen nicht rein sinusförmigen Schwingungen unzulässig. Denn es verzerrt die Schwingungsformen. Die neuzeitlichen Wiedergabeverfahren verschaffen sich große Amplituden auf dem Wege der „Verstärkung". Sie wenden das Hilfsmittel der Resonanz nur noch in den zulässigen Fällen an. In diesen aber bedienen sie sich dann meist noch eines sehr wirkungsvollen Kunstgriffes, der „Entdämpfung".

Die mit irgendwelchen erregenden Schwingungen erzielbaren Amplituden eines Resonators sind um so größer, je kleiner seine Energieverluste zwischen aufeinanderfolgenden Amplituden sind. Trotz sorgfältigster Bauart lassen sich diese Energieverluste durch Reibung, Stromwärme usw. nicht unter ein gewisses Minimum herunterdrücken. Aber man kann diese unvermeidbaren Energieverluste durch eine periodische Energiezufuhr beliebig weitgehend ersetzen. Dieser Ersatz muß vom Resonator selbst gesteuert werden. Sonst werden Phase und Frequenz nicht richtig getroffen. Mit einer derartigen Hilfsselbststeuerung läßt sich ein beliebiges schwingungsfähiges Gebilde mit winziger Dämpfung herstellen. Es kommt nach einer Stoßerregung erst nach einer ganz großen Anzahl von Eigenschwingungen zur Ruhe. Es hat ein kaum von 1 abweichendes Dämpfungsverhältnis und demgemäß ·nach Abb. 354 eine sehr spitze Resonanzkurve.

Das in diesem Paragraphen geschilderte Verstärkungs- und Entdämpfungsverfahren kann in den mannigfachsten Formen technisch verwirklicht werden. Die Hauptaufgabe ist die Vermeidung unzulässiger Verzerrungen der wiederzugebenden Schwingungen. In dieser Hinsicht haben sich die elektrischen Anordnungen mit Elektronenröhren allen andern weitaus überlegen erwiesen. Die Beschäftigung mit ihnen bildet einen wesentlichen Inhalt der Radiotechnik.

§ 111. Nichtlineare Zusammensetzung von Sinusschwingungen. Differenzschwingungen. Nach den §§ 108 und 109 hat die Darstellung nicht-sinusförmiger Schwingungen durch sinusförmige Teilschwingungen weit mehr Wert als den einer formalen Beschreibung. Ein nicht-sinusförmiger Schwingungsvorgang verhält sich physikalisch wie ein in seinen Bestandteilen unabhängiges Gemisch einzelner Sinusschwingungen. In einem von ihm erregten Resonator addieren sich lediglich die durch die einzelnen Teilschwingungen erzwungenen Amplituden.

Physikalisch ist diese Addition der Einzelamplituden an ein lineares Kraftgesetz des erzwungen schwingenden Pendels gebunden. Bei nicht linearem Kraftgesetz zeigt der Resonator einseitig verzerrte Schwingungsbilder. Unter Einwirkung beispielsweise zweier Sinusschwingungen der Frequenz n_1 und n_2 vollführt er Schwingungen nach Art des aus Abb. 306 bekannten Bildes. Im Resonator wird eine dritte, neue Sinusschwingung erzeugt. Ihre Frequenz ist gleich der Differenz $(n_1 - n_2)$ der beiden ursprünglichen Sinusschwingungen. Man bekommt eine Differenzschwingung, gelegentlich auch „objektiver Differenzton" genannt.

Meist erfolgt die einseitige Verzerrung nicht streng nach dem einfachsten, der Abb. 306 zugrunde gelegten Schema. Es sind dann neben der „Differenzschwingung" noch andere, sogenannte Kombinationsschwingungen vorhanden. Ihre Frequenz berechnet sich nach dem Schema $n_k = a\,n_1 \pm b\,n_2$ (a und b kleine ganze Zahlen).

Bei rein mechanischen Schwingungen kommen diese Differenzschwingungen nur ganz vereinzelt vor. Bei den üblichen Amplituden lassen sich glücklicherweise alle beliebigen Kraftgesetze noch weitgehend durch ein lineares annähern (S. 42). Bei Benutzung elektrischer Hilfsmittel sind unbeabsichtigte Differenzschwingungen schon recht häufig, z. B. bei Benutzung der üblichen Kohlemikrophone.

Absichtlich kann man Differenzschwingungen mit jeder Art von Gleichrichterwirkung herstellen. Das heißt, man hat die Schwebungskurve in die aus Abb. 306 bekannte einseitig verzerrte Gestalt zu bringen.

Für eine Gleichrichtung mit rein mechanischen Mitteln kann man z. B. die auf S. 194 erwähnte intermittierende Strahlbildung von Flaschenresonatoren benutzen. Sehr viel bequemer sind jedoch Gleichrichtungen mit elektrischen Hilfsmitteln.

Für einen Schauversuch schicken wir zwei sinusförmige Wechselströme der Frequenzen 50 und 70 sec^{-1} gleichzeitig durch den Elektromagneten eines Zungenfrequenzmessers (Abb. 358). Beide zeigt uns der Frequenzmesser an. Alsdann schalten wir in den gemeinsamen Stromkreis einen der aus der Radiotechnik zur Akkumulatorenladung bekannten Kristallgleichrichter. Sofort erscheint (neben anderen) die Frequenz $n = 20\ \text{sec}^{-1}$.

Diese mit elektrischen Hilfsmitteln erzielten Differenzschwingungen werden mannigfach ausgenutzt. Auf sie gründet sich z. B. ein elegantes Verfahren zur Messung von Amplituden einzelner Sinusschwingungen in komplizierten Schwingungskurven. Man bringt mit einer Hilfs-Sinusschwingung einstellbarer Frequenz die jeweils zu untersuchende Teilsinusschwingung zum Schweben mit einer bestimmten Schwebungsfrequenz n. Dann richtet man die Schwebungskurve gleich und mißt irgendwie die Amplitude des dadurch entstehenden Differenztones. Man hat meßtechnisch den großen Vorteil, lediglich Amplituden ein und derselben Frequenz n, nämlich der des Differenztones, messen zu brauchen. Daher der Name „Analyse mit Frequenztransformation".

§ 112. Zwei gekoppelte Pendel und ihre erzwungenen Schwingungen.

Die Kopplung zweier Pendel haben wir bisher nur ganz kurz erwähnt. Wir haben in Abb. 318 zwei Elementarpendel aneinander gehakt. Strenger hat man drei verschiedene Arten der Pendelkopplung zu unterscheiden:

1. Beschleunigungskopplung (Abb. 365 a). Das eine Pendel hängt am andern. Es befindet sich in einem beschleunigten Bezugssystem und ist daher Trägheitskräften unterworfen.

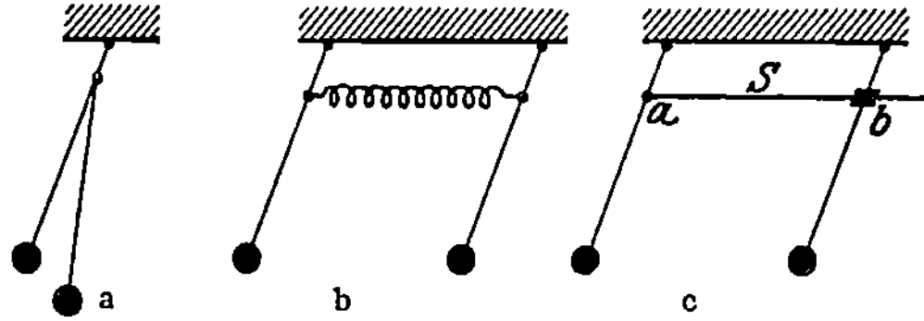

Abb. 365. a Beschleunigungskopplung, b Kraftkopplung, c Reibungskopplung.

2. Eine Kraftkopplung (Abbildung 365 b). Beide Pendel sind durch eine elastische Feder miteinander verknüpft.

3. Reibungskopplung (Abbildung 365 c). Ein Teil des einen Pendels, z. B. die um a drehbare Schubstange S reibt an einem Teil des anderen Pendels, etwa in der drehbaren Muffe b.

In allen drei Fällen soll jedes Pendel für sich allein wieder die gleiche Eigenfrequenz haben. Nach ihrer Kopplung sind in allen drei Fällen die uns schon bekannten zwei Eigenfrequenzen vorhanden. Die niedrigere n_1 erhält man beim gleichsinnigen, die höhere n_2 beim gegensinnigen Schwingen beider Pendelmassen. S. 182.

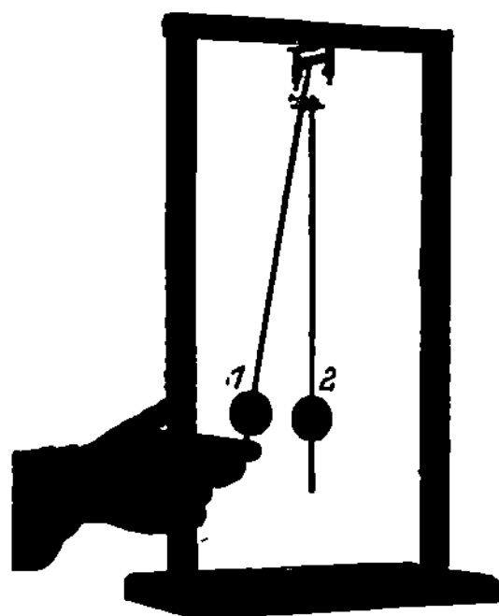

Abb. 366. Zwei gekoppelte Schwerependel.

Jetzt kommt eine neue Beobachtung: Wir entfernen anfänglich nur das eine der beiden Pendel (Nr. 1) aus seiner Ruhelage und lassen es dann los (Abb. 366). Dabei tritt etwas Überraschendes ein. Pendel Nr. 1 gibt allmählich seine ganze Energie an das zuvor ruhende Pendel Nr. 2 ab und schaukelt dieses zu großen Amplituden auf. Pendel 1 kommt dabei selbst zur Ruhe. Darauf beginnt dasselbe Spiel mit vertauschten Rollen.

Diesen Vorgang können wir in zweifacher Weise beschreiben: Erstens als Schwebungen der beiden überlagerten Frequenzen n_1 und n_2. Zweitens als erzwungene Schwingungen im Resonanzfall. Das anfänglich in einem Umkehrpunkt losgelassene Pendel Nr. 1 eilt als Erreger dem Pendel Nr. 2 als Resonator um 90° phasenverschoben voraus. Es beschleunigt Nr. 2 längs seines ganzen Weges mit richtigem Vorzeichen. Es selbst aber wird dabei durch die nach actio = reactio auftretende Gegenkraft gebremst. Wir haben erzwungene Schwingungen mit einer starken Rückwirkung des Resonators auf den Erreger.

Wir bringen noch drei weitere Beispiele gekoppelter Schwingungen:

1. An einem Kronleuchter hängt ein elektrischer Klingelknopf. Klingelschnur und Kronleuchter haben die gleiche Eigenfrequenz. Nach einem kleinen, kaum sichtbaren Anstoß des Kronleuchters beginnt der Klingelknopf Schwebungen großer Amplitude.

2. Eine an einer Schraubenfeder aufgehängte Kugel stellt gleichzeitig zwei schwingungsfähige Gebilde dar: Bei konstanter Drahtlänge ein Schwerependel mit seitlichen Winkelausschlägen. Bei senkrecht ruhender Schraubenfederachse ein Federpendel. Bei gleich bemessenen Frequenzen beider wechseln beide Einzelschwingungen infolge ihrer Kopplung fortgesetzt miteinander ab.

3. Eine stark gedämpfte Blattfeder sitzt als kleiner Reiter auf einer Stimmgabel. Die Anordnung ist aus Abb. 367 ersichtlich. Die Dämpfung der Blattfeder erfolgt in üblicher Weise durch ihre Fassung in Gummi. Feder und Gabel haben jede für sich die gleiche Frequenz.

Zunächst werde die Blattfeder durch eine aufgesetzte Fingerspitze am Schwingen verhindert. Dann klingt die Stimmgabel nach einer Stoßerregung sehr langsam, etwa in einer Minute, ab. Man kann ihre Schwingungen mit Hilfe des Spiegels Sp weithin sichtbar machen. Dann wiederholt man den Versuch bei unbehinderter Blattfeder. Die Stimmgabel kommt nach einer Stoßerregung schon nach knapp einer Sekunde zur Ruhe. Die auf die angekoppelte Blattfeder übertragene Schwingungsenergie wird als Wärme in der Gummifassung vernichtet. Statt der lang andauernden Schwebungen bei ungedämpftem Pendel sieht man deren hier nur wenige. Bei günstigsten Abmessungen kann die Energie sogar schon bis zum ersten Schwingungsminimum vernichtet sein.

Soweit die freien Schwingungen zweier miteinander gekoppelter Pendel. In der Technik spielen erzwungene Schwingungen zweier gekoppelter Pendel eine wichtige Rolle. Wir beschränken uns auf ein einziges Beispiel, die Beseitigung von Schlingerbewegungen von Schiffen im Seegang.

Man denke sich in Abb. 367 die Stimmgabel als einen Dampfer, die Blattfeder als ein in das Schiff eingebautes stark gedämpftes Pendel. Weiter denke man sich die einzelne Stoßerregung der Stimmgabel durch den periodischen An-

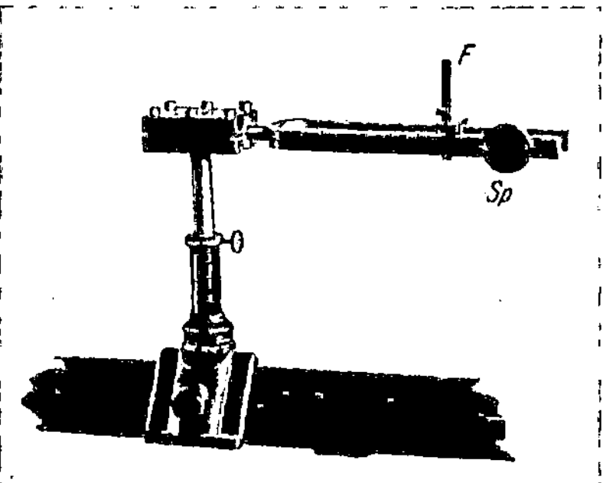

Abb. 367. Stimmgabel mit aufgesetzter stark gedämpfter Blattfeder (Max Wien scher Versuch).

prall der Wasserwogen ersetzt. Dann hat man schon das Prinzip. Konstruktiv realisiert man das stark gedämpfte Pendel durch eine Wassersäule in einem U-Rohr.

Das in Abb. 368 dargestellte Modell zeigt einen solchen „Schlingertank" auf einem pendelnd aufgehängten Brett mit dem Profil eines Dampferquerschnitts. Seine beiden Schenkel sind oben durch eine Luftleitung und den Drosselhahn H miteinander verbunden. Bei gesperrtem Hahn kann die Wassersäule nicht schwingen. Das Brett, also das Schiffsmodell, vollführt nach einer anfänglichen Kippung um 40° etwa 20 Schwingungen. Durch Aufdrehen des Hahnes kann man die Schwingungen der Wassersäule freigeben und zugleich in passender

Weise dämpfen. Diesmal kommt das Modell nach einer anfänglichen 40°-Kippung schon nach 2 bis 3 Schwingungen zur Ruhe.

Für eine genauere Behandlung dieses Vorganges hat man die ganze Kurve der erzwungenen Schwingungen des gekoppelten Systemes, also Schiff plus Schlingertank, für verschiedene Tankdämpfungen zu ermitteln. Dazu hat man das Modell zur Nachahmung des Seeganges auf eine Wippe zu setzen und diese

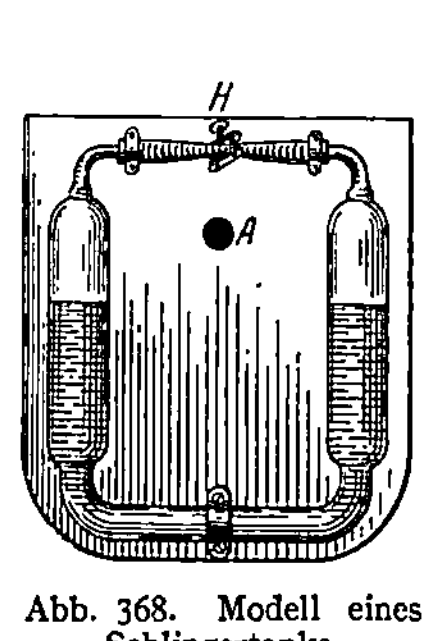

Abb. 368. Modell eines
Schlingertanks.

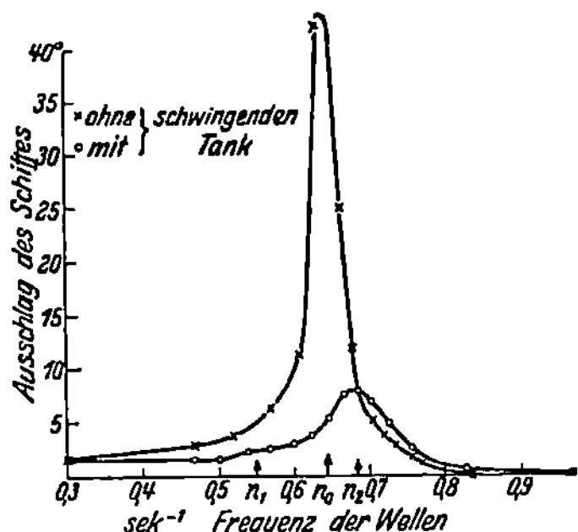

Abb. 369. Eine Resonanzkurve des
Schlingertankmodells.

durch eine Schubstange mit dem Exzenter eines langsam laufenden Motors zu verbinden. Miteinander nicht gekoppelt würden Schiff und Schlingertank an der gleichen Frequenz n_0 ihre Maximalamplitude zeigen. Durch die Kopplung (überwiegend Reibungskopplung) bilden sie ein System mit zwei Eigenfrequenzen n_1 und n_2. Die Resonanzkurven zeigen je nach der Konstruktion des Tankes zwei Maxima verschiedener Höhe. Die praktisch auf See vorkommenden Wellenfrequenzen müssen in den Frequenzbereich zwischen 0 und n_2 fallen.

XII. Wellen und Strahlung.

§ 113. Vorbemerkung. Jedes schwingungsfähige Gebilde besitzt eine Dämpfung. Es verliert zwischen aufeinanderfolgenden Amplituden Energie. Diese Verluste haben wir bisher der stets unvermeidbaren äußeren und inneren Reibung zugeschrieben. Das war aber nicht ausreichend. In der Mehrzahl der Fälle kommen namhafte Energieverluste durch Ausstrahlung fortschreitender Wellen hinzu. Fortschreitende Wellen sind uns in drei Formen bekannt:

1. als Oberflächenwellen von Flüssigkeiten (§ 96);
2. als elastische Quer-, Längs- und Drillwellen fester Körper (§§ 102 bis 104);
3. als elastische Längswellen in Flüssigkeiten und Gasen (§ 105).

In allen drei Fällen haben wir unsere Darstellung bisher auf die Ausbreitung dieser Wellen in Gebilden mit linearer Begrenzung (Wellenrinne, Drähte und Stäbe, Röhren) beschränkt. Diese Beschränkung soll jetzt fortfallen und die allseitige Ausbreitung der Wellen behandelt werden. Dabei ergibt sich ganz zwanglos eine Gliederung des Stoffes nach folgenden drei Fragen:

1. Wie breiten sich fortschreitende Wellen allseitig aus? Warum insbesondere spricht man von einer Ausstrahlung der Wellen?

2. Wie baut man gute Wellenstrahler?

3. Wie baut man gute Wellenanzeiger oder Empfänger?

Wir beginnen in § 114 mit der Ausbreitung von Oberflächenwellen auf Flüssigkeiten, speziell auf Wasser.

§ 114. Ausbreitung von Wasseroberflächenwellen. Diese Wellen haben zwar nach § 96 eine verwickelte und keineswegs sinusförmige Gestalt. Ferner hängt ihre Fortpflanzungsgeschwindigkeit von der benutzten Wellenlänge ab, die Wasserwellen haben eine „Dispersion". Insofern bieten sie keineswegs einfache Verhältnisse. Aber die Ausbreitung dieser Oberflächenwellen erfolgt in einer Ebene. Das vereinfacht die Darstellung. Ihre Fortpflanzungsgeschwindigkeit ist gering. Das erleichtert die Beobachtung.

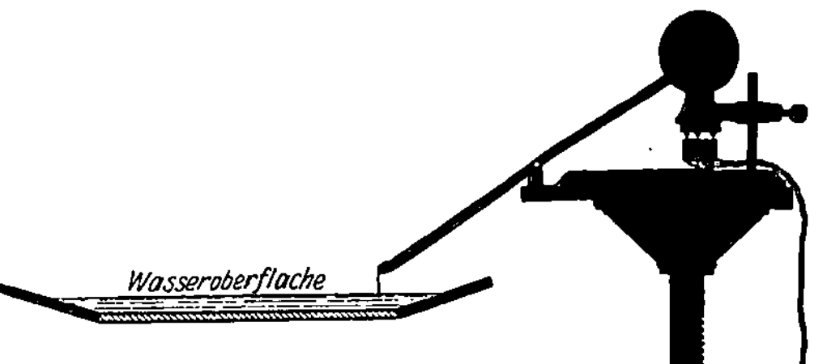

Abb. 370. Zur Projektion von Wasseroberflächenwellen. Rechts oben ein Elektromotor mit Exzenter.

Für die Herstellung der Wasserwellen dient die in Abb. 370 teils als Schattenriß, teils im Schnitt dargestellte Wellenwanne mit Zubehör. Sie hat das Profil eines flachen Tellers. Ihre flach geböschten „Ufer" lassen die auftreffenden Wellen totlaufen und verhindern unerwünschte Reflexionen. Der von unten durchfallende Lichtkegel einer Bogenlampe entwirft ein Bild der Welle auf dem Projektionsschirm.

Für etliche Versuche sollen die benutzten Wellenzüge nur eine ganz begrenzte Länge haben, d. h. nur aus wenigen Bergen und Tälern bestehen (z. B. Abb. 379). In diesen Fällen erzeugt man sie durch einmaliges Eintippen einer

Bleistiftspitze oder dergleichen in die Wasseroberfläche. Für die Mehrzahl der Versuche jedoch benötigt man Wellenzüge unbegrenzter Länge. Zu ihrer Herstellung dient ein sinusförmig auf- und niederschwingender kleiner Tauchkörper. Bequem ist ein Metallstift am Ende eines durch einen Exzenter bewegten Hebelarmes. Die Tauchtiefe dieses Stiftes schwankt um die Mittellage um etliche mm herum. Seine Frequenz beträgt etwa 12 sec^{-1}. Dann ist die Wellenlänge in Wirklichkeit rund $= 2$ cm. Auf dem Schirm muß sie in ausreichender Vergrößerung erscheinen. — Jetzt kommen die Versuche.

Bei schwingendem Stift sehen wir die Wellen als konzentrische, sich ständig erweiternde Kreise nach außen fortschreiten und die ganze Oberfläche durchlaufen. Das Wellenzentrum erscheint als eine punktförmige Strahlungsquelle (Abb. 371).

Durch Benutzung intermittierender Beleuchtung können wir die Geschwindigkeit dieser Wellen für unser Auge stroboskopisch (S. 10) nach Belieben verlangsamen. Durch geeignete Beleuchtungsfrequenz läßt sich sogar ihre Bewegungsrichtung für das Auge umkehren. Die Wellen laufen dann, ihre Ringdurchmesser ständig verkleinernd, konzentrisch auf den Mittelpunkt zu. Wir sprechen von einem Zusammenlaufen konvergenter Wellen in einem „Bildpunkt". — Soweit die unbehinderte Ausbreitung der Wellen.

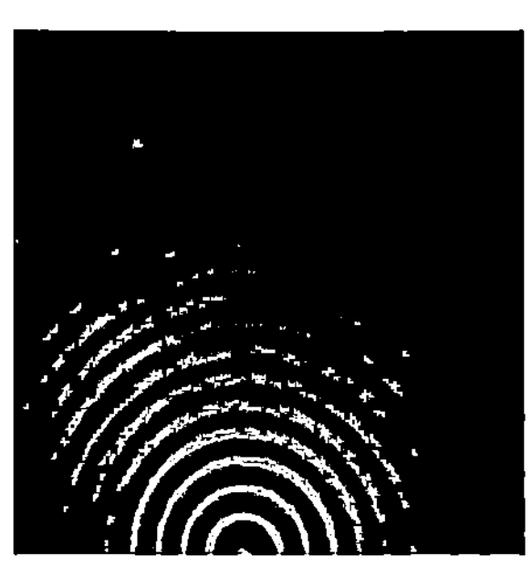

Abb. 371. Wasseroberflächenwellen. Diese sowie die Abb. 372—384 photographische Positive.

Für die folgenden Versuche bringen wir Hindernisse in den Verlauf der Wellen. Sie bestehen aus Bleiblechen. Die Beobachtungen stellen wir in zwei Vertikalspalten nebeneinander:

Die Wellen müssen durch einen Spalt hindurchgehen.

Die Wellen werden durch ein scheibenförmiges Hindernis unterbrochen.

Die Spaltbreite ist gleich der Breite des Hindernisses. Beide sind groß gegen die Wellenlänge.

Abb. 372[2].

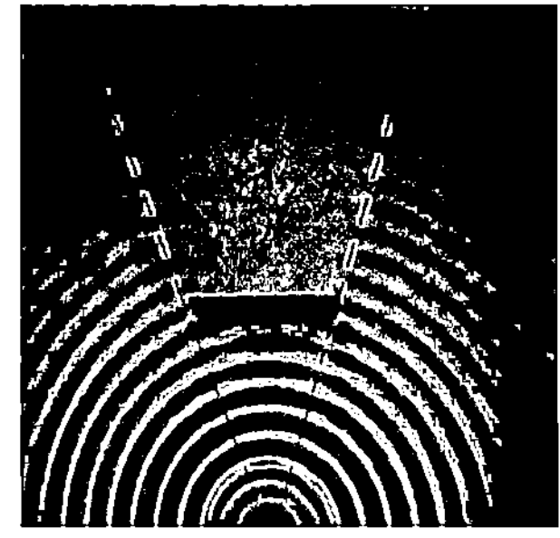

Abb. 373.

Aus dem Wellenzug wird ein Kegel konzentrischer Wellen ausgeblendet.

Hinter dem Hindernis entsteht ein Schattenkegel[1].

Die Wellenzüge werden mit guter Näherung durch die nachträglich eingezeichneten geraden Linien oder „Strahlen" begrenzt. Die rückwärtigen Verlängerungen dieser Strahlen schneiden sich in der punktförmigen „Strahlungsquelle".

---

[1] Schattenwurf als einfachste „Abbildung" des Hindernisses.

[2] Man beachte die Reflexion der Wellen an dem Schirm. Sie tritt auch auf einer ganzen Reihe der folgenden Bilder mit großer Deutlichkeit hervor.

Bei genauerer Beobachtung sieht man die einzelnen Wellenberge und Täler an der Strahlengrenze nicht plötzlich abbrechen. Sie greifen vielmehr mit niedrigen und rasch abnehmenden Amplituden

nach rechts und links über die Grenzen des Strahlenkegels heraus.   von rechts und links in den Schattenkegel herein.

Die Wellen werden über die geometrischen Strahlengrenzen hinweg „gebeugt".

Für die weiteren Beobachtungen wird nunmehr

der Spalt   das Hindernis

schmäler gemacht. Die Breite beträgt nur noch etwa das Dreifache der Wellenlänge. Die „Beugung" tritt sinnfällig in Erscheinung. Sie greift in den Abb. 374 und 375 erheblich über den nachträglich punktiert eingezeichneten Strahlenverlauf hinaus.

Abb. 374.

Abb. 375.

Der Öffnungswinkel des Wellenkegels ist in Abb. 374 stark verbreitert. Seine Begrenzungen sind verwaschen.   Der Schattenbereich ist in Abb. 375 größtenteils von gebeugten Wellen erfüllt. Sie zeigen sich besonders in größerem Abstand vom Hindernis.

Bei Annäherung der Spalt- und Hindernisbreite an die Größenordnung der Wellenlänge ist also die geometrische Strahlenkonstruktion nur noch eine recht mäßige Näherung.

Bei weiterer Verkleinerung von Spalt- und Hindernisbreite verliert sie vollends jeden Sinn. Wir sehen

Abb. 376.

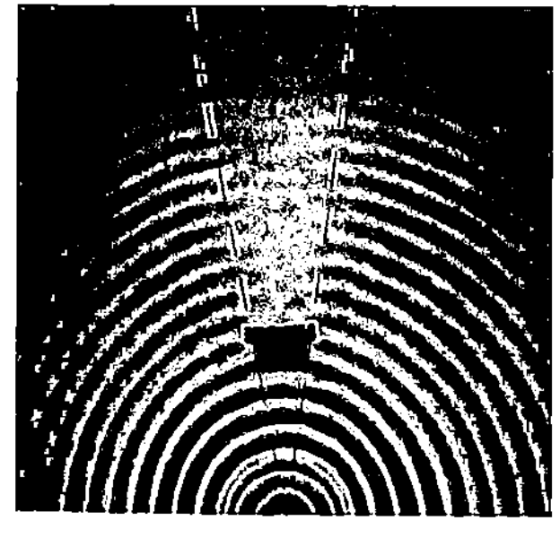

Abb. 377.

in Abb. 376 die Spaltbreite   in Abb. 377 die Hindernisbreite

ungefähr gleich groß wie die benutzte Wellenlänge gemacht.

14*

Die Wellen erfüllen einen rund 90° betragenden Winkelbereich.

Es ist kein Schatten mehr vorhanden. Die Anwesenheit des Hindernisses verrät sich nur noch durch schwache Störungen des Wellenverlaufs in seiner nächsten Umgebung[1].

Im Übergang zum Grenzfalle machen wir die

Spaltbreite   Hindernisbreite

klein gegen die Wellenlänge. Wir benutzen dabei

nach wie vor einen Wellenzug unbegrenzter Länge.

einen ganz kurzen Wellenzug von nur wenigen Bergen und Tälern.

Die Beobachtung ergibt sehr wichtige Befunde:

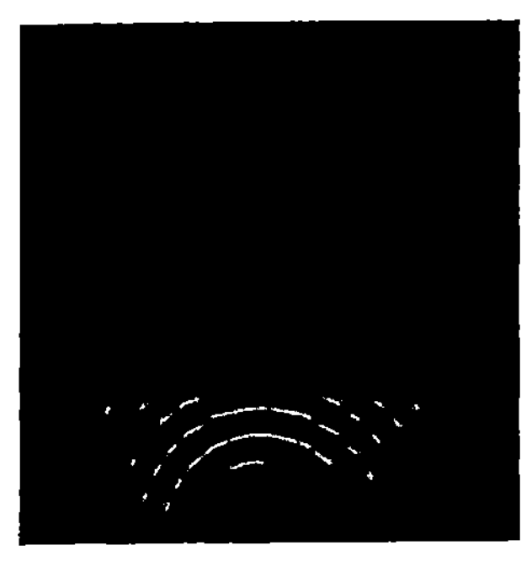

Abb. 378.

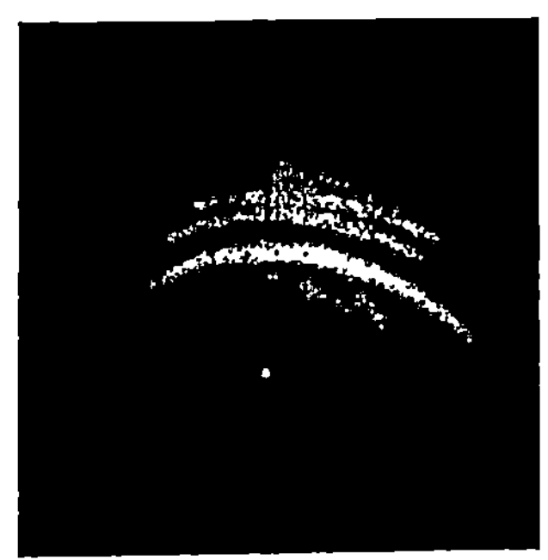

Abb. 379.

Der Spalt in Abb. 378   Das Hindernis in Abb. 379

wird zum Ausgangspunkt eines sich in Form von

Halbkreisen   Vollkreisen

ausbreitenden Wellenzuges. Beide ergeben sich also als Grenzfall der Beugung. Man nennt sie in diesem Grenzfall „durch Streuung entstanden" oder „gestreut". Auch der Name „Elementarwellen" ist gebräuchlich. Ihre Amplitude sinkt mit abnehmender

Spaltbreite   Hindernisbreite.

Vorhanden sind sie aber bei beliebig kleinen geometrischen Dimensionen. Bei hinreichender Intensität der auffallenden Wellen sind sie unter allen Umständen nachweisbar. Durch eine Zerstreuung der Wellen verraten selbst die winzigsten Gebilde ihre Existenz[2].

Wir fassen zusammen: Man kann die Ausbreitung der Wellen und ihre seitliche Begrenzung durch Hindernisse mit Hilfe einfacher geometrischer Strahlen wiedergeben. Doch muß dabei eine unerläßliche Voraussetzung erfüllt sein: Die geometrischen Dimensionen B (Spalt- und Hindernisbreiten) müssen groß gegenüber der verfügbaren Wellenlänge λ sein.

Der physikalische Sinn dieser geometrischen Darstellung des Wellenverlaufs („geometrische Optik") soll durch vier Beispiele erläutert werden. In allen ist eine den Wellenvorgang umschreibende geometrische Strahlenkonstruktion eingetragen.

---

[1] Es wird die Grenze der Abbildungsmöglichkeit erreicht.

[2] Ultramikroskopischer Nachweis.

1. Die Wellen laufen in Abb. 380 schräg gegen ein glattes, ebenes Hindernis. Die mechanischen Fehler seiner Oberfläche (Kratzer, Buckel) sind klein gegen die Wellenlänge. Das Strahlenbündel wird „spiegelnd" reflektiert. Links vor

Abb. 380. Reflexion von Kreiswellen an einem Spiegel.

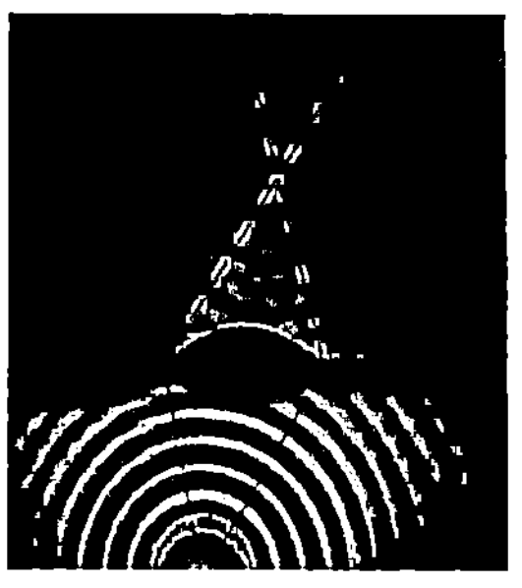

Abb. 381. Flachwasserlinse.

dem Spiegel sieht man die Interferenz oder Durchschneidung des direkten und des reflektierten Wellenzuges. Oben hinter dem Spiegel sieht man den Schattenkegel des Spiegels mit seinen durch Beugung verwaschenen Rändern.

2. In flachem Wasser laufen Wellen langsamer als in tiefem [Gleichung (90) auf S. 169]. Diese Tatsache benutzen wir zur Konstruktion einer „Flachwasserlinse". Wir bringen einen linsenförmigen Tauchkörper in die Wanne. Zwischen seiner Oberfläche und der des Wassers verbleibt nur ein Zwischenraum von etwa 2 mm. Die „Linse" ist beiderseits in einem Schirm „gefaßt" (Abb. 381). Die Wellen werden beim Passieren der dicken Linsenmitte am meisten verzögert, zum Rand hin jedoch weniger, entsprechend der abnehmenden Linsendicke. Infolge dieser Verzögerung wechselt die Krümmung der Wellen ihr Vorzeichen. Sie ziehen sich hinter der Linse konzentrisch auf den „Bildpunkt" B (in Wirklichkeit also ein Gebiet von durchaus endlichem Durchmesser!) zusammen und divergieren erst wieder hinter dem Bildpunkt.

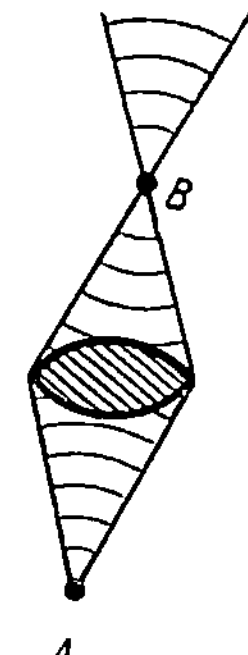

Abb. 382. Schematische Wiedergabe der Linse Abb. 381.

3. In Abb. 383 ist eine größere Tauchtiefe der Linse benutzt worden. Die Wellenzüge sind nach Passieren der Linse in erster Annäherung parallele gerade

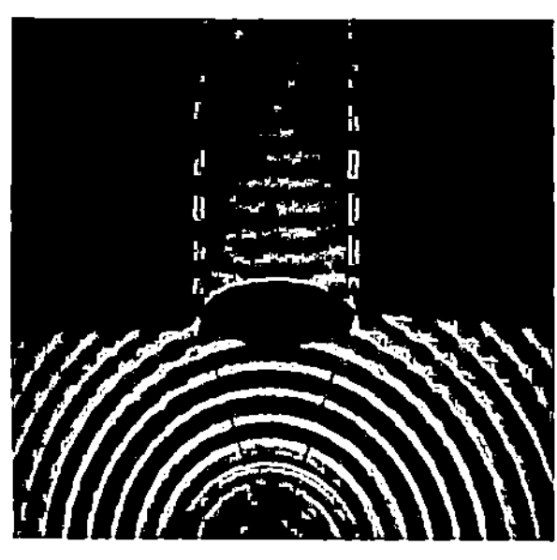

Abb. 383. Die Strahlungsquelle im Brennpunkt der Flachwasserlinse.

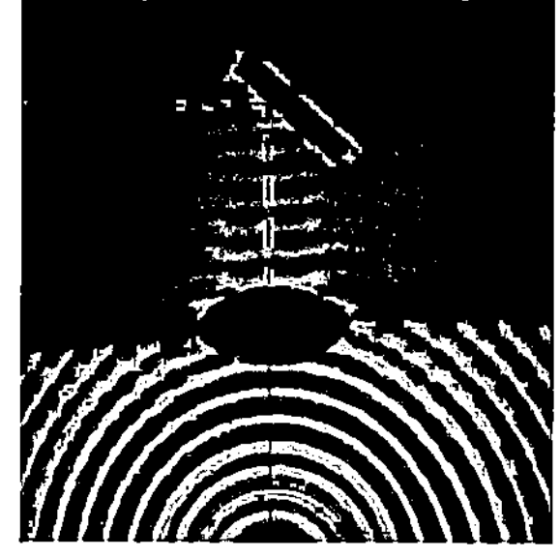

Abb. 384. Spiegelung eines angenähert parallelen Strahlenbündels.

Linien, der Bildpunkt B ist „unendlich" weit von der Linse fortgerückt. Die Strahlungsquelle befindet sich „im Brennpunkt" der Linse.

4. In Abb. 384 ist mit Hilfe der Flachwasserlinse ein angenähert paralleles Strahlenbündel hergestellt worden. Es wird unter rund 45° an einem Spiegel reflektiert. Es gilt das Reflexionsgesetz: Einfallswinkel gleich Reflexionswinkel.

§ 115. Das Fresnel-Huygenssche Prinzip. Alle in § 114 experimentell gefundenen Ergebnisse lassen sich in einer ersten, aber schon sehr weitgehenden Näherung durch das geometrisch formale Fresnel-Huygenssche Prinzip zusammenfassen und verständlich machen. Dies Prinzip ist für alle Wellenvorgänge in der Physik von gleicher Wichtigkeit. Wir erläutern es hier zwar nur an einem Beispiel, aber sehr ausführlich. Dies Beispiel betrifft die Begrenzung eines Wellenzuges durch einen Spalt *S*, gemäß Abb. 385.

Der experimentelle Ausgangspunkt des Fresnel-Huygensschen Prinzips ist die Existenz der in Abb. 378 und 379 vorgeführten Elementarwellen. Man denkt sich den Spalt in eine größere Zahl *N* gleichartiger Teilabschnitte zerlegt, 1, 2, 3 usw. Jeden dieser Teilabschnitte betrachtet man als Ausgangspunkt einer Elementarwelle, Nr. 1, Nr. 2 usw. Alle diese *N*-Elementarwellen durchschneiden oder überlagern sich an jedem beliebigen, hinter der Spaltebene gelegenen Beobachtungspunkt *P*. Dabei addieren sich die Amplituden der Elementarwellen zu der wirklich im Punkte *P* auftretenden Gesamtamplitude. Bei dieser Addition ist das wesentliche der Gangunterschied zwischen den einzelnen Elementarwellen. Und zwar ist der größte vorkommende Gangunterschied $\varDelta\lambda$ gleich der Wegstrecke *s* in Abb. 385, also gleich der Differenz der Abstände des Beobachtungspunktes *P* vom linken und vom rechten Spaltrand.

Wir wollen der Anschaulichkeit halber diese Addition nicht rechnerisch, sondern graphisch für eine Reihe verschiedener Beobachtungspunkte durchführen. Zur Vereinfachung dieser Aufgabe machen wir drei Voraussetzungen. Keine von ihnen beeinträchtigt irgendwie das Wesen der Sache.

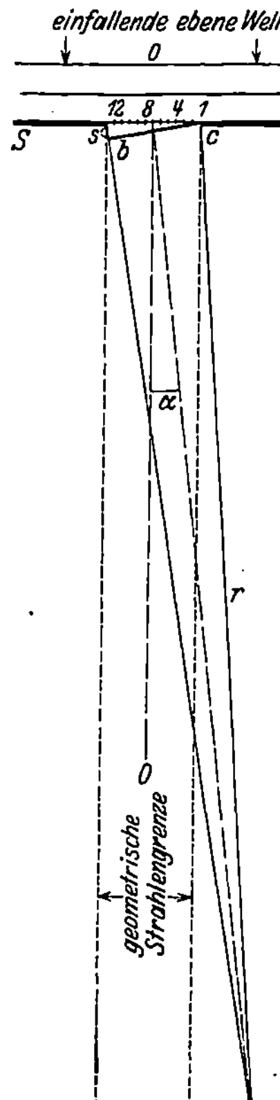

Abb. 385. Begrenzung einer ebenen Welle durch einen Spalt (Fraunhofersche Beugung). $\sphericalangle\,bcS = \alpha$.

1. Das Wellenzentrum oder die Strahlungsquelle soll sehr weit vom Spalt entfernt sein und auf seiner Symmetrielinie 0 0 liegen. — Dadurch werden die Wellenberge (schwarze Linien oben in Abb. 385) praktisch zu Geraden. Alle Punkte eines Wellenberges kommen im gleichen Augenblicke oder mit gleicher Phase in der Spaltebene an.

2. Alle Beobachtungspunkte *P* sollen sehr weit vom Spalt entfernt in einer dem Spalt parallelen Ebene gelegen sein. — In diesem Grenzfall kann man den mit dem Radius *r* um *P* geschlagenen Kreisbogen *c b* praktisch als Gerade betrachten. Es gilt für den größten zwischen zwei Elementarwellen vorkommenden Gangunterschied $\varDelta\lambda$ die geometrische Beziehung

$$s = \varDelta\lambda = B\sin\alpha \quad (B = \text{Spaltbreite}).$$

Ferner kann man in diesem Grenzfall die Gangunterschiede $d\lambda$ je zweier benachbarter Elementarwellen als gleich betrachten und setzen

$$N\,d\lambda = \varDelta\lambda = B\sin\alpha$$

oder

$$d\lambda = \frac{B\sin\alpha}{N}.$$

3. Als Zahl der Spaltabschnitte wählen wir $N = 12$. Mit nur 12 Elementarwellen erhalten wir schon eine vollauf ausreichende Genauigkeit.

Nunmehr führen wir die graphische Addition der zwölf Teilamplituden für etliche Beobachtungspunkte P durch. Für den Punkt P_0 auf der Symmetrielinie 0 0 des Spaltes sind

$$s = 0, \quad \alpha = 0, \quad \sin\alpha = 0, \quad d\lambda = 0.$$

Also addieren sich alle 12 Amplitudenvektoren ohne Phasendifferenz nach dem Schema der Hilfsfigur 0. Ihre Summe oder Resultante ist als dicker Pfeil R_0 daneben gezeichnet und als Ergebnis in die Abb. 386 über dem Abszissenpunkt $\sin\alpha = 0$ eingetragen.

Für den nächsten Punkt P_1 wählen wir $s = \dfrac{\lambda}{3}$, dann ist $\sin\alpha = \dfrac{\lambda}{3B}$ und der Gangunterschied je zweier benachbarter Elementarwellen $d\lambda = \dfrac{1}{12} \cdot \dfrac{\lambda}{3}$ oder im Winkelmaß $d\varphi = \dfrac{1}{12} \cdot 120° = 10°$.

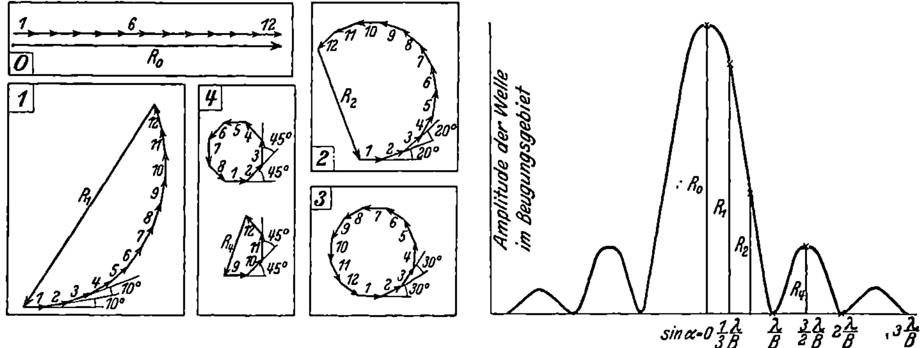

Abb. 386. Das Amplitudengebirge bei Begrenzung eines ebenen Wellenzuges durch einen Spalt. Daneben die zur Konstruktion benötigten Hilfsfiguren. Die Intensität bzw. Energie der Welle ist dem Quadrat der Amplituden proportional. Man hat daher für einen Vergleich mit den Messungen (z. B. Abb. 401) die Ordinaten dieses Amplitudengebirges zu quadrieren.

Die Amplituden der 12 Elementarwellen addieren sich gemäß der Hilfsfigur 1. Als Resultante erhalten wir den Pfeil R_1. Er ist als Ergebnis der graphischen Addition in Abb. 386 über dem Abszissenpunkt $\sin\alpha = \dfrac{\lambda}{3B}$ eingetragen.

In dieser Weise fahren wir fort. Für den Punkt P_2 wählen wir

$$s = \frac{2}{3}\lambda, \quad \text{also} \quad \sin\alpha = \frac{2}{3}\frac{\lambda}{B}, \quad d\lambda = \frac{1}{12} \cdot \frac{2}{3} \cdot \lambda, \quad d\varphi = 20°.$$

Die Hilfsfigur 2 gibt uns als Resultante den Pfeil R_2.

Für den nächsten Punkt wählen wir

$$s = \lambda, \quad \text{also} \quad \sin\alpha = \frac{\lambda}{B}, \quad d\lambda = \frac{\lambda}{12}, \quad d\varphi = 30°.$$

Die Amplituden der 12 Elementarwellen addieren sich in der Hilfsfigur 3 zu einem geschlossenen Polygon. Ihre Resultante ist Null. Demgemäß haben wir in Abb. 386 beim Abszissenwert $\sin\alpha = \lambda/B$ einen Punkt auf der Abszissenachse einzutragen.

Endlich setzen wir

$$s = \frac{3}{2}\lambda, \quad \text{also} \quad \sin\alpha = \frac{3}{2}\frac{\lambda}{B}, \quad d\lambda = \frac{1}{12} \cdot \frac{3}{2} \cdot \lambda, \quad d\varphi = 45°.$$

Die graphische Addition erfolgt in der Hilfsfigur 4. Die Amplituden der ersten 8 Elementarwellen schließen sich zu einem Achteck, ihre Resultante ist Null. Die 9. bis 12. Amplitude ergeben ein halbes Achteck und somit die Resultante R_4.

Für $s = 2\lambda$ oder $d\varphi = 60$ geben sowohl die Amplituden der Elementarwellen 1—6 wie 7—12 die Resultante Null, der Punkt bei $\sin\alpha = 2\lambda/B$ liegt in Abb. 386 wieder auf der Abszisse.

Das mag genügen. Wir können die Abb. 386 jetzt ohne weiteres ergänzen, und zwar symmetrisch nach beiden Seiten. Der Formalismus der Fresnel-Huygensschen Konstruktion führt auf das für Wellen aller Art gleich wichtige „Amplitudengebirge". Es beschreibt den in Abb. 387 ganz roh skizzierten Tatbestand. Er lautet in Worten:

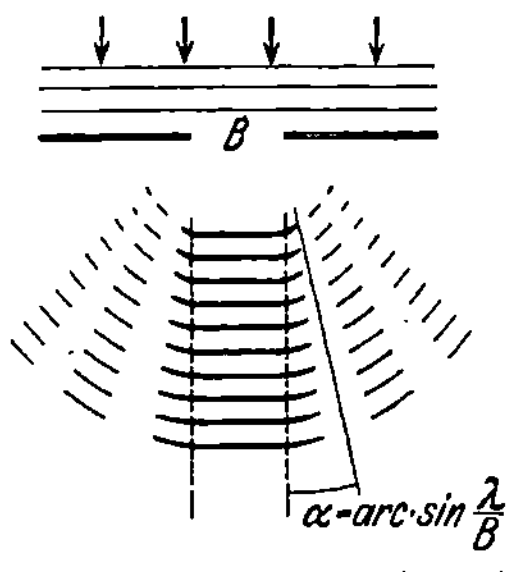

Abb. 387. Rohes Schema der Wellenbegrenzung durch einen Spalt.

1. Der Wellenzug überschreitet seitlich die Grenzen der gestrichelt eingezeichneten geometrischen Strahlenkonstruktion, er wird „gebeugt". Er verschwindet seitlich erst unter einem Ablenkungswinkel α, dessen Sinus $= \lambda/B$ ist. Es gilt

$$\sin\alpha_{min} = \frac{\lambda}{B}. \tag{95}$$

2. Die geometrische Strahlenkonstruktion ist nur für kleine Werte des Quotienten λ/B eine befriedigende Näherung.

3. Im Beugungsgebiet finden sich außerhalb des Hauptwellenzuges noch weitere Wellenzüge in begrenzten Winkelbereichen.

Die beiden ersten Punkte decken sich vollständig mit unseren experimentellen Befunden an Wasseroberflächenwellen (S. 210 u. 211).

Den dritten Punkt, die Nebenwellenzüge im Beugungsgebiet, werden wir in § 121 mit Schallwellen sehr eindrucksvoll vorführen können. Wasserwellen sind für diese Zwecke wenig geeignet. Das hängt mit ihren im folgenden Paragraphen behandelten Besonderheiten zusammen. Wir brechen daher ab und setzen die Darstellung erst in § 121 fort.

Wir haben in den Abb. 385 und 386 den Grenzfall einer „Fraunhoferschen Beugung" behandelt: Sowohl Strahlungsquelle wie Beobachtungsebene liegen sehr weit („unendlich") vom Spalt entfernt. Die einfallenden Wellenberge sind praktisch gerade Linien. Bei den Wasserwellen hingegen hatten wir den allgemeineren Fall einer „Fresnelschen Beugung" beobachtet: Die einfallenden Wellenberge waren Kreisbögen merklicher Krümmung. Das erschwert bei der Darstellung nach dem Fresnel-Huygensschen Prinzip ein wenig die graphische Addition der Elementarwellen-Amplituden. Es ändert aber prinzipiell nicht das Geringste.

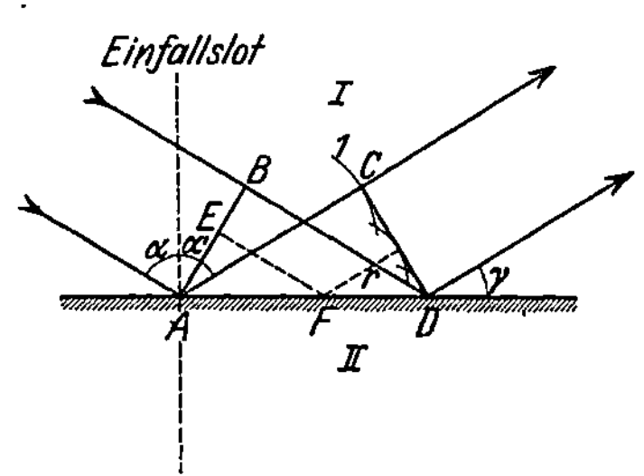

Abb. 388. Entstehung der Spiegelung nach dem Huygensschen Prinzip.

Das Fresnel-Huygenssche Prinzip addiert die Amplituden der Elementarwellen unter Berücksichtigung ihrer gegenseitigen Phasendifferenz. Dies etwas zeitraubende Verfahren ist bei Einbeziehung der Beugungserscheinungen unerläßlich. Bei Kleinheit des Quotienten λ/B kann man jedoch die Beugung vernachlässigen und die Begrenzung des Wellenzuges durch geometrische Strahlen als gegeben betrachten. In diesem Grenzfall kann man sich auf das ursprüngliche Huygenssche Prinzip beschränken. Es konstruiert die resultierende Welle als gemeinsame Tangente oder Umhüllende der Elementarwellen. Wir erläutern das für den Fall der „Spiegelung": Ein parallel begrenzter Wellenzug soll in der ebenen Grenzfläche zweier Medien („Spiegel") zurückgeworfen werden (Abb. 388).

AB ist ein Wellenberg vor, CD ein Wellenberg nach der Spiegelung. Die einzelnen Punkte der Grenzfläche werden als Ausgangspunkte der Elementarwellen betrachtet. Drei von diesen sind eingezeichnet, die vierte, von D ausgehend, hat noch keinen endlichen Wert ihres Radius r erreicht. Für jede Elementarwelle gilt die punktiert angedeutete Beziehung:

$$EF + r = BD.$$

Als Ergebnis dieser Konstruktion nach HUYGENS erhalten wir das Reflexionsgesetz: Bei der Spiegelung ist der Einfallswinkel gleich dem Reflexionswinkel. — Dies ursprüngliche Huygenssche Prinzip wird uns in § 122 bei der Erläuterung des Gitterspektralapparates nützlich werden.

§ 116. Dispersion der Wasseroberflächenwellen und Gruppengeschwindigkeit. In diesem Paragraphen führen wir die Darstellung der Oberflächenwellen auf Flüssigkeiten (z. B. Wasser) zu Ende. — Die Geschwindigkeit der Oberflächenwellen hängt von ihrer Wellenlänge ab, sie hat eine Dispersion.

Für hinreichend flache Wellen von praktisch noch sinusförmigem Umriß kann man die Geschwindigkeit nach den Seite 168 und 169 hergeleiteten Formeln berechnen. Die Abb. 389a gibt uns Zahlenwerte für die Geschwindigkeit von Wasserwellen in dem für Schauversuche in Frage kommenden Wellenlängenbereich.

Diese Dispersion der Wasseroberflächenwellen hat eine ebenso wichtige wie überraschende Konsequenz. Sie zwingt uns zu einer Unterscheidung von Phasengeschwindigkeit und Gruppengeschwindigkeit.

Zur Erläuterung dieser beiden Begriffe gehen wir, wie stets, von der Beobachtung aus. Wir machen uns in unserer Wellenwanne (Abb. 370) durch Eintippen des Tauchstiftes einen Wellenzug begrenzter Länge (vgl. Abb. 379, große Bogen, Wellenlänge etwa 3 cm, Amplitude wenige Millimeter).

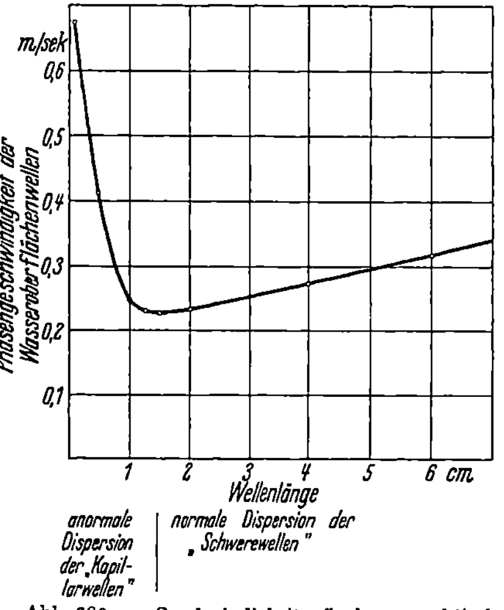

Abb. 389a.   Geschwindigkeit flacher, praktisch noch sinusförmiger Oberflächenwellen auf Wasser für verschiedene, bei Schauversuchen benutzte Wellenlangen.

Wir sehen den Wellenzug als Ganzes, die vorn und hinten durch ruhiges Wasser begrenzte „Gruppe", nur etwa halb so schnell vorrücken, wie die einzelnen Wellenberge innerhalb dieser Gruppe. Auch sehen wir, wenngleich zunächst noch ohne Verständnis, den Grund für das langsame Vorwärtskommen der Gruppe: Die Wellenberge sterben am Vorderende der Gruppe ab und gleichzeitig werden am Hinterende neue Wellenberge ausgebildet. So sehen wir hier direkt zwei verschiedene Geschwindigkeiten:

1. die Gruppengeschwindigkeit, die Geschwindigkeit von Anfang oder Ende des Wellenzuges,

2. die Geschwindigkeit der einzelnen Wellenberge. Man nennt sie allgemein die Phasengeschwindigkeit.

In strengem Wortsinn gilt das Wort Phasengeschwindigkeit nur für eine einfache Sinuswelle. Es bezeichnet die Geschwindigkeit einer bestimmten Phase, z. B. eines Wellenberges, in einem Sinuswellenzug unbegrenzter Länge und konstanter Amplitude.

Der Umriß unseres kurzen Wasserwellenzuges ist ja nun keineswegs der einer einfachen Sinuswelle. Der Umriß ähnelt vielmehr dem in Abb. 315 dargestellten Kurvenzug, hat also ein kontinuierliches Spektrum (Abb. 316). Der kurze Wellenzug ist als eine Überlagerung „unendlich vieler" Teilsinuswellen (Spektrallinien) aufzufassen und im Falle einer Dispersion hat jede ihre eigene Phasengeschwindigkeit. Diese einzelnen Phasengeschwindigkeiten, diese Phasengeschwindigkeiten in strengem Wortsinn, sind bei der Beobachtung des Wellenzuges nicht zu erkennen und daher der Messung unzugänglich. Aber die wichtigsten dieser Teilsinuswellen gehören einem nur schmalen Spektralbereich an, entsprechend dem spitzen Maximum des Spektrums in Abb. 316.

Für diesen schmalen Bereich ist die Phasengeschwindigkeit angenähert konstant. Ihr Mittelwert ist gleich der Geschwindigkeit der von uns beobachteten Wellenberge. Oder mit andern Worten: In guter Näherung können wir das Mittelstück unseres begrenzten Wellenzuges durch ein Stück einer einfachen Sinuswelle konstanter Amplitude ersetzen. Die beobachtete Geschwindigkeit der Wellenberge ist die Phasengeschwindigkeit dieser Ersatzsinuswelle.

Wie kommt der Unterschied zwischen Phasen- und Gruppengeschwindigkeit zustande? Antwort: Man hat zur Messung der Wellengeschwindigkeit irgendeine Marke ins Auge zu fassen, entweder den Anfang oder das Ende des Wellenzuges, die Stelle kleinster oder größter Wellenberge od. dgl. Im Falle einer Dispersion laufen die einzelnen Teilsinuswellen des Wellenzuges verschieden rasch. Infolgedessen ist der Umriß des Wellenzuges, entstanden aus der Addition der einzelnen Teilsinuswellen, einem ständigen Wechsel unterworfen: Die benutzte Marke liegt nicht fest, sondern verschiebt sich gegenüber den einzelnen, mit ihrer Phasengeschwindigkeit vorrückenden Teilsinuswellen.

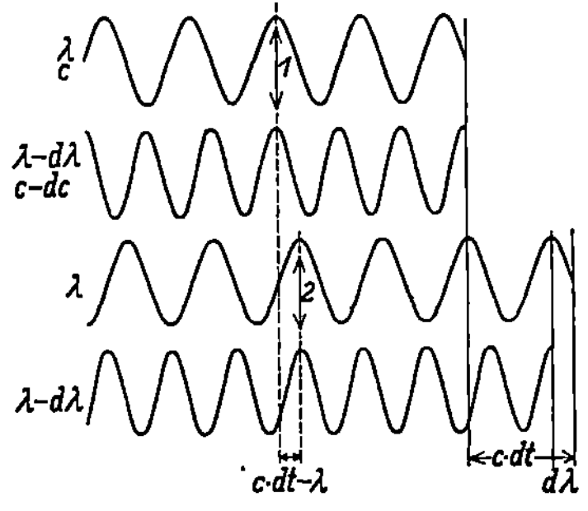

Abb. 389 b. Zur Gruppengeschwindigkeit.

Das sieht man deutlich an dem nun folgenden Beispiel. Es dient der quantitativen Behandlung der Gruppengeschwindigkeit. Für sie genügt schon die einfachste Wellengruppe, eine aus nur zwei Teilsinuswellen aufgebaute Schwebungskurve (Abb. 302 unten).

Die beiden Teilsinuswellen sind in Abb. 389b schematisch skizziert. Innerhalb der Schwebungskurve selbst sind diese beiden sinusförmigen Bestandteile in keiner Weise als Individuen erkennbar, und daher ihre Phasengeschwindigkeiten nicht zu messen. Meßbar ist nur die Gruppengeschwindigkeit. Als Marke wählen wir bequemerweise den Wellenberg maximaler Erhebung. Es ist die durch Phasengleichheit beider Einzelwellen ausgezeichnete Stelle der Schwebungskurve. Sie wird in Abb. 389 b durch den Pfeil *1* markiert.

Diese Marke läuft in Abb. 389 erheblich langsamer nach r e c h t s als die beiden einzelnen Wellen λ und $(\lambda - d\lambda)$. Denn in Abb. 389b hat die k l e i n e r e Welle auch die k l e i n e r e Geschwindigkeit[1], nämlich nur $(c - dc)$. Infolgedessen wird sie von der größeren Welle λ überholt, und zwar im Zeitabschnitt $dt = d\lambda/dc$ um den Weg $d\lambda$. Durch diese Überholung weicht die Stelle der Phasengleichheit innerhalb des nach r e c h t s vorrückenden Wellenzuges um eine volle Wellenlänge λ nach l i n k s zurück. Die beiden Einzelwellen rücken in Abb. 389b in der Zeit dt um den Weg $c\,dt$ bzw. $(c\,dt - d\lambda)$ nach rechts vor. Die Marke aber, die Stelle der Phasengleichheit, legt in derselben Zeit dt nur den viel kleineren Weg $(c\,dt - \lambda)$ bis zum Doppelpfeil *2* zurück. [Zufälligerweise

---

[1] Entsprechend der normalen Dispersion in der Optik.

sind beim Skizzieren der Abb. 389b die Wegstrecken $(c\,dt - \lambda)$ und $d\lambda$ nahezu gleich groß geraten.] Also ist die Geschwindigkeit der Marke, die Gruppengeschwindigkeit,

$$c^* = \frac{c \cdot dt - \lambda}{dt},$$

$$c^* = c - \lambda \frac{dc}{d\lambda}. \tag{96}$$

Für Wasserwellen von mehr als etwa 5 cm Wellenlänge berechnen wir aus Gleichung (89)

$$\frac{dc}{d\lambda} = \frac{1}{2c}\frac{g}{2\pi}; \quad \text{also} \quad \lambda\frac{dc}{d\lambda} = \frac{c}{2}.$$

Folglich ist nach Gleichung (96) die Gruppengeschwindigkeit $c^* = \dfrac{c}{2}$, d. h. gleich der halben Phasengeschwindigkeit. — Analog findet man für Wellenlängen unter etwa 2 cm (Kapillarwellen) nach der Seite 169 oben genannten Gleichung $c^* = \tfrac{3}{2}c$, d. h. die Gruppengeschwindigkeit ist um 50% höher als die Phasengeschwindigkeit.

Die Unterscheidung von Phasengeschwindigkeit und Gruppengeschwindigkeit ist keineswegs auf die Wasserwellen beschränkt. Sie spielt bei vielen Wellenvorgängen in der Optik und in der Elektrizitätslehre eine bedeutende Rolle. Denn die Herstellung fortschreitender Wellen von strenger Sinusform ist stets unmöglich. Jeder Wellenzug hat eine begrenzte Länge, also letzten Endes die aus den Abb. 74 unten oder 315 bekannte Gestalt. Zu jedem derartigen Wellenzug gehört ein schmales kontinuierliches Spektrum, eine große Anzahl eng benachbarter Frequenzen. Folglich kann man beim Vorliegen einer Dispersion unter allen Umständen nur die Gruppengeschwindigkeit messen. Die Messung einer Phasengeschwindigkeit ist nur bei völliger Unabhängigkeit der Wellengeschwindigkeit von der Wellenlänge möglich.

Die Wasserwellen nehmen lediglich durch ihre Anschaulichkeit eine Vorzugsstellung ein. Dadurch bewähren sie sich auch bei der Unterscheidung von Phasen- und Gruppengeschwindigkeit als wichtiges experimentelles Hilfsmittel im Rahmen der allgemeinen Wellenlehre.

§ 117. **Elastische Längswellen in Luft. Schallwellen.** Unter allen fortschreitenden elastischen Wellen sind für uns die Längswellen in Luft die wichtigsten. Wir haben sie bei linearer Begrenzung durch Röhren ausgiebig behandelt (§ 105). Bei Wegfall der seitlichen Begrenzungen breiten sich diese Längswellen von einem mehr oder minder „punktförmigen" Zentrum O her kugelsymmetrisch in den Raum hinein aus. Ein Ausschnitt aus einer Meridianebene zeigt uns in einem bestimmten Augenblick die in Abb. 390 dargestellte Verteilung von Luftdruck und -dichte. In den Gebieten dichter Schraffierung sind Luftdruck und -dichte größer als in der ruhenden Luft. Man nennt sie nach ihrer üblichen graphischen Darstellung Wellenberge. Entsprechend bedeuten Gebiete schwacher Schraffierung Wellentäler. In ihnen sind Luftdruck und -dichte kleiner als im Ruhezustand. Bei hohen Amplituden lassen sich die Dichtemaxima fortschreitender Schallwellen durch ihre Schatten in Momentphotographien sichtbar machen. Derartige Bilder finden sich in § 128. Angaben über die Größe der praktisch in Schallwellen vorkommenden Druckänderungen finden sich in § 129.

Die ganze, durch das Momentbild in Abb. 390 veranschaulichte Verteilung rückt kugelsymmetrisch nach außen mit einer Geschwindigkeit von rund 340 m/sec vor. Die Messung dieser Schallgeschwindigkeit erfolgt durch Messung von Laufweg und Laufzeit. Aus der großen Zahl angewandter Methoden führen

wir experimentell nur eine vor. Sie benötigt einen Laufweg von nur wenigen
Metern Länge. Sein Anfang und sein Ende werden durch je ein Mikrophon
(S. 202) eingegrenzt. Diese Mikrophone betätigen beim Passieren der Schallwelle automatisch einen „Kurzzeitmesser" (Abb. 391). Dies kleine Instrument
ist das einzig Bemerkenswerte an dem ganzen Versuch. In seinem Schattenriß
sehen wir als wesentlichen Teil eine teilweise durchbrochene Aluminiumscheibe.
Sie ist weitgehend reibungsfrei um eine horizontale Achse drehbar gelagert.

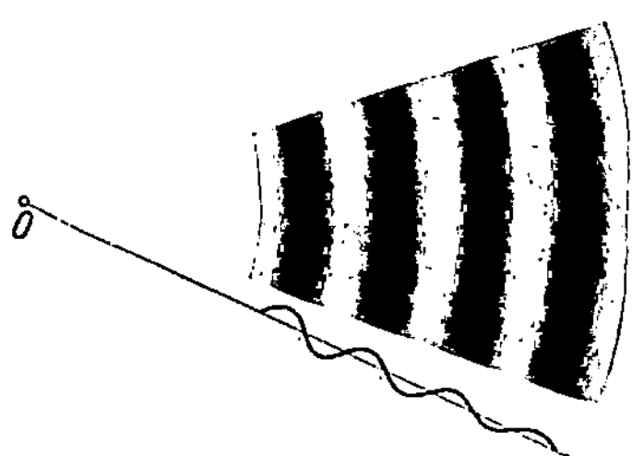

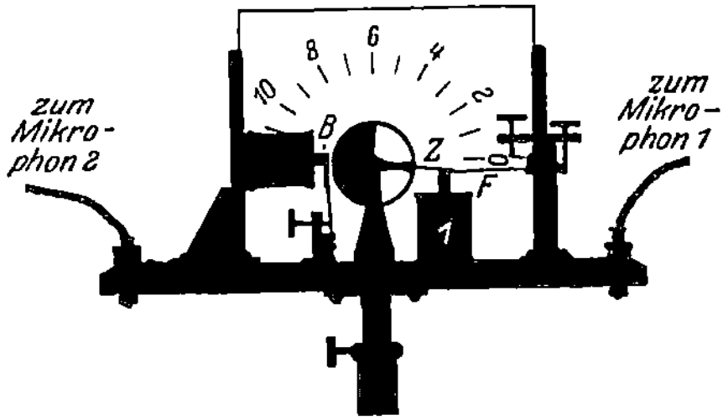

Abb. 390. Radialsymmetrischer Ausschnitt aus einer
räumlichen Kugelwelle in Luft (Schallwelle).

Abb. 391. Ein Kurzzeitmesser (BEHM).

Ihr eiserner Zeiger Z wird in der Ruhestellung durch den Elektromagneten 1
festgehalten. In dieser Stellung hält der Zeiger die Blattfeder F leicht gekrümmt
nach unten. Dabei fließt der Strom des Elektromagneten durch einen durch
Blattfeder und Magneteisenkern gebildeten Kontakt. Die Schallwelle kommt
von rechts und versetzt das Mikrophon 1 in erzwungene Schwingungen. Beim
ersten Stromminimum passiert dreierlei:

1. Der eiserne Zeiger und die Blattfeder werden losgelassen.

2. Durch Lösen des erwähnten Federkontaktes wird der Stromkreis des
Elektromagneten 1 endgültig unterbrochen.

3. Die Blattfeder entspannt sich auf kurzem Wege und erteilt währenddessen der Scheibe einen Drehimpuls.

Mit diesem Drehimpuls läuft die Scheibe mit konstanter Winkelgeschwindigkeit weiter. Nach einigen hundertstel Sekunden erreicht die Schallwelle das
zweite Mikrophon. Dies gibt in seinem ersten Stromminimum die elektromagnetisch gehaltene Bremse B frei und stoppt die rotierende Scheibe ab. Die
Zeitmessung ist also hier wieder in ganz durchsichtiger Weise auf eine gleichförmige Rotation zurückgeführt. Die Skala wird am besten empirisch geeicht.

Die Kürze der benötigten Laufwege macht diese Methode auch zur Messung
der Schallgeschwindigkeit in andern Gasen oder in Flüssigkeiten brauchbar.
Denn man kann sie in Behältern von handlicher Größe anwenden. Meist ver-
zichtet man jedoch bei anderen Substanzen auf absolute Messungen. Man begnügt sich mit einem Vergleich ihrer Schallgeschwindigkeit mit dem für Luft
bekannten Wert. Eine dieser Vergleichsmethoden werden wir in § 125 erwähnen.

Der Kurzzeitmesser ist nicht für Messungen im Laboratorium, sondern für einen tech-
nichen Zweck ersonnen, nämlich die akustische Auslotung von Wassertiefen.

Man erzeugt ein Schallsignal an der Meeresoberfläche. Es läuft zum Meeresboden
und wird dort als Echo zurückgeworfen. Man mißt die gesamte Laufzeit des Schallsignales
und berechnet den Weg (doppelte Wassertiefe) mit Hilfe der für Wasser gültigen Schallgeschwindigkeit (rund 1400 m/sec). Es gibt eine ganze Reihe von Verfahren zur Messung
dieser Laufzeit. Eines von ihnen benutzt den Kurzzeitmesser.

§ 118. Schallstrahlen in Luft. Beugung der Schallwellen.

Die Ober-
flächenwellen auf Wasser geben uns von der Ausbreitung fortschreitender
Wellen ein sehr anschauliches Bild. Die sich dort flächenhaft abspielenden

Vorgänge ließen sich weitgehend durch die geometrisch-formale Konstruktion des Fresnel-Huygensschen Prinzips zur Darstellung bringen. Diese formale Konstruktion muß in sinngemäßer Übertragung auch für die räumliche Ausbreitung elastischer Wellen Gültigkeit behalten. Es kann nicht von Belang sein, ob bei diesen Konstruktionen eine Sinuskurve das Profil einer Wasserwelle oder die graphische Darstellung einer Luftdruckverteilung bedeutet. Entscheidend muß auch bei der räumlichen Ausbreitung von Wellen das Verhältnis der Wellenlänge λ zur Größe B der benutzten Öffnungen und Hindernisse bleiben.

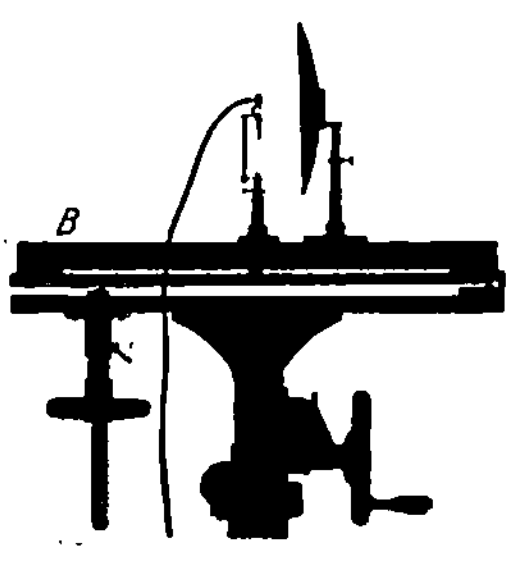
Abb. 392. Ein Schallscheinwerfer.
Pfeife gemäß Abb. 348.

Infolgedessen können wir bei der experimentellen Beobachtung der Schallwellenausbreitung in Luft mit größeren Schritten vorgehen als früher bei den Wasserwellen. Als Strahlungsquelle nehmen wir die auf S. 193 beschriebene kleine Pfeife. Ihre Wellenlänge wurde damals in einem Rohr zu rund 1,5 cm gefunden. Sie ist also sicher von der gleichen Größenordnung wie die Wellenlänge der Wasserwellen in der Wanne. Wir können die dort erprobten geometrischen Dimensionen ohne weiteres übernehmen.

Auf Grund dieser Überlegungen stellen wir zunächst einen „Schallscheinwerfer" (Abb. 392) her. Zu diesem Zweck benutzen wir den Parabolspiegel einer großen Autolampe auf der leicht dreh- und schwenkbaren optischen Bank B. Mit einem kleinen Glühlämpchen suchen wir in bekannter Weise den Brennpunkt dieses Spiegels auf: Das Bild des Glühfadens muß auf einer („unendlich") weit entfernten Wand scharf erscheinen. Mit Hilfe eines geeigneten Anschlages können wir dann die Glühlampe durch die kleine Pfeife ersetzen und sie genau an die Stelle des Glühfadens bringen. Auch bei allen folgenden Versuchen werden wir uns dauernd dieser „Optischen Justierung des Strahlenganges" bedienen.

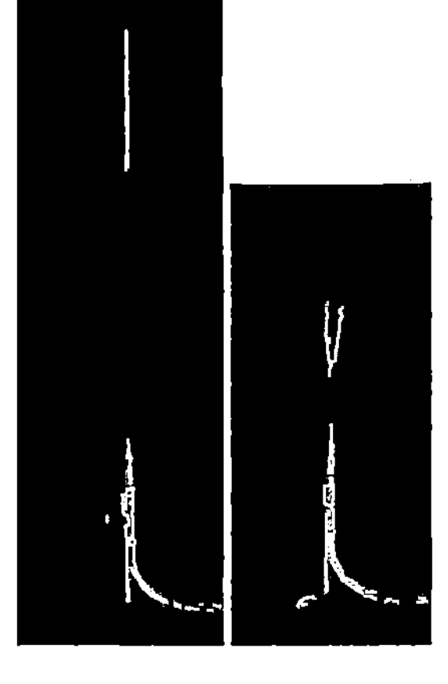

a   b
Abb. 393. a Empfindliche Flamme,
b desgl. unter Einwirkung kurzer
Schallwellen.

Zum Nachweis der Schallwellen benutzen wir vorläufig eine empfindliche Flamme. Das ist eine lange Leuchtgasflamme mit passend eingestellter Strahlgeschwindigkeit (Abb. 393a). Ihr glatt und ruhig brennender Faden ist sehr „empfindlich": er reagiert auf mechanische Störungen sehr ähnlich dem empfindlichen Wasserstrahl in Abb. 363. Der glatte Faden zerfällt turbulent[1] in eine kurze, unruhige, lebhaft rauschende Flamme (Abb. 393b).

Mit der empfindlichen Flamme als Indikator läßt sich der scharf begrenzte Schallstrahlenkegel unseres Scheinwerfers vorführen. Man kann die Flamme mit dem Strahl direkt oder auf dem Umweg über einen Spiegel erreichen. Als solcher dient eine glatte Holz- oder Metallplatte. Sie ist um ihre vertikale Achse drehbar aufgestellt. Das Reflexionsgesetz „Einfallswinkel gleich Reflexionswinkel" (S. 217) erweist sich streng erfüllt. Körper im Strahlengang werfen Schatten. Nur müssen sie groß gegen die benutzte Wellenlänge von rund 1,5 cm sein. Um kleine Körper werden die Wellen herumgebeugt.

---

[1] Auch wenn er nicht brennt!

Das zeigt man mit mannigfachen Objekten, einigen Fingern, der ganzen Hand usw.

Diese Beugung der Schallwellen ist für die Anwendung der Schallwellen im menschlichen Verkehr von größter Wichtigkeit. Die beispielsweise bei der Sprache benutzten Wellenlängen haben in der Hauptsache die Größenordnung etlicher Dezimeter. Sie werden daher um die Hindernisse üblicher Größe zwischen Sprecher und Hörer herumgebeugt. Daneben werden im täglichen Leben die Störungen durch Schattenwurf größerer Hindernisse von den vielfachen Reflexionen der Schallwellen an den Zimmerwänden unschädlich gemacht. (Siehe auch § 129.)

Der Schattenwurf der Schallwellen läßt sich übrigens sehr hübsch ohne alle instrumentellen Hilfsmittel vorführen. Man reibe Daumen und Zeigefinger der rechten Hand gegeneinander in etwa 20 cm Abstand vor dem rechten Ohr. Man hört einen hohen, dem unserer Pfeife ähnlichen Ton. Dann halte man mit der linken Hand das rechte Ohr zu. Man hört nicht mehr das Geringste. Denn das linke Ohr liegt vollständig im Schallschatten.

§ 119. Das Schallradiometer. Zweck der §§ 120 bis 124.

Für unsere weiteren Versuchen mit Schallstrahlen sind die Angaben der empfindlichen Flamme zu wenig quantitativ. Diesen Übelstand vermeidet ein anderer Schallempfänger, das „Schallradiometer". Eine Darstellung der „Akustik" ohne dies Meßinstrument gleicht etwa einer Elektrizitätslehre ohne einen Strommesser (Amperemeter).

Äußerlich besteht ein Schallradiometer aus einer Metallplatte am Arm einer empfindlichen Drehwaage. Während der Reflexion von Schallwellen an dieser Metallplatte greift an dieser Platte eine Kraft in Richtung des einfallenden Wellenzuges an. Die ankommende Welle „drückt" gegen das Hindernis. Das ist empirisch der Tatbestand.

Aus dieser experimentellen Tatsache ergibt sich ein wichtiger Schluß; Das lineare Kraftgesetz kann auch für die Schallwellen in Luft nur eine erste, wenngleich sehr gute Näherung sein. Denn bei einem linearen Kraftgesetz müßte die Zunahme des Luftdruckes im Wellenberg genau gleich der Abnahme des Luftdruckes im Wellental sein. Ohne ein quadratisches Zusatzglied [vgl. Gleichung (12) auf S. 42] könnte nie ein Strahlungsdruck P der Schallwellen zustande kommen. Quantitativ findet man für Luft $P = 1,2 \cdot J$. Dabei ist J die später auf S. 235 definierte Schallwellenintensität.

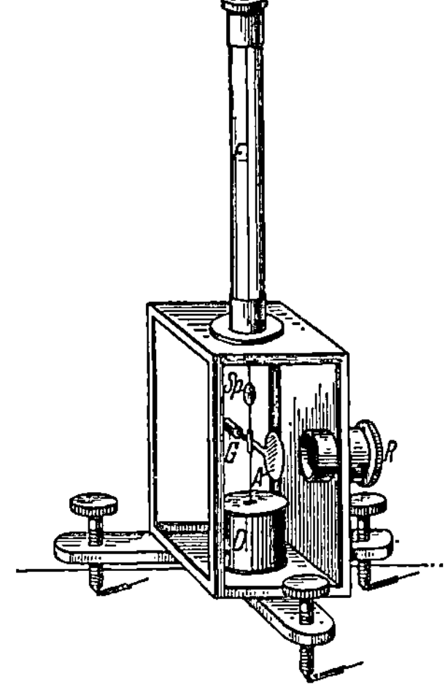

Abb. 394. Schallradiometer. Sein Zeichenschema ist in Abb. 396 ff. mit R eingetragen.

Ein für Schauversuche ausreichendes Schallradiometer ist in Abb. 394 skizziert. Ein Zeichenschema befindet sich in Abb. 396. Die Drehwaage befindet sich in einem rechteckigen Schutzkasten mit Glasfenstern. A ist eine Aluminiumplatte, G eine Ausgleichmasse. Die Drillachse besteht aus einem dünnen Bronzefaden F. Sp ist ein Spiegel für einen Lichtzeiger. Zum Einlaß der Schallwellen dient der kurze Rohrstutzen R. Die Schallstrahlen werden dem Instrument meist mit Hilfe eines Hohlspiegels zugeführt (vgl. Abb. 396). Die Platte A befindet sich angenähert in seinem Brennpunkt. Dies Schallradiometer ist sehr bequem zu handhaben.

Wellen aller Art gewinnen in der heutigen Physik eine überragende Bedeutung. So entwickelt sich beispielsweise die ganze Atom- und Molekularphysik zur Zeit zu einer „Wellenmechanik". Allen Wellenvorgängen ist ein weitgehend übereinstimmender Formalismus gemeinsam. Dies ganze 12. Kapitel soll uns in erster Linie von diesem Formalismus der Wellenausbreitung eine einfache und klare Vorstellung vermitteln. Die durch große Anschaulichkeit ausgezeichneten Wasserwellen haben uns in dieser Richtung erhebliche Dienste geleistet. Sie haben uns vor allem den Sinn der geometrischen Strahlenkonstruktionen (geometrischer Optik) erläutert. Noch nützlicher werden sich uns jetzt die kurzen Schallwellen erweisen. Mit dem Radiometer als einem quantitativen Indikator werden sie unsere Kenntnis der Wellenausbreitung erheblich erweitern. Es läßt sich mit ihnen eine Unzahl lehrreicher Versuche ausführen, doch beschränken wir uns auf Tatsachen von besonderer Wichtigkeit. Sie bilden den Gegenstand der drei folgenden Paragraphen.

§ 120. Die Brechung, Reflexion und Zerstreuung der Schallwellen durch Luftschichten verschiedener Dichte. 1. Brechung der Schallwellen durch ein Prisma. · Wellen, gleichgültig welcher Art, laufen fast stets in verschiedenen Substanzen oder Medien mit verschiedener (Phasen-)Geschwindigkeit. Dadurch entstehen Richtungsänderungen der Wellen beim Passieren der Grenzfläche zweier Substanzen. Man nennt sie allgemein „Brechung der Wellen". Nach dem Huygensschen Prinzip (S. 216) haben wir uns vom Zustandekommen dieser Brechung das durch Abb. 395 erläuterte Bild zu machen:

Ein ebener Wellenzug fällt schräg auf die Grenzfläche zweier Medien I und II. AB ist ein Wellenberg im ersten, CD ein Wellenberg im zweiten Medium. CD ist die Resultierende oder Umhüllende der gezeichneten, von der Grenzfläche ausgehenden Elementarwellen. Die Wege BD und AC sind innerhalb der gleichen Zeit durchlaufen worden. Sie verhalten sich also wie die Geschwindigkeiten der Wellen in beiden Medien

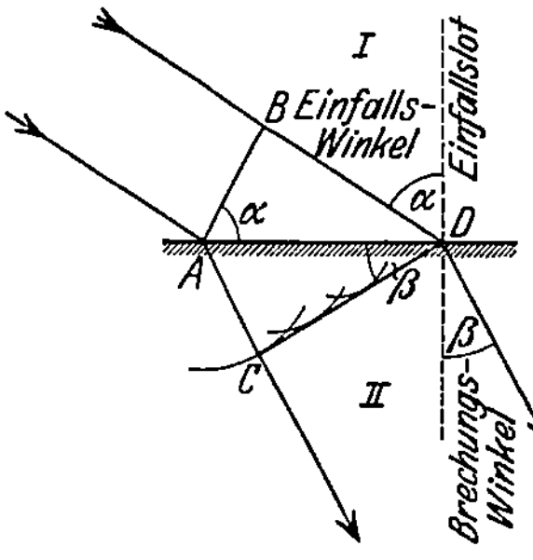

$$\frac{BD}{AC} = \frac{u_I}{u_{II}}.$$

Abb. 395. Entstehung der Brechung nach dem Huygensschen Prinzip.

Ferner entnimmt man der Abb. 395 die geometrische Beziehung

$$\frac{BD}{AC} = \frac{\sin \alpha}{\sin \beta}$$

und setzt für den konstanten Quotienten u_I/u_{II} der beiden Wellengeschwindigkeiten den Buchstaben n. So erhält man das Brechungsgesetz:

$$\frac{\sin \alpha}{\sin \beta} = n \tag{97}$$

oder in Worten: Der Quotient

$$\frac{\text{sin des Einfallwinkels } \alpha}{\text{sin des Brechungswinkels } \beta}$$

ist gleich einer Konstanten n, genannt der Brechungsexponent. Der Brechungsexponent ist das Verhältnis der Wellengeschwindigkeit in den beiden aneinandergrenzenden Medien.

Zur Brechung von Schallwellen benutzen wir eine ebene Grenzfläche zwischen Kohlensäure und Luft. Die Schallgeschwindigkeit in Kohlensäure beträgt bei Zimmertemperatur rund 269 m/sec (etwa nach Abb. 340 bestimmt). Folglich berechnen wir als Brechungsexponenten für den Übergang der Wellen von Luft in CO_2

$$n_1 = \frac{340}{269} = 1{,}26\,,$$

von CO_2 in Luft

$$n_2 = \frac{269}{340} = 0{,}79\,.$$

Die Abb. 396 zeigt eine geeignete Versuchsanordnung: Ein Schallscheinwerfer (Abb. 392) liefert uns wieder ein scharf begrenztes, angenähert paralleles

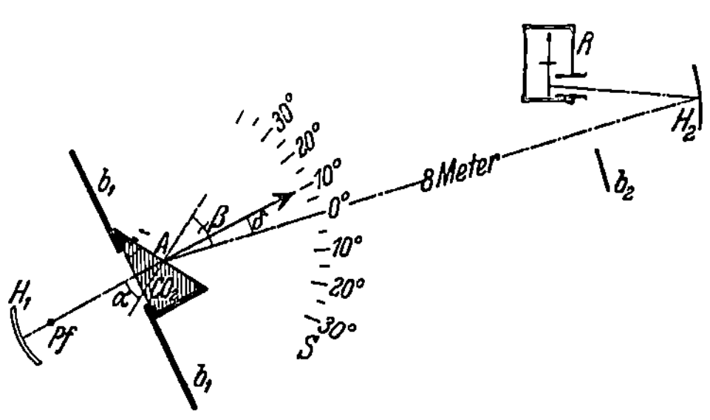

Strahlenbündel. Die Schallstrahlen durchsetzen das mit CO_2 gefüllte Hohlprisma. Seine „durchlässigen Wände" bestehen aus Seidenstoff[1]. Der Schallsender H_1 Pf, das Hohlprisma und der große Blendschirm b_1 sind gemeinsam auf eine optische Bank montiert. Die Bank ist um die vertikale Achse A drehbar und der Drehwinkel δ ist auf der Skala S abzulesen. Zum Nachweis der Schallwellen dient das etwa 8—10 m entfernte Schallradiometer R. Anfänglich benutzt man das Hohlprisma mit Luftfüllung, der Strahl geht ungebrochen hindurch. Nach Einfüllen der Kohlensäure findet man einen Ablenkungswinkel $\delta = 9{,}8°$. Für diese Brechung kommt nur die zweite Fläche in Frage.

Abb. 396. Brechung der Schallstrahlen in einem mit CO_2 gefüllten Prisma. Der spitze Winkel des Prismas ist $= \alpha$.

Denn bei senkrechter Inzidenz ist der Einfallswinkel $\alpha = 0$, folglich muß nach dem Brechungsgesetz [Gleichung (97)] auch der Brechungswinkel $\beta = 0$ sein. Bei senkrechtem Einfall gibt es keine Richtungsänderung.

Für die zweite Grenzfläche sind der Einfallswinkel α und der Brechungswinkel β skizziert. α beträgt bei der gewählten Prismenform $30°$. Man entnimmt der Skizze $\beta = \alpha + \delta$, also $\beta = 39{,}8°$. Daraus folgt

$$n = \frac{\sin 30°}{\sin 39{,}8°} = \frac{0{,}5}{0{,}64} = 0{,}78\,.$$

Der so experimentell gefundene Wert stimmt gut mit dem oben aus den Geschwindigkeiten in beiden Gasen berechneten überein.

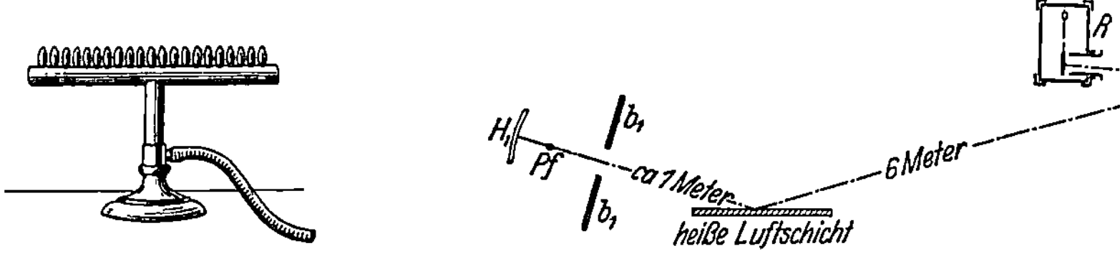

Abb. 397. Der zur Herstellung einer vertikalen Heißluftschicht in Abb. 398 gebrauchte Gasbrenner.

Abb. 398. Spiegelung eines Schallstrahles an einer heißen Luftschicht.

2. Die Reflexion der Schallwellen an der Grenze zweier Luftschichten ungleicher Dichte. Mit Hilfe eines kammförmigen Gasbrenners stellen wir uns eine leidlich plane vertikale Wand heißer Luft geringer Dichte her (Abb. 398). Sie reflektiert uns den Strahl des Schallscheinwerfers sehr deutlich, wenn auch nicht ganz so präzise wie ein Holz- oder Metallspiegel.

3. Zerstreuung der Schallwellen in Luft mit örtlichen Dichteschwankungen. Wir richten den Schallstrahl des Scheinwerfers direkt auf

---

[1] Papier, Cellophan, Guttaperchahäute sind praktisch undurchlässig.

das Radiometer und bringen dann die heißen Flammengase eines unregelmäßig
hin und her geschwenkten Gasbrenners in den Strahlengang. Oder wir lassen
im Strahlengang aus einer Gießkannenbrause gasförmige Kohlensäure ausströmen. In beiden Fällen werden die Wellen durch Reflexion und Brechung
regellos nach allen Seiten gestreut. Das Radiometer zeigt nur noch einen ganz
kleinen Ausschlag. Von dem ursprünglich scharf begrenzten Strahl ist nichts
mehr zu erkennen. Er ist durch die „Luftschlieren" oder das „trübe Medium"
völlig zerstört.

Die Bedeutung dieser drei Versuche für die Ausbreitung der Schallwellen
in unserer Atmosphäre liegt auf der Hand. Der zweite Versuch erklärt uns
das „Luftecho", das Echo beim Fehlen fester Wände. Die beiden anderen Versuche machen uns die Größenschwankungen der Lautstärke weit entfernter
Schallquellen verständlich. Nach dem dritten Versuch kann der Schall auf
dem Wege zu unserm Ohr durch starke Temperatur- und Dichteungleichheiten
der Luft zerstreut werden. Andererseits können Brechungen und Spiegelungen
der Schallstrahlen das Erreichen unseres Ohres über weite Entfernungen be-
günstigen (Schall-Fata-Morgana).

§ 121. Begrenzung eines Schallwellenzuges durch einen Spalt.
Fortsetzung von S. 216. In § 115 hatten wir die Darstellung der
Wellenausbreitung nach dem Fresnel-Huygensschen Prinzip kennengelernt,
jedoch das erste Beispiel nicht zu Ende geführt. Dies Beispiel betraf die Begrenzung eines ebenen Wellenzuges durch einen Spalt. Wir knüpfen hier direkt
an die dortige geometrische Konstruktion in Abb. 386 an. Das Ergebnis
dieser Konstruktion stimmte in seinen großen Zügen mit unserem experimentellen Befund an Wasserwellen überein. Sie ergaben für große Quotienten
$\dfrac{\text{Wellenlänge}\,\lambda}{\text{Spaltbreite}\,B}$ eine starke Beugung, d. h. eine erhebliche Überschreitung der
geometrischen Strahlengrenzen.

Diese Konstruktion nach dem Fresnel-Huygensschen Prinzip ergab jedoch
noch mehr, nämlich Maxima und Minima im Beugungsgebiet. Diese feineren
Einzelheiten lassen sich mit Wasser-
wellen nur unbefriedigend vorführen. Vortrefflich ge-
lingt diese Vorführung
jedoch mit kurzen
Schallwellen bei Be-
nutzung eines Schall-
radiometers. Die Abb.
399 zeigt uns eine ganz
primitive Anordnung.
Wir stellen in den
Schallkegel unseres oft

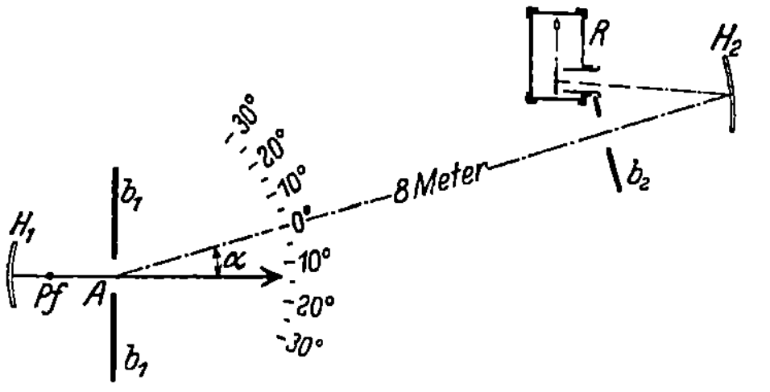

Abb. 399. Begrenzung ebener Schallwellen durch einen Spalt
(Fraunhofersche Beugung). *R* Schallradiometer mit Auf-
fangespiegel H_2.

Abb. 400. Der in
Abb. 399 benutzte
Beugungsspalt b_1
der Breite B.

benutzten Schallscheinwerfers eine Blende mit einem rechteckigen Loch. Seine
Breite ist $B = 11{,}5$ cm. Die ganze Anordnung ist um eine durch die Spaltmitte
gehende vertikale Achse A drehbar. Der Dreh- oder Ablenkungswinkel α ist
auf der Skala abzulesen. Die Pfeife hat 1,45 cm Wellenlänge (vgl. § 105), alles
übrige ist aus der Abbildung ersichtlich.

Die Abb. 401 gibt uns die Radiometerausschläge für verschiedene Ablenkungswinkel α. Die Ausmessung dieser ganzen Kurve Punkt für Punkt
(Schallgebirge oder Wellengebirge genannt) erfordert immerhin etliche Zeit.
Für knappe Vorlesungsversuche beschränkt man sich zweckmäßig auf eine ab-
wechselnde Einstellung der einzelnen Maxima und Minima. Die ersten Minima

liegen beiderseits um den Winkel $\alpha_{min} = 7{,}2°$ von der Mittellinie entfernt. Darauf berechnen wir nach Gleichung (95), S. 216

$$\lambda = 1{,}44\ cm$$

in bester Übereinstimmung mit früheren Messungen mit den Kundtschen Staubfiguren.

In Abb. 402 sind die gleichen Messungen in Polarkoordinaten dargestellt. Der Fahrstrahl r bedeutet die Größe der Radiometerausschläge oder die Schallintensität. Diese Darstellungsweise wird von technischen Kreisen bevorzugt.

Endlich gibt uns Abb. 403 entsprechende Messungen mit einem anderen Spalt ($B = 5$ cm) und entsprechend stärkerer Beugung. Der Winkel α_{min} des ersten Minimums ergibt sich zu $17°$. Daraus folgt

$$\lambda = 1{,}46\ cm,$$

also wieder in guter Übereinstimmung mit dem eben genannten Wert.

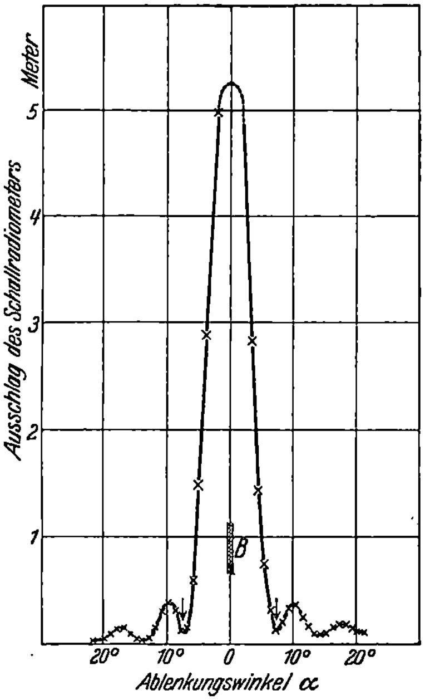

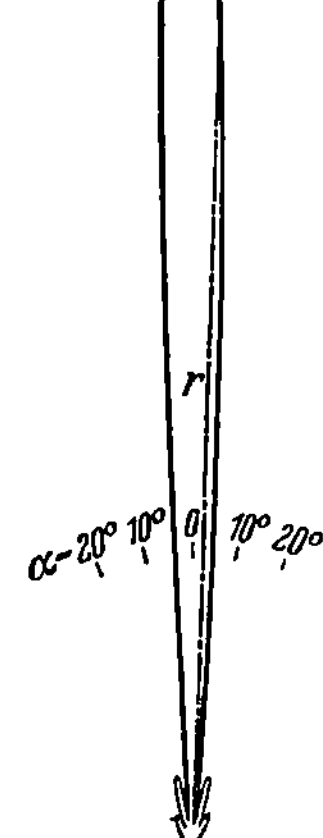

Abb. 402. Das Fraunhofersche Beugungsbild der Abb. 401, dargestellt in Polarkoordinaten.

Abb. 401. Das Fraunhofersche Beugungsbild (Schallgebirge) des in Abb. 399 dargestellten Spaltes für eine Wellenlänge von 1,45 cm. Der schraffierte Bereich B markiert die geometrischen Strahlgrenzen.

Diese eindrucksvollen Versuche gehören zu den Grundversuchen der Wellenlehre. Das gleiche gilt von den in § 122 bis 124 folgenden.

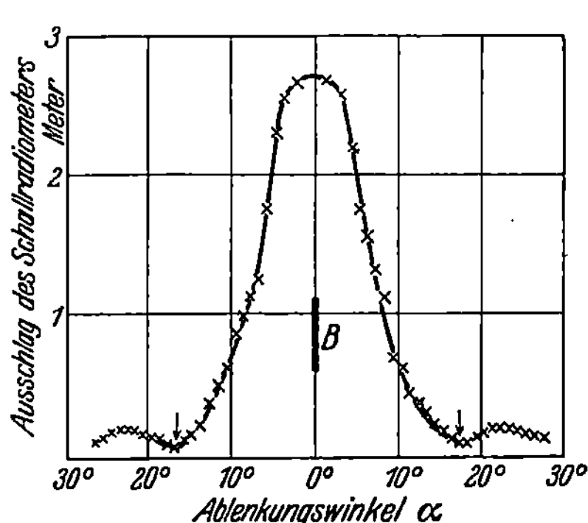

Abb. 403. Das Fraunhofersche Beugungsbild eines nur 5 cm breiten Spaltes b_1 in Abb. 400.

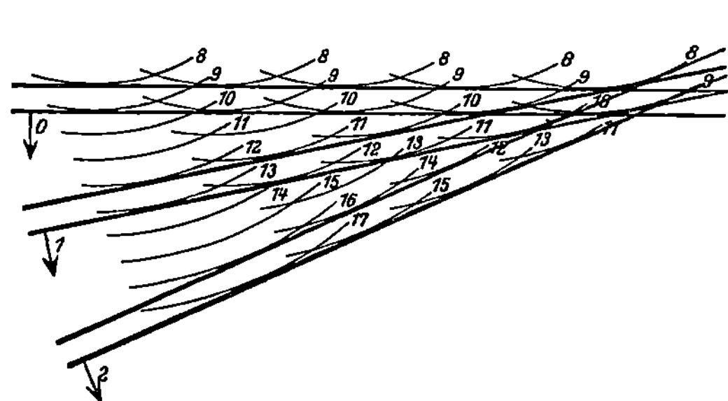

Abb. 404. Fraunhofersches Beugungsgitter, erläutert mit den Huygensschen Elementarwellen.

§ 122. Fraunhofersches Beugungsgitter mit vielen äquidistanten Spalten.

Die Wellen sollen senkrecht auf das Gitter auftreffen und keine Krümmung haben. Sie sollen also wieder von einem sehr weit entfernten Zentrum herrühren. Die wesentlichen Erscheinungen sind bereits der einfachen graphischen Konstruktion in Abb. 404 zu entnehmen. Jeder der 5 engen Gitterspalte wird zum Ausgangspunkt eines elementaren Wellenzuges. Die Wellenberge sind schwarz ausgezogen eingezeichnet, die zwischen ihnen liegenden Täler weiß. Senk-

recht zu den durch die Pfeile *0, 1, 2 ..*, angedeuteten Richtungen lassen sich
an die Wellenberge der benachbarten gekrümmten Elementarwellen gemeinsame Tangenten legen. In ihnen addieren sich die Wellenberge der Elementarwellen wieder zu einem ungekrümmten Wellenzug. In der Pfeilrichtung *0* ist
der Gangunterschied je zweier benachbarter Wellen gleich Null. In den
andern Richtungen *1, 2* usw. beträgt dieser Gangunterschied je zweier benachbarter Elementarwellen ein ganzzahliges Vielfaches einer Wellenlänge, also
1λ, 2λ, 3λ und so fort. Genau die gleiche Konstruktion hat man sich nach
links ausgeführt zu denken.

Der eine auf das Gitter auffallende parallel begrenzte Wellenzug wird also
beim Passieren des Gitters symmetrisch in eine ganze Reihe parallel begrenzter
Wellenzüge aufgespalten. Der mittelste bildet die geradlinige Verlängerung des
einfallenden. Man nennt ihn das Strahlenbündel „nullter Ordnung". Die
beiderseits seitlich abgelenkten nennt man die Strahlenbündel erster,

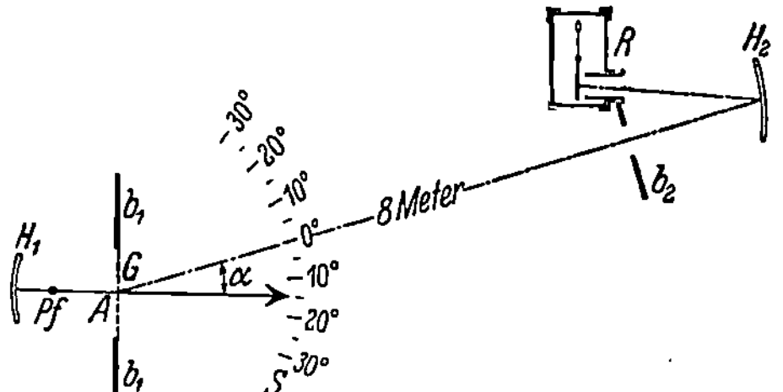

Abb. 405. Beugungsgitter für Schallwellen.

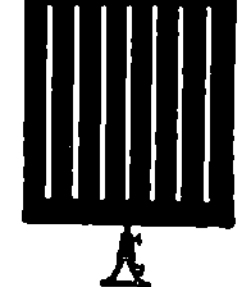

Abb. 406. Das in Abb. 405 benutzte
Fraunhofersche Beugungsgitter.

zweiter, ... *n*ter Ordnung. Diese Bezifferung bringt also den Gangunterschied
benachbarter Elementarwellen zum Ausdruck[1].

Die Ablenkungswinkel der Strahlenbündel der einzelnen Ordnungen ergeben
sich unmittelbar aus der Abb. 404 zu

$$\sin\alpha_1 = \lambda/d, \qquad \sin\alpha_2 = 2\lambda/d, \qquad \sin\alpha_n = n\lambda/d, \tag{98}$$

d ist dabei die „Gitterkonstante", d. h. der Abstand der Mittelpunkte benachbarter Spaltöffnungen. Die Ablenkungswinkel sind also für ein gegebenes Gitter
ausschließlich durch die Wellenlänge λ des auffallenden Strahlenbündels bestimmt. Infolgedessen ist das Beugungsgitter ein Spektralapparat. Es zerlegt uns ein Gemisch gleichzeitig auffallender sinusförmiger Wellen räumlich
in seine Bestandteile: Man denke sich in großem Abstand vom Gitter und parallel
seiner Fläche eine Beobachtungsebene vorhanden. In dieser erscheinen die
einzelnen Wellenlängen nach ihrer Größe oder ihren Frequenzen geordnet nebeneinander als ein Spektrum. Die kürzesten Wellen erscheinen am wenigsten,
die größten am meisten abgelenkt. Im Gebiet größerer Winkelablenkungen kann
es dabei allerdings zu einer Überschneidung der Spektra aus Strahlenbündeln
verschiedener Ordnung kommen. Das Schallradiometer als Wellenindikator erlaubt die Vorführung derartiger Spektra mit Schallwellen. Die Abb. 405 zeigt
die wieder ganz primitive Versuchsanordnung: In der Abb. 404 hatten wir den
senkrechten Einfall eines parallelen Strahlenbündels zugrunde gelegt. Ein
solches Parallelstrahlenbündel stellen wir uns mit Hilfe unseres Schallschein-

---

[1] Wir haben hier nur das Huygenssche Prinzip benutzt. Bei einer Addition der Elementarwellen nach dem Fresnel-Huygensschen Prinzip findet man zwischen den einzelnen
Ordnungen bei einem Gitter von N Spalten noch $N - 2$ niedrige Nebenmaxima. Diese
Addition läßt sich ohne weiteres nach dem auf S. 215 erläuterten Schema graphisch durchführen. Bei den in Abb. 407 folgenden Messungen liegen die erwähnten Nebenmaxima
unterhalb der Meßgenauigkeit.

werfers her. In seinen Strahlengang setzen wir ein Gitter aus Holzstäben. Es hat 7 Gitterspalte und eine Gitterkonstante von 5 cm (Abb. 406). Schallscheinwerfer und Gitter sind gleichzeitig um eine vertikale, durch die Gitterebene gehende Achse A drehbar (Abb. 406). Dadurch kann man nacheinander die unter verschiedenen Winkeln α aus dem Gitter austretenden Strahlenbündel auf das Radiometer richten. In der Abb. 407 finden wir so gewonnene Messungen zusammengestellt. Beim Winkel $\alpha = 0°$ trifft das unabgelenkte Strahlenbündel nullter Ordnung auf das Instrument. Dort gibt es den Maximalausschlag. Links und rechts folgen dann beiderseits zwei weitere Maxima unter dem Winkel 16,8° und 33,6°. Sie zeigen uns beiderseits das Spektrum der Pfeife in erster und zweiter Ordnung. Für Versuchszwecke genügt vollauf eine wechselnde Einstellung auf die einzelnen scharfen Maxima und flachen Minima. Es sind verblüffend einfache Versuche. Dies Spektrum besteht also praktisch nur aus einer Spektrallinie. Ihre Wellenlänge beträgt nach Gleichungen (98) auf S. 227 berechnet 1,45 cm. Die Pfeife hat uns also in diesem Fall praktisch nur eine sinusförmige Welle geliefert.

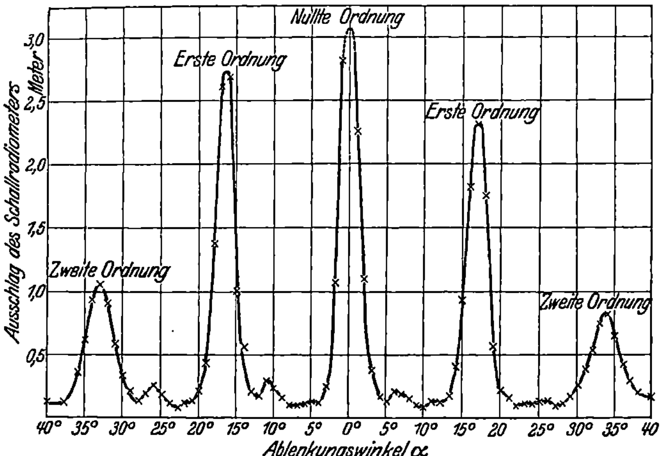

Abb. 407. Ein mit der Anordnung der Abb. 406 aufgenommenes Beugungsspektrum.

§ 123. **Die Glanzwinkel räumlicher Punktgitter.** Vorversuche: Lichtstrahlen werden an einer ebenen und hinreichend glatt polierten Fläche unter jedem Winkel gespiegelt. Es gilt das Reflexionsgesetz: Einfallswinkel gleich Reflexionswinkel (S. 217). Bei einer Bewegung von Lichtquelle oder Spiegel wechselt der gespiegelte Strahl im allgemeinen seine Richtung. Das weiß jedes Schulkind. Doch kann man die Bewegungen der Lichtquelle und des Spiegels gegeneinander kompensieren. Dadurch gelangt man zu einer für die Vorführung und Prüfung des Reflexionsgesetzes bequemen Anordnung. Sie ist in Abb. 408 skizziert.

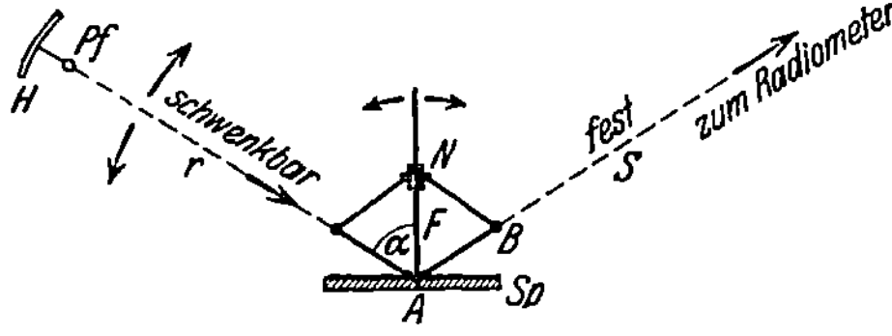

Abb. 408. Zur Vorführung des Reflexionsgesetzes bei konstanter Richtung des gespiegelten Strahles.

Sie benutzt als Strahlenquelle einen kleinen Scheinwerfer $H\,Pf$, am Ende des schwenkbaren Armes r. Die Drehachse des Armes steht bei A senkrecht zur Papierebene. Um die gleiche Achse ist auch der Spiegel Sp drehbar. Beide Drehbewegungen sind miteinander durch eine Parallelogrammführung gekoppelt. Der wesentliche Teil ist eine Schiebehülse N auf einer mit dem Spiegel starr verbundenen Führungsstange F. Von den vier Gelenken wird das eine, bei B befindliche festgehalten. Bei einer Schwenkung des Armes r um den Winkel α dreht sich der Spiegel um den Winkel $\alpha/2$. Daher bleibt der reflektierte Strahl S stehen, sofern das Reflexionsgesetz: Einfallswinkel gleich Reflexionswinkel erfüllt ist. Wir führen diese Anordnung mit Schallwellen vor. Wir benutzen unsern üblichen Schall, scheinwerfer (Abb. 392) und als Spiegel ein ebenes Brett. Wir finden bei jedem beliebigen Einfallswinkel α eine starke Spiegelung.

Jetzt kommt ein zweiter Vorversuch: Wir ersetzen den Spiegel Sp durch ein ebenes Gitterwerk, z. B. das in Abb. 409 gezeigte Punktgitter aus Holzkugeln und dünnen Drähten. Wiederum finden wir bei jedem beliebigen Einfallswinkel α eine deutliche Spiegelung. Selbstverständlich ist die Intensität der reflektierten Wellen bei diesem weitmaschigen Gitterwerk viel geringer als bei dem undurchlässigen Spiegel in Abb. 408.

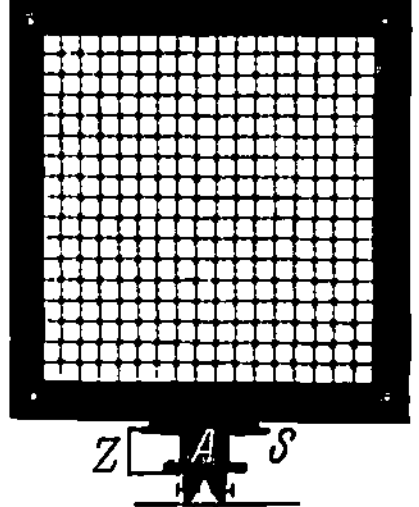
Abb. 409. Flächenhaftes Punktgitter. Z = Zeiger für die Winkelgradskala S.

Das Huygenssche Prinzip erklärt uns die Entstehung dieser Reflexion genau entsprechend der Abb. 388. Man betrachtet bei der geometrischen Konstruktion jeden Gitterpunkt als Ausgangspunkt einer Elementarwelle.

Nach dem strengeren Fresnel-Huygensschen Prinzip findet man beiderseits des regulär gespiegelten Strahles „nullter Ordnung" seitlich abgelenkte Wellenzüge 1., 2. usw. Ordnung. (Kreuzgitterbeugungsspektrum in Reflexion.) Wir können diese Feinheiten im Beugungsgebiet in diesem Fall wegen ihrer geringen Intensität vernachlässigen.

Jetzt kommt der Hauptversuch: Wir ersetzen das ebene Punktgitter durch ein räumliches. Es wird gemäß Abb. 410 aus mindestens drei oder vier äquidistanten ebenen Punktgittern zusammengestellt. Alle Gitterpunkte befinden sich in Ecken würfelförmiger Elementarzellen von 3 cm Kantenlänge, und diese „Gitterkonstante" d ist also nur wenig größer als die von uns benutzten Schallwellenlängen von 1,45 cm.

Der Versuch gibt ein höchst wichtiges Ergebnis. Auch das räumliche Punktgitter reflektiert uns die Schallstrahlen nach dem Reflexionsgesetz. Aber diese Reflexion tritt nur bei einigen wenigen scharf begrenzten Einfallswinkeln ein, und zwar in unserm Beispiel bei

$$\alpha_1 = 61°,$$

$$\alpha_2 = 76°,$$

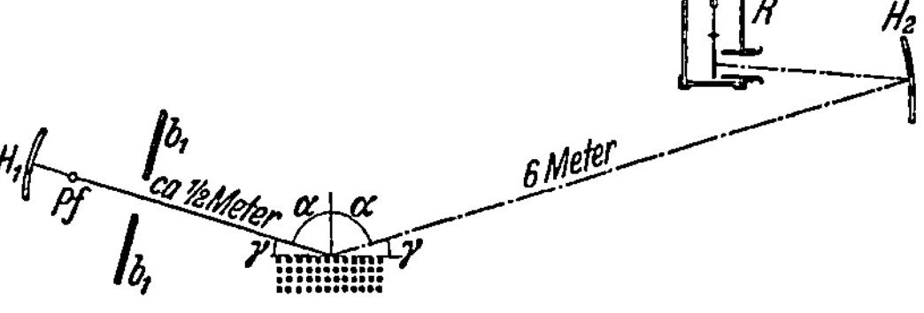
Abb. 410. Glanzwinkel an räumlichen Punktgittern, vorgeführt mit Schallstrahlen.

oder in andern Worten: Unser räumliches Punktgitter zeigt einige wenige scharf begrenzte „Glanzwinkel". So nennt man den Ergänzungswinkel des Einfallswinkels.

Also Glanzwinkel $\gamma_1 = 29°$,
       Glanzwinkel $\gamma_2 = 14°$.

Die Entstehung dieser Glanzwinkel erklärt uns die geometrische Konstruktion in Abb. 411. Man braucht nicht einmal auf die Huygensschen Elementarwellen zurückzugreifen.

Bei dieser Näherung machen wir auch hier die oben in Kleindruck erwähnten unerheblichen Vernachlässigungen.

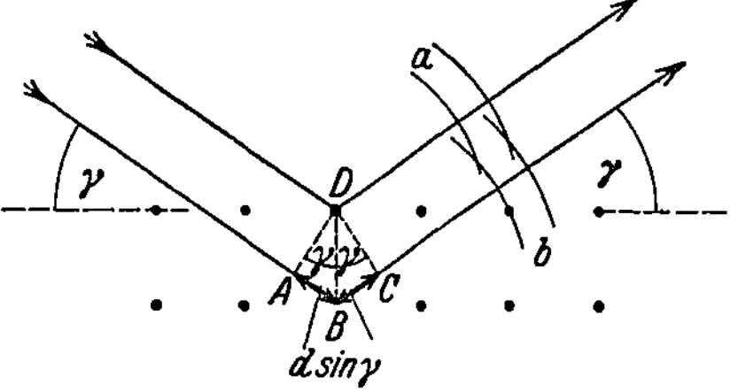
Abb. 411. Zur Entstehung des Glanzwinkels.

Die von den einzelnen Gitterebenen reflektierten Wellen müssen gegeneinander Gangunterschiede gleich ganzzahligen Vielfachen der benutzten Wellenlängen haben. Sonst würden sich die Wellen gegenseitig schwächen oder aufheben. Dieser Gangunterschied zwischen zwei benachbarten Schichten ist in Abb. 411

gleich den Wegen ABC. Sowohl AB wie BC ist gleich $d \cdot \sin\gamma$. Wir haben also als Bedingung des Glanzwinkels γ

$$n\lambda = 2d \sin\gamma \quad (n \text{ kleine ganze Zahl}). \tag{98a}$$

Glanzwinkel γ, Wellenlänge λ und der Abstand d der einzelnen Gitterebenen sind also durch eine sehr einfache Beziehung miteinander verknüpft. Bei bekannter Wellenlänge lassen uns die experimentell ermittelten Glanzwinkel unbekannte Gitterebenenabstände d bestimmen. Unsere oben gegebenen Glanzwinkel führen uns so zu $d = 3{,}0$ bzw. $2{,}9$ cm, in guter Übereinstimmung mit der Konstruktion unseres kubischen Gitters.

Diese hier mit Schallwellen vorgeführten Glanzwinkel haben bei der Erforschung der Kristallgitter eine außerordentliche Bedeutung gewonnen. Als Wellen benutzt man die des Röntgenlichtes $(\lambda \sim 10^{-8}\,\text{cm})$.

Selbstverständlich kann man mit unsern räumlichen Punktgittern auch Laue-Diagramme mit Schallwellen vorführen.

§ 124. Die Interferometer. Interferometer ist ein Sammelname für eine äußerlich sehr vielgestaltige Gruppe von Meßinstrumenten. Man benutzt sie

Abb. 412. Doppelspalt für das in Abb. 413 gezeigte Interferometer.

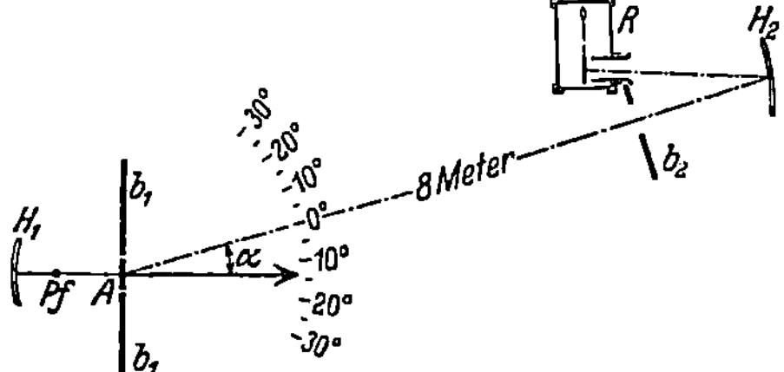

Abb. 413. Doppelspaltinterferometer (Th. Young 1802).

für alle irgendwie mit der Größe von Wellenlängen zusammenhängenden Präzisionsmessungen. Ihr Prinzip ist einfach: Man spaltet einen Wellenzug in zwei Teilwellenzüge auf. Diese läßt man verschiedene Wege durchlaufen. Dadurch erhalten sie einen Gangunterschied. Dann führt man sie wieder zusammen und bringt sie dadurch zur Interferenz. Wir beschreiben zwei typische Ausführungsformen von Interferometern für Schallwellen.

1. Die Abb. 412 zeigt uns einen Doppelspalt. Er wird zusammen mit dem Schallscheinwerfer H_1 Pf auf eine Dreikantschiene (optische Bank) gesetzt. Diese Schiene ist um eine durch die Spaltebene gehende vertikale Achse A drehbar. Die Spaltweite (ca. 1 cm) ist von der Größenordnung der Pfeifenwellenlänge. Infolgedessen treten aus beiden Spalten weitgeöffnete Wellenzüge aus. Man vergleiche etwa Abb. 376. Diese

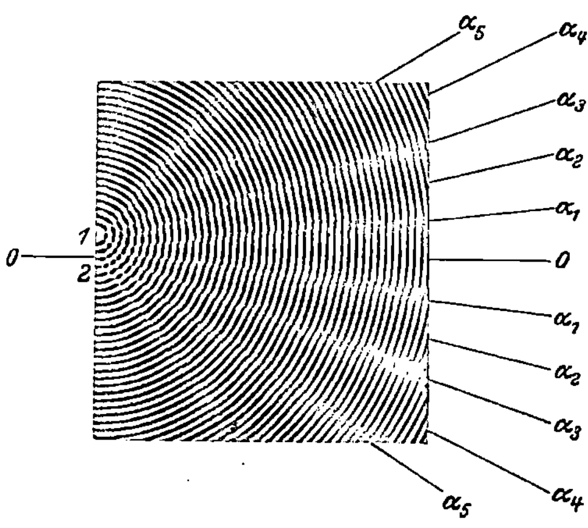

Abb. 414. Wellenverlauf im Doppelspaltinterferometer. Modellversuch. (Zwei aufeinandergelegte Glasplatten mit konzentrischen Kreisen.)

Wellenzüge durchschneiden sich nach Art des Modellversuches in Abb. 414. Schwarze Linien bedeuten Wellenberge, weiße Wellentäler.

In der Symmetrielinie 0 0 sehen wir die Wellenbewegung erhalten, d. h. eine periodische Folge schwarzer und weißer Linien. Beiderseits der Symmetrie-

linien hingegen findet sich ein System von „Interferenzstreifen". Im Winkelabstand α_1, α_3, α_5 fehlt der für die Welle charakteristische Wechsel schwarzer
Wellenberge und weißer Wellentäler. Dort herrscht keine Wellenbewegung.
Das ist eine Folge des Gangunterschiedes s beider Wellen. Der Gangunterschied hat die aus der Abb. 415 ersichtliche Bedeutung. Er beträgt in den Winkelabständen der Interferenzstreifen ein ungeradzahliges Vielfaches einer halben
Wellenlänge, also $1\frac{\lambda}{2}$, $3\frac{\lambda}{2}$, $5\frac{\lambda}{2}$ usf. Infolgedessen fallen dort die Wellenberge des
einen auf die Wellentäler des anderen Wellenzuges.

Beim Schwenken des Interferometers um die Achse A müssen die
Ausschläge des Radiometers periodisch zwischen ihrem Höchstwert
und (praktisch) Null wechseln. Das
ist in der Tat der Fall. Die Abb. 416
gibt eine Beobachtungsreihe. Man
findet beispielsweise das dritte Mini

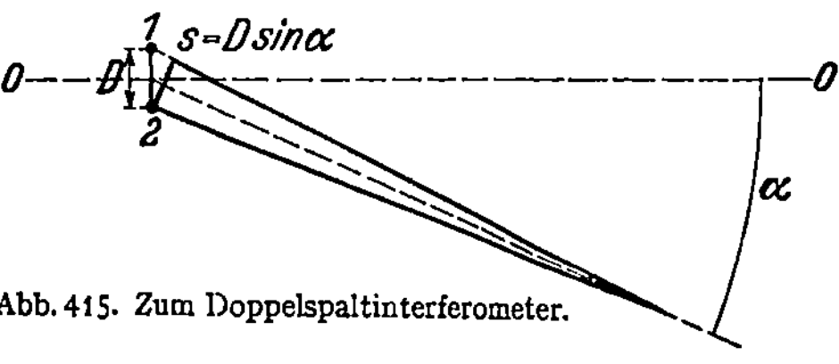

Abb. 415. Zum Doppelspaltinterferometer.

mum oder den dritten Interferenzstreifen unter dem Winkel $\alpha_5 = 19{,}2°$. Nach
der geometrischen Konstruktion in Abb. 415 muß gelten

$$\sin\alpha_5 = \frac{\frac{5}{2}\lambda}{D} \quad (D = \text{Spaltabstand} = 11 \text{ cm}).$$

Daraus berechnen wir für λ den Wert 1,45 cm. Die Ausmessung der gleichen
Pfeifenwellenlänge in Abb. 407 hatte ebenfalls den Wert 1,45 ergeben.

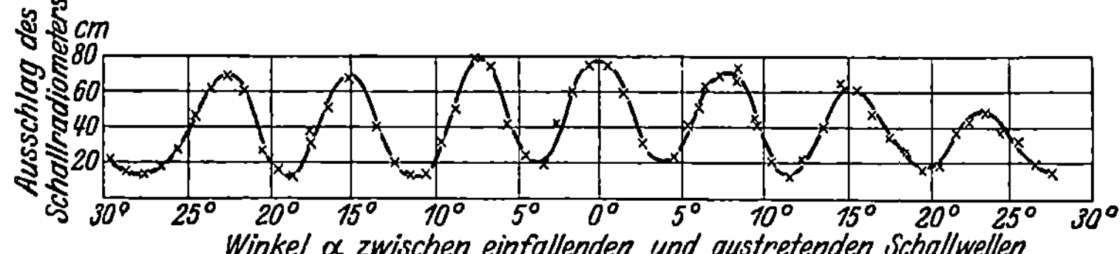

Abb. 416. Messungen mit dem Doppelspaltinterferometer gemäß Abb. 413.

Eine zweite Interferometer-Ausführungsform wird durch Abb. 417 erläutert.
Der eine Wellenzug (Nr. 1) geht direkt von der Pfeife Pf aus. Der zweite (Nr. 2)
entsteht durch Reflexion des ersten an dem ebenen Spiegel (Metallblech) Sp.
Der Gangunterschied beider Wellenzüge ist hier besonders einfach zu übersehen. Er ist durch den doppelten Abstand von Pfeife und Spiegel gegeben.
Für Gangunterschiede gleich einem geradzahligen Vielfachen der halben Wellenlänge
haben wir beiderseits der Symmetrielinie
(Pfeilrichtung) das in der Abb. 418 skizzierte Bild: Die Wellenbewegung bleibt erhalten, schwarze Berge und weiße Täler
folgen periodisch aufeinander. Das in Richtung der Symmetrielinie aufgestellte Schallradiometer zeigt einen großen Ausschlag.

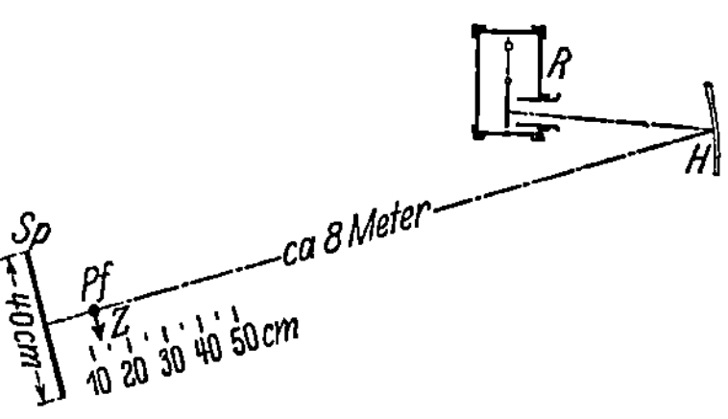

Abb. 417. Interferometer mit bewegtem Spiegel.

Für Gangunterschiede gleich einem ungeradzahligen Vielfachen der halben Wellenlänge tritt an die Stelle der Abb. 418 die Abb. 419. Es fehlt die periodische Folge
von Wellenbergen und -tälern, denn die Berge des einen fallen auf die Täler des
anderen Wellenzuges. Der Radiometerausschlag muß praktisch auf Null zurückgehen. In Abb. 420 sind die Radiometerausschläge für verschiedene Spiegelabstände zusammengestellt. Die Minima folgen einander nach je einer Spiegel-

verschiebung von 0,72 cm; folglich ist $\lambda/2 = 0{,}72$ cm oder $\lambda = 1{,}44$ cm, in guter Übereinstimmung mit den oben ermittelten Werten.

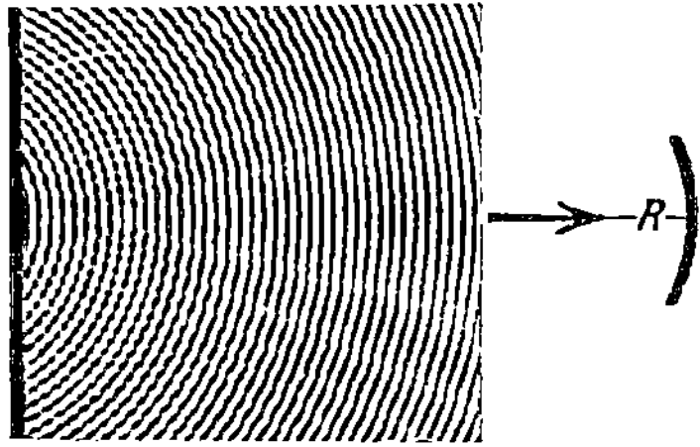

Abb. 418. Zum Wellenverlauf im Interferometer mit bewegtem Spiegel. Beide Wellen in der Beobachtungsrichtung in Phase.

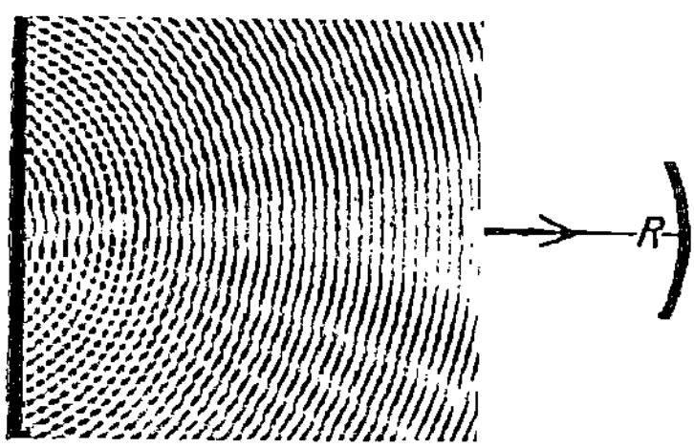

Abb. 419. Wie Abb. 418, jedoch beide Wellen in der Beobachtungsrichtung um 180° phasenverschoben.

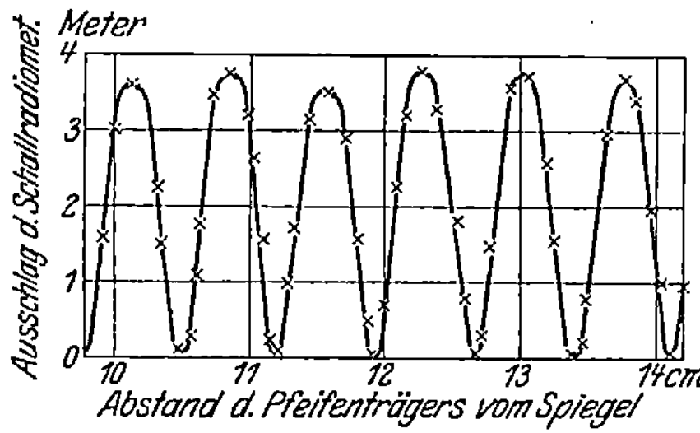

Abb. 420. Eine Meßreihe mit dem Interferometer (Abb. 417).

§ 125. Schallstrahler. In der Wellenwanne konnte man den Mechanismus der Wellenausstrahlung gut übersehen. Der Tauchkörper verdrängte das Wasser rhythmisch in der Frequenz seiner Vertikalschwingungen. Dieser Versuch läßt sich sinngemäß auf die räumliche Ausstrahlung elastischer Längswellen in Luft, Wasser usw. übertragen. Man soll eine Kugel im Rhythmus von Sinusschwingungen ihr Volumen verändern lassen. Dann erhält man einen „idealen" Schallstrahler, die „atmende Kugel". Alle Punkte ihrer Oberfläche schwingen phasengleich, man erhält eine völlig symmetrische Aussendung von Kugelwellen. Dieser ideale Schallstrahler ist bis heute von der Technik noch nicht verwirklicht, worden. Doch bringen manche Lösungen der Aufgabe schon praktisch sehr gute Näherungen. An erster Stelle sind da die dickwandigen Behälter mit einer schwingenden Membranwand zu nennen. Die Membran wird am besten vom Kasteninnern aus elektromagnetisch angetrieben. Nach diesem Prinzip hat man für Unterwasserschallsignale mit Membranen von rund 50 cm Durchmesser eine Leistung der ausgestrahlten Wasserschallwellen bis zu $\tfrac{1}{2}$ Kilowatt erzielen können Allerdings darf man den Ausdruck „Membran" nicht gar zu wörtlich nehmen. Bei dem genannten Beispiel handelt es sich um eine Stahlplatte von etwa 2 cm Dicke.

In Luft führen wir einen analog gebauten Schallstrahler mit erheblich bescheideneren Abmessungen vor. Es ist eine technische Signalhupe nach Abnahme ihres Schalltrichters. Ihr Ton ist laut, aber im Hörsaal noch durchaus erträglich. Die Schwingungsamplitude des von ihr ausgehenden Luftwechselstromes läßt sich bequem mit Hilfe hydrodynamischer Kräfte nachweisen. Wir hängen in etlichen Dezimetern Abstand von unserer Schallquelle eine Pappscheibe in Münzengröße drehbar auf. Sie trägt einen Spiegel für einen Lichtzeiger und wird durch einen kleinen Gazekäfig vor Zugluft geschützt. Ihre Ebene steht gegen die Verbindungslinie zur strahlenden Membran um etwa 45° geneigt. Der Luftwechselstrom umströmt die Scheibe mit dem aus Abb. 256 bekannten Stromlinienbild. Die Scheibe erfährt ein Drehmoment und sucht sich senkrecht zur Strömungsrichtung einzustellen. Diese sogenannte Rayleigh-Scheibe kann als Meßinstrument dienen. Es gibt dann den arithmetischen Mittelwert der Geschwindigkeit u_0 der in der Schallrichtung in sinusförmigen Pendelschwingungen hin und her strömenden Luftteilchen (vgl. S. 236).

In der einfachsten Schwingungsform schwingen die Membranen eines Schallstrahlers längs ihrer ganzen Fläche phasengleich, sie zeigen außer am Rande keine Knotenlinie. Überdies wollen wir in roher Annäherung ihre Amplituden auf dem ganzen Flächenquerschnitt als konstant betrachten. Dann haben wir physikalisch sehr ähnliche Bedingungen wie bei dem phasengleichen Austritt der Wellen aus der Spaltöffnung in Abb. 385. Wir können also unter Umständen die Ausbreitung der Wellen auf einen räumlichen Kegel beschränken, ähnlich dem in Abb. 402 gezeigten. Dazu muß der Durchmesser der Membran ein Mehrfaches der ausgestrahlten Wellenlänge betragen.

Leidliche Schallstrahler sind auch noch die offenen Enden schwingender kurzer dicker Luftsäulen. Ganz schlechte Strahler hingegen sind die in der Musik vielfältig verwandten Saiten.

In Abb. 421 soll die schwarze Scheibe den Querschnitt einer zur Papierebene senkrecht stehenden Saite bedeuten. Die Saite beginne gerade mit einer Schwingung in der Pfeilrichtung nach unten. Dadurch „verdrängt" sie, grob gesagt, die Luft auf der Unterseite und dort beginnt ein Wellenzug mit einem Wellenberg. Gleichzeitig hinterläßt die Saite, wieder grob gesagt, auf der Oberseite einen leeren Raum und dort beginnt ein Wellenzug mit einem Wellental. Beide Wellen haben in jeder Richtung gegeneinander praktisch $180°$ Phasendifferenz und heben sich fast ganz durch Interferenz auf. Daher ist die Saite ein ganz schlechter Strahler.

Abb. 421. Zur Strahlung einer Saite.

Fast die gleiche Überlegung gilt für eine Stimmgabel. Bei der gegenseitigen Näherung ihrer Zinken beginnt in ihrem Zwischenraum eine Welle mit einem Berg. Gleichzeitig beginnen auf den Außenseiten der Zinken Wellen mit einem Tal. Auch diese Wellenzüge interferieren miteinander und heben sich wegen ihrer wenig von $180°$ abweichenden Phasendifferenz praktisch weitgehend auf. Allerdings kann sich bei der verbleibenden Ausstrahlung einer Gabel bereits eine Abhängigkeit von der Richtung bemerkbar machen. Denn die Breitenausdehnung einer Stimmgabel ist im Gegensatz zur Saite nicht mehr so weitgehend gegenüber der Länge der ausgestrahlten Welle zu vernachlässigen. Ein Ton der Frequenz $2000\ sec^{-1}$ (Maximum der Ohrempfindlichkeit) hat in Luft nur noch eine Wellenlänge von 16 cm. Eine Stimmgabel dieser Frequenz hat jedoch bei einer Zinkendicke von etwa 2 cm Dicke eine Gesamtbreite von etwa 5 cm. Folglich findet man bei einer Drehung der schwingenden Gabel um ihre Längsachse schon eine recht deutliche Abhängigkeit ihrer Strahlungsintensität von der Richtung relativ zur gemeinsamen Ebene der Zinken.

Für den praktischen Gebrauch muß man daher die Schwingungen der Saiten und Stimmgabeln zunächst auf gute Strahler übertragen. Man stellt zu diesem Zweck zwischen den Saiten oder Gabeln und irgendwelchen guten Strahlern eine geeignete mechanische Verbindung her. Mit ihrer Hilfe werden die guten Strahler zu erzwungenen Schwingungen erregt. Unter Umständen kann man dabei zur Erzielung großer Amplituden den Sonderfall der Resonanz benutzen. Man gibt dann dem Strahler eine geringe Dämpfung und gleicht seine Eigenfrequenz der der Gabel oder Saite an. Zur Erläuterung des Gesagten bringen wir folgende Beispiele:

1. In Abb. 422a wird ein Bindfaden rechts von der Hand gehalten. Über sein linkes Ende reiben zwei Finger hinweg. Dadurch gerät der Bindfaden als Saite ins Schwingen, aber er strahlt praktisch gar nicht. Dann knüpfen wir das rechte Fadenende an einen guten Strahler, etwa eine kurze Blech- oder Pappdose (Abb. 422b). Jetzt werden die Schwingungen weithin hörbar ausgestrahlt.

2. Eine schwingende Stimmgabel klingt zwischen den Fingern gehalten leise, mit dem Stiel auf den Tisch gesetzt laut. Der gleichzeitig mit den Zinkenschwingungen auf und abwärtsschwingende Gabelstiel erregt die Tischplatte, einen guten Strahler, zu erzwungenen Schwingungen.

3. Wir nehmen den Sonderfall der Resonanz zur Hilfe. Wir nähern die Zinke einer Stimmgabel einem oben offenen Glaszylinder. Seine Luftsäule soll als guter Strahler dienen. Die Eigenfrequenz der Luftsäule hängt von ihrer

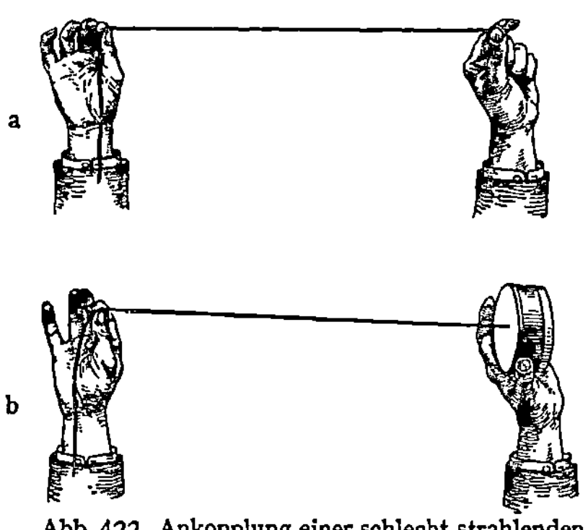

Abb. 422. Ankopplung einer schlecht strahlenden Saite an eine gut strahlende Membran.

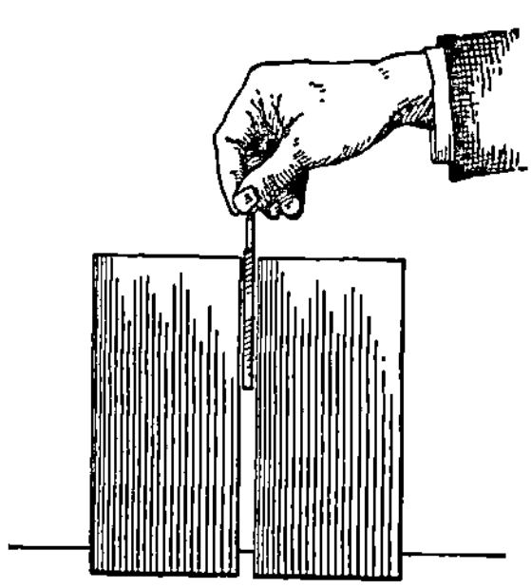

Abb. 423. Verbesserung der Strahlung einer Stimmgabel durch zwei seitliche Wände.

Länge ab. Durch Einfüllen von Wasser können wir sie beliebig verkürzen. Bei angenäherter Gleichheit von Luftsäulen- und Gabelfrequenz erschallt ein weithin vernehmbarer Ton.

Für praktische Zwecke bringt man die Luftsäulen in einseitig offenen viereckigen Holzkästen unter. Es sind die sogenannten Resonanzkästen. Oft hört man, „die Schwingungen würden durch Resonanz verstärkt". Das ist eine ganz schiefe Ausdrucksweise. Wesentlich ist nur das verhältnismäßig gute Strahlungsvermögen des Kastens. Die Resonanz ist nur ein zur Übertragung der Schwingungen benutztes Hilfsmittel. Das kann man noch mit einem recht

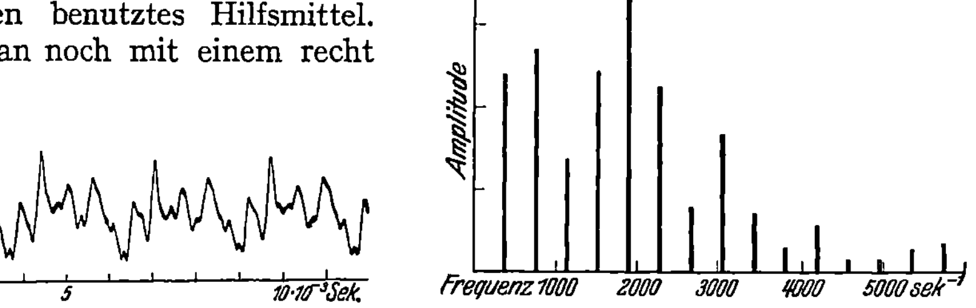

Abb. 424. Schwingungskurve eines Geigenklanges. Aufnahme von H. BACKHAUS.

Abb. 425. Linienspektrum des in Abb. 424 wiedergegebenen Geigenklanges.

eindrucksvollen Versuch belegen. Man bringt eine Zinke einer Stimmgabel gemäß Abb. 423 in den Spalt zwischen zwei im Vergleich zur Wellenlänge nicht gar zu kleinen Wänden. Die Gabel ist weithin zu hören. Denn nunmehr wird die Interferenz der Wellen von Innen- und Außenseite der Gabelzinke erheblich vermindert und die Gabel dadurch zu einem leidlichen Strahler gemacht.

Bei den Musikinstrumenten, z. B. den Geigen, sind die Verhältnisse überaus verwickelt. Saiten und Geigenkasten bilden ein kompliziert gekoppeltes System (S. 206). Der Kasten selbst hat eine ganze Reihe von Eigenfrequenzen. Bei der Erzeugung seiner erzwungenen Schwingungen werden daher bestimmte Frequenzen der Saitenschwingungen bevorzugt. Die Abb. 424 und 425 zeigen uns einen Geigenklang nebst zugehörigem Spektrum. Ein Geigenkasten ist überdies im

Innern einseitig durch den Stimmstock versteift. Die Kastendeckel sind als Membran betrachtet keineswegs klein gegen alle musikalisch benutzten Wellenlängen. Dadurch kommen stark bevorzugte Ausstrahlungsrichtungen zustande. Sehr viele Einzelheiten bleiben noch aufzuklären.

Mit der Erwähnung des Geigenproblems kommen wir zu der technisch wichtigen Unterscheidung primärer und sekundärer Schallstrahler. Primäre Schallstrahler haben Schwingungen bestimmter spektraler Zusammensetzung herzustellen. Man billigt jedem einzelnen primären Schallstrahler, etwa jedem Musikinstrument, das Recht auf eine individuelle Gestalt seines Spektrums oder, physiologisch gesagt, auf einen bestimmten Klangcharakter zu. Ganz anders die sekundären Schallstrahler. Als ihr typischer Vertreter hat heute der Lautsprecher zu gelten. Ihnen ist die Auswahl der Frequenzspektra nicht freigestellt. Sie sollen die ihnen mechanisch (Grammophonwiedergabe) oder elektrisch (Lautsprecher) zugeführten Schwingungen ohne Bevorzugung einzelner Teilschwingungen ausstrahlen. Oft sagt man, ein Telephonhörer oder Lautsprecher solle „verzerrungsfrei" arbeiten. Das ist zum Glück eine Übertreibung. Eine verzerrungsfreie Wiedergabe einer Schwingungskurve bedeutet nicht nur eine richtige Wiedergabe ihrer einzelnen Amplituden, sondern auch deren gegenseitiger Phasen. Bei der Forderung einer auch phasengetreuen Wiedergabe wäre der Bau eines Lautsprechers eine überaus verwickelte Aufgabe. Ihre Lösung ist ja selbst bei den winzigen Massen der Oszillographenschleife nur bis zu Frequenzen von einigen Tausend pro Sekunde geglückt, und auch da nur unter weitgehendem Verzicht auf Empfindlichkeit. Aber hier kommt eine ganz fundamentale Eigenschaft unseres Ohres der Technik zu Hilfe: Das Ohr legt auf eine richtige Wiedergabe der Phasen auch nicht den geringsten Wert (S. 241). Eine verzerrungsfreie Wiedergabe im Sinne unseres Ohres heißt nur Wiedergabe der Teil-Amplituden in richtigem Größenverhältnis. Bei der Entwicklung des Rundfunks hat die Technik in der Konstruktion derartiger Lautsprecher große Fortschritte gemacht. Ein wichtiges Konstruktionselement ist zum Beispiel eine gewölbte Papiermembran. Die häufigsten Ausführungsformen sind äußerlich aus dem Rundfunk bekannt. Allseitig befriedigende Lösungen stehen noch aus.

Ähnlich steht es noch immer mit der rein mechanischen Wiedergabe der Schwingungen durch die Membranen der Grammophone. Eine sehr nützliche, neuerdings im Handel erhältliche Schallplatte enthält Sinuskurven aller Frequenzen von 100 bis 6000 sec^{-1} in stetigem Übergang „eingeritzt". Dabei hat man das Produkt aus Nadelausschlag und Frequenz [vgl. Gleichung (100) auf S. 236] konstant gehalten. Eine derartige Platte sollte uns bei verzerrungsfreier Amplitudenwiedergabe durch ein Grammophon Schallwellen konstanter Intensität liefern. Sie sollte daher die spektrale Empfindlichkeitsverteilung des Ohres mit ihrem Maximum bei 2000 sec^{-1} vorführen lassen. Der Ton sollte bei der Frequenz 2000 sec^{-1} am lautesten klingen. Davon ist keine Rede. Man findet mehrere Frequenzbereiche großer Lautstärke, entsprechend den Eigenfrequenzen der Glimmermembran und eventuell des Schalltrichters. Auch bei der Grammophonwiedergabe scheint man ohne elektrische Hilfsmittel nicht mehr recht weiterzukommen. Die jedoch führen leicht zu ungleich besseren Ergebnissen.

Diese Ausführungen über Schallstrahler, sowohl die primären wie die sekundären, sollen in keiner Weise erschöpfend sein. Sie sollen lediglich die Hauptprobleme erläutern. Nur ein Punkt soll noch erwähnt werden: Nicht nur bei den sekundären, sondern auch bei den primären Schallstrahlern gewinnen elektrische Hilfsmittel bei der Herstellung mechanischer Schwingungen dauernd an Bedeutung. Zu dem ältesten, auf S. 171 beschriebenen Verfahren sind neuerdings wertvolle neuere hinzugekommen. Wir beschränken uns auf die Aufzählung ihrer Namen:

1. Wechselstromgeneratoren mit sinusförmigen Kurven bis zu Frequenzen von 10^5 sec^{-1} (Elektrizitätslehre § 56).

2. Elektrische Schwingungskreise mit Elektronenrohr-Selbststeuerungen in beliebigem Frequenzbereich (Elektrizitätslehre § 105).

3. Differenzschwingungen derartiger Kreise.

§ 126. Energie des Schallfeldes, Schallhärte und -Widerstand. Die von den Schallsendern ausgestrahlte Energie breitet sich im Raume mit der Schallgeschwindigkeit c aus. Das von Schallenergie erfüllte Gebiet nennt man ein Schallfeld. Als Energiedichte δ dieses Feldes definiert man die in der Volumeneinheit enthaltene Schwingungsenergie. Als ihre Einheit kann beispielsweise 1 Wattsekunde/m^3 dienen. Bei ebenen oder nur schwach gekrümmten Schallwellen läßt sich dann ohne weiteres der Begriff der Schallintensität J definieren: Sie ist die in einem dünnen Zylinder mit der Flächeneinheit als Basis und einer Länge gleich der Schallgeschwindigkeit c enthaltene Schwingungsenergie, also

$$J = \delta c. \tag{99}$$

Diese Definition der Intensität J ist sowohl für fortschreitende wie für stehende Wellen brauchbar. Für fortschreitende Wellen bekommt die Schallintensität J überdies noch einen sehr anschaulichen Sinn. Man denke sich die 1 m^2 große Basisfläche des Zylinders senkrecht zur Wellenfortpflanzungsrichtung gestellt. Dann läuft durch sie innerhalb einer Sekunde die ganze in dem langen Zylinder (Länge $= c$) enthaltene Schallenergie hindurch. Die Schallintensität J bedeutet also für fortschreitende Wellen die in einer Sekunde auf die Flächeneinheit senkrecht auffallende Schallenergie. Sie ist also die Schalleistung pro Flächeneinheit der Wellenfläche. Als ihre Einheit kann z. B. ein Watt/m^2 dienen.

Die Schwingungsenergie im Schallfeld setzt sich additiv aus der Schwingungsenergie aller einzelnen, in Richtung der Schallfortpflanzungsrichtung schwingenden Luftteilchen zusammen. Sie ist daher nach uns bekannten Beziehungen anzugeben. Die Gesamtmasse der in der Volumeneinheit enthaltenen Luftteilchen ist numerisch gleich der Luftdichte ϱ. Dieser Einheitswürfel sei kurz gegen die Wellenlänge. Dann passieren alle Luftteilchen praktisch im selben Augenblick ihre Ruhelage. In diesem Augenblick haben sie ihre maximale Geschwindigkeit u_0. Oder sie haben alle die Geschwindigkeit Null. Dann hat die Druckzunahme gegenüber schallfreier Luft ihren Maximalwert $\varDelta P_0$.

Im ersten Fall haben wir die ganze Energie in der Volumeneinheit in der Form der kinetischen, es gilt für die Schallenergiedichte

$$\delta = \tfrac{1}{2}\varrho u_0^2. \tag{100}$$

Im zweiten Fall ist in der Volumeneinheit nur potentielle Energie enthalten, es gilt für die Schallenergiedichte

$$\delta = \frac{1}{2}\frac{(\varDelta P_0)^2}{c^2 \cdot \varrho}. \tag{101}$$

Bei jeder Sinusschwingung sind die Maximalgeschwindigkeit u_0 und der Maximalausschlag x_0 durch die Gleichung

$$u_0 = \omega x_0 \tag{25}$$

($\omega =$ Kreisfrequenz $=$ Zahl der Schwingungen in 2π Sekunden, $\omega = 2\pi n$) verknüpft. Dadurch erhalten wir für die Schallenergiedichte nach einen dritten, diesmal die Frequenz enthaltenden Ausdruck

$$\delta = \tfrac{1}{2}\varrho \omega^2 x_0^2. \tag{100}$$

Alle drei Bestimmungsstücke der Luftschwingungen, nämlich die Höchst werte der Geschwindigkeit u_0, der Druckänderung ΔP_0, des Ausschlages x_0 sind der direkten Messung zugänglich.

1. **Die Messung der Geschwindigkeit** u_0 erfolgt mit Hilfe hydrodynamischer Kräfte. Man kann beispielsweise die in Abb. 341 vorgeführte Anziehung zweier Kugeln oder die aus Abb. 256 bekannte Drehung einer Rayleigh-Scheibe benutzen. Die Eichung kann in beiden Fällen mit einem Luftgleichstrom bekannter Geschwindigkeit vorgenommen werden. Denn die Kräfte sind unabhängig von der Frequenz. Doch läßt sich die Eichung auch rechnerisch ausführen.

2. **Zur Messung der Druckänderung** ΔP_0 dienen erzwungene Schwingungen einer seitlich abgeschirmten Manometermembran.

Die Abb. 426 zeigt uns den Verlauf von Resonanzkurven für verschiedene Dämpfungen. Es ist eine schematische Wiederholung der Abb. 354. Wesentlich ist für uns diesmal der Verlauf der Kurven im Gebiet kleiner Frequenzen, klein verglichen mit der Eigenfrequenz n_0 des erzwungen schwingenden Gebildes. Im Bereich kleiner Frequenzen sind die Amplituden praktisch unabhängig von der Dämpfung und nur wenig abhängig von der Frequenz der erregenden Schwingung. An diese Tatsache knüpft man an und gibt der Druckmeßmembran eine gegenüber der Frequenz des Schallfeldes große Eigenfrequenz n_0. Dann beobachtet man die Ausschläge X_0

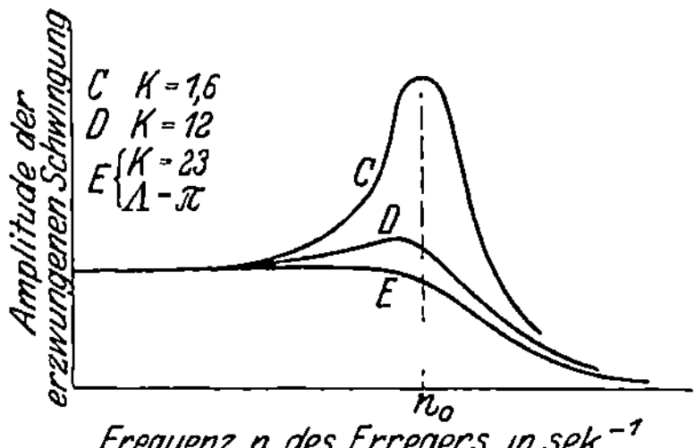

Abb. 426. Die Amplituden erzwungener Schwingungen bei verschiedener Dämpfung. Frequenzen von links nach rechts ansteigend.

oder Amplituden X_0 der Membran, am besten mit Spiegel und Lichtzeiger, und eicht die Membran dann hinterher mit einem bekannten Druck ruhender Luft, d. h. mit der Frequenz Null.

3. **Zur Messung des Höchstausschlages** x_0 hat man winzige kugelförmige Staubteilchen in das Schallfeld zu bringen und ihre Pendelbahnen unter dem Mikroskop zu messen. Die kleinen Kugeln werden durch die innere Reibung des Gases mitgenommen (§§ 77 und 78). Sie haben eine nahezu ebenso große Amplitude (Ausschlag) wie die umgebenden Luftteilchen. Doch ist diese Methode nur bei hohen Schallintensitäten anwendbar.

Mit diesen Methoden gemessene Zahlenwerte folgen in § 129.

Aus obigen drei Gleichungen für die Schallenergiedichte leitet man zwei vor allem in technischer Literatur häufig benutzte Hilfsbegriffe ab:

Aus den Gleichungen (100) und (101) erhält man den Quotienten

$$\frac{\Delta P_0}{u_0} = c \cdot \varrho, \qquad (102)$$

genannt „Schallwiderstand".

Aus den Gleichungen (102) und (25) den Quotienten

$$\frac{\Delta P_0}{x_0} = c \varrho \omega, \qquad (103)$$

genannt „Schallhärte".

Die Schallhärte ist also das Verhältnis des Druckes zum zugehörigen Ausschlag. In sehr schallharten Substanzen bewirken schon winzige Ausschläge sehr große Drucksteigerungen. Die Schallhärte von Wasser z. B. beträgt bei einer Frequenz von 1000 sec⁻¹ rund $9 \cdot 10^8 \dfrac{\text{Bar}}{\text{cm}} = 900 \dfrac{\text{Atmosphären}}{\text{cm}}$. Hingegen die von Luft nur $2{,}8 \cdot 10^5 \dfrac{\text{Bar}}{\text{cm}}$ oder $0{,}28 \dfrac{\text{Atmosphären}}{\text{cm}}$.

§ **127. Schallempfänger.** Bei den Schallempfängern hat man zwei Gruppen im Sinne von Grenzfällen zu unterscheiden, Druckempfänger und Geschwindigkeitsempfänger.

I. **Druckempfänger.** Die Mehrzahl der Druckempfänger besteht aus seitlich begrenzten Membranen. Zu seitlichen Begrenzungen können Kapseln, Wände, Trichter usw. dienen. Beispiele: Mikrophone aller Art, das Trommelfell des Ohres, Schreibmembranen bei der veralteten, rein mechanischen Herstellung der Grammophonplatten.

Alle Druckempfänger vollführen im Schallfeld **erzwungene Schwingungen.** Ihre Amplituden sind von der Orientierung im Schallfeld unabhängig.

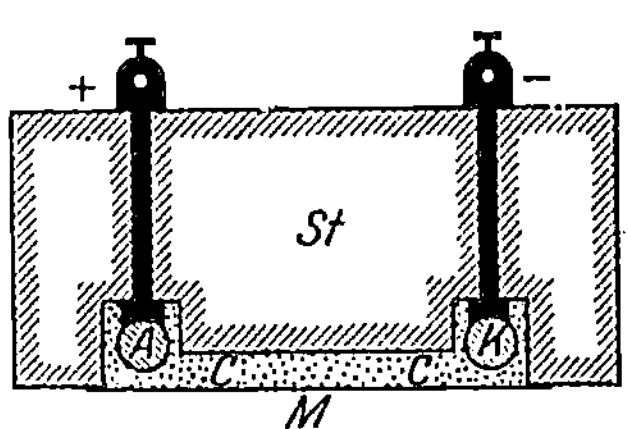
Abb. 427. Mikrophon nach Reiss.

Denn der Luftdruck ist eine von der Richtung unabhängige Größe. Das zeigt uns jedes Aneroidbarometer in unsern Wohnräumen. Ein solches Barometer ist letzten Endes auch nur ein Druckempfänger für Längswellen der Luft. Nur handelt es sich bei den Schwankungen des Luftdruckes meist um Schwingungsvorgänge sehr kleiner Frequenz.

Technisch übertreffen heutigentags die Mikrophone alle andern Druckempfänger an Bedeutung. Auch hier hat der Rundfunk die Anforderungen außerordentlich erhöht. Man verlangt heutigentags von guten Mikrophonen weitgehend „verzerrungsfreie" Wiedergabe der Schallwellen in dem auf S. 234 erläuterten Sinne. Man verlangt in dem weiten Frequenzbereich von etwa 100 bis mindestens 10000 sec^{-1} eine Erhaltung der ursprünglichen Amplitudenverhältnisse. Wie bei allen erzwungenen Schwingungen kann diese Forderung auch hier nur unter weitgehendem Verzicht auf Empfindlichkeit erkauft werden. Im deutschen Rundfunk hat sich das Reiß-Mikrophon sehr bewährt, Abb. 427. M ist seine Aufnahmemembran aus dünnem Glimmer oder dergleichen. Ihre seitliche Begrenzung erfolgt durch den dicken Marmorklotz St. Der Raum hinter der Membran ist mit Kohlepulver ausgefüllt. A und K sind die Stromzuleitungen, ebenfalls aus Kohle bestehend. Im Gegensatz zu allen andern Kohlemikrophonen fließt also hier der elektrische Strom nicht senkrecht, sondern parallel der Membranfläche.

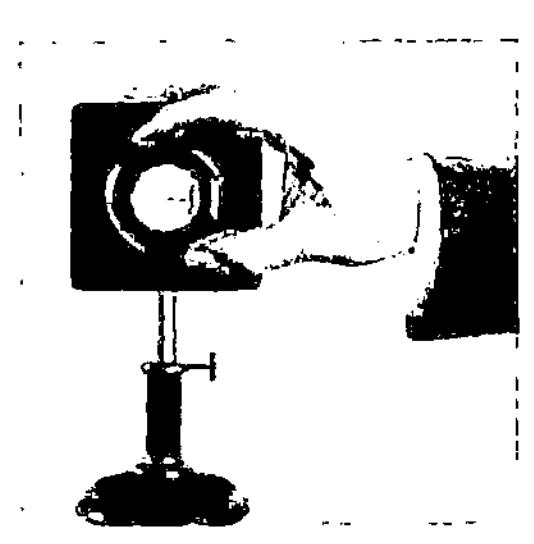
Abb. 428. Ein feines Glashaar als Bewegungsempfänger. In Wirklichkeit nur 0,028 mm dick.

II. **Geschwindigkeitsempfänger.** Bei Geschwindigkeitsempfängern wird die Geschwindigkeitsamplitude des Luftwechselstromes zur Erzeugung erzwungener Schwingungen benutzt. Am besten macht das ein experimentelles Beispiel klar.

In Abb. 429 ist ein dünnes Glashaar von etwa 8 mm Länge als kleine Blattfeder senkrecht zur Richtung der fortschreitenden Schallwellen gestellt (Mikroprojektion!). Periodische Änderungen des Luftdruckes sind ohne jede Einwirkung auf dies Haar. Hingegen nimmt der Luftwechselstrom das Haar in Richtung der schwingenden Luftteilchen durch innere Reibung mit und erregt es so zu erzwungenen Schwingungen (Zungenpfeife als Schallquelle, kleiner Abstand). Dies Haar ist ein typischer Geschwindigkeitsempfänger. Es zeigt uns zugleich eine wichtige und für den Geschwindigkeitsempfänger charakteristische Eigenschaft: Wir finden seine Amplituden von seiner Orientierung im Schallfeld abhängig. Der Wellenfortpflanzungsrichtung parallel gestellt bleibt das Haar in Ruhe.

Geschwindigkeitsempfänger können als „Richtempfänger" benutzt werden. Man denke sich zwei Haare beiderseits symmetrisch zur Längsachse eines bewegten Körpers orientiert. Bei geradem Kurs auf die Schallquelle sprechen beide Empfänger mit gleicher Amplitude an. Seitliche Abweichungen vom richtigen Kurs machen sich durch Ungleichheit der erzwungenen Amplituden bemerkbar.

Druck- und Geschwindigkeitsempfänger sind, wie erwähnt, Grenzfälle. Jede Impulsübertragung durch Druck verlangt eine Wand, die bei der Ausbildung des Druckes nicht merklich zurückweicht. Die erzwungenen Amplituden der Wand müssen klein gegen die Ausschläge der schwingenden Luft oder Wasserteilchen sein. Das heißt, die Wand oder Membran muß schallhärter sein als das Medium. Daher lassen sich Druckempfänger zwar mit guter Annäherung für Luft, aber nur schlecht für Schallwellen in Wasser ausführen. Auch können Druckempfänger in Luft zu Geschwindigkeitsempfängern unter Wasser werden.

§ 128. **Sonderfälle der Schallausbreitung.** Bei allen Schwingungsvorgängen haben wir das lineare Kraftgesetz zugrunde gelegt. Praktisch bedeutet das, wie mehrfach erwähnt, eine Beschränkung auf „kleine" Amplituden. Lediglich in § 111 haben wir die Sondererscheinungen bei nichtlinearem Kraftgesetz behandelt. Sie bestanden im Auftreten von „Differenzschwingungen".

In entsprechender Weise haben wir auch bei den Vorgängen der Wellenausbreitung stets den Grenzfall des linearen Kraftgesetzes vorausgesetzt. Praktisch haben wir uns auch bei den Wellen auf „kleine" Amplituden beschränkt. Bei großen Amplituden gibt es auch bei der Wellenausbreitung Sondererscheinungen.

Schallamplituden abnormer Größe, bis zu Tausenden von Atmosphären, entstehen durch die Detonationen der Explosivstoffe. Desgleichen lassen sich durch elektrische Funken große Druckamplituden erzeugen. In beiden Fällen haben wir es nicht mit Wellenzügen aus einer größeren Anzahl von Bergen und Tälern zu tun. Es entsteht, bildlich gesprochen, nur ein ganz steiler Berg mit einem auf seiner Rückseite anschließenden flachen und noch etwas gewellten Tal. Infolge ihrer großen Luftdichte kann man die Wellenberge als Schattenbild photographieren. Die für ein solches Momentbild erforderliche seitliche Beleuchtung kurzer Dauer stellt man stets mit elektrischen Funken her.

Die Abb. 429 zeigt die so photographierte Knallwelle eines elektrischen Funkens. Rechts ist die Knallwelle gegen ein Sieb gelaufen und an ihm teilweise reflektiert worden. Das Bild dient zugleich noch einmal einer Erläuterung des Huyghensschen Prinzips. Sowohl die am Siebe reflektierte, wie die durch seine Maschen durchtretende Welle erscheint als Umhüllende einzelner Elementarwellen. Diese Schallwellen mit abnorm hohen Druckamplituden

Abb. 429. Reflexion einer Knallwelle an einem Sieb. Diese sowie die beiden folgenden Bilder sind Aufnahmen von C. Cranz nach der Schlierenmethode.

haben eine größere Geschwindigkeit als die normalen Schallwellen. Das zeigt man z. B. mit den Knallwellen zweier gleichzeitig überspringender Funken ungleicher Stärke. In Abb. 430 befindet sich der stärkere Funke links. Seine Knallwelle hat in dem photographisch festgehaltenen Augenblick einen fast $\frac{1}{3}$ längeren Weg zurückgelegt als die des schwachen Funkens. Die Geschwindigkeit der linken Knallwelle muß also gegen 500 m/sec betragen haben. Das gleiche gilt für den Mündungsknall der modernen Feuerwaffen. Wir sehen das Schattenbild eines solchen Mündungsknalls als SS in Abb. 431. In dem festgehaltenen Augenblick hat das Geschoß gerade den Mündungsknall überholt. Von seiner Spitze geht ein Geschoßknall aus, entsprechend der Bugwelle eines Schiffes. Derartige Bugwellen entstehen bei allen mit Überschallgeschwindigkeit bewegten Körpern. Ein bekanntes Beispiel ist der Knall einer Peitsche. Selbstverständlich nehmen die Druckamplituden bei Funken und Detonationen

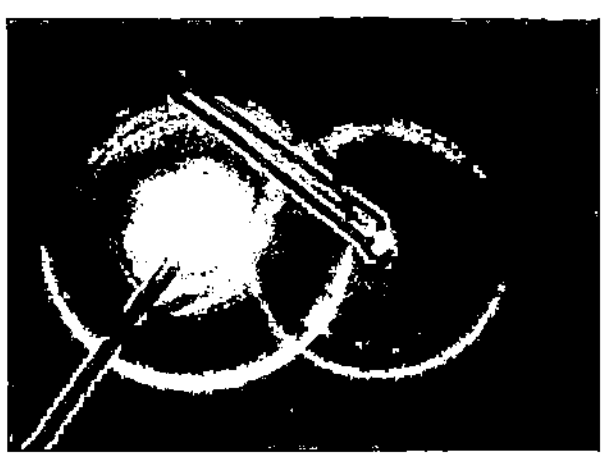

Abb. 430. Abhängigkeit der Schallgeschwindigkeit von der Schallintensität.

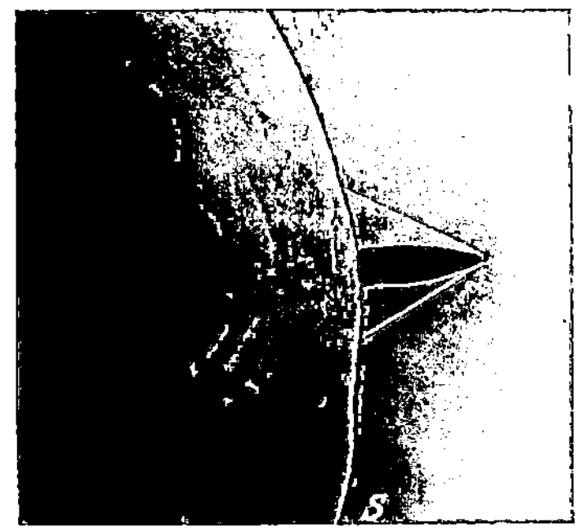

Abb. 431. Mündungsknall eines Gewehrs und Bugwelle des Geschosses (schwarze Wolke = Pulvergase).

mit wachsendem Abstand von ihrem Entstehungsort ab. Dann sinkt auch die Schallgeschwindigkeit auf ihren normalen Wert.

Die Bugwelle eines Geschosses war ein Beispiel für die Schallaussendung durch einen sehr rasch bewegten Körper. Bisher haben wir stillschweigend alle Schallstrahler und Schallempfänger als ruhend angenommen. Bei bewegten Strahlern und Empfängern tritt der Dopplereffekt auf. Die Abstandsverminderung während der Schallaussendung erhöht die vom Empfänger beobachtete Frequenz. Eine Abstandsvergrößerung wirkt im umgekehrten Sinne.

Bei einer quantitativen Betrachtung muß man den Fall der bewegten Schallquelle und den des bewegten Schallempfängers auseinanderhalten. Im Fall der mit der Geschwindigkeit u bewegten Schallquelle findet der ruhende Beobachter die Frequenz

$$n' = \frac{n}{1 \mp \dfrac{u}{c}} . \tag{104}$$

Das Minuszeichen gilt für Abstandsverminderung.

Der bewegte Empfänger oder Beobachter findet die Frequenz

$$n'' = n\left(1 \pm \frac{u}{c}\right) . \tag{105}$$

Das Pluszeichen gilt für Abstandsverminderung.

Dieser Dopplereffekt läßt sich mit einer rasch im Kreise herumgeführten Pfeife vorführen.

§ 129. Vom Hören. Das Hören und unser Gehörorgan sind ganz überwiegend Gegenstände physiologischer und psychologischer Forschung. Trotzdem wollen wir die für physikalische Zwecke wichtigsten Tatsachen kurz zusammenstellen. Man muß ja auch in der Optik wenigstens in großen Zügen die Eigenschaften des Auges kennen.

1. Unser Ohr reagiert auf mechanische Schwingungen in dem weiten Frequenzbereich von etwa $20\,\mathrm{sec^{-1}}$ bis $20\,000\,\mathrm{sec^{-1}}$. Das Ohr umfaßt also einen Spektralbereich von rund 10 Oktaven ($2^{10} = 1024$). Die Grenzen sind ziemlich umstritten. Die obere sinkt sicher mit steigendem Lebensalter.

2. Die spektrale Empfindlichkeitsverteilung des Ohres wird durch Abb. 432 veranschaulicht. Die Ordinaten der Kurve I sind die gerade noch gehörten Wellenintensitäten („Schwellenwerte"). Sie sind im Prinzip nach den auf S. 236 beschriebenen Methoden gemessen. Über den allgemeinen Verlauf der Empfindlichkeitskurve herrscht Einmütigkeit, auch über die Lage des Empfindlichkeitsmaximums (kleinster Schwellenwert) bei etwa $2000\,\mathrm{sec}^{-1}$. In den Absolutwerten steckt noch eine praktisch nicht bedeutsame Unsicherheit.

3. Mit wachsender Intensität der Wellen ändert sich die spektrale Empfindlichkeitsverteilung. Bei der Wellenintensität einer normalen Umgangssprache zeigt sie einen in erster Näherung geradlinigen Verlauf, Kurve II in Abb. 432.

4. Bei weiterer Intensitätssteigerung tritt an die Stelle des Hörens eine Schmerzempfindung. Kurve III in Abb. 432 gibt die zur Schmerzempfindung führende Intensität in den verschiedenen Spektralbereichen. Kurve I und III umgrenzen die „Hörfläche", die Gesamtheit der zur Gehörempfindung führenden Wellenintensitäten verschiedener Frequenz.

5. Der Ausschlag unseres Schallradiometers (Abb. 394) war der Wellenintensität direkt proportional. Das Radiometer gehört zu den bequemen Meßinstrumenten mit linearer Skala (S. 71). Die von unserm Ohr gehörte Lautstärke hingegen ist auch nicht angenähert der Wellenintensität proportional. Im Bereich der Sprachfrequenzen etwa $10^2\!-\!10^4\,\mathrm{sec}^{-1}$ oder Hertz bemerkt das Ohr überhaupt erst Intensitätsänderungen um $10-20\%$. Eine Verdoppelung der gehörten Lautstärke bedeutet etwa eine Verzehnfachung der gehörten Intensität. Unser Ohr ist, grob gesagt, ein Meßinstrument mit logarithmisch geteilter Skala. Infolgedessen ist unser Ohr bei physikalischen Messungen als

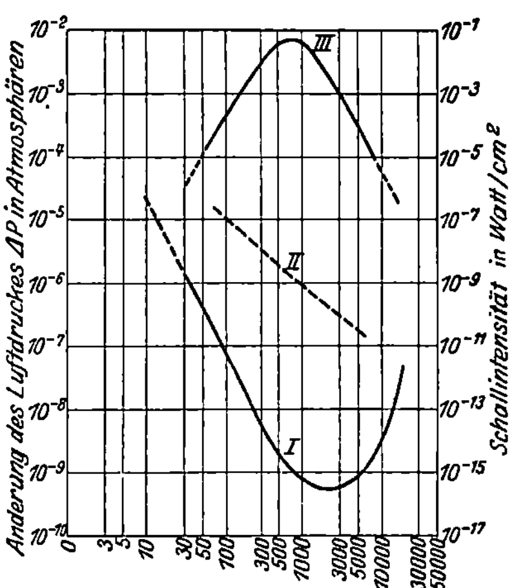

Abb. 432. *I* Kurve der spektralen Empfindlichkeitsverteilung des Ohres; *II* Kurve gleicher Lautstärke bei normaler Sprache; *III* Kurve des Einsatzes der Schmerzempfindung. Die rechte Ordinate gibt die Intensität der Schallwellen (§ 126) in Watt/cm².

quantitativer Wellenindikator schlechthin unbrauchbar. Ein Vergleich gehörter Lautstärken gibt uns ein ganz schiefes Bild vom Verhältnis der zu vergleichenden Wellenintensitäten. So werden z. B. schwache Wellenzüge im „Beugungsgebiet" vom Ohr kaum minder laut gehört als Wellen vor dem Hindernis. Physikalische Beobachtungen an Schallwellen erfordern einen physikalischen Indikator, beispielsweise das Radiometer (Abb. 394). Sonst bleibt man auf dem Niveau elektrischer Schauversuche ohne Meßinstrumente.

In dieser Fetsstellung darf man aber keinesfalls eine Herabsetzung des Ohres erblicken. Im Gegenteil: das Ohr ist seiner eigentlichen Bestimmung vortrefflich angepaßt. Seine „logarithmische Empfindlichkeitsskala" ermöglicht im Bereiche schwacher gebeugter, reflektierter oder zerstreuter Schallwellen ein kaum minder gutes Hören, als bei ungehinderter Wellenausbreitung. Ferner verhindert sie Überlastungen des Ohres. Das Ohr bewältigt im Frequenzbereich seiner Höchstempfindlichkeit Intensitätsänderungen von etwa $1:10^{14}$. Das ist eine erstaunliche Leistung.

6. Auf Sinusschwingungen reagiert das Ohr mit der Empfindung „Ton". Jeder Ton hat eine bestimmte Höhe. Die Tonhöhe ist eine Empfindungsqualität und als solche der physikalischen Messung unzugänglich. Trotzdem spricht man allgemein von der Frequenz eines Tones. Das ist eine zwar bequeme aber laxe

Ausdrucksweise. Gemeint ist stets die Tonhöhe, wie sie einer Sinuswelle der angegebenen Frequenz entspricht.

7. Im günstigsten Frequenzbereich unterscheidet unser Ohr noch zwei um nur 0,3% verschiedene Frequenzen. Das Ohr hat also dort ein „spektrales Auflösungsvermögen" $n/\Delta n =$ rund 300. Das entspricht in der Optik der Leistung eines Prismas von rund 1 cm Basisdicke.

8. Auf nichtsinusförmige Schwingungen reagiert das Ohr mit der Empfindung „Klang". **Ein Klang ist von Phasenunterschieden zwischen den einzelnen sinusförmigen Teilschwingungen völlig unabhängig.** Das ist die fundamentale Entdeckung von GEORG SIMON OHM.

9. Jedem musikalischen Klang entspricht ein Linienspektrum von bestimmtem Bau, gekennzeichnet durch das Verhältnis der Frequenzen und Amplituden seiner Spektrallinien. Der Absolutwert der Grundfrequenz ist unerheblich. Zwei Sinusschwingungen angenähert gleicher Intensität geben bei einem Frequenzverhältnis von 1:2 immer das „Oktave" genannte Klangbild usf.

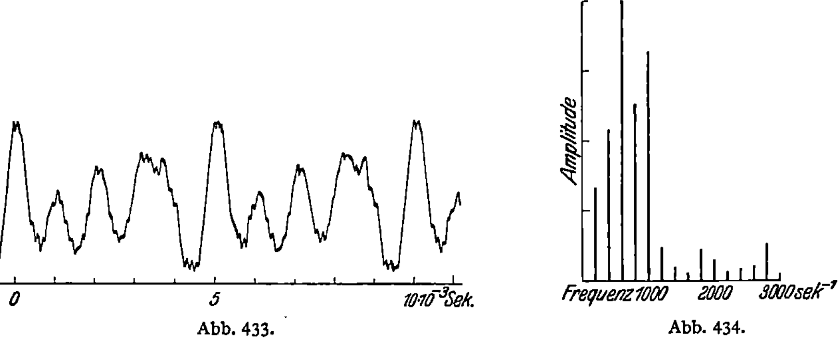

Abb. 433.						Abb. 434.

Abb. 433 u. 434. Vokal einer Männerstimme und ihr Linienspektrum bei einer Grundfrequenz von 200 sec⁻¹. Diese beiden sowie die folgenden Bilder 435—439 sind Aufnahmen von FERD. TRENDELENBURG.

10. Bei den als **Vokalen** bezeichneten Klängen hingegen ändert sich der Bau des Linienspektrums merklich mit der Frequenz des Grundtones oder der entsprechenden „Stimmlage" (Baß, Tenor usw.). Doch findet man für die Hauptlinien (Formanten) stets angenähert gleiche **Absolutwerte** der Frequenz. Das allgemeine Schema eines Vokals ist durch die Abb. 309—314 gegeben: Die gedämpften Eigenschwingungen der Mundhöhle werden in rascher Stoßfolge durch Luftstöße aus dem Kehlkopf angeregt. Diese Stoßfrequenz bedingt die Grundfrequenz und somit die Stimmlage. Ein Wechsel dieser Grundfrequenz verschiebt zwar die Lage der Spektrallinien, doch bleiben sie in dem gleichen Frequenzbereich (Abb. 310, 312, 314)[1].

Abb. 433—438 zeigen einige recht einwandfrei registrierte Vokale mit ihren Linienspektren. Sowohl die Schwingungskurven wie ihre Spektra sind weniger einfach als in dem eben genannten Schema. Das ist jedoch nicht verwunderlich. Erstens ist die Mundhöhle kompliziert gestaltet und ihre Eigenschwingung, auch von der Dämpfung abgesehen, keineswegs sinusförmig. Das zeigt sich beispielsweise bei der a-Kurve der Abb. 433. Zweitens liefert der Kehlkopf keine reine Stoßerregung. Die Dauer seiner Luftstöße ist nicht klein gegen die Eigenschwingungsdauer der Mundhöhle. Der Kehlkopf läßt vielmehr die Luft als mehr oder minder **sinusförmigen** Wechselstrom entweichen. Das sieht man in den Abb. 435 und 437. (Man nehme die Abb. 306 zu Hilfe!)

---

[1] Die Erzeugung der Vokale ist das Vorbild für ein in der Technik viel benutztes Verfahren der „Frequenzmultiplikation".

Trotz dieser Komplikationen liegen die Dinge bei den Vokalen noch erheblich einfacher als bei den Konsonanten. Wir beschränken uns auf die Wiedergabe einer S-Kurve ohne ihr außerordentlich linienreiches Spektrum (Abb. 439).

11. Die als Geräusche und als Knall bezeichneten Klänge werden durch Schwingungen von zeitlich sehr inkonstanter Kurvenform erzeugt.

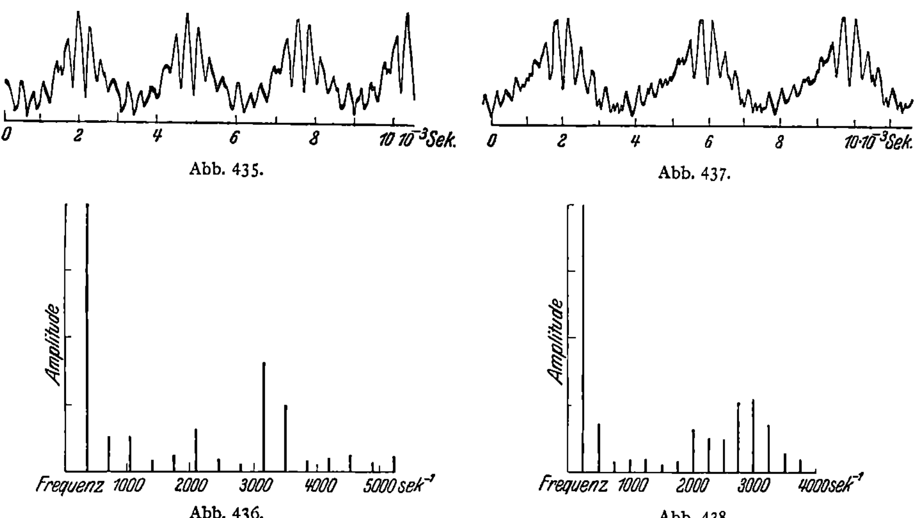

Abb. 435.

Abb. 437.

Abb. 436.

Abb. 438.

Abb. 435 u. 436. Vokal i einer Frauenstimme in hoher Tonlage nebst Spektrum. Grundfrequenz etwa $350 \sec^{-1}$.

Abb. 437 u. 438. Vokal i einer Frauenstimme in tiefe Tonlage nebst Spektrum. Grundfrequenz etwa $250 \sec^{-1}$

12. Zwei sinusförmige Schwingungen lassen bei hinreichender Wellenintensität im Ohr „Differenztöne" auftreten. Man hört dann neben zwei Tönen der Frequenz n_2 und n_1 einen dritten Ton der Frequenz $n_2 - n_1$. Man kann Differenztöne[1] gut mit Orgelpfeifen vorführen. Gelegentlich werden auch noch weitere „Kombinationstöne" gehört, so der „Summationston" $(n_1 + n_2)$ oder der Ton $(2 n_1 - n_2)$.

13. Die An- und Abklingzeit des Ohres ist nur sehr schlecht bekannt. Sie scheint in der Größenordnung einiger 10^{-2} sec zu liegen.

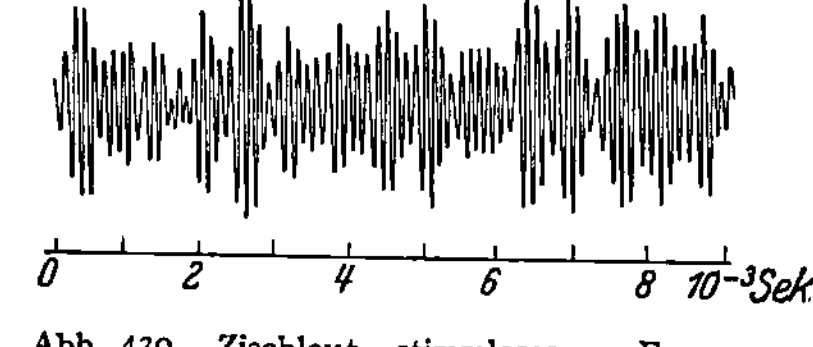

Abb. 439. Zischlaut, stimmloses s, Frequenzen hauptsächlich im Bereiche um $6000 \sec^{-1}$.

14. Mit beiden Ohren kann man die Richtung der ankommenden Schallwellen erkennen. Am besten gelingt das bei Klängen und Geräuschen mit scharfem Einsatz oder mit Wiederholung charakteristischer Einzelheiten. Maßgebend dabei ist die Zeitdifferenz zwischen der Reizung des linken und des rechten Ohres durch das gleiche Stück der Schallwellenkurve. Bei hohen Frequenzen können auch Intensitätsunterschiede durch den Schattenwurf des Kopfes hinzukommen.

Das „Richtungshören" läßt sich gut zur Messung kleiner Zeitdifferenzen Δt verwerten. Man führt z. B. die erste Zeitmarke dem linken, die zweite dem rechten Ohr zu. Bei $\Delta t < 3 \cdot 10^{-5}$ sec (entsprechend einem Zentimeter Schallweg) lokalisiert man die Schallquelle „in der Medianebene" des Körpers. Bei $\Delta t = 60 \cdot 10^{-5}$ sec hat man den Eindruck maximaler Seitlichkeit.

---

[1] Der oft gebrauchte Zusatz: „subjektiv" ist entbehrlich. Töne sind stets Empfindungen und daher immer subjektiv.

§ 130. Das Ohr. Der wesentlichste Teil unseres Gehörorgans ist das „innere Ohr", das im Felsenbein eingebaute, schneckenförmige Labyrinth. Ihm werden die mechanischen Wellen auf zwei Wegen zugeleitet: 1. über das Trommelfell und die anschließenden Gehörknöchelchen des Mittelohres, 2. durch die Weichteile und die Knochen des Kopfes. Der erste Weg ist nicht unentbehrlich. Man kann auch ohne Trommelfell und ohne Knöchelchen hören. Diese Teile haben lediglich folgenden Zweck: Unser stark wasserhaltiger Körper hat ungefähr den Schallwiderstand des Wassers. Dieser ist rund 3000 mal größer als der der Luft. Infolgedessen werden die aus der Luft auf die Kopfoberfläche auffallenden Schallwellen stark reflektiert. Diese Reflexionsverluste werden durch die schallweiche Membran des Trommelfelles erheblich vermindert. Die Gehörknöchelchen wirken wie eine Hebelübersetzung. Diese reduzieren die großen Amplituden der schallweichen Membran auf die kleinen Amplituden des schallharten Labyrinths. Demgemäß würden Trommelfell und Gehörknöchelchen für die ausschließlich im Wasser lebenden Säugetiere (Delphine und Wale) sinnlos sein. In der Tat hat keines dieser Tiere ein äußeres Ohr. Gehörgang, Trommelfell und Knöchelchen sind bis auf dürftigste Reste rückgebildet.

Die Wirkungsweise des inneren Ohres ist noch nicht durch direkte Beobachtung sichergestellt. Einstweilen kennen wir lediglich die Leistungen des inneren Ohres und diese müssen wir durch ein physikalisches Modell nachzuahmen suchen. Dies Modell hat die Gestalt eines Spektralapparates nach dem Schema des Zungenfrequenzmessers (Abb. 359). Man denke sich etwa 100 Blattfedern für den Frequenzbereich 250—500 $\sec^{-1}$, 200 für den Bereich 500—1000 $\sec^{-1}$, 300 für den Bereich 1000—2000 $\sec^{-1}$ usf. Dies auf HELMHOLTZ zurückgehende Modell macht vor allem die dem Physiker wichtigste Tatsache verständlich: Es ist die Entdeckung von OHM, die völlige Einflußlosigkeit der Schwingungsphasen.

Durch die Nichtbeachtung der Phasen hat das Gehirn für jeden Klang sich nur ein Spektrum einzuprägen. Für das Klangbild der Oktave wäre es in unserm Modell das in Abb. 440 roh skizzierte Bild. Bei Berücksichtigung der Phasen müßte das Gehirn schon für diesen einfachen Klang eine ganze Reihe verschiedengestalteter Bilder „auswendiglernen": 1. das unten in Abb. 303 dargestellte, 2. das unten in Abb. 304 dargestellte und 3. etliche von uns nicht gezeichnete Zwischentypen. Das gilt schon von dem ganz einfachen, aus nur zwei Sinuswellen aufgebauten Klang der Oktave. Bei den üblichen, aus zahlreichen Sinuswellen aufgebauten Klängen (Worte!) würde man schon für ein und denselben Klang zu phantastischen Zahlen verschieden gestalteter Wellenkurven kommen. Unser Gehirn

Abb. 440. Schema für das Linienspektrum einer Oktave, aufgenommen von einem Zungenfrequenzmesser. Die Dämpfung der Blattfedern ist berücksichtigt: auch die Blattfedern beiderseits der Frequenzen n_1 und n_2 zeigen noch merkliche Amplituden.

vollbringt fürwahr mit dem Behalten unseres Wortschatzes schon eine ungeheure Leistung, auch wenn es jedes Wort nur im Bilde eines Linienspektrums registriert. Bei Einbeziehung der Phasen aber hätte das Gehirn für jedes einzelne Wort abertausende ganz verschieden aussehende Wellenkurven zu behalten. Seine Leistungen würden sich schlechthin ins Gebiet der Mystik verlieren.

Des weiteren macht uns das Helmholtzsche Ohrmodell die Geringfügigkeit der Differenztöne verständlich. Differenztöne setzen Differenzschwingungen voraus. Fehlen diese in der Luft, so können sie nur im Körper entstehen. Die Entstehung einer Differenzschwingung erfolgt nach S. 205 durch einseitige Verzerrung des Wellenbildes. Diese wiederum setzt Abweichungen von der Linearität des Kraftgesetzes voraus. Diese Abweichungen sind jedoch bei kleinen Wellenamplituden in allen Substanzen sehr geringfügig. Infolgedessen können auch die Amplituden der Differenztöne im allgemeinen nur klein sein[1].

Diese beiden Beispiele für die Brauchbarkeit des Modells mögen genügen.

Das Labyrinth birgt in seinem schneckenförmigen Gang das Cortische Organ. Man findet es ausführlich in allen anatomischen und physiologischen Lehrbüchern beschrieben. Das Cortische Organ zeigt in seinem Aufbau in vieler Hinsicht eine überraschende Ähnlichkeit mit dem Zungenfrequenzmesser der Physik. Vielleicht ist es wirklich ein in winzigen Dimensionen ausgeführter Zungenfrequenzmesser. (Gesamtlänge rund 34 mm, „Blattfederlänge" von 0,04—0,5 mm ansteigend). Die Kleinheit dieser Dimensionen führt zwar für die Konstruktionsmaterialien unserer heutigen Technik in quantitativer Richtung (Frequenz, Dämpfung usw.) zu unüberwindlichen Schwierigkeiten. Aber letzten Endes wird sich wohl auch hier die lebendige Substanz den Werkstoffen unserer heutigen Technik als überlegen erweisen.

---

[1] Infolge der logarithmischen Empfindlichkeitsskala unseres Ohres überschätzt man leicht die Amplituden der Differenzschwingungen.

Sachverzeichnis.